U0243682

模具工基本操作技能视频演示
（手机扫描二维码看视频）

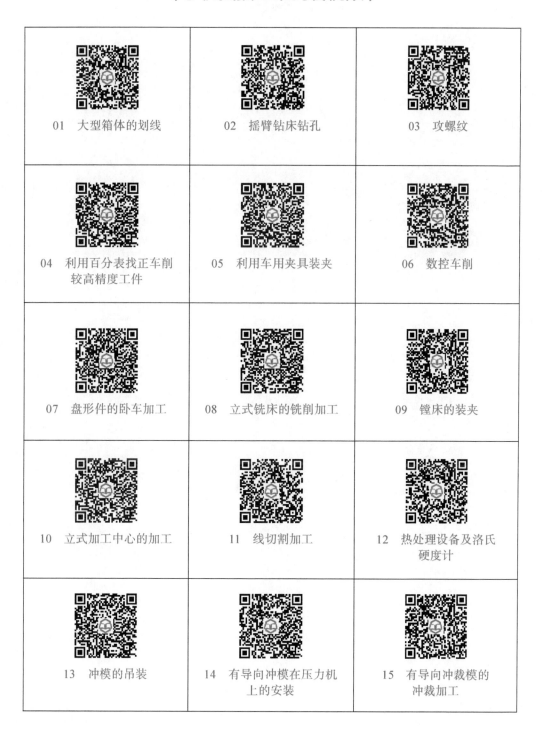

01 大型箱体的划线	02 摇臂钻床钻孔	03 攻螺纹
04 利用百分表找正车削较高精度工件	05 利用车用夹具装夹	06 数控车削
07 盘形件的卧车加工	08 立式铣床的铣削加工	09 镗床的装夹
10 立式加工中心的加工	11 线切割加工	12 热处理设备及洛氏硬度计
13 冲模的吊装	14 有导向冲模在压力机上的安装	15 有导向冲裁模的冲裁加工

模具工手册

钟翔山 主编

化学工业出版社

·北京·

内 容 简 介

本书针对模具加工的实际工作需要，围绕模具工必须掌握的专业知识及必备技能，详细讲解了模具工工艺，模具专业基础，模具材料及热处理，模具基本加工技术，模具零件的机械、特种加工，模具零件加工及质量控制，模具及其常见零件的加工，模具主要零部件的组装，冲模、塑料模、压铸模、锻模的装配与调试，模具的使用、维护与管理、修理等内容，系统介绍了各项加工技术的操作过程、要点技巧以及工艺步骤，总结了常见加工缺陷的防治措施。本书在讲解模具工基本知识和基本操作技能的基础上，注重专业知识与操作技能、方法的有机融合，着眼于实际工作能力的培养与提高。

本书内容详尽实用、结构清晰明了，既可供模具工及从事相关机械加工的工程技术人员使用，也可供从事模具教学与科研的人员参考，还可作为高职院校相关专业学生的工具书。

图书在版编目（CIP）数据

模具工手册 / 钟翔山主编 .—北京：化学工业出版社，2021.6
ISBN 978-7-122-38789-9

Ⅰ. ①模… Ⅱ. ①钟… Ⅲ. ①模具 - 生产工艺 - 手册
Ⅳ. ① TG76-62

中国版本图书馆 CIP 数据核字（2021）第 053205 号

责任编辑：贾　娜　　　　　　　　　文字编辑：张　宇　陈小滔
责任校对：李　爽　　　　　　　　　装帧设计：王晓宇

出版发行：化学工业出版社（北京市东城区青年湖南街 13 号　邮政编码 100011）
印　　装：北京建宏印刷有限公司
710mm×1000mm　1/16　印张 $41\frac{1}{2}$　字数 784 千字　2021 年 8 月北京第 1 版第 1 次印刷

购书咨询：010-64518888　　　　　售后服务：010-64518899
网　　址：http://www.cip.com.cn
凡购买本书，如有缺损质量问题，本社销售中心负责调换。

定　　价：128.00 元　　　　　　　　　　　　　版权所有　违者必究

前言

　　模具是工业生产的重要工艺装备，是实现少切削、无切削不可缺少的工具，俗有"工业软黄金""百业之母""金属加工业中的帝王"等美誉，在现代汽车、农业机械、电气仪表、日常生活用品以及国防等各个工业生产部门获得广泛应用。

　　模具工是一种以模具为加工对象，利用各种手工工具以及一些简单的设备，从事模具的零件加工、组装、总装、调试与修理，并对模具的最终质量负有重要责任的工种，也是机械制造业中的一个重要工种。模具工具有工作范围广泛，涉及专业面宽，工作内容复杂、细微，工艺要求较高，加工质量主要取决于操作人员的技术水平等特点。

　　随着我国经济快速、健康、持续、稳定地发展和改革开放的不断深入，以及经济转型和机械加工业的发展，模具工的需求量也在不断增加。为满足企业对熟练模具工的迫切需要，本着加强技术工人的业务培训、满足劳动力市场的需求之目的，我们总结多年来的实践经验，以突出操作性及实用性为主要特点，精心编写了本书。

　　全书共 15 章，针对模具加工实际工作的需要，围绕模具工必须掌握的专业知识及必备技能，详细讲解了模具工工艺，模具专业基础，模具材料及热处理，模具基本加工技术，模具零件的机械、特种加工，模具零件加工及质量控制，模具及其常见零件的加工，模具主要零部件的组装，冲模、塑料模、压铸模、锻模的装配与调试，模具的使用、维护与管理、修理等内容，系统介绍了各项加工技术的操作过程、要点技巧以及工艺步骤，总结了常见加工缺陷的防治措施。

　　在内容编排上，以工艺知识为基础，操作技能为主线，力求突出实用性和可操作性。全书在讲解模具工基本知识和基本操作技能的基础上，注重专业知识与操作技能、方法的有机融合，着眼于实际工作能力的培养与提高。

　　本书具有内容系统完整、结构清晰明了和实用性强等特点，既可供模具工及从事相关机械加工的工程技术人员使用，也可供从事模具教学与科研的人员参考，还可作为高职院校相关专业学生的工具书。

　　本书由钟翔山主编，钟礼耀、曾冬秀、周莲英等副主编，参加资料整理与编写的有周彬林、刘梅连、欧阳拥、周爱芳、周建华、胡程英，参与部分文字处理工作的有钟师源、孙雨暄、欧阳露、周宇琼。全书由钟翔山整理统稿，钟礼耀校审。在本书编写过程中，得到了同行及有关专家、高级技师等的热情帮助、指导和鼓励，在此一并表示由衷的感谢！

　　由于笔者水平所限，疏漏之处在所难免，热忱希望读者批评指正。

钟翔山

目录

第 1 章 模具工工艺

1.1 模具工的工作内容及特点

在工业生产中，通过借助压力机等设备产生的压力等加工手段，在专用工具中把金属或非金属材料制成所需形状的零件或制品，这种专用工具统称为模具。

模具工是一种以模具为加工对象，利用各类手工工具及一些简单设备，从事模具零件的加工，模具组装、总装、调试与修理，并对模具的最终质量负有重要责任的工作，是机械制造业中的一个重要工种。它具有工作范围广，涉及专业面宽，工作比较复杂、细微，工艺要求高，加工质量主要取决于操作人员的技术水平等特点。

（1）具体工作内容及任务

① 模具零件的钳工加工。如：划线、钻孔、攻螺纹、铰孔、锉削修配等。

② 模具零件经机、电加工后的钳工加工修配。

③ 模具的装配与调试。

④ 模具的修理与维护。

⑤ 模具生产过程中，各零件的加工进度、质量状况的组织与管理。

⑥ 模具制作中的各种夹具、量具、样板、样架的制作与保养。

（2）工作特点

由于模具生产多属于多品种单件生产，而且模具生产制造技术几乎集中了机、电加工的精华，有时又是机、电、钳结合加工。尽管目前模具制造已采用了比较先进的设备和加工工艺，如计算机 CAD/CAM 的应用及 CN 数控加工、高速精密加工等，但模具的最后精加工仍然离不开模具工的手工操作。这一工作性质决定了模具工具有其自身的工作特点。

① 模具的加工与制造，赋予模具工操作的秘密性，原因是生产制造模具的技术来源于模具工的实践经验和技巧的积累。模具工的这种实践经验和技巧、操作

技能决定了其所制作模具的质量，并在一定程度上直接影响到模具制造业的发展与进步。

② 由于模具生产在当前仍属于单件多品种生产，每套模具的结构及组成零件各自不同，故很难实现大批量专业化流水线生产，而是根据各企业不同的生产规模、模具类型、设备状况和生产技术水平，采用不同的组织管理形式，对其进行零件的加工，最后由模具工装配、调试成型。在管理上，多采用模具工负责制或分工序负责制的生产管理形式和方法，即模具图样经设计技术部门设计审核，并由工艺部门编制工艺规程文件后，由生产管理部门根据模具的复杂程度和模具工的技术水平，确定制作人员，并将图样、工艺文件或毛坯交给负责制作的模具工，同时提出作业计划完成日期。模具加工的这一工作性质又决定了模具工需要具有较高的综合操作技能及一定的生产组织管理能力。

（3）模具工的工作流程

① 熟读模具图样及工艺，了解模具结构、技术要求和各零件的加工及装配工艺。

② 根据计划完成日期，制定整套模具和每个零件的加工、装配及调试进度计划。

③ 依据进度计划，安排各零件的加工。对于需在本企业内完成的机械加工、电火花加工以及热处理或需外协加工（标准模架、螺钉、圆柱销、弹簧、橡胶）的零件，要提出质量和进度要求，交管理人员统一安排。

④ 接到加工和外协加工回来的零件，要认真做好检验，特别是对模具主要零部件的材质、关键尺寸、硬度、精度、表面质量、重要功能等要进行检测。如果发现问题，应及时找检验及有关人员解决，以免影响装配质量和装配进度。

⑤ 按图样或装配工艺文件进行装配。如果在装配过程中发现图样或工艺有不合理的地方，应向设计人员或工艺人员提出改进意见，并要确保装配（或修理）的模具符合设计与工艺要求，特别是对主要零件的尺寸、配合关系及安装尺寸等，要随时安装，随时检测。

⑥ 在模具组装自检合格后，要按模具的工作条件，在相应的成形设备上进行安装试模与调整。若发现问题或缺陷，应与相关模具技术人员一起参与原因的查找及解决，以确保模具能生产出合格的制品零件，达到正常投入生产或交付使用的目的。

（4）模具工的专业技能要求

鉴于模具制造的多样性和复杂性，且模具的制造和修理工作相对精细、严格、技术性强。因此，作为一名合格或优秀的模具工，不仅要有丰富的模具专业理论知识，还要练就一身过硬的钳工操作技能，并要在长期的实践中，不断积累经验、钻研技术。具体来说，主要应具有以下专业技能。

① 能读懂模具装配图、零件图，并能绘制零件图。

② 掌握公差配合与表面质量知识，能正确使用量具及量仪对零件进行精密测量和检测。

③ 掌握模具结构及成形机理知识，能根据制品质量缺陷判断其产生原因并采取相应的措施进行补救和修理。

④ 掌握模具材料与热处理知识，能用火花鉴别法鉴别零件材料，能鉴定零件硬度。

⑤ 掌握模具生产过程及要求方面的知识，能组织和协调模具零件的加工进度和质量。

⑥ 掌握零件模具机、电加工工艺知识，并能编制一般零件的加工工艺。

⑦ 能对零件按图样进行划线、钻孔、铰孔、攻螺纹、修配、研磨及抛光等作业。

⑧ 掌握模具装配与调试知识，能按工艺要求装配和调试各类模具。

⑨ 掌握模具生产过程的企业管理知识。

1.2 模具工常用的工具与设备

（1）常用的工具与设备

表 1-1 给出了模具工常用的工具与设备。

表 1-1　模具工常用的工具与设备

分类	主要工具名称
划线工具	划线平台、划针、划规、样冲、划线盘、分度头、千斤顶、方箱、V 形架、砂轮机
锯切工具	手锯、手剪
錾削工具	手锤（榔头）、錾子、砂轮机
锉削工具	锉刀、台虎钳
钻孔工具	钻床、手电钻、麻花钻、扩孔钻、锪钻、铰刀、砂轮机
攻螺纹工具	铰杠（又称铰手）、板牙架、丝锥、板牙、砂轮机
刮研工具	刮刀、校准工具（校准平板、校准平尺、角度直尺、垂直仪）
研磨工具	研磨平板、研磨圆盘、圆柱研棒、圆锥研棒、研磨环等
矫正与弯形工具	矫正平板、铁砧、手锤、铜锤、木槌、V 形架、台虎钳、压力机
铆接工具	压紧冲头、罩模、顶模、气铆枪
装配工具	螺丝刀（起子）、可调节扳手、开口扳手、整体扳手、内六角扳手、套管扳手、拔销器、斜键和轴承拆装工具

（2）常用检测量具

模具工在模具制造与维修过程中要使用到多种检测量具，除了需使用到钳工常用的检测量具，如：游标卡尺、螺旋千分尺、千分表、角度尺以及塞尺等（该类量具的使用将在本书其他章节配合零件检测共同介绍）外，还需使用方框水平仪、光学合像水平仪、正弦规及样板等模具工常用的量具，在此仅对其进行简单介绍。

1）方框水平仪

方框水平仪结构见图1-1。由正方形框架1、主水准器2（纵向带气泡的玻璃管）等组成。在框架的测量面上制有V形槽，以便在圆柱面或山形导轨上进行测量。其中主水准器下面的V形测量面为主测量面，另一面与其垂直的V形测量面为副测量面。水准器是一个封闭的玻璃管，管内装乙醇或乙醚，并留有一定长度的气泡。玻璃管的内表面制成一定的曲率半径，外表面上刻有与曲率半径相应的刻线。因为水准器内的液面始终保持在水平位置，所以，当水平仪倾斜一个角度时，气泡就在刻线中移动一个距离。读数的习惯是：气泡向右移为正数，气泡向左移为负数，中间为零。表1-2为水平仪的精度等级。

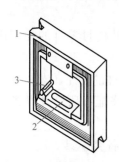

图1-1　方框水平仪结构
1—正方形框架；2—主水准器；
3—调整水准器

表1-2　水平仪的精度等级

精度等级	Ⅰ	Ⅱ	Ⅲ	Ⅳ
气泡移动一格时的倾斜角度 /(″)	4～10	12～20	24～40	50～60
1m 以内的倾斜高度差 /mm	0.02～0.05	0.06～0.10	0.12～0.20	0.25～0.30

① 平仪的刻线原理。水平仪的刻线原理如图1-2所示。假定平台工作面处于水平位置，在平台上放置一根长度为1000mm的平尺，平尺上水平仪的读数为零（即处于水平状态），若将平尺一端垫高0.02mm，则平尺相对于平台的夹角即倾斜角 θ=arcsin（0.02/1000）=4.125″，若水平仪底面长度 l

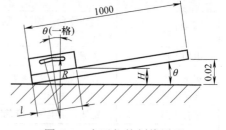

图1-2　水平仪的刻线原理

为200mm，则水平仪底面两端的高度差 H 为0.004mm。

读数值为0.02mm/1000mm的水平仪，当其倾斜4″时，气泡移动一格，弧形玻璃管的弯曲半径 R 约为103mm，则弧形玻璃管上的每格刻度 λ 距离为：

$$\lambda = \frac{2\pi R\theta}{360°} = \frac{2\pi \times 103 \times 10^3 \times 4}{360 \times 60 \times 60} \approx 2\text{mm}$$

即0.02mm/1000mm（4″）的水平仪的水准器刻线间距为2mm。

② 水平仪的读数方法。通常有绝对读数法和相对读数法两种。采用绝对读数法时，气泡在中间位置时，读作"0"，偏离起始端读为"+"，偏向起始端读为"-"，或用箭头表示气泡的偏移方向；采用相对读数法时，将水平仪在起始端测量位置的读数总是读作零，不管气泡是否在中间位置，然后依次移动水平仪垫铁，记下每一次相对于零位的气泡移动方向和格数，其正负值读法也是偏离起始端读为"+"，偏向起始端读为"-"，或用箭头表示气泡的偏移方向。

为避免环境温度影响，不论采用绝对读数法还是相对读数法，都可采用平均值的读数方法，即从气泡两端边缘分别读数，然后取其平均值，这样读数精度高。

③ 水平仪检定与调整。水平仪的下工作面称为基面，当基面处于水平状态时，气泡应在居中位置，此时气泡的实际位置对居中位置的偏移量称为零位误差。由于水准管的任何微小变形，或安装上的任何松动，都会使示值精度产生变化，因而不仅新制的水平仪需要检定示值精度，使用中的水平仪也需做定期检定。

2）光学合像水平仪

当被测工件平面度误差较大或工件倾斜度较大且难以调整时，若使用框式水平仪会因水准器气泡偏移到极限位置而无法测量。而光学合像水平仪，因其水平位置可以重新调整，所以能比较方便地进行测量。光学合像水平仪的结构及工作原理如图 1-3（a）、（b）所示。

光学合像水平仪比框式水平仪有更高的测量精度，并能直接读出测量结果。它的水准器安装在水平仪内带有杠杆的特制底板上，其水平位置可用调节旋钮通过调整丝杆、螺母获得。水准器内气泡两端的圆弧分别由三个不同方位的棱镜反射至窗口内圆形镜框内，分成两半合像。测量时，若水平仪底面不在水平位置，两端有高度差，则气泡 A、B 的像就不重合，如图 1-3（c）所示，这时应转动调节旋钮进行调节，使玻璃管处于水平位置，这样气泡 A、B 的像就会重合，如图 1-3（d）所示。

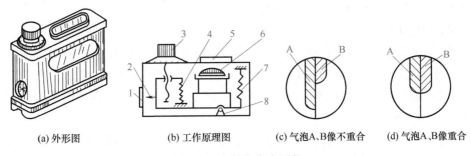

(a) 外形图　　　　(b) 工作原理图　　　(c) 气泡A、B像不重合　　(d) 气泡A、B像重合

图 1-3　光学合像水平仪

1—指针观察窗口；2—指针；3—调节旋钮；4，7—弹簧；5—目镜；6—水准器；8—杠杆

从窗口处读出高度差（mm）和调节旋钮处刻线的百分之毫米数（每格代表在 1m 长度内差 0.01mm），将两个数值相加，即可得到在 1m 长度内高度差的实际数值。如在窗口内的读数为 0mm，调节旋钮刻线为 13 格，则高度差是 0mm+0.01mm×13=0.13mm，即在 1m 长度内测量面两端高度差为 0.13mm。

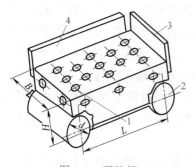

图 1-4　正弦规

1—工作台；2—精密圆柱；3—侧挡板；
4—后挡板

3）正弦规

正弦规结构如图 1-4 所示。由工作台 1、两个直径相同的精密圆柱 2 和侧挡板 3 及后挡板 4 等组成。根据两圆柱中心距离 L 和主体工作台平面宽度 B 制成宽形和窄形两种正弦规。其规格见表 1-3。

表 1-3　正弦规的基本尺寸　单位：mm

正弦规形式	L	B	H	d
宽型	100	80	40	20
	200	150	65	30
窄型	100	25	30	20
	200	40	55	30

4）样板

样板是用于检查或确定工件尺寸、形状及相互位置精度的一种专用量具。样板一般用金属薄板制造，其轮廓形状与被检测件的轮廓相比较进行测量。样板一般分为两大类：一类是标准样板；一类是专用样板。

① 标准样板。标准样板通常只适用于测量工件的标准部分的形状和尺寸。如螺纹规是用来区别工件的螺距尺寸规格和齿形角的标准样板，见图 1-5（a）；R 规是用来检验工件内、外圆弧半径尺寸的标准样板，见图 1-5（b）。

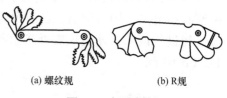

(a) 螺纹规　　　　(b) R规

图 1-5　标准样板

② 专用样板。专用样板是根据加工和装配时的技术检验要求专门制造的样板。根据用途不同又可分为：划线样板、测量样板、校对样板、辅助样板。

a. 划线样板。常用于比较复杂的工件或批量生产的工件在划线时作为依据的样板，见图 1-6（a）。

b. 测量样板。常用来测量工件表面轮廓形状和尺寸的样板，见图 1-6（b）。

c. 校对样板。用来检测测量样板尺寸、形状的高精度样板，见图 1-6（c）。

d. 辅助样板。用来检查工作样板局部尺寸、形状的高精度样板，见图 1-6(d)。

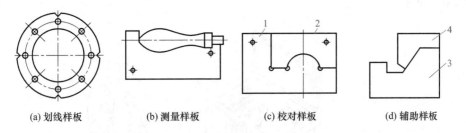

(a) 划线样板　　　　(b) 测量样板　　　　(c) 校对样板　　　　(d) 辅助样板

图 1-6　专用样板

1，3—工作样板；2—校对样板；4—辅助样板

（3）常用设备

模具工常用的设备主要有：台虎钳、钳台、砂轮机、钻床及压印机等。

1）台虎钳

台虎钳是用来夹持工件的通用夹具，有固定式［见图 1-7(a)］和回转式［见图 1-7（b）］两种。回转式台虎钳由于使用较为方便，故应用很广泛。台虎钳的规格以钳口的宽度表示，有 75mm、100mm、125mm、150mm、200mm 等。

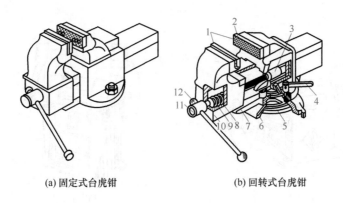

(a) 固定式台虎钳　　　　(b) 回转式台虎钳

图 1-7　台虎钳

1—钳口；2—螺钉；3—螺母；4，12—手柄；5—夹紧盘；6—转盘座；7—固定钳身；
8—挡圈；9—弹簧；10—活动钳身；11—丝杆

台虎钳在使用和维护时应注意：夹紧工件时只允许依靠手的力量来扳动手柄，不允许用锤或随意套上长加力管来扳动手柄，以防螺母、丝杆或钳身因过载而损坏；不能在活动钳身的光滑表面做敲击作业，以免降低它与固定钳身的配合性能。

2）钳台

钳台又称钳桌，是用来安装台虎钳、放置工具和工件并进行钳工主要操作的设备，其高度一般为 800 ～ 900mm，如图 1-8（a）所示。其合适高度如图 1-8（b）所示。

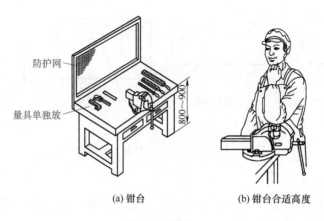

(a) 钳台　　　　　　　(b) 钳台合适高度

图 1-8　钳台

3）砂轮机

砂轮机是用于刃磨钻头、刮刀和錾子等刀具或样冲、划线等工具。砂轮机主要由砂轮、电动机和机体组成，按外形可分为台式砂轮机和立式砂轮机，如图 1-9 所示。

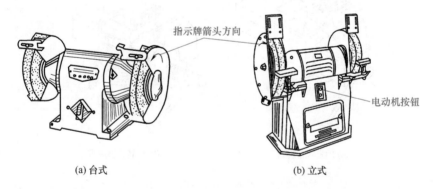

(a) 台式　　　　　　　(b) 立式

图 1-9　砂轮机结构

砂轮机在使用时应注意：砂轮的旋转方向应与砂轮罩上箭头方向一致，使磨粒方向向下方飞离砂轮；磨削时，操作者不要站在砂轮机的正对面，而应站在砂轮机的侧面或斜对面；磨削时要防止刀具或工件对砂轮发生剧烈地撞击或施加过大的压力。当砂轮外圆跳动严重时，应及时用修整器修整。

4）钻床

钻床是用来对工件进行圆孔加工的设备，有台式钻床、立式钻床和摇臂钻床等。其结构及使用将在本书后续章节介绍。

5）压印机

压印机结构如图 1-10 所示，其主要用于模具工对零件的压印锉修加工。使用注意：导向要准确，上、下平板要相互平行，压力要足够大。

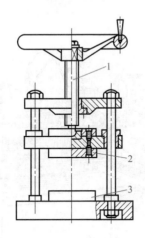

图 1-10　压印机
1—梯形螺钉；2—上垫板；3—下垫板

1.3　机制工艺基础

工艺是指制造产品的技巧、方法和程序。机制工艺是机械制造工艺的简称，是机械制造全程（包括从原材料转变到产品的全过程）中的技巧、方法和程序。机械制造全程中，凡是直接改变零件形状、尺寸、相对位置和性能等，使其成为成品或半成品的过程，均为机械制造工艺过程。它通常包括零件的制造和机器的装配两部分。

1.3.1　常见机械加工工艺

在机械制造过程中，采用机械加工方法直接改变毛坯的形状、尺寸、各表面间相互位置及表面质量，使之成为合格零件的过程，称为机械加工工艺过程，它是按一定顺序排列的若干个工序组成的。机械加工工艺方法主要有机械加工及热加工两大类。机械加工中使用最广泛的是切削加工，常见的切削加工方法除了车削加工外，主要还有铣削、刨削、磨削等。

（1）车削加工

利用车床、车刀完成工件的切削加工称为车削加工。车削加工时，工件被夹持在车床主轴上做旋转主运动，车刀做纵向或横向的直线进给运动。其中，做直线进给运动的车刀对做旋转主运动的工件进行切削加工的机床称为车床。车床的种类很多，生产中尤以普通车床最为常见。

普通车床由三箱（主轴箱、进给箱、溜板箱）、两杠（光杠、丝杠）、两架（刀架、尾架）、一床身组成。普通车床中又以卧式车床使用最为广泛。图 1-11 所示为 CA6140 型卧式车床。

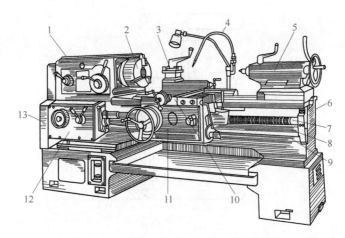

图 1-11　CA6140 型卧式车床

1—主轴箱；2—卡盘；3—刀架；4—切削液管；5—尾座；6—床身；7—长丝杠；
8—光杠；9—操纵杆；10—溜板；11—溜板箱；12—进给箱；13—配换齿轮箱

车削适于加工回转表面，如内外圆柱面、内外圆锥面、端面、沟槽、螺纹和回转成形面等。此外，在车床上既可用车刀对工件进行车削加工，又可用钻头、铰刀、丝锥和滚花刀进行钻孔、铰孔、攻螺纹和滚花等操作。

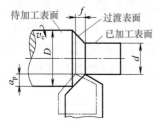

图 1-12　切削用量三要素

1）切削用量三要素

切削用量是表示主运动及进给运动大小的参数，包括切削速度 v_c、进给量 f 和背吃刀量（切削深度）a_p，如图 1-12 所示。

① 切削速度 v_c 指主运动的线速度，即刀具切削刃上的某一点相对于待加工表面在主运动方向上的瞬时速度。计算式为：

$$v_c = \pi D n / 1000$$

式中　D——待加工表面最大直径，mm；

n——工件的转速，r/min；

v_c——切削速度，m/min。

切削速度 v_c 的选择：当背吃刀量与进给量选定以后，可根据刀具寿命来确定。如粗车使用高速钢车刀时，切削速度一般取 25m/min 左右；用硬质合金车刀时，切削速度一般取 50m/min。精车时切削速度一般取 60 ～ 200m/min。

② 进给量 f 指在车削加工中工件每转一周，车刀沿进给方向所移动的距离，其单位为 mm/r。

进给量 f 的选择：为提高生产率，在保证刀具寿命的前提下，车削进给量应尽可能选择大一些。如果刀具或工件刚度较差，进给量会受切削力的限制不允许太大。在实践中，粗车时进给量一般取 f =0.3 ～ 1.5mm/r，精车时进给量一般取 f =0.05 ～ 0.2mm/r。

③ 背吃刀量 a_p 指待加工表面与已加工表面之间的垂直距离，即 a_p=（ $D-d$ ）/2。

背吃刀量 a_p 的选择：背吃刀量应根据加工余量来确定。粗车时，除留下精加工的余量外，应尽可能一次进给切除大部分加工余量，以减少进给次数，提高生产率，且取较大背吃刀量可保证刀具寿命。

一般在中等功率的机床上加工，粗车时背吃刀量最深可达 8 ～ 10mm；半精车时背吃刀量取 0.5 ～ 2mm；精车时背吃刀量取 0.1 ～ 0.4mm。

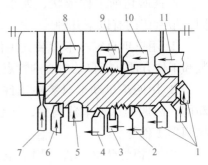

图 1-13　刀具的类型

1—45° 弯头车刀；2—90° 外圆车刀；3—外螺纹车刀；4—75° 外圆车刀；5—成形车刀；6—左切外圆车刀；7—切断刀；8—内孔车槽刀；9—内螺纹车刀；10—不通孔镗刀；11—通孔镗刀

2）车刀

车刀是实现车削加工必不可少的刀具。车刀的种类很多，如图 1-13 所示。

① 刀具材料。常用的刀具材料主要有高速钢和硬质合金两大类。

高速钢也称白钢，我国常用的牌号为 T51841（W18Cr4V）。其切削时能耐 600 ～ 700℃高温，最高切削速度可达 30m/min 左右。

硬质合金是由碳化物及黏结剂高压成形后烧结而成的。一般分为钨钴和钨钛钴两大类。其切削时能耐 800 ～ 1000℃高温，其最高切削速度可达 100m/min。

② 车刀形状。车刀由刀头和刀柄两部分组成，如图 1-14 所示。

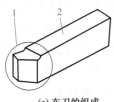
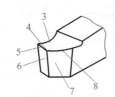

(a) 车刀的组成　　(b) 刀头各部分名称

图 1-14　车刀的组成

1—刀头；2—刀柄；3—前刀面；4—刀尖；5—副切削刃；6—副后刀面；7—主后刀面；8—主切削刃

③ 车刀的刃磨。车刀经过一段时间的使用会产生磨损，使切削力增大，切削温度增高，工件表面粗糙度值增大，所以需及时刃磨。

常用的磨刀砂轮主要有两种：一种是氧化铝砂轮（刚玉砂轮）；另一种是碳化硅砂轮（绿色）。高速钢车刀应使用氧化铝砂轮刃磨；硬质合金车刀，因刀体部分是碳钢材料，可先用氧化铝砂轮粗磨，再用碳化硅砂轮刃磨刀头的硬质合金部分。

④ 车刀的安装。安装车刀时，如果安装不正确，即使车刀有了合理的车刀角度，也起不到应有的作用。

车刀的正确安装要求：刀尖与工件的中心线等高；刀柄应与工件轴心线垂直；车刀伸出方刀架的长度，一般应小于刀体高度的2倍（不包括车内孔）；车刀的垫铁要放置平整，且数量尽可能少。

3）工件的装夹

根据所切削工件形状、大小、加工精度的不同，工件装夹的方式也有所不同，最常用的有以下几种。

① 用三爪自定心卡盘装夹工件。三爪自定心卡盘是车床最常用的附件，具有装卸工件方便、能自动对心的特点，装夹直径较大的工件时，还可"反爪"装夹。

② 用四爪单动卡盘装夹工件。四爪单动卡盘的四个爪是用四根螺杆分别带动的，故四个爪可单独调整，适合装夹形状不规则的工件，如正方形、长方形、椭圆形工件等。

③ 用顶尖装夹工件。用卡盘夹持工件，当所车削的工件细长时，工件若只有一端被固定，此时工件往往会出现"让刀"现象，导致车出的工件在靠近卡盘的一端尺寸小，另一端尺寸大。这就要采用一端用卡盘另一端用顶尖装夹的办法，以提高工件的刚度。有时需要用双顶尖来装夹工件，一些要求较高的长工件在用顶尖装夹时还需要用跟刀架。

在车削加工时，除了用上述方法外，有些还可用心轴、花盘来装夹工件。

4）车削加工的应用

以下以车端面为例，简述车削加工的应用。车削工件端面时，常用弯头车刀和90°偏刀，如图1-15所示。

使用弯头车刀车削端面时，由外向中心进给。当背吃刀量较大或加工余量不均匀时，一般用手动进给；当背吃刀量较小且加工余量均匀时，可用自动进给。当车到离工件中心较近时，应改用手动慢慢进给，以防崩刃。

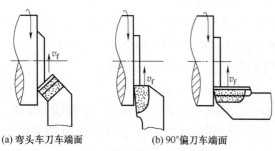

(a) 弯头车刀车端面　　(b) 90°偏刀车端面

图1-15　车削端面

用90°偏刀车端面时，常从中心向外进给，通常用于端面精加工，或有孔端面的车削，车削出的端面表面粗糙度值较低。也可从外向中心进给，但用这种方法时，车削到靠近中心时，车刀容易崩刃。

（2）铣削加工

利用铣床、铣刀共同完成工件的切削加工称为铣削加工。在铣削加工时，铣刀做旋转的主运动，工件夹持在铣床工作台上做前后、上下、左右的直线进给运动。铣床是机械制造业的重要设备，是一种应用广、类型多的金属切削机床。由于铣削能完成多种任务的加工，为适应各类任务的切削加工需要，所用铣床必须配备多种类型的刀具。

铣床有多种形式，并各有特点，常见的有升降台式铣床。升降台式铣床又称曲座式铣床，它的主要特征是有沿床身垂直导轨运动的升降台（曲座）。工作台可随着升降台做上下（垂直）运动。工作台本身在升降台上面又可做纵向和横向运动，故使用灵便，适宜于加工中小型零件。因此，升降台式铣床是用得最多和最普遍的铣床。这类铣床按主轴位置可分为卧式和立式两种。

卧式铣床的主要特征是主轴与工作台台面平行，成水平位置。铣削时，铣刀和刀轴安装在主轴上，绕主轴轴心线做旋转运动；工件和夹具装夹在工作台台面上做进给运动。卧式铣床主要用于铣削一般尺寸的平面、沟槽和成形表面等。

图1-16所示的X6132型卧式万能铣床是国产万能铣床中较为典型的一种，该铣床纵向工作台可按工作需要在水平面上做45°范围内的左右转动。

立式铣床的主要特征是主轴与工作台台面垂直，主轴呈垂直状态。立式铣床安装主轴的部分称为立铣头，立铣头与床身结合处呈转盘状，并有刻度。立铣头可按工作需要，在垂直方向上左右扳转一定角度。这种铣床除了完成卧式升降台铣床的各种铣削外，还能进行螺旋槽和斜面一类工件的加工。图1-17给出了立式铣床的结构。

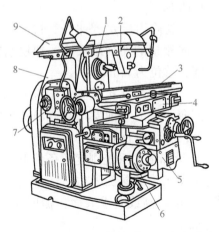 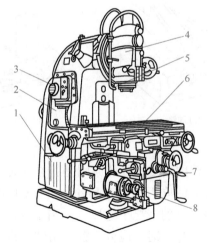

图1-16 X6132型铣床的外形及各部分名称

1—主轴；2—挂架；3—纵向工作台；4—横向工作台；5—升降台；6—进给变速机构；7—主轴变速机构；8—床身；9—横梁

图1-17 立式升降台铣床

1—电器箱；2—床身；3—变速箱；4—主轴箱；5—冷却管；6—工作台；7—升降台；8—进给箱

1）铣削用量

铣削用量是表示主运动及进给运动大小的参数，包括铣削速度 v_c、进给量、背吃刀量 a_p 和侧吃刀量 a_e。

① 铣削速度。一般是指铣刀最大直径处的线速度，其公式为：

$$v_c=\pi Dn/1000$$

式中　　D——铣刀直径，mm；

　　　　n——铣刀转速，r/min；

　　　　v_c——铣削速度，m/min。

② 进给量。指铣刀与工件之间沿进给方向的移动量。在铣床上有三种：

a. 每分钟进给量 v_f（mm/min）指在 1min 内，工件相对于铣刀沿进给方向的位移，这也是铣床铭牌上标示的进给量。

b. 每齿进给量 f_z（mm/z）指铣刀每转过一个齿时，工件相对于铣刀沿着进给方向的位移。

c. 每转进给量 f（mm/r）指铣刀每转一周，工件相对铣刀沿进给方向的位移。

它们三者的关系是：

$$v_f= fn = f_z zn$$

式中，z 为铣刀齿数。

③ 背吃刀量 a_p 和侧吃刀量 a_e

在铣削时，铣刀是多齿旋转刀具，在切入工件时有两个方向的吃刀深度，即背吃刀量 a_p 和侧吃刀量 a_e，如图 1-18 所示。

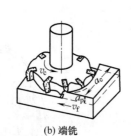

(a) 周铣　　　　　　　　(b) 端铣

图 1-18　背吃刀量和侧吃刀量

背吃刀量 a_p 是平行于铣刀轴线方向测量的切削层尺寸，即铣削深度，单位为 mm。

侧吃刀量 a_e 是垂直于铣刀轴线方向测量的切削层尺寸，即铣削宽度，单位为 mm。

铣削用量选择的原则是：在保证铣削加工质量和工艺系统刚度的条件下，先选较大的吃刀量（a_p 和 a_e），再选取较大的进给量 f_z，根据铣床功率，并在刀具寿命允许的情况下选取 v_c。当工件的加工精度要求较高或要求表面粗糙度 Ra 值小于 6.3μm 时，应分粗铣、精铣两道工序进行加工。

2）铣刀

铣刀主要分为带孔铣刀和带柄铣刀两大类。带孔铣刀多用于卧式铣床。带孔铣刀又分为圆柱铣刀和三面刃铣刀，如图 1-19（a）、图 1-19（b）所示。带柄铣刀分为直柄铣刀（一般直径较小）和锥柄铣刀（一般直径较大），多用于立式铣床，如图 1-19（c）、图 1-19（d）所示。

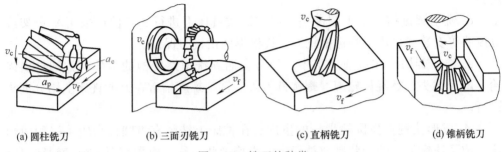

(a) 圆柱铣刀　　　　(b) 三面刃铣刀　　　　(c) 直柄铣刀　　　　(d) 锥柄铣刀

图 1-19　铣刀的种类

3）铣削加工的应用

铣削加工已成为机械加工中必不可少的一种加工方式。铣刀有较多的刀齿，连续地依次参加切削，没有空程损失。主运动是旋转运动，故切削速度可以提高。此外，还可进行多刀、多件加工。由于工作台移动速度较低，故有可能在移动的工作台上装卸工件，使辅助时间与机动时间重合，因此提高了工效。

在铣床上可以实现的工作有以下几种。

① 铣平面。铣平面是铣削加工中最重要的工作之一，可以在卧式铣床或立式铣床上进行。

a. 在卧式铣床上铣平面。在卧式铣床上用圆柱形铣刀铣平面，称为周铣。周铣的特点是使用方便，在生产中常采用。

b. 在立式铣床上铣平面。在立式铣床上用面铣刀铣平面，称为端铣。

c. 其他铣平面的方法。在卧式铣床或立式铣床上采用三面刃圆盘铣刀铣台阶面；用立铣刀铣垂直面等。

② 铣斜面。铣斜面的加工方法主要有以下几种。

a. 偏转工件铣斜面。工件偏转适当的角度，使斜面转到水平的位置，然后就可按铣平面的各种方法来铣斜面。

b. 偏转铣刀铣斜面。这种方法通常在立式铣床或装有万能铣头的卧式铣床上进行，即使铣刀轴线倾斜成一定角度，工作台采用横向进给进行铣削。另外，在铣一些小斜面工件时，可采用角度铣刀进行加工。

③ 铣沟槽。在铣床上对各种沟槽进行加工是最方便的。

a. 铣开口式键槽。可在卧式铣床上用三面刃圆盘铣刀进行铣削（圆盘铣刀宽度应按键槽宽度来选择）。

b. 铣封闭式键槽。封闭式键槽一般是在立式铣床上用键槽铣刀或立铣刀进行铣削。

c. 铣 T 形槽。T 形槽应用较广，如铣床、钻床的工作台都有 T 形槽，用来安装紧固螺栓，以便于将夹具或工件紧固在工作台上。铣 T 形槽一般在立式铣床上进行。

d. 铣半圆键槽。铣半圆键槽一般在卧式铣床上进行。工件可采用 V 形架或分度头等安装。采用半圆键槽铣刀，铣槽形状由铣刀保证。

e. 铣螺旋槽。在铣削加工中，经常会遇到铣削螺旋槽的工作，如圆柱斜齿轮、麻花钻头、螺旋齿轮刀、螺旋铣刀等。铣削螺旋槽常在万能铣床上用分度头进行。

④ 成形法铣直齿圆柱齿轮的齿形。在铣床上铣削直齿圆柱齿轮可采用成形法。成形法铣齿刀的形状制成被切齿的齿槽形状，称为模数铣刀（或齿轮铣刀）。用于立式铣床的是柱状模数铣刀，用于卧式铣床的是盘状模数铣刀。

⑤ 铣成形面。在铣床上一般可用成形铣刀铣削成形面，也可以用附加靠模来进行成形面的仿形铣削。

（3）刨削加工

在刨床类机床上进行的切削加工称为刨削加工。在刨削加工时，对于牛头刨床，刀具的运动为主运动，工件运动为进给运动；对于龙门刨床，则工件运动为主运动，刀具的运动为进给运动。

牛头刨床的外形如图 1-20 所示。它因滑枕和刀架形似牛头而得名。牛头刨床的滑枕可沿床身导轨在水平方向做往复直线运动，使刀具实现主运动；刀架座可绕水平轴线调整至一定的角度位置，以便加工斜面；刀架可沿刀架座的导轨上下移动，以调整吃刀深度；工件可直接安装在工作台上，或安装在工作台上的夹具（如台虎钳等）中。加工时，工作台带着工件沿滑板的导轨做间歇的横向进给运动。滑板还可沿床身的竖直导轨上下移动，以调整工件与刨刀的相对位置。

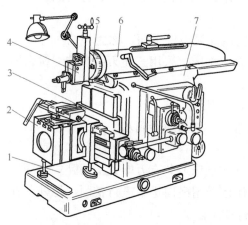

图 1-20 牛头刨床
1—底座；2—工作台；3—滑板；4—刀架；
5—刀架座；6—滑枕；7—床身

1）刨刀的结构特点及种类

刨刀的几何参数与车刀相似，但由于刨削时受到较大的冲击力，故一般刨刀刀杆的横截面积较车刀大 1.25 ～ 1.5 倍。刨刀的前角、后角均比车刀小，刃倾角一般取较大的负值，以提高刀具的强度，同时采用负倒棱。

刨刀往往做成弯头，这是因为当刀具碰到工件表面的硬点时，能绕 O 点转动，如图 1-21 所示，使刀尖离开工件表面，防止损坏刀具及已加工表面。

刨刀的种类很多，按加工形式和用途不同，一般有平面刨刀、偏刀、切刀、角度刀及成形刀。

2）刨刀的安装

刨刀安装正确与否将直接影响到工件的加工质量。如图 1-22 所示，安装时将转盘对准零线，以便准确控制吃刀深度。刀架下端与转盘底部基本对齐，以增加刀架的强度。刨刀的伸出长度一般为刀杆厚度的 1.5～2 倍。刨刀与刀架上锁紧螺栓之间通常加垫 T 形垫铁，以提高夹持稳定性。夹紧时夹紧力大小要合适，由于抬刀板上有孔，过大的夹紧力会压断刨刀。

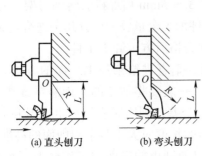

(a) 直头刨刀   (b) 弯头刨刀

图 1-21　弯头刨刀和直头刨刀的比较

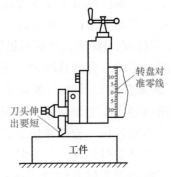

转盘对准零线

刀头伸出要短

工件

图 1-22　刨刀的正确安装

3）刨削加工的应用

由于牛头刨床的刀具在反向运动时不加工，浪费了不少时间；滑枕在换向的瞬间有较大的惯量，限制了主运动速度的提高，使切削速度较低；此外，在牛头刨床上通常只能单刀加工，不能用多刀同时切削，所以牛头刨床的生产率比较低。但在牛头刨床上加工时使用的刀具较简单。所以牛头刨床主要用于单件、小批生产或修理车间。

当加工表面较大时，若仍应用类似牛头刨床形式的机床，则滑枕悬伸过长，而且工作台的刚度也难以满足要求，这时就需应用龙门刨床。龙门刨床主要用来加工大平面，尤其是长而窄的平面，也可用来加工沟槽或同时加工几个中、小型零件的平面。应用龙门刨床进行精细刨削，可得到较高的精度和较小的表面粗糙度（表面粗糙度 Ra=0.32～2.5μm）。大型机床的导轨通常是用龙门刨床精细刨削来完成终加工工序的。使用刨床加工，刀具较简单，但生产效率往往不如铣削高（加工长而窄的平面例外），所以刨床主要用于单件、小批生产及机修车间，大批、大量生产中它往往被铣床所代替。在刨床上可以实现的工作有以下几种。

① 刨平面。

a. 刨平面时工件的装夹。小型工件可夹在平口虎钳上，较大的工件可直接固定在工作台上。若工件直接装夹在工作台上，则可用压板来固定，此时应分几次逐渐拧紧各个螺母，以免夹紧时工件变形。为使工件不致在刨削时被推动，需在工件前端加挡铁。如果所加工工件要求相对的面平行，相邻的面互成直角，则应采用平行垫块和垫圆棒夹紧。

b. 刨削的步骤。

首先，工件和刨刀安装正确后，调整升降工作台，使工件在高度上接近刨刀。

然后，根据工件的长度及安装位置，调整好滑枕和行程位置；调整变速手柄位置，调出所需的往返速度；调整棘轮机构，调出合适的进给量。

其次，再转动工作台的横向手柄，使工件移到刨刀下方，开动机床，慢慢转动刀架上的手柄，使刀尖和工件表面相接触，在工件表面上划出一条细线。

最后，移动工作台，使工件一侧退离刀尖 3～5mm 后停机。转动刀架，使刨刀达到所需的吃刀深度，然后开机刨削。若工件加工余量较大可分几次进给完成。

刨削完毕后，用量具测量工件尺寸，尺寸合格后方可卸下工件。

② 刨垂直面和斜面。刨垂直面是指用刀架垂直进给来加工平面的方法。为了使刨削时刨刀不会刨到平口虎钳和工作台，一般要将加工的表面悬空或垫空，但悬伸量不宜过长。若悬伸量过长，刀具刚度变差，刨削时容易产生让刀和振动现象。刨削时采用偏刀，安装偏刀时刨刀伸出的长度应大于整个刨削面的高度。

刨削时，刀架转盘的刻线应对准零线，以使刨出的平面和工作台平面垂直。为了避免回程时划伤工件已加工表面，必须将刀座偏转 10°～15°，这样抬刀板抬起时，刨刀会抬离工件已加工表面，并且可减少刨刀磨损。

刨削斜面的方法很多，常用的方法为倾斜刀架法，即将刀架倾斜一个角度，同时偏转刀座，用手转动刀架手柄，使刨刀沿斜向进给。刀架倾斜的角度是工件待加工斜面与机床纵向铅垂面的夹角。刀座倾斜的方向与刨垂直面时相同，即刀座上端偏离被加工斜面。

③ 刨沟槽。刨直槽可用车槽刀以垂直进给来完成，可根据槽宽分一次或几次刨出，各种槽均应先刨出窄槽。

在刨削 T 形槽时，先刨出各关联平面，并在工件端面和上平面上划出加工线。用车槽刀刨出直角槽，使其宽度等于 T 形槽槽口的宽度，深度等于 T 形槽的深度。然后用弯切刀刨削一侧的凹槽，刨好一侧再刨另一侧。刨燕尾槽的过程与刨 T 形槽相似。

④ 刨矩形零件。矩形零件要求对面平行，相邻两面垂直。其刨削步骤为：

a. 选择一个较大、较平整的平面作为底面定位，刨出精基准面。

b. 将精基准面贴紧在钳口一侧，在活动钳口与工件之间垫一圆棒，使夹紧力集中在钳口中部，然后刨第二平面（与精基准面垂直）。

c. 精基准面紧贴钳口，将工件转 180°，刨第三个平面。

d. 把精基准面放在平行垫铁上，固定工件，刨出第四个平面。

（4）磨削加工

磨削是在磨床上利用砂轮或其他磨具、磨料作为切削工具对工件进行加工的工艺过程。磨削加工所用设备主要为磨床，磨床的种类较多，按其加工特点及结构的不同，常见的主要有：平面磨床、外圆磨床、内圆磨床及工具磨床、抛光机等。

图 1-23 给出了 M1432A 型万能外圆磨床的结构，该磨床的使用性能与制造工艺性都比较好。其主要由床身、工作台、头架、尾座、砂轮架横向进给手轮和内圆磨具等组成。

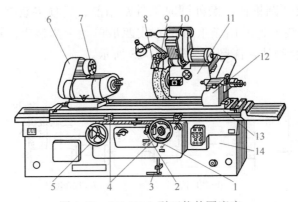

图 1-23　M1432A 型万能外圆磨床

1—横向进给手轮；2—快速手柄；3—脚踏操纵板；4—挡铁；5—工作台手轮；6—传动变速机构；7—头架；8—砂轮；9—切削液喷嘴；10—内圆磨具；11—砂轮架；12—尾座；13—工作台；14—床身

1）磨削运动及磨削用量

磨削运动是为了切除工件表面多余材料，加工出合格的、完整的表面，是磨具与工件之间必须产生的所有相对运动的总称。下面以磨削外圆柱面为例加以说明，如图 1-24 所示。

① 主运动。砂轮的高速旋转是主运动，用砂轮外圆的线速度 v_s 来表示，单位为 m/s。

② 圆周进给运动。指工件绕自身轴线的旋转运动，用工件回转时待加工表面的线速度 v_w 表示，单位为 m/s。

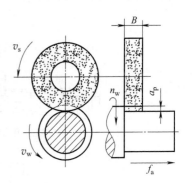

图 1-24　磨削时的运动

③ 纵向进给运动。指工作台带动工件做纵向往复运动，用工件每转一转沿自身轴线方向的移动量 f_a 表示，单位为 mm/r。

④ 横（径）向进给运动（背吃刀量）。工作台带动工件每一次纵向往复行程内，砂轮相对于工件的径向移动的距离 a_p 称为背吃刀量，单位为 mm。

2）磨削加工的应用

磨削属精加工，能加工平面，内、外圆柱表面，内、外圆锥表面，内、外螺旋表面，齿轮齿形及花键等成形表面，还能刃磨刀具和进行切断钢管、去除铸件或锻件的硬皮及粗磨表面等粗加工。磨削以平面磨削、外圆磨削和内圆磨削最为常用，这些表面的加工都必须在相对应的平面磨床、外圆磨床、内圆磨床上进行。

① 磨平面。磨削平面一般在平面磨床上进行。钢和铸铁等导磁性工件可直接装夹在有电磁吸盘的机床工作台上。非导磁性工件，要用精密平口钳或导磁直角铁等夹具装夹。根据磨削时砂轮工作表面的不同，磨削平面的工艺方法有两种，即周磨法和端磨法。

② 磨外圆及外圆锥面。磨外圆时工件常用前、后顶尖装夹，用夹头带动旋转，还可用心轴装夹，或用三爪自定心或四爪单动卡盘装夹。磨削方法有纵磨法、横磨法、综合磨法、深磨法，如图 1-25 所示。

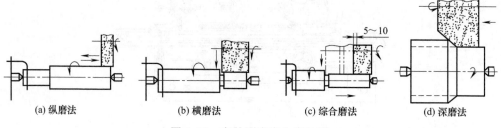

(a) 纵磨法　　　(b) 横磨法　　　(c) 综合磨法　　　(d) 深磨法

图 1-25　在外圆磨床上磨外圆

磨外圆锥面时可采用转动工作台，转动头架、砂轮架和用角度修整器修整砂轮等方法，如图 1-26 所示。

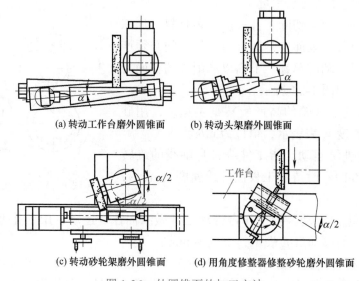

(a) 转动工作台磨外圆锥面　　　(b) 转动头架磨外圆锥面

(c) 转动砂轮架磨外圆锥面　　　(d) 用角度修整器修整砂轮磨外圆锥面

图 1-26　外圆锥面的加工方法

③ 磨内圆柱孔。内圆柱孔的磨削可以在内圆磨床上进行，也可以在万能外圆磨床上用内圆磨头进行磨削。磨内孔时，一般都用卡盘夹持工件外圆，其运动与磨外圆时基本相同，但砂轮的旋转方向与前者相反。磨削的方法有两种：纵向磨和切入磨，如图 1-27 所示。

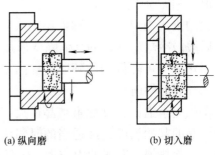

(a) 纵向磨　　　　　　　(b) 切入磨

图 1-27　磨内孔方法

1.3.2　常见热加工工艺

在金属加工中，以高于金属再结晶温度进行的加工称为热加工。常见的热加工主要有热处理、表面处理、铸造、锻造等加工工艺方法。

（1）热处理

金属材料的热处理是一种将金属材料在固态下加热到一定温度并在这个温度停留一段时间，然后把它放在水、盐水或油中迅速冷却到室温，从而改善其机械性能的工艺方法。

热处理主要有两方面的作用：一是获得零件所要求的使用性能，如提高零件的强度、韧性和使用寿命等；二是作为零件加工过程中的一个中间工序，消除生产过程中妨碍继续加工的某些不利因素（如改善切削加工性、冲压性），以保证继续加工正常进行。

金属材料热处理的原理就是通过控制材料的加热温度、保温时间和冷却速度，使材料内部组织和晶粒粗细产生需要的变化，从而获得所加工零件需要的力学性能。按热处理材料的不同，主要分钢的热处理及有色金属的热处理两种。其中，钢的热处理应用最为广泛。

实际操作中，热处理方法分普通热处理和表面热处理两大类，常用钢的热处理方法见图 1-28。

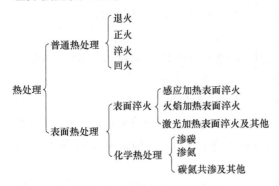

图 1-28　钢的热处理方法

1）普通热处理

普通热处理方法可分为退火、正火、淬火和回火四种，俗称"四把火"。

① 退火。退火是将材料加热到某一温度范围，保温一定时间，然后缓慢而均匀地冷却到室温的操作过程。根据不同的目的，退火的规范也不同，所以退火又分为去应力退火、

球化退火和完全退火等。

钢的去应力退火，又称低温退火，加热温度大约是 500～650℃，保温适当时间后缓慢冷却。其目的是消除变形加工、机械加工等产生的残余应力。

球化退火可降低钢的硬度，提高塑性，改善切削性能，减少钢在淬火时发生变形和开裂的倾向。

钢的完全退火，又称重结晶退火，即加热温度比去应力退火高，当达到或超过重结晶的起始温度，经适当的时间保温后再缓慢冷却。完全退火的目的是细化晶粒，消除热加工造成的内应力，降低硬度。

② 正火。正火是将钢件加热到临界温度以上，保持一段时间，然后在空气中冷却，其冷却速度比退火快。正火的目的是细化组织，增加强度与韧性，减少内应力，改善切削性能。

正火与完全退火加热温度、保温时间相当，主要不同在于冷却速度。正火为自然空冷（快），完全退火为控制炉冷（慢），因此同一材料，正火后强度、硬度要高。表 1-4 为常用结构钢完全退火及正火工艺规范。

表1-4　常用结构钢完全退火及正火工艺规范

钢号	完全退火				正火			
	加热温度/℃	保温时间/h	冷却速度/（℃/h）	冷却方式	加热温度/℃	保温时间/h	冷却方式	硬度（HBS）
20	880～900		≤100		890～920			<156
35	850～880		≤100		860～890			<165
45	800～840		≤100	炉冷至500℃以下出炉空冷	840～870			170～217
20Cr	860～890	2～4	≤80		870～900	透烧	空冷	≤270
40Cr	830～850		≤80		850～870			179～217
35CrMo	830～850		≤80		850～870			—
20CrMnMo	850～870		≤80		880～930			190～228

③ 淬火。淬火是将材料加热到某一温度范围保温，然后以较快的速度冷却到室温，使材料转变成马氏体或下贝氏体组织的操作过程。淬火方法有：普通淬火、分级淬火及等温淬火等。

④ 回火。回火是将已淬火钢件重新加热到奥氏体转变温度以下的某一温度并保温一定时间后再以适当方式（空冷、油冷）冷至室温。

钢的回火是紧接淬火的后续工序，一般都是在淬火之后马上进行，工艺上都要求淬火后多少小时必须进行。回火方法有：低温回火（加热温度在150～250℃）、中温回火（加热温度在 350～500℃）、高温回火（加热温度在500～650℃）三种。

回火的目的是为了减少或消除淬火应力，提高塑性和韧性，获得强度与韧性配合良好的综合力学性能，稳定零件的组织和尺寸，使其在使用中不发生变化。

⑤ 调质。淬火和高温回火的双重热处理方法称为调质。调质是热处理中一项极其重要的工艺，通过调质处理可获得强度、硬度、塑性和韧性都较好的综合力学性能，主要用于结构钢所制造的工件。

2）表面热处理

表面热处理就是通过物理或化学的方法改变钢的表层性能，以满足不同的使用要求。常用的表面热处理方法有以下几种。

① 表面淬火。表面淬火是将钢件的表面层淬透到一定的深度，而中心部分仍保持淬火前状态的一种局部淬火方法。它是通过快速加热，使钢件表层很快达到淬火温度，在热量来不及传到中心时就迅速冷却，实现表面淬火。

表面淬火的目的在于获得高硬度的表面层和具有较高韧性的内层，以提高钢件的耐磨性和疲劳强度。

② 渗碳。为增加低碳钢、低合金钢等的表层含碳量，在适当的媒剂中加热，将碳从钢表面扩散渗入，使表面层成为高碳状态，并进行淬火使表层硬化，在一定的渗碳温度下，加热时间越长，渗碳层越厚。根据钢件要求的不同，渗碳层的厚度一般在 0.5 ~ 2mm 之间。

③ 渗氮。渗氮通常是把已调质并加工好的零件放在含氮的介质中在 500 ~ 600℃的温度内保持适当时间，使介质分解而生成的新生态氮渗入零件的表面层。渗氮的目的是提高工件表面的硬度、耐磨性、疲劳强度和抗咬合性，提高零件抗大气、过热蒸气腐蚀的能力，提高耐回火性，降低缺口敏感性。

（2）表面处理

金属表面处理是一种通过处理使金属表面生成一层金属或非金属覆盖层，用以提高金属工件的防腐、装饰、耐磨或其他功能的工艺方法。金属表面处理的方法有以下几种。

① 电镀。电镀是一种在工件表面通过电沉积的方法生成金属覆盖层，从而获得装饰、防腐及某些特殊性能的工艺方法。根据工件对耐腐蚀性能的要求，镀层可分为阳极镀层和阴极镀层两种，阳极镀层能起到电化学保护基体金属免受腐蚀的作用，阴极镀层只有当工件被镀层全部覆盖且无孔隙时，才能保护基体金属免受腐蚀。

② 化学镀。化学镀是借助于溶液中的还原剂使金属离子被还原成金属状态，并沉积在工件表面上的一种镀覆方法，其优点是任何外形复杂的工件都可获得厚度均匀的镀层，镀层致密，孔隙小，并有较高的硬度，常用的有化学镀铜和化学镀镍。

③ 化学处理。化学处理是将金属置于一种化学介质中，通过化学反应，在金属表面生成一种化学覆盖层，使其获得装饰、耐蚀、绝缘等不同的性能。常用

的金属表面化学处理方法有氧化和磷化处理。氧化和磷化对工件精度无影响，氧化主要用于机械零件及精密仪器、仪表的防护与装饰，磷化的耐腐蚀性能高于氧化，并且具有润滑性和减摩性及较高的绝缘性，主要用于钢铁工件的防锈及硅钢片的绝缘等。

钢的氧化处理是将钢件放在空气-水蒸气或化学药物中，室温或加热到适当温度，使其表面形成一层蓝色或黑色氧化膜，以改善钢的耐腐蚀性和外观的处理工艺，又叫发蓝处理。

④ 阳极氧化处理。在含有硫酸、草酸或铬酸的电解液中，将金属工件作为阳极，电解后使其表面氧化而生成一层坚固的氧化膜，这种方法适用于铝、锆等金属的表面处理。常用的铝及其合金的阳极氧化处理的作用是提高工件的抗蚀性、装饰性与耐磨性。阳极氧化处理广泛应用于航空、机械、电子、电器等工业。用于抗蚀与装饰时氧化膜厚度为 $10 \sim 20\mu m$，用于提高耐磨性时氧化膜厚度为 $60 \sim 200\mu m$。

（3）铸造

铸造是将液体金属浇铸到与零件形状相适应的铸造空腔中，待其冷却凝固后，获得零件或毛坯的加工工艺方法。采用铸造工艺生产的零件称为铸件，铸件在毛坯中占有很大的比例。

铸造生产具有应用广、材料省、成本低的优点，但也存在着铸造组织较为粗糙、劳动条件较差、细长件和薄件较难铸造等缺点。随着机器造型和特种铸造方法的出现，这些问题正被逐渐克服。

铸造生产方法有多种，通常分为砂型铸造和特种铸造。其中，砂型铸造是应用最广泛、最基本的铸造方法。

1）砂型铸造生产工艺过程

砂型铸造的生产工艺过程主要包括：模样、芯盒、型砂、芯砂的制备，造型、造芯，合箱，熔化金属及浇注，落砂、清理及检验等，其工艺过程如图 1-29 所示。

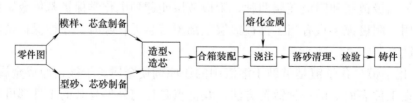

图 1-29　砂型铸造生产工艺过程

2）铸型的结构

以应用最多的两箱造型方法为例，铸型结构如图 1-30 所示。铸型主要包括上、下砂箱，形成型腔的砂型、型芯以及浇注系统等。上、下砂箱多为金属框架。

金属液体在砂型里的通道称为浇注系统，主要包括浇口、冒口两大部分。浇口依次序包括浇口杯、直浇道、横浇道、内浇道四个部分，如图1-31所示。浇口杯引导液体进入浇注系统。直浇道引入横浇道并调节静压。横浇道引入内浇道，并撇渣、挡渣。内浇道引入型腔，可控制浇注速度和方向。

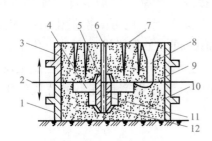
图 1-30　铸型结构
1—下砂箱；2—分型面；3—上砂箱；4—型箱；
5，11—型芯；6—型芯通气孔；7—出气孔；8—浇注
系统；9—上砂型；10—下砂型；12—型芯座

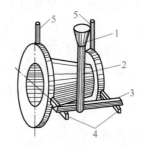
图 1-31　中间注入式浇注系统
1—浇口杯；2—直浇道；3—横浇道；
4—内浇道；5—出气口

3）铸铁的熔炼

铸件中铸铁件占大多数，约占60%～70%。其余为铸钢件、有色金属铸件。目前铸铁的熔炼设备主要是冲天炉及感应电炉。

冲天炉炉料为新生铁、回炉旧铸铁件、废钢等，燃料主要是焦炭，也有用煤粉的。熔剂常用的有石灰石（$CaCO_3$）和氟石（CaF_2）等。

熔炼时先以木柴引火烘炉，烧旺。加入焦炭至一定高度形成底焦，鼓风烧旺。再依一定的比例，按熔剂、金属料、焦炭的顺序加料。铁液和炉渣分别由前炉的出铁槽和出渣口排出。

4）铸铁的浇注

浇注是将金属熔液浇入铸型，若操作不当，则容易引发安全事故，也影响铸件质量。

浇注前要充分做好准备，清理浇注场地，安排被浇注砂箱等。浇注前还要控制正确的浇注温度，各种金属浇注不同厚度的铸件，应采用不同的浇注温度，铸铁件一般为1250～1350℃，采用适中的浇注速度。浇注速度与铸件大小、形状有关，但浇注开始和快结束时都要慢速浇注，前者可减少冲击，也有利于型腔中空气的逸出，后者将减少金属液体对上砂箱的顶起力。

（4）锻造

锻造是使金属材料在外力（静压力或冲击压力）的作用下发生永久变形的一种加工方法。锻造可以改变毛坯的形状和尺寸，也可以改善材料的内部组织，提高锻件的物理性能和力学性能。锻造生产可以为机械制造工业及其他工业提供各

种机械零件的毛坯。一些受力大、要求高的重要零件，如汽轮机、发电机的主轴、转子、叶轮、叶片，轧钢机轧辊，内燃机曲轴、连杆，齿轮、轴承、刀具、模具以及国防工业方面所需要的重要零件等，都采用锻造生产。

锻造与其他机械加工方法相比，具有显著的特点：节约金属材料，能改善金属材料的内部组织、力学性能和物理性能，提高生产率，增加零件的使用寿命。另外，锻造生产的通用性强，既可单件、小批量生产，也可大批量生产。因此，锻造生产广泛地应用于冶金、矿山、汽车、拖拉机、工程机械、石油、化工、航空、航天、武器等行业。锻造生产能力及其工艺水平的高低，在一定程度上反映了一个国家的工业水准。在现代机械制造业中，锻造生产具有不可替代的重要地位。

1）锻造的种类

① 按毛坯锻打时的温度分类

a. 热锻。将坯料加热到一定温度再进行锻造称为热锻，是目前应用最为广泛的一种锻造工艺。

b. 冷锻。将坯料在常温下进行锻造称为冷锻，如冷镦和冷挤压等。冷锻所需的锻压设备吨位较大。冷锻可以获得较高精度和强度以及表面粗糙度值较小的锻件。

c. 温锻（又称半热锻）。坯料加热的温度小于热锻时的温度。它所需要的设备吨位较冷锻小，可锻造强度较高和表面较粗糙的锻件，是目前正在发展中的一种新工艺。

② 按作用力分类

a. 手工锻造（手锻）。依靠手锻工具和人力的打击，在铁砧上将毛坯锻打成预定形状的锻件。常用于修配零件和学习训练等。

b. 机器锻造（机锻）。依靠锻造工具在各种锻造设备上将坯料制成锻件。按所用的设备和工具不同，又可分为自由锻造、模型锻造、胎模锻造和特种锻造四类。其中，模型锻造、胎模锻造和特种锻造是在自由锻造的基础上发展起来，通过在专门的锻造设备上配合使用不同结构形式的专用锻模而生产模锻件的锻造工艺。

2）自由锻的基本工序

自由锻造简称自由锻，它是将加热到一定温度的金属坯料放在自由锻造设备上、下砧之间进行锻造，由操作者控制金属的变形而获得预期形状的锻件。它适用于单件、小批量生产。

自由锻加工工序可分为基本工序和辅助工序。基本工序主要有镦粗、拔长、冲孔、弯曲，其次有扭转、错移、切割等。若锻件形状较为复杂，锻造过程就需由几个工序组合而成。辅助工序主要有切肩、压痕、精整（其中包括揣圆、平整、矫直等）。常用工序如图 1-32 所示。

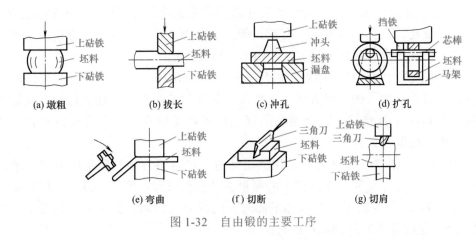

图 1-32 自由锻的主要工序

1.3.3 机械加工精度

零件经机械加工后的实际尺寸、表面形状、表面相互位置等几何参数符合于其理想的几何参数的程度称为机械加工精度。两者不符合的程度称为加工误差。加工误差越小，加工精度越高。

（1）零件的加工精度

① 尺寸精度。尺寸精度是指加工后零件的实际尺寸与理想尺寸的符合程度。理想尺寸是指零件图上所注尺寸的平均值，即所注尺寸的公差带中心值。尺寸精度用标准公差等级表示，分为 20 级。

② 形状精度。加工后零件表面实际测得的形状和理想形状的符合程度。理想形状是指几何意义上的绝对正确的圆柱面、圆锥面、平面、球面、螺旋面及其他成形表面。形状精度等级用形状公差等级表示，分为 12 级。

③ 位置精度。它是加工后零件有关表面相互之间的实际位置和理想位置的符合程度。理想位置是指几何意义上绝对的平行、垂直、同轴和绝对准确的角度关系等。位置精度用位置公差等级表示，分为 12 级。

零件表面的尺寸、形状、位置精度有其内在联系，形状误差应限制在位置公差内，位置公差要限制在尺寸公差内。一般尺寸精度要求高，其形状、位置精度要求也高。

（2）获得尺寸精度的方法

机械加工中，获得尺寸精度的方法有试切法、定尺寸刀具法、调整法和自动控制法四种。

① 试切法。试切法就是通过试切→测量→调整→再试切的反复过程来获得尺寸精度的方法。它的生产效率低，同时要求操作者有较高的技术水平，常用于

单件及小批量生产中。

② 定尺寸刀具法。加工表面的尺寸由刀具的相应尺寸保证的一种加工方法，如钻孔、铰孔、拉孔、攻螺纹、套螺纹等。这种方法控制尺寸十分方便，生产率高，加工精度稳定。其加工精度主要由刀具精度决定。

③ 调整法。它是按工件规定的尺寸预先调整机床、夹具、刀具与工件的相对位置，再进行加工的一种方法。工件尺寸是在加工过程中自动获得的，其加工精度主要取决于调整精度。调整法广泛应用于各类自动机、半自动机和自动线上，适用于成批及大量生产。

④ 自动控制法。这种方法是用测量装置、进给装置和控制系统组成一个自动加工的循环过程，使加工过程中的测量、补偿调整和切削等一系列工作自动完成。图 1-33（a）为磨削法兰肩部平面时，用百分表自动控制尺寸 h 的方法。图 1-33（b）是磨外圆时控制轴径的方法。

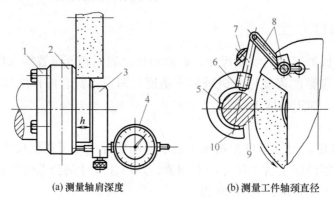

(a) 测量轴肩深度　　　　　(b) 测量工件轴颈直径

图 1-33　自动控制加工法

1—磨用夹具；2—工件；3—百分表座；4，7—百分表；5，10—硬质合金支点；
6—触头；8—弹簧支架；9—工件

（3）获得零件几何形状精度的方法

零件的几何形状精度，主要由机床精度或刀具精度来保证。如车圆柱类零件时，其圆度及圆柱度等几何形状精度，主要取决于主轴的回转精度、导轨精度及主轴回转轴线与导轨之间的相对位置精度。

（4）获得零件的相互位置精度的方法

零件的相互位置精度，主要由机床精度、夹具精度和工件的装夹精度来保证。如在车床上车工件端面时，其端面与轴心线的垂直度取决于横向溜板送进方向与主轴轴心线的垂直度。

1.3.4　工件的定位及夹紧

在切削加工中，要使工件的各个加工表面的尺寸、形状及位置精度符合规定要求，必须使工件在机床或夹具中占有一个确定的位置。使工件在机床上或夹具中占有正确位置的过程称为定位。使工件保持定位后正确的位置，当切削加工时，不使零件因切削力的作用而产生位移的过程称为夹紧。工件的定位可以通过找正实现，也可以由工件上的定位表面与夹具的定位元件接触来实现，而工件的夹紧则是通过夹紧装置来实现的。

（1）工件的定位原理

物体在空间的任何运动都可以分解为相互垂直的空间直角坐标系中的六种运动。其中三个是沿三个坐标轴的平行移动，分别以 $\vec{x}$、$\vec{y}$ 及 $\vec{z}$ 表示；另三个是绕三个坐标轴的旋转运动，分别以 $\hat{x}$、$\hat{y}$ 及 $\hat{z}$ 表示，如图 1-34 所示。这六种运动的可能性，称为物体的六个自由度。

在夹具中适当地布置六个支承，使工件与六个支承接触，就可限制工件的六个自由度，使工件的位置完全确定。这种采用布置恰当的六个支承点来限制工件六个自由度的方法，称为"六点定位"，如图 1-35 所示。

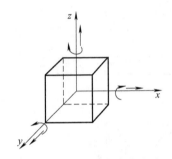

图 1-34　物体的六个自由度

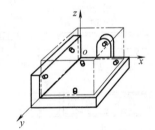

图 1-35　六点定位原理

在图 1-35 中，xoy 坐标平面上的三个支承点限制了工件的 $\vec{x}$、$\vec{y}$ 及 $\hat{z}$ 3 个自由度；yoz 坐标平面的两个支承点限制了 $\hat{x}$ 及 $\hat{z}$ 2 个自由度；xoz 坐标平面上的一个支承点限制了 $\hat{y}$ 1 个自由度。这种必须使定位元件所相当的支承点数目刚好等于6，且按 3∶2∶1 的数目分布在 3 个相互垂直的坐标平面上的定位方法称为六点定则，或称为六点定位原理。工件的定位原理是通过六点定位原理来实现的。

（2）常用的定位方法及定位元件

1）平面定位

工件以平面作定位基准，是常见的定位方式，如加工箱体、机座、平板、盘类零件时，常以平面定位。

当工件以一个平面为定位基准时，一般不以一个完整的大平面作为定位元件的工作接触表面，常用三个支承钉或两三个支承板作定位元件。

① 支承钉。支承钉主要用于毛坯平面定位。图 1-36（a）、图 1-36（b）中所示分别为球头钉及尖头钉，可减小与工件接触面；图 1-36（c）为网纹顶面支承

钉，能增大与工件之间的摩擦力；图 1-36（d）、图 1-36（e）为可调支承钉。当各批毛坯尺寸及形状变化很大时，可调节其高度，调节后用螺母锁紧。

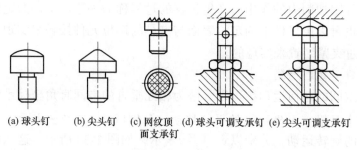

(a) 球头钉　(b) 尖头钉　(c) 网纹顶　(d) 球头可调支承钉 (e) 尖头可调支承钉
面支承钉

图 1-36　支承钉

② 支承板。支承板主要用于已加工过的大、中型工件的定位基准。它有 A 型和 B 型两种结构，如图 1-37 所示。其中 B 型接触面积小，有碎屑时不易影响定位精度。

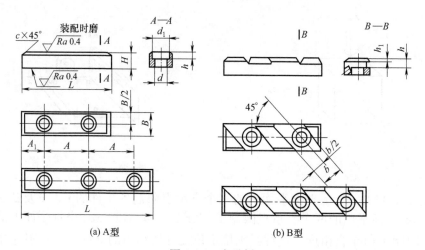

(a) A型　　　　　　　　　(b) B型

图 1-37　支承板

2）圆柱孔定位

利用工件上的圆柱孔作定位基准，也是常见的定位方式之一，根据所定位圆柱孔长短的不同，又可分为长圆柱孔定位及短圆柱孔定位两种。

① 长圆柱孔定位。长圆柱孔定位是用相对于直径有一定长度的孔定位，是能限制工件 4 个自由度的定位方法。定位元件有刚性心轴与自动定心心轴两大类。其中，刚性心轴与工件孔的配合，可采用过盈配合、间隙配合或小锥度心轴。

当工件定位孔的精度很高，且要求定位精度很高时，可采用具有较小过盈量的过盈配合。心轴的结构如图 1-38（a）所示。由导向部分盘起引导作用，使工件能迅速套上心轴。

图 1-38（b）为间隙配合心轴结构，以心轴轴肩端面做小平面定位，工件由螺母做轴向夹紧。心轴直径与工件孔一般采用 H7/e7、H7/f6 或 H7/g5 的配合。间隙配合使装卸工件比较方便，但也形成了工件的定位误差。

图 1-38（c）为小锥度心轴。其锥度 C=1/5000 ～ 1/1000，工件套入心轴需要大端压入一小段距离，以产生部分过盈，提高定位精度。小锥度心轴消除了间隙，并且能方便地装卸工件。

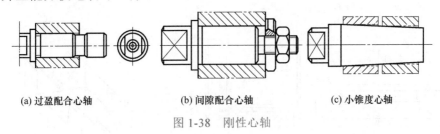

(a) 过盈配合心轴   (b) 间隙配合心轴   (c) 小锥度心轴

图 1-38　刚性心轴

图 1-39 所示为自动定心心轴。该心轴的两端Ⅰ-Ⅰ、Ⅱ-Ⅱ截面处都有三块一组的滑块。旋动螺母，由于斜面 A 与 B 的作用，两组滑块同时向外撑紧内孔，使孔得到自动定心。

② 短圆柱孔定位。短圆柱孔定位是定位孔与定位元件的接触长度较短的一种定位方法。它一般需要与其他定位方法同时使用。其定位元件是短定位销及短圆柱，如图 1-40 所示。

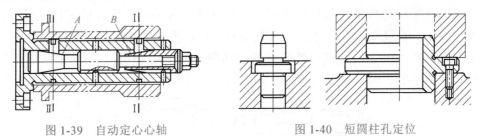

图 1-39　自动定心心轴   图 1-40　短圆柱孔定位

3）外圆柱面定位

工件以外圆柱面定位，可分长、短圆柱表面定位。定位方法有以下几种。

① 自动定心定位。三爪自定心卡盘、弹簧夹头及双 V 形架自动定心装置都属于这种定位。这种定位方法一般用于长圆柱表面定位，如图 1-41 所示。

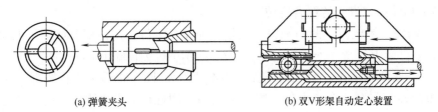

(a) 弹簧夹头   (b) 双V形架自动定心装置

图 1-41　外圆柱面的自动定心

② 定位套定位。如图 1-42（a）为短圆柱套定位；图 1-42（b）为长圆柱套定位。

③ V 形架定位。工件以 V 形架作定位元件，不仅安装方便，且对中性好。不论定位基准如何，均可保证工件定位基准线（轴线）落在两斜面的对称平面上，即 x 轴方向定位误差为零。但当圆柱直径大小有变化时，在 z 轴方向有定位误差。其定位情况如图 1-43 所示。

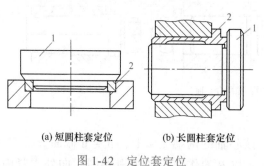

(a) 短圆柱套定位　　(b) 长圆柱套定位

图 1-42　定位套定位
1—工件；2—定位套

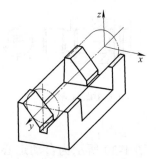

图 1-43　圆柱体在 V 形架中定位

V 形架有长、短之分，短 V 形架仅限制 2 个自由度；长 V 形架可限制 4 个自由度。为减小工件与 V 形架的接触面积，可将长 V 形架做成两个短 V 形架。

4）锥孔定位

锥孔定位有长锥孔与短锥孔定位。长锥孔一般采用锥度心轴定位，可限制 5 个自由度。锥度较小时，工件不再做轴向定位，不夹紧就可进行切削力较小的加工。锥度较大的工件应进行轴向夹紧，如图 1-44（a）所示。如果工件的定位表面是外圆锥面，可采用定位套定位，如图 1-44（b）所示。

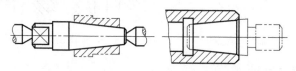

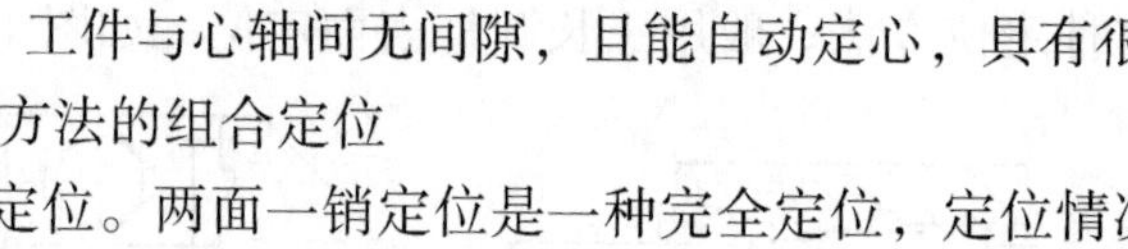

(a) 工件以长锥孔定位　　(b) 工件以外圆锥面定位

图 1-44　长锥孔、外圆锥面定位

锥孔定位时，工件与心轴间无间隙，且能自动定心，具有很高的定心精度。

5）几种定位方法的组合定位

① 两面一销定位。两面一销定位是一种完全定位，定位情况如图 1-45 所示。工件底面做三点定位，右侧面做两点定位，削边销仅限制 $\bar{y}$ 向自由度。

② 一面两销定位。定位情况如图 1-46 所示。图中工件大平面限制 3 个自由度，短圆柱销限制 2 个自由度。削边销限制绕圆柱销 1 转动的自由度。削边销既可保证定位精度，又可补偿两定位销的销距误差。

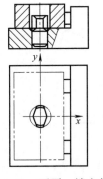

图 1-45 两面一销定位

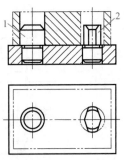

图 1-46 一面两销定位

1—圆柱销；2—削边销

③ 平面、短 V 形架及削边销定位。这种定位如图 1-47 所示。工件的大端面限制 3 个自由度；短 V 形架做两点定位，削边销限制绕轴线转动的自由度。

（3）工件的夹紧

工件在夹具上正确定位后，还必须通过夹紧装置来固定工件，使其保持正确的位置，当切削加工时，不使零件因切削力的作用而产生位移，从而保证零件的加工质量。常用的夹紧装置主要有以下几种。

① 斜楔夹紧机构。图 1-48 为斜楔夹紧机构，由螺杆 1、楔块 2、铰链压板 3、弹簧 4 和夹具体 5 组成。当转动螺杆时，推动楔块向前移动，铰链压板转动而夹紧工件。

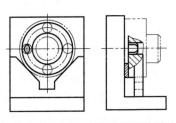

图 1-47 平面、短 V 形架及削边销定位

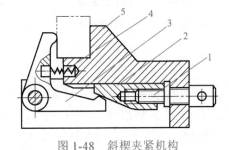

图 1-48 斜楔夹紧机构

1—螺杆；2—楔块；3—铰链压板；4—弹簧；5—夹具体

② 螺钉夹紧机构。螺钉夹紧机构如图 1-49 所示。它通过旋转螺钉直接压在工件上，螺钉前端的圆柱部分通常淬硬。为了防止拧紧螺钉时其头部压伤工件表面，常制成压块与螺钉浮动连接。压块结构见图 1-50。

③ 螺母夹紧机构。当工件以孔定位时，常用螺母夹紧。该机构具有增力大、自锁性好的特点，很适合于手动夹紧。它夹紧缓慢，在快速机动夹紧中应用很少，常见结构如图 1-51 所示。

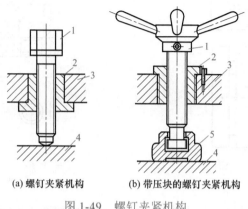

(a) 螺钉夹紧机构　　　　(b) 带压块的螺钉夹紧机构

图 1-49　螺钉夹紧机构

1—手柄；2—套；3—夹具；4—工件；5—压块

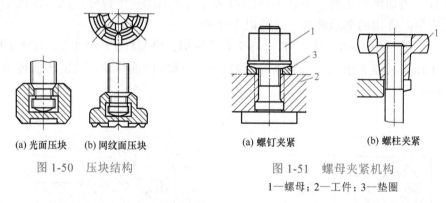

(a) 光面压块　　(b) 网纹面压块　　　　(a) 螺钉夹紧　　(b) 螺柱夹紧

图 1-50　压块结构　　　　　图 1-51　螺母夹紧机构

1—螺母；2—工件；3—垫圈

④ 螺旋压板夹紧机构。螺旋压板夹紧机构是螺旋机构与压板及其他机构组合成的复合式夹紧机构。图 1-52（a）（b）（c）的螺旋压紧位于中间，螺母下用球面垫圈，压板尾部的支柱顶端也做成球面，以便在夹紧过程中做少量偏转。图 1-52（d）是 L 形压板，结构紧凑，但夹紧力小。图 1-52（e）是可调高度压板，适应性广。图 1-52（f）的螺旋压紧机构可在夹紧过程中做少量偏转及高度调整。

⑤ 偏心夹紧机构。偏心夹紧机构是利用转动中心与几何中心偏移的圆盘或轴作为夹紧元件进行夹紧的。常用的偏心结构有带手柄的偏心轮［图 1-53（a）（b）（g）］、偏心凸轮［图 1-53（c）（d）］和偏心轴［图 1-53（e）］、偏心压板［图 1-53（f）］。

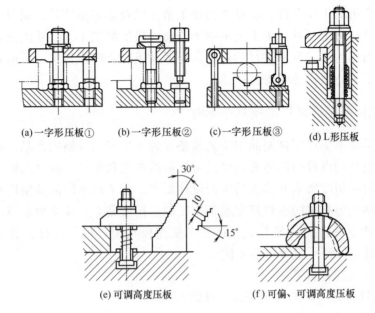

(a) 一字形压板① (b) 一字形压板② (c) 一字形压板③ (d) L 形压板

(e) 可调高度压板　(f) 可偏、可调高度压板

图 1-52　螺旋压板夹紧机构

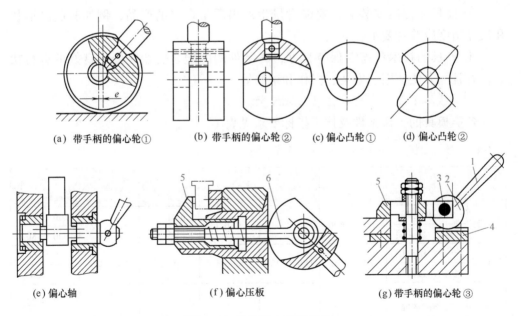

(a) 带手柄的偏心轮① (b) 带手柄的偏心轮② (c) 偏心凸轮① (d) 偏心凸轮②

(e) 偏心轴　(f) 偏心压板　(g) 带手柄的偏心轮③

图 1-53　常用偏心夹紧机构

1—手柄；2—偏心轮；3—轴；4—槽块；5—压板；6—拉杆

1.4　模具加工工艺基础

模具恶劣的工作条件，高精密的加工精度以及非定型产品，属单件生产的方式，这些特性决定了其加工工艺不同于普通的机械加工工艺，并由此形成了自身的特色。而作为模具制造过程的重要参与者及组织者的模具工，了解并熟练掌握模具加工工艺是很有必要的。

1.4.1　模具的工作条件及技术指标要求

模具是批量生产零件制品的工艺装备。为了生产出合格的产品，在模具生产过程中，模具的设计与制造必须要具有较高的精度和质量。模具的精度取决于模具成形的制品精度要求和模具的结构设计要求。为了保证制品的精度和质量，模具中与制品成形有关的零件精度通常要比制品精度高 2 ～ 4 个数量级。此外，模具作为制造业的上游先导行业，还要求采用模具生产的零部件，具有高效、节材、成本低、保证质量等一系列优点。

（1）模具的基本要求

① 模具应有一定的使用寿命，且成本要低。

② 模具要能正确而顺利地安装在相应的成形设备上，即模具的闭合高度、安装槽孔尺寸以及顶件杆和模板尺寸要与所用设备（压力机、注射机、压铸机、模锻设备）相匹配。

③ 模具在使用安装后，要能批量生产出质量合格的产品，例如其制品形状和尺寸精度应符合要求。

④ 模具的技术状态要保持良好，各零件间的配合要始终处于良好的运行状态，并且能方便使用、安装、操作和维修等。

（2）模具的工作条件及主要技术指标

各类模具的工作条件及技术指标要求见表 1-5。

表 1-5　各类模具的工作条件及主要技术指标要求

模具种类和名称		型面受力 /MPa	工作温度 /℃	型面粗糙度 Ra/μm	尺寸精度 /mm	硬度 （HRC）	寿命（参考） /万件
冲模	一般钢冲模	200 ～ 600	室温	< 0.8	0.01 ～ 0.05	58 ～ 62	100 ～ 300
	硬质合金冲模						4000 ～ 8000
塑料模	一般钢塑料模	70 ～ 150	180 ～ 200	≤ 0.4	0.01	35 ～ 40	40 ～ 60
	合金钢塑料模						> 100
合金压铸模	中小型铝合金件用压铸模	300 ～ 500	600	≤ 0.4	0.01	42 ～ 48	10 ～ 20
	中大型铝合金件用压铸模						5 ～ 7

续表

模具种类和名称		型面受力/MPa	工作温度/℃	型面粗糙度Ra/μm	尺寸精度/mm	硬度(HRC)	寿命(参考)/万件
锻模	热锻模	300～800	700(表面)	≤0.8	0.02	40～48	≥1(机锻)
	冷锻模	1000～2500	室温	<0.8	0.01	58～64	>2
粉末冶金模		400～800	室温	<0.4	0.01	58～62	>4

注：① 表内数据只供参考。
② 冲模一次刃磨可冲37万次以上。

1.4.2 模具的生产过程

模具的生产过程是从接受客户产品图（或样品）和相关的技术资料、技术要求并与客户签订模具制造合同起，至试模合格交付商品模具和进行售后服务全过程的总称。

（1）模具的生产流程

模具的生产流程一般是：制品工艺性加工分析→模具设计→制造工艺规程的制定→模具原材料的采购→生产准备→零件坯件的加工→模具零件的制作→零件的热处理→零件的检验→模具的装配→试模与调整→验收交付用户使用。

（2）模具生产过程的工作内容

模具生产过程中各环节的工作内容及责任单位见表1-6。

表1-6 模具生产过程的内容及责任单位

步序	生产过程	工作内容与要求	责任部门
1	产品与制件结构工艺性分析	根据用户合同及要求，对所要加工的制品零件实物或图样，进行认真的分析与研究。根据制品形状、大小、尺寸精度要求，首先初步确定模具结构形式和精度，并结合本企业设备及技术条件和能力，确定有无加工、生产的可能性	模具销售及模具设计、工艺人员
2	模具设计	根据产品零件图，制定加工工艺方案、所需模具套数，并设计出模具总图、零件图，标明尺寸、精度、表面粗糙度及材料热处理要求等。绘出图样，经审核、会签后交由管理部门	模具设计人员
3	制定工艺规程	工艺人员接到模具设计图样后，制定模具制造工艺规程，并根据本企业的设备、技术能力，编制出模具与零件制造工业路线、加工工艺及工序卡片，并规定出所用材料、工具、标准件，供采购人员采购。编出零件加工，模具装配、调试的工序卡片，供生产加工及检验，作为进行技术准备、组织生产、指导生产的依据	工艺设计人员

续表

步序	生产过程	工作内容与要求	责任部门
4	组织生产零部件	按零部件生产工艺规程及工艺卡，组织零部件的生产、加工、准备或购进标准件（螺钉、销钉、标准模架）。并按要求，采用机械加工、电加工及其他工艺方法制造、加工出符合设计图样要求的零部件	生产管理、采购、加工生产及检测人员
5	模具装配	按规定的模具技术要求及装配工艺规程，将加工检验合格的零部件及外协、外购标准件，按装配图进行连接与组装，装配成符合模具设计图样的整体模具	模具工
6	试模与调整	将装配好的模具，在规定的成形压力机上安装、试模、边试边调整、校正，直到批量生产出合格的制品零件为止	模具工
7	检验验收与包装	将调试合格的模具组织检测及验收，并打好标记。将验收试模的制品样件及验收的模具进行包装，运输发放到用户	生产管理、设计工艺、质检及用户验收等人员

1.4.3　模具的生产方式与加工制造要求

（1）模具生产制造方式的选择

模具生产制造方式主要根据模具的品种、批量大小、精度要求以及企业的专业化程度及设备的技术条件来选择，原则如下。

① 大批量工业产品生产用的模具，需要达到寿命长、维护保养费用低的要求。一般选用高硬度、高耐磨性材料，采用电化学加工、电火花加工等方法予以保证。在生产方式上，一般采用成套性生产，即根据模具标准化系列设计，使模具坯料成套供应。模具各部件的备料、锻、车、铣、刨、磨等初次或二次加工，均由生产管理部门专人负责管理。而各部件的精加工、热处理、电加工等则由模具工自己管理，最后由模具工整修成形并按装配图装配、试模、调整，直至生产出合格的零件制品。这样做能使生产出来的模具部件有较强的通用性和互换性，便于模具的装配和修理，缩短模具的生产周期，质量也比较稳定。

② 多品种、小批量工业产品生产用的模具，为达到制造成本低的要求，在制造工艺上一般采用单件生产及配制的生产方式。如小批量汽车、飞机零件，生产用大型覆盖件模具等，在生产工艺上可采用低熔点合金浇注、金属喷镀、环氧树脂模具等方法来制造符合技术要求的模具。

③ 大型模具一般可采用自动化加工方式。如模具的型腔可采用数控铣床加工，目的在于提高效率，降低成本。

④ 小型精密模具可以采用精密的电火花加工机床、精密磨床、坐标磨床以

及坐标镗床来进行加工。

⑤ 对于同一种零件制品需多个模具来完成的情况，在加工和调整模具时，应保持前后的连续性。在调整时，应由一个调整组负责到底，直到生产出完整的合格零件为止。

（2）模具加工制造的要求

① 保证模具的质量好、精度高。要求所生产出的模具，从零件制造到组装都应能达到模具设计图样所规定的全部精度和质量，并通过试模能批量生产出合格的制品零件。

② 保证交货期，制造周期短。为了满足生产的需要和提高产品的竞争力，在制造模具时必须在保证质量的前提下尽量缩短模具制造周期，按合同及时交货。为缩短制造周期，应力求缩短成形加工工艺路线，制定合理的加工工艺规程，编制科学的工艺标准和加工工序，经济合理地使用设备，力求变单件生产为多件批量生产，采用和推行"成组加工工艺"方式。

③ 保证模具使用寿命，提高耐用度。模具是比较昂贵的工艺装备。目前模具的制造费用占产品成本的10%～30%，其使用寿命的长短直接影响产品成本。因此，除了小批量和试制性产品外，一般都要求模具有较长的使用寿命和耐用度。这就要求在制作模具时，根据生产制件批量大小，选用优质的模具钢，提高热处理质量，或采用一些特殊的提高耐用度的措施，来设法延长模具使用寿命。

④ 节约原材料，降低制模成本。模具的制造成本直接影响到制件的成本，而模具制造成本主要与模具的复杂程度、模具材料、制造精度要求、加工手段、加工方法有关。因此，在制造模具时，模具设计及工艺技术人员，必须要根据制品要求，合理设计模具和制定加工工艺，合理利用材料，以保证模具成本的低廉。

⑤ 提高模具加工水平，保证良好的劳动环境和条件。制作模具时，要根据企业现有条件，尽量采用新工艺、新技术、新材料，以提高模具制造质量，提高劳动生产效率，降低成本，以使模具有较高的技术经济效益和水平。同时，在加工制造时，应使操作者在不超过国家标准所规定的噪声、粉尘、温度等工作环境下工作。

上述要求是相互关联，相互影响的。片面地追求高精度、高寿命，必然会导致制造成本的增加，而若追求低成本、短周期，又会影响质量、精度和寿命。因此，在设计与制作模具时，应根据实际情况全面考虑，在保证制品质量的前提下，选择与制品生产量相适应的模具结构和制造方法，以力求使模具成本降到最低限度。

1.4.4 模具制造设备及装配方法的选用

（1）模具制造设备的选用

在模具加工与制作过程中，设备的使用，应根据各工序的性质、尺寸精度要求、装配组装工艺要求来选择。

1）模具制造常用加工设备

模具制造常用加工设备见表1-7。

表 1-7　模具制造常用加工设备

加工工序	常用设备	加工工序	常用设备
下料	锯床，气割机	工艺性及工作成形零件加工	仿形刨床，成形磨床电火花机床，线切割机床，数控机床，（车、铣、磨）数控加工中心设备，超声波加工设备，铸造成形设备
坯件制备	铸造机械，锻压设备		
结构性零件加工	普通车床，普通刨床，普通铣床，插床，镗床、普通平面磨床，内外圆磨床，台钻，摇臂钻床	热处理	各种热处理设备（碱浴炉、盐浴炉），化学热处理及表面硬化设备
		装配	气动及机动研磨设备，各种压印、抛光机械
		调试与验收	与模具相关的成形机械，专用试模机

注：① 模具结构零件主要包括支承零件，如模板，凸模、凹模及型腔固定板，垫板，卸料板，导向零件（导柱、导套）以及其他为完成成形工作的辅助零件等。

② 模具工艺性零件主要包括模具工作成形零件以及与成形有关的部件。

2）标准件、通用件加工的设备选用

为满足标准件、通用件对于大批量、专业化生产的要求，不同的零件可按以下要求配置（应该说明的是，此处的设备配置仅仅是指一种理想加工设备的选用，并不是必备的加工设备，以下所述与此相同）：

① 模板加工

模板加工应配以铣、镗为主的能自动换刀的数控铣、镗精加工机床，用以加工模板的各板面和模板上的孔；还应配置精密平面磨床或精密立式磨床对模板各板面以及板上的孔（尤其是基准面）进行精加工以保证各平面相互的平行度和垂直度；配以数控铣床或精密坐标镗床，用以保证模板上精密孔距的精度要求以及孔与板件结构尺寸相互位置的精度要求。

② 圆柱形零件加工

a. 圆柱形零件如导柱、推杆、拉杆、复位杆、斜销等零件加工，应配置车床、精密仪表专用车床、数控车床进行粗加工和半精加工，再配以精密外圆磨床等进行精加工。

b. 圆筒形零件如导套的加工，除配置精密仪表车床、数控车床进行粗加工和半精加工之外，还需配置精密内圆磨床、内圆研磨机等设备。

c. 长径比特别大的杆件加工，除配以圆柱形零件加工所需的机床外，还应配以专用夹具以保证其同轴度和平直度的精度要求。而长径比特别大的推管加工则应配以枪钻、深孔钻和相应的专用深孔加工机床和夹具。用机械加工无法完成的

0.8mm以下的小孔和小孔推管则只好配备激光设备来加工了。

3）成形件加工的设备选用

非圆形凸模和型芯的加工常用线切割机，而非圆形的凹模型腔则多用电火花成形机加工成形。形状不规则的型面以及带有沟槽、凸起和曲面的复杂型面，应配置数控铣床或加工中心，组成CAD/CAM的成形加工系统。上述复杂型面的精加工和超精加工还需配置成形磨床、精密坐标磨床等设备。根据制品和模具成形件的不同结构，成形件还可以进行冷挤压成形加工或采用压印修磨成形，因此需配置相应规格和功能的压力机以及专用定位夹具。

4）模具装配所需设备的选用

按其装配工艺要求，首先是成形件与标准模架中的成形件固定板的装配定位、导向及平稳地装入。为保证其装配精度，装配时应有专用定位工具和定位基准，还应配置相适应的压力机。然后是结构件与模板的装配。模板之间的组装，都必须选择设计、制造中的基准面作为装配基准，经定位件定位（比如定位销钉等）及导向后装入并紧固。其后是装配时有配合要求的两零件中之一的研磨、修配（比如斜滑块斜面与固定板斜面固定孔的涂红粉研配；楔紧件与侧抽芯滑块斜面的修配；要求成形通孔的型芯与模板的涂红粉研配；导柱与导套的研配等）以及装配后的配磨、配铣（比如数个支承钉装入顶板后，应一同磨平，以保证其高度的一致；再如型芯或成形型腔镶套装入固定板后，型芯或镶套带台阶的大端应与模板同磨，保证齐平，亦即型芯或镶套台阶的高度应比台阶孔的高度大0.05～0.1mm才行；导柱和带台阶导套装入模板后，其大端台阶也应与模板一同磨平）。

在上述装配过程中，如果是小模具，零件的传送、移动、翻转等，均可由模具工完成；如果是中等模具或大型模具，则需配置吊装装置或模具专用装配翻转机以减轻工人的劳动强度，提高装配效率，保证装配的方便和安全。

5）试模所需设备的选用

配置吊装装置或模具装卸机。

6）模具制造其他设备的选用

模具制造既要高效率还应高质量。为达到此目的，有条件的情况下，零件粗加工应配置高速高效的加工设备，而精加工则要配置高精度高效率的精加工或超精加工设备。同时还应配置相适应的专用刀具、夹具，必需的辅助工具和相应的量具进行优选组合。例如CNC加工中心，应当配置三坐标测试仪；精密坐标镗床则应配置光学投影仪等。大进刀量的高速铣削粗加工，当然应配置优质硬质合金铣刀和有足够强度的夹具。

（2）模具装配方法的选用

根据模具装配图样和技术要求，将模具已加工好的零部件按一定工艺顺序进行配合与定位、连接、固定，使之成为一体的过程称为模具装配。

模具装配是模具制造工艺全过程中的关键工艺。在装配时，要求每一相邻零件或相邻装配部件组合之间的配合和连接，均需按装配工艺确定的装配基准进行定位和固定，以保证它们之间的配合精度及位置精度，从而确保模具凸模（或型芯）与凹模（或型腔）间精密、均匀地配合，以及模具定向开合运动及其他辅助机构如卸料、抽芯、送料等运动的精确性。

模具装配方法的选用见表1-8。

表 1-8　模具装配方法的选用

装配方法	工艺说明	适用范围
修配装配法	装配时，选择其中易于拆装的零件作为修配件，采用机械加工，电动、风动修配等工具，修磨预留修配量与其相邻零件相配合，达到精度要求，如凸、凹模，导柱、导套配作加工装配，可放宽其中一个零件制造公差，装配时，通过修磨达到装配精度要求	模具装配与制造中常用的方法，主要适用于缺少高效、高精度加工设备条件下，单件及批量较小的模具装配
调整装配法	装配时，采用调整补偿的实际尺寸或位置，如采用螺栓、斜面、挡环、垫片调整连接件的间隙，使其在装配后达到允许的公差和极限偏差，保证模具装配精度	在模具装配中采用得比较多的方法，如组合冲模的装配以及无导向简易模具的装配，为保证凸、凹模间隙和组成刃口，常采用调节螺栓或斜面，来调节和固定拼合元件的位置以达到装配要求
分组装配法	装配时，将零部件分组，同组零件进行互换性装配，并保证各级相配零件的配合公差在允许范围内。如导套、导柱的生产加工可以互选配对分组，然后进行装配	适用于批量不大，装配精度较高，不宜采用控制加工误差来保证互换性装配精度的模具装配
互换装配法	装配时，各相配零件或其装配单元无需选配，直接装配后即可达到装配精度及要求	适用于大批量、专业化生产的模具装配，零件的互换性好，无需选配

1.4.5　模具的机械加工工艺过程

在模具的机械加工过程中，根据被加工零件的结构特点和技术要求，常需要采用各种不同的加工方法和装备，按照一定的加工顺序和步骤，才能将毛坯变成所需的零件。因此机械加工工艺过程是由一系列顺序安排的工序组成，工序又分为安装、工位、工步、行程和进给等。

（1）工序

1个或1组工人在同一个工作地点（指机床或钳工台等），对1个或同时几个工件所连续完成的那一部分工艺过程称为工序。工序不仅是组成机械加工工艺过程的基本单元，也是组织生产、核算成本和进行检验的基本单元。工序划分的主要依据是加工地点是否变动和加工内容是否连续。工序的划分与生产批量、加工条件和零件结构特点有关。如图 1-54 所示的导柱，若单件生产时，其工序的划分见表 1-9。

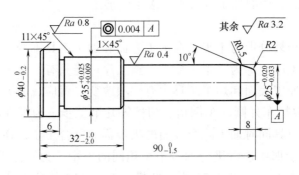

图 1-54　导柱

表 1-9　导柱加工工艺过程

工序	工艺要求
①锯	切割 φ40mm×94（mm）棒料
②车	车端面至长度 92mm，钻中心孔，掉头车端面，长度至 90mm，钻中心孔
③车	车外圆 φ40mm×6mm 至尺寸要求；粗车外圆 φ25mm×58（mm），φ35mm×26mm 留磨量，并车 45° 倒角，切槽，车 10° 倒角等
④热	热处理至硬度为 55～60HRC
⑤车	研中心孔，调头研另一中心孔
⑥磨	磨 φ35mm，φ25mm 至要求尺寸

当工序②和工序③在一台车床上进行时，则应算作一个工序。若批量生产时，各工序内容则划分得更细，如表 1-9 工序③中车倒角和切槽可在专用车床上进行，从而成为独立的工序。

（2）安装

在加工之前，确定工件在机床或夹具上占有正确位置的过程称为定位。为使工件在加工过程中保持定位位置不变，工件定位后将其固定的过程称为夹紧。工件定位和夹紧的过程称为装夹。工件经一次装夹后所完成的那部分工序称为安装。在一个工序中，工件可能装夹一次，也可能需要装夹多次，因此一个工序可以有多次安装。如表 1-9 工序②中，先装夹工件一端，车端面至长度 92mm 后，钻中心孔，为 1 次装夹；再掉头装夹工件，车另一端面至总长 90mm 后，钻中心孔，为 2 次装夹。加工过程中，应尽量减少安装次数，以减少安装误差和辅助时间。

（3）工位

为了完成一定的工序内容，一次装夹工件后，工件与夹具或机床可动部分一起相对于刀具或机床的固定部分所占据的每一个位置，称为工位。如图 1-55 所示，利用回转工作台使工件依次处于工位 1、工位 2、工位 3、工位 4 完成工件的装卸和孔的钻、扩、铰的加工方式属于多工位加工。

（4）工步

对工序进一步划分即为工步。在加工表面和加工工具不变的情况下，所连续完成的那一部分工序，称为一个工步。一道工序可能只有一个工步，也可能包含几个工步。如果加工表面和加工工具中有一项改变，就应成为另一个工步。如表 1-9 工序③中，包括车外圆、车倒角、切槽等几个工步。为了提高加工效率和加工质量，用几把刀具同时加工几个表面的工步称为复合工步，在工艺文件上可作为一个工步。对于那些连续进行的若干个相同的工步，为简化工序内容的叙述，通常填写为一个工步，如图 1-56 所示凹模上 8 个 ϕ12 的孔连续钻削加工，在工序中可以写成 1 个工步"钻 8×ϕ12 孔"。

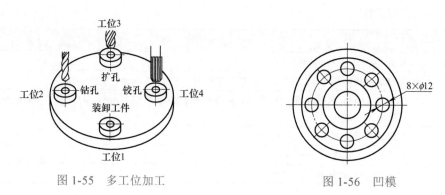

图 1-55　多工位加工　　　　　　　　图 1-56　凹模

（5）行程（走刀）

有些工步，由于余量较大或其他原因，需要用同一把刀具，对同一个表面进行多次切削，则刀具对工件每进行一次切削就是一次行程（走刀）。走刀是工步的一部分，一个工步可包括一次或几次走刀。

（6）进给

当工件切除的金属余量较多，或保证一定的加工精度和表面粗糙度值时，需要对同一个表面进行多次切削。刀具从被加工表面切下一层金属称为一次进给，一个工步可能只要一次进给，也可能要几次进给。

1.4.6　模具制造工艺规程

模具零件加工工艺规程就是以规范的表格形式和必要的图文，将模具制造的工艺过程以及各工序的加工顺序、内容、方法和技术要求，所配置的设备和辅助工装，所需加工工时和加工余量，等内容，按加工顺序，完整有序地编入其中所形成的模具制造过程的指导性技术文件。因此，模具制造工艺规程的作用即是用以组织、指导、管理和控制模具制造的各个工序。与模具设计图一样，模具制造工艺规程一经编制者、审核者和批准者确认无误并签字之后即具有企业法规的性质，任何人未经填报"更改通知单"，说明更改原因并证明更改的必要和正确性，未经审核者和批准者确认更改并签字，均不得进行任何改动。

（1）制定工艺规程的要点

① 技术上应有先进性，尽可能采用国内外的先进工艺技术和设备，取人之长补己之短。

② 选择成本最低，即能源、物资消耗最低，最易于加工的方案。

③ 既要选择机械化、自动化程度高的加工方法以减轻工人的体力劳动，又要适应绿色环保的要求，为工人创造一个安全、良好的工作环境。

（2）制定工艺规程的步骤

① 首先应对模具的设计意图和整体结构、各零部件的相互关系和功能以及配合要求等有详尽地了解，即把每个零部件的加工工艺性和装配性都了解透彻。这样才能事先发现问题，修改设计使之便于加工和装配。只有这样，方能制订出切合实际、正确无误、行之有效的工艺规程。

② 根据每个零件的数量确定其采用单件生产还是多件生产方式（多型腔模具）。

③ 根据所采用的毛坯类型确定毛坯的下料尺寸。

④ 根据图纸的技术要求，选定主要加工面的加工方法和定位基准，并确定该零件的加工顺序。

⑤ 确定各工序的加工余量，即各工序尺寸和公差以及技术要求。

⑥ 配置相应的机床、刀具、夹具、工具、量具。

⑦ 确定各工序的切削参数和工时定额。

⑧ 填写并完成工艺过程综合卡的制定，经审批后下达实施。

（3）工艺规程的内容和常用格式

1）工艺规程的内容要求

① 工艺规程应具有模具或零件的名称、图号、材料、加工数量和技术要求等标题栏，有编制、审核、批准者的签字栏和签字日期。

② 工艺规程必须明确毛坯尺寸和供货状态（锻坯、型坯）。

③ 工艺规程必须明确工艺定位基准（应力求与设计基准一致）。

④ 工艺规程必须确定成形件的加工方法和顺序；确定各工序的加工余量、工序尺寸和公差要求以及工装、设备的配置。

⑤ 工艺规程必须确定各工序的工时定额。

⑥ 工艺规程必须确定装配基准（应力求与设计、工艺基准一致），装配顺序、方法和要求。

⑦ 工艺规程必须确定试模要求和验收标准。

2）工艺规程的常用格式

工艺规程包括加工工艺规程、装配工艺规程和检验规程三部分，但通常以加工工艺规程为主而将装配和检验规程的主要内容加入其中。而生产中常以工艺过程卡和工序卡来指导、规范生产。工艺过程卡的格式见表1-10。

表 1-10　工艺过程卡

编制	签字	日期	模具名称				代用材料	
			模具编号					
校审			加工件名称				毛坯尺寸	
			加工件图号					
批准			材料名称				件数	
			材料牌号					
工序	工种	机床号	加工说明和技术要求	额定工时	实际工时	制造者	工序检验号	检具	质量
1 2 3 4 5 6 …									
现场工艺执行	签字	日期	质量情况				等级	

1.4.7　模具的加工工序

模具的加工工序中按其所使用到的加工工艺方法可归结为铸造加工、切削加工和特种加工三种方法。各种加工工艺方法见表1-11。在只用其中某一种加工方法不能达到要求时，就要根据加工的条件灵活选用。

（1）模具加工工序的种类

模具加工工序除可按表1-11所示加工工艺方法划分外，又可按所达到的加工精度分为粗加工工序、精加工工序及光整加工工序。

表 1-11 模具加工工艺方法

铸造加工	切削加工	特种加工
锌合金	普通切割机床	冷挤压加工
低熔点合金	精密切削机床	超声波加工
肖氏铸造方法	仿形铣床	电加工
铍铜合金铸造	雕刻机床	化学加工（电解加工；电解磨
合成树脂浇注	有图形显示仪机床	剖；电铸；腐蚀加工）

① 粗加工工序。从工件上切去大部分加工余量，使其形状和尺寸接近成品要求的工序为粗加工工序。如粗车、粗镗、粗刨及钻孔一般都属于粗加工工序，其加工精度低于IT11，表面粗糙度 $Ra > 6.3\mu m$。粗加工工序一般用作要求不高，或非表面配合的最终加工，也作为精加工的预加工。

② 精加工工序。从经过粗加工的表面上切去较少的加工余量，使工件达到较高的加工精度及表面质量的工序称为精加工工序。常用的加工方法有精车、精镗、铰孔、磨孔、磨平面及电加工等。

③ 光整加工工序。从经过精加工的工件表面上切去很少的加工余量，得到很高的加工精度及很小的表面粗糙度值称为光整加工工序。如导柱、导套的研磨、珩磨，以及成形模型腔的抛光等方法属于光整加工工序。

粗加工时，从工件上切去很多加工余量，产生大量的切削热，工件承受很大的切削力及夹紧力，故加工精度很低，只要选用功率大、刚性好、精度较低的机床即可满足粗加工的要求，这样选用机床，既能得到很高的生产率，又可降低机床的费用。

精加工是以提高工件的精度为主，所以应选用精度较高的机床，并采用小余量进行加工。小余量加工时切削力小，切削温度低，工件变形小，容易提高加工精度。此外，可以减少机床的磨损，有利于长期保持机床的精度。

模具成形零件还可按其一般加工工艺划分为：

① 毛坯加工；

② 划线；

③ 坯料加工，采用普通机床进行基准面或六面体加工；

④ 精密划线，编制数控程序，制作穿孔纸带、刀具与工装准备；

⑤ 型面与孔加工，包括钻孔、镗孔、成形铣削加工；

⑥ 表面处理；

⑦ 精密成形加工，包括精密定位圆孔及型孔坐标磨削、成形磨削、电火花穿孔成形加工、电火花线切割加工等；

⑧ 模具工光整加工及整修。

在编制工艺时，还包括检验样板的制作、中间检验及后续零件处理等工序。

（2）常见模具零件的加工

在模具制作过程中，其零件的加工主要是根据零件所需的精度、表面质量要求来选择不同的加工方法和加工工序。主要是由粗加工工序、精加工工序及光整加工工序完成。

① 结构性零件的加工。模具结构性零件主要包括支承零件，如模板、凸模、凹模及型腔固定板、垫板、卸料板、导向零件（导柱、导套）以及其他为完成成形工作的辅助零件等。这类零件由于通用性很强，故有的零件已实现了标准化生产，如模架及各种板类坯料等。这些零件，在加工时均可根据模具零部件及其技术要求，采用通用机械或专用生产线进行加工。如对精度要求较高的矩形板类零件，凸、凹模固定板、上、下模座以及定、动模板等，可以采用备料（锯切）→坯件的制备（锻压或铸造）→粗刨加工→精刨加工→精磨加工→精密划线→精密加工成形（铣削、插削、镗削、钻削等）。而对于导柱、导套类零件，应采用备料（锯切）→车削内、外圆→热处理（淬、回火）→磨削内、外圆→光整研磨加工。

在加工时，应根据零件的结构要素和技术要求，首先编制零件加工制造的工艺规程。其内容主要包括零件加工工艺路线的拟定、零件坯料的选择和确定、工艺装备及机床设备的选用、加工工艺基准的选择以及工序尺寸与公差的计算、各工序的检测规则等，并以工艺文件的形式来指导生产与加工。操作者可以按文件规定的规程，进行加工及检验，以制出合格的零件。

② 工艺性零件加工。模具工艺性零件主要包括模具工作成形零件以及与成形有关的部件。这类零件一般要求精度、表面质量均很高，所以是模具制造中的关键工序。其加工方法一般为：毛坯的制备（锻压或锯切）→划线→坯料粗加工（采用普通机床进行基准面或六面体加工）→精密划线（或编制数控机床加工程序、制作穿孔纸带及各种精加工刀具、工装准备）→精密成形加工（数控机床、电火花加工、数控线切割加工、成形磨削加工）→光整加工成形（型腔模的型腔与型芯的抛光）。

在加工时，和结构性零件一样，首先应编制加工工艺规程，操作者按加工工艺规程选择设备、工装进行逐步加工、检验。其加工工艺方法可根据设备条件、技术能力，分为传统的手工工艺（模具工手工锉削、压印加工或模具工手工修磨配作加工）、普通机械加工（成形磨削加工、冷挤压型腔成形加工）、数控机床加工（NC、CNC加工）、电火花成形加工（电火花穿孔及数控线切割加工、电解磨削加工）、电铸成形及采用CAD/CAM计算机制模技术加工等。但无论采用上述何种方法加工，最后都要由模具工做最后整修加工，以加工制作出合格的零件，便于最终的模具装配。

1.4.8 工件的安装和基准选择

在制定零件加工工艺规程时，定位基准的选择决定了零件加工的位置精度以及零件各表面的加工顺序，是编制工艺规程时需要考虑的一项重要内容。

（1）基准的概念

基准是用来确定生产对象上几何要素间的几何关系所依据的那些点、线、面。在模具零件的设计和加工过程中，按不同要求选择哪些点、线、面作为基准，是直接影响零件加工工艺性和各表面间尺寸、位置精度的主要因素之一。基准可分为设计基准和工艺基准两大类。

① 设计基准。零件设计图上所采用的基准，称为设计基准。这是设计人员从零件的工作条件、性能要求出发，适当考虑加工工艺性而选定的。一个模具零件，在零件图上可以有 1 个也可以有多个设计基准。如图 1-57 所示中导套各外圆表面和内孔的设计基准是中心线，而轴向尺寸的设计基准是 $\phi40$mm 的端面。

② 工艺基准。编制工艺规程时所采用的基准，称为工艺基准。其又分为工序基准、定位基准、装配基准等。

a. 工序基准。在工序图上，用来确定本工序所加工表面加工后的尺寸、位置的基准，称为工序基准。如图 1-57 所示导套套在芯棒上磨削 $\phi35$mm 外圆表面时，$\phi25$mm 孔即为该道工序的工序基准。

b. 定位基准。加工时使零件在机床或夹具中占据正确位置所用的基准，称为定位基准。如图 1-57 所示导套套在芯棒上磨削 $\phi35$mm 外圆表面时，$\phi25$mm 孔即为该道工序的定位基准。

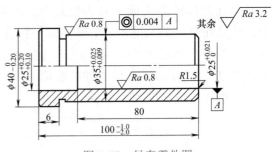

图 1-57　导套零件图

c. 测量基准。零件检验时，用以测量已加工表面尺寸及位置的基准，称为测量基准。如见图 1-57 所示导套以 $\phi25$mm 孔为基准（套在检验芯棒上）检验 $\phi35$mm 外圆与 $\phi25$mm 内孔的同轴度时，$\phi25$mm 孔即为 $\phi35$mm 外圆的测量基准。

d. 装配基准。装配时用以确定零件在部件或产品中的位置的基准，称为装配基准。如图 1-57 所示导套 $\phi35$mm 外圆表面即为装配基准。

（2）选择工艺基准的原则

工艺基准的选择对于保证加工精度，尤其是保证零件之间的位置精度至关重要。模具零件工艺基准的选择应注意以下几个原则：

① 基准重合原则。即工艺基准和设计基准尽量重合，避免基准的不重合引

起基准不重合误差。

②基准统一原则。即同一零件上多个表面的加工尽量选用统一的基准。如模板上孔的坐标一般以模板的右下角为基准。

③基准对应原则。有装配关系或相互运动关系的零件基准的选取方式应一致。如同一套模具中，各模板的基准均以模板的右下角为基准，不要有的用右下角，有的用导柱孔中心。

④基准传递与转换原则。坐标镗床镗孔时首先是以模板的右下角为基准，在镗第二个孔时则以第一个孔中心为基准，基准实际上做了传递与转换。同理，模板在粗加工时以中线为基准四周均匀去除，而精加工时则要以模板的右下角为基准。

（3）工件的安装方式

工件的安装是模具加工中的一个重要问题，它不仅直接影响加工精度，还影响生产率的高低。为了保证加工表面与其设计基准间的相对位置精度，工件在安装时应使加工表面的设计基准相对机床占据一个正确的位置。为了保证图1-57所示导套加工表面 $\phi35mm$ 与 $\phi25mm$ 同轴度的要求，工件安装时必须使其设计基准（零件中心线）与机床主轴的轴心线重合。不同的机床加工零件时，有各种不同的装夹方法，可以归纳为直接装夹、找正装夹和夹具装夹。工件装夹方式的类型及特点如下。

①直接装夹。利用机床上的装夹面对工件直接定位，工件的定位基准面只要紧靠在机床的装夹面上并密切贴合，不需找正即可完成定位。然后将工件夹紧，使其在整个加工过程中不脱离这一位置，就能得到工件相对刀具及成形运动的正确位置。如图1-58所示为机床上工件的直接装夹。如图1-58（a）所示中，工件的加工表面 A 要求与工件的底面 B 平行，装夹时将工件的定位基准面 B 紧靠并吸牢在电磁工作台上即可。

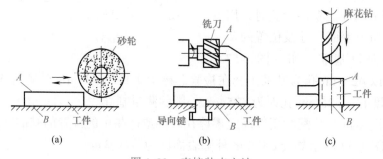

图1-58　直接装夹方法

②找正装夹。利用可调垫块、千斤顶、四爪卡盘等工具，先将工件夹持在机床上，将划针或百分表安置在机床的相关部件上，然后使机床做慢速运动。这时划针或百分表在工件上划过的轨迹即代表着切削成形运动的位置。以目测法校

正工件的正确位置，一边校验，一边找正，直至使工件处于要求的位置。如，在车床上加工一个与外圆表面具有一个偏心量为 e 的内孔，可采用四爪卡盘和百分表调整工件的位置，使其外圆表面轴线与主轴回转轴线恰好相距一个偏心量 e，夹紧工件后再加工。对于形状复杂，尺寸、质量均较大的汽车覆盖件模具的铸、锻件毛坯，在粗加工时若其精度较低不能按其表面找正，则可预先在毛坯上将待加工面的轮廓线划出，然后再按所划的线找正其位置，亦属于找正装夹。

③ 夹具装夹。夹具是根据工件某一工序的具体加工要求设计的，其上备有专用的定位元件和夹紧装置，被加工工件可以迅速而准确地装夹在夹具中。夹具装夹方法是先在机床上安装好夹具，使夹具上的安装面与机床上的装夹面靠紧并固定，然后在夹具中装夹工件，使工件的定位基准面与夹具上定位元件的定位面靠紧并固定，如图 1-59 所示。由于夹具上定位元件的定位面相对夹具的安装面有一定的位置精度要求，所以利用夹具装夹就能保证工件相对刀具及成形运动的正确位置关系。夹具装夹的分类及作用见表 1-12。

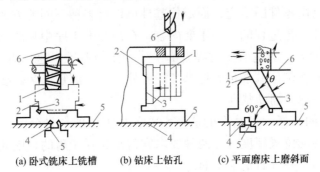

(a) 卧式铣床上铣槽　(b) 钻床上钻孔　(c) 平面磨床上磨斜面

图 1-59　工件、夹具和机床之间的位置关系

1—工件的加工面；2—工件的定位基准面；3—夹具上定位元件的定位面；
4—夹具的安装面；5—机床的装夹面；6—刀具的切削成形面

表 1-12　夹具装夹的分类及作用

类型		说明
夹具的分类	通用夹具	指已标准化的，用于加工相同类型、不同尺寸工件的夹具，如三爪或四爪卡盘、平口钳、回转工作台、万能分度头、电磁吸盘、电火花机床主轴夹具等。通常这类夹具作为机床附件，由专门工厂制造供应
	专用夹具	指专为某一工件的某道工序而设计制造的夹具。当产品变换或工序内容变动后，往往就无法再使用。因此，专用夹具适用于产品固定、工艺相对稳定、批量又大的加工过程
	可调夹具	指当加工完一种工件后，经过调整或更换个别元件，即可加工另外一种工件的夹具。主要用于加工形状相似、尺寸相近的工件
	组合夹具	在夹具零件、部件完全标准化的基础上，根据积木原理，针对不同的工件对象和加工要求，拼装组合而成的夹具。当使用完毕，可拆散各种元件，使用时重新组合可不断重复使用

类型		说明
夹具的作用	保证加工精度	夹具的最大功用是保证零件加工表面的位置精度。例如，在摇臂钻床上使用钻夹具加工孔系时，可保证达到 0.1～0.2mm 的中心距位置精度。而按划线找正法加工时，仅能保证 0.4～1.0mm 的中心距位置精度，而且受到操作技术的影响，同批零件的质量也不稳定
	提高生产率和降低成本	使用夹具可免除每件相同工件都要找正、对刀，加速工件的装卸，从而减少工件安装的辅助时间。特别对那些机动时间较短而辅助时间较长的中、小件加工意义更大。此外，用夹具安装还容易实现多件加工、多工位加工，可进一步缩短辅助时间，提高劳动生产率，如在电加工中夹具的应用
	扩大机床工艺范围	使用夹具还可以改变或扩大原机床的功能，实现"一机多用"。例如，在车床上使用镗孔夹具，可代替镗床进行镗孔，解决缺乏设备的困难

（4）定位基准的选择

设计基准已由零件图给定，而定位基准可以有多种不同的方案。正确地选择定位基准是设计工艺过程的一项重要内容。在最初的工序中只能选择未经加工的毛坯表面（即铸造、锻造或型材等表面）作为定位基准，这种表面称为粗基准。用加工过的表面作定位基准称为精基准。另外，为了满足工艺需要在工件上专门设计的定位面，称为辅助基准。

① 粗基准的选择。粗基准的选择影响各加工面的余量分配及不需加工表面与加工表面之间的位置精度。这两种要求常常是相互矛盾的，因此在选择粗基准时，必须先明确哪一方面是主要的。

若必须首先保证工件的加工表面与不加工表面之间的相对位置要求，应选择不加工表面为粗基准。若工件上有很多不需要加工的表面，则应以其中与加工表面位置精度要求较高的表面作粗基准。若必须首先保证工件某重要表面余量均匀，应选择该表面作粗基准（如图 1-60 所示）。冲压模座的下平面是模具工作时的基准面，模座加工时就应以下平面为粗基准。因此先以下平面为定位基准加工上表面及模座其他部位，如图 1-60（a）所示，以减少毛坯误差，使上、下平面基本平行。再以上平面为精基准加工下表面，如图 1-60（b）所示，这时下平面的加工余量比较均匀，且比较小。粗基准的表面应尽量平整，没有浇口、冒口或飞边等其他表面缺陷，以便使工件定位可靠，夹紧方便。粗基准只允许使用一次，不能重复使用，以免产生较大的位置误差。

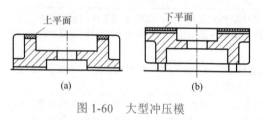

图 1-60　大型冲压模

② 精基准的选择。选择精基准应考虑如何保证加工精度和装夹准确方便，

一般应遵循如下原则：

a. 应尽可能选用加工表面的设计基准作为精基准，避免基准不重合造成的定位误差。这一原则就是"基准重合"原则。如图 1-57 所示的导套，当精磨外圆时，从基准重合原则出发，应选择内孔表面（设计基准）为定位基准。

b. 当工件以某一组精基准定位，可以比较方便地加工其他各表面时，应尽可能在多数工序中采用同一组精基准定位，这就是"基准统一"原则。例如，导柱、复位杆、拉杆等轴类零件的大多数工序都采用顶尖孔为定位基准。

c. 当精加工和光整加工工序要求余量尽量小而均匀时，应选择加工表面本身作为精基准，与其他表面之间的位置精度则要求由先行工序保证，即遵循"自为基准"原则。

d. 选择精基准时，为保证加工余量均匀或位置精度高，可遵循"互为基准"的原则。

e. 精基准的选择应使定位准确，夹紧可靠。因此，精基准面的面积与被加工表面相比，应有较大的长度和宽度，以提高其位置精度。

1.4.9 模具零件加工工序的设计

零件的工艺过程设计以后，就应进行工序设计。工序设计的内容是为每一道工序选择机床和工艺设备，确定加工余量、工序尺寸和公差，确定切削用量、工时定额及工人技术等级等。

正确选择切削用量对保证加工精度、提高生产率和降低刀具的损耗有着重要的意义。在模具企业中，由于工件材料、毛坯状况、刀具材料和几何角度及机床的刚度等许多工艺因素变化较大，故在工艺文件上不规定切削用量，而由操作者根据实际情况自己确定。但是，在大批大量生产中，特别是流水线或自动线上，必须合理地确定每一工序的切削用量。

（1）机床与工艺设备的选择

在拟定工艺路线过程中，对机床与工艺设备的选择也是很重要的，对保证零件的加工质量和提高生产率有着直接作用。机床与工艺设备选择的类型及说明见表 1-13。

表 1-13 机床与工艺设备选择的类型及说明

设备类型	说明
机床的选择	在选择机床时，应注意以下原则 ①机床的加工范围应与零件的外廓尺寸相适应。即小零件应选小的机床，大零件应选大的机床，做到机床合理使用 ②机床精度应与工序要求的加工精度相适应。对于高精度的零件加工，在缺乏精密机床时，可通过机床改造和利用工夹具来加工

续表

设备类型	说明
机床的选择	③机床的生产率与加工零件的生产类型相适应，单件小批量生产选择通用机床，大批量生产选择高生产率的专用机床 ④机床选择还应结合现场的实际情况。例如，机床的类型、规格及精度状况，机床负荷的平衡状况以及机床的分布排列情况，等
夹具的选择	单件小批量生产，应尽量选用通用夹具，如各种卡盘、台钳和回转台等。为提高生产率，应推广使用组合夹具。大批量生产中，应采用高生产率的气、液传动专用夹具。夹具的精度应与加工精度相适应
刀具的选择	刀具的选择主要取决于工序所采用的加工方法、加工表面的尺寸、工件材料、所要求的精度和表面粗糙度、生产率及经济性等。在选择时，应尽量采用标准刀具，必要时也可采用高生产率的复合刀具及其他专用刀具。刀具的类型、规格及精度等级应符合加工要求
量具的选择	量具的选择主要根据生产类型和要求检验的精度来确定。在单件小批量生产中，应采用通用量具，如游标卡尺与千分表等；大批量生产中，应采用各种量规和高生产率的专用量具。量具的精度必须与加工精度相适应

（2）加工余量与工序尺寸

1）加工余量

在工艺过程中，某道工序加工应达到的尺寸称为工序尺寸。工艺路线制定之后，在进一步安排各个工序的具体内容时，应合理地确定工序尺寸。工序尺寸的确定与工序的加工余量有着密切的关系。

加工余量是指加工过程中从加工表面切除的金属层厚度。加工余量可分为工序加工余量和总加工余量（毛坯余量）。相邻两工序的工序尺寸之差称为工序余量。由于加工表面的形状不同，加工余量又可分为单边余量和双边余量两种。

2）加工余量的确定

加工余量的大小对零件的加工质量和生产率及经济性均有较大的影响。余量过大将增加金属材料、动力、刀具和劳动量的消耗，并使切削力增大而引起工件的变形较大。反之，余量过小则不能保证零件的加工质量。确定加工余量的基本原则是在保证加工质量的前提下尽量减少加工余量。主要有以下几种方法。

① 分析计算法。即依据一定的试验资料和计算公式，对影响加工余量的各项因素进行分析和综合计算来确定加工余量的方法。这种方法确定的加工余量比较合理，但需要积累比较全面的资料。

② 经验估计法。即根据工艺人员的经验确定加工余量的方法。这种方法不够准确，为了防止加工余量不够而产生废品，所估计的加工余量一般偏大，此法常用于单件小批量生产。

③ 查表修正法。即通过查阅有关加工余量的手册来确定，应用比较广泛。在查表时应注意表中数据是公称值，对称表面（如轴或孔）的加工余量是双边

的，非对称表面的加工余量是单边的。

3）工序尺寸与公差的确定

在零件的机械加工工艺过程中，各工序的工序尺寸及工序余量在不断地变化，其中一些工序尺寸在零件图上不需要标出，而是在制定工艺过程时予以确定。而这些不断变化的工序尺寸之间又存在着一定的内在联系，应采用工艺尺寸链原理去分析，掌握其变化规律，正确地计算出各工序尺寸。

尺寸链是互相联系且按一定顺序排列的封闭尺寸组，而工艺尺寸链是在零件加工过程中各有关工艺尺寸所形成的尺寸组。工艺尺寸链可采用极值法和概率法进行计算。生产上大部分加工面都是在基准重合（工艺基准与设计基准重合）的情况下进行加工的，其工序尺寸与公差的确定过程如下：

① 确定各加工工序的加工余量。

② 从终加工工序开始（即从设计尺寸开始）到第 2 道加工工序，依次加上每道加工工序余量，可分别得到各工序的基本尺寸（包括毛坯尺寸）。

③ 除终加工工序以外，其他各加工工序按各自所采用加工方法的经济加工精度确定工序尺寸公差（终加工工序的公差按设计要求确定）。

④ 填写工序尺寸，并按"入体原则"标注工序尺寸公差（"入体原则"是指：标注工件尺寸公差时应向材料实体方向单向标注，即轴的基本尺寸为其最大实体尺寸，其上偏差为 0；孔的基本尺寸为其最大实体尺寸，其下偏差为 0；长度尺寸的公差带为对称分布。但对于磨损后无变化的尺寸，一般标注双向偏差）。

［例］某型芯的直径为 ϕ50mm，尺寸精度为 IT5，表面粗糙度为 Ra=0.4μm，并要求高频淬火，毛坯为锻件。其工艺路线为粗车→半精车→高频淬火→粗磨→精磨→研磨。计算或确定各工序尺寸与公差如下：

① 通过查表法确定加工余量。由工艺手册查得：研磨余量为 0.01mm，精磨余量为 0.1mm，粗磨余量为 0.3mm，半精车余量为 1.1mm，粗车余量为 4.5mm。从而得到总加工余量为 6.01mm，圆整取总加工余量为 6mm，相应地把粗车余量修正为 4.49mm。

② 计算各加工工序的基本尺寸。研磨后工序的基本尺寸为 50mm（设计尺寸）。其他各工序的基本尺寸依次为：

精磨：50.00+0.01= 50.01（mm）

粗磨：50.01+0.10=50.11（mm）

半精车：50.11+0.30=50.41（mm）

粗车：50.41+1.10=51.51（mm）

毛坯：51.51+4.49=56.00（mm）

③ 确定各工序的经济加工精度和表面粗糙度。由工艺手册查得：研磨后

为 IT5，$Ra=0.4\mu m$（设计要求）；精磨后选定为 IT6，$Ra=0.16\mu m$；粗磨后选定为 IT8，$Ra=1.25\mu m$；半精车后选定 IT11，$Ra=2.5\mu m$；粗车后选定为 IT13，$Ra=12.5\mu m$。

④ 公差的确定与标注。根据上述经济加工精度查公差表，将查得的公差数值按"入体原则"标注在工序的基本尺寸上。查工艺手册可得锻造毛坯的公差为 ±2mm。

第 2 章　模具专业基础

2.1　模具的种类

　　模具是工业生产的基础工艺装备。采用模具生产零部件，具有高效、节材、成本低、保证质量等一系列优点，故其应用非常广泛。在电子、汽车、电机、电器、仪表、家电和通信以及日用产品中，60%～80% 的零部件和成品生产都依靠模具成形。同时，模具作为制造业的上游先导行业，在发展和实现少、无切削技术，降低产品成本，实现大批量生产，保证产品质量及提高经济效益上，都起着决定性作用。许多现代工业生产的发展和技术水平的提高，在很大程度上取决于模具工业的发展水平。因此，模具技术发展状况和水平的高低，直接影响到工业产品的发展，也是衡量一个国家工业水平高低的重要标志之一。

　　模具的种类繁多，结构各异。按其用途可分为冲压模、塑料模、压铸模、锻模、粉末冶金模、橡胶模、陶瓷模、玻璃模等。按成形原理又可分为冷冲模和型腔模两大类。在常温下，把金属或非金属板料放入模具内，通过压力机和安装在压力机上的模具对板料施加压力，使板料发生分离或塑性变形制成所需尺寸和形状的零件制品，这类模具即

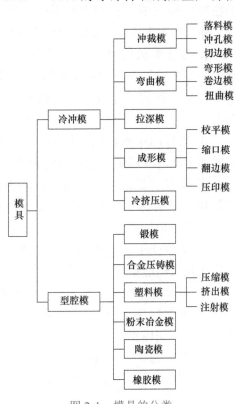

图 2-1　模具的分类

称为冷冲模。在生产中，把经过加热熔化的金属或非金属材料，借助于压力机的压力，注入装于压力机上的模具型腔内，待冷却后，按型腔表面形状形成所需的制品零件，这类模具统称为型腔模，主要包括锻模、合金压铸模、塑料模等。图2-1 给出了模具的分类。

2.2　冷冲压模具基础

冲压加工又称板料冲压或冷冲压，既可用于加工金属材料，也可用于加工非金属材料，是压力加工中的先进方法之一。它是在常温下，利用冲压设备和冲压模具，使各种不同规格的板料或坯料在压力作用下发生永久变形或分离，制成所需各种形状零件的工艺过程。

2.2.1　冲压加工的特点

冲压加工作为一种先进的加工方法，广泛用于汽车、电器、仪器仪表等工业生产中，一般用于大批量的零件生产和制造。其具有如下加工特点。

① 在材料消耗不大的前提下，制造出的零件重量轻、刚度好、精度高。由于在冲压过程中材料的表面不受破坏，使得制件的表面质量较好，外观光滑美观。并且经过塑性变形后，金属内部的组织得到改善，机械强度有所提高。

② 在压力机的简单冲击下，一次工序即可完成由其他加工方法不能或难以制造完成的较复杂形状零件的加工，因此，生产率高。每分钟一台冲压设备可生产零件从几件到几十件。采用高速冲床生产率每分钟可高达数百件甚至一千件以上。

③ 制件的精度较高，且能保证零件尺寸的均一性和互换性，不需进一步的机械加工即可以满足一般的装配和使用要求。

④ 原材料是冶金厂大量生产的廉价的轧制板材或带材，可以实现零件的少切屑和无切屑加工。材料利用率一般可达 75% ~ 85%，可大量节约金属材料，制件的成本比较低。

⑤ 节省能源。冲压时不需加热，也不像切削加工那样将金属切成碎屑而需要消耗很大的能量。

⑥ 在大批量的生产中，易于实现机械化和自动化，进一步提高劳动生产率。

⑦ 操作简单，对操作人员的技术要求不高，当生产发展需要时，通过短期培训即可上岗操作。

⑧ 冲压加工一般需要有专用的模具，模具制造周期长、费用高。因此，只有在大批量生产条件下，冲压加工的优越性才能更好地显示出来。

2.2.2　冲压加工的生产要素

冲压加工的基本原理是依据待加工材料的力学性能，在常温状态下借助于压力机、冲压模的作用进行的压力变形加工，图 2-2 为利用曲柄压力机进行冲压加工的原理。

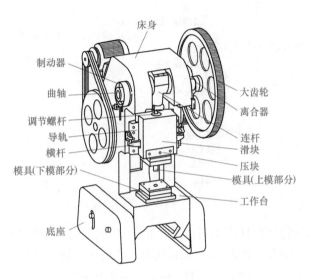

床身

制动器

曲轴

调节螺杆

导轨

横杆

模具(下模部分)

底座

大齿轮

离合器

连杆

滑块

压块

模具(上模部分)

工作台

图 2-2　冲压加工原理

冲压加工时，冲模通过其模柄将上模部分固定在压力机的滑块上，下模则用压板固定在压力机的工作台上，当压力机的滑块沿其导轨做垂直于工作台表面的上下移动时，上模和下模就获得了相对运动，此时将待加工的坯料置于下模的适当位置，便可通过压力机的运动，利用凸模与凹模之间的作用，冲压出各种各样的制件。但对于不同的冲压加工工序其冲压变形过程是不同的。

根据冲压加工原理可知，冲压件主要是利用板料，通过安放在压力机上的模具来完成的。因此，材料、冲压设备、模具就构成了冲压加工的基本生产要素。

（1）冲压用原材料

冲压加工常用的原材料主要有金属板料和卷料两种，其中又以板料应用最多，有时也可对某些型材（管材）及非金属材料进行加工。一般冲压加工的材料为塑性良好的各种金属板料，如低碳钢板、铜板、铝板等，还有非金属板料，如木板、皮革、硬橡胶、硬纸板等。冲压板料的常用材料如图 2-3 所示。

（2）冲压设备

用作冲压加工的设备称为冲压设备。它是冲压生产中的重要组成部分，模具就是利用它所提供的压力从而使板料受压发生塑性变形，冲压出所需形状和尺寸的零件。

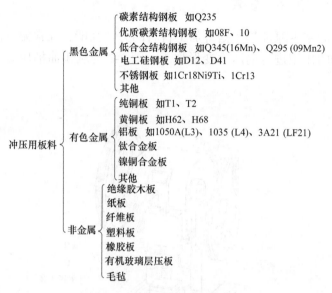

$$
\text{冲压用板料}
\begin{cases}
\text{黑色金属}
\begin{cases}
\text{碳素结构钢板 如Q235}\\
\text{优质碳素结构钢板 如08F、10}\\
\text{低合金结构钢板 如Q345(16Mn)、Q295 (09Mn2)}\\
\text{电工硅钢板 如D12、D41}\\
\text{不锈钢板 如1Cr18Ni9Ti、1Cr13}\\
\text{其他}
\end{cases}\\
\text{有色金属}
\begin{cases}
\text{纯铜板 如T1、T2}\\
\text{黄铜板 如H62、H68}\\
\text{铝板 如1050A(L3)、1035 (L4)、3A21 (LF21)}\\
\text{钛合金板}\\
\text{镍铜合金板}\\
\text{其他}
\end{cases}\\
\text{非金属}
\begin{cases}
\text{绝缘胶木板}\\
\text{纸板}\\
\text{纤维板}\\
\text{塑料板}\\
\text{橡胶板}\\
\text{有机玻璃层压板}\\
\text{毛毡}
\end{cases}
\end{cases}
$$

图 2-3　冲压板料常用的材料

冲压设备主要包括机械压力机、液压机、剪切机等。其中以机械压力机在冲压生产中应用最广。随着现代冲压技术的发展，高速压力机［冲压速度在 600 次 /min 以上，送料精度高达 ±(0.01 ～ 0.03)mm，主要用于电子、仪表、汽车等行业的特大批量的冲裁、弯曲、浅拉深等工序的生产］、多工位自动压力机（结构与闭式双点压力机相似，但装有自动进料机构和工位间的传送装置，传送机构与主轴和主滑块机械连接，在任何速度下都能保持同步操作，能按一定顺序自动完成落料、冲孔、拉深、弯曲、整形等，每一行程可生产一个制件）、数控回转头压力机（整机由计算机控制，带有模具刀库的数控冲切及步冲压力机，能自动、快速换模，通用性强，生产率高，突破了传统冲压加工离不开专用模具的束缚，主要用于冲裁、切口及浅拉深）、精密冲裁压力机（整机除主滑块之外，还设有压边和反压装置，其压力可分别调整，机身精度高，刚性好，具有封闭高度调节机构，调节精度高，主要用于精密冲裁）等各种新型压力机也得到较广泛的应用。

（3）冲压模具

冲压模具简称冲模或冷冲模，是冲压生产中必不可少的工艺装备。其设计、制造质量直接影响到冲压件的加工质量、生产效率及制造成本。

一般说来，冲压件的不同加工工序需要有不同的模具与之配套，而采用不同的加工工艺就需要设计不同结构的模具与其对应，即使对相同结构的冲压件，若生产批量、设备、规模不同也需要与之协调的不同模具来完成。冲压加工的这种特点，使模具的结构多样，类型很多。图 2-4 为按不同的冲压加工工艺、模具结构及模具机械化实现的程度等，对冲模类型的分类情况。

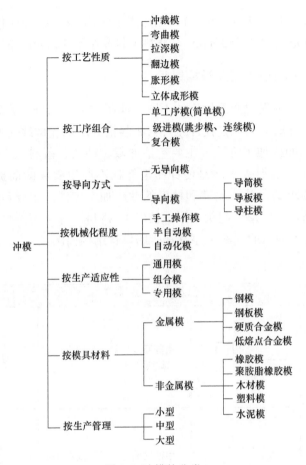

图 2-4 冲模的分类

　　一般生产加工中，使用最广泛的是按冲压工序的组合方式来划分模具结构。此时，冲模主要有以下几种形式：

　　① 简单模。简单模是指冲模安装在压力机上后，在压力机的一次冲程下，只能完成一个单一工序的冲模。此类模具结构简单、制造容易，主要用于形状比较简单、加工精度不高（一般为 IT12 级）、生产批量不大的冲压件的加工。

　　② 复合模。复合模是指冲模安装在压力机上后，在压力机的一次冲程下，板料在同一个工位上，可同时完成二个以上的冲压工序（如落料、冲孔、弯曲、拉深等）。此类模具结构比较复杂、制造难度较大，主要用于外形比较复杂、加工精度较高（一般为 IT9 ～ IT10 级）、生产批量较大的冲压件的加工。

　　③ 级进模。级进模又称连续模、跳步模。它是指冲模安装在压力机上后，在压力机的一次冲程下，板料在不同的工位，可完成两个或两个以上冲压工序的冲模。此类模具结构复杂、制造难度大，常与自动送料装置配合使用，实现自动化生产，因此，模具操作方便、安全可靠、生产效率高。其主要用于外形复杂，

加工精度较高（一般为 IT10～IT11 级）、生产批量较大的冲压件的加工，尤其多用于小件（外形尺寸小于 50mm）、薄料（料厚小于 1.2mm）的自动送料加工。

2.2.3　冲压加工的基本工序及模具

根据冲压加工过程中变形性质的不同，冲压加工可划分为分离类工序和变形类工序两大类。分离类工序是使冲压件与板料沿要求的轮廓线相互分离，并获得一定断面质量的冲压加工方法，主要包括冲裁（冲孔、落料）、切口、切断、切边、剖切等工序；变形类工序是使冲压毛坯在不产生破坏的前提下发生塑性变形，以获得所要求的形状、尺寸和精度的冲压加工方法，主要包括弯曲、拉深、成形（翻边、缩口、胀形、起伏成形、校形）、冷挤压等工序。

表 2-1 给出了冲压的基本工序及其所用模具结构简图。

表 2-1　冲压的基本工序及其所用模具结构简图

类别	工序名称	工序简图	工序特点	所用模具结构简图
分离类工序	切断	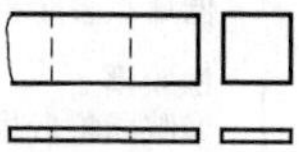	用剪刀或模具将板料沿不封闭轮廓线分离	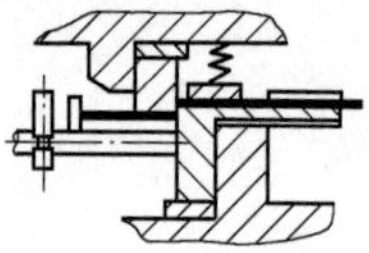
	冲孔	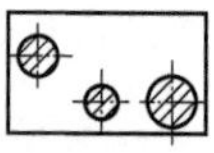	用模具沿封闭轮廓线冲切板料，切下部分是废料	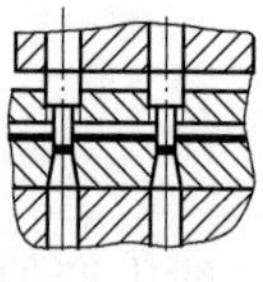
	落料	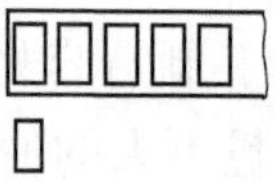	用模具沿封闭轮廓线冲切板料，切下部分是工件	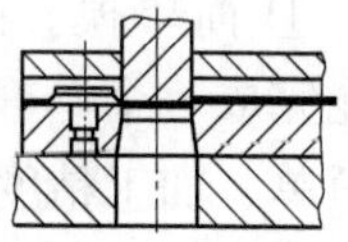
	切口	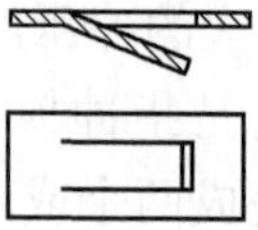	用模具沿不封闭轮廓将部分板料切开并使其下弯	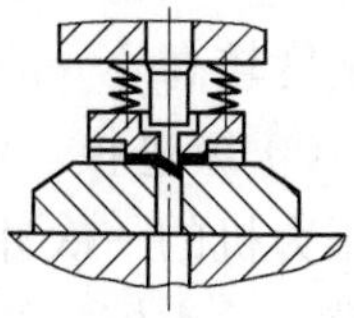

类别	工序名称		工序简图	工序特点	所用模具结构简图
分离类工序	切边			用模具将工件边缘的多余材料冲切下来	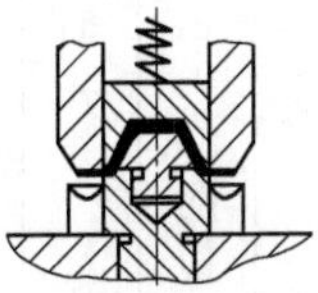
	剖切			用模具将冲压成形的半成品切开成为两个或数个工件	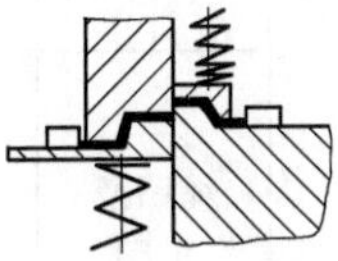
变形类工序	弯曲			用模具将板料弯成各种角度和形状	
	拉深	不变薄拉深	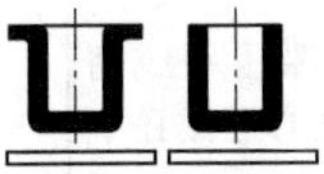	用模具将板料毛坯冲制成各种开口的空心件	
		变薄拉深		用模具采用减小直径和壁厚的方法改变空心半成品的尺寸	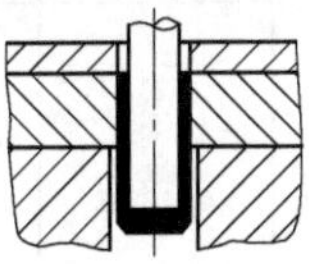
	起伏成形			用模具将板料局部拉深成凸起和凹进形状	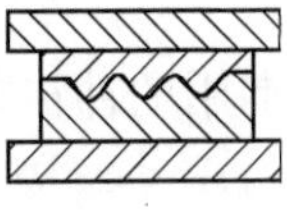

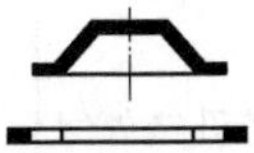

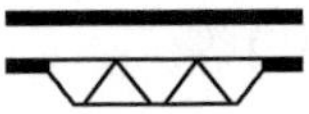

续表

类别	工序名称		工序简图	工序特点	所用模具结构简图
塑性变形类工序	翻边	翻孔	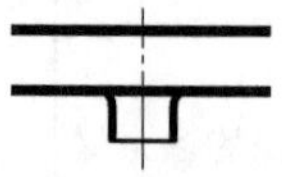	用模具将板料上的孔或外缘翻成直壁	
		外缘翻边			
	缩口及扩口			用模具使空心件或管状毛坯的径向尺寸缩小	
	胀形			用模具使空心件或管状毛坯向外扩张，使径向尺寸增大	
	校形	校平	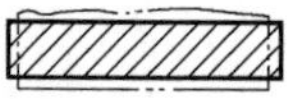	将翘曲的平板件压平或将成形件不准确的地方压成正确形状	
		整形			
	冷挤压			使金属沿凸、凹模间隙或凹模模口流动，从而使原毛坯转变为薄壁空心件或横断面不等的半成品	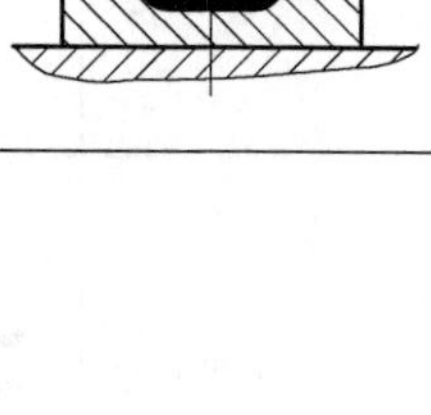

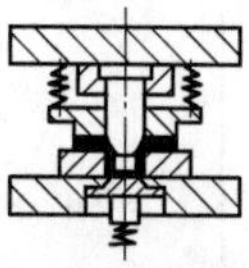

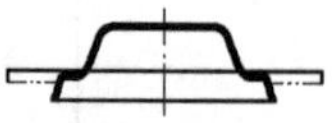

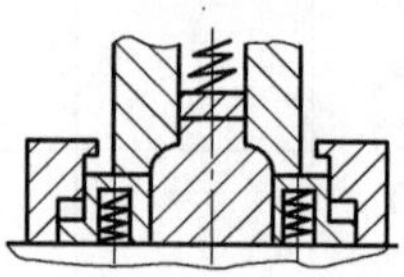

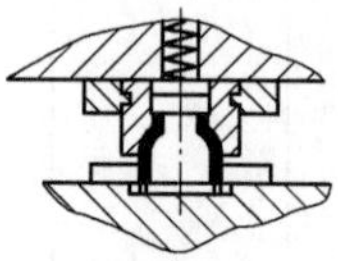

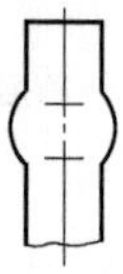

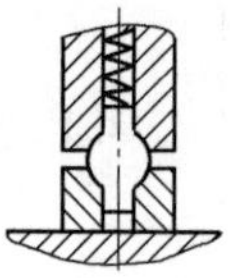

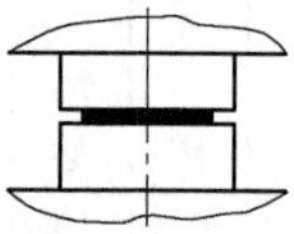

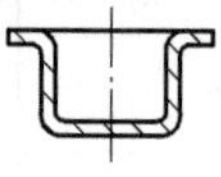

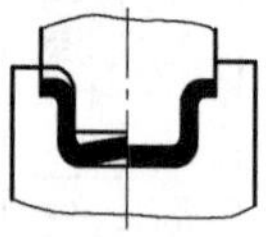

2.2.4　常见冲模的结构形式

常用的冲压模具主要有冲裁模、弯曲模及拉深模等。

（1）冲裁模的结构形式

根据冲裁零件材料的不同，冲裁模还可分为金属冲裁模和非金属冲裁模两类。

1）金属冲裁模的结构

金属冲裁模根据其冲裁加工工序的不同，分冲孔模、落料模、切口模、剖切模等。根据其导向方式的不同，又可分为模架导向冲模、导板式冲模、导筒冲模和敞开式冲模等。

① 冲孔模。图 2-5（b）为加工图 2-5（a）所示零件孔所用的冲孔模结构简图。

该模具为无导向的敞开式简单冲孔模，剪切好的坯料由安装在凹模 5 上的 3 个定位销定位，上模 1 与凹模 5 共同冲出圆孔，由压缩后的聚氨酯 2 提供动力给卸料板 4 将夹在上模 1 冲头上的零件推出。

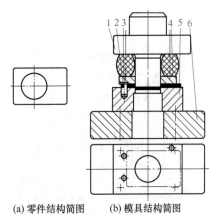

(a)零件结构简图　　(b)模具结构简图

图 2-5　冲孔零件及冲孔模结构简图
1—上模；2—聚氨酯；3—定位销；4—卸料
板；5—凹模；6—下模板

此类模具结构简单，制造容易，成本低，但使用时模具间隙调整麻烦，冲件质量差，操作也不够安全，主要适用于精度要求不高、形状简单、批量小的冲裁件。

② 落料模。落料模是完成落料工序的单工序模。落料模要求凸、凹模间隙合理，条料在模具中的定位准确，落料件下落顺畅，落料件平整，剪切断面质量好。

如图 2-6 所示为采用模架导向的落料模，均采用了后侧滑动导柱式模架。

其中，图 2-6（a）采用了固定卸料板卸料。为防止上模座 3 与模柄 1 之间发生相对转动，在带有台阶的压入式模柄 1 上配有止转销钉。凸模 5 直接由凸模固定板 4 固定在上模座 3 上，固定卸料板 6 完成卸料工作。冲裁条料自右向左送进，条料的两侧面由导料板 7 控制送料的方向，定位销 10 确定了条料送进的准确位置。凹模 8 为整体式凹模，凹模直接固定在下模座 9 上，下模座 9 上开有漏料孔，落料件由漏料孔直接落在模具的下方。

与图 2-6（a）模具结构不同的是，图 2-6（b）采用了弹性卸料板卸料，并在凸模 6 与上模座 2 之间增加了凸模垫板 3，它可以使凸模所受到的冲裁力均匀分布于上模座。弹性卸料板采用弹簧作为弹性元件，在冲裁时，弹性卸料板 7 将条料压在凹模 10 平面上提高了冲裁质量。冲裁后，凸模 6 后退，弹性卸料板 7 将冲裁完成的条料从凸模 6 上卸下。

模架导向的冲裁模，导柱导向精度较高，模具使用寿命长，适用于零件的大批量生产。图 2-6（a）类固定卸料板冲裁模主要用于料较厚（$t > 0.5mm$）零件的冲裁（冲孔、落料）；图 2-6（b）类弹性卸料板冲裁模则可用于料较薄（$t < 0.5mm$）零件的冲孔或落料，并较能保持零件有较好的平面度，但图 2-6（a）类固定卸料板冲裁模结构较图 2-6（b）类弹性卸料板冲裁模结构简单。

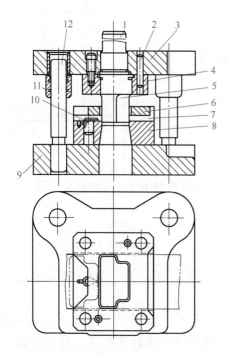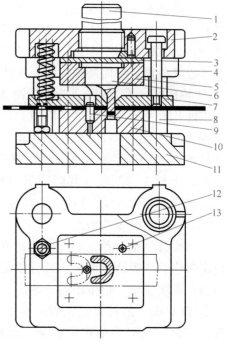

(a) 固定卸料板落料模　　　　　　　　　(b) 弹性卸料板落料模

1—模柄；2—圆柱销；3—上模座；4—凸模　　　1—模柄；2—上模座；3—凸模垫板；4—导套；
固定板；5—凸模；6—固定卸料板；7—导　　　5—凸模固定板；6—凸模；7—弹性卸料板；
料板；8—凹模；9—下模座；10—定位销；　　　8—导柱；9—定位销；10—凹模；11—下模座；
11—导套；12—导柱　　　　　　　　　　　12—导向螺钉；13—挡料销

图 2-6　模架导向的落料模

图 2-7（c）为加工图 2-7（a）所示圆形零件所用的导板式落料模，图 2-7（b）为零件排样图。

此类模具较无导向模精度高，制造复杂，但使用较安全，安装容易。一般用于板料厚度 $t > 0.5$mm 的形状简单，尺寸不大的单工序冲裁模，要求压力机行程要小，以保证工作时凸模始终不脱离导板。对形状复杂、尺寸较大的零件，不宜采用这种结构形式，最好采用有导柱导套型模架导向的模具结构。

导板式冲模工作时，通过上模 3 的工作部分与导板 1 成小间隙配合进行导向，冲裁小于 0.8mm 的材料，采用 H6/h5 的配合；冲裁大于 3mm 的材料，则选用 H8/h7 级配合。导板同时兼起卸料作用，冲裁时，要保证凸模始终不脱离导板，以保证导板的导向精度。尤其对多凸模或小凸模来说，离开导板再进入导板时，凸模的锐利刃边易被碰损，同时也啃坏导板上的导向孔，从而影响到凸模的寿命或使得凸模与导板之间的导向精度受到影响。

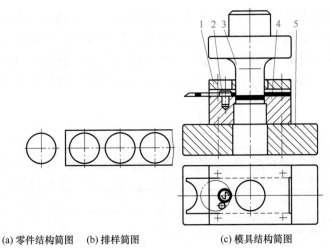

(a) 零件结构简图   (b) 排样简图   (c) 模具结构简图

图 2-7 落料零件及导板式落料模

1—导板；2—圆柱销；3—上模；4—凹模；5—下模板

2）非金属冲裁模的结构

根据非金属材料组织与力学性能的不同，非金属材料的冲裁方式有尖刃凸模冲裁和普通冲裁模冲裁两种。

① 尖刃凸模冲裁。尖刃凸模冲裁主要用于冲裁如皮革、毛毡、纸板、纤维布、石棉布、橡胶以及各种热塑性塑料薄膜等纤维性及弹性材料。

尖刃冲裁模结构如图 2-8 所示。其中，图 2-8（a）为落料用外斜刃；图 2-8（b）为冲孔用内斜刃；图 2-8（c）为裁切硫化硬橡胶板时，在加热状态下，为保证裁

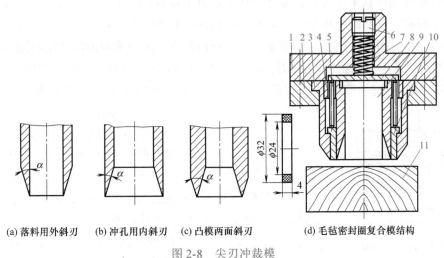

(a) 落料用外斜刃   (b) 冲孔用内斜刃   (c) 凸模两面斜刃   (d) 毛毡密封圈复合模结构

图 2-8 尖刃冲裁模

1—上模；2—固定板；3—落料凹模；4—冲孔凸模；5—推杆；6—螺塞；

7—弹簧；8—推板；9—卸料杆；10—推件器；11—硬木垫

切的边缘垂直而使用的凸模两面斜刃；图 2-8（d）为毛毡密封圈复合模结构。尖刃凸模的斜角 α 取值可参见表 2-2。设计时，其尖刃的斜面方向应对着废料。冲裁时，在板料下面垫一块硬木、层板、聚氨酯橡胶板、有色金属板等，以防止刃口受损或崩裂，不必再使用凹模。尖刃凸模可安装在小吨位压力机或直接用手工加工。

表 2-2　尖刃凸模斜角 α 的取值

材料名称	α/(°)
烘热的硬橡胶	8～12
皮、毛毡、棉布纺织品	10～15
纸、纸板、马粪纸	15～20
石棉	20～25
纤维板	25～30
红纸板、纸胶板、布胶板	30～40

② 普通冲裁模冲裁。对于一些较硬的如云母、酚醛纸胶板、酚醛布胶板、环氧酚醛玻璃布胶板等非金属材料，则可采用普通结构形式的冲裁模进行加工。由于这些材料都具有一定的硬度与脆性，为减少断面裂纹、脱层等缺陷，应适当增大压边力与反顶力，减小模具间隙，搭边值也比一般金属材料大些。对于料厚大于 1.5mm 而形状又较复杂的各种纸胶板和布胶板零件，在冲裁前需将毛坯预热到一定温度后再进行冲裁。

（2）弯曲模的结构形式

弯曲件的形状千变万化，按外形结构划分主要有：V 形件、U 形件、⊓ 形件；夹箍形圆筒件以及由上述单一结构要素组成的具有不同形状弯角、圆弧等构成的多向弯曲的半封闭或封闭件。一般来说，不同形状零件的弯曲成形需要由不同的模具结构对应完成。弯曲模所具有的这种特性，使其命名及结构形式呈现出多样性。

习惯上，按弯曲模完成弯曲件的外形形状分别称为 V 形件弯曲模、U 形件弯曲模、⊓ 形件弯曲模等；而根据模具是否使用压料装置及其工作特性，又可将弯曲模分为敞开式、带压料装置式、摆块式、摆轴式等；根据弯曲模实现的自动化程度，可分为自动弯曲模、手动弯曲模等。

① 敞开式弯曲模。如图 2-9 所示为 V 形件、U 形件弯曲模结构，是最简单的模具结构形式。

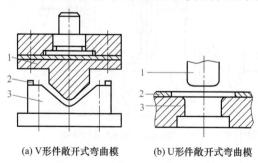

(a) V形件敞开式弯曲模　(b) U形件敞开式弯曲模

图 2-9　V 形件、U 形件弯曲模

1—凸模；2—定位板；3—凹模

整套模具的上、下模均未采用压料装置，为敞开式，制造方便，通用性强，但采用这种模具弯曲时，板料容易滑动，弯曲件的边长不易控制，工件弯曲精度不高且 U 形件的底部不平整。

② 带压料装置的弯曲模。为提高 V 形件的弯曲精度，防止板料滑动，可采用图 2-10 所示结构。其中，图 2-10（a）中弹簧顶杆 3 是为了防止压弯时坯料偏移而采用的压料装置。图 2-10（b）所示弯曲模设置了压料装置，并以定位销定位，克服弯曲的侧向力作用，通过设置止推块 6，使凸模接触坯料前先行与止推块 6 紧贴，防止毛坯及凸模的偏移，保证弯曲件的质量。

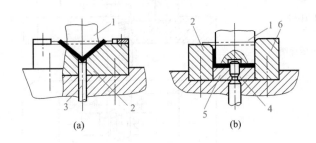

(a)   (b)

图 2-10　带有压料装置及定位销的弯曲模
1—凸模；2—凹模；3—弹簧顶杆；4—定位销；5—压料板；6—止推块

如图 2-11 所示为 U 形件弯曲模。冲压时，毛坯被压在凸模 1 和压料板 3 之间逐渐下降，两端未被压住的材料沿凹模圆角滑动并弯曲，进入凸模和凹模间的间隙，将零件弯成 U 形。由于弯曲过程中，板料始终处于凸模 1 和压料板 3 之间的压力作用下，因此能较好地控制 U 形件底部的平整，较好地保证弯曲精度。

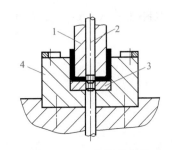

图 2-11　U 形件弯曲模
1—凸模；2—推杆；3—压料板；4—凹模

③ 摆块式弯曲模。图 2-12（b）为一次性直接弯成图 2-12（a）所示的夹箍类圆筒件摆块式弯曲模结构。

模具工作时，毛坯件用活动凹模 12 上的定位槽定位。上模下行时，型芯 5 先将毛坯弯成 U 形，然后型芯 5 压活动凹模 12，使其向中心摆动，将工件弯曲成形。上模回升后，活动凹模 12 在弹簧 9 的作用下，被顶柱 10 顶起分开。工件留在型芯 5 上，由纵向取出。

④ 斜楔弯曲模。图 2-13 所示为适用于弯曲角小于 90° 的封闭和半封闭弯曲件的带斜楔弯曲模结构。

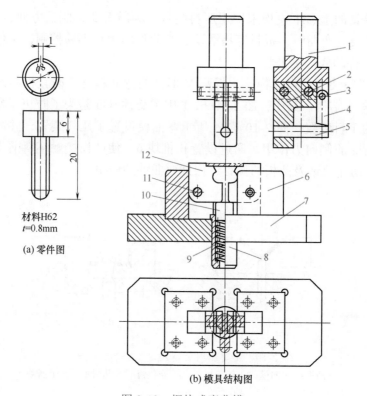

材料H62
t=0.8mm

(a) 零件图

(b) 模具结构图

图 2-12　摆块式弯曲模

1—模柄；2—上模支架；3—圆销；4—活动支柱；5—型芯；6—座架；7—底座；8—弹簧套筒；9—弹簧；
10—顶柱；11—芯轴；12—活动凹模

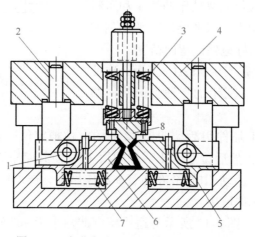

图 2-13　弯曲角小于 90° 的带斜楔弯曲模

1—滚柱；2—斜楔；3，7—弹簧；4—上模板；5，6—活动凹模块；8—凸模

模具工作时，毛坯件首先在凸模 8 作用下被压成 U 形件。随着上模板 4 继续向下移动，弹簧 3 被压缩，装于上模板 4 上的两块斜楔 2 压向滚柱 1，使装有滚柱 1 的活动凹模块 5、6 分别向中间移动，将 U 形件两侧边向里弯成小于 90° 角度。当上模回程时，弹簧 7 使凹模块复位。由于模具结构是靠弹簧 3 的弹力将毛坯压成 U 形件的，受弹簧弹力的限制，只适用于弯曲薄料。

（3）拉深模的结构形式

拉深加工可在一般的单动压力机上进行，也可在双动、三动压力机上进行。在单动压力机上工作的拉深模，可分为首次拉深模及首次以后各次拉深模两种，按是否采用压边圈则可分为带压边和不带压边两种。

① 首次拉深模。图 2-14 为不需压边圈的无凸缘圆筒件拉深模结构图。图中凹模 2 上平面的浅槽 D 为放置拉深毛坯用，其浅槽深度无特殊要求，便于毛坯安放即可。

图 2-15 为使用压边圈进行首次拉深的模具结构，压料板 4 安装在下模，压边力通过安装于下模的顶杆 5 传递，传递力的可以是弹性缓冲器、弹簧也可以是压力机上的气缸等。落料好的坯料置于压料板 4 的定位圈中定位，凸模 3、凹模 2 及压料板 4 共同作用便可将坯料拉深出来。

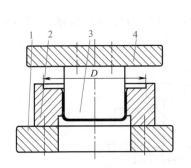

图 2-14　不带压边圈的拉深模结构简图
1—下模板；2—凹模；3—凸模；4—上模板

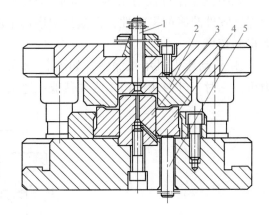

图 2-15　带压边圈的拉深模结构
1—推杆；2—凹模；3—凸模；4—压料板；5—顶杆

② 首次以后各次拉深模。图 2-16 为用于筒形件带压边圈的首次以后各次拉深模结构图。

模具中的定位器 11 采用了套筒式结构，同时起压边及定位作用，压紧力由顶杆 13 传递的气缸力提供。为防止坯料拉深时起皱，调整限位顶杆 3 的位置可调节压边力的大小，使压边力保持均衡同时又可防止将坯料夹得过紧。

图 2-17 为用于带凸缘拉深件的带压边圈的首次以后各次拉深模结构简图。

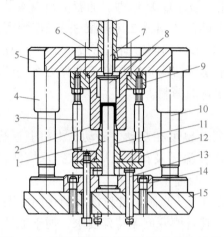

图 2-16 用于筒形件带压边圈的首次以后
各次拉深模结构图

1—凸模；2—凹模；3—限位顶杆；4—导套；5—上
模板；6—模柄；7—打棒；8—卸件器；9—固定板；
10—导柱；11—定位器；12—定位器固定板；13—顶
杆；14—凸模固定板；15—下模座

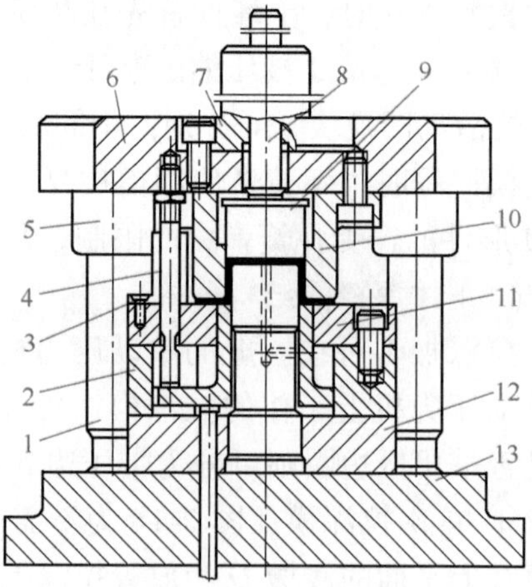

图 2-17 用于带凸缘拉深件的带压边圈的
首次以来各次拉深模结构简图

1—导柱；2—空心垫板；3—定距套；4—顶杆；5—导
套；6—上模座；7—模柄；8—打棒；9—卸件器；
10—凹模；11—压平圈；12—凸模固定板；
13—下模座

该模具工作过程与图 2-16 所示模具基本类似，只是考虑到该拉深件带凸缘，为保证零件凸缘的平整性，在模具中增加了压平圈 11，使凸缘在零件完成成形后能得到校平。

③ 双动压力机用拉深模。如图 2-18 所示为双动压力机用拉深模。用双动压力机拉深时，外滑块压边（或冲裁兼压边），内滑块拉深。

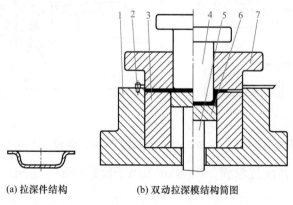

(a) 拉深件结构　　　　(b) 双动拉深模结构简图

图 2-18 拉深件及双动拉深模结构简图

1—下模座；2—定位销；3—拉深凹模；4—拉深凸模；5—顶杆；6—顶料块；7—压边圈

模具工作时，条料经定位销 2 定位，由压边圈 7 及下模座 1 共同作用实施落料后，拉深凸模 4 与拉深凹模 3、顶料块 6 共同将落料后的坯料拉深成形，最终由顶杆 5 带动顶料块 6 将拉深好的零件推出拉深凹模 3 型腔。

2.2.5 冲模主要零部件的结构

尽管冲压模具的种类很多，但按用途和工艺特点的不同，各类模具的主要零部件可划分为工作零件、定位零件、压料和卸料零件、导向零件、固定零件五大类。

（1）工作零件

冲模的工作零件主要指凸模和凹模。

① 凸模。常见凸模的结构和固定形式有下面几种。

a. 圆形台阶式凸模，如图 2-19（a）所示，用于小直径或小件的落料、冲孔工作。凸模做成台阶形，用以增加强度。它与固定板为过渡配合，固定板用螺钉与上模板固定连接在一起。销钉用于横向定位，以防凸模工作过程中因螺钉松动而侧移。

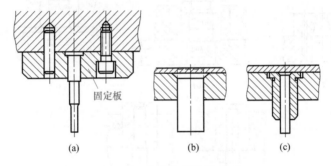

图 2-19 常用凸模结构形式

b. 等截面直通式凸模，如图 2-19（b）所示，用于冲制形状复杂的中、小冲压件。它与固定板为过渡配合，尾部与固定板铆接紧固。

c. 带护套式凸模，如图 2-19（c）所示，用于冲制小直径孔（与材料厚度差不多）的场合。护套是为了防止凸模弯曲或折断。凸模与护套是间隙配合，护套与固定板是过渡配合。由于这类凸模容易磨损，需细心保护。

② 凹模。凹模的结构有三种类型，如图 2-20 所示。

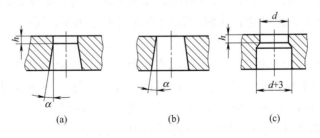

图 2-20 凹模的结构形式

图 2-20（a）为圆柱形刃口。它的工作刃口强度较高，修磨刃口后工作部分尺寸不变，但冲压后材料卡留在凹模内，会增加孔壁磨损。此类型凹模主要用于落料或冲压形状复杂或精度较高的冲压件。圆柱形高度 h 取值主要与被加工的材料厚度有关。

图 2-20（b）为锥形刃口。它的工作刃口修磨后尺寸增大，刃口强度较低。但冲压后材料易从凹模口落下，取件方便。适用于冲落精度要求不高、形状简单的工件。

图 2-20（c）为圆柱形刃口并带有过渡部分的凹模。为方便加工，把锥形改为了圆柱形，用于冲压尺寸较小的工件。

凹模的固定方式，常见的如图 2-21 所示。

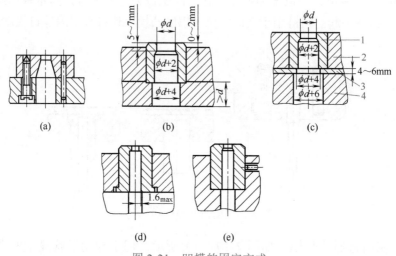

图 2-21　凹模的固定方式
1—凹模；2—固定板；3—垫板；4—下模座

图 2-21（a）是在各种模具中较常见的凹模固定方式。它与下模座用螺钉固定，销钉用以横向定位。

图 2-21（b）、图 2-21（c）为凹模压入固定板内，固定板再与下模座固定连接在一起的方法。也可把凹模做成台阶式压入固定板内，如图 2-21（d）所示。

图 2-21（e）为止动螺钉在侧面紧固的方式固定凹模，用于薄板小孔冲压。

（2）定位零件

定位零件的作用是使毛坯或半成品在模具中具有准确的位置。定位零件的种类很多，常见的有定位钉、定位板、挡料销、导尺、导正销和侧刃等。

① 定位钉和定位板。单个毛坯（或半成品），在模具进行冲压时（初次或再次）定位，常采用定位钉和定位板的结构形式，如图 2-22（a）、图 2-22（b）所示。定位钉露出高度（或定位板厚度）h，可按下列关系选取。

材（板）料厚度为：

$t \leqslant 1.0mm$，$h=2mm$

$t=1 \sim 3mm$，$h=t+1$

$t=3 \sim 6mm$，$h=t$

定位钉分为固定式和弹性式两种。固定式定位钉适用于各种孔径定位；弹性式的适用于薄壁凹模毛坯定位。

定位板常见的有毛坯外形定位和毛坯内缘轮廓定位两种形式。

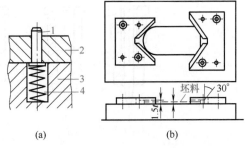

图 2-22 定位钉和定位板

1—定位钉；2—卸料板；3—固定板；4—弹簧

② 挡料销。挡料销一般的结构类型如图 2-23 所示，其作用是控制板料纵向移动距离。挡料销的材料为 T7，硬度为 50 ~ 55HRC。其中，固定挡料销结构简单，制造容易，应用广泛，一般装在凹模或下模上。

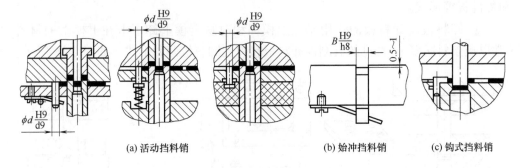

(a) 活动挡料销　　(b) 始冲挡料销　　(c) 钩式挡料销

图 2-23 挡料销结构类型

③ 导尺。导尺的作用是使条料送进位置正确。它可与卸料板做成整体，也可以单独使用，其结构形式如图 2-24 所示。在安装时两导尺之间等于带料的宽度加 0.2 ~ 1.0mm 的间隙。

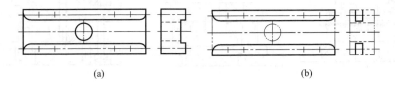

(a)　　　　　　　　(b)

图 2-24 导尺的结构形式，

④ 导正销。导正销又称导正钉，其作用是对条料精确定位，保证冲件外形与内孔的位置与尺寸，通常装在落料凸模上，结构形式有四种（图 2-25），分别用于不同情况。Ⅰ型用于直径 1.5 ~ 4mm 的孔；Ⅱ型用于直径 4 ~ 10mm 的孔；Ⅲ型用于直径 10 ~ 25mm 的孔；Ⅳ型用于 25 ~ 50mm 的孔。

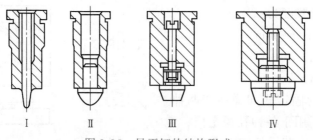

图 2-25   导正钉的结构形式

⑤ 侧刃。侧刃的作用是提高定位精度和生产率,有利于实现压力机自动化,但增加材料消耗。故它仅适用于材料较薄($t < 0.5$ mm)、冲件易破裂或窄长的材料及一定形状等情况。

(3)卸料、压料零件

卸料、压料用于模具在上模下行时的压料。主要有卸料板、压边板、顶件板和推件板等形式。

① 卸料板。卸料板的作用是在上模回程时从上模上卸下卡在上模上的材料(常以板条料居多)。常见的有刚性卸料板和弹性卸料板两种形式,如图 2-26 所示。

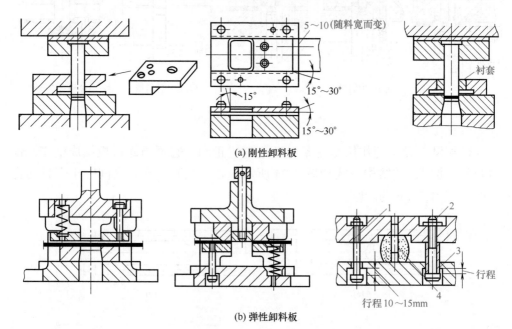

图 2-26   卸料板的结构形式

1—螺栓;2—带导向套圆头螺栓;3—卸料板;4—橡胶

图 2-26(a)为常见的刚性卸料板的三种结构形式,右边的一种兼作凸模导向,此时模具可省去导柱导套副。图 2-26(b)为常见的弹性卸料板的三种结构形式。

卸料板孔与凸模的间隙和卸料板至凹模顶面距离"H"的大小应合理确定。当板料厚度 $t < 3mm$ 时，取单边间隙为 0.3mm；$t > 3mm$ 时，可以加大到 0.5mm。卸料板孔的下面应保证锐角。"H"值应比材料厚度与挡料销高度"h"之和大 $5 \sim 6mm$，以保证材料能顺利卸下。

②压边板。压边板（圈）是在上模下行时，压住板料以防其起皱失稳。常见的有刚性压边圈和弹性压边圈两种，如图 2-27 所示。

图 2-27（a）为刚性压边圈。它用螺钉固定在凹模上，它与凹模之间的间隙是不变的，约为板料厚度值。

图 2-27（b）为弹性压边圈 8 与弹簧 1、螺栓 5 和限位螺栓 9 等零件组成弹性压边装置。上模下行时，压缩弹簧产生压力作用于压边圈而压住板料。

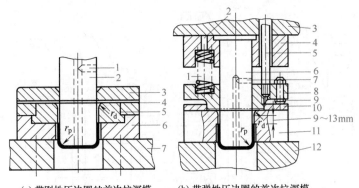

(a) 带刚性压边圈的首次拉深模

1—凸模气孔；2—凸模；3—刚性压边圈；4—定位板；5—凹模；6—凹模固定板；7—下模板

(b) 带弹性压边圈的首次拉深模

1—弹簧；2—通孔；3—上模板；4—凸模固定板；5—螺栓；6—凸模；7—凸模气孔；8—弹性压边圈；9—限位螺栓；10—定位板；11—凹模；12—下模板

图 2-27 压边板形式

顶件板和推件板的主要作用是将冲压件从凹模中或凸模上顶出或推下，也适于各种模具的卸件工作。其结构如图 2-28 所示。

（4）导向零件

导向零件有导板、导柱和导套副、滚珠导柱和导筒副等形式。导柱和导套，如图 2-29 所示。

图 2-29（a）为常见的导柱形式，此外，还有台阶式的。它在长度方面只有一个直径尺寸 d，其值在 $16 \sim 60mm$ 之间，长度 L 在 $90 \sim 320mm$ 之间。导柱端头与下模座的孔采用过盈配合，或把导柱下部加工成锥度，通过锥度衬套、螺母等装配到下模座上。

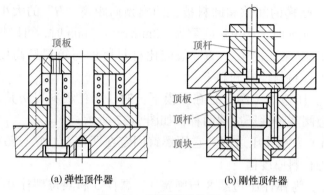

(a) 弹性顶件器　　　　　(b) 刚性顶件器

图 2-28　顶件板结构形式

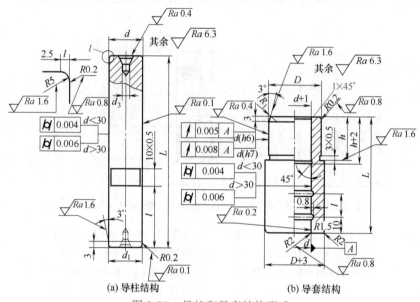

(a) 导柱结构　　　　　(b) 导套结构

图 2-29　导柱和导套结构形式

图 2-29（b）为导套的结构形式，在导套内有油槽，以便润滑。导套固定在上模座上的方式有压入式和用环氧树脂黏接剂（或低熔点合金）浇固式两种。在采用过盈配合压入时，导套的孔径会收缩。因此，要求在导套压入部分的孔径应比导套与导柱间隙配合的孔径 d 增大 1mm。

导柱与导套的配合采用间隙配合。其配合精度为 H7/h6，要求高精度时为 H6/h5。

导柱和导套已标准化，在使用时根据需要直接选取即可。

模架由上、下模座，导柱和导套组成，如图 2-30 所示。

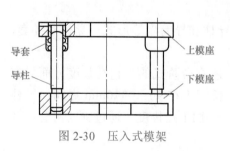

图 2-30　压入式模架

导柱在模架上的布置视模具大小和导向精度的要求而定。模架上导柱导套副有两对、三对或四对的。对于有两对导柱导套副的模架，随其在上、下模座上分布位置的不同，又可分为位于上、下模座对角线上或后侧等形式。四对导柱导套副位于上、下模座四角的模架上，适用于大型制件的冲压。

选择导柱长度时，应考虑模具闭合时，导柱上端面与上模板上平面的距离不小于 10～15mm，导柱与下模座下平面的距离不小于 2～5mm。导套上端面与上模板上面的距离应大于 3mm，用以排气和出油。

（5）固定零件

模具的固定零件有上、下模座，模柄，凸、凹模固定板，垫板，限位器，螺钉和销钉等。这些零件已标准化，在使用时可根据需要选取。

2.2.6　常用的冲压设备

常用的冲压设备主要包括机械压力机、液压机等。其中机械压力机又称冲床，在冲压生产中应用最广。车间常用的机械压力机有曲柄压力机、摩擦压力机，常用的液压机有冲压液压机。

（1）曲柄压力机

曲柄压力机是以曲柄传动的锻压机械，按公称压力的大小分为大、中、小型，小型冲床的公称压力小于 1000kN，中型冲床压力为 1000～3000kN，3000kN 以上的为大型冲床；按压力机连杆数目可分为单点和双点，其中，单点压力机的滑块由一个连杆带动，用于台面较小的压力机，双点压力机的滑块由两个连杆带动，用于左、右台面较宽的压力机；按压力机滑块的数目可分为单动、双动和三动压力机。图 2-31 为不同运动滑块数目的曲柄压力机工作示意图。

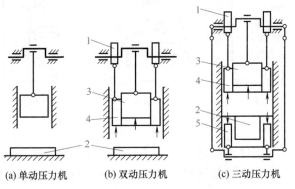

(a) 单动压力机　　(b) 双动压力机　　(c) 三动压力机

图 2-31　不同运动滑块数目的曲柄压力机工作示意图
1—凸轮；2—工作台；3—内滑块；4—外滑块；5—下滑块

其中，单动压力机只有一个滑块，主要用于冲裁、弯曲等工序作业，拉深作业时，常利用气垫压边。

双动压力机有内、外两个滑块,两个滑块可分别运动,外滑块主要用于压边,内滑块用于拉深,所以又称为拉深压力机,通常内滑块采用曲柄连杆机构驱动,外滑块用曲轴凸轮机构、带侧滑块的曲柄杠杆机构或多杠杆机构驱动,外滑块通常有四个加力点,用于调整作用于坯料周边的压边力。

三动压力机除了压力机的上部有一个内滑块和一个外滑块之外,压力机下部有一个下滑块,上、下两面的滑块做相反方向的运动,用以完成相反方向的拉深工作,主要用于大型覆盖件的拉深和成形。

此外,曲柄压力机按结构形式还可分为开式和闭式压力机,由于都是通用型冲压设备,故应用广泛。

1)曲柄开式压力机

曲柄开式压力机主要用于冲压加工中的冲孔、落料、切边、浅拉深、成形等工序。床身多为 C 形结构,从而使操作者可以从前、左、右三个方向接近工作台。压力机采用刚性离合器,结构简单,不能实现寸动行程。工作台下设有气垫供浅拉深时切边或工件顶出之用,可附设通用的辊式或夹钳式等送料装置,实现自动送料。小吨位压力机采用滑块行程调节机构及无级变速装置,可提高行程次数。由于床身刚性所限,开式压力机只适用于中、小型压力机。

开式压力机按其工作台结构可分为可倾压力机(工作台及床身可以在一定角度范围内向后倾斜的压力机),固定式压力机(工作台及床身固定的压力机),升降式压力机(工作台可以在一定范围内升降的压力机),如图 2-32 所示。

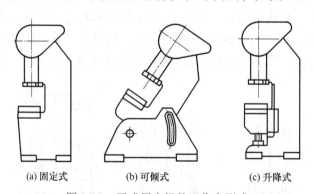

(a) 固定式　　　(b) 可倾式　　　(c) 升降式

图 2-32　开式压力机的工作台形式

尽管曲柄压力机的种类较多,但其工作原理基本相同。简单地说,就是通过曲柄机构(曲柄连杆机构、曲柄肘杆机构等)增力和改变运动形式,利用飞轮来储存和释放能量,使曲柄压力机产生大工作压力来完成冲压作业。以下以 JB23-63 曲柄开式可倾压力机(图 2-33)为例来说明其结构图与运动原理。

压力机运动时,电动机 1 通过 V 带把运动传给大带轮 3,再经小齿轮 4、大齿轮 5 传给曲轴 7。连杆 9 上端装在曲轴上,下端与滑块 10 连接,把曲轴的旋转运动变为滑块的往复直线运动，滑块 10 运动的最高位置称为上止（死）点位置，而最低位置称为下止（死）点位置。由于生产工艺的需要，滑块有时运动，有时停止，所以装有离合器 6 和制动器 8。由于压力机在整个工作周期内进行工艺操作的时间很短，大部分时间为无负荷的空程，为了使电动机的负荷均匀，有效地利用设备能量，因而装有飞轮，大带轮同时起飞轮作用。

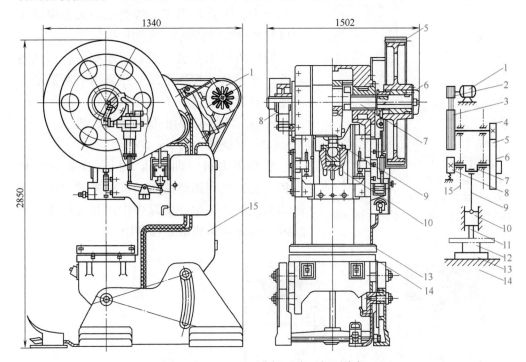

图 2-33　JB23-63 曲柄开式可倾压力机

1—电动机；2—小带轮；3—大带轮；4—小齿轮；5—大齿轮；6—离合器；7—曲轴；

8—制动器；9—连杆；10—滑块；11—上模；12—下模；13—垫板；14—工作台；15—机身

当压力机工作时，将所用模具的上模 11 装在滑块上，下模 12 直接装在工作台 14 上或在工作台面上加垫板 13，便可获得合适的闭合高度。此时将材料放在上下模之间，即能进行冲裁或其他变形工艺加工，制成工件。

滑块 10 的行程（即滑块上止点至下止点的距离）等于曲轴 7 偏心距的两倍，具有压力机行程较大且不能调节的特点。但是，由于曲轴在压力机上由两个或多个对称轴承支持着，因此压力机所受的负荷较均匀，故可制造大行程和大吨位的压力机。

图 2-34 所示偏心压力机，通过调节压力机中偏心套 5 的位置可实现压力机滑块行程的调节。该类压力机具有行程不大但可适当调节的特点，因此可用于行程要求不大的导板式等模具的冲裁加工。

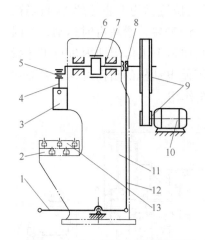

图 2-34　偏心压力机结构简图

1—脚踏板；2—工作台；3—滑块；4—连杆；5—偏心套；6—制动器；7—偏心主轴；8—离合器；9—带轮；10—电动机；11—床身；12—操纵杆；13—工作台垫板

2）曲柄闭式压力机

曲柄闭式压力机主要用于冷冲压加工中的冲孔、落料、切边、弯曲、拉深、成形等工序。操作者只能从前后两个方向接近工作台。压力机的床身左右封闭，刚性较好，能承受较大的压力，因此适用于一般要求的大、中型压力机和精度要求较高的轻型压力机。

曲柄闭式压力机一般采用摩擦离合器及制动器，有复杂的控制系统，并采用平衡器来平衡连杆和滑块部位，工作起来比较平稳，同时设有气垫。图 2-35 为曲柄闭式压力机。

（2）摩擦压力机

摩擦压力机与曲柄压力机一样有增力机构和飞轮，是利用螺旋传动机构来增力和改变运动形式的，在生产实际中应用最为广泛。图 2-36 为摩擦压力机的结构简图。

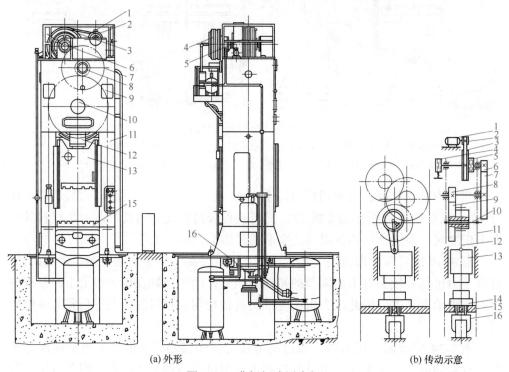

(a) 外形　　　　　　　　　　　　　　　(b) 传动示意

图 2-35　曲柄闭式压力机

1—电动机；2—小带轮；3—大带轮；4—制动器；5—离合器；6，8—小齿轮；7—大齿轮；9—带偏心轴颈的大齿轮；10—轴；11—床身；12—连杆；13—滑块；14—垫板；15—工作台；16—液压气垫

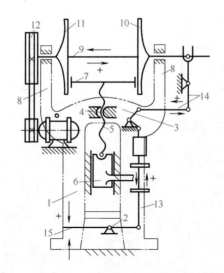

图 2-36 摩擦压力机结构简图

1—床身；2—工作台；3—横梁；4—螺纹套筒；5—螺杆；6—滑块；7—飞轮；8—支架；
9—转轴；10，11—摩擦盘；12—带轮；13，14—杠杆系统；15—操纵手柄

工作时，用操纵手柄 15 通过杠杆系统 13、14，操纵转轴 9 向左或向右移动。摩擦盘 10 和 11 之间的距离，略大于飞轮 7 的直径。转轴 9 由电动机通过带轮传动而旋转，当其向左或向右移动时，摩擦盘与螺纹套筒 4 是传动螺纹配合，于是滑块 6 被带动向上或向下做直线运动。向上为回程，向下为工作行程。

摩擦压力机因为没有固定的下死点，所以作业范围受到限制，一般用于校平、压印、切边、切断和弯曲等冲压作业和模锻作业。

（3）冲压液压机

冲压液压机用于板材冲压成形，适用于冷挤压、复杂拉深及成形等冲压工序。其工作原理是静压传递原理（帕斯卡原理），即将高压液体压入液压缸内，借助于液压柱塞，推动滑块运行实现冲压。

液压机的工作介质主要有两种。采用乳化液的一般称为水压机；采用油的称为油压机。

乳化液由 2% 的乳化脂和 98% 的软水混合而成，乳化液具有较好的防腐和防锈性能，并有一定的润滑作用。乳化液的价格便宜，不燃烧，不易污染环工作场地，故耗热量大以及热加工用的液压机多为水压机。

油压机应用的工作介质为全损耗系统用油，有时也采用透平机油或其他类型的液压油。其在防腐蚀、防锈和润滑性能方面优于乳化液，但油的成本高，也易于污染场地。中小型液压机多采用油压机。

常用的冲压液压机主要有上压式液压机［见图 2-37（a）］及下压式液压机［见图 2-37（b）］两种。

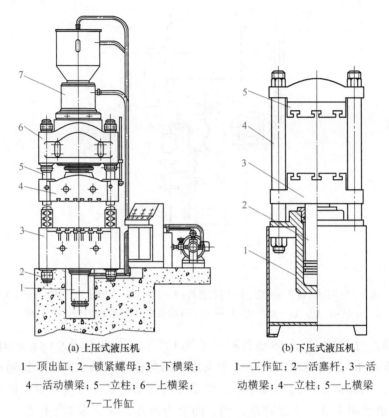

(a) 上压式液压机

1—顶出缸；2—锁紧螺母；3—下横梁；
4—活动横梁；5—立柱；6—上横梁；
7—工作缸

(b) 下压式液压机

1—工作缸；2—活塞杆；3—活
动横梁；4—立柱；5—上横梁

图 2-37　液压机的种类

　　上压式液压机的活塞从上向下移动对工件加压，送料和取件操作是在固定工作台上进行，操作方便，而且易实现快速下行，应用广泛。

　　下压式液压机的上横梁固定在立柱上不动，当柱塞上升时带动活动横梁上升，对工件施压。卸压时，柱塞靠自重复位，下压式液压机的重心位置较低，稳定性好。

2.3　塑料模具基础

　　塑料成型加工是根据各种塑料的固有特性，采用不同的模塑工具与方法，将各种形态的塑料制成所需形状的制品或坯件的过程。成型所使用的模塑工具就是我们通常所说的塑料模具。

2.3.1　塑料的特性与分类

　　塑料的品种很多，具有许多天然材料所不能比拟的特性，广泛应用于包装、建筑、电子、汽车、医疗卫生、日常生活、办公室自动化、航空航天、海洋开发、信息产业、农业、国防等领域，是继钢铁、木材、水泥之后的第四大工业基础材料。

（1）塑料的共同特性

尽管塑料品种很多，但其具有以下共同特性，见表2-3。

表2-3 塑料的共同特性

特性	内容
密度小、质量轻	普通塑料的密度为 0.9～2.3g/cm³，其中多数处于 1.0～1.4g/cm³ 之间
绝缘性能好、介电损耗低	塑料具有良好的电绝缘性能及较低的介电损耗，广泛应用于电动机、电子工业中的结构零件和绝缘材料
化学稳定性好	塑料对酸、碱等化学药物具有良好的耐蚀性能，广泛用于制作防腐材料
减振性、隔声性好	塑料具有良好的柔韧性，可以将机械能转变为热能散发出来，起到吸振和减振的作用。塑料的隔声性能极好，可用于高速运转的机械，还可用于制作汽车零部件
隔热性能好	塑料的热导率极小，广泛应用于冷藏、建筑、节能装置及其他绝热工程
力学强度范围宽	塑料的力学强度范围较广，比强度和比刚度接近甚至超过传统金属材料，特别适用于受力不大的结构件
耐磨性能好	塑料的摩擦系数小、耐磨性好，可在水、油或带有腐蚀性的液体中工作，还可用于制造在半干或全干摩擦的条件下工作的自润滑轴承
良好的透光性及防护性	许多塑料可制成透明或半透明制件，可作为玻璃的替代品，并大量用于既保暖又透光的农用薄膜

（2）塑料的分类

一般情况下，塑料是按照合成树脂分子的结构及其特性来分类的，可分为热塑性塑料和热固性塑料两大类。其中，热塑性塑料是指在特定温度范围内能反复加热软化和冷却硬化的塑料；热固性塑料是指在一定的温度和压力等条件下，经过不可逆的物理化学变化，固化成为不溶性物质的塑料。此外，还可按照用途进行分类，可分为通用塑料、工程塑料及特种塑料等。表2-4 给出了塑料的常用分类方法。

表2-4 塑料的常用分类方法

分类方法	类别	特点	实例
按受热后的性能表现分类	热塑性塑料	能够反复加热软化和冷却硬化	聚乙烯、聚丙烯、聚氯乙烯、聚苯乙烯、丙烯腈-丁二烯-苯乙烯共聚物、聚碳酸酯、聚酰胺、聚甲醛、聚甲基丙烯酸甲酯
	热固性塑料	经过加热或其他方法固化后，能变成不溶、不熔的产物	酚醛塑料、氨基塑料、脲醛塑料

分类方法	类别	特点	实例
按用途分类	通用塑料	产量大、用途广、价格低廉	聚乙烯、聚丙烯、聚氯乙烯、聚苯乙烯、酚醛塑料、氨基塑料
	工程塑料	能够承受一定外力作用，具有良好的力学性能和尺寸稳定性，在高、低温下仍能保持优良性能，可作为工程结构件使用	丙烯腈-丁二烯-苯乙烯共聚物、聚酰胺、聚碳酸酯、聚甲醛
	特种塑料	具有耐热、自润滑等特种功能	氟塑料、有机硅塑料

表 2-5 给出了热塑性塑料与热固性塑料在合成树脂分子的结构、成型反应的类型等方面的比较。

表 2-5　热塑性塑料与热固性塑料特性比较

塑料种类	特性		主要成型方法
	合成树脂分子的结构	成型反应的类型	
热塑性塑料	线型或支链型结构	受热呈熔融态，并且在此状态下有可塑性，固化后保持此形状。此成型反应为物理变化，是可逆的，可反复塑化成型	注射成型、挤出成型、吹塑成型等
热固性塑料	体型结构	受热之初可熔化，且有可塑性，当加热到一定温度后，树脂变为不可熔而硬化，塑件形状被固定不再发生变化。此反应除物理变化，还有化学变化，是不可逆的	压缩成型、压注成型，目前，热固性塑料注射成型工艺也有较大的进展

2.3.2　塑料注射成型工艺

塑料的成型加工方法是指将塑料材料转变为塑料制品的各种工艺手段。热塑性塑料主要采用注射、挤出、吹塑、发泡等成型方法，其中，以注射成型生产量占多数。

（1）注射成型原理和特点

注射成型又称注塑成型或注射模塑，它是在金属压铸法的启示下发展起来的一种新的成型方法。由于它与医用注射器工作原理基本相同，所以称它为注射成型。这种方法主要用来成型热塑性塑料，近年来，某些热固性塑料也可采用此法成型。

注射成型是通过注射机来实现的。由于注射机的类型不同，因而它们的成型原理也不相同。但无论哪一种注射机，其基本作用均有两个：一个是加热熔融塑料，使其达到黏流状态；另一个是对黏流态的塑料施加高压，使其高速射入型腔。以下分别叙述两类注射机的注射成型原理。

1）柱塞式注射机的注射成型原理

这种方法的成型原理如图 2-38 所示，首先由注射机的合模机构带动模具的动模与定模闭合 [见图 2-38（b）]，然后注射机的柱塞将由料斗中落入料筒的塑料推到加热的料筒中。同时料筒中已经熔融成黏流状态的塑料，由于柱塞的高压高速推动，通过料筒端部的喷嘴和模具的浇注系统而射入已经闭合的模具型腔。充满型腔的塑料熔体在受压情况下，经冷却凝固而保持型腔所赋予的形状。最后，柱塞复位，料斗中的塑料又落入料筒，合模机构带动动模从而打开模具，并由推件板将塑件推出模具 [见图 2-38（c）]，即完成一个注射成型周期。

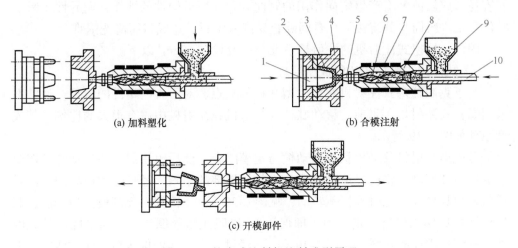

(a) 加料塑化　　　　　　　　　　　　　(b) 合模注射

(c) 开模卸件

图 2-38　柱塞式注射机注射成型原理

1—型芯；2—推件板；3—塑件；4—凹模；5—喷嘴；6—分流梭；7—加热器；8—料筒；9—料斗；10—柱塞

柱塞式注射机的结构比较简单，但注射成型中存在以下问题。

① 塑化不均匀。所谓塑化是塑料在料筒内借助于加热和机械功使其软化成具有良好可塑性的均匀熔体的过程。在柱塞式注射机的料筒中，塑料受热塑化主要是靠料筒壁和分流梭的传热，塑料在料筒中的移动只靠柱塞的推动，而几乎没有混合作用。由于塑料的导热性差，因此当外层塑料熔融时，内层塑料尚未熔融；待到内层塑料熔融时，其外层塑料可能长时间受热而降解，这点对热敏性塑料（如聚氯乙烯）更为突出。塑化不均匀，必然导致塑件内应力较大。

② 注射压力损失大。柱塞式注射机使用的注射压力虽然很高，但到型腔内的有效压力仅为原来的30% ～ 50% 左右。这是因为在注射时柱塞很大一部分压力消耗于压实固体塑料，以及克服塑料与料筒壁之间的摩擦阻力。

③ 注射速度不均匀。注射机料筒一般分为两个加热区：靠近料斗的加热区温度较低，该区中的塑料基本上处于固体状态；靠近喷嘴的加热区温度较高，该区中的塑料基本上是黏流体。由于塑料在料筒内的各个加热区所处的状态不同，

所以在注射过程中注射速度也不相同，先慢后快。这样，必然会影响塑料在型腔内的流态以及产品质量。

④ 注射量的提高受到限制。注射机的一次最大注射量主要取决于料筒的塑化能力以及柱塞的直径和行程，而塑化能力又与塑料的受热面积有关。因此，要提高注射量，适应成型大型塑件，势必要加大料筒直径和长度。但是，料筒直径越大，塑料在料筒和分流梭之间的厚度相应越大。这样，塑料的塑化更不均匀，塑料产生降解的可能性更大，所以注射量受到限制。

⑤ 产生层流现象和清洗料筒困难。由于塑料是在分流梭的槽内流动，这样就容易形成层流并有产生定向作用的倾向。因而所得塑件的性能各向异性，影响塑件质量。料筒与分流梭的配合间隙容易嵌入塑料，造成料筒清洗困难。

因此，柱塞式注射机的注射量不大，一般只在 $60cm^3$ 以下。

2）螺杆式注射机的注射成型原理

为了克服柱塞式注射机注射成型存在的缺点，对于大型塑件的成型，通常都采用螺杆式注射机。目前，移动螺杆式注射机在注射机中占有很大的比例，其成型原理如图 2-39 所示。

首先由注射机移动模板带动动模与定模闭合，然后由注射活塞带动螺杆按要求的压力和速度，将已经熔融并积存于料筒端部的塑料，经喷嘴和模具的浇注系统射入模具型腔。此时螺杆不转动，见图 2-39（a）。待塑料充满模具型腔后，螺杆对塑料熔体仍保持一定压力（即保压），以阻止塑料倒流，并向型腔内补充因冷却收缩所需要的塑料，见图 2-39（b）。经过一定时间的保压后，注射活塞压力消失，螺杆开始转动。此时由料斗落入料筒的塑料，一方面受到料筒的传热和螺杆对塑料的剪切摩擦热作用而逐渐熔融塑化；另一方面被螺杆压实并推向料筒前端。在这一过程后塑料最终熔融成黏流状态，并形成一定的压力。当螺杆头部的塑料熔体压力达到能够克服注射活塞后退的阻力时，螺杆在转动的同时，缓慢地向后移动，料筒前端的熔体逐渐增多，当退到预定位置与限位开关接触时，螺杆即停止转动和后退，完成加料与预塑。在加料与预塑后再经过一段时间，已成型的塑件在模腔内冷却凝固。当塑件完全冷却凝固后，即可打开模具，在推出机构作用下，塑件被推出模外，见图 2-39（c），即完成一个工作循环。

与柱塞式注射机注射模塑相比，螺杆式注射机注射模塑可使塑料在料筒内得到良好的混合与塑化，改善了模塑工艺，提高了塑件质量，扩大了注射成型塑料品种的范围，增加了注射机的最大注射量。对于热敏性塑料和流动性差的塑料以及大中型塑件，通常可用移动螺杆式注射机注射模塑。

3）注射成型的特点

① 塑料的加热和塑化不像压缩模塑或压注模塑那样在型腔或加料腔内进行，而是在注射机的高温料筒内完成。

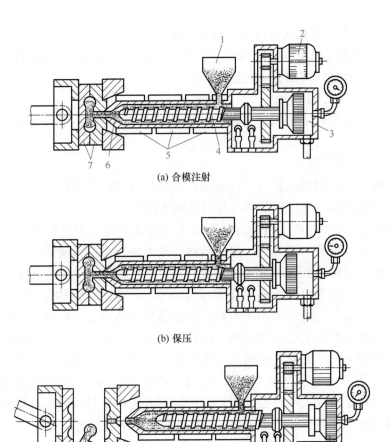

(a) 合模注射

(b) 保压

(c) 开模卸件

图 2-39 螺杆式注射机注射成型原理

1—料斗；2—螺杆传动装置；3—注射油缸；4—螺杆；5—加热器；6—喷嘴；7—模具

② 经过熔融塑化的塑料，在注射机柱塞或螺杆的压力作用下经喷嘴和浇注系统，高速射入模腔，因此浇注系统的重要性更为突出。

③ 模具在注射前已经完全闭合。

④ 根据塑料性能要求有不同的模具温度，因此模具需设有加热或冷却装置。

⑤ 操作是在专用的注射机上进行的。

4）注射成型的优缺点

① 由于塑料在注射模中所要求的停留时间短，因而成型周期短，生产率高。

② 容易实现自动化生产，可采用电脑控制。

③ 塑件的精度容易保证。

④ 生产适应性强，既可成型形状简单或形状复杂的塑件，又可成型小型或大型塑件。

⑤ 设备昂贵，模具比较复杂，且制造成本高。

⑥ 浇注系统凝料虽可回收再用，但需增加破碎、造粒等辅助设备，投资大。因此，注射成型特别适合大批量生产。

（2）注射成型工艺过程

根据注射成型的工作原理可知，注射成型的工艺过程主要可划分为以下几个步骤。

1）注射前的准备

为了使注射成型顺利进行，保证塑料制品的质量，在注射之前，要进行原料预处理、清洗料筒、预热嵌件和选择脱模剂等准备工作。

① 注射前，必须对原料进行外观及工艺性能检验，包括原料的色泽、颗粒大小、均匀度及材料的流动性、热稳定性、收缩性、水分含量等。为改变塑料材料原有的颜色或赋予塑料特殊光学性能，可将着色剂加入成型物料中。根据分散能力的不同，着色剂可分为染料和颜料两大类。其中，染料具有着色力强、色彩鲜艳和色谱齐全等特点，但由于对热、光和化学药品的稳定性较差，在塑料中应用较少。颜料是塑料的主要着色剂，按化学组成又可分为无机颜料和有机颜料两种。无机颜料对热、光和化学药品的稳定性均较高且价格低廉，但色泽不十分鲜艳，只能用于不透明塑料制品的着色。有机颜料的着色特性介于染料和无机颜料之间，对热、光和化学药品的稳定性一般不及无机颜料，但所着色制品色彩鲜艳，采用这种颜料进行低浓度着色，可得到彩色的半透明制品。

② 在生产中，若需改变塑料材料的品种、颜色，或发现成型过程中出现了热分解或降解现象，均应对注射机的料筒进行清洗。通常，柱塞式料筒的存料量大，必须对料筒拆卸清洗。对于螺杆式料筒，可采用对空注射法进行清洗。

③ 当塑料制品中含有金属嵌件时，由于金属与塑料的膨胀及收缩率相差较大，所以有时需对嵌件进行预热。嵌件的预热温度一般为 110 ~ 130℃，表面无镀层的铝合金嵌件或铜嵌件的预热温度可达 150℃。一些尺寸较小的嵌件在成型过程中会被塑料熔体加热，可不进行预热处理。

④ 为便于成型制品的脱模，在生产中，常需使用脱模剂。常用的脱模剂包括硬脂酸锌、液态石蜡和硅油等。近年来，在注射成型生产中广泛使用的雾化脱模剂实际上是硅油脱模剂，其主要成分为聚二甲基硅氧烷加适量助剂，再充入雾化剂（氟利昂或丙烷等）。

2）注射成型过程

注射成型过程包括加料、塑化、注射和充模冷却几个阶段。

① 加料。在每个生产周期中，加入料筒中的物料量应保持相对恒定。当操作稳定时，物料塑化均匀，最终得到性能优良的制品。当加料过多时，材料受热时间长，易引起物料热降解，并增加了注射机的功率损耗。当加料过少时，料筒

内缺少传压介质，模腔中的塑料熔体压力降低，不能进行正常补缩，制品易出现收缩、凹陷、空洞等缺陷。对于柱塞式注射机，可通过调节料斗下面定量装置的调节螺母来控制加料量；对于移动螺杆式注射机，可通过调节位置开关与加料计量柱的距离来控制。

②塑化。塑化是指粒状或粉状的塑料原料在料筒内经加热达到流动状态并具有良好可塑性的过程，是注射成型的准备阶段。塑化过程要求物料在注射前达到规定的成型温度，保证塑料熔体的温度及组分均匀，并能在规定的时间内提供足够数量的熔融物料，保证物料不分解或极少分解。由于物料塑化质量直接关系到制品的产量及质量，所以成型加工时，必须控制好物料的塑化过程。

螺杆式注射机的预塑过程为：螺杆在传动装置的驱动下在料筒内转动，将从料斗中落入料筒内的物料向前输送。在输送过程中，物料被逐渐压实。在料筒外加热和螺杆摩擦热的作用下，物料逐渐熔融塑化，最后呈黏流态。熔融态的物料不断被推到螺杆头部与喷嘴之间，并建立起一定的压力，即预塑背压。在螺杆头部熔体压力的作用下，螺杆在旋转的同时逐步后退，当积存的熔体达到一次注射量时，螺杆转动停止，预塑阶段结束，准备注射。

③注射。注射是指用柱塞或螺杆将具有流动性、温度均匀、组分均匀的熔体通过推挤注入模具的过程。注射过程时间虽短，但熔体变化大，对制品质量有重要影响。

在螺杆式注射机中，物料在固体输送段已经形成固体塞，阻力较小；到达计量段时，物料已经熔化。因此，螺杆式注射机的注射压力损失小、注射速率高。

④充模冷却。充模与冷却过程是指塑料熔体从注入模腔开始，经型腔充满、熔体在控制条件下冷却定型，直到制品从模腔中脱出为止的过程。

3）制件的后处理

注射制件经脱模或机械加工之后，常需要进行适当的后处理，借以改善和提高制品的性能。制品的后处理主要包括退火处理和调湿处理。

①退火处理。退火处理是使制品在定温的加热液体介质或热空气循环烘箱中静置一段时间，具体时间取决于塑料的品种、加热介质的温度、制品形状及成型条件等因素。一般情况下，退火温度应控制在制品使用温度的 10～20℃以上或塑料热变形温度的 10～20℃以下。

②调湿处理。将刚脱模的制品放在热水中进行处理的过程称为调湿处理。调湿处理不仅可以隔绝空气，防止氧化退火，还可以加快吸湿平衡。此外，适量的水分对聚酰胺起着类似增塑的作用，从而改善制品的柔曲性和韧性，提高抗冲击强度和抗张强度。

（3）注射成型工艺参数分析

在注射成型过程中，重要的工艺参数包括影响塑化流动和注射冷却的温度、压力、注射速率和相应的成型周期。

1）温度

注射成型过程中，需要控制的温度包括料筒温度、喷嘴温度、模具温度和油温等。

① 料筒温度。料筒温度是指料筒表面的加热温度。通常情况下，料筒分三段加热，温度从料斗到喷嘴前依次由低到高，使塑料材料逐步熔融、塑化。第一段是靠近料斗处的固体输送段，温度相对低一些，料斗座还需用冷却水进行冷却，以防物料产生"架桥"现象；第二段为压缩段，该阶段的物料处于压缩状态并逐渐熔融，所以温度设定一般比所用塑料的熔点或黏流温度高出 20 ~ 25℃；第三段为计量段，在该段，物料处于全熔融状态，在预塑终止后形成计量室，储存塑化好的物料，温度设定一般比第二段高 20 ~ 25℃，以保证物料处于熔融状态。

料筒温度的设定与所加工塑料的特性有关。对于非结晶型塑料，料筒第三段温度应高于塑料的黏流温度；对于结晶型塑料，应高于塑料材料的熔点，但必须低于塑料的分解温度。对于 PVC、POM 等热敏性塑料，除需严格控制料筒的最高温度外，还应对塑料在料筒中的停留时间有所限制。

同种塑料在选择不同类型的注射机进行加工时，料筒温度的设定是不同的。若选用柱塞式注射机，由于塑料靠料筒壁及分流梭表面传热，传热效率低且不均匀，为提高塑料熔体的流动性，必须适当提高料筒温度；若选用螺杆式注射成型机，由于预塑时螺杆的转动产生较大的剪切摩擦热，而且料筒内的料层薄、传热容易，料筒温度一般比柱塞式注射机低 10 ~ 25℃。

薄壁制品的模腔狭窄，熔体注入时阻力大、冷却快，在成型时，为保证顺利充模，料筒温度应适当提高一些。此外，形状复杂或带有金属嵌件的制品由于充模流程曲折、时间较长，料筒温度也应设置得高一些。

料筒温度的选择对制品的性能有直接影响，适当提高料筒温度，有利于改善注射制品的质量。

② 喷嘴温度。喷嘴具有加速熔体流动、调整熔体温度和使物料均化的作用。在注射成型过程中，喷嘴与模具直接接触，由于喷嘴本身热惯性小，与较低温度的模具接触后，会使喷嘴温度很快下降，导致熔料在喷嘴处冷凝而堵塞喷嘴孔或模具的浇注系统。

喷嘴温度通常略低于料筒的最高温度。这样，一方面可防止熔体产生"流涎"现象；另一方面，由于塑料熔体在通过喷嘴时产生的摩擦热使熔体的实际温度高于喷嘴温度，若喷嘴温度过高，会使塑料发生分解，影响到制品的质量。

料筒温度和喷嘴温度的设定还与注射成型中的其他工艺参数有关。当注射压力较低时，为保证物料的流动，应适当提高料筒和喷嘴的温度；反之，则应降低。

在注射成型前，一般要通过"对空注射法"和制品的"直观分析法"来调整成型工艺参数，确定最佳的料筒和喷嘴的温度。

③ 模具温度。模具温度指与制品接触的模腔表面温度，对制品的外观质量和内在性能影响很大。

模具温度通常是靠通入定温的冷却介质来控制的，有时也靠熔体注入模腔后的自然升温和散热达到平衡。在特殊情况下，还可采用电热丝或电热棒对模具进行加热来控制模温。无论采用何种方法使模温恒定，对于对热塑性塑料熔体来说，都是冷却过程，因为模具温度的恒定值是低于塑料的玻璃化转变温度或热变形温度的。

模具温度的高低主要取决于塑料特性、制品的结构与尺寸、制品的性能要求及其他工艺参数，如熔体的温度、注射压力、注射速率、成型周期等。

非结晶型塑料熔体注入模腔后，随着温度的不断降低而固化，在冷却过程中不发生相的转变。此时，模温主要影响熔体的黏度。通常，在保证充模顺利的情况下，应尽量采用较低的模温，因为低模温可以缩短冷却时间，达到提高生产率的目的。对于熔体黏度较低的塑料，由于其流动性好、易充模，加工时可采用低模温；对于熔体黏度较高的塑料，模温应高些。提高模温可以调整制品的冷却速率，使制品缓慢、均匀地冷却，防止制品因温差过大而产生凹痕、内应力和裂纹等缺陷。

结晶型塑料注入模腔后，模具温度直接影响塑料的结晶度。模温高，冷却速率慢、结晶速率快，制品的硬度大、刚性高，但却延长了成型周期，并使制品的收缩率增大；模温低，则冷却速率快、结晶速率慢、结晶度低，制品的韧性提高。模具温度的选择与设定对制品的性能有很大的影响：适当提高模具温度可增加熔体流动长度，降低制品的表面粗糙度值、结晶度和密度，减小内应力和充模压力；但由于冷却时间延长，将导致生产率的降低。

④ 油温。油温指液压系统的压力油温度。油温的变化影响注射工艺参数，如注射压力、注射速率等的稳定性。当油温升高时，液压油的黏度降低，增加了油的泄漏量，导致液压系统压力和流量的波动，使注射压力和注射速率降低，影响制品的质量和生产率。正常的油温应保持在 $30 \sim 50℃$。

2）压力

① 塑化压力（背压）。螺杆头部熔料在螺杆转动后退时所受到的压力称为塑化压力或背压，其大小可通过液压系统中的溢流阀调节。预塑时，只有螺杆头部的熔体压力克服了螺杆后退时的系统阻力后，螺杆才能后退。

塑化压力的大小与塑化质量、驱动功率、反流、漏流以及塑化能力等有关。塑化压力对熔体温度影响是非常明显的：对于不同物料，在一定的工艺参数下，温升随塑化压力的增加而提高。

塑化压力的提高有助于提高螺槽中物料的密实性，并排除物料中的气体。塑化压力的增加将使系统阻力加大，螺杆退回速度减慢，延长了物料在螺杆中的热历程，使材料的塑化质量得到改善。但是，过大的塑化压力会增加计量段螺杆熔体的反流和漏流，降低熔体的输送能力，减少塑化量，增加功率消耗。过高的塑化压力会使剪切热过高或剪切应力过大，使高分子物料发生降解而严重影响制品质量。通常情况下，塑化压力不超过 2MPa。

塑化压力的高低与喷嘴种类、加料方式有关。选用直通式（即敞开式）喷嘴或后加料方式，塑化压力应低一些，以防因塑化压力提高而造成流涎；采用自锁式喷嘴或前加料、固定加料方式时，塑化压力可略微提高一些。

② 注射压力。注射压力的作用是克服塑料熔体从料筒流向模具型腔的流动阻力，给予熔体一定的充模速度并对熔体进行压实、补缩。这些作用不仅与制品的质量、产量有密切联系，而且还受塑料品种、注射机类型、制品和模具的结构及其他工艺参数的影响。

注射时要克服的流动阻力主要来自两个方面：首先是流道，一般情况下，当流道长且几何形状复杂时，熔体的流动阻力大，需要采用较高的注射压力才能保证熔体顺利充模；其次是塑料的摩擦系数和熔体的黏度，润滑性差的物料摩擦系数高、熔体黏度高，流动阻力也较大，同样需要较高的注射压力。柱塞式注射机所用的注射压力比螺杆式大，原因是塑料在柱塞式注射机料筒内的压力损失较大。

成型时，注射压力在一定程度上决定了塑料的充模速率，并影响制品的质量。当注射压力较低时，塑料熔体流速平稳、缓慢，但延长了注射时间，制品易产生熔接痕；当注射压力较高，且浇口偏小时，熔体为喷射式流动，易将空气带入制品，形成气泡、银纹等缺陷，严重时还会灼伤制品。

适当提高充模阶段的注射压力，可提高充模速率、增加熔体的流动长度和制品的熔接缝强度，制品质量好、收缩率下降，但制品易取向，内应力增大。

③ 保压压力。型腔充满后，注射压力的作用在于对模内熔体的压实，此时的注射压力也可称为保压压力。在生产中，保压压力等于或小于注射时所用的注射压力。若注射压力与保压压力相等，可以使塑件的收缩率减小，以获得较好的尺寸稳定性和力学性能；缺点是会造成脱模时的残余压力过大，导致制品脱模困难。

④ 型腔压力。型腔压力是注射压力在经过注射机喷嘴，模具的流道、浇口等的压力损失后，作用在型腔单位面积上的压力。一般情况下，型腔压力是注射压力的 0.3 ~ 0.65 倍，大约为 20 ~ 40MPa。

3）注射速率

注射速率主要影响熔体在型腔内的流动行为。随着注射速率的增大，熔体流速增加、剪切作用加强，熔体黏度降低，温度因剪切发热而升高，有利于充模。但是，注射速率增大可能使熔体从层流状态变为湍流状态，严重时会引起熔体在模内形成喷射而导致模内空气无法排出，引起制品局部烧焦或分解。

在实际生产中，注射速率通常是经过试验来确定的。一般先以低压慢速注射，然后根据制品的成型情况来调整注射速率。

4）成型周期

完成一次注射成型工艺过程所需的时间称为成型周期或生产周期，它是决定注射成型生产率及塑件质量的重要因素。

注射成型周期包括如图 2-40 所示的几部分。

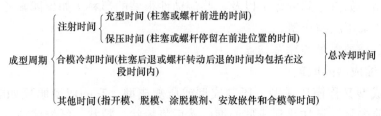

图 2-40 注射成型周期

成型周期直接影响生产率和设备的利用率。在保证制品质量的前提下，应尽量缩短成型、冷却过程。在整个成型周期中，注射时间和冷却时间的多少对塑料制品的质量具有决定性的影响。注射时间中的充型一般不超过10s。保压时间一般为 20 ～ 120s，通常以塑料制品收缩率最小为保压时间的最佳值。冷却时间主要取决于制品的壁厚、模具温度、塑料的热性能和结晶性能。冷却时间的长短应以保证制品脱模时不引起变形为原则，一般为 30 ～ 120s。

（4）塑料成型工艺规程的制订

根据制品的使用要求及塑料的工艺特性，合理设计产品，选择原材料，正确选择成型方法，确定成型工艺过程及成型工艺条件，合理设计塑料模具及选择成型设备，以保证成型工艺的顺利进行，保证制品达到质量要求，这一系列工作通常称为制订制品的工艺规程。

塑料成型工艺规程是制品生产的纲领性文件，它指导制品的生产准备及生产全过程，具体制订步骤包括：分析塑件→确定塑件成型方法及工艺流程→确定塑料模具类型和结构形式→确定成型工艺条件→选择设备和工具→确定主要质量标准和检验项目及方法→制订技术安全措施→制订工艺文件。

2.3.3 塑料压缩成型工艺

热固性塑料主要采用压缩、压注、注射、浇铸等成型方法，其中，以压缩、压注成型生产量占多数。

压缩成型主要用于热固性塑料成型，也可用来成型热塑性塑料。热固性塑料压缩成型时，塑料在模腔中处于高温高压的作用下，由固态变为黏流态的半液体，并在这种状态下充满型腔，同时树脂产生交联反应，随着交联反应的深化，半液体的塑料逐步变为固体，脱模后即得产品。

热塑性塑料压缩成型时，同样需要加热模具，使塑料由固态转变为黏流态，在压力作用下使塑料充满型腔，但不存在交联反应，此时模具必须冷却，使塑料冷凝定型，才能脱模而得到产品。由于模具需要交替地加热和冷却，所以生长周期长，效率低。目前，热塑性塑料的成型用注射更为经济，只有较大平面的产品（如蓄电池箱体）、光学性能要求高的有机玻璃镜片、不宜高温注射成型的硝化纤维塑料产品（如汽车驾驶盘）以及一些流动性很差的塑料（如聚四氟乙烯、聚酰亚胺等）才采用压缩成型。

（1）压缩成型的原理及特点

1）压缩成型的原理

压缩成型又称模压成型、压制成型或压塑成型。它的成型原理如图 2-41 所示，成型前先将模具加热到成型温度，然后将粉状、粒状、纤维状或碎屑状塑料加入模具加料腔中［见图 2-41（a）］使其熔融，并在压力作用下闭合模具［见图 2-41（b）］使塑料流动而充满型腔，同时固化定型，最后脱模［见图 2-41（c）］，即得所需产品。

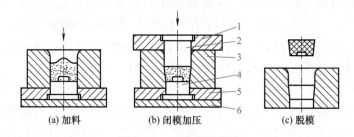

(a) 加料　　　(b) 闭模加压　　　(c) 脱模

图 2-41　压缩成型原理

1—凸模固定板；2—上凸模；3—凹模；4—下凸模；5—凸模固定板；6—下模座

2）压缩成型的特点

① 塑料直接加入模具的加料腔中，而加料腔是型腔的延续部分。

② 压机的压力是通过凸模直接传递给塑料的。

③ 模具是在塑料最终成型时才完全闭合的。

④ 操作是在普通压机上进行的。

3）压缩成型的优缺点

① 所用模具结构比较简单，使用方便，可成型较大面积的产品或利用多型腔模，一次成型多个产品。

② 模具没有浇注系统，因而料耗少，产品无浇口痕迹，使修整容易，产品外表美观。

③ 由于压机压力直接传给塑料，故有利于成型流动性较差的纤维状塑料，且在成型过程中纤维不易碎断，因而产品的强度较高，收缩及变形较小，各向性能比较均匀。但成型纤维状塑料时，产品飞边较厚，给修整工序带来一定困难。

④ 由于塑料在加料腔内塑化不够充分，因而生产周期长、效率低，不易成型形状复杂、壁厚相差较大的产品。

⑤ 因为压力直接传给塑料，所以不能成型带有精细和易断嵌件的产品。

⑥ 产品的飞边较厚，且每模产品的飞边厚度不同，因而影响产品高度尺寸的精度。

⑦ 模具直接受到高温高压的联合作用，因而对模具材料要求较高。

（2）压缩成型前的准备

1）预压

将松散的粉状或短纤维状塑料以冷压方法（或微微加热）制成重量一致和形状规整的坚密实体，而塑料本身性质并不改变的机械压制过程，称为预压，所压的物体称为压锭、锭料或压片。

预压是在专门的压锭机（压片机）上进行的，塑料原料经自动容积法的加料装置，加入压锭模的型腔内，再以压力压成压锭。对于长纤维状塑料是不宜在此压锭机上预压的，因为这种塑料用容积法加料不能保证每个压锭重量的一致性。

① 预压的优越性

a. 预压时加料准确、简单而快速，从而避免了加料过多或过少时产生的残次品。

b. 减小塑料的比容积，从而可以缩小模具加料腔的尺寸，使模具结构紧凑。

c. 塑料预压成锭后，避免了塑料粉尘到处飞扬，改善了劳动条件。

d. 压锭中空气含量比塑料粉少，使传热加快，因而缩短了预热和固化时间，同时也提高了产品的质量。

e. 改进了预热条件，压锭的预热温度可以比塑料粉高，因为后者在高温下预热会出现表面烧焦或黏附在盛盘上。预热温度越高，预热时间和固化时间就越短。

f. 由于事先压成与产品形状相似的压锭，因而便于成型较大、凸凹不平或带有精细嵌件的产品。

g. 便于塑料运转。

② 塑料粉的性能对预压的影响。塑料粉的水分含量，颗粒的均匀性、松散性、比容积以及润滑剂的含量，等对预压有很大影响。

塑料粉中水分含量过少，对预压是不利的，但含量过多，对模塑成型也不利。

预压时，塑料粉的颗粒最好大小一致。若颗粒过大，制成的压锭就会含有很多空隙，使压锭强度不高；若颗粒过细，则塑料粉的松散性很差，使压锭重量的一致性较差，且会将空气封入压锭中。

要将比容积大的塑料粉进行预压是困难的，但太小又失去了预压的意义。

润滑剂的存在对压锭的脱模是有利的，而且还能使预压容易及压锭的外形完美，但润滑剂的含量太多时则会降低产品的力学性能。

2）预热

为了去除塑料中的水分或其他挥发物，为压缩成型提供热料，在压缩成型前将塑料在一定温度下加热一定时间，且此时塑料的状态和性能不发生任何变化，这种操作称为预热。

热塑性塑料成型前加热的目的，主要是为了去除水分及挥发物，因此这种加热称为干燥。热固性塑料成型前的加热，主要是为压缩成型提供热料，以便于成型，因此这种加热称为预热，但也兼有干燥的作用。

必须指出，无论粉状塑料或者纤维状塑料，乃至压锭均可预热。由于在预热过程中易于使塑料被玷污，因此在操作时要特别注意，尤其是浅色塑料（如氨基塑料）、大型压锭混入外来杂质的可能性最大。

① 预热的优越性

a. 缩短合模时间和加快固化速度，从而缩短压缩成型周期。

b. 增进塑料固化的均匀性，从而提高产品的物理机械性能。

c. 提高塑料的流动性，从而降低模具的磨损和产品的废品率，同时还可减小产品的收缩率和内应力，提高产品质量的稳定性和使表面更光洁。

d. 可以采用较低的成型压力进行压缩成型，因而可采用小吨位压机成型较大产品，或在固定吨位的压机上增加模具型腔数目。

② 预热方法

a. 热板预热。将塑料放在一个用电、煤气或蒸汽加热到规定温度而又能做水平转动的金属板上进行预热，也可利用压机的下压板的空位进行预热。这种预热方法的预热温度不易控制，也不够均匀，但很简便。

b. 烘箱预热。烘箱内设有强制空气循环和正确控制温度的装置，热源一般为电阻丝，利用电阻丝将空气加热，然后由热空气将塑料加热到规定温度，并用风扇强制空气循环。

由于塑料的导热性差，塑料内外层温差较大，所以预热时需将塑料铺开，且越薄越好。

c. 红外线预热。它是利用红外线照射到塑料表面而转变为热能，经热传导到塑料的内层。所用设备是装有红外线灯的箱，箱的内壁涂有白漆或者镀铬，壁外用石棉板保温。

通过调节灯的瓦数、盏数、塑料表面与灯的距离以及照射时间来控制预热温度。

这种预热方法具有操作方便、设备简单、成本低、温度控制比较灵活、加热效率高等优点，缺点是受热不均匀和易于烧伤塑料表面。

d. 高频电热。其工作原理是具有极性分子的塑料，在高频电场作用下分子发生强烈振荡，从而使分子间产生强烈摩擦，以致生热而使温度升高，达到预热的目的。

这种预热方法的优点是加热均匀、迅速，显著地缩短了预热时间及固化时间，降低了成型压力，提高了产品质量，温度控制容易调节，且能自动化。它的缺点是电能消耗大，设备昂贵，升温较快，塑料中的水分不易除尽。

（3）压缩成型的工艺过程

压缩模塑的工艺过程通常包括加料、合模、排气、固化、脱模、清理模具、修整等工序。如果产品带有嵌件，则在加料前还应增加安放嵌件这一工序。

1）安放嵌件

嵌件是在塑件中与塑料一起成型且不可分离的配件，它多用金属（如铜、铝等）制成，如接插件、焊片等；也有用塑料制成，如按钮、琴键等。

正确地在模具内安放嵌件，实质上就是在模具内准确定位的问题。嵌件的定位方法因形式的不同而有所不同。例如，轴套形的嵌件一般采用孔定位，型芯或螺纹型芯来装固；对于片状嵌件，则利用模具上的定位槽来装固。

金属嵌件多来自机加工车间或冲压车间，因此在安放前必须认真检查嵌件，清除嵌件上的油污、切屑及毛刺。大型嵌件还需预热，以免降低模具的成型温度。

2）加料

加入模具加料腔内的塑料量和加料方法是根据塑料形状及模具结构确定的。单型腔压缩模和多型腔压缩模的加料量各不相同；粉状塑料和纤维塑料的加料方法也各不相同。

定量加料是一道很重要的工序，因为它直接影响塑件的质量、塑料的消耗量以及劳动生产率等。常用加料方法有下列三种。

① 重量加料法。塑料在成型前用天平称量并倒入特制的容器（纸盒或铝盒），以备使用，或边称边用。重量加料法加料准确，能保证每模成型的重量的一致性，但手续麻烦，生产效率低，不适用于多型腔式模具，除重量要求十分准确或其他加料方法不能采用的塑料（如纤维状塑料）外，最好不用此法。

② 容量加料法。塑料在成型前用专门的定量容器（如加料铲、加料勺，如图 2-42 所示）来加料。这种定量容器是根据所需塑料的体积来制作的。多型腔式模具宜用加料板来加料，如图 2-43 所示。

这种加料方法简单而迅速，劳动量小，但加料的准确性比重量加料法差。因而此法只适用于加料准确性要求不高的塑件及溢式或半溢式压缩模，而不适用于不溢式压缩模或纤维状塑料。

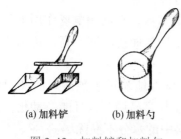

(a) 加料铲　　　(b) 加料勺

图 2-42　加料铲和加料勺

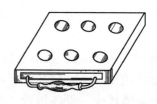

图 2-43　加料板

③ 计件加料法。塑料在成型前将其预压成压锭，然后再加入模具加料腔。对于多型腔式模具也可用加料板加料。

这种加料法最简单而且迅速，每锭重量的一致性较好，同时避免了粉尘飞扬，改善了劳动条件，但需要专门的压锭机，因而此法只适用于大批量生产。

塑料加入模具加料腔时，应根据成型时塑料在型腔中的流动情况和各个部位需要量的大致情况做合理地堆放，以免造成塑件局部疏松等现象，尤其对流动性差的塑料更要注意。对于粉料或粒料，为便于空气的排出，宜堆成中间稍高的形式。

3）合模

加料后即可进行合模。无论是移动式模具还是固定式模具，其合模动作都是借助于压机活动压板（滑块）的移动来完成的。因此，在模具凸模尚未接触塑料前，活动压板应尽量快速移动，这样可以缩短成型周期和避免塑料过早固化。当凸模触及塑料后，活动压板应减慢合模速度。否则，不但会引起塑料飞溅和在较冷的塑料上形成高压，使模腔内的嵌件、型芯或型腔遭到破坏，而且还会使模具内气体不能充分地排除。

一般合模所需的时间自几秒至数十秒不等。

4）排气

在压缩成型热固性塑料时，为了排除塑料中的水分和挥发物变成的气体以及塑料在化学反应时产生的副产物，除利用模具的排气槽排除外，有时需将模具松动少许时间，以便排除其中气体，这道工序即为排气。排气工序应在加压以后马上进行，而且动作要迅速敏捷。通常排气次数为 1 ～ 2 次，每次时间在 20s 以内。排气次数和时间应按需要而定。

排气不但可以缩短固化时间，而且还有利于产品性能和外观质量的提高。带有金属嵌件的塑件，不宜采用排气，否则嵌件会发生位移；带有侧孔及孔径较小的塑件也不宜采用排气，否则会使型芯损坏。

5）固化

塑料在压力作用下充满模具型腔后，需要一段保温保压时间，以便使塑料分子进行充分的交联反应，获得优质产品，这一工序称为固化。

通常，用固化速度和固化程度来控制产品的固化质量。固化速度过慢，则成型周期长，生产效率低，产品质量较差；固化速度过快，则会使塑料分子交联反应不充分，从而影响塑件性能，而且不能成型形状复杂的塑件，在脱模时塑件容易产生翘曲变形。固化程度（交联程度）对塑件质量影响很大，固化程度不足（俗称"欠熟"），则塑件的机械强度、耐蠕变性、耐热性、耐化学性、电绝缘性能等均会降低，热膨胀、后收缩增加，有时还会产生裂纹；固化过度（俗称"过熟"），则塑件的机械强度不高，脆性大，变色，表面出现密集小泡等。为此，必须确定适当的固化时间，确保获得合格的产品。固化时间的长短与塑料型号、塑件形状及尺寸、成型温度、模具结构、预压、预热、排气等因素有关，一般需要由实验方法确定。

固化通常在模内完成，对于固化速度较慢的塑料，若所成型的塑件精度要求不高且尺寸较大，为了提高模具及压机的生产率，此时只需塑件能够完整脱模即可结束模内固化，然后将塑件放入相应温度的恒温箱中，保持数小时，使其继续固化。

6）脱模

使固化后的塑件与压缩模分开的工序称为脱模。固化时间完成后即可开模，开模后再进行脱模。有时开模和脱模是同时进行的，如利用卸模架来完成移动式模具的开模和脱模动作。

对于小型的移动式模具，可利用铜质撬棒来开模和脱模。

对于固定式模具，开模动作是由压机的活动压板来完成的，脱模动作则借助于压机顶出油缸的活塞推动模具的推出机构来完成的。

对于移动式模具，如有侧型芯，则需先将它抽出，然后再行脱模；带有活动镶块、螺纹型芯或螺纹型环的移动式模具，开模后还需将它们从塑件上取出或拧脱。

对于固定式模具，如成型薄壁浅型塑件，且塑件对凸模的包紧力不大或其脱模斜度较大时，则可利用压缩空气吹出脱模。

为了使塑件容易脱模，常用硬脂酸、硬脂酸锌、白油、硅油等脱模剂，尤其是成型黏附性较大的热固性塑料（如环氧塑料），选用脱模剂是十分必要的。

为了避免塑件脱模后因冷却不匀而可能发生的翘曲现象，尤其是大型塑件，可将它放在与模腔形状相对应的矫正模上加压冷却。若塑件因冷却不匀而引起其内部产生应力，可将塑件放入烘箱中缓慢地冷却。

7）清理模具

脱模后，需用铜质工具（如起子、刷子等）去除残留在模腔或其他部位的塑料废边，然后用压缩空气吹净凸、凹模及压机台面。

8）修整塑件

修整包括去除飞边毛刺、浇口料，有时为了提高塑件质量，消除浇口痕迹，还需对塑件进行抛光。

去除飞边毛刺等修整工序一般使用简单工具（如锉刀、锯片刀等）由操作工人在固化时间内去完成。若塑件生产批量很大，则需组织较多人员去集中进行，或设计生产去毛刺的专用机械，这样可以大大提高劳动生产率。

（4）压缩成型工艺条件的确定

塑料在成型过程中的成型温度、成型压力和模压时间是主要控制因素，这三个因素称为压缩成型工艺条件或工艺参数，它们对保证产品质量，提高劳动生产率和降低产品成本具有重要意义。

1）成型压力

成型压力是指模压时压机对塑件单位面积（垂直于施压方向的水平投影面积）上所施加的压力，它的作用是迫使熔融塑料充满型腔和使黏流态的塑料在压力作用下固化。

成型压力对塑件密度及其性能有很大影响。成型压力大，塑件密度高，但压力增加到一定程度后，密度增加是有限的。密度高的塑件，其力学性能一般较强。成型压力小，塑件容易产生气孔。

影响成型压力的因素主要有：塑料的形状、流动性、固化速度，塑件的形状及尺寸，成型温度，预热，模具结构，等。塑料中填料的纤维越长，流动性越小，固化速度越快，塑件的形状越复杂，厚度越大，未经过预热的塑料，则所需的成型压力越大。溢式和半溢式压缩模比不溢式压缩模所需的成型压力要大，因为对前两种模具而言，压机所施加的压力是由型腔中的塑料和模肩共同承受的，而在后一种模具中，压机所施加的压力基本上由型腔中的塑料全部承担。在一定温度范围内提高模具温度有利于降低成型压力，但模温过高，靠近模壁的塑料会提前固化，不利于降低成型压力，同时还可能使塑料"过熟"，影响塑件的性能。

由上述分析可知，影响成型压力的因素很多，而且十分复杂，通常通过试验确定。

提高成型压力有利于提高塑料的流动性，有利于充满型腔，并能促使交联固化速度加快。但成型压力高，则消耗能量多，容易损坏嵌件及模具等。

成型压力是选用压机的重要根据，也是设计模具尺寸或校核模具强度及刚度的必要条件。

成型压力的大小，可通过调节液压机的压力阀来控制，由压力表的读数来指示。

2）成型温度

成型温度通常是指压缩成型时所规定的模具温度。显然，成型温度并不等于模具型腔内塑料的温度，因为在成型过程中，塑料交联反应时放热，塑料的最高温度比模具温度高。

成型温度的作用是使塑料在模腔中受热熔融塑化和为塑料分子进行交联反应提供热能。

在一定的范围内提高模具温度有利于降低成型压力。因为模温越高，传热就越快，此时塑料的流动性就越好，从而减小了成型压力。但是，模温过高时，则会加快固化速度，使塑料的流动性显著降低，着色剂分解变质，从而造成成型不完善及表面灰暗，在成型深腔薄壁塑件时，这种现象表现更加突出。同时，模温过高也是塑件产生肿胀或裂纹等缺陷的重要原因。因为模温过高时，塑件的表面比内层固化快，塑件内的气体无法排出，待开模后塑件表面便产生肿胀或裂纹等缺陷。相反，模温过低也是不适宜的，因为模温越低，塑件固化效果越差，塑件表层不能承受水分及挥发物的蒸汽压力作用，从而使塑件产生肿胀或裂纹等缺陷。同时由于塑件固化不够使其表面光泽灰暗、组织疏松、机械强度及电绝缘性能也较差。

在一定的范围内提高模温可以相应缩短模压时间，如图 2-44 所示为酚醛塑料粉压缩成型时成型温度与模压时间的关系。从图可看出，这种塑料的成型温度最好在 170℃ 左右。因此，在不损害塑件的强度及其他性能的前提下，提高模温对缩短成型时间及提高产品质量都有积极作用。但是，成型厚度较大的塑件就需要较长的模压时间，因为塑料的导热性较差。提高模温虽可加快传热效率，从而使内层的固化能

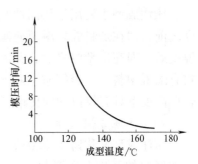

图 2-44　成型温度与模压时间的关系

在较短的时间内完成，但此时很容易使塑件表面过热而影响其外观质量，所以成型较厚的塑件时，不是提高而是要降低成型温度。

经过预热的塑料进行模压时，由于内外层温度比较均匀，塑料的流动性较好，所以成型温度可以较未预热的低些。

通常控制和测量成型温度的器具有：双金属自动温度调节器、带热电偶的毫伏计、汞温度计、变色测温笔以及某些测温用的化学结晶试剂等。

3）模压时间

模压时间是指从模具闭合到模具开启的一段时间，也就是从塑料充满型腔到固化成为塑件时在模腔内停留的时间。

模压时间不仅取决于成型温度，而且与塑料的工艺性能、塑件的形状及尺寸、压缩模的结构、预压及预热、成型压力等因素有关。塑料的流动性差，固化速度慢，水分及挥发物含量多，塑料未经预压或预热，成型压力低，则模压时间就要求长些。塑件形状复杂的，由于塑料在型腔内受热面积大，塑料流动时摩擦

热多，因而模压时间短，但应控制适当的固化速度，以保证塑料充满型腔。塑件厚度大的，则模压时间要长，否则会造成塑件内层固化程度不足。不溢式压缩模排除气体及挥发物比较困难，所以模压时间比溢式压缩模的长。

模压时间一般以塑件具有标准外观，并易于脱模为最少必要时间。许多试验表明，在保证具有合格的标准外观时，它的力学性能不因模压时间的延长而有所改善。增加模压时间对塑件的性能不但没有改善，相反地还会有所降低。因为热固性塑料的交联反应是放热反应，所放出的热量使塑料内层受热不致与外层相差悬殊，因此也自然地在外层固化时，内层同样发生固化。但模压时间过短，由于塑料固化不足，其性能一般都较低，且易产生翘曲变形、塑件表面无光泽及组织疏松等缺陷。

目前，许多压机上都装有时间继电器等设备，以便控制模压时间。

2.3.4　塑料压注成型工艺

压注成型主要用于热固性塑料的成型。它对塑料的要求是：在未达到固化温度之前，即在加料腔熔融至充满模具型腔期间，应具有较大的流动性，达到固化温度后，即充满型腔之后，又需具有较快的固化速度。满足这种要求的热固性塑料有酚醛塑料、三聚氰胺甲醛塑料和环氧塑料等，而不饱和聚酯和脲醛塑料因在较低温度下具有较快的固化速度，故不能采用压注成型方法来制造较大塑件。

（1）压注成型原理

压注成型又称铸压成型或挤塑成型，它是在改进压缩成型的缺点和吸收注射成型经验的基础上发展起来的。其成型原理如图 2-45 所示，先将塑料（最好是经过预热或预压的塑料）加入已加热到规定温度的模具外加料腔内［见图 2-45（a）］，使其受热成为黏流态，在柱塞压力的作用下，黏流态的塑料经过模具的浇注系统，进入并填满闭合的型腔，塑料在型腔内继续受热受压，经过一定时间的固化后［见图 2-45（b）］，打开模具并取出塑件［见图 2-45（c）］。

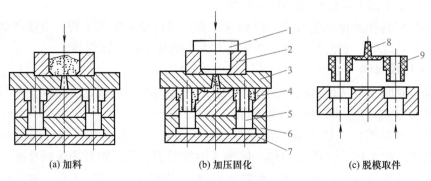

(a) 加料　　　　　　　　(b) 加压固化　　　　　　　(c) 脱模取件

图 2-45　压注成型原理

1—柱塞；2—加料腔；3—上模板；4—凹模；5—型芯；6—型芯固定板；7—下模座；8—浇注系统；9—塑件

（2）压注成型的特点

① 塑料不是直接加入模具型腔内，而是加入外加料腔内，外加料腔与型腔以浇注系统相连。

② 压机的压力在成型开始只施加于外加料腔内的塑料，使之通过浇注系统而快速射入型腔，当塑料完全充满型腔后，型腔内与加料腔内的压力才趋于平衡。

③ 模具在塑料开始成型以前就已完全闭合。

④ 操作可在普通压机或专用压机上进行。

（3）压注成型的优缺点

① 塑料在外加料腔内预先受热，在压力作用下通过浇注系统高速射入型腔，因此塑料在进入型腔时已经充分塑化，这样就可以压注成型深孔及形状复杂的塑件，也可成型带有精细及易碎嵌件的塑件，且塑件的密度及强度都较高。

② 由于塑料成型前模具已经完全闭合，模具分型面的塑料飞边很薄，因而塑件精度容易保证，表面粗糙度也低。

③ 由于塑料在温度和压力作用下进入型腔前已充分塑化，因而塑料在模具内的模压时间较短，从而缩短了成型周期，提高了生产效率。

④ 模具的磨损较小。

⑤ 操作比压缩成型较复杂，且模具的制造成本较高。

⑥ 成型压力因压力损失而比压缩成型大。

⑦ 塑料消耗量比压缩成型多，塑件因有浇口痕迹，使修整工作量增大。

⑧ 压注成型含有纤维填料的塑料时，会在塑件中引起纤维定向分布，从而导致塑件性能各向异性。

（4）压注成型的工艺过程和工艺条件

压注成型的工艺过程与压缩成型基本相同，只是操作细节略有差异。移动式压注模的成型工艺过程顺序是安放嵌件→合模→将外加料圈置于模具上→加料→将柱塞置于加料腔内→施压→待塑料充满型腔后移去外加料圈和柱塞→排气→施压→固化→脱模→清理模具→修整；固定式压注模的成型工艺过程顺序则是安放嵌件→合模→加料→施压→排气→固化→脱模→清理模具→修整。

压注成型的工艺条件也是指成型压力、成型温度和压注时间。在压注成型中，熔融塑料要经过浇注系统而进入型腔，由于阻力而引起压力损失，因而压注成型所需的成型压力要比压缩成型的大。在压注成型中，由于熔融塑料与浇注系统摩擦生热，所以成型温度可以取低些。由于塑料进入型腔前已经充分塑化，加之摩擦生热，因而塑料在模具内的保压固化时间较短。

2.3.5 塑料成型模具分类与结构

塑料成型模具可以根据模具的安装方式、成型方法、加料室形式、分型面特征及型腔数量等许多因素进行分类。常用的成型热塑性塑料的模具主要包括注射模、挤出模、吹塑模等；成型热固性塑料的模具包括压缩模、压注模。

（1）塑料注射模具

注射成型是用于成型热塑性材料的一种重要方法。近年来，部分热固性塑料也逐渐开始采用注射成型的加工方式。

1）注射模具的分类

注射模具的分类方法很多，根据结构特征的不同，注射模具可分为单分型面注射模具、多分型面注射模具、带有活动镶块的注射模具、自动卸螺纹注射模具、侧向分型抽芯注射模具、定模设置推出机构的注射模具及热流道注射模具等。

① 单分型面注射模具。单分型面注射模具也称二板式注射模具，它是注射模具中结构最简单的，如图 2-46 所示。

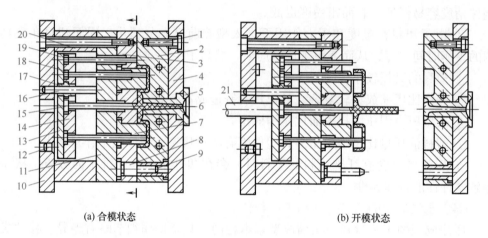

(a) 合模状态　　　　　　　　　　　　(b) 开模状态

图 2-46　单分型面注射模具

1—螺钉；2—凹模；3—型芯固定板；4—定模座板；5—定位圈；6—浇口套；7—动模型芯；8—型芯；
9—导套；10—动模座板；11—支承板；12—限位钉；13—推板；14—推杆固定板；15—拉料杆；
16—推板导柱；17—推板导套；18—推杆；19—复位杆；20—垫块；21—注射机顶杆

单分型面注射模具由定模和动模两部分构成。模具的主流道设置在凹模上，分流道和浇口设置在分型面上。开模后，制件连同流道凝料一起留在动模一侧。在模具的动模部分设有推出机构，用以推出制件及流道凝料。单分型面注射模具的特点是结构简单、适应性强、应用范围广泛。

② 多分型面注射模具。多分型面注射模具有两个以上分型面，这类模具又可分为双分型面或多分型面等种类。双分型面模具又称三板式模具，主要用于点浇口进料的单型腔或多型腔注射模具。侧向分型抽芯机构设在定模一侧的注射模具及因塑件结构特殊需要顺序分型的注射模具中。

双分型面注射模具有两个分型面，如图 2-47 所示。与单分型面注射模具相比，双分型面注射模具的浇注系统凝料和制品一般是从不同的分型面上取出的。标有 *A—A* 符号处为第一次分型面，*B—B* 符号处为第二次分型面。第一次分型的目的是拉出浇道凝料，第二次分型的目的是拉断进料口，使浇道凝料与塑件分离。

双分型注射模具的结构形式有很多，除弹簧定距拉板式外，还有许多种形式，如定距导柱式、拉钩式、定距拉杆式等。

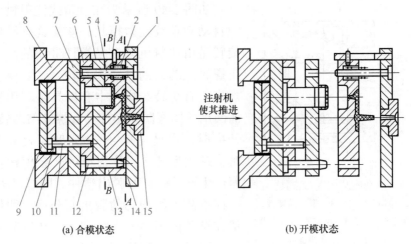

(a) 合模状态 (b) 开模状态

图 2-47　双分型面注射模具

1—定距拉板；2—弹簧；3—限位钉；4—导柱；5—推件板；6—型芯固定板；7—支承板；8—支架；
9—推板；10—推杆固定板；11—推杆；12—导柱；13—凹模；14—定模座板；15—浇口套

③ 带有活动镶块的注射模具。当塑件带有内侧凸、凹槽或螺纹结构且产量不高时，为了简化模具结构，需要在模具上设置活动型芯、螺纹型芯、型环或哈夫块等，如图 2-48 所示。开模后，塑件与流道凝料同时留在镶块 3 上，随同动模一起运动。当模具动模与定模打开一定距离后，注射机上的顶出机构推动推板

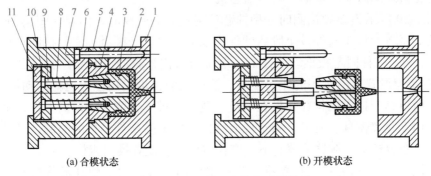

(a) 合模状态 (b) 开模状态

图 2-48　带有活动镶块的注射模具

1—定模座板；2—导柱；3—镶块；4—型芯座；5—型芯固定板；6—支承板；
7—支架；8—弹簧；9—推杆；10—推杆固定板；11—推板

11，推板带动推杆 9，使镶块 3 随同塑件一起推出模外。在模外，用手工或其他装置使塑件与镶块分离，然后再将活动镶块重新装入动模。在镶块装入动模前，推杆 9 在弹簧 8 的作用下已经复位。镶块的定位由型芯座 4 上的锥面保证。

④ 自动卸螺纹注射模具。当塑件带有内、外螺纹且产量较大时，模具可设计为自动卸螺纹结构。通过注射机的往复或旋转运动以及专门设置的电动机、液压马达等驱动装置，模具上的螺纹型芯或型环转动，脱出塑件。

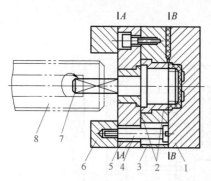

图 2-49　自动卸螺纹注射模具
1—凹模；2—衬套 A，B；3—型芯固定板；4—定距螺钉；5—支承板；6—支架；7—螺纹型芯；8—注射机开合模螺杆

如图 2-49 所示为在直角式注射机上使用的自动卸螺纹注射模具，该模具螺纹型芯的旋转是由注射机开合模螺杆带动的。为了防止螺纹型芯与制品一起旋转，一般要求塑件外形具有防转结构，本套模具是利用塑件顶面凸出的图案防止塑件随着螺纹型芯转动的。开模时，模具先从 A—A 分型面处分开，此时，螺纹型芯 7 因注射机的开合模螺杆带动而产生旋转，开始脱出塑件。同时，B—B 分型面也随螺纹型芯的脱出而分型，塑件暂时留在型腔内不动。当螺纹型芯在制品内尚有一个螺距时，定距螺钉 4 拉动支承板 5，使分型面 B-B 加速打开，塑件被带出型腔。模具完全打开后，塑件彻底脱离型芯和型腔。需要注意的是：在设计塑件时，注射机开合模螺杆的螺距要大于制品螺纹的螺距。

⑤ 侧向分型抽芯注射模具。当塑件带有侧面凸、凹槽且制品需求量较大时，其成型零件必须做成可以侧向移动的。带动成型零件侧向移动的机构称为侧向抽芯机构。侧向抽芯机构的种类很多，有斜导柱侧向抽芯机构、斜滑块侧向抽芯机构、齿轮齿条侧向抽芯机构、液压抽芯机构等。

图 2-50 所示为斜导柱侧向分型抽芯注射模。开模时，固定在凹模 16 上的斜导柱 2 将斜滑块 3 向外拨至脱离塑件侧孔的位置。开模后，注射机的顶出系统推动推板 9，推杆固定板推动推杆 11，将制件推出模具的成型部分。

⑥ 定模设置推出机构的注射模具。注射机的顶出机构位于模具的动模一侧，所以注射模具的推出机构往往设在动模一侧。开模后，留在动模的塑件在推出机构的作用下脱离模具。有时，因塑件的特殊要求或受塑件结构的限制，开模后的塑件将留在定模上。在这种情况下，应在定模一侧设置推出机构。

如图 2-51 所示为定模设置推出机构的注射模具。由于塑件形状特殊，开模后的塑件会留在定模上。此时，设在动模一侧的拉板 8 带动推件板 7，将塑件从型芯 11 上拉脱下来。

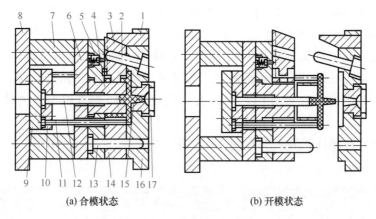

(a) 合模状态　　　　　　　(b) 开模状态

图 2-50　侧向分型抽芯注射模具

1—楔紧块；2—斜导柱；3—斜滑块；4—型芯；5—型芯固定板；6—支承板；7—垫块；8—动模座板；9—推板；
10—推杆固定板；11—推杆；12—拉料杆；13—导柱；14—动模板；15—浇口套；16—凹模；17—定位圈

　　⑦ 热流道注射模具。随着快速自动化注射成型工艺的发展，目前，热流道注射模具已被逐渐推广使用。在成型过程中，热流道注射模具可使模具浇注系统中的塑料始终保持熔融状态。这是一种成型后只需取出塑件而无流道凝料的注射模具，所以又称无流道模具，如图 2-52 所示。

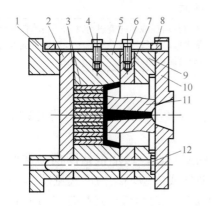

图 2-51　定模设置推出机构的注射模具

1—支架；2—支承板；3—镶件；4，6—螺钉；
5—动模板；7—推件板；8—拉板；
9—型芯固定板；10—定模座板；
11—型芯；12—导柱

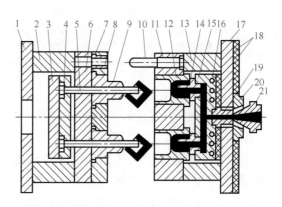

图 2-52　热流道注射模具

1—动模座板；2—垫块；3—推板；4—推杆固定板；
5—推杆；6—支承板；7—导套；8—型芯固定板；9—型芯；
10—导柱；11—定模板；12—型腔；13—上垫块；14—二级喷
嘴；15—热流道板；16—加热器孔；17—定模座板；18—绝
热层；19—主流道衬套；20—定位圈；21—喷嘴

　　塑料从喷嘴 21 进入模具后，在流道中加热保温，保持熔融状态。每一次注射完毕，在型腔内的塑料冷凝成型，而流道中没有冷凝料。塑件脱离模具后，可继续合模、注射。这样，可以大大减少塑料的浪费，提高生产率和塑件质量。热流道注射模具结构复杂、造价高昂、模温控制要求严格，仅适用于大批量生产。

2）注射模具的基本结构

注射模具分为定模和动模两大部分，定模部分安装在注射机的固定座板上，动模部分安装在注射机的移动座板上。注射时，动模与定模闭合，塑料经过注射机喷嘴进入模具型腔。开模时，动模与定模分离，注射机顶出机构动作，推出塑件。

注射模具各部件的分类及特点见表2-6。

表2-6　注射模具各部件的分类及特点

部件类别	特点
成型部分	由构成塑件形状的动模与定模的有关部分组成，通常包括成型塑件内部形状的凸模和成型塑件外部形状的凹模以及型芯、嵌件、镶块等零件
浇注系统	熔融塑料从注射机的喷嘴进入模具型腔所流经模具内的通道，通常由主流道、分流道、浇口及冷料井组成
导向机构	为确保动模、定模之间的正确导向与定位，通常在动模、定模之间采用导柱、导套或在动模、定模部分设置互相吻合的内外锥面进行导向
侧向抽芯机构	在塑件被推出之前，必须先将成型塑件侧面孔或凸台的侧向凸模或型芯拔出，通常包括滑块、锁紧楔等零件
推出机构	又称顶出机构或脱模机构，是模具分型后将塑件顺利顶出模具的装置，通常由推杆、复位杆、推杆固定板、推板、主流道拉料杆等零件组成
冷却系统和加热系统	为使熔融塑料在模具型腔内尽快固化成型，多数塑料在成型时需进行冷却。当塑料充满型腔并经一定时间的保压后，冷却水道通过循环冷水对模具进行冷却。一些塑料在成型时对模具有一定的温度要求，需在模具内部或四周安装加热组件对模具进行加热

3）注射模主要零部件的结构

注射模的结构与注射机的形式和制件的复杂程度等因素有关。但其主要零部件的结构主要有以下加工形式。

① 成型零部件。构成型腔的零件统称为成型零件，通常包括凹模（常见结构形式参见图2-53）、凸模、型芯（常见的成型杆或成型环结构形式见图2-54）、镶块等。由于型腔直接与高温高压的熔融塑料接触，它的质量对塑件质量有直接影响。因此，要求它应有足够的强度、硬度（40HRC以上）、冲击韧性、耐磨性和足够的精度、较低的表面粗糙度值（$Ra \leqslant 1.6\mu m$）等，才可保证塑件表面光亮美观，容易脱模。

② 浇注系统。浇注系统是指模具从注射机喷嘴到型腔之间的塑料流动通道。它分为普通流道浇注系统和无流道浇注系统两类。

普通流道浇注系统有卧式注射机上模具用的普通浇注系统和角式注射机上模具用的普通浇注系统两类，如图2-55所示。它们都是由主流道、分流道、浇（铸）口、冷料井等几部分组成。

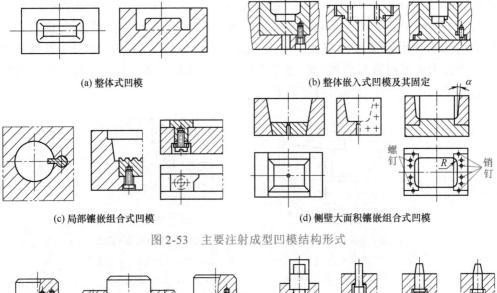

(a) 整体式凹模　　　　　　　　　(b) 整体嵌入式凹模及其固定

(c) 局部镶嵌组合式凹模　　　　　(d) 侧壁大面积镶嵌组合式凹模

图 2-53　主要注射成型凹模结构形式

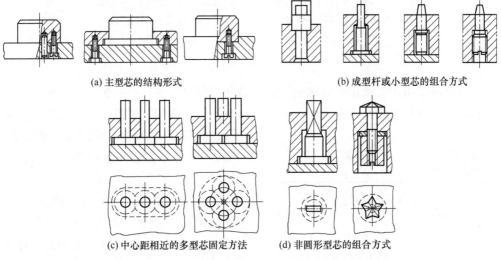

(a) 主型芯的结构形式　　　　　　(b) 成型杆或小型芯的组合方式

(c) 中心距相近的多型芯固定方法　(d) 非圆形型芯的组合方式

图 2-54　部分型芯或成型杆（环）结构形式

　　主流道是指连接注射机喷嘴到分流道的一段流道，与注射喷嘴在同一中心线上，其断面通常为圆形，断面尺寸有变化的，也有不变的，如图 2-55（a）所示。在卧式或立式注射机上使用的模具中，主流道与分型面垂直，为使熔融塑料冷却固化后能方便地从主流道中拔出，主流道可做成圆锥形，其小端直径应大于喷嘴直径 1mm，以便于熔融塑料流动和冷凝料拔出，常见的直径为 4 ～ 8mm，内壁应保证 $Ra < 1.6\mu m$ 的粗糙度。其小端与喷嘴接触处做成半球形的凹坑，防止高压塑料从缝隙处溢出，两者应严密配合。同时，为使主流道冷凝料能顺利脱出，主流道半球形凹坑的半径 R_2 应比喷嘴头的半径 R_1（喷嘴头半径 R_1 的具体数值可查阅所选注射机的相关设备技术参数）大 1 ～ 2mm。主流道衬套（因在注射过程中主流道与高温熔融塑料及喷嘴反复接触、碰撞受损，为便于更换，常把主流

道部分做成衬套形式）大端凸出固定模板端面 5 ～ 10mm，并与固定模板的定位孔采用 H7/m7 过渡配合，以起定位作用。为防止型腔或分流道的塑料反推力（反推力与塑料接触的端面面积大小有关，面积大，反推力也大）把主流道衬套退出，因此主流道衬套与本体之间连接要可靠。当反推力很大时，可将定位环做成凸台，使其压紧在注射机的固定板下。

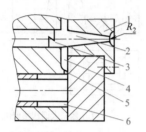 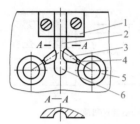

(a) 卧式注射机用模具的浇注系统　　(b) 角式注射机用模具的浇注系统

1—主流道衬套；2—主流道；　　　1—镶块；2—主流道；3—分流
3—冷料井；4—分流道；　　　　　道；4—浇口；5—型腔
5—浇口；6—型腔　　　　　　　　6—冷料井

图 2-55　普通流道浇注系统

　　分流道是指从主流道中流来的塑料，沿分型面引入各型腔的那一段，如图 2-56 所示。分流道开在分型面上，断面形状可呈圆形、半圆形、梯形、U 字形等，由动

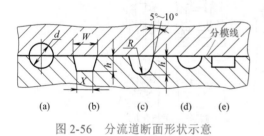

图 2-56　分流道断面形状示意

模和定模两边的沟槽合模而成，如梯形、半圆形等可开在定模或动模的一边，如图 2-56（b）～（e）所示。在多腔模中，一般都设置分流道，其尺寸以塑件大小、塑料品种、注射速率及分流道长度而定。圆形的一般取直径 d=5 ～ 10mm。对流动性特别好的聚丙烯、尼龙等，当分流道很短时，d 可以小于 5mm。对流动性特别差的塑料，可取 $d > 10$mm。

　　分流道在多腔模中的布置有平衡式和非平衡式两种，如图 2-57 所示。其中以平衡式布置为好，这样从主流道到各个型腔的分流道长度都相等，断面形状都相同，可使塑料均衡到达各个型腔。但在加工各分流道时，应特别注意各对应部位尺寸的一致性，误差应在 1% 以内。否则，达不到均衡进料的目的。

　　浇口是指流道末端将塑料引入型腔的狭窄的一段，其断面尺寸通常比分流道的断面尺寸小（主流道型浇口除外），也较短，常见的形状有圆形、矩形等。它的断面积约为分流道断面积的 3% ～ 9%，其作用是调节料流速度和补料时间。浇口是浇注系统的关键部分，浇口的形状和尺寸对塑件质量影响很大，故在加工浇口时，更应注意其尺寸的准确性。

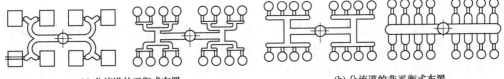

(a) 分流道的平衡式布置　　　　　　　　　(b) 分流道的非平衡式布置

图 2-57　分流道在多腔模中的布置

　　冷料井是为了消除喷嘴前端存有的一小段低温料（冷料）而设置的。它一般设在主流道末端，有时分流道末端也设冷料井。角式注射机上的模具，其浇注系统中的冷料井是主流道的延长部分；卧式或立式注射机上模具中的冷料井设在主流道正对面的动模上，其直径略大于主流道大端直径，底部一般做成曲折的钩形或腰槽。

　　无流道浇注系统（绝热流道、热流道）是利用加热或绝热的办法，使塑料从注射机喷嘴到型腔入口这一流道中，一直保持熔融状态，从而在开模时只需取成型的塑件，而不必取浇注系统的凝料。

　　绝热流道系统实质上是基于流道比较粗大，而流道中心处的塑料在连续注射过程中来不及冷凝而保持熔融状态，并顺利地进入型腔的机理。该系统一般分为井式喷嘴（又名井坑式喷嘴）和多型腔绝热流道系统两种形式。

　　热流道系统由于在流道的附近或中心设有加热圈或加热棒，因而从喷嘴出口到浇口之间的流道都处于高温状态，从而使流道中的塑料保持在熔融状态。在整个注射过程中，流道中的凝料一般不需取出，再开机时只需加热流道达到使凝料熔融的温度即可。目前使用的有单型腔、多型腔（外加热）、阀式浇口和内加热四种形式的热分流道。

　　③ 导向部分。导向部分是塑料模具中必不可少的部件，其作用是保证动模和定模合模时准确导向、定位和承受一定侧压力。它由导柱、导向孔组成，或在动、定模上分别设有互相配合的内外锥面，如图 2-58 所示。

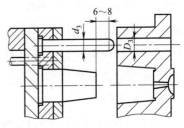

图 2-58　导柱导向示意图

　　导柱的长度应比凸模端面高出 6 ～ 8mm。否则，会引起凸模先进入型腔而导柱来不及准确导向而相碰损伤。

　　为使导柱顺利地进入导向孔，导柱的端面做成锥形或球面形。

　　导柱应有韧性高的心部和耐磨性好的表面，因此，多采用低碳钢经渗碳淬火处理或用碳素工具钢经淬火处理，其表面硬度为 50 ～ 55HRC。

　　导柱装入模板通常采用 H7/m6 配合，也可采用导柱以过渡配合装入固定板后，用螺钉或铆钉连接固定板的形式。导柱配合部分的表面粗糙度

$Ra \geqslant 0.63\mu m$。

为便于导柱顺利地进入，在导套（包括无导套的导向孔）的一端内孔应倒一圆角。导套装入模板后，最好是通孔。由于结构限制只能开盲孔时，要求在盲孔的侧面钻一横向通气孔，或在导柱的外表面磨出排气槽。否则，导柱进入未打通的导套孔时，孔内空气无法逸出，增加了导柱进入导套的阻力。导套一般用铜或淬火钢（硬度应低于导柱硬度）等耐磨材料制造。导套与模板固定孔的配合通常用 H7/m6 或 H7/r6 配合。为可靠起见，可再用止动螺钉（顶丝）紧固。

④ 脱模机构。将塑料制件从模具型腔中脱出的机构称脱模机构（又称顶出机构），其结构如图2-59所示。它由顶杆、顶出固定板、顶出板、导柱、导套、回程杆和钩料杆或挡销等组成，其中是否有钩料杆和挡销，视机构的结构需要而定，并不是所有模具都有。

脱模是塑料成型工艺的最后一道工序，对塑料制品的质量也有很大的影响。脱模机构在脱模过程中，应保证工作可靠、运动灵活、塑件不变形和不损伤其外观。

脱模机构按动力来源分，有手动、机动、液压、气动四种形式；按模具结构（即塑件形状）分，有简单脱模、双脱模、顺序脱模、二级脱模、浇注系统脱模和带螺纹塑件脱模等多种形式。

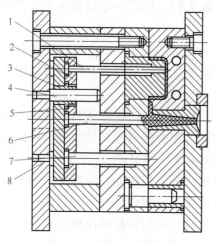

图2-59　塑件脱模机构

1—顶杆；2—顶出固定板；3—导套；4—导柱；
5—顶出板；6—钩料杆；7—回程杆；8—挡销

⑤ 分型和抽芯机构。在成型塑件顶出之前，对塑件上具有与顶出方向不同的内、外侧向孔或侧凹时，必须先进行侧向分型，拔出侧向凸模或侧向型芯后再顶出塑件。完成侧向分型和拔出凸模或侧向型芯并复位的装置称为分型和抽芯机构。

分型和抽芯机构的控制方式有手动、机动、气动和液压等。如图2-60所示的斜导柱分型和抽芯机构是生产中应用广泛的分型和抽芯机构。它主要由与模具开模方向有一定角度的斜导柱、滑块、导滑槽、滑块定位装置

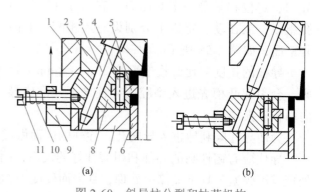

图2-60　斜导柱分型和抽芯机构

1—压紧块；2—定模板；3—斜导柱；4—销；5—型芯；6—顶出管；7—动模板；8—滑块；9—限位挡块；10—弹簧；11—螺钉

和锁紧楔等组成。

（2）热固性塑料压缩模

压缩成型主要用于热固性塑料制品成型，也可用于热塑性塑料制品成型。塑件压缩模又称塑件压制模。

1）压缩模具的分类

压缩模具的分类方法很多，根据模具在压力机上固定方式的不同，压缩模具可分为移动式压缩模、半移动式压缩模和固定式压缩模；根据模具型腔数目的不同，压缩模具可分为单型腔压缩模和多型腔压缩模；根据模具分型面的特征，压缩模具可分为水平分型面压缩模和垂直分型面压缩模；根据压缩模具上、下模配合结构特征的不同，压缩模具可分为溢式压缩模、半溢式压缩模和不溢式压缩模。

2）压缩模具的基本结构

压缩模具可分为上模和下模两部分，分别安装在压力机的上压板和下压板上，如图 2-61 所示。

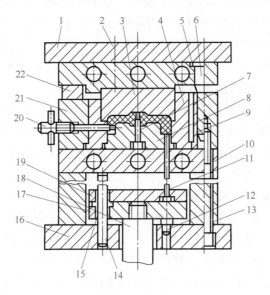

图 2-61　典型压缩模具结构

1—上模固定板；2—螺钉；3—凹模；4—凹模镶件；5—加热板；6—导柱；7—型芯；8—凸模；9—导套；10—支承板；11—推杆；12—限位钉；13—垫块；14—推板导柱；15—推板导套；16—下模固定板；17—推板；18—顶杆；19—推杆固定板；20—侧型芯；21—凹模固定板；22—承压板

压缩成型时，塑料在高温和压力的作用下，成为熔融状态并充满整个型腔。当塑件固化成型后，上模和下模打开，通过注射机的顶出装置顶出塑件。压缩模具的主要零部件及用途见表 2-7。

表 2-7　压缩模具的主要零部件及用途 ┈┈┈┈┈┈┈┈┈┈┈┈┈┈┈┈┈┈┈┈┈┈┈┈┈┈┈┈┈┈┈┈

名称	用途
型腔	塑件的成型部位，加料时，型腔与加料腔一起装料
加料腔	用于容纳型腔无法容纳的原料
导向机构	由导柱和导套组成，用于保证上模和下模合模的对中性。为保证推出机构的水平运动，有的模具还设有推板导柱
侧向分型抽芯机构	用于抽出塑件的侧面凸、凹模，保证其顺利脱模
脱模机构	保证塑件顺利脱模，通常包括推板固定板、推板、推杆等
加热系统	压缩模常用的加热方法为电加热。压缩热塑性塑料时，需在型腔周围开设温度控制通道，在塑化阶段，需通入蒸汽进行加热；在定型时，要通入冷水进行冷却

3）压缩模具的类型及结构特点

按压缩模的配合特征进行分类，压缩模主要有以下几种结构：

① 敞开式压模（即溢式压模）。这种模具无加料室，型腔总高度就是制件高度，凸模和凹模之间无配合部分。压制时，过剩塑料极易顺挤压面（水平面）溢出。制件的水平溢边去除较困难，影响制品外观。凸、凹模之间的配合靠导柱定位，因此，用这种模具压出的制品壁厚均匀性不太高。但是，这种模具结构简单、耐用、制品取出容易、成本较低，适用于压制对强度和尺寸并无严格要求的或扁平盘形的制品，如纽扣等各种小零件。

② 密闭式压模。密闭式压模又称不溢式、正压式、全压式压模。这种模具加料室为型腔上部的延续，无挤压面，压机的压力理论上可全部作用在制品上。其制品密实性好，机械强度高，溢出量少。且这种模具加料量每模必须准确，必须设有顶出装置，一般不设计成多腔模。它适用于压制形状复杂、壁厚、长流程和深形制品，如石棉布、玻璃布等。

③ 半密闭（半溢）式压模。这种模具的加料室设在型腔上面，中间有一环形面（宽度约为 4 ～ 5mm）与型腔分界。在压制过程中，过剩的原料通过配合间隙或凸模开的溢料槽中排出。制件的高度尺寸由型腔决定。制件的密实性比敞开式压模好。这种模具操作方便，适用于压制带有小嵌件的制件；不适用于压制以布或长纤维作填料的制件。

4）压缩模具主要零部件的结构

不论何种结构形式的压缩模具，都主要由成型零件、导向零件、脱模机构等零部件组成。

① 成型零件。模具中直接与塑料接触并使之成型的零件称为成型零件。它们组合成压模的型腔。成型零件包括凹模、凸模、模套、成型杆、型芯等，其结构与注射模大同小异。

a. 凹模。凹模的结构分为整体式和组合式两种。凹模的深度一般等于制件高度。整体式结构坚固，适用于形状简单、加工容易的型腔。形状复杂的型腔为方便加工，可采用将加料室、型腔或型腔体分别加工后组装成一体的组合式。组合式凹模应尽量避免水平接缝，以及在垂直方向的连接螺孔不要做成穿透的。因结构关系必须做成穿透孔，则应在连接螺钉拧紧后，稍稍露出模套的上表面，装配后再将它磨平。组合式凹模有整体嵌入式、局部镶嵌式、大面积镶嵌式、四壁拼合组合式几种。各镶块在压入模套中固定时，要特别注意镶嵌结构的牢固性。大面积镶嵌四壁的凹模，块与块之间不宜用螺钉连接。凹模压入模套应采用过盈配合，或用楔块楔紧。对垂直分型面的压模，其凹模可组合后嵌入圆锥形模套中，模套内壁和凹模外壁应有 8° ~ 10° 的斜角，表面粗糙度为 $Ra > 0.63\mu m$。锥形模套有大端向上（用于固定式压模）和大端向下（用于移动式压模）两种形式。凹模嵌入后上端伸出 8 ~ 10mm，下端部分为小端时，留出 0.2 ~ 0.3mm 间隙；为大端时，应伸出 2 ~ 3mm。对多型腔式垂直分型面压模，宜采用带有倾斜侧壁的凹模，其两端采用开通侧壁倾斜的槽形压紧楔压紧，它也有大端向上和大端向下两种形式。

b. 凸模。凸模上有一段与加料室相配合，单边间隙为 0.05mm 左右。其外形力求简单，结构形式如图 2-62 所示。图 2-62（a）为整体式，图 2-62（b）为整体嵌入式，图 2-62（c）为镶嵌组合式。由于凸模受力很大，必须保证其结构的坚固性。

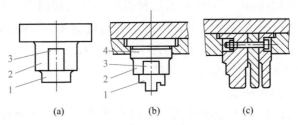

图 2-62　压模凸模结构
1—成型段；2—配合段；3—溢料槽；4—固定段

c. 型芯（或成型杆）。压模的型芯若受力不均匀，易引起弯曲，尤其是当它与压制方向垂直时，受力情况更差。因此，型芯长度不宜太长，对于与压制方向重合的孔的型芯，其长度 $l \leqslant (2.5 \sim 3) d$（孔径）；与压制方向垂直的孔的型芯长度 $l \geqslant d$。型孔直径很大时，为确保得到薄的飞边，型芯与相对成型面之间应留有 0.05 ~ 0.1mm 间隙，沿边缘留出 1.5 ~ 2mm 作挤压边。型孔较深时〔孔深 $\geqslant$（6 ~ 8）d〕，可采用型芯伸入凸模孔中支撑的办法，伸入段不宜过长。型孔位于制件中心，且孔径 $d > 15mm$ 时，型芯可兼作导柱用，但需高出加料室 6 ~ 8mm，孔深大于 2.5d 时，还可采用两端对接的成型杆来成型制件上的孔。若孔的同心度要求较高，可采用内外圆锥自动定心的方法，即孔的一半由装在凸模上的型芯来成型，型芯端部做成 60° 的内圆锥；孔的另一半由装在凹模（一般为下模）上的型芯来成型，其型芯端部做成 60° 的外圆锥。若孔的同心度要求不高，可采用孔的一半型芯在上模（凸模），孔的另一半型芯在下模（凹模），其中一处型芯的直径比另一处型芯稍大，上、下两型芯在闭模时，最好留有 0.05 ～ 0.1mm 间隙。成型内、外螺纹或固定螺纹嵌件的螺纹型芯和螺纹型环与下模用间隙配合。

② 加料室。加料室一般设在型腔以上，其断面尺寸（水平投影面）可按模具类型来确定。对密闭式压模，加料室断面尺寸与型腔断面尺寸相等。

③ 导向零件。导向零件通常是上模带有导向柱，下模带有导向孔。导向孔有带导向套和不带导向套两类。其结构和固定方式与注射模上的导柱、导套相似。

④ 固定式压模脱模机构。脱模机构常见的有下面几种形式。

a. 吹气脱模。利用压缩气由喷嘴从制件与模壁之间的间隙（或有一孔）吹入，使制件脱出，宜用于对一些开模后仍留在凹模中的薄壁壳形制件。

b. 顶杆脱模。它是最常用的一种脱模形式。该形式机构简单，制造容易，但在制件上会留下顶杆痕迹。顶杆与型腔配合长度不宜太长，以减少摩擦，其具体尺寸与固定方式可参照注射模形式。

c. 脱模板脱模机构。它适用于在脱模时容易变形的薄壁制件。开模后，制件若留在凸模型芯上，此时脱模板应设在上模（凸模）。若型芯在下模，则脱模板应设在下模。脱模板的移动距离，可通过螺母调节限位。

⑤ 侧向分型抽芯机构。压模上的这种机构与注射模略有不同。它是先加料，后合模。另外，压模受力情况较差，因此，分型机构和锁紧楔都应具有足够的力量和强度。生产中应用广泛的是手动分型抽芯机构，图 2-61 所示压缩模开模时，侧型芯 20 应先手工抽出，才能取下制件。

（3）热固性塑料压注模

压注成型既可以使用专用压注机，也可在普通压力机上进行。压注成型能够成型较为精密的零件或带有细薄嵌件的制品，在某些行业应用较为广泛。由于浇注系统内有压力损失，因此加料室内的单位压力比压注模内高得多，一般可达到 400 ～ 800kg/cm²，最高时可达到 1500kg/cm²。

1）压注模具的分类

压注模具按照固定方式可分为移动式压注模和固定式压注模，其中移动式压注模所占比例较大；按照型腔数目的不同，压注模具可分为单型腔模具和多型腔模具；按照分型面特征的不同，压注模具可分为一个分型面、两个水平分型面和带有垂直分型面的模具等几类。

如图 2-63 所示为移动式压注模的结构形式。为避免在压注模塑过程中从分型面溢料，在模具

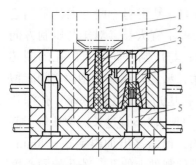

图 2-63　移动式压注模的结构形式
1—柱塞；2—加料腔；3—浇注系统；
4—凹模；5—型芯

分型面上应作用有一定的锁模力，因此要求作用在加料腔底部的总压力必须大于型腔内压力所产生的将分型面顶开的力，即要求加料腔底部的水平投影面积必须大于型腔及浇注系统在水平分型面上的投影面积之和。

这种压注模的结构简单，成本较低，适用于小批量生产。

2）压注模具的零部件

压注模具的主要零部件及用途见表2-8。

表2-8 压注模具的主要零部件及用途

名称	用途
型腔	塑件的成型部位，由凹模、凸模、型芯等零件组成
加料室	加料室和压柱构成，移动式压注模的加料室可与模具本身分离，开模前，先敲下加料室，然后开模取出制品并将压柱从加料室中取出
浇注系统	单型腔压注模一般只有主浇道，多型腔压注模的浇注系统可分为主浇道、分浇道和浇口，加料室底部可开设几个浇道同时进入型腔
导向机构	由导柱和导柱孔组成，在柱塞和加料室之间、型腔分型面之间，均应设导向机构
侧向分型抽芯机构	用于抽出塑件的侧面凸、凹模，保证其顺利脱模
脱模机构	保证塑件顺利脱模，通常包括推板固定板、推板、推杆、复位杆等
加热系统	固定式压注模可分为柱塞、加料室和上模、下模三部分。成型时，应分别对这三部分进行加热。压注模的加热可通过压力机的加热板进行，也可在固定式压注模的型腔四周安放加热元件。移动式压注模的加热是通过压力机的上、下加热板进行的。压注前，柱塞、加料室和压注模本体都应放在加热板上进行预热

2.3.6　常用的塑料成型设备

塑料成型的方法很多，且不同的塑料成型方法往往需要与之匹配的成型设备共同完成。例如，塑料的注射成型需要塑料注射成型机才能完成，塑料的压缩成型、压注成型需要压机才能完成。

（1）塑料注射成型机

1）注射机的分类和特点

注射机可按照塑化方式、加工能力、合模机构特征、外形特征、液压系统和控制系统特点等进行分类。

① 按塑化方式分类。注射机按照塑化方式可分为螺杆式注射机和柱塞式注射机。

a. 螺杆式注射机。螺杆式注射机在工作时，物料的熔融塑化以及注射都是由螺杆完成的。它是目前产量最大、应用最为广泛的注射机。

b. 柱塞式注射机。柱塞式注射机在工作时，柱塞将落入料筒的颗粒状物料推向料筒前端的塑化室，料筒外的加热器提供的热量使物料塑化，而后，呈黏流态的塑料被柱塞推挤到型腔中，经保压、冷却后，成型为既定的塑料制品。

② 按加工能力分类。通用注射机的成型能力主要是由锁模力和注射能力所决定的。根据加工能力的不同，注射机可分为小型、中大型和超大型等。

③ 按合模机构特征分类。根据合模机构特征的不同，注射机可分为机械式、液压式和液压机械式等。

a. 机械式注射机。机械式注射机的合模机构为全机械式，从机构动作到锁模力的产生和保持均由机械传动完成。早期的机械式合模机构的合模速度与锁模力的调整既困难又复杂，运动噪声大，且制造和维修困难。近年来，新一代机械式注射机具有节能、低噪、操作和维修方便等优点。

b. 液压式注射机。液压式注射机的合模机构为全液压式，从机构的动作到锁模力的产生和保持均由液压传动来完成。全液压式合模机构具有液压传动的一些优缺点，能较方便地实现移模速度、锁模力的调节变换，工作安全可靠、噪声小，但易引起泄漏和压力波动，系统液压刚性较软。目前，液压式注射机在大、中、小型机上都已得到广泛应用。

c. 液压机械式注射机。液压机械式注射机的合模机构为液压和机械相联合的传动形式，兼有以上两者的优点。它是以压力产生初始运动，再通过曲柄连杆机构的运动实现平稳、快速地合模。

④ 按外形特征分类。根据注射机的外形与合模装置排列方式的不同，注射机可分为立式、卧式和直角式等。

a. 卧式注射机。如图 2-64 所示，卧式注射机的柱塞或螺杆与合模机构均沿水平方向布置，具有重心低、加料稳定、操作及维修方便等优点。在成型过程中，制品推出后可自行脱落，便于实现自动化生产。大、中型注射机一般均采用这种形式。卧式注射机的主要缺点是模具安装比较麻烦，嵌件放入模具有倾斜和落下的可能，机床占地面积较大。

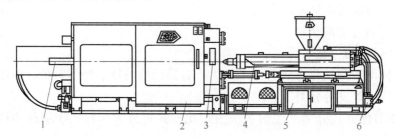

图 2-64　卧式注射机的结构

1—合模系统；2—安全门；3—控制计算机；4—注射成型系统；5—电控箱；6—液压系统

b. 立式注射机。如图 2-65 所示，立式注射机的柱塞或螺杆与合模机构垂直于地面，一般以小型为主，优点是占地面积小、模具安装和拆卸方便、便于安放嵌件；缺点是重心高、不稳定，加料困难，推出的塑件需要人工取出，不易实现自动化生产。

c. 直角式注射机。如图 2-66 所示，直角式注射机的柱塞或螺杆与合模机构的运动方向相互垂直。目前，使用较多的是沿水平方向合模、沿垂直方向注射的方式。直角式注射机合模采用丝杠传动，注射部分除采用齿条传动外，也有采用液压传动的。直角式注射机的主要优点是结构简单，缺点是机械传动无准确可靠的注射、保压压力及锁模力，模具受冲击较大。

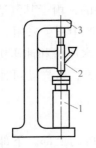

图 2-65 立式注射机简图
1—合模装置；2—注射装置；3—机身

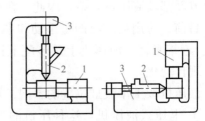

图 2-66 直角式注射机简图
1—合模装置；2—注射装置；3—机身

⑤ 按液压系统特征分类。注射机的液压系统和元件组成可按阀类系统分为常规阀系统、比例和伺服阀系统、插装阀系统，也可按蓄能器的存在与否分为有蓄能器系统和无蓄能器系统。

⑥ 按注射机的控制系统分类。注射机的控制系统主要包括对注射机动作程序及工艺参数进行选择和多级控制，对各部电加热油温、水温、料温的控制，对各部安全检测、显示、监测、报警信号进行控制。按控制回路的性质和特点，注射机可分为常规控制、微机控制、闭环控制等类型。

2）注射机的结构组成

通用卧式注射机是生产中应用最为广泛的注射机，其主要由注射装置、合模装置、液压传动系统和电气控制系统等几大部分组成。

注射装置主要由螺杆、料筒、喷嘴、料斗、计量装置、传动装置、注射液压缸和移动液压缸等组成，作用是将塑料均匀地塑化，并以足够的压力和速度将一定量的熔料注射到模具型腔当中。

合模装置主要由前后固定模板、移动模板、连接前后模板用的拉杆、合模液压缸、移模液压缸、连杆机构、调模装置、顶出装置和安全门等组成，作用是实现模具的启闭，在注射时保证成型模具可靠地闭合。

液压传动系统和电气控制系统的作用是保证注射机按工艺过程预定的压力、速度、温度、时间和动作程序准确、有效地工作。液压系统主要由各种液压元件、回路及其他附属装置组成；电气控制系统主要由各种电器元件和仪表等组成。液压系统和电气控制系统有机地组织在一起，对注射机提供动力和实现控制。

（2）压机

压机是热固性塑料压制成型的主要成型设备。它的作用是用来合模，也用来开模以及造成所需压力，在某些情况下还可以用来传递压制过程中所需的热量以及推出塑件。

压机的分类方法较多，主要有以下两种。按传动性质可以分为机械的、液压的和气压的；按操作方式又可分为手动的、半自动的和全自动的。

机械式压机无论是手动的还是半自动的或全自动的，由于其制造、操作和修理等方面都较液压机复杂，因此，在近代塑料制品生产中很少采用。

目前，应用最广泛的是手动和半自动的液压机（水压机和油压机，以后者为主）。近年来，在液压机上逐步配上计算机及机械手等，这样就可使操作过程全部实现自动化。

液压机按工作液缸位置的不同，可分为：

① 上压式液压机。这种压机的工作液缸位于压机的上部，下部是固定的工作台，其结构如图 2-67 所示。它使用方便，广泛用于压缩、压注成型。

② 下压式液压机。这种压机的工作液缸位于压机的下部（多数情况下，工作液缸带有差动柱塞，以保证合模和开模），上部是固定的工作台。它因操作不便，很少用于压缩成型。

液压机按结构的不同，可分为：

① 框式液压机。框架可浇铸或焊接而成，一般液压机均用此种形式，见图 2-68（a）。

② 柱式液压机。一般小型液压机为三柱式，大型液压机为四柱式，见图 2-68（b）。

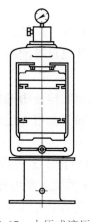

图 2-67　上压式液压机

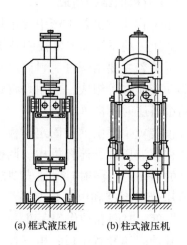

(a) 框式液压机　　(b) 柱式液压机

图 2-68　液压机的结构

　　液压机按使用类型的不同，可分为普通液压机及专用液压机两类。其中，普通液压机既可用于塑料的压缩成型也可用于塑料的压注成型，而专用液压机仅用于塑料的压注成型。

2.4　压铸模基础

　　压铸是压力铸造的简称。它是将熔融的液态金属注入压铸机的压室，通过压射冲头（活塞）的运动，使液态金属在高压作用下高速通过模具浇注系统完成压铸模型腔填充，并在压力下金属开始结晶、迅速冷却凝固而获得铸件的一种方法。在压铸生产中，压铸合金、压铸模和压铸机是最基本的三大要素，而压铸生产就是将此三大要素加以组合、调整和正确实施的过程。

2.4.1　压铸成型特点

　　压铸时常用压力从几兆帕至几十兆帕，填充初始速度在 0.5 ～ 70m/s 范围内。因此，高压和高速是压铸的重要特征。归纳起来，压铸成型具有以下特点。

　　（1）生产率极高

　　① 平均每小时可压铸 50 ～ 250 次。

　　② 可连续大量地生产，如采用一模多铸形式，产量可成倍增加。

　　（2）产品质量好

　　① 尺寸精度高，压铸件尺寸精度一般可达 IT11 ～ IT13，最高可达 IT9。压铸薄壁、复杂零件以及花纹、图案、文字等，能获得很高的清晰度。

　　② 表面粗糙度值小，通常压铸件的表面粗糙度在 Ra=3.2 ～ 0.8μm 之间，一般可不再进行进一步加工。

　　③ 互换性好。

　　④ 力学性能好，由于压铸件是在高压下成型，故压铸件组织致密、硬度和强度较高。

　　（3）经济效益好

　　① 金属利用率高，节省原材料。

　　② 节省加工工时。

　　③ 采用组合压铸法，可节省装配工作量，还可嵌铸其他金属或非金属材料零件以便提高压铸件的局部强度，满足某些特殊性能（如耐磨性、绝缘性、导磁性等）要求。

　　（4）目前存在的问题

　　① 压铸件由于充型时间短，金属液在压铸模内凝固速度快，因此，型腔中的气体很难完全排出，补缩也困难，致使普通压铸法压铸的铸件易产生气孔和缩

松，铸件壁越厚越严重，故压铸件壁厚一般在 4.5～6mm 以下。有气孔的铸件在热处理时，气孔内气体在高温下膨胀会使铸件表面鼓泡，所以这种压铸件不能进行热处理。

② 对内凹复杂的铸件由于所需模具结构复杂，且出件脱模也困难，因此，制造困难。

③ 高熔点合金压铸时，模具寿命低，影响了铸件生产的扩大应用。

④ 压铸设备造价高，模具制造复杂，生产周期长，一般不宜用于小批量生产。

⑤ 压铸合金类别和牌号有所限制，只适用于锌、铝、镁等低熔点合金的压铸。

2.4.2　压铸合金及其性能

（1）对压铸合金的基本要求

合金的性能包括使用性能和工艺性能两个方面。使用性能是铸件的使用条件对合金提出的一般要求，包括物理、力学和化学性能等。至于工艺性能，对压铸来讲，根据压铸的工艺特点，用于压铸的合金应具有以下性质：

① 液态流动性好，便于充填复杂型腔，以获得表面质量良好的压铸件。

② 在高温下有足够的强度和可塑性。

③ 收缩率较小，以避免脱模时铸件产生变形及裂纹，并有助于保证压铸件尺寸精度。

④ 结晶温度范围小，防止压铸件产生过多的缩孔和缩松。

⑤ 对模具型腔的腐蚀性要小。

（2）压铸合金的种类

压铸用合金可分为铸造铁合金和铸造非铁合金两大类。

铸造铁合金又分为铸铁和铸钢两类。铸铁类如灰铸铁、可锻铸铁和球墨铸铁等；铸钢类如碳钢、不锈钢和各种合金钢等。由于上述合金熔点高、易氧化和开裂，且模具寿命低，因此铁合金铸件的压铸生产还不普遍。

铸造非铁合金又分为低熔点合金和高熔点合金。低熔点合金如铅合金、锡合金和锌合金等，高熔点合金如铝合金、镁合金和铜合金等。非铁合金压铸件中比例最大的是铝合金，其次是锌合金、铜合金和镁合金。

（3）常用压铸合金的牌号及力学性能

① 压铸铝合金。压铸生产中常用铝合金的牌号、代号及力学性能见表 2-9。

② 压铸锌合金。压铸锌合金的牌号、代号及力学性能见表 2-10。

③ 压铸铜合金。常用压铸铜合金的牌号、代号和力学性能见表 2-11。

④ 压铸镁合金。镁合金是近年来发展较快的压铸合金，其牌号及力学性能见表 2-12。

表 2-9 压铸铝合金的牌号、代号及力学性能

合金牌号	合金代号	力学性能（不低于）		
		抗拉强度 σ_b / MPa	伸长率 δ / %	布氏硬度（HBS）
YZAlSi12	YL102	220	2	60
YZAlSi10Mg	YL104	220	2	70
YZAlSi12Cu2Mg1	YL108	240	1	90
YZAlSi9Cu4	YL112	240	1	85
YZAlSi11Cu3	YL113	230	1	80
YZAlSi17Cu5Mg	YL117	220	< 1	—
YZAlMg5Si1	YL303	220	2	70

表 2-10 压铸锌合金的牌号、代号及力学性能

合金牌号	合金代号	力学性能（不低于）		
		抗拉强度 σ_b / MPa	伸长率 δ / %	布氏硬度（HBS）
ZZnAl4Y	YX040	250	1	80
ZZnAl4Cu1Y	YX041	270	2	90
ZZnAl4Cu3Y	YX043	320	2	95

表 2-11 压铸铜合金的牌号、代号和力学性能

合金牌号	合金代号	力学性能（不低于）		
		抗拉强度 σ_b / MPa	伸长率 δ / %	布氏硬度（HBS）
YZCuZn40Pb	YT40-1	300	6	85
YZCuZn16Si4	YT16-4	345	25	85
YZCuZn30Al3	YT30-3	400	15	110
YZCuZn35Al2Mn2Fe	YT35-2-2-1	475	3	130

表 2-12 压铸镁合金的牌号、代号及力学性能

合金牌号	合金代号	力学性能（不低于）		
		抗拉强度 σ_b / MPa	伸长率 δ / %	布氏硬度（HBS）
YZMgL19Zn	YM5	200	1	65

（4）常用压铸铝合金的工艺性能和使用性能

常用压铸铝合金的工艺性能和使用性能见表 2-13。

表 2-13 常用压铸铝合金的工艺性能和使用性能

合金代号	密度/(g/cm³)	线收缩率/%	体收缩率/%	气密性	抗缩松倾向	流动性	耐腐蚀性	切削加工性	焊接性	抗热裂倾向	液相线温度/℃	固相线温度/℃	浇注温度/℃
ZL101	2.66	0.9~1.2	3.7~4.1	5	4	5	4	3	4	5	620	577	630~680
Y102	2.65	0.8~1.1	3.0~3.5	3	5	5	4	1	4	5	600	577	610~650
ZL103	2.7	1.1~1.35	4.0~4.2	4	4	4	2	4	4	4	616	577	630~690
Y104	2.65	0.9~1.1	3.2~3.5	4	4	5	3	4	3	4	600	575	610~650
ZL105	2.68	0.9~1.2	4.5~4.9	4	4	4	4	4	4	4	622	570	630~700
ZL301	2.55	1.0~1.35	4.8~6.9	2	1	3	5	5	3	3	630	449	640~690
Y302	2.5	1.2~1.25	4.5~4.7	4	3	4	4	5	3	4	650	550	660~700
Y401	2.8	1.2	—	4	4	4	3	4	4	5	575	545	590~650

注：表中所列工艺性能的级数含义如下，5—优；4—良好；3—中等；2—较差；1—很差。

2.4.3 压铸模的基本结构及组成

压铸模是压铸成形的重要工艺装备，其一般由三部分组成，即定模部分、动模部分和卸料部分。如果压铸件要求有侧孔及鼓凸和凹坑时，为了使压铸一次成形，又有侧抽芯机构部分。通常，定模部分由定模板、定模套、定模镶块及浇口套等组成；动模部分由动模板、动模支承板、动模镶块及动模套板等组成；卸料部分由顶件杆、推杆垫板、推杆固定板、反推杆等组成。图 2-69 为带侧抽芯机构的压铸模基本结构。

压铸模的分类方法很多，其结构也各异，但根据压铸模各组成零件功用的不同，基本上都可划分成表 2-14 所示各主要组成类型，表 2-14 同时还给出了压铸模各组成类型的功能说明。

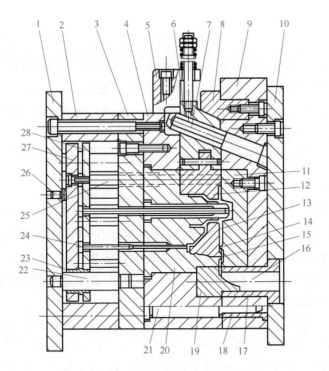

图 2-69 压铸模的基本结构

1—动模座板；2—垫板；3—支承板；4—动模套板；5—限位板；6—滑块；7—斜销；8—楔紧块；9—定模套板；10—定模座板；11—定模镶块；12—活动型芯；13—压铸件；14—内浇口；15—横浇道；16—直浇道；17—浇口套；18—导套；19—导流块；20—动模镶块；21—导柱；22—推板导柱；23—推板导套；24—推杆；25—复位杆；26—限位钉；27—推板；28—推杆固定板

表 2-14 压铸模的主要组成类型及说明

组成类型	功能说明
成型工作零件	成型工作零件由镶块、型芯、嵌件组成，装在动、定模上，模具在合模后，构成铸件的成型空腔，通常称为型腔，是决定铸件几何形状和尺寸公差等级的工作零件
浇注系统	浇注系统是沟通模具型腔与压铸机压射室的部分，即熔融金属进入型腔的通道，包括直浇道、横浇道和内浇道。该系统在动模和定模合拢后形成，对充填和压铸工艺规定十分重要
排溢系统	排溢系统是溢流以及排除压室、浇道和型腔中气体的沟槽。该系统一般包括排气道和溢流槽，而溢流槽又是储存冷金属和涂料余烬的处所，一般设在模具的成型镶块上
抽芯机构	铸件在取出时受型芯或型腔的阻碍，必须把这些型芯或型腔做成活动的，并在铸件取出前将这些活动的型芯或型腔活块抽出，才能顺利取出铸件。带动这些活动型芯或型腔活块抽出与复位的机构称为抽芯机构
推出复位机构	推出机构是将铸件从模具中推出的机构。它由推出元件（推管、推杆、推板）、复位杆、推杆固定板、导向零件等组成。在开、合模的过程中完成推出和复位动作
导向机构	引导定模和动模在开模与合模时可靠地按照一定方向进行运动的导向部分，一般由导套、导柱组成

续表

组成类型	功能说明
支承与固定零件	包括各种套板、座板、支承板和垫块等构架零件，其作用是将模具各部分按一定的规律和位置加以组合和固定，并使模具能够安装到压铸机上
加热与冷却系统	由于压铸件的形状、结构和质量上的需要，在模具上常设有冷却和加热装置
吊装部分	用于安装和拆卸压铸模的构件

2.4.4　压铸机及其压铸过程

（1）压铸机的型号和种类

① 压铸机型号。目前，国产压铸机已经标准化，其型号主要反映压铸机类型和锁模力大小等基本参数。压铸机型号表示方法为"J×××"，其意义是"J"表示"金属型铸造设备"，J后第一位阿拉伯数字表示压铸机所属"列"，压铸机有两大列，分别用"1"和"2"表示，"1"表示"冷压室"，"2"表示"热压室"。J后的第二位阿拉伯数字表示压铸机所属"组"，共有九组，目前使用的有三组，"1"表示"卧式"，"2"表示"热压室"，"5"表示"立式"。第二位以后的数字表示锁模力 1/100kN。在型号后加有 A、B、C、D……字母时，表示第几次改型设计。图 2-70 给出了某型压铸机型号的表示方法。

图 2-70　某型压铸机型号的表示方法

在国产压铸机型号中，普遍采用的主要有 J213B、J1113C、J113A、J116D、J116B 等型号。

② 压铸机的种类。压铸机一般分为热压室和冷压室两大类，冷压室压铸机按压室结构和布置方式又分为卧式和立式（包括全立式）压铸机两种。

（2）压铸机结构形式和压铸过程

① 热压室压铸机结构形式和压铸过程。热压室压铸机结构如图 2-71 所示（图中 H 为压铸机的装模厚度，L 为压铸机的开模行程，s 为动模座板行程，以下图与此相同）。其压室与坩埚联成一体，压铸过程如图 2-72 所示。压射冲头上升时，熔融合金通过进口进入压室内，合模后，在压射冲头作用下，熔融合金由压室经鹅颈管、喷嘴和浇注系统进入模具型腔，冷却凝固成压铸件，动模移动与定模分离

而开模，通过推出机构推出铸件而脱模，取出铸件即完成一个压铸循环。

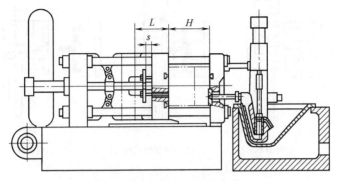

图 2-71 热压室压铸机结构

② 立式冷压室压铸机结构形式和压铸过程。图 2-73 为立式冷压室压铸机的结构，其压室和压射机构是处于垂直位置，压室中心与模具运动方向垂直。压铸过程如图 2-74 所示，合模后，浇入压室中的熔融合金被已封住喷嘴孔的反料冲头托住，当压射冲头向下运动压至熔融合金液面时，反料冲头开始下降，打开浇口道孔，熔融合金进入模具型腔。凝固后，压射冲头退回，反料冲头上升切除余料并顶出压室，取走余料后反料冲头降至原位，然后开模取出铸件，即完成一个压铸循环。

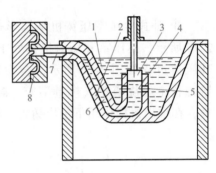

图 2-72 热压室压铸机压铸过程
示意图

1—熔融合金；2—坩埚；3—压射冲头；
4—压室；5—进口；6—鹅颈管；7—喷嘴；
8—压铸模

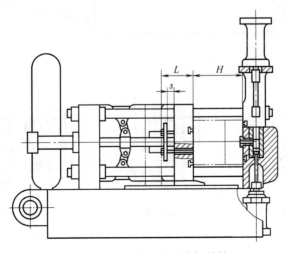

图 2-73 立式冷压室压铸机结构

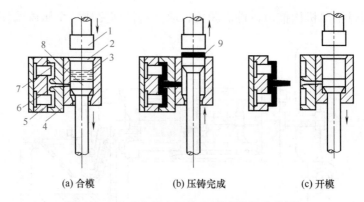

(a) 合模　　　　　　　(b) 压铸完成　　　　　　　(c) 开模

图 2-74　立式冷压室压铸机压铸过程示意图

1—压射冲头；2—压室；3—熔融合金；4—定模；5—动模；6—喷嘴；7—型腔；8—反料冲头；9—余料

③ 卧式冷压室压铸机结构形式和压铸过程。卧式冷压室压铸机的结构如图 2-75 所示，其压室和压射机构处于水平位置，压室中心线平行于模具运动方向。其压铸过程如图 2-76 所示，合模后，熔融合金浇入压室，压射冲头向前推动，熔融合金经浇道压入模具型腔，凝固冷却成压铸件，动模移动与定模分开而开模，在推出机构作用下推出铸件，取出压铸件，即完成一个压铸循环。

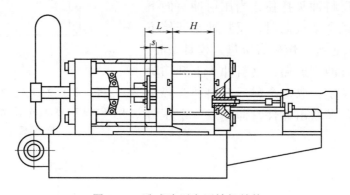

图 2-75　卧式冷压室压铸机结构

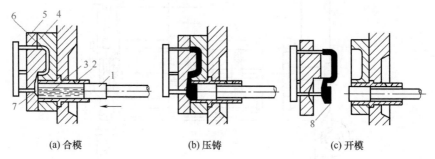

(a) 合模　　　　　　　(b) 压铸　　　　　　　(c) 开模

图 2-76　卧式冷压室压铸机压铸过程示意图

1—压射冲头；2—压室；3—熔融合金；4—定模；5—动模；6—型腔；7—浇道；8—余料

④ 全立式冷压室压铸机结构形式和压铸过程。全立式冷压室压铸机的结构如图2-77所示，其压射机构和锁模机构处于垂直位置，模具水平安装在压铸机动、定模安装板上，压室中心线平行于模具运动方向。其压铸过程如图2-78所示：熔融合金浇入压室后合模，压射冲头上压使熔融合金进入模具型腔，凝固冷却成压铸件，动模向上移动与定模分开而开模，在推出机构作用下推出铸件，在开模的同时，压射冲头上升到稍高于分型面顶出余料，压射冲头复位，取出铸件，即完成一个压铸循环。

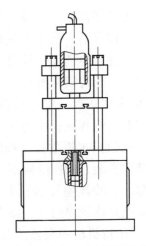

图 2-77 全立式冷压室压铸机结构图

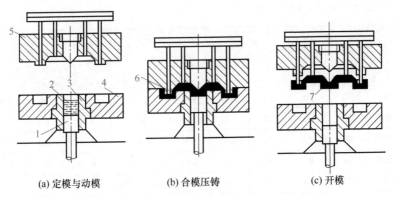

(a) 定模与动模   (b) 合模压铸   (c) 开模

图 2-78 全立式冷压室压铸机压铸过程示意图

1—压射冲头；2—熔融合金；3—压室；4—定模；5—动模；6—型腔；7—余料

（3）压铸机的特点

① 热压室压铸机的特点。热压室压铸机的特点是结构简单，操作方便，生产率高，工艺稳定，铸件夹杂少，质量好。但由于压室和压射冲头长时间浸在熔融合金中，极易产生粘咬和腐蚀，影响使用寿命，且压室更换不便，因此它通常用于压铸锌合金、铅合金和锡合金等低熔点合金。因其生产率高，且熔融合金纯度较高和温度波动范围小，故近年来还扩大应用于压铸镁、铝合金铸件。

② 立式冷压室压铸机特点。立式冷压室压铸机由于压射前反料冲头封住了喷嘴孔，有利于防止杂质进入型腔，其主要用于开设中心浇口的各种有色合金压铸件生产。其压射机构直立，占地面积小，但因增加了反料机构，因此结构复杂，操作和维修不便，且影响生产率。

③ 卧式冷压室压铸机特点。卧式冷压室压铸机的特点是压力大，操作程序

简单，生产率高，一般设有偏心和中心两个浇注位置，且可在偏心与中心间任意调节，比较灵活，便于实现自动化，设备维修也方便，因此广泛用于压铸各种非铁合金铸件，也适用于铁合金压铸件生产，但不便于压铸带有嵌件的铸件。中心浇口铸件的压铸模结构复杂。

④ 全立式冷压室压铸机特点。全立式冷压室压铸机的特点是熔融合金进入模具型腔时流程短，压力损失小，故不需要很高的压射比压，冲头上下运行十分平稳，且模具水平放置，稳固可靠，安放嵌件方便，适用于各种非铁合金压铸。但其结构复杂，操作维修不方便，取出铸件困难，生产率低。

总之，冷压室压铸机的优点是压力大，能压铸较大的非铁合金和铁合金铸件，缺点是热量损失大，操作较烦琐，生产率不如热压室压铸机高。

⑤ 压铸机的主要技术参数。目前，压铸机的主要技术参数已经标准化，在压铸机产品说明书上均能查到。表 2-15 为部分国产压铸机的主要技术参数。

表 2-15　部分国产压铸机的主要技术参数

压铸机型号	锁模力 $F_{锁}$/kN	压射力 F/kN	压射比压 p/MPa	动模座板行程 s/mm	模具厚度 t/mm		压室直径 d/mm	压射位置 A/mm	推出行程 B/mm	一次最大合金浇注量 /kg	
					最小	最大				轻合金	重合金
J213B	300	30	20	200	120	320	$\phi45$	0.40	50	0.6	
J216	600	52	20	240	150	350	$\phi60$	0.60	60	1.2	
J2116	1600	90	23	350	200	550	$\phi80$	0.60	80	3.5	
J1512	1200	34	86	300	150	450	$\phi80\sim100$	0.45	60	1.8	4.0
J1513	1300	34	100	300	250	500	$\phi65\sim80$	0	80	2.9	4.3
J113A	300	35	48.7	200	120	320	$\phi25\sim30$	$0\sim60$	70	0.3	1.2
J116D	600	90	94	250	150	350	$\phi35\sim40$	$0\sim60$	80	0.7	1.8
J1113C	1300	140	110	450	350	450	$\phi40\sim70$	$0\sim120$	80	2.0	7.7
J1125A	2500	250	128	400	250	650	$\phi50\sim70$	$0\sim160$	100	2.5	
J1140A	4000	400	120	450	300	750	$\phi60\sim80$	$0\sim200$	120	4.5	14.5
J1163C	6300	600		600	350	850	$\phi70\sim100$	$0\sim250$	150	9.0	38.2

注：压射位置是指压室在定模座板上所处的位置。一般以压射室位于压铸机中心以及自中心向下可调位置的数量和距离确定。如 J213B 压射位置为压铸机中心及中心向下 40mm 处两个位置，J113A 压射位置可为压铸机中心及向下 60mm 内任意位置。

2.5　锻模基础

将金属坯料加热使其具有较高的塑性，然后放在锻造设备上，利用通用工具或专用模具对其施加压力，迫使其发生塑性变形并流动，从而获得所需的锻件，这种压力加工方法称为锻造工艺。锻造工艺中使用的专用工具称为锻模。

2.5.1　锻造方法及其成型特点

锻造按加工方法的不同，可分为胎模锻和固定模锻两大类，其成型特点及应用见表 2-16。

表 2-16　锻造方法及其成型特点

分类		成型特点	应用
胎模锻	自由锻、锤上模锻	在自由锻设备上用可移动的模具生产锻件的方法称为胎模锻。其成型特点是胎模不固定在锤头和砧座上。胎模结构简单，生产时不需要造价高的模锻设备，但工人的劳动强度大，生产率不高	适用于形状较复杂，精度要求不高，生产批量不大的毛坯生产
固定模锻	锤上模锻	锤上模锻设备上的锤头和下砧上分别固定上、下锻模。锻造时滑块的行程不固定，可以完成各种制坯工序和预锻、终锻工序 锤上模锻的设备费用比压力机上模锻设备费用低，但工作条件差，工作时振动大、噪声大	适用于生产批量较大的毛坯生产
	压力机上模锻	坯料是在静压力下成型，变形速度低，锻件的锻造性好。锻造时滑块的行程和压力固定，不能完成镦粗、拔长、滚挤等制坯工序 压力机上模锻的设备费用比锤上模锻的高，模具结构较复杂	适用于成批大量生产

2.5.2　锻模分类及其结构

锻模的种类很多，按模膛数量可分为单模膛模和多模膛模；按制造方法可分为整体模和组合模；按锻造温度可分为冷锻模、温锻模和热锻模；按成型原理可分为开式锻模（有飞边锻模）和闭式锻模（无飞边锻模）；按工序性质可分为制坯模、预锻模、终锻模、弯曲模等。通常锻模是按锻造设备来区分，可分为胎模、锤锻模、机锻模、平锻模、辊锻模等。

（1）胎模

在自由锻设备上锻造模锻件时使用的模具称为胎模。图 2-79（a）是齿轮锻件，图 2-79（b）是该齿轮锻件胎模示意图。用锻钳夹持胎模外表面上的凹槽，抬上自由锻锤的下砧座。模内先放入一点拌过机油的木屑或煤粉，然后将加热好的坯料放入模中，锤头连续打击 2～3

(a) 齿轮锻件

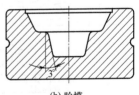
(b) 胎模

图 2-79　齿轮锻件胎模示意图

次。由于模锻斜度大，齿轮锻件不高，靠木屑或煤粉燃烧产生气体向上的冲力，锻件很容易跳出模外，这种胎模俗称跳模。

胎模使用广泛、品种繁多，其可分为摔模、扣模、套模、垫模、合模、漏模。表 2-17 给出了胎模的分类及结构特点。

表 2-17　胎模的分类及结构特点

分类	简图	结构特点
摔模	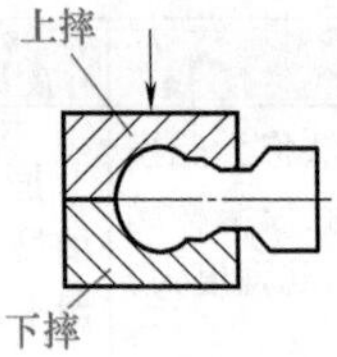	模具主要由上、下摔组成。锻造时锻坯在上、下摔中不断旋转，使其产生径向锻造，锻件无毛刺、无飞边 主要用于圆轴、杆及叉类锻件的成型
扣模	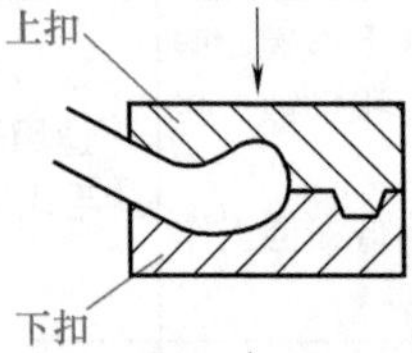	模具由上、下扣（或以锤砧代替上扣）组成。锻造时，锻坯在扣模中不转动，只做前后移动 主要用于非回转体的杆、叉类锻件的成型
套模	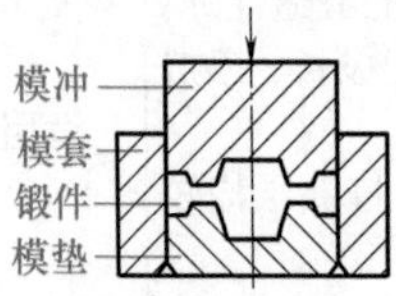	模具主要由模套、模冲、模垫组成。套模是一种闭式胎模，锻造时不产生飞边 主要用于圆轴、圆盘类锻件的成型
垫模	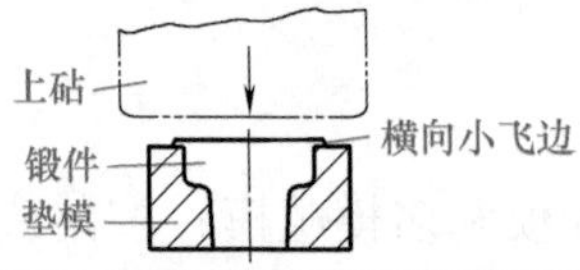	模具只有下模，而上模由锤砧代替。锻造时将产生横向飞边 主要用于圆盘、圆轴及带法兰盘的锻件成型
合模	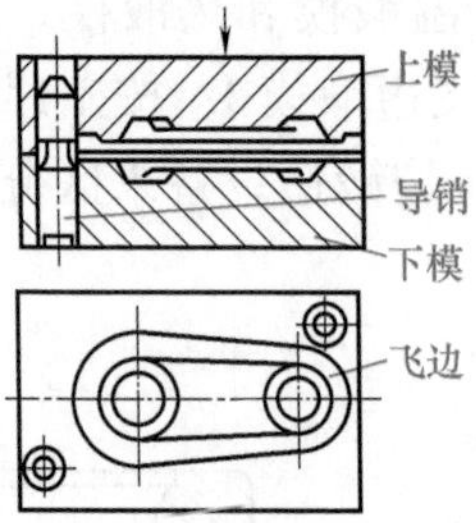	模具由上、下模及导向装置构成。合模是有飞边的胎模、锻造时沿分模面产生横向飞边 主要用于形状复杂的非回转体锻件的成型
漏模	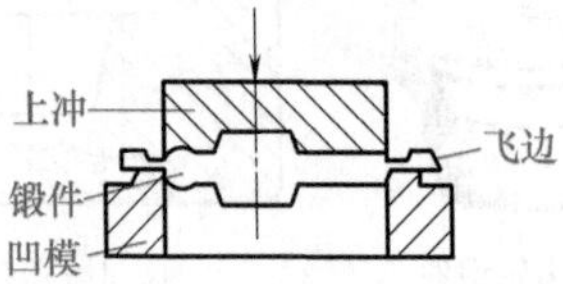	模具由冲头、凹模及定位装置构成 主要用于切除锻件的飞边或冲孔连皮

（2）锤锻模

在模锻锤上使坯料成型为模锻件或其半成品的模具称锤锻模。图 2-80 是整体式多模膛锤锻模示意图。它由上、下两个模块组成。上、下模的分界面称为分模面，可以是平面，也可以是曲面。复杂的锻件可以有两个以上的分模面。为了使被锻金属获得一定的形状和尺寸，在模块上加工出的成形凹槽称为模膛，是锻模工作部分。

　　图 2-80 所示锤锻模有拔长、弯曲、预锻和终锻模膛，使坯料逐步成形。为了便于夹持坯料，取出锻件，在模膛出口处设置的凹腔称为钳口，如图 2-80 中件 2、4 所示。钳口与模膛间的沟槽称为浇口，见图 2-80 中件 12。浇口不仅增加了锻件与钳夹头连接的刚度有利于锻件出模，还可以用作浇注铅样或金属盐样的注入口，以便复制模膛，用作检验。为防止锻锤打击时产生上下模错移，在模块上加工出凸凹相配的凸台和凹槽称为锁扣，见图 2-80 中件 7。锻模上用楔铁与锤头或砧座相连接部分称燕尾，见图 2-80 中件 9。

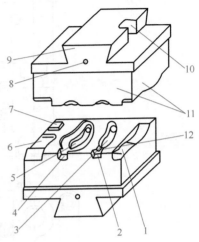

图 2-80　锤锻模示意图

1—弯曲模膛；2—预锻模膛钳口；3—预锻模膛；4—终锻模膛钳口；5—终锻模膛；6—拔长模膛；7—锁扣；8—起吊孔；9—燕尾；10—键槽；11—检验角；12—浇口

　　在燕尾中部加工出凹槽和锤头、砧座或垫板上相应凹槽相配，称为键槽（图 2-80 中件 10），用以安放定位键，保证上下模块定位。在锻模上加工出相互垂直的两个侧面称为检验角（图 2-80 中件 11），检验角是模膛加工的划线基准，也是上下模对模的基准。

　　根据上述锤锻模的结构可知，锤锻模的结构特点是：模具由上模、下模组成，用燕尾和斜楔配合分别安装在锤头和模座上，键槽与键配合起定位作用，防止锻模前后移动，锁扣防止锤击时上、下模产生错位。

　　（3）机锻模

　　在机械压力机（如热模锻曲柄压力机）上使坯料成型为模锻件或其半成品的模具称为机械压力机锻模，简称机锻模。机锻模有开式锻模和闭式锻模，其中应用较多的是开式锻模。它由上模和下模（通常设计成镶块式）组成。镶块用螺栓固定在上模板上构成上模，镶块用压板固定在下模板，用 T 形螺栓或压板分别安上构成下模，而上、下模则装在滑块和工作台上。导柱保证上、下模间的最大精确度，顶杆用来顶出工件。

　　图 2-81 是机锻模结构。其由上、下模座和导柱、导套组成模架，下模座可安装推出机构，用六个锻模镶块构成模膛（如图 2-81 中件 1、2 所示），锻模镶块圆柱面上开有圆柱形凹槽，靠压板 4、螺钉 3 和后挡板 9 紧固在模座上，用定位键 6 定位。这种形式的锻模又称为组合式机锻模。

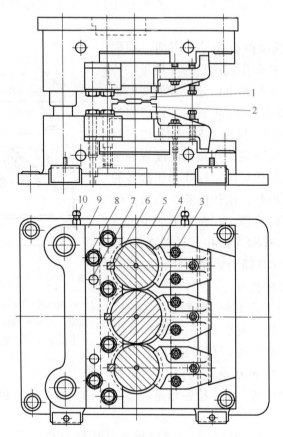

图 2-81　机锻模结构

1—上模模腔镶块；2—下模模腔镶块；3，8，10—螺钉；4—压板；5—下模座；
6—定位键；7—销钉；9—后挡板

（4）平锻模

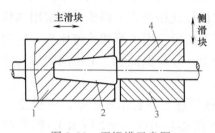

图 2-82　平锻模示意图

1—凸模；2—锻件；3—固定凹模；4—活动凹模

在水平锻造机上使坯料成型为模锻件或其半成品的模具称为平锻模。图 2-82 是平锻模结构示意图。凸模 1 由凸模夹持器固定在主滑块上做水平往复运动，凹模又分成两半，一半固定在机架上称为固定凹模（图 2-82 中件 3），另一半固定在侧滑块上称为活动凹模（图 2-82 中件 4）。锻造时侧滑块先动作把坯料夹紧，然后主滑块推动凸模锻压坯料成型。

（5）辊锻模

在辊锻机上将坯料纵轧成型的扇形模具称为辊锻模。图 2-83 是辊锻模示意图。在两块扇形块的外表面分别制出型槽，用压板螺钉把扇形锻模安装在上、下轧辊上。轧辊做相对转动，扇形锻模转到中心线附近时锻压坯料，迫使坯料在锻模内成型。

2.5.3　锻造设备

（1）锻造设备分类

锻造设备种类很多，按照工作部分运动方式

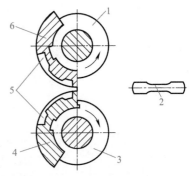

图 2-83　辊锻模示意图
1—上轧辊；2—锻件；3—下轧辊；
4—下辊锻模；5—模膛；6—上辊锻模

不同，锻造设备可分为直线往复运动和相对旋转运动两大类。一般情况下锻造设备由动力部分、传动部分、控制部分和工作部分组成。

① 直线往复运动的锻造设备。这类设备运转时，滑块相对于工作台做直线往复运动。锻模中的两部分分别安装在滑块和工作台上。坯料安放在锻模两部分中间，在合模时受到压力作用产生塑性变形。此类设备根据滑块运动方向可分为立式和水平两大类；根据锻压力性质不同，又可分为下列四种。

a. 动载撞击，如蒸气 - 空气自由锻锤、蒸气 - 空气模锻锤、夹板锤、对击锤、螺旋压力机等。

b. 静载加压，如热模锻曲柄压力机（又称锻压机）、平锻机、液压机等。

c. 动、静载联合，如液压锤。

d. 高能率冲击，如高速锤、爆炸成形装置、电磁成形装置。

② 相对旋转运动的锻造设备。这类设备运转时，锻模分别安装在两个或两个以上做相对旋转运动的轧辊上。坯料在锻模模膛内受到轧辊压力和摩擦力联合作用发生塑性变形。如辊锻机、旋压机、摆碾机等。

（2）主要锻造设备的性能特征

① 锻锤。利用工作部分（落下部分或是活动部分）所积蓄的动能在下行程时对锻件进行打击使锻件获得塑性变形的锻压机器总称锻锤，按用途不同，可分为自由锻锤和模锻锤。自由锻锤的下砧座和锤身机架不连接，各自安装在不相连的地基上，在压力作用下，锤身机架和下砧座变形较大，上、下锻模相对运动导向精度较差。而模锻锤的下砧座和锤身机架刚性连接并安装在一个整体地基上，因此，其上、下锻模运动导向精度比自由锻锤要高。图 2-84 是蒸气模锻锤结构简图。蒸气进入气缸推动活塞做上、下直线往复运动。由活塞、锤杆和锤头组成落下部分。通常由落下部分总重力作为锻锤的吨位。它表示了锻锤的打击能力。表 2-18 是模锻锤的技术规格。

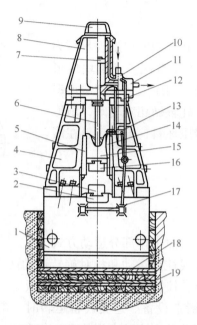

图 2-84 蒸气模锻锤结构简图

1—下砧座；2—模座；3—下锻模；4—锤身；5—导轨；6—锤杆；7—活塞；8—汽缸；9—保险汽缸；
10—配气阀；11—节气阀；12—汽缸底板；13—杠杆；14—马刀形杠杆；15—锤头；16—上锻模；
17—脚踏板；18—防振垫木；19—地基

表 2-18 模锻锤技术规格

落下部分质量 M/t（额定吨位）	1	2	5	10	16
最大行程 H_{max}/mm	1200	1200	1300	1400	1500
导轨间距离 B/mm	500	600	750	1000	1200
锻模最小闭合高度 H_{min}/mm	220	260	400	450	500
模座前后长度 L/mm	700	900	1200	1400	2110
锤头前后长度 l/mm	450	700	1000	1200	2000
打击次数 n/（次·min^{-1}）	80	70	60	50	40
总质量 m/t	11.6	17.9	43.8	75.7	96.2
锻件最大直径 d/mm	40～125	120～220	250～370	360～510	460～670

　　锻锤的优点是：结构简单，通用性好；由于锻压力有冲击性，惯性力大，锻件成形好；操作空间大且行程可变，能适应镦粗、拔长、滚压、弯曲等多种工步的要求，适用于各类锻件。

　　锻锤的缺点是：运动精度低，行程不固定，这就限制了锻件精度，使锻件加工余量大；锻锤没有顶料机构，不易实现机械化操作，劳动强度大；锻锤冲击力引起振动、噪声大；厂房、设备投资高。

② 热模锻曲柄压力机。热模锻曲柄压力机,又称锻压机,是一种机械压力机。图 2-85 是热模锻曲柄压力机结构。电动机通过带轮、传动轴和一对齿轮带动曲柄连杆机构使滑块做上、下往复运动。当滑块到下止点时,分别安装在滑块和工作台上的上、下锻模闭合。闭合过程中静压力迫使锻模模膛内坯料塑性变形。它的闭合高度可通过楔形工作台(如图 2-85 所示)来调节。它的行程是固定的,这就保证了锻件高度方向的尺寸精度。热模锻曲柄压力机的滑块通常具有附加导向的象鼻形结构,以提高导向精度。下锻模装在工作台上,设有推出机构。表 2-19 是热模锻曲柄压力机技术规格。

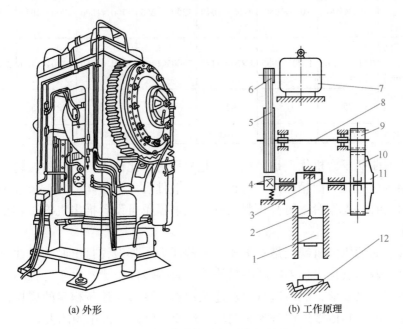

(a) 外形 (b) 工作原理

图 2-85 热模锻曲柄压力机结构

1—滑块;2—连杆;3—曲轴;4—制动器;5—飞轮;6—带轮;7—电动机;
8—传动轴;9—小齿轮;10—大齿轮;11—离合器;12—楔形工作台

表 2-19 热模锻曲柄压力机技术规格

参数	型号						
	Y423.SM	Y251.JSM	Y252.JSM	Y253.JSM		S5214	KSPz1200
公称压力(额定吨位)/kN	16000	20000	25000	40000	63000	80000	120000
滑块行程/mm	280	300	320	400	450	460	450
行程次数/(次·min^{-1})	85	82	70	50	50	39	32

续表

参数	型号						
	Y423.SM	Y251.JSM	Y252.JSM	Y253.JSM		S5214	KSPz1200
最大封闭高度 /mm	725	765	1000	1025	1328	1200	1600
封闭高度调整量 /mm	10	21.8	22.5	25	28	25	25
立柱间距 /mm	1250	1080	1200	1450	1900	1840	2300
滑块尺寸前后×左右 /（mm×mm）	900×900	1000×980	1100×1040	1300×1250	1700×1800	1700×1640	2300×2190
工作台尺寸前后×左右 /（mm×mm）	1120×1240	1720×1035	L820×1140	2300×1400	1900×1850	2750×1700	2900×2240
主电动机功率 /kW	75	115	155	210	315	2×245	530
机器总质量 /t	74.4	117.1	163	238	442	858	1250

热模锻曲柄压力机优点是：锻压力是静压力，比锤击力引起的振动、噪声要小；机架刚性大，导向精度高，行程固定，锻件尺寸精度高，加工余量小，节省原材料和工时；工作台下可设顶料装置，上锻模也可设置推出机构，容易实现机械化操作。

热模锻曲柄压力机缺点是：锻压力是静压力不如锻锤打击时的惯性力大，坯料塑性流动差。氧化皮掉入模膛不易清除，影响锻件质量；由于行程不可变，坯料在模膛内一次成形，故不适宜要求连续锻打、变形靠逐步积累的拔长、滚压工步；通常要配备其他锻造设备为它制坯，造成投资高、占用场地大。

③ 螺旋压力机。靠主螺杆的旋转带动滑块上下运动，向上实现回程，向下进行锻打，这种压力机称为螺旋压力机。常见的有电磁螺旋压力机、液压螺旋压力机和摩擦螺旋压力机。摩擦螺旋压力机又称摩擦压力机，其结构如图2-36所示。

摩擦压力机最大缺点是：受螺旋副限制，传动效率低，生产率低；吨位低，只能生产中、小锻件。

第3章 模具材料及热处理

3.1 模具材料的力学性能指标

模具材料是模具制造的基础。模具材料的使用性能和热处理技术，直接影响到模具的质量和使用寿命。模具制造中使用最多的是金属材料，而在选用模具材料时，首先需要了解材料的力学性能，以便能合理选取。一般来说，模具材料是以力学性能作为选材依据，兼顾工艺性能。力学性能是指金属材料在受到外力的作用下，所反映出来的抵抗能力，主要包括强度、塑性、硬度等。

（1）强度极限

强度极限是金属材料在外力作用下抵抗变形和断裂的能力。常用的强度极限有：

① 屈服极限 σ_s。屈服极限是指金属材料在外力的作用下发生塑性变形时的最小应力。其单位为 MPa。

② 抗拉强度 σ_b。抗拉强度是指金属材料所能承受的最大拉力与其原始截面之比值。其单位为 MPa。

③ 抗剪强度 τ。抗剪强度是指金属材料在受剪切状态的力作用下不致破坏的最大应力。其单位为 MPa。

（2）塑性

金属材料在外力作用下产生永久变形而不致引起破坏的性能叫塑性。常用的塑性指标有：

① 伸长率 δ。金属材料在受拉力作用断裂时，伸长的长度与原有长度的百分比称为伸长率。

② 断面收缩率 ψ。金属材料在受拉力作用断裂时，断面缩小的面积同原有断面积的百分比称为断面收缩率。

③ 杯突试验值（冲压深度）。在杯突试验机上用标准球头凸模匀速下压板材

试样，随凸模的下压，板材试样上出现一圆凹，其深度不断加大，直到出现能透光的裂纹为止。此时的压凹深度即为杯突试验值。

（3）硬度

金属材料抵抗更硬的物体压入其内的能力叫做硬度。硬度是材料性能的一个综合的物理量，表示金属材料在一个小的体积范围内抵抗弹性变形、塑性变形或破断的能力。

硬度值用硬度计来测量，常用的硬度指标有布氏硬度（HB）和洛氏硬度（HRC）。

（4）工艺性能

金属材料的工艺性能指材料对加工过程的适应性，主要包括铸造性能、锻压性能、切削加工性及焊接性等。

① 铸造性能。铸造性能指金属材料能否用铸造方法制成优良铸件的性能，包括金属的液态流动性，冷却、凝固时的收缩率，偏析倾向和吸气性等。

② 锻压性能。锻压性能指金属材料在压力加工时能改变形状而不产生裂纹的性能。铸铁几乎没有锻压性。

③ 切削加工性。切削加工性指金属材料是否易于被刀具切削的性能。切削加工性好的材料，切削时刀具的磨损小，切削效率高。

④ 焊接性。焊接性指金属材料对焊接加工的适应性。主要指在一定的焊接工艺条件下，获得优质焊接接头的难易程度。它包括两方面的内容，一是接合性能，即在一定焊接工艺条件下，一定金属形成焊接缺陷的敏感性；二是使用性能，即在一定焊接工艺条件下，一定金属的焊接接头适应使用要求的性能。

3.2 模具零件材料的选用及热处理要求

模具零件材料的合理选取是获得良好模具质量的基础，这是因为，所选模具材料的机械性能及其工艺性能，直接关系到模具加工的难易程度、模具加工的精度、表面粗糙度质量和加工费用。同时模具材料的性能与热处理质量又决定了模具的耐用度及使用寿命。

3.2.1 常见模具对模具材料的性能要求

不同类型的模具由于其工作条件的不同，对模具材料的要求也不尽相同。而为满足各类模具不同零部件的需要，所选的模具材料还需通过不同的热处理方法，以获得与各自要求相配的力学性能。

（1）模具的工作条件及对模具材料的性能要求

模具的工作条件及对模具材料的性能要求见表 3-1。

表 3-1　模具的工作条件及对模具材料的性能要求

模具种类		工作条件	对模具材料的性能要求
冲模	冲裁模	主要用于各种板料的冲切成形，其刃口在工作过程中受到强烈的摩擦和冲击	具有高的耐磨性、冲击韧性以及耐疲劳断裂性能
	弯曲模	主要用于具有一定塑性板料的拉伸成形，工作应力不大，但凹模入口处承受强烈的摩擦	具有高的硬度及耐磨性，工作表面粗糙度较低
	拉深模	主要用于具有一定塑性板料的拉深成形，工作应力不大，但凹模入口处承受强烈的摩擦	具有高的硬度及耐磨性，工作表面粗糙度较低
	挤压模	主要用于变形成形，工作时冲头承受巨大的压力，凹模则承受巨大的张力；由于金属在型腔中剧烈流动，使冲头和凹模工作面受到强烈的摩擦，并使模具表面温度升至 200～300℃	具有高的变形抗力、耐磨性及断裂抗力，此外还应具有高的回火稳定性
塑料模	热固性塑料压模	受力大，工作温度较高（200～250℃），易侵蚀，易磨损，手工操作时还受到脱模的冲击和碰撞	具有较高的强韧性、耐磨性以及冷热疲劳抗力，有一定的抗蚀性
	热塑性塑料注射模	受热、受压及摩擦不太严重，部分塑料制品含有氯及氟，在压制时释放出腐蚀性的气体，侵蚀型腔表面	具有较高的抗蚀性及一定的耐磨性和强韧性
压铸模		型腔的工作温度高，并经受反复剧烈的温度变化	具有高的强韧性及冷热疲劳抗力
锻模		模具工作温度较高（约 300℃），配料变形过程中与型腔表面摩擦，并受到强烈的冲击载荷	具有高的强韧性、冷热疲劳抗力以及高的淬透性，有良好的回火稳定性
粉末冶金模		金属粉末的硬度一般很高，模具在工作过程中受到强烈的摩擦。此外，金属粉末粒度很小，容易堵塞缝隙，加大摩擦力，造成脱模困难	具有高的硬度和耐磨性，较低的表面粗糙度

（2）常用模具钢的力学性能

表 3-2 给出了常用模具钢在不同的热处理状态的力学性能。

表 3-2　常用模具钢的力学性能

钢号	热处理状态 /℃			力学性能				
	正火	淬火	回火	σ_b/MPa	σ_s/MPa	δ_5/%	ψ/%	硬度（HRC）
20	910	—		410	245	25	55	
40	860	840	600	570	335	19	45	
45	850	840	600	600	355	16	40	
T7		810	180					62
T8		790	180					63
T10		780	180					63
T12		780	180					63
20Cr		880	200	835	540	10	40	
40Cr		850	520	980	785	9	45	

续表

钢号	热处理状态 /℃			力学性能				
	正火	淬火	回火	σ_b/MPa	σ_s/MPa	δ_5/%	ψ/%	硬度（HRC）
20CrMnTi		880	200	1080	850	10	45	
12CrN13		860	200	930	685	11	50	
38CrMoAl		940	640	980	835	14	50	
9SiCr		870	170	（2100）				62～63
Cr12		970	180	（2160）				60～62
Cr12MoV		1030 1120	150 520 多次回火	（2200）				61～63 60～62
CrWMn		830	180	（2500）				60～62
5CrNiMo		845	520	（1385）				38～42
5CrMnMo		835	530	（1420）				38～41
W18Cr4V		1285	560 三次回火	（3000）				63～66
5Cr4Mo3SiMnVAl		1100	590 三次回火					54
5Cr4W5Mo2V		1130	630					50
6W6Mo5Cr4V		1190	540 三次回火	（4300）				61
65Cr4W3Mo2VNb		1120	520 二次回火	（4400）				≥56
7Cr7Mo2V2Si		1100	530					60～63
60Si2Mn		870	480	1275	1175	5	25	
3Cr2W8V		1100	600	1650				44
4Cr5MoSiV		1015	600	1500	1380	14	38	47～49
GCr15		830	150	（1960）	—	—	—	62～65

注：带括号数值为该材料热处理后的抗拉强度参考值。

3.2.2　常用模具材料的性能

制造模具的材料一般可分为钢铁材料、非铁材料和非金属材料三大类。其中，应用最多的为钢铁材料，其中主要是模具钢。常见模具钢的性能主要有以下几方面。

（1）碳素工具钢的性能

碳素工具钢是含碳 0.65%～1.35% 的碳钢。按其杂质含量的不同，可分为优质碳素工具钢（T7～T13）和高级优质碳素工具钢（T7A～T13A）。碳素工具钢随含碳量的增加，硬度和耐磨性逐渐提高，但其韧性逐渐降低。碳素工具钢材料来源广、成本低、加工性能好，因而在模具材料中得到广泛的应用。具体性能见表 3-3。

表 3-3　碳素工具钢的性能

牌号	耐磨性	耐冲击性	淬火不变形性	淬硬深度	红硬性	脱碳敏感性	切削加工性
T7、T8	差	较好	较差	浅	差	大	好
T9～T13	较差	中等	较差	浅	差	大	好

（2）冷作模具用钢的性能

冷作加工是将金属材料在冷态下进行冲、剪或形变加工，包括冷冲压、冷镦锻、冷挤压和冷轧加工等。由于各种加工的工作条件不完全相同，因而对冷作模具材料的要求也不尽相同。

在冷冲压过程中，被冲压的材料变形抗力很大，模具的工作部分，特别是刃口，承受着强烈的摩擦和挤压，所以对冲裁、剪切、拉深、压印等模具材料的要求主要是高的硬度和耐磨性。同时模具在工作过程中还将受到冲击力的作用，要求模具材料也应具有足够的强度和适当的韧性。此外，为便于模具的制造，模具材料还应有良好的冷热加工性，包括退火状态下的可加工性，精加工时的可磨削性，以及锻造、热处理性能等。

冷镦锻与冷冲压不同，模具主要承受的是巨大的冲击力和抵抗变形的能力。所以，要求冷镦锻模具材料应具有足够的强度和韧性，才能保证模具在工作过程中不被镦粗或断裂。其次也应具有一定的硬度和耐磨性，以减少工作过程中的局部凹陷和过早磨损。

冷挤压时，模具整个工作表面除了承受巨大的变形抗力和摩擦，要求模具的材料具有足够的强度和耐磨性外，还因连续挤压过程中被挤压材料的变形将产生很大的热量而使模具温度升高（可达 300℃左右），所以要求模具材料还应具有一定的红硬性和耐疲劳性能。

上述性能要求往往是相互矛盾的。很难用一种或简单的几种材料同时满足各类模具的不同使用条件。为方便选用，介绍几种常用的材料性能，见表 3-4。

表 3-4　冷作模具用钢性能

牌号	耐磨性	耐冲击性	淬火不变形性	淬硬深度	红硬性	脱碳敏感性	切削加工性
Cr12	好	差	好	深	较好	较小	较差
Cr12MoV	好	差	好	深	较好	较小	较差
9Mn2V	中等	中等	好	浅	差	较大	较好
Cr6WV	较好	较差	中等	深	中等	中等	中等
9CrWMn	中等	中等	中等	浅	较差	较大	中等
Cr4W2MoV	较好	较差	中等	深	中等	中等	中等
6W6Mo5Cr4V	较好	较好	中等	深	中等	中等	中等
Cr2Mn2SiWMoV	较好	较差	较好	深	中等	中等	中等

（3）热作模具钢的性能

热作模具主要用于热压力加工（包括锤模锻、热挤压、热镦锻、精密锻造、高速锻造等）和压力铸造，也包括塑料成型。随着各成型材料的种类和工作状态的不同，对模具材料的性能要求也有较大差异。

热锻模，特别是锤锻模，承受着较大的冲击载荷和工作压力。模具的型腔除产生剧烈的摩擦外，还经常与 1050～1200℃高温的毛坯接触，型腔表面温度一般在 400℃以上，有时能达到 600～700℃，随后又经水、油或压缩空气对锻模进行冷却。这样冷热反复交替使模具极易产生热疲劳裂纹。因此，要求热锻模材料要具有比较高的高温强度和热稳定性（即红硬性），适当的冲击韧性和尽可能高的导热性，良好的耐磨性和较好的切削加工性能。

近年来被推广的热挤压、热镦锻、精密锻造、高速锻等先进工艺中，由于模具的工作条件比一般热锻模更为恶劣，因此，对模具材料提出了更高的要求。这些模具在工作时需要长时间与被变形加工的金属相接触，或承受较大的打击能量，模具型腔的受热温度往往比锤锻模高，承受的负荷也比锤锻模大。尤其是黑色金属的挤压和高速锻，模具型腔表面温度通常在 700℃以上。高速锻时型腔表面加热速度非常快，温度可达 950℃左右，造成模具寿命显著下降。所以，特别要求模具材料要有高的热稳定性和高温强度、良好的耐热疲劳性能以及高的耐磨性。

压力铸造是把熔融金属在高压力下高速注入模具型腔，以获得精密铸件的方法。压铸模除承受一定的压力外，型腔表面频繁地与 600～1000℃的炽热金属接触，并受到液态金属的冲刷和挤压，产生强烈的摩擦和磨损，此外，还将受到液态金属的化学腐蚀。因此对压铸模材料，特别是黑色金属压铸，要求具有高的高温硬度、优良的耐疲劳性能和较好的耐腐蚀性。

塑料模具包括热固性塑料模具和热塑性塑料模具。同上述模具相比，其受力、受热、受腐蚀和受磨损程度较好，对模具材料除要求一定的强度、韧性和表面耐磨、耐腐蚀性外，特别要求具有良好的加工性能，以获得较好的尺寸精度和表面粗糙度。

3.2.3　模具的选材原则

（1）满足工作条件要求

冷作模具是在接近室温状态下对金属进行变形加工的。由其工作条件可知，冷作模具钢必须具备高的硬度和耐磨性，以及足够的强度和韧性。

热作模具是在受热状态下对金属进行变形加工的。因此，热作模具钢必须具备较高的强度和韧性，同时还应有足够的硬度和耐磨性。由于其在工作中反复受到炽热金属和冷却介质的交替作用，所以还应具备较好的抗热疲劳性能。

除此以外，模具材料还应具备一定的疲劳强度、高温强度以及耐腐蚀性能。

（2）满足工艺性能要求

模具的制造一般都要经过锻造、切削加工、热处理等几道工序。为保证模具的制造质量，降低生产成本，其材料应有良好的可锻性、切削加工性、淬硬性、淬透性及可磨削性；还应具有小的氧化、脱碳敏感性和淬火变形开裂倾向。

（3）满足经济要求

在给模具选材时，必须考虑经济性这一原则，尽可能地降低制造成本。因此，在满足使用性能的前提下，首先选用价格较低的材料，能用碳钢就不用合金钢，能用国产材料就不用进口材料。

另外，在选材时还应考虑市场的生产和供应情况，所选钢种应尽量少而集中，易购买。

3.2.4 冲模用钢材的选用及热处理要求

根据冷冲压模的结构组成，以及不同零件作用的不同，其零件可分为工作零件、结构及辅助支承零件两大类。以下对这两大类零件用钢材及热处理要求进行说明。

（1）工作零件

冲模工作零件材料及硬度要求见表 3-5。

表 3-5 冲模工作零件所用材料及热处理硬度要求

模具类型	工作件情况	选用钢材牌号	热处理工艺	硬度（HRC）	
				凸模	凹模
冲裁模	形状简单，冲裁材料厚度 $t < 3mm$ 的凸、凹模	T8A T10A 9Mn2V Cr6WV	淬火	$56 \sim 62$	$60 \sim 64$
	带台肩的快换式凸模，形状简单的凹模镶块				
	形状复杂，冲裁材料厚度 $t > 3mm$ 的凸、凹模及形状复杂的镶块	9SiCr，CrWMn，9Mn2V，Cr12，Cr12MoV，Cr4WZMoV			
	要求耐磨的凸、凹模	Cr12MoV，GCr15，Cr4W2MoV			
	冲裁材料较薄的凹模及薄板冲模	T7A，T8A		$43 \sim 48$	$43 \sim 48$

模具类型	工作件情况		选用钢材牌号	热处理工艺	硬度（HRC）	
					凸模	凹模
弯曲模	一般弯曲凸、凹模		T8A，T10A	淬火	50～60	50～60
	要求高耐磨、形状复杂、生产批量大的凸、凹模及镶块		CrWMn，Cr12，Cr12MoV		60～64	60～64
	热弯曲的凸、凹模		5CrNiMo，5CrNiTi，5CrMnMo		52～56	52～56
拉深模	一般拉深凸、凹模		T8A，T10A	淬火 YG15，YG8不淬火	58～60	60～64
	连续拉深模凸、凹模		T10A，CrWMn		58～60	60～64
	要求耐磨及批量大的凸、凹模		Cr12，YG15，Cr12MoV，YG8		58～60	60～64
	不锈钢拉深模凸、凹模		W18Cr4V，YG15，YG8		60～62	62～64
	热拉深凸、凹模		5CrNiMo，5CrNiTi		52～56	52～56
冷挤压模	铝件冷挤压模	凸模	Cr12MoV，CrWMn，Cr12，Cr6WV	淬火	62～64	—
		凹模	Cr12MoV，CrWMn，Cr12，Cr6WV		—	62～64
	锌合金冷挤压模	凸模	Cr12MoV，Cr12，W18Cr4V		62～64	—
		凹模	YG15，YG20	—	—	—
	钼件冷挤压模	凸模	Cr12MoV，W18Cr4V	淬火	62～64	—
		凹模	Cr12MoV，CrWMn		—	62～64
	钢件冷挤压模	凸模	W6Mo5Cr4V2，GCr15	淬火	62～64	—
		凹模	Cr12MoV，CrWMn，Cr4W2MoV		—	62～64

（2）结构及辅助支承零件

冲模结构及辅助支承零件所用材料及热处理要求见表 3-6。

表 3-6　冲模结构及辅助支承零件所用材料及热处理要求

零件名称	选用钢、铁材料牌号	热处理硬度（HRC）	
		凸模	凹模
上、下模板（一般负荷）	HT200、HT250	—	
上、下模板（负荷较大）	HT250、Q235	—	
上、下模板（负荷特大，受高速冲击）	45	调质 28～32	
上、下模板（用于滚动导柱模架）	ZG310-570、QT500-7	—	
上、下模板（用于大型冲模）	HT250、ZG310-570	—	

续表

零件名称	选用钢、铁材料牌号	热处理硬度（HRC）	
		凸模	凹模
普通模柄	Q235	—	
浮动模柄	45	42～48	
导柱、导套（滑动）	20	渗碳淬火 56～62	
导柱、导套（滚动）	GCr15	62～66	
固定板、卸料板、推件板、顶板、侧压板、始用挡块	45	42～48	
承料板	Q235	—	
导料板	Q235、45	（45）调质 28～32	
垫板（一般）	45	42～48	
垫板（重载）	T7A、9Mn2V CrWMn、Cr6WV、Cr12MoV	52～55 60～62	
顶杆、推杆、拉杆（一般）	45	42～48	
顶杆、推杆、拉杆（重载）	CrWMn、Cr6WV	56～60	
挡料销、导料销	45	42～48	
导正销	T10A 9Mn2V、Cr12	50～54 52～56	
侧刃	T10A、Cr6WV 9Mn2V、Cr12	58～60 58～62	
废料切刀	T8A、T10A、9Mn2V	58～60	
侧刃挡块	45 T8A、T10A、9Mn2V	42～48 58～60	
斜楔、滑块、导向块	T8A、T10A、CrWMn、Cr6WV	58～62	
限位块	45	42～48	
锥面压圈、凸球面垫块	45	42～48	
支承块	Q235	—	
钢球保持圈	H62	—	
弹簧、簧片	65Mn、60Si2MnA	42～48	
扭簧	65Mn	44～50	
销钉	45 T7A	42～48 50～55	
螺钉、卸料螺钉	45	35～40	
螺母、垫圈、压圈	Q235	—	

3.2.5　塑料模用钢材的选用及热处理要求

根据塑料模的结构组成，以及不同零件作用的不同，其零件可分为工作零件、结构零件两大类。以下对这两大类零件用钢材及热处理要求进行说明。

（1）工作零件

塑料模工作零件材料及热处理要求见表3-7。

表3-7　塑料模工作零件材料及热处理要求

模具类型		零件名称	钢材牌号	硬度要求（HRC）
压缩及压注模	形状简单的冷压加工凹模类模具	凸模（型芯）凹模 螺纹型芯 螺纹型环 成型嵌镶件 成型推杆	20、15（渗碳淬火）	54～58
	形状简单、要求不高的模具		45	43～48
	形状简单、批量较小的一般压缩模		T8、T10、T8A、T10A	54～56
	批量较大、复杂形状压缩模		9Mn2V、CrWMn、20Cr	54～58
	高温压缩模	凹模 凸模（型芯）螺纹型芯 螺纹型环 成型镶嵌件 成型推杆	9CrWMn、5CrW2Si、Cr6WV	55～58
	受冲击较大压缩模		5CrMnMo、5CrW2Si、20Cr	50～55
	高耐磨、高精度、高寿命模具		Cr4W2MoV、CrMn2SiWMoV	53～58
注射模	形状简单或批量较小模具	动、定模 型腔、型芯 螺纹型芯 型环 成型镶嵌件 成型推杆	45、50、5CrMnMo	50～55
	形状复杂或批量较大模具		9Mn2V、9CrWMn	55～58
	高耐磨、高精度、高寿命模具		CrMn2SiWMo、Cr4W2MoV、Cr6WV	55～58
	高耐腐蚀性模具		38CrMoAl、3Cr2W8V	调质35～42、氮化
	用于冷挤压加工的型腔模具		20、15	渗碳淬火54～58

（2）结构零件

塑料模结构零件材料及热处理要求见表3-8。

表 3-8　塑料模结构零件材料及热处理要求

零件名称		钢材牌号	热处理工艺	硬度要求（HRC）
模体零件	定模、动模板、动模座板、定模座板	45	调质	230～270HBW
	支承板、浇口板	45、T8	淬硬	43～48
	凸、凹模固定板，动、定模固定板，推件板	45	调质	230～270HBW
		Q235	—	—
		T8A、T10A	淬火	54～58
		45	调质	230～270HBW
浇注系统零件	主浇道衬套、拉料杆、分流锥、浇口套	T8A、T10A	淬火	50～55
导向零件	导柱、导套	20	渗碳淬火	50～55
		T8A、T10A	淬火	50～55
	限位导柱、推板导柱、导套、导销	T8A、T10A	淬火	54～58
抽芯机构零件	斜导柱、滑块、斜滑块	T8A、T10A	淬火	54～58
	楔紧块	45、T8、T10A	淬火	43～48
推出机构零件	推杆、推管	T8A、T10A	淬火	54～58
	推块、复位杆	45	淬火	43～48
	挡板	45	淬火	43～48
	推杆固定板、卸模杆、固定板	45、Q235	—	—
定位零件	圆锥定位件	T10A	淬火	58～62
	定位圈	45	—	—
	定距螺钉、限位钉、限位块	45	淬火	43～48
支承零件	支承杆	45	淬火	43～48
	垫块	45、Q235	—	—
压注模加料室	加料圈	T8A、T10A	淬火	50～55
	柱塞	T8A、T10A	淬火	50～55
辅助零件	手柄、套筒	Q235	—	—
	喷嘴	45	—	—
	吊钩	45	—	—

3.2.6 压铸模用钢材的选用及热处理要求

压铸模零件材料及热处理要求见表 3-9。

表 3-9 压铸模零件材料及热处理要求

零件名称		钢材牌号	热处理工序	硬度要求（HRC）
型腔镶块、型芯、滑块镶块	压铸锌、铅锡合金	3Cr2W8V 4Cr5MoSiVl（H13） 5CrMnMo 4CrW2Si	①坯件锻造后进行完全退火 ②淬硬	44～48
	压铸铝镁合金	4Cr5MoSVl（H13） 3Cr2W8V 4Cr5Mo2MnVS1（Y10） 3Cr3Mo3VNb（HM3）	①坯件锻造后进行完全退火 ②淬硬	42～46
	压铸铜合金	3Cr2W8V 3Cr3Mo2MnV-NbBCY4	①坯件锻造后进行完全退火 ②淬硬	40～44
浇口套、浇口镶块、分流锥		与型腔镶块相同	①坯件锻造后进行完全退火 ②淬硬 ③必要时再进行表面氮化	— 44～48 500～550HV
定、动模板		45、17	—	—
定模套		45	—	—
动模套		50、45	—	—
推杆		4Cr5MoSiVl 3Cr2W8V	淬硬	45～50
垫板		T7、T8	淬硬	50～52
复位杆、斜销、楔紧块		T8A	淬硬	50～55
底板、支承垫块		Q235、45	—	—

3.2.7 锻模用钢材的选用及热处理要求

各类锻模零件所用材料及热处理要求见表 3-10。

表 3-10　各类锻模零件所用材料及热处理要求

锻模种类	零件名称			钢材牌号	硬度要求（HRC）	
					模腔表面	燕尾部分
锤锻模	整体锻模	小型锻模（＜1t）		5CrNiMo 5CrW2Si 5CrMnMo	42～47	35～39
		中小型（1～2t） 中型（2～5t） 大型（＞5t）			39～44	32～37
		校正模			42～47	32～37
	镶块锻模	模体		ZG50Cr ZC40Cr		
		镶块		5CrNiMo 4CrMnSiMoV 3Cr2W8V		
	铸钢堆焊锻模	模体		ZG45Mn2		
		镶块		5CrNiMo 5CrMnMo		
胎模	摔子	上、下模		45，40Cr	37～41	
	扣模			T7	40～44	
	弯曲模	模把		20	—	
	垫模套模	模套		5CrMnMo 5CrNiMo	38～42	
		冲头 模垫		45Mn2 40Cr	40～44	
	合模	小型 中型 大型		5CrMnMo，40Cr 5CrNiMo，T7 T8	40～44 40～44 38～42	
		导销		40Cr，45，T7	38～42	
	冲切模	热切冲头 热切凹模		7Cr3，T7，T8 45，T7，T8	42～46 42～46	
		冷切冲头 冷切凹模		T7，T8	46～50	
摩擦压力机锻模	凸模镶块			4Cr5W2VSi， 3Cr2W8V	390～490HBW	
	凹模镶块			3Cr2W8V， 5CrMnMo	390～440HBW	
	凸、凹模模体			40Cr，45	349～390HBW	
	整体凸、凹模			5CrMnMo	369～422HBW	
	下、上压边圈			45	349～390HBW	
	上、下垫板			T7，T8	369～422HBW	
	上、下顶杆			T7，T8	369～422HBW	
	导柱、导套			T7，T8	56～58	

锻模种类	零件名称	钢材牌号	硬度要求（HRC）	
			模腔表面	燕尾部分
切边模	热切边凹模	8Cr3，5CrNiMo，T8A	368～415HBW	
	冷切边凹模	Cr12MoV，T10A	444～514HBW	
	热切边凸模	8Cr3，5CrNiMo	368～415HBW	
	冷切边凸模	9CrV，8CrV	444～514HBW	
	热冲孔凹模	8Cr3	321～368HBW	
	热冲孔凸模	8Cr3，3Cr2W8V	368～415HBW	
	冷冲孔凹模	8Cr3，3Cr2W8V	56～58	
	冷冲孔凸模	Cr12MoV，Cr12V，T10A	56～60	

3.3　常用模具钢材的质量鉴别方法

对大多数模具制造企业来讲，为便于生产的组织和管理，模具材料一般是从生产厂家分次成批采购完成，经生产加工的消耗后，再进行后续的进货补充，周而复始。根据这一生产特性，对原材料的控制也是一个循环的系统工程，其应包括原材料采购入库、入库储存、生产加工等各个阶段中的质量控制。

一般来说，原材料采购入库前，除对生产厂家提供的合格证进行例行检查外，还要对所购原材料进行复查、抽检，以便能对所购的原材料质量进行更进一步的准确鉴别，其内容主要包括光谱分析、化学分析、金相检验、硬度试验、力学性能试验等。由于此类鉴别需要有一定实验分析手段，若企业无相关理化检测实验设备，除可采取委托外检外，也可用以下方法对金属材料进行现场快速鉴别。

（1）火花鉴别

火花鉴别是将钢铁材料轻轻压在砂轮上打磨，观察所爆射出的火花形状和颜色，以判断钢铁成分范围的方法。材料不同，其火花也不同。

① 低碳钢的火花特征。低碳钢的火束呈草黄带红，发光适中；流线稍多，长度稍长，自根部起逐渐膨胀粗大，至尾部又逐渐收缩，尾部下垂成半弧形；色稍暗，时有枪尖尾花，花量不多，爆花为四根分叉一次花，呈星形，芒线较粗。在流线上的爆花，只有一次爆裂的芒线称一次花。一次花是含碳量在0.25%以下的火花特征。

图 3-1 为 20 钢的火花特征，其流

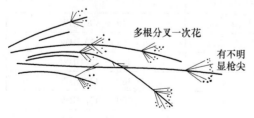

图 3-1　20 钢的火花特征

线多，带红色，火束长，芒线较粗，花量稍多，多根分叉爆裂，爆花呈草黄色。

　　② 中碳钢的火花特征。中碳钢的火束呈黄色，发光明亮；流线多而细长，尾部垂直，尖端分叉；爆花为多根分叉二次花，附有节点，芒线清晰有较多的小花和花粉产生，并开始出现不完全的两层复花，火花盛开，射力较大，花量较多约占整个火束的五分之三以上。

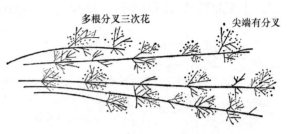

图 3-2　45 钢的火花特征

　　图 3-2 为 45 钢的火花特征，其流线多而稍细，火束短而亮度大，爆裂为多根分叉的三次花，花量占整个火束的五分之三以上，有很多的小花及花粉。

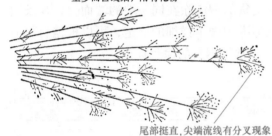

图 3-3　65 钢的火花特征

　　③ 高碳钢的火花特征。高碳钢的火束呈黄色，光度根部暗，中部明亮，尾部次之；流线多而细、长度较短，形挺直，射力强；爆花为多根分叉二、三次爆花，三层复花，花量较多，约占整个火束的四分之三以上。

　　图 3-3 为 65 钢的火花特征，整个火束呈黄色，光度是根部暗，中部明亮，尾部次之；流线多而细，长度较短，形挺直，射力强；爆花为多根分叉的二、三次爆花，花量多而拥挤，占整个火束的四分之三以上；芒线细长而多，间距密，芒线间杂有很多花粉。

　　④ 碳素工具钢的火花特征。图 3-4 为 T7 钢的火花特征，其流线多而细，火束粗短；花量多，三次花占火束的五分之四，并有碎花及花粉，发光渐次减弱，火花稍带红色，爆裂为多根分岔，花形由基本的星形发展为三层叠开，花数增多。研磨时手感稍硬。

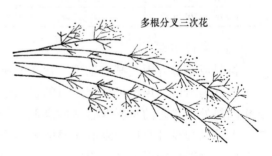

图 3-4　T7 钢的火花特征

　　图 3-5 为 T10 钢的火花特征，其流线多而细，火束较 T7 钢更为粗短；花量多，三次花占火束的六分之五以上，爆花稍弱带红色，碎花及小花很多。

⑤ 高速钢的火花特征。图 3-6 为 W18Cr4V 钢的火花特征，其火束细长，呈赤橙色，发光极暗，由于钨的影响，几乎无火花爆裂，仅尾部略有三四根分叉爆花，中部和根部为断续流线，尾部呈点形狐尾花。研磨时材质较硬。

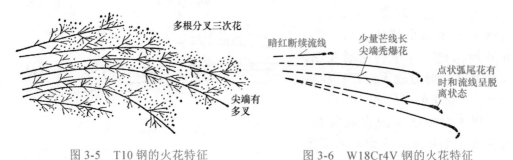

图 3-5　T10 钢的火花特征　　　　　图 3-6　W18Cr4V 钢的火花特征

（2）色标鉴别

生产中为了表明金属材料的牌号、规格等，通常在材料上做一定的标记，常用的标记方法有涂色、打印、挂牌等。金属材料的涂色标志用以表示钢类、钢号，涂在材料一端的端面或外侧。成捆交货的钢应涂在同一端的端面上，盘条则涂在卷的外侧。具体的涂色方法在有关标准中做了详细的规定，可以根据材料的色标对钢铁材料进行鉴别。表 3-11 给出了常见钢材的涂色标记。

表 3-11　常见钢材的涂色标记

钢号	涂色标记	钢号	涂色标记
05～15	白色	锰钢	黄色＋蓝色
20～25	棕色＋绿色	硅锰钢	红色＋黑色
30～40	白色＋蓝色	铬钢	蓝色＋黄色
45～85	白色＋棕色	W12Cr4V4Mo	棕色一条＋黄色一条
15Mn～40Mn	白色二条	W18Cr4V	棕色一条＋蓝色一条
45Mn～70Mn	绿色二条	W9Cr4V2	棕色二条

（3）断口鉴别

材料或零部件因受某些物理、化学或机械因素的影响而导致破断所形成的自然表面称为断口。现场可根据断口的自然形态来断定材料的韧脆性，也可据此判定相同热处理状态的材料含碳量的高低。若断口呈纤维状、无金属光泽、颜色发暗、无结晶颗粒且断口边缘有明显的塑性变形特征，则表明钢材具有良好的塑性和韧性，含碳量较低；若材料断口齐平、呈银灰色、具有明显的金属光泽和结晶颗粒，则表明材料为金属脆性断裂。

（4）音响鉴别

现场也可根据钢铁敲击时声音的不同，对其进行初步鉴别。例如，当原材料钢中混入铸铁材料时，由于铸铁的减振性较好，敲击时声音较低沉，而钢材敲击时则可发出较清脆的声音。

（5）外观鉴别

现场也可根据钢铁的外观质量进行鉴别，有以下特性的一般可辨别为假冒伪劣钢材。

① 钢材表面形成各种折线。这种缺陷往往贯穿整个零件产品的纵向，折弯时就会开裂，钢材的强度大大下降。

② 钢材外表面经常有麻面现象。这种麻面是由于轧槽磨损严重而引起钢材表面不规则的凹凸不平缺陷。

③ 钢材表面易产生结疤。这是由于钢材材质不均匀，杂质多，或厂家生产设备简陋，容易粘钢，杂质咬入轧辊后产生的。

④ 钢材表面易产生裂纹。产生的原因是它的坯料气孔多，在冷却的过程中受到热应力的作用，产生裂痕，经过轧制后就有裂纹。

⑤ 钢材极容易刮伤。产生的原因是厂家生产设备简陋，易产生毛刺，刮伤钢材表面，如果深度刮伤就会降低钢材的强度。

⑥ 钢材的切口不平且无光。若钢材的切头端面凹凸不平，无金属光泽，呈淡红色或类似生铁的颜色，则多为生产设备简陋的厂家的产品。

⑦ 钢材的密度偏小。若钢材的密度偏小且外形尺寸超差严重，则也多为生产设备简陋的厂家的产品。

3.4　模具零件的热处理

热处理是模具制造中的重要工序。模具零件的热处理是指将模具零件进行不同温度的加热、保温和冷却，改变模具零件的组织，从而获得所需要性能的工艺过程。热处理的目的在于消除模具零件毛坯（如铸件、锻件等）中的缺陷，改善其工艺性能，为后续工序做组织准备。更重要的是热处理能显著提高零件的力学性能，从而充分发挥模具零件的潜力，提高零件的使用性能和使用寿命。因此，热处理在模具制造中有着十分重要的地位。

3.4.1　模具零件热处理的方法

模具零件常用的热处理方法大致可分为普通热处理和表面热处理两大类。其中，普通热处理又可分为退火、正火、淬火和回火。表面热处理又可分为表面淬火和化学热处理。热处理的方法虽然很多，但任何一种热处理工艺都是由加热、保温和冷却三个基本阶段组成。对于不同的材料和不同的热处理方法，其加热的温度、保温的时间、冷却的速度是不相同的。热处理加热时，必须加热到该材料的相变点（A_{c1}、A_{c3}、A_{ccm}）以上，冷却时必须冷却到该材料的相变点（A_{r1}、A_{r3}、

A_{rcm}）以下，其零件的组织才能发生转变，进而达到热处理的目的。碳钢在加热、冷却时的相变点如图 3-7 所示。

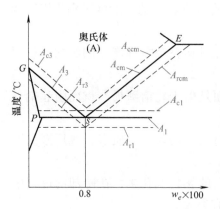

图 3-7　碳钢加热、冷却时的相变点

（1）模具零件的退火

根据模具零件钢材的成分、退火的工艺与目的不同，退火可分为完全退火、等温退火、均匀化退火、球化退火和去应力退火。

① 完全退火。完全退火是将亚共析钢零件加热到 A_{c3} 以上 30～50℃，保温一定时间，随炉缓慢冷却到 600℃ 以下，再出炉在空气中冷却的工艺。

它主要用于亚共析成分的碳钢和合金钢的铸件、锻件及热轧型材的热处理。其目的是细化晶粒，消除冷、热加工应力和组织缺陷；降低硬度，提高塑性，改善切削加工性能。

② 等温退火。等温退火是将亚共析钢加热到 A_{c3} 以上 30～50℃（过共析钢 A_{c1} 以上 30～50℃）保温一段时间，然后以较快速度冷却到 A_{r1} 以下，等温一段时间，随后空冷的工艺。

它主要用于代替完全退火、球化退火，有效地缩短退火时间，提高生产效率。在等温时，零件内外都处于同一温度下发生组织转变，所以，能获得均匀的组织与性能。

③ 球化退火。球化退火是将过共析钢的模具零件加热到 A_{c1} 以上 10～20℃，保温一段时间，然后缓慢冷却到 600℃ 以下，再出炉空冷的工艺。

球化退火的目的是球化渗碳体，降低硬度，改善切削加工性能，并为淬火做好组织准备。其主要用于共析或过共析成分的碳钢和合金钢的退火。

④ 均匀化退火。它是将模具零件加热到 A_{c3} 以上 150～200℃，保温一段时间，然后随炉缓冷到 350℃，再出炉冷却的工艺。

均匀化退火主要用于合金钢铸件。其目的是消除铸造中产生的枝晶偏析，使成分均匀化。由于均匀化退火加热时间长，使退火后的组织严重过热。因此，必须再进行一次完全退火或正火来消除过热缺陷。

⑤ 去应力退火。它是将模具零件缓慢加热到 A_{c1} 以下 100～200℃，保温一段时间，然后随炉缓慢冷却到 200℃，再出炉空冷的工艺。

去应力退火主要用于消除铸件、锻件及机械加工中的残余应力，防止在机械加工或长期使用过程中引起变形或开裂。

（2）模具零件的正火

正火是将模具零件加热到相变点（A_{c3}、A_{ccm}）以上，保温一段时间，再在空气中冷却的热处理工艺。

正火与退火相比，能提高零件材料力学性能，且操作简便，生产周期短，能量损耗少。故在可能的条件下，应优先采用正火处理。

目前，正火主要应用于以下几方面。

① 作为普通结构零件的最终热处理。因为，正火可消除铸造或锻造中产生的过热缺陷，细化组织，提高力学性能，可满足普通结构零件的使用要求。

② 改善低碳钢和低合金钢零件的切削加工性能。一般硬度在 160 ～ 230HBS 范围内的金属材料，其切削性能较好。低碳钢和低合金钢零件退火后硬度在 160HBS 以下，其切削加工性能不好。通过正火后，由于其组织变细、硬度提高，从而改善了切削加工性能，使表面粗糙度降低。

③ 作为中碳结构钢较重要零件的预先热处理。由于中碳结构钢零件正火后，可使一些不正常组织转变为正常组织，消除热加工后所造成的组织缺陷，使其不仅具有良好的切削加工性，而且还能减少工件淬火时的变形与开裂，提高了淬火质量。所以，正火可作为较重要零件的预先热处理。

④ 消除过共析钢中网状渗碳体，为球化退火做好组织准备。正火冷却速度较快，二次渗碳体来不及沿晶界析出形成网状。

⑤ 特定情况下代替淬火、回火。对某些大型或形状复杂的零件，当淬火可能有开裂危险时，正火往往代替淬火、回火处理，作为这类零件的最终热处理。

（3）模具零件的淬火

淬火是将钢加热到相变点以上，保温一段时间，使其奥氏体化后，以大于马氏体临界冷却速度快速冷却，从而发生马氏体转变的热处理工艺。

淬火的主要目的是获得具有高硬度和耐磨性的马氏体组织，是强化钢材最重要的热处理工艺。

1）淬火工艺

① 淬火加热温度。由于钢的化学成分不同，因此，碳钢的淬火加热温度，原则上亚共析钢为 A_{c3} 以上 30 ～ 70℃，共析钢和过共析钢为 A_{c1} 以上 30 ～ 70℃。

② 淬火加热时间。一般零件淬火加热升温与保温所需的时间常合并在一起计算，统称为加热时间。

零件的加热时间与钢的成分、原始组织、工件形状和尺寸、加热介质、装炉方式及炉温等诸多因素有关，确切计算比较复杂。目前，生产中常根据零件有效厚度（指零件加热时，在最快传热方向上的截面厚度），用下列经验公式确定。

$$t=\alpha H$$

式中　　t——加热时间，min；

α——加热系数，min/mm，在盐浴炉中加热时：碳钢 α=0.3 ～ 0.5min/mm，合金钢 α=0.45 ～ 0.55min/mm；

H——零件有效厚度，mm。

③ 淬火冷却介质。在淬火冷却时，既要快速冷却，以保证淬火零件获得马氏体组织，又要减少淬火引起的变形与开裂。因此，冷却是关系到淬火质量的关键。目前，常用的冷却介质有水、油及盐或碱的水溶液。

除以上淬火冷却介质外，目前，国内外在研制新型淬火冷却介质方面取得了较大成就。我国在热处理生产中使用效果较好的新型淬火冷却介质有过饱和硝盐水溶液、氯化锌 - 碱水溶液、水玻璃淬火剂以及聚乙烯醇为主的合成淬火剂等。

2）淬火方法

长期以来，世界各国的专家在探索淬火冷却介质方面做了不少工作，但目前仍没有一种冷却介质能完全满足理想淬火冷却速度的要求。所以，还需改进淬火的方法，使其既能将零件淬硬，又能减少淬火应力。目前常用的淬火方法如下。

① 单液淬火法。单液淬火法是将已奥氏体化的零件，投入到一种淬火冷却介质中一直冷却到室温的淬火方法。如碳钢在水或水溶液中淬火，合金钢在油中淬火均属单液淬火。

单液淬火操作简单，易实现机械化与自动化，但由于冷却性能不理想，一般用于形状简单零件的淬火。

② 预冷淬火法。预冷淬火法是将已奥氏体化的零件，从加热炉中取出后，先在空气中预冷到一定温度，再投入到淬火冷却介质中冷却的方法。

预冷淬火可在不降低淬火零件的硬度与淬硬深度的条件下，使淬火应力大为减小，从而减少淬火变形与开裂。

③ 双液淬火法。它是将奥氏体化的零件投入到冷却能力较强的介质中，冷却到稍高于 Ms（冷却时马氏体转变温度）温度，再立即转入另一冷却能力较弱的介质中，使之发生马氏体转变的淬火方法。

双液淬火法能将两种不同冷却能力的介质的长处结合起来，既保证获得马氏体组织，又能减少淬火应力，防止淬火零件的变形与开裂。

④ 分级淬火法。它是将奥氏体化的零件，先投入温度在 Ms 附近的盐浴或碱浴中，停留适当时间，然后取出空冷，以获得马氏体组织的淬火方法。

分级淬火通过在 Ms 温度附近保温，消除了零件内外温差，大大减小了淬火热应力，在空冷时可在零件截面上同时形成马氏体组织，减少淬火相变应力。因此，该方法能保证零件变形较小与防止开裂，但因盐浴或碱浴冷却能力较小，只适用于截面尺寸不大、形状复杂的工件。

⑤ 等温淬火法。等温淬火法是将奥氏体化的零件投入温度稍高于 Ms 温度的盐浴或碱浴中，保温足够的时间，使其发生贝氏体转变后取出空冷的淬火方法，该法又称为贝氏体等温淬火。

等温淬火法淬火内应力小，工件不易发生变形与开裂，得到的下贝氏体组织具有良好的综合力学性能，其强度、硬度、韧性和耐磨性较高。一般情况下，等温淬火后可不再进行回火处理，但因盐浴或碱浴冷却能力较小，故只适用于形状复杂、尺寸较小、要求较高硬度和韧性的零件。

（4）模具零件的回火

模具零件的回火是将淬火工件重新加热到 A_1 以下某一温度，保温一段时间，然后冷却到室温的热处理工艺，它是紧接淬火后的热处理工艺。

1）模具零件淬火后回火的目的

① 获得零件所需的组织和性能。通常情况下，淬火组织为淬火马氏体和少量的残余奥氏体，它具有高的强度和硬度，但塑性和韧性较低。为了满足各种零件不同性能的要求，必须配以适当的回火来改变淬火组织，以调整和改善性能。

② 稳定零件尺寸。淬火马氏体和残余奥氏体都是不稳定的组织，它们具有自发地向稳定组织转变的趋势，因而将引起零件的形状与尺寸改变。通过回火可使淬火组织转变为稳定组织，从而保证零件在使用过程中不再发生形状和尺寸的改变。

③ 消除淬火内应力。工件淬火后存在很大的内应力，如不及时消除会引起零件进一步变形甚至开裂。

零件在淬火后，一般都要进行回火处理，回火决定了零件热处理的最终组织，它是很重要的热处理工艺。

2）模具零件不同温度的回火

① 低温回火。低温回火的温度范围为 $150 \sim 250℃$，低温回火所得组织为回火马氏体。其目的是在保持淬火工件的高硬度和高耐磨性的前提下，降低淬火内应力和脆性，以免使用时崩裂或过早损坏。它主要用于各种高碳钢的冲模、滚动轴承、切削刃具等。回火后硬度一般为 $58 \sim 64HRC$。

② 中温回火。中温回火的温度区间为 $350 \sim 500℃$，所得组织为回火托氏体。其目的是获得高的屈强比、弹性极限和较高的韧性。其主要用于各种模具、弹簧的回火处理。回火硬度一般为 $35 \sim 50HRC$。

③ 高温回火。高温回火的温度范围为 $500 \sim 650℃$，所得组织为回火索氏体。其目的是获得强度、硬度和塑性、韧性都较好的综合力学性能。在模具制造中，用于一些重要的结构零件，如重要的模板、型腔、导柱等。高温回火后的硬度一般为 $200 \sim 330HBS$。

热处理中将工件淬火后，再经高温回火的热处理工艺称之为调质处理，应用广泛。

（5）调质

模具零件除上述热处理方法外，还常采用调质等。将淬火后的钢制零件进行高温回火，这种复合热处理工艺称为调质。调质是热处理中一项极其重要的工艺，通过调质处理可获得强度、硬度、塑性和韧性都较好的综合力学性能。调质一般是在机械加工以后进行的，也可把毛坯或经粗加工的零件进行调质后再精加工。其处理方法是"把淬过火的钢件加热到 500～600℃，保温一段时间，随后冷却下来"。其在模具中主要作为模具零件淬火及氮碳共渗前的中间热处理。

3.4.2　常用模具钢热处理规范

模具质量的好坏及使用寿命的长短，在很大程度上取决于零件热处理的质量。因此，在模具制作中，不断提高热处理技术水平和合理地改进其工艺方法是非常重要的。以下对常用模具钢的热处理规范进行介绍。

（1）碳钢、合金钢退火工艺

碳钢、合金钢退火工艺见表 3-12。

表 3-12　碳钢、合金钢退火工艺规范

钢号	装炉温度/℃	加热温度/℃	等温温度/℃	透烧时间/h	等温时间/h	工艺说明
30～40	≤500	840～860	—	2～4	—	①保温结束后，随炉冷却即可 ②根据工件大小和装炉量多少，选取透烧时间，工件大、装炉量多时，时间长一些 ③根据含碳量选加热温度，含碳量低，则加热温度高一些
45～60	≤500	800～840	—	2～5	—	
T7、T8	≤500	750～770	600～660	3～5	1～2	根据工件大小和装炉量多少选取透烧时间和等温时间，工件大、装炉量多，则时间长一些
T9～T13	≤500	750～770	630～680			
Cr12、Cr12MoV	≤500	850～870	720～750	3.5～5	4～5	①这两种钢退火以后，表面容易硬度高，所以要十分注意透烧时间和等温时间，不能太短 ②透烧及等温时间，应根据工件大小和装炉量多少来确定
5CrMnMo、5CrNiMo	≤500	850～770	620～680	4～6	4～5	①根据工件大小和装炉量多少来确定透烧时间的长短 ②保温结束后，以每小时不大于 50℃的速度冷却到 500℃以下出炉

（2）碳钢、合金钢淬火工艺规范

碳钢、合金钢淬火工艺见表 3-13。

表 3-13 碳钢、合金钢淬火工艺

钢号	淬火温度 /℃	淬火介质	说明
T7、T8	780 ~ 830	先水后油	①淬火前要进行火花鉴别，确认钢种类型
T9 ~ T13	760 ~ 810	先水后油	②在水中停留时间不要过长，待工件冷却到 150 ~ 250℃后，立即转入油中冷却，在水中停留时间一般按
35 ~ 40	830 ~ 850	先水后油	0.20 ~ 0.35s/mm 计算
45 ~ 50	810 ~ 840	先水后油	③如果是容易变形或开裂的工件，一定要用碱浴淬火，碱浴淬火的工件淬火温度要比水油双介质淬火温度高出
60	820 ~ 840	先水后油	30 ~ 40℃
CrWMn	820 ~ 840	油	①淬火前要进行火花鉴别
9SiCr	850 ~ 870	油	②淬火时要首先在空气中预冷一下，预冷时间以保证工件能得到图样要求的硬度为标准
5CrMnMo、5CrNiMo	830 ~ 850	油	③淬火时不要在油中完全冷透，当工件冷却到 200℃左右时，即可从油中取出，以防止开裂 ④淬完火要立即进行回火，以防止工件开裂
Cr12、Cr12MoV	980 ~ 1100	油或流动空气	⑤对表面粗糙度要求较高的模具，要用生铁末装箱后，进行加热

（3）碳钢、合金钢回火工艺规范

模具零件在淬火后，应立即进行回火处理以提高钢的韧性和耐磨性，其工艺见表 3-14。

表 3-14 碳钢、合金钢回火工艺

钢号	回火温度 /℃	硬度（HRC）	冷却	工艺说明
T8	160 ~ 180	60 ~ 64	空冷	将淬火后的零件立即装入生铁屑的铁箱内，装炉升温至回火温度，然后进行保温，并随箱冷却
T10	160 ~ 180	62 ~ 64		
Cr12	150 ~ 170 或 500 ~ 520	≥ 61		
Cr12MoV	150 ~ 180 或 500 ~ 520	≥ 61		
CrWMn	160 ~ 180	≥ 61		
9Mn2V	160 ~ 180	60 ~ 65		

（4）新型模具钢热处理工艺规范

目前，市场上出现了很多新模具钢品种，这为模具质量的提高及寿命的延长提供了优质条件。新型模具钢热处理规范及用途见表 3-15。

表 3-15　新型模具钢热处理工艺规范及用途

钢号	退火		淬火			回火		用途
	加热温度/℃	硬度（HBW）	加热温度/℃	冷却介质	硬度（HRC）	加热温度/℃	硬度（HRC）	
6Cr4W3Mo2VNb	860+740等温	217～287	1120～1160	油	58～65	540～580	58～62	适用于高强韧性冷挤、冷镦及冲模的凸、凹模
5Cr4Mo3SiMnVA1	860+720等温	200～220	1090～1120	油	61～62	510～540二次	60～62	适用于冷挤模的凸、凹模
6Cr4Mo3Ni2WV	—	241～270	1100～1140	油	61～62	520～560二次	60～62	适用于冷挤、冷镦、冲模的凸、凹模
7Cr7Mo3V2Si	860+750等温	220～260	1100～1150	油	60～61	530～570二次	57～63	适用于冷镦、冲模的凸、凹模
5Cr4W5Mo2V	850+750等温	197～212	1130～1150	油	62～63	400 / 500～620	60～61 / 52～54	适用于高强韧性冷镦、冲模
7CrSiMnMoV	850+640等温	217～241	820～1000	油或空气	>60	180～200	58～60	适用于中薄板的冲孔落料模

（5）常用模具钢真空淬火工艺参数

为了提高模具零件热处理质量，防止裂纹及形变，目前常采用真空淬火工艺，其工艺参数见表 3-16。

表 3-16　常用模具钢真空淬火工艺参数

钢号	预热		淬火			回火温度/℃	硬度（HRC）
	温度/℃	真空度/Pa	温度/℃	真空度/Pa	冷却方式		
CrWMn	500～600		820～840	0.1	油（<40℃）	170～185	62～63
9Mn2V	500～600		780～820	0.1	油冷	180～200	60～62
Cr12	500～550		960～980	1～10		180～240	60～44
5CrNiMo	500～600	0.1	840～860	0.1		400～500	39～44.5
Cr12MoV	一次500～550 二次800～850		980～1050 1080～1120	1～10	油或氮气	180～240 500～540	60～64 58～60
W6Mo5Cr4V2	一次500～600 二次1150～1250		1100～1150 1150～1250	10		200～300 540～600	58～62 62～66
W18Cr4V	一次500～600 二次800～850		1000～1100 1240～1300			180～220 540～600	58～62 62～66

3.4.3 模具零件的化学热处理

化学热处理是将钢制冲模零件放置于一定的活性介质中保温，使一种或几种元素渗入它的表面层，以改变其化学成分、组织和性能的热处理工艺。化学热处理的类型很多，在冲模制造中常用的主要有渗碳、渗氮、碳氮共渗、渗硫、渗硼、渗金属等。模具零件采用化学热处理技术后，可大大提高零件的耐用度和延长其使用寿命，现已被广泛地应用于模具制造生产之中。

化学热处理常用方法及应用见表 3-17。

表 3-17　化学热处理常用方法及应用

处理方法	工艺内容	目的及应用
渗碳	渗碳是把零件放置于渗碳介质中并加热到 850～950℃，保温一定时间，使碳原子渗入钢件表面的化学热处理工艺。其处理方法主要有固体渗碳、液体渗碳、气体渗碳、真空渗碳和离子渗碳。其中，在模具制造中气体渗碳是经常采用的方法	工件经渗碳之后，其表面强度和耐磨性大大提高。同时，由于心部和表面含碳量不同，故硬化后的表面大大提高了耐用度，如模具中的导柱、导套即是经过渗碳 - 淬火联合工艺处理的
渗氮	渗氮是向零件表面渗入氮原子。主要包括气体渗氮、离子渗氮。其中气体渗氮一般在井式炉内进行，即将工件放在密封炉内加热，并通入氨气，氨气在 380℃ 以上受热分解出氮原子并被钢表面吸收，形成氮化物向内部扩散	渗氮的目的是在工作表面获得一定深度的渗氮层，从而提高零件的硬度、强度、耐磨性
渗硫	渗硫是在已硬化的工件表面渗一层硫。其方法包括低温电解渗硫、离子及气体渗硫等。其方法与渗碳、渗氮基本相同，一般渗层厚度为 5～15μm	零件渗硫后可减少摩擦即减少咬合、擦伤和磨损。主要适用于拉深及冷挤压模的凸、凹模零件
多元素共渗	将多种元素如碳、氮等同时渗入模具零件表面称为多元素共渗。主要包括碳氮共渗、硫氮共渗、硼氮共渗、硫氮碳共渗等多种，其中碳氮共渗在冲模制造中应用最多	多元素共渗技术主要提高零件的硬度、强度和韧性，同时提高零件疲劳极限及耐磨性
渗金属	将加工好的模具零件加热到适当的温度，使金属元素扩散渗入表层，如渗铬、渗钒等，其中在冷镦模中的工作零件多数采用渗钒工艺	可使零件表面硬度提高，增加耐磨性。如 Cr12 钢渗钒后其寿命可提高 6 倍以上

3.4.4 模具零件的表面硬化

在模具制造中，为了提高模具的耐用度和延长其使用寿命，在设计和加工时，一般都预先按照其用途选择优质的模具材料并进行适当的热处理，以提高其硬度、强度和韧性。若结果不能获得满意的耐用度效果，就应该采用零件表面硬化技术，以获得更高的硬度，延长其使用寿命。

模具零件表面硬化的目的是使模具获得较高的耐用度。其表面硬化方法主要有表面电镀、表面镀膜以及高能束强化技术。这些表面技术的采用，可以大幅度地提高模具表面性能，成倍地延长使用寿命，并对提高模具的加工效率和质量、减少昂贵模具材料的消耗具有十分深远的意义。

模具零件的表面硬化方法见表 3-18。

表 3-18　模具零件表面硬化方法

硬化方法		工艺说明	效果及应用
表面电镀技术	镀硬铬	表面电镀是在电解质溶液中将零件作为阴极，以镀层金属作为阳极，通过电解方法在零件表面上沉积一层金属的加工过程	提高零件表面硬度及耐磨性，硬度可达 1000 ～ 2000HV，主要适用于拉深模
	非晶态合金镀		
	镀镍		
表面镀膜技术	物理气相沉积法（PVD）	表面镀膜技术是采用气相沉积的原理，在工件表面上覆盖厚 0.5 ～ 10μm 的一层过渡层元素（Ti、V、Cr、W、Mo、Nb）与 C、N、O 和 B 的化合物，使其具有很高的硬度和抗黏附、抗磨损能力	提高模具零件表面硬度（TiC 为 3200 ～ 4000HV、TiN 为 2450HV）、抗黏附能力、抗磨损能力，提高模具耐用度
	化学气相沉积法（CVD）		
	浸蚀碳化物法（TD）		
高能束强化技术	激光淬火	高能束是由高密度光子、电子、离子组成的激光束，电子束、离子束通过特定装置被聚焦到很小，甚至细微尺寸形成的极高能量密度（$10^3 \sim 10^{12}$W/cm^3）的粒子束。将这些粒子高能束作用于工件表面可使其表面特性改变	能提高零件表面硬度和强度及耐磨性。其表面光滑，变形小，很适合形状复杂的模具和大型覆盖件冲模的表面处理
	激光表面合金化		
	电子束加热表面强化		
	离子注入硬化法		
	零件高频脉冲淬火法		

3.5　模具零件热处理的质量检查

热处理质量的好坏对模具的使用寿命有着很大的影响，而加强模具零件热处理前后及热处理工序时间的质量检验，是确保零件热处理质量的重要手段。表 3-19 和表 3-20 为模具零件正火和退火与淬火后的检验内容和技术要求。表 3-21 给出了各类模具允许的变形范围，表 3-22 和表 3-23 为模具主要零件淬火后允许变形的范围。

表 3-19 模具零件正火与退火后的检验内容及技术要求

名称		一般技术要求
尺寸检验		坯料尺寸按图纸规定的尺寸公差进行检验。氧化皮厚度、尺寸变形量不大于机械加工余量的 1/3
硬度检验		按图纸或有关技术文件规定检验坯料退火后的硬度值
金相检验	脱碳层厚度检验	坯料表面脱碳层厚度不得大于机械加工余量的 1/3
	网状碳化物级别检验	不大于改锻后的允许级别
	球光体级别检验	①碳素工具钢：按 GB/T 1298—1986 所附第一级别图 6 级标准检验，一般 2～4 级为合格 ②合金工具钢：按 GB/T 1299—2000 所附第一级别图 6 级标准检验，一般 2～4 级为合格，Cr12 型等高合金及高速工具钢不评定珠光体球化等级

表 3-20 模具零件淬火与回火前后的检验内容及技术要求

名称	内容与一般技术要求
淬火前检验	①是否符合加工工艺路线 ②零件有无裂纹、碰伤、变形等缺陷 ③材料是否符合图纸规定，表面是否存在残余脱碳层 ④对重要零件及易变形的零件，测量记录有关部位的尺寸
淬火与回火后外观检验	不允许有裂纹、烧伤、碰伤、腐蚀和严重氧化
淬火与回火后硬度检验	按图纸及有关工艺文件规定检验零件的硬度
淬火与回火后变形量检验	测量淬火、回火后零件的有关尺寸
淬火与回火后金相检验	必要时进行下列金相检验 ①马氏体等级。一般按 6 级标准进行评定，碳素工具钢≤3 级为合格；合金工具钢≤2 级为合格 ②淬火实际晶粒度等级。Cr12 型等高合金工具钢与高速工具钢，常用淬火实际晶粒度的大小作为淬火组织的评定依据。一般 Cr12 型钢为 6～11 号，高速工具钢为 8～11 号 ③网状碳化物。模的主要零件，特别是要求高的重要零件，不允许存在网状碳化物 ④残余奥氏体量。要求精度高的模具零件必要时测定其残余奥氏体量。CrWMn、GCr15 等为 9% 以下；Cr12 型钢为 12% 以下

表 3-21　各类模具允许的变形范围

模具种类	尺寸 /mm	允许变形量 /mm		
		碳素工具钢	低合金工具钢	高合金工具钢
冷冲压模	≤ 50	-0.05	±0.03	±0.02
	51 ～ 120	-0.10	±0.06	+0.02 -0.04
	121 ～ 200	-0.15	+0.05 -0.10	+0.03 -0.06
	201 ～ 300	-0.20	+0.06 -0.15	+0.04 -0.08
成形模	≤ 100	±0.10	±0.06	±0.04
	101 ～ 250	+0.15 -0.20	+0.10 -0.15	+0.10 -0.05
	251 ～ 400	+0.20 -0.30	+0.15 -0.20	+0.15 -0.18
孔中心距变形率		±0.08%	±0.06%	±0.04%
压铸模	≤ 150	±0.10		
	151 ～ 200	±0.15		
	201 ～ 350	±0.20		
锻模	≤ 275	±0.20		
	276 ～ 375	±0.30		
	> 376	±0.50		

表 3-22　模具主要零件淬火允许的变形范围

部位尺寸 /mm	材料		
	碳素工具钢	CrWMn、9Mn2V	Cr12MoV、Cr6WV
	允许变形量 /mm		
201 ～ 300	-0.20	+0.06 -0.15	+0.04 -0.08
120 ～ 200	-0.15	+0.05 -0.10	+0.03 -0.06
51 ～ 119	-0.10	±0.06	+0.02 -0.04
≤ 50	-0.05	±0.03	±0.02

表 3-23　孔中心距淬火允许变形率

钢号	碳素工具钢	CrWMn、9Mn2V	Cr12MoV、Cr6WV
变形率	-0.08%	±0.06%	±0.04%

3.6　热处理质量的影响因素及其缺陷的防止措施

（1）热处理工艺因素的影响及热处理缺陷的防止措施

在热处理的过程中，由于热处理工艺控制不当，使工件产生某些缺陷，如氧化、脱碳、过热、过烧、硬度不足、变形与开裂等，对热处理质量影响很大，甚至造成工件报废。其中氧化与脱碳、变形与开裂是最常见的热处理缺陷。

① 氧化与脱碳。氧化与脱碳是工件在淬火加热时，由于加热炉中介质控制不好而出现的缺陷。

钢在氧化介质中加热时，会发生氧化而在表面形成一层 Fe_2O_3、Fe_3O_4、FeO。加热温度愈高、保温时间愈长，其氧化作用愈强。

钢在某些含有 O_2、CO_2、H_2 及 H_2O 的介质中加热时，会使钢表层碳量下降，这种现象称之为"脱碳"。表层脱碳后，内层的碳原子便向表层扩散，使脱碳层逐渐加深。加热时间愈长，脱碳层愈深。

氧化与脱碳使模具零件的质量与使用寿命大大降低。如氧化严重可使零件淬火达不到规定硬度，脱碳后零件表层含碳量降低，使临界冷却速度增大，淬火后影响表层硬度与耐磨性，还可以造成工件表面质量差，从而降低了疲劳极限等。

氧化与脱碳影响热处理的质量，生产中需减少或防止工件在淬火中的氧化与脱碳，其具体措施有以下几个方面。

a. 正确控制淬火加热温度及保温时间。在保证奥氏体化的前提下，其加热温度要尽可能低，保温时间要尽可能短。

b. 采用脱氧良好的盐浴炉加热。如果在以空气为介质的电炉中加热，应采取保护措施，如工件表面涂上一层保护涂料或者向炉内加入适量木炭、滴入煤油等保护物质。

c. 应用可控制保护气氛的炉中加热。根据工件的含碳量和加热温度不同，向炉内送入可以控制保护气氛的物质，使工件表面不氧化、不脱碳也不渗碳。

d. 采用真空炉加热。它不但能防止氧化与脱碳，还能使工件净化，提高性能。但设备复杂，应用较少。

② 变形与开裂。淬火中变形与开裂主要是淬火时形成的内应力引起的。形成内应力的原因主要是热应力和相变应力。热应力是工件在加热和冷却时内外温度不一致，使工件截面上热胀冷缩先后不一致造成的。相变应力是加热时获得奥氏体和冷却时获得马氏体的比体积不同，以及零件淬火时其转变先后不一致，造成工件体积膨胀不均匀的结果。

实际上工件在淬火中，热应力和相变应力是淬火中同时产生的，因而，变形与开裂是热应力和相变应力复合的结果。当这种复合应力超过工件材料的屈服强度时，便产生变形，当超过工件材料的抗拉强度时，便产生开裂。

淬火中的内应力是不可避免的。为了控制和减小变形，防止开裂，一般在热处理工艺上采取以下措施。

a. 合理的锻造工艺。合理的锻造工艺可使网状、带状及大块的碳化物呈弥散均匀地分布，减小内应力产生而减小变形与开裂。

b. 合理的预先热处理。淬火前预先热处理，如退火与正火等。这种方法不但可以为淬火做好组织准备，而且还可以消除工件在前面加工中产生的内应力，在淬火中减小变形与开裂。

c. 合理的淬火工艺。如正确选用加热温度与时间，避免奥氏体晶粒粗化；对形状复杂及导热性差的高合金钢，应缓慢多次加热以减小加热中的热应力；工件在炉中安放要保证受热均匀，防止加热时变形；选择淬火冷却介质和淬火方法要合适，以减小冷却中热应力和相变应力等。这些对工件减小变形和防止开裂有着重要的作用。

d. 淬火后及时回火。淬火后的工件如不及时回火消除淬火应力，对某些形状复杂或含碳量较高的工件，在等待回火过程中就会发生变形与开裂。所以，淬火后的工件应及时回火。

e. 采用正确的浸入淬火冷却介质的方式。工件浸入淬火冷却介质方式的选择，因工件形状、尺寸不同而不同。总之，以保证工件各部位尽可能均匀冷却为原则。如杆类工件浸入时，应使轴向中心线与液面垂直；盘、环类工件应使径向中心线与液面垂直等。

（2）零件结构因素的影响及缺陷的防止措施

设计模具零件时，如果只考虑结构形状适合机构应用的需要，而忽视了热处理零件的结构工艺性，会增大零件淬火时变形与开裂的倾向。因此，在满足零件使用要求和选定材料的条件下，设计零件的结构应充分考虑零件结构的工艺性。一般应遵循的原则及改善结构工艺性的措施如下。

① 避免尖角、棱角。为防止淬火时产生应力集中，应避免零件产生尖角、棱角，一般设计成圆角或倒角。

② 避免厚薄悬殊的截面。厚薄悬殊的截面，在淬火过程中，由于冷却不均匀会引起变形与开裂。一般对该类零件要在结构上采取措施，如开工艺孔，合理安排孔、槽位置，在厚度大的截面切除不影响结构的材料使厚度基本均匀，从而减少变形与开裂。

③ 尽量采用对称结构。为避免应力分布不均匀而产生变形，零件应尽量采用对称结构来减小变形。

④ 尽量采用对称封闭结构。对结构上需要制成开口形的零件，加工时先加工成封闭结构，淬火、回火后再切断为开口形状，以减小变形。

⑤ 采用组合结构。某些整体结构的零件，在淬火时易出现变形与开裂，可

采用组合结构分别进行淬火，则可以减小变形，防止开裂。

3.7 模具零件热处理缺陷的产生原因及补救方法

（1）淬火、回火及退火的缺陷产生原因及补救措施

表 3-24 ～表 3-26 为模具零件淬火、回火及退火后出现的缺陷及补救方法。

表 3-24 模具零件淬火缺陷的产生原因及其补救方法

缺陷	产生原因	防止措施与补救方法
过热与过烧	①材料钢号混淆 ②加热温度过高 ③在过高温度下，保温时间过长	①淬火前材料经火花鉴别 ②过热工件经正火或退火后，按正常工艺重新淬火 ③过烧工件不能补救
裂纹	原材料内有裂纹 原材料碳化物偏析严重或存在锻造裂纹 淬火裂纹 ①未经预热，加热过快 ②加热温度过高或高温保温时间过长，造成脆性 ③冷却剂选择不当，冷却速度过于剧烈 ④Ms 点以下，冷却速度过大 a. 水 - 油双液淬火时，工件在水中停留的时间过长 b. 分级淬火时，工件自分级冷却剂中取出后，立即放入水中清洗 ⑤应力集中 ⑥多次淬火而中间未经充分退火 ⑦淬火后未及时回火 ⑧表面增碳或脱碳	加强对原材料的管理与检验 合理锻造及加强对锻件的质量检验 ①采取预热，高合金钢应尽量采用两次预热 ②严格控制淬火温度与保温时间 ③正确选择冷却剂，尽可能采用分级、等温冷却工艺 ④严格按正确冷却工艺处理 ⑤模具零件结构不合理造成应力集中的应提高设计工艺合理性。在应力集中处包扎或堵塞耐火材料，冷却时尽量采取预冷 ⑥重新淬火的零件应进行中间退火 ⑦淬火后应及时回火 ⑧模具零件加热时应注意采取保护措施。如盐浴脱氧，箱式炉通入保护气氛等
淬火软点	①原材料显微组织不均匀，如碳化物偏析，碳化物聚集等 ②加热时工件表面有氧化皮，锈斑等，造成表面局部脱碳 ③淬火介质老化或有较多的杂质，致使冷却速度不均匀。碱浴中水分过多或过少 ④较大尺寸的工件淬入冷却介质后，没做平稳地上下或左右移动，以致工件凹模或厚截面处蒸汽膜不易破裂，降低了这部分的冷却	①原材料需经合理锻造与球化退火 ②淬火加热前检查工件的表面，去除氧化皮、锈斑等，盐浴要定时脱氧 ③冷却介质保持洁净，定期清理与更换。碱浴要定期测量水分 ④工件淬入冷却介质时需正确操作
硬度不足	①钢材淬透性低，而模具的截面又较大 ②淬火加热时表面脱碳 ③淬火温度过高，淬火后残余奥氏体量过多，淬火温度过低或保温时间不足 ④分级淬火时，在分级冷却介质中停留时间过长（会发生部分贝氏体转变）或过短。水 - 油淬火时，在水中停留时间太短 ⑤碱浴水分过少	①正确选用钢材 ②注意加热保护，盐浴充分脱氧 ③严格控制各种钢材的淬火加热工艺规范 ④按正确冷却工艺规范做 ⑤严格控制碱浴水分

缺陷	产生原因	防止措施与补救方法
表面腐蚀	①在箱式炉中加热，表面由于保护不良而氧化脱碳 ②在盐浴炉中加热，盐浴脱氧不良 ③工件进行空冷淬火或在空气中预冷的时间过长 ④硝盐浴使用温度过高或硝盐浴中存在大量的氯离子，使工件产生电化学腐蚀 ⑤淬火后工件没有及时清洗，以致残存盐渍腐蚀表面	①工件需装箱保护，保护剂在使用前要烘干，或通入保护气体 ②盐浴需充分及时脱氧 ③高合金钢尽量不进行空冷淬火 ④硝盐浴使用温度不宜超过500℃，要保持硝盐浴的洁净 ⑤淬火后工件要及时清洗干净 ⑥采用真空热处理

表 3-25 模具零件退火的缺陷及其补救方法

缺陷	产生原因	补救方法
退火后硬度过高	①加热温度不当 ②保温时间不足 ③冷却速度太快	按正确工艺规范重新退火
退火组织中存在网状碳化物组织	①锻造工艺不合理 ②球化退火工艺不对，例如过热到 A_{cm} 以上，随后冷却缓慢	正火或调质后再按正确的球化工艺重做

表 3-26 模具零件回火的缺陷及补救方法

缺陷	产生原因	补救方法
一般脆性	回火温度偏低或回火时间不足	选择合理的回火温度与充分的回火时间。各种材料避开它的回火脆性区
第一类回火脆性	原因尚不十分清楚。一般认为是由于马氏体分解析出碳化物，从而降低了晶界断裂强度，引起脆性	可在钢中加入钨、钼等合金元素来防止钢材在回火时产生的脆性，或在回火后进行快冷来防止（可在水或油中快冷，然后再在 300～500℃ 加温保温消除应力）。已出现这类回火脆性时，可以用再次回火并快冷的方式来消除
第二类回火脆性（某些钢材在 450～550℃ 回火时，若回火缓慢冷却，会产生脆性）	原因尚不十分清楚。一般认为与晶界间析出某些物质有关，但析出物质的类型以及在钢中的分布方式则未肯定	淬火后要充分回火，高合金钢要采用二次回火
磨削裂纹	除磨削不当会产生裂纹外，回火不足也可能造成裂纹	充分回火
表面腐蚀	回火后没有及时清洗	回火后应及时清洗

（2）热处理变形的防止及控制措施

模具零件热处理产生变形是必然趋势，模具热处理后形状和尺寸的准确性直接影响到产品的质量。为控制热处理变形，可从以下几方面考虑。

① 正确控制淬火温度。在一般情况下，为减少变形量，对淬火合金工具钢零件应选用淬火温度下限进行加热，而对碳素工具钢零件应采用淬火温度上限温度加热（系指水或油冷却工艺）。

② 对形状比较复杂、厚薄相差比较大的工件，在设计时应选用合金工具钢，淬火时，应进行适当的预热，以减少热应力，防止其变形。

③ 在保证硬度的前提下，尽量采用缓冷方式或采用预冷与热介质（热油、碱浴、硝盐）中分级淬火或等温淬火的方法。

④ 在易变形处预先留有变形量，待热处理后再进行修整，不至于使工件由于变形太大而报废。

⑤ 淬火前，在工件上还可以适当开有工艺孔、留有工艺肋等，以防工件产生裂纹和变形。

⑥ 做好零件淬火时的保护，零件淬火前，必须经过仔细认真地分析和研究。对于容易发生变形的部位，一定要进行包扎、捆绑和堵塞，尽量使零件的形状和截面积大小趋于对称，使淬火时应力分布均匀，以减少变形。

表 3-27 给出了模具零件淬火变形趋向及其减小变形的措施。

表 3-27　模具零件淬火变形趋向及其减小变形的措施

模具形状和变形示图	变形趋向说明	减小变形措施	备注
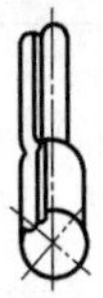	凹面在下面发生下凹	①采用铁棒嵌入槽内改变冷却速度 ②硝盐分级淬火	凹模镶件 820℃ 加热油冷
 变形趋向	外直角边凹进，内直角边凸起，直角边钝角	①采用分级淬火 ②改变入油方向，内角向下成一定角度	角形直通凸模 820℃ 加热油冷
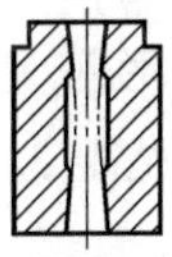	内孔成喇叭口形	预冷后喷油淬火	CrWMn 凹模
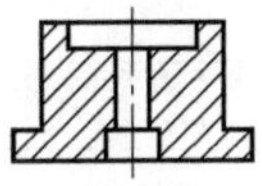	薄壁处易收缩	①采用装实箱加热以减缓薄壁处冷却速度 ②分级淬火	复合模中的凹、凸模
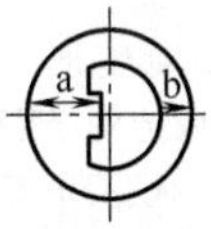 a b	a、b 模孔凸出部分趋向胀大，凹入部分趋于缩小	①四周包铁皮或石棉绳 ②碱浴分级淬火	T10 凹模 800℃ 水淬火
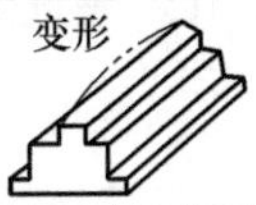 变形	冷速快的小面发生凸起	采用空冷或硝盐冷却	Cr12MoV 直角凸模，油淬

模具形状和变形示图	变形趋向说明	减小变形措施	备注
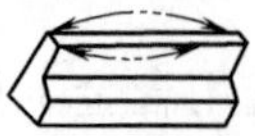	冷速快的一面发生外凸	截面厚的部分成一定角度先下水，并迎水运动	T10 钢直角凸模
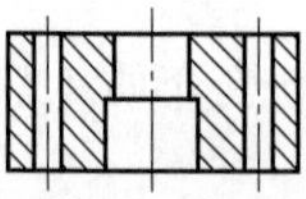	销钉孔径收缩，孔距同纤维方向时会变大	①采用分级淬火 ②堵孔淬火	CrWMn 钢凸、凹模
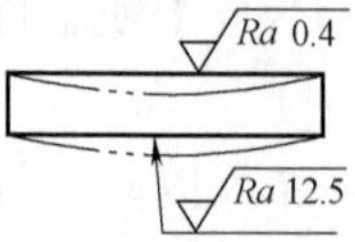 $Ra\,0.4$ $Ra\,12.5$	表面粗糙度等级高的一面凹入	①预冷后再进行淬火 ②薄壁板可进行油冷	45 钢
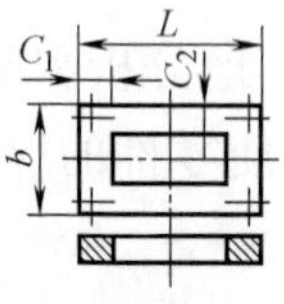 C_1 L C_2 b	中间方孔产生 x 形变形，当 C_1 与 L、C_2 与 b 相差越大时，x 变形越严重，且 L 方向比 b 方向变形更为明显	①碳钢四周包铁皮水淬、油冷至 300℃ 时，压入凸模，限形淬火 ②采用分级淬火	T10 钢，方形凹模，800℃时淬火加热
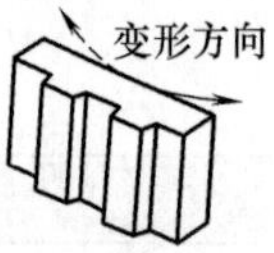 变形方向	平面发生内凹变形	①减缓冷却速度 ②靠冷却槽壁冷却	CrWMn 钢组合凹模
	由槽底至槽口方向产生喇叭状变形（槽口张开成喇叭状）	①采用分级淬火 ②将槽口油冷	CrWMn 钢 E 形凹模，820℃ 加热，油冷

3.8 模具零件热处理变形的矫正

模具零件经热处理后发生变形和裂纹是不可避免的。若发现变形较大而影响使用时，模具工可采各种方法对其矫正，恢复其使用。其矫正方法见表3-28。

表3-28 模具零件淬火变形后钳工矫正方法

矫正方法	图示	工艺操作
锤击矫正法	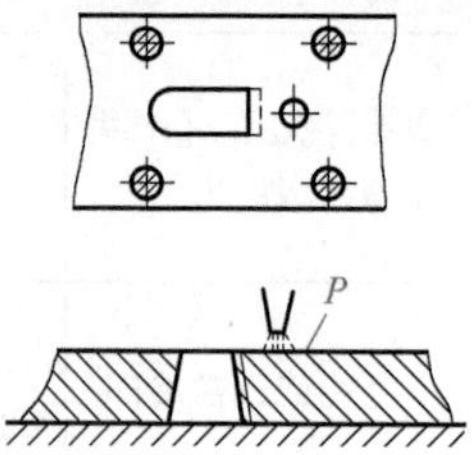	若零件在淬火后发生局部变形，可采用锤击法矫正。即用氧-乙炔枪对准变形部位加热后，用锤子进行敲击，使变形减小。在敲击时，绝不允许敲击刃口，要远离刃口 3～5mm 处，使之扩大延伸

续表

矫正方法	图示	工艺操作
加热冷却法	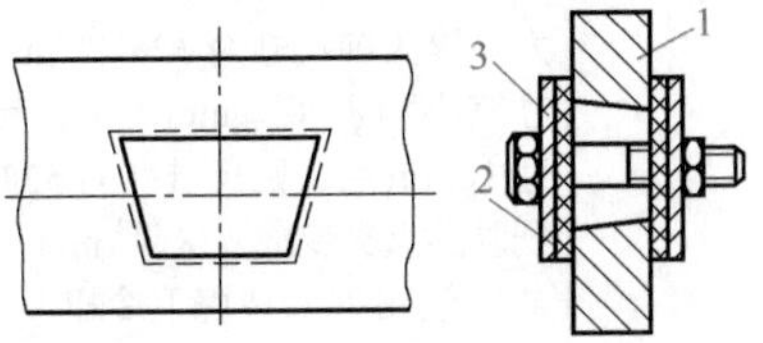 (a) 变形工件　　(b) 矫正方法 1—凹模；2—石棉板；3—压板	变形方式：四周尺寸加大 　矫正方法：把凹模刃口用石棉包起，并用螺栓紧固后，放在电炉中重新加热至 $500 \sim 600℃$，然后急速冷却，借助其热应力使其收缩，恢复原来的形状 注意事项 ①加热温度不能超过 A_{c1} 点 ②冷却时，碳钢用水冷，合金钢用油冷 ③淬火工件需正火后才能缩孔 ④反复缩孔 $3 \sim 4$ 次后，再回火一次
镀铬矫正法	—	在胀大及收缩部位采取局部镀硬铬，以弥补该变形部位尺寸
机械挤压法（回火矫正）	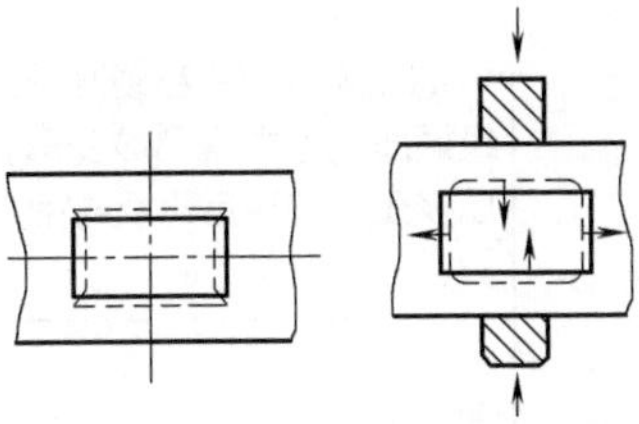 (a) 变形工件　　(b) 矫正方法	①挤压。用专用夹具将工件夹紧并施加一定压力 ②回火。将工件连同夹具一起，在回火炉中加热，温度 $200 \sim 350℃$，保温 $0.5 \sim 1h$ ③再次加压。加热后的零件从炉中取出，再次加压，使尺寸比图样小 $0.05 \sim 0.1mm$ 左右 ④自然冷却后，钳工修磨到尺寸 注意：回火加压温度不能超过工件回火温度，若反复数次回火矫正时，应逐次提高回火矫正温度 $10 \sim 20℃$
镶嵌矫正法	—	对于带凹槽的工件，在淬火冷却介质中取出后，用塞块嵌在凹槽中，空冷并一起回火，以防槽变形
热点矫正法	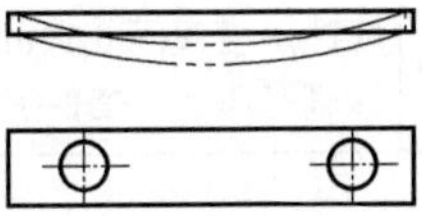 (a) 变形工件 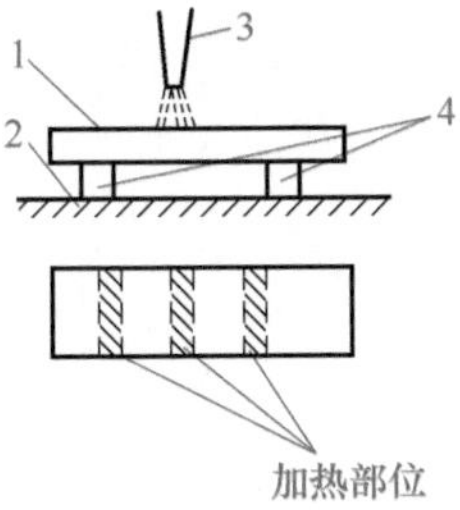 加热部位 (b) 矫正方法 1—零件；2—平台；3—喷枪；4—垫块	①将工件预热 $180 \sim 200℃$，时间为 $30 \sim 60min$ ②将预热后的工件放在等高垫铁上垫平，用氧 - 乙炔枪喷热点［图（b）］ ③热点火焰使热点处温度迅速升高，体积急速膨胀而又受到周围的挤压限制其胀大，热点后冷却尺寸又收缩，周围又承受拉应力，从而达到矫正目的 注意事项 a. 工件热点必须在回火充分后进行 b. 反复热点时，不应在同一处进行，应和原热点相距 $10mm$ 为宜 c. 热点位置应是工件鼓起的最大变形区，加热温度不超过 $700℃$，当受热部位呈现红色时（$600 \sim 650℃$），即可快速冷却 d. 热点后，工件应进行回火处理

矫正方法	图示	工艺操作
冷矫正法	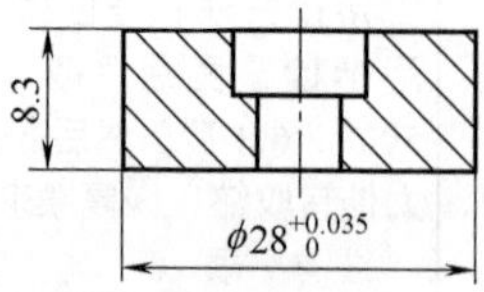	图示零件为 Cr12MoV 材料，其变形情况为：淬火前尺寸为 $\phi28_{0}^{+0.035}$mm，而淬火后尺寸缩小为 $\phi28_{-0.05}^{0}$mm。若将其经 $-20℃$ 冷处理 10min 后，则尺寸变为 $\phi28_{0}^{+0.04}$ mm，再经低温回火又变成 $\phi28_{0}^{+0.03}$ mm，基本合格 ①放在 70℃ 环境下冷却 ②施加一定压力，弥补变形
Ms 点矫正法	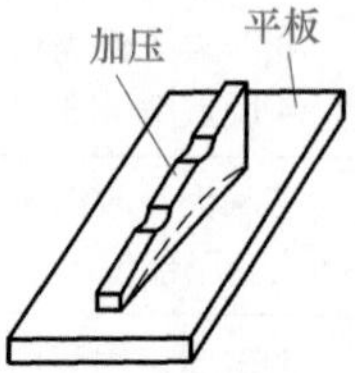	采用连续冷却到 Ms 点附近取出加压进行矫正
冷压矫正法	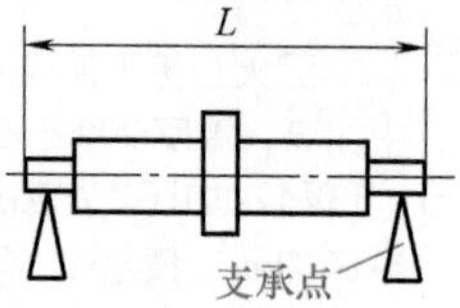	细长轴零件若硬度在 28 ～ 30HRC 时，经调质处理发现凸鼓变形，可在此点进行冷压校正，校正后再及时回火
重新淬火法	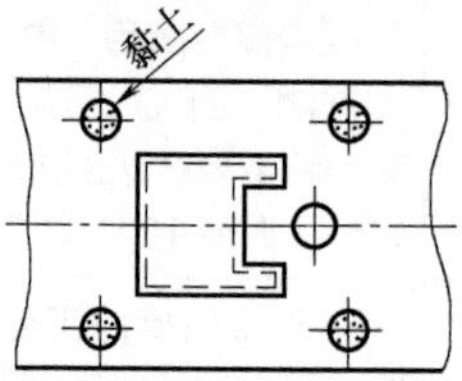	将工件重新退火，修正合格后再进行第二次淬火。在第二次淬火时，其表面要经过喷砂处理，清除表面氧化皮
化学腐蚀法	—	对于形孔收缩或外形胀大的凸、凹模可采用 20% 硝酸 +20% 硫酸 +60% 蒸馏水腐蚀。腐蚀深度双面 0.12mm/min，对不腐蚀部位，涂硝基漆或石蜡保护

第**4**章 模具基本加工技术

4.1 划线

根据图纸要求，在毛坯或半成品工件表面上，划出加工图形或加工界线的操作为划线。划线是模具工最基本的操作技能之一。

4.1.1 常用的划线工具与应用

划线需要利用划线工具来完成。常用的划线工具名称及用途如表 4-1 所示。

表 4-1 常用的划线工具名称及用途

工具名称	型式	用途
平板		一般用铸铁制成，表面经过精刨或刮削加工，它的工作表面是划线及检测的基准，工作面的精度分为六级，有 000，00，0，1，2 和 3 级。一般用来划线的平板为 3 级，其余用作质量检验 使用时，在上面使用的工具要轻拿轻放，防止撞击表面，更不能用榔头敲打表面，尽量做到平板各处均匀使用，避免局部磨损；经常保持平板的清洁，防止铁屑、砂粒等杂质磨坏平板；用完后，应擦拭干净，涂上防锈油
划针	$15°\sim20°$	一般用直径 $\phi3\sim6$mm 弹簧钢丝或碳素工具钢刃磨后经淬火制成，也可用碳钢丝端部焊上硬质合金磨成。划针长约 $200\sim300$mm，尖端磨成 $15°\sim20°$，用于钢材上划线 划线时，划针不要左右摇摆，要紧靠尺条稳定拖动，对直划针划不到的地方经常使用弯头划针

工具名称	型式	用途
划线盘		划针盘分为普通式和可调式两种，由底座、支杆、划针和夹紧螺母等组成。划针的一端焊有高速钢尖，用来划线或校正工件的位置
划规		由工具钢或不锈钢制成，两脚尖端经淬硬或焊上一段硬质合金 用于划圆、圆弧，等分角度及等分线段等
游标划规		游标划规带有游标刻度，游标划针可调整距离，另一划针可调整高低，适用于大尺寸划线和在阶梯面上划线
大尺寸划规	锁紧螺钉　滑杆　针尖　针尖	这种划规与游标划规相似，但没有游标刻度和高低调整装置，适用于大尺寸划线
专用划规		与游标划规相似，可利用零件上的孔为圆心划同心圆或弧，也可以在阶梯面上划线
单脚划规		单脚划规一般是利用工具钢锻造加工制成，脚尖经淬火硬化。用于求圆形工件的中心，沿加工好的直面划平行线

续表

工具名称	型式	用途
游标高度尺	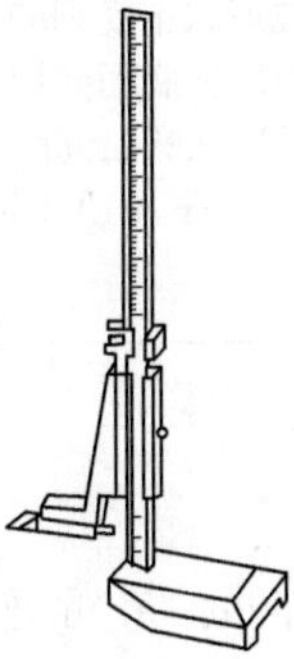	这是一种精密的划线与测量结合的工具，它的划线脚前端镶硬质合金，示值误差一般为 0.02mm，用于半成品划线，不得用于毛坯划线。使用时，要防止碰坏硬质合金划线脚。一旦硬质合金损坏一角，要细心地用碳化硅砂轮修磨其侧面
样冲	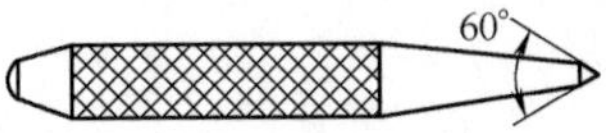 60°	用工具钢或弹簧钢制成，尖端磨成 60° 左右，经淬火硬化，主要是用来在工件表面划好的线条上冲出均匀的冲眼，以免划出的线条被擦掉
中心架	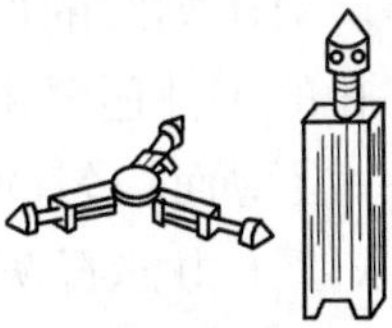	用于划空心圆形工件时定圆心
方箱	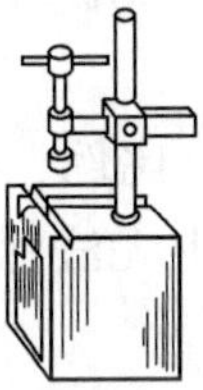	用铸铁制成的空心立方体，各表面均经过刮削加工，相邻平面互成直角，相对平面相互平行。用夹紧装置把小型工件固定在方箱上，划线时只要把方箱翻 90°，就可把工件上相互垂直的线在一次安装中划出，方箱上的 V 形槽平行于相应平面，是放置圆柱形工件用的
90° 直角尺	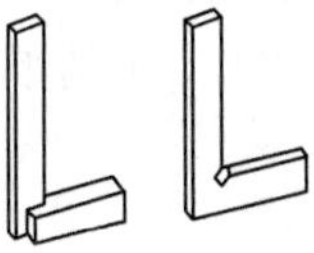	划线时用来找正工件在平台上的竖直位置，也可用作划垂直线或平行线的导向工具
V 形铁	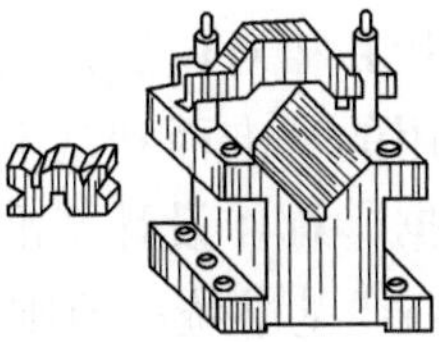	用铸铁或碳钢精制而成，相邻各面互相垂直。划线时主要用来安放轴、套筒、圆盘等圆形工件，以便找到中心与划出中心线。精密 V 形块也可作划线方箱使用

续表

工具名称	型式	用途
千斤顶	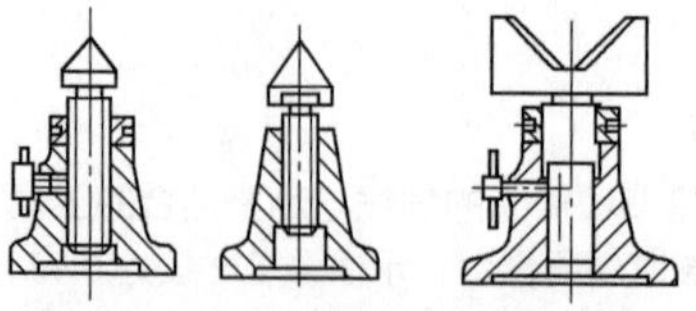	用于支承毛坯或形状不规则的工件进行找正、划线时使用；使用时千斤顶底面要擦干净，安放平稳，不能摇动。当千斤顶顶在圆弧面时，在所顶位置应打一个较大的样冲眼，使千斤顶尖顶在样冲眼内，防止滑动

4.1.2 划线的步骤和方法

划线是一项重要、细致的工作，除要求线条清晰外，最重要的是保证尺寸的准确。划线质量的优劣直接影响到后续加工零件的形状及尺寸的正确性，操作时一般可按以下步骤和方法进行。

（1）划线前的准备

为了使工件表面划出的线条清晰、正确，必须清除毛坯上的氧化皮、残留型砂、毛边和灰尘，以及半成品上的毛刺、油污等。对于划线的部位，更要仔细清扫，以增强涂料的附着力，保证划线的质量。有孔的工件还要用木块或铅块把孔堵塞，以便定心划圆。然后，在划线表面涂上一层薄而均匀的涂料。涂料应根据工件的情况来选。一般情况下，锻铸件涂石灰水（由熟石灰和水胶加水混合而成）；小件可用粉笔涂刷；半成品已加工表面涂品紫或硫酸铜溶液。品紫是2%～4%紫颜料（如青莲、蓝油）、3%～5%漆片和91%～95%的酒精混合而成。此外，划线前还应做好以下准备工作。

① 仔细看清图纸标题栏，了解划线零件的名称、比例、材料等，同时熟悉技术要求，尤其要注意有些与划线有关的要求在图纸上无法标注，而写入技术要求或附加说明的条款。

② 看懂各个视图，分析相互间的对应关系，目的是找出关联尺寸，明确各视图表达的重点，想象出零件的空间形状，从而形成整体概念。

③ 仔细分析尺寸链，找出长、宽、高三个方向的尺寸基准以及零件的定位尺寸与偏差。

（2）确定划线基准

无论是平面划线还是立体划线，首先都需要选择工件上某个点、线或面作为依据，用来确定工件上其他各部分尺寸、几何形状和相对位置，这个过程称为确定划线基准。划线基准是指在零部件上起决定作用的基准面和基准线。设计图样中的零部件上用来确定其他点、线、面位置的依据，称作设计基准。原则上，所选择的划线基准应与设计基准保持一致，这称为划线基准统一原则。

根据设计基准确定划线基准以后，就可以依据具体情况选择划线基准。图4-1 给出了划线基准选择的 3 种方法。

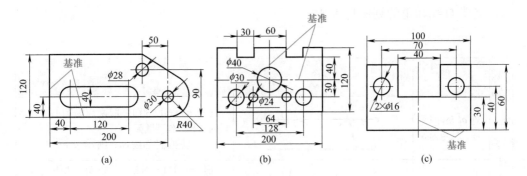

图 4-1　划线基准的选择

① 以两个相互垂直的平面（或线）为基准。如图 4-1（a）所示，零件上有垂直两个方向的尺寸。由图可以看出，每一个方向的许多尺寸都是依照零件的外平面确定的，这两个平面分别是每一个方向的划线基准。

② 以两条中心线为基准。如图 4-1（b）所示，在此零件上，两个方向的尺寸与中心线具有对称性，其他尺寸也以中心线起始标注。这两条中心线，就分别是这两个方向的划线基准。

③ 以一个平面和一条中心线为基准。如图 4-1（c）所示，在高度方向的尺寸以底面为依据，底面就是高度方向的划线基准；宽度方向的尺寸对称于中心线，所示中心线就是宽度方向的划线基准。

确定划线基准时要做到：根据划线的类型确定基准的个数，在保证划线工作能顺利进行的前提下尽量减少基准的数量；划线时所选基准尽量与设计基准一致，从而减少由于基准不重合产生的误差；划线时尽量选用已加工好的表面为划线基准，对于部分划线前无已加工好的基准面的零件，要根据实际情况分析工件的装配基准或安装基准去确定划线基准，基准应尽量选用大面和平直的面作为划线基准。确定划线基准时不但照顾以上几点，还要在保证划线质量的前提下，考虑划线的顺利和工作效率。

（3）支撑好划线工件

工件划线时的装夹基准应尽量与设计基准一致，考虑到复杂零件的特点，划线时往往需要借助于某些夹具或辅助工具对划线工件进行校正或支撑。

装夹工件时，应合理选择支撑点，防止重心偏移，划线过程中要确保安全。

（4）划线

完成上述操作后，便可依照图样要求对工件进行划线。

4.1.3　基本几何图形的划法

（1）直线和角的划法

各类直线和角的划法见表 4-2。

表 4-2　直线和角的划法

名称	作图条件与要求	图形	操作要点
平行线的划法	作 $\overline{ab}$ 的平行线，相距为 S		①在 $\overline{ab}$ 线上分别任取两点为圆心，以 S 长为半径，作两圆弧 ②作两圆弧的切线 $\overline{cd}$，则 $\overline{cd} \; // \; \overline{ab}$
	过 p 点作 $\overline{ab}$ 的平行线		①以已知点 p 为圆心，取 R_1（大于 p 点到 $\overline{ab}$ 的距离）为半径画弧，交 $\overline{ab}$ 于 e 点 ②以 e 点为圆心、R_1 为半径画弧交 $\overline{ab}$ 于 f ③以 e 点为圆心，取 $R_2=\overline{fp}$ 为半径画弧交于 g，过 p、g 两点作 $\overline{cd}$，则 $\overline{cd} \; // \; \overline{ab}$
垂直线的划法	作过 $\overline{ab}$ 外任意定点 p 的垂线		①过 p 点作一倾斜线交 $\overline{ab}$ 于 c，取 $\overline{cp}$ 中点为 O ②以 O 为圆心，取 $R=\overline{cO}$ 为半径画弧交 $\overline{ab}$ 于 d 点，连接 $\overline{dp}$，则 $\overline{dp} \perp \overline{ab}$
	作过 $\overline{ab}$ 的端点 b 的垂线		①任取线外一点 O，并以 O 为圆心，取 $R=\overline{Ob}$ 为半径画圆交 $\overline{ab}$ 于 c 点 ②连接 $\overline{cO}$ 并延长，交圆周于 d 点，连接 $\overline{bd}$，则 $\overline{bd} \perp \overline{ab}$
	作过 $\overline{ab}$ 的端点 b 的垂线（用 3∶4∶5 比例法）		①在 $\overline{ab}$ 上以 b 为顶点量取 $\overline{bd}=4L$ ②以 d 点、b 点为顶点，分别量取以 $5L$、$3L$ 长作半径交弧得 c 点，连接 $\overline{bc}$，则 $\overline{bc} \perp \overline{ab}$
线段的等分	作 $\overline{ab}$ 的 2 等分线		①分别以 a 点、b 点为圆心，任取 $R\left(>\dfrac{\overline{ab}}{2}\right)$ 为半径画弧，得交点 c、d 两点 ②连接 $\overline{cd}$ 并与 $\overline{ab}$ 交于 e，则 $\overline{ce}=\overline{be}$，即 $\overline{cd}$ 垂直平分 $\overline{ab}$
	作 $\overline{ab}$ 的任意等分线（本例为 5 等分）		①过 a 点作倾斜线 $\overline{ac}$，以适当长在 $\overline{ac}$ 上进行 5 等分，得 1，2，3，4，5 各点 ②连接 b、5 两点，过 $\overline{ac}$ 线上 4、3、2、1 各点，分别作 $b5$ 的平行线交 $\overline{ab}$ 于 $4'$、$3'$、$2'$、$1'$ 各点，即把 $\overline{ab}$ 进行了 5 等分

续表

名称	作图条件与要求	图形	操作要点
角度的等分	∠abc 的 2 等分		①以 b 为圆心，适当长 R_1 为半径，画弧交角的两边于 1、2 两点 ②分别以 1、2 两点为圆心，任意长 R_2（$>\frac{1}{2}$ 线段 $\overline{12}$ 距离）为半径相交于 d 点 ③连接 $\overline{bd}$，则 $\overline{bd}$ 即为∠abc 的角平分线
	∠abc 的 3 等分		①以 b 点为圆心、适当长 R 为半径，画弧交角的两边于 1、2 两点 ②将弧 $\overparen{12}$ 用量规量取 3 等分为 3、4 两点 ③连接 $\overline{b3}$、$\overline{b4}$ 即为∠abc 的三等分线
	90°角的 5 等分		①以 b 点为圆心、适当长 R 为半径，画弧交 $\overline{ab}$ 和 $\overline{bc}$ 延长线于点 1、点 2，量取点 3，使 $\overline{23}=\overline{b2}$ ②以 b 点为圆心，$\overline{b3}$ 为半径画弧交 $\overline{ab}$ 于点 4 ③以点 1 为圆心，$\overline{13}$ 为半径画弧交 $\overline{ab}$ 于点 5 ④以点 3 为圆心，$\overline{35}$ 为半径画弧交弧 $\overparen{34}$ 于点 6 ⑤以弧 $\overparen{a6}$ 长在弧 $\overparen{34}$ 上量取 7、8、9 各点 ⑥连接 $\overline{b6}$、$\overline{b7}$、$\overline{b8}$、$\overline{b9}$ 即为 90°角∠abc 的 5 等分线
	作无顶点角的角平分线		①取适当长 R_1 为半径，作 $\overline{ab}$ 和 $\overline{cd}$ 的平行线交于 m 点 ②以 m 为圆心，适当长 R_2 为半径画弧交两平行线于 1、2 两点 ③以 1、2 两点为圆心，适当长 R_3 为半径画弧交于 n 点 ④连接 $\overline{mn}$，则 $\overline{mn}$ 即为 $\overline{ab}$ 和 $\overline{cd}$ 两角边的角平分线

名称	作图条件与要求	图形	操作要点
作已知角	作∠a'b'c'等于已知角∠abc	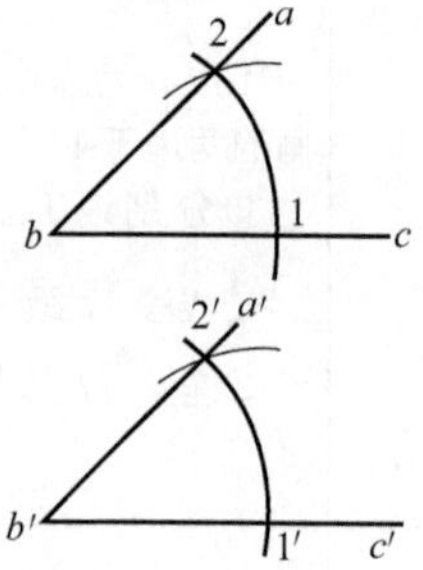	①作一直线$\overline{b'c'}$ ②分别以∠abc的b和$\overline{b'c'}$的b'为圆心、适当长R为半径画弧，交∠abc于1、2点和$\overline{b'c'}$于点1' ③以1'点为圆心，取$\overline{12}$为半径画弧交于2' ④连接$\overline{b'2'}$并适当延长到a'，则∠a'b'c'=∠abc
作已知角	用近似法作任意角度（图中为49°）	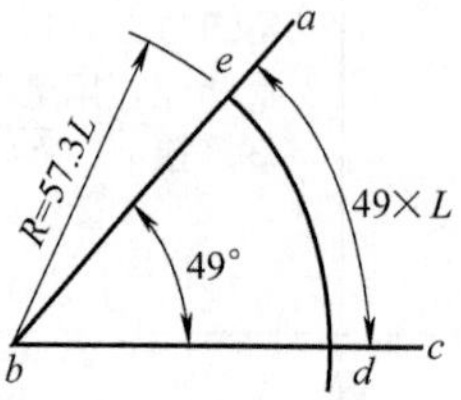	①以b为圆心、取R=57.3L长为半径画弧（L为适当长度），交$\overline{bc}$于d点 ②由于作49°角，可取49L的长度，在所作的圆弧上，从d点开始用卷尺量取弧长到e点 ③连接$\overline{be}$，则∠ebd=49° ④作任意角度，均可用此方法，只要半径用57.3L以角度数×L作为弧长（L是任意适当数）
	已知三角形三边长为a、b、c，求作该三角形	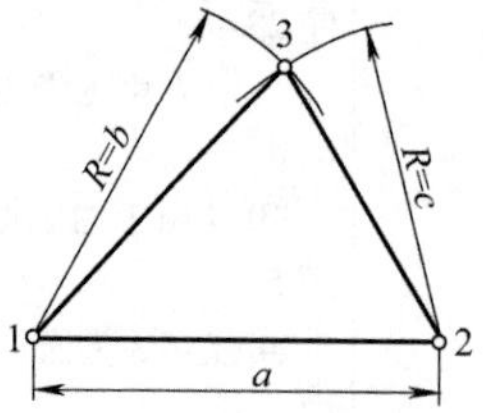	①作直线段$\overline{12}$，使其长为a，分别以1和2点为圆心、以半径R=b和R=c分别画弧交于3点 ②连接$\overline{13}$和$\overline{23}$，那么△123即为所求作的三角形
	作倾斜线（图中斜度为1:6）	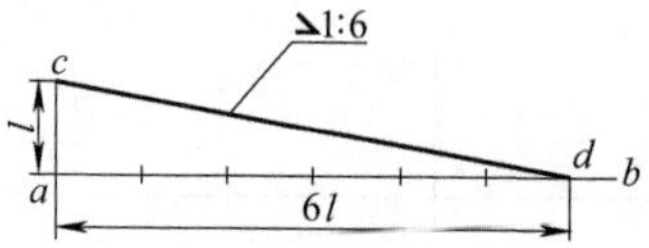	①画直线$\overline{ab}$，再作直角∠cad，在垂直线上定出任意长度$\overline{ac}$ ②再在$\overline{ab}$上定出相当于6倍$\overline{ac}$长度的点d，连接点d、c所得的直线，即得到与直线$\overline{ac}$的斜度为1:6的倾斜线
	已知正方形的边长为a，用近似法求作该正方形	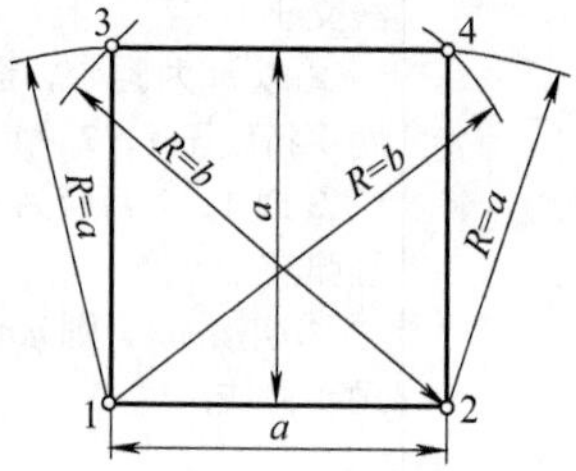	①作一水平线，取$\overline{12}$等于已知长度a，分别以点1、2为圆心，已知长度a为半径画圆弧，与分别以点1、2为圆心，以b(b=1.414a)为半径所画的圆弧相交，得交点为点3、4 ②分别以直线连接各点，即得所求正方形

续表

名称	作图条件与要求	图形	操作要点
已知矩形两边长度 a 和 b，求作该矩形		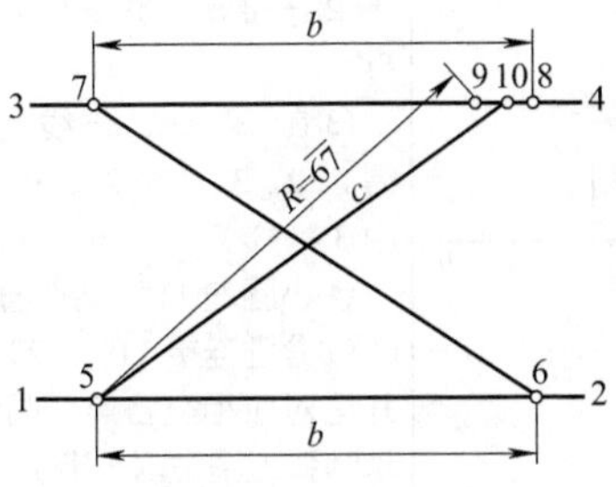	①先画两条平行线 $\overline{12}$ 和 $\overline{34}$，其距离等于已知宽度 a ②在 $\overline{12}$ 和 $\overline{34}$ 线上分别取等于已知长度 b 的点为 5、6、7、8，以点 5 为圆心，$\overline{67}$ 对角线长为半径画圆弧与直线 $\overline{34}$ 相交，交点为 9 ③连接点 5 及 $\overline{89}$ 之中点 10，则 $\overline{510}$ 即为所求对角线长 c ④分别以 5、6 为圆心，以对角线长 c 为半径画弧，其与 $\overline{34}$ 的交点，即为矩形的另两个顶点，点 5、6 分别与 $\overline{34}$ 的交点相连接便得到所求的矩形
		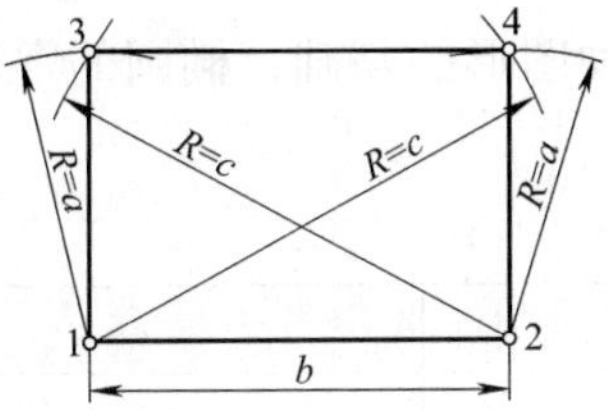	①作一水平线 $\overline{12}$，使其长度等于 b ②分别以点 1、2 为圆心，已知长度 a 为半径画圆弧，与分别以点 1、2 为圆心、以 c（$c=\sqrt{a^2+b^2}$）为半径所画的圆弧相交，得交点为 3、4 ③分别以直线连接各点，即得所求正方形

（2）圆弧的划法

圆弧是构成各种图形的基础，圆弧的划法见表 4-3。

表 4-3 圆弧的划法

作图条件与要求	图形	操作要点
已知弦长 $\overline{ab}$ 和弦高 $\overline{cd}$ 作圆弧	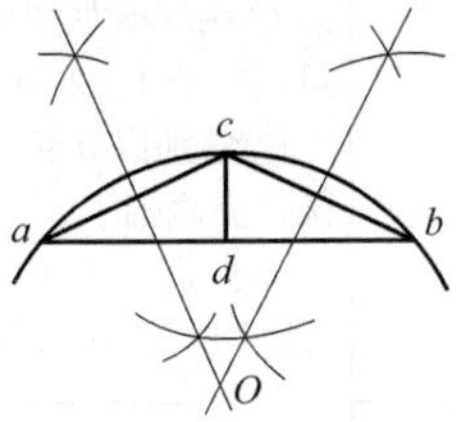	①连接 $\overline{ac}$、$\overline{bc}$，并分别作垂直平分线相交于点 O ②以 O 为圆心，$\overline{aO}$ 长为半径画弧，即为所求圆弧
已知弦长 $\overline{ab}$ 和弦高 $\overline{cd}$ 作圆弧（近似画法）	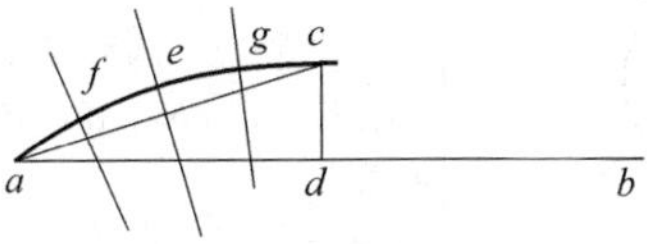	①连接 $\overline{ac}$ 并作垂直平分线，并在其上量取 $\overline{cd}/4$ 得 e 点 ②分别连接 $\overline{ae}$、$\overline{ce}$ 并作垂直平分线，并在其上量取 $\overline{cd}/16$ 长，得 f、g 点 ③同理将弦长作垂直平分线，量取 $\overline{cd}/64$ 长，依次类推得到近似的圆弧（图中画一半）

作图条件与要求	图形	操作要点
已知弦长 $\overline{ab}$ 和弦高 $\overline{cd}$ 作圆弧（准确画法）	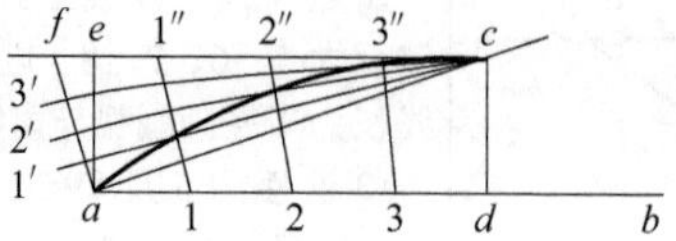	①分别过 a、c 点作 $\overline{cd}$ 和 $\overline{ab}$ 平行线的矩形 $adce$ ②连接 $\overline{ac}$，过 a 作 ac 垂线交 ce 延长线于 f 点 ③在 $\overline{ad}$、$\overline{cf}$、$\overline{ae}$ 线上各取相同等分，分别得 1、2、3、1″、2″、3″ 点和 1′、2′、3′ 点（图中 3 等分） ④小圆的 $\overline{11''}$、$\overline{2p''}$ 与 $\overline{ab}$ 相交于 1′、2′ 点 ⑤分别连接 $\overline{11''}$、$\overline{22''}$、$\overline{33''}$ 和 $\overline{1'c}$、$\overline{2'c}$、$\overline{3'c}$ 并得对应相交各点，圆滑连接各点，即得所求圆弧（图中画一半）

（3）椭圆的划法

除圆、圆弧外，椭圆也是构成各种图形的基础，椭圆的常用划法见表 4-4。

表 4-4　椭圆的划法

已知条件与要求	图　形	操作要点
已知长轴 $\overline{ab}$ 和短轴 $\overline{cd}$ 作椭圆（用同心作法）	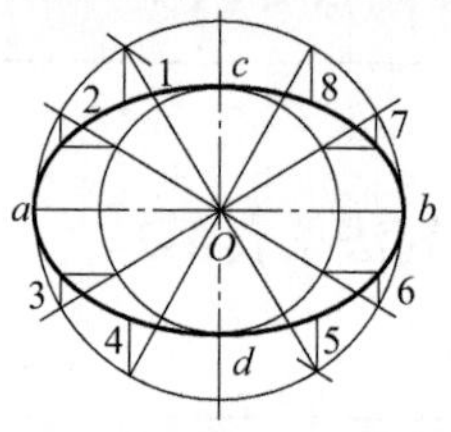	①以 O 为圆心，$\overline{Oa}$ 和 $\overline{Oc}$ 为半径作两个同心圆 ②将大圆等分（图中 12 等分）并作对称连线 ③将大圆上各点分别向 $\overline{ab}$ 作垂线与小圆周上对应各点作 $\overline{ab}$ 的平行线相交 ④用圆滑曲线连接各交点得所求的椭圆
已知长轴 $\overline{ab}$ 作椭圆（长轴 3 等分法）	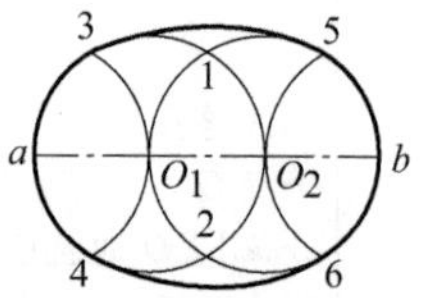	①将 $\overline{ab}$ 3 等分。等分点为 O_1 和 O_2，分别以 O_1 和 O_2 为圆心，取 $\overline{aO_1}$ 为半径画两圆，且相交于 1、2 两点 ②分别以 a 和 b 为圆心，仍取 $\overline{aO_1}$ 为半径画弧交两圆于 3、4、5、6 各点 ③分别以 1 和 2 为圆心，取 $\overline{25}$ 线段长为半径画弧 $\overset{\frown}{35}$、$\overset{\frown}{46}$，即为所求之椭圆
已知短轴 $\overline{cd}$ 作椭圆	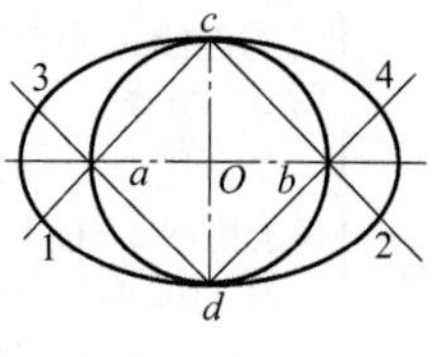	①取 $\overline{cd}$ 的中点为 O，过 O 作 $\overline{cd}$ 的垂线与以 O 为圆心，$\overline{cO}$ 为半径的圆相交于 a、b 两点 ②分别以 c 点和 d 点为圆心，取 $\overline{cd}$ 为半径画弧交 $\overline{ca}$、$\overline{cb}$ 和 $\overline{da}$、$\overline{db}$ 的延长线于 1、2、3、4 点 ③分别以 a 点和 b 点为圆心，取 $\overline{a1}$ 为半径画弧 $\overset{\frown}{13}$ 和 $\overset{\frown}{24}$，即完成所求之椭圆

续表

已知条件与要求	图　形	操作要点
已知长轴 $\overline{ab}$ 和短轴 $\overline{cd}$ 作椭圆	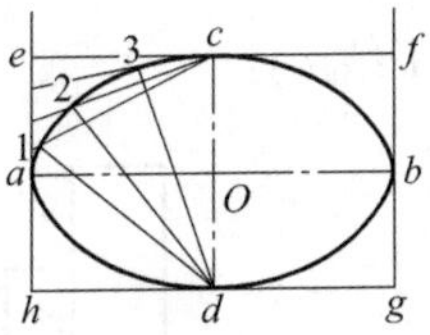	①长轴 $\overline{ab}$ 和短轴 $\overline{cd}$ 相交于 O 点 ②分别过 a、b 和 c、d 点作 $\overline{cd}$ 和 $\overline{ab}$ 的平行线，交成矩形，交点分别为 e、f、g、h ③把 $\overline{aO}$ 和 $\overline{ae}$ 作相同的等分（图中 4 等分）并从 c 点作 $\overline{ae}$ 线上各等分点的连线和从 d 点作 $\overline{aO}$ 线上的各等分点的连线并延长，各对连线分别交于 1、2、3 各点 ④用光滑曲线连接各点得 1/4 的椭圆，同理求出其他三边曲线

4.1.4　划线时的找正与借料

找正和借料是划线中常用到的操作手段，主要目的是充分保证工件的划线质量，并在保证质量的前提下，充分利用、合理使用原材料，从而在一定程度上降低成本，提高生产率。所谓找正是指利用划线工具（划线盘、直角尺等）使工件的待加工表面相对基准（不加工面）处于合适位置的操作过程。对于毛坯工件，在划线前一般都要进行找正。

当零件毛坯材料在形状、尺寸和位置上的误差缺陷，用找正后的划线方法不能补救时，就要用借料的方法来解决。所谓借料就是通过若干次的试划线和调整，使各个加工面的加工余量合理分配，互相借用，从而保证各个加工表面都有足够的加工余量，而误差和缺陷可在加工后排除。

应该指出的是，划线时的找正和借料这两项工作是密切结合进行的。因此，找正和借料必须相互兼顾，使各方面都满足要求，如果只考虑一方面，忽略其他方面，是不能做好划线工作的。

（1）找正

划线过程中，通过对工件找正，可以达到以下目的：当工件毛坯上有不加工表面时，通过找正后再划线能使加工表面和不加工表面之间的尺寸得到均匀合理地分布；当工件毛坯上没有不加工表面时，对加工表面自身位置找正后再划线，能使各加工表面的加工余量得到均匀合理地分配。

根据所加工工件结构、形状的不同，找正的方法也有所不同，但主要应遵循以下原则。

① 为了保证不加工面与加工面各点间的距离相同（一般称壁厚均匀），应将不加工面用划线盘找平（当不加工面为水平面时），或把不加工面用直角尺找垂直（当不加工面为垂直面时）后，再进行后续加工面的划线。

图 4-2 为轴承座毛坯找正划线的实例。该轴承座毛坯底面 A 和上面 B 不平行，

误差为 f_1，内孔和外圆不同心，误差为 f_2。由于底面 A 和上面 B 不平行，造成底部尺寸不正，在划轴承座底面加工线时，应先用划线盘将上面（不加工的面）B 找正成水平位置，然后划出底面加工线 C，这样底部的厚度尺寸就达到均匀。在划内孔加工线之前，应先以外圆（不加工的面）ϕ_1 为找正依据，用单脚规找出其圆心，然后以此圆心为基准划出内孔的加工线 ϕ_2。

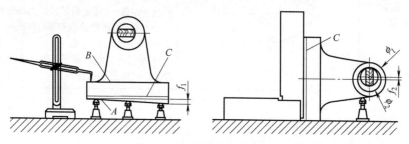

图 4-2　轴承座的找正划线

② 如有几个不加工表面时，应将面积最大的不加工表面找正，并照顾其他不加工表面，使各处壁厚尽量均匀，孔与轮毂或凸台尽量同心。

③ 如没有不加工平面时，要以欲加工孔毛坯面和凸台外形来找正。对于有很多孔的箱体，要照顾各孔毛坯和凸台，使各孔均有加工余量而且尽量与凸台同心。

④ 对有装配关系的非加工部位，应优先作为找正基准，以保证工件的装配质量。

（2）借料

要做好借料划线，首先要知道待划毛坯材料的误差程度，确定需要借料的方向和大小，这样才能提高划线效率。如果毛坯材料误差超出许可范围，就无法利用借料来补救了。

划线时，有时因为原材料的尺寸限制需要利用借料，通过合理调整划线位置来完成。有时在划线时，又因原材料的局部缺陷，需要利用借料，通过合理调整划线位置，来完成划线。因此，在实际生产中，要灵活地运用借料来解决实际问题。

如图 4-3 所示为一支架，图 4-3（a）为支架铸件毛坯的实际尺寸；图 4-3（b）为支架的图样，需要加工的部位是 $\phi40$mm 孔和底面两处。

由于铸造缺陷，$\phi32$mm 孔的中心高向下偏移，如果按图样以此中心高直接进行划线，则当底面划出 5mm 加工线后，$\phi32$mm 孔的中心高将跟着降低 5mm，从 62mm 降到 57mm，这样就与 $\phi40$mm 孔的中心高 60mm 相比降低 60-57=3mm。这时，$\phi40$mm 孔的单边最小加工余量为（40-32）/2-3=1mm。由于 $\phi40$mm 孔的单边余量仅为 1mm，可能导致孔加工不出来，使毛坯报废，如图 4-3（c）所示。

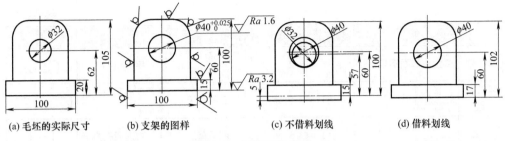

(a) 毛坯的实际尺寸　　(b) 支架的图样　　(c) 不借料划线　　(d) 借料划线

图 4-3　借料划线实例

为了不使毛坯报废，将采取借料划线的方法进行补救。为保证 ϕ40mm 孔的中心高不变，而且又有比较充足的单边加工余量，就只能向支架底面借料。底面的加工余量为 5mm，如果向支架底面借料 2mm，则 ϕ40mm 孔的单边加工余量可达到 3mm，这样就使孔有比较充足的加工余量，而且支架底面还有 3mm 的加工余量，是能够满足加工要求的。由于向支架底面借料 2mm，会导致支架总高增加 2mm 变为 102mm，但由于顶部表面不加工，且无装配关系，因此不会影响其使用性能，如图 4-3（d）所示。

4.2　锉削

用锉刀对工件表面进行切削加工，使工件达到所需要的尺寸、形状和表面粗糙度，这种加工方法叫锉削。锉削的最高精度可达 0.01mm 左右，表面粗糙度可达 Ra=1.6μm 左右。

4.2.1　锉削的工具与应用

锉削加工的工具主要为锉刀。锉刀一般采用 T12 或 T12A 碳素工具钢经过轧制、锻造、退火、磨削、剁齿和淬火等工序加工而成，经表面淬火热处理后，其硬度不小于 62HRC。

（1）锉刀的种类和用途

锉刀的种类很多，按锉刀使用情况，可分为普通锉刀、异形锉刀和什锦锉刀三类。其中，普通锉刀又以其断面形状分为平锉、方锉、三角锉等；异形锉刀有刀口锉、菱形锉等；什锦锉刀又称整形锉，外形尺寸很小，形状也很多，通常是 8 把、10 把或 12 把组成一组，成组供货。表 4-5 给出了锉刀的种类和用途。

表 4-5　锉刀的种类和用途

名称	形状	锉纹号	齿形情况	用途	截面图
大方锉	正方形、向头部逐渐缩小	1, 2	四面有齿	平面粗加工	▨

续表

名称	形 状	锉纹号	齿形情况	用途	截面图
大平锉	全长截面相等	1, 2	两面或三面有齿	平面粗加工	
平头扁锉	长方形、向头部逐渐缩小	3, 4, 5, 6	三面有齿	平面和凸起的曲面	
方锉	正方形、向头部逐渐缩小	3, 4, 5, 6	四面有齿	方形通孔方槽	
三角锉	正三角形、向头部逐渐缩小	1, 2, 3, 4, 5, 6	三面有齿	三角形通孔三角槽	
锯锉	向头部逐渐缩小	3, 4, 5, 6	宽边双齿狭边单齿	锉锯齿	
刀口锉	向头部逐渐缩小	2, 3, 4, 5, 6	宽边双齿狭边单齿	楔形燕尾形的通孔	
圆锉	向头部逐渐缩小	1, 2, 3, 4, 5, 6	大锉双齿小锉单齿	圆孔和圆槽	
半圆锉	向头部逐渐缩小	1, 2, 3, 4, 5, 6	平面双齿圆面单齿	平面和通孔	
菱形锉	向头部逐渐缩小	2, 3, 4, 5, 6	双齿	有尖角的槽和通孔	
扁三角锉	向头部逐渐缩小	2, 3, 4, 5, 6	下面一边双齿	有尖角的槽和通孔	
橄榄锉	向头部逐渐缩小	1, 2, 3, 4, 5, 6	全部双齿	半径较大的凹圆面	
什锦锉（组锉）	向头部逐渐缩小	1, 2, 3, 4, 5, 6	全部双齿	各种形状通孔	各种形状
木锉	向头部逐渐缩小	1, 2	锉齿大	软材料	各种形状

普通锉刀按锉刀主锉纹条数的不同，可分为粗齿锉刀、中齿锉刀、细齿锉刀、油光锉刀、细油光锉刀 5 种，按其密疏等级分为以下几种锉纹号：

①1 号，粗齿锉刀，齿距为 0.83 ～ 2.3mm；

②2 号，中齿锉刀，齿距为 0.42 ～ 0.77mm；

③3 号，细齿锉刀，齿距为 0.25 ～ 0.33mm；

④4 号，油光锉刀，齿距为 0.2 ～ 0.25mm；

⑤5 号，细油光锉刀，齿距为 0.16 ～ 0.2mm。

同样，异形锉刀和什锦锉刀也按其锉刀主锉纹条数的不同，分为 00，0，1，…，8 共 10 种锉纹号。

（2）锉削的应用及锉刀的选用

锉削的工作范围非常广，可以锉削工件的表面、内孔、沟槽与各种形状复杂的表面。

锉削前，应正确地选用锉刀，如选择不当，会浪费工时或锉坏工件，也会过早地使锉刀失去切削能力。选用锉刀应遵循下列原则。

① 按工件所需加工部位的形状选用锉刀。图 4-4 给出了根据工件形状选用锉刀的情况。

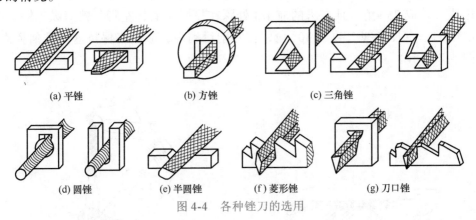

(a) 平锉　　　　　　(b) 方锉　　　　　　(c) 三角锉

(d) 圆锉　　　(e) 半圆锉　　　(f) 菱形锉　　　(g) 刀口锉

图 4-4　各种锉刀的选用

② 按工件加工的余量、精度和材料性质选用锉刀。粗齿锉刀适用于锉削加工余量大、加工精度和表面粗糙度要求不高的工件；而细齿锉刀适用于锉削加工余量小、加工精度和表面粗糙度要求较高的工件；异形锉刀用于加工特殊表面；什锦锉刀用于修整工件精密细小的部位。

4.2.2　锉削的操作方法

（1）基本操作手法

锉削操作时，应熟练掌握锉刀的基本操作方法，主要有锉刀柄的装卸、锉刀的握法以及锉削时两手用力的变化等内容。

① 锉刀柄的装卸。为了能握持锉刀和使用方便，锉刀必须上木柄。木柄必须用较紧韧的木材制作，插孔的外部要套有一个铁圈，以防装锉时将木柄胀裂。锉刀柄安装孔的深度约等于锉舌的长度，其孔径以锉舌能自由插入 1/2 为宜。装柄与卸柄方法如图 4-5 所示。

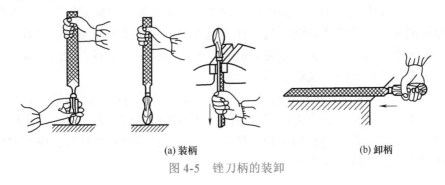

(a) 装柄　　　　　　　　　　　　　(b) 卸柄

图 4-5　锉刀柄的装卸

② 锉刀的握法。锉削时，一般是右手心抵着锉刀木柄的端头握锉柄，大拇指放在木柄上面，左手压锉，如图 4-6 所示。

③ 站立姿势。锉削时对站立姿态的要求是：要以锉刀纵（轴）向中心线的垂直投影线为基准，两脚跟大致与肩同宽，右脚与锉刀纵（轴）向中心线的垂直投影线大致成 75° 角，且右脚的前 1/3 处踩在投影线上；左脚与锉刀纵（轴）向中心线的垂直投影线大致成 30° 角，在锉削运动中，应始终保持这种几何姿态，如图 4-7 所示。

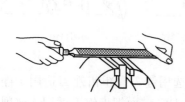

图 4-6　锉刀的握法

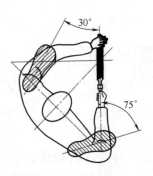

图 4-7　站立姿势

④ 锉削时的施力。锉刀推进时，应保持在水平面内运动，主要靠右手来控制，而压力的大小由两手控制，使锉刀在工件上的任一位置时，锉刀前后两端所受的力矩应相等，才能使锉刀平直水平运动。两手用力的变化，如图 4-8 所示。

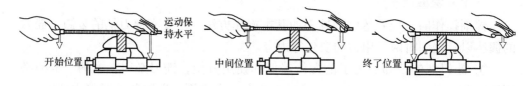

图 4-8　锉削时的施力

锉削开始时，左手压力大，右手压力小，随着锉刀向前推进，左手压力要逐渐减小，右手压力逐渐增大，到中间时两手压力应相等；再向前推进时，左手压力又逐渐减小，右手压力逐渐增大；锉刀返回时，两手都不加压力，以减少齿面磨损。如两手用力不变，则开始时刀柄会下偏，而锉削终了时，前端下垂，结果会锉成两端低、中间凸的鼓形表面。

⑤ 工件的夹持。工件夹持得正确与否，将直接影响锉削的质量与效率。一般夹持的工件应尽量夹在台虎钳钳口中间，伸出钳口不要太高，且夹持牢固，但不能使工件变形。在夹持已加工面、精密工件和形状不规则工件时，应在钳口加适宜的衬垫，以免将工件表面夹坏。

⑥ 锉削时的注意事项。锉削时，要注意以下事项：新锉刀应先用一面，用钝后再使用另一面，在使用中先用于锉削软金属，使用一段时间后，再锉削硬金属，以延长锉刀使用寿命；锉刀上不可沾油或沾水，以防锉削时打滑或锉齿锈蚀；不可用锉刀来锉带有型砂的铸件或带有硬皮表面的锻件，以及经过淬硬的表面，也不可用细锉锉软金属；不可用锉刀当作装拆、锤击或撬动的工具；锉刀上的铁屑应用毛刺顺齿纹刷掉，不准用嘴吹，也不准用手去清除，以防铁屑飞进眼里或伤手。

（2）各种表面的锉削方法

① 平面锉削。常用的平面锉削方法有顺向锉、交叉锉和推锉三种，分别参见图 4-9（a）、图 4-9（b）、图 4-9（c）。

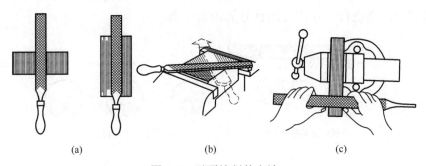

图 4-9　平面锉削的方法

a. 顺向锉是锉刀始终沿其长度方向锉削，一般用于锉平或锉光，它可得到正直的锉痕。

b. 交叉锉是先沿一个方向锉一层，然后再转 90° 锉第二遍，如此交叉进行。这样可以从锉痕上发现锉削表面的高低不平情况，容易把平面锉平。此法锉刀与工件接触面较大，锉刀容易掌握平稳，适用于加工余量较大和找平的场合。

c. 推锉是锉刀的运动与其长度方向相垂直。其一般用于锉削窄长表面或是工件表面已锉平、加工余量很小时，用于光洁其表面或修正尺寸。

② 曲面的锉削。曲面有外圆弧面、内圆弧面、球弧面三种。一般锉外圆弧面用平锉，锉内圆弧面用圆锉或半圆锉。

a. 外圆弧面的锉削。一般采用顺着圆弧面锉削，如图 4-10（a）所示。锉削时，在锉刀做前进动作的同时绕工件圆弧中心摆动，在摆动时右手下压，而左手把锉刀前端往上提，这样，能使锉出的圆弧表面圆滑无棱边。该操作方法由于力量不易发挥，故效率不高，锉削位置不易掌握，因而只适用于余量较小的情况或精锉外圆弧面。

当余量较大时，可采用横着圆弧面锉削，如图 4-10（b）所示。此法力量易于发挥，效率较高，常用于圆弧面粗加工。

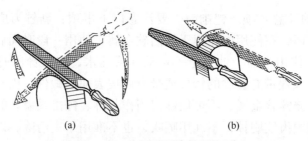

(a)   (b)

图4-10 外圆弧面的锉削方法

　　b.内圆弧面的锉削。锉内圆弧面时，一般采用滚锉法。锉刀要同时完成三个动作，如图4-11所示，即前进回缩动作、向左或向右移动（约半个或一个锉刀直径）动作、绕锉刀中心线转动（顺时针或逆时针方向转动90°左右）。只有三个动作同时协调进行，才能锉出良好的内圆弧面。

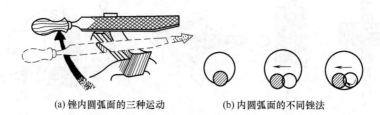

(a)锉内圆弧面的三种运动   (b)内圆弧面的不同锉法

图4-11 内圆弧面的锉削方法

图4-12 球弧面的锉削方法

　　c.球弧面的锉削。锉圆柱工件端部球面时，锉刀在做外圆弧面锉法动作的同时，还要绕球面中心向周边摆动，如图4-12所示。

　　③平面与曲面连接部位的锉削做。一般情况下，应先加工平面后加工曲面，这样有利于保证连接部位的圆滑。

　　（3）锉削质量检查

　　①检查平直度。检查平直度的方法基本上有两种：一是用刀口直尺或钢板尺以透光法来检查，二是采用研磨法检查。

　　如图4-13（a）所示，将工件擦净后用刀口直尺或钢板尺靠在工件平面上，如果刀口直尺、钢板尺与工件表面透光微弱而均匀，则该平面是平直的；假如透光强弱不一，表明该面高低不平。检查时应在工件的横向、纵向和对角线方向多处进行，如图4-13（b）所示。如图4-13（c）所示为平直度正确的工件平面及几种不同形状的工件平面。钢板尺一般只在粗加工时使用。

　　如图4-14（a）所示，在平板上涂红丹粉（或蓝油），然后把锉削平面放在平板上，均匀地轻微摩擦几下，参见图4-14（b）。如果平面着色均匀，说明平直了。有的呈灰亮色（高处），有的没有着色（凹处），说明高低不平，如图4-14（c）所示。

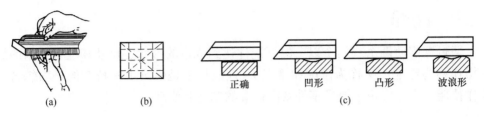

图 4-13　用刀口直尺检查平直度

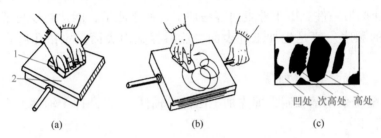

图 4-14　研磨法检查平直度
1—工件；2—标准板

② 检查垂直度。使用直角尺（俗称弯尺），同样采用透光法，以基准面为基准，对其他各面有次序地检查，如图 4-15（a）所示。阴影部分为基准面。

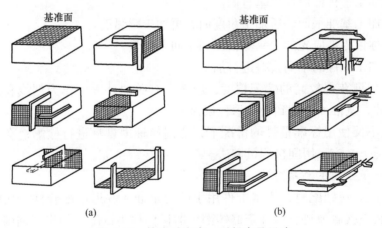

图 4-15　检查垂直度、平行度及尺寸

③ 检查平行度与尺寸。平行度可用游标卡尺与千分尺进行检查。使用千分尺时，要根据工件的尺寸大小选择相应规格的千分尺。检查时在全长不同的位置上多测量几次，如图 4-15（b）所示。

④ 检查表面粗糙度。一般用眼睛直接观察，为鉴定准确，可使用表面粗糙度样板对照检查。

4.3 锉配

通过锉削使两个或两个以上的互配件达到规定的形状、尺寸和配合要求的加工操作称为锉配（又称为镶配和镶嵌）。锉配加工是模具工所特有的一项综合性操作技能，广泛应用于模具零件及配件等的制造和修理。

4.3.1 锉配的原则与方法

锉配的基本方法：先把相配的其中一件零件锉好，作为基准件，然后再用基准件来锉配另一件。由于外表面容易加工，便于测量，能达到较高精度，所以锉配加工的顺序一般是先加工外表面，然后锉配内表面，先钻孔后修形（形位公差）。

（1）锉配加工的一般原则

① 锉配应采用基轴制，即先加工凸件（轴件），以凸件（轴件）为基准件锉配凹件（孔件）。

② 尽量选择面积较大且精度较高的面作为第一基准面，以第一基准面控制第二基准面，以第一基准面和第二基准面共同控制第三基准面。

③ 先加工外轮廓面，后加工内轮廓面，以外轮廓面控制内轮廓面。

④ 先加工面积较大的面，后加工面积较小的面，以大面控制小面。

⑤ 先加工平行面后加工垂直面。

⑥ 先加工基准平面，后加工角度面，再加工圆弧面。

⑦ 对称性零件应先加工一侧，以利于间接测量。

⑧ 按加工工件的中间公差进行加工。

⑨ 为保证获得较高的锉配精度，应选择有关的外表面作为划线和测量的基准面，因此，基准面应达到最小形位误差要求。

⑩ 在不便使用标准量具的情况下，应制作辅助量具进行检测；在不便直接测量的情况下，应采用间接测量方法。

（2）锉配加工的基本方法

① 试配。在锉配时，将基准件用手的力量插入并退出配合件，在配合件的配合面上留下接触痕迹，以确定修锉部位的操作称为试配（相当于刮削中的对研显点）。为了清楚显示接触痕迹，可以在配合件的配合面上涂抹红丹粉、蓝油、烟墨等显示剂。

② 同向锉配。锉配时，将基准件的某个基准面与配合件的相同基准面置于同一个方向上进行试配、修锉和配入的操作称为同向锉配，如图 4-16 所示。

③ 换向锉配。锉配时，将基准件的某个基准面进行一个径向或轴向的位置转换，再进行试配、修锉和配入的操作称为换向锉配，如图 4-17 所示。

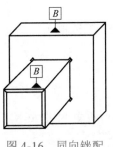

图 4-16 同向锉配

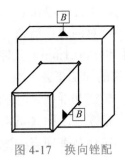

图 4-17 换向锉配

4.3.2 典型形面的锉配操作

(1) 垂直形面的锉配操作

图 4-18 为四方体锉配图样。其中，图 4-18（a）所示轴件毛坯尺寸为 25mm×25mm×50mm；图 4-18（b）所示孔件毛坯尺寸为 52mm×52mm×20mm。

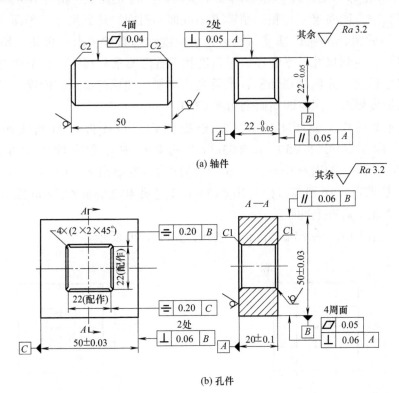

图 4-18 四方体锉配

锉配技术要求：

① 以轴件为基准件，孔件为配作件；

② 换向配合间隙≤0.1mm；

③ 试配时不允许敲击；

④ 用手锯对四方孔清角（锯出 2mm×2mm×45° 工艺槽）；

⑤ 轴件倒角 0.1mm，孔件周面倒角 C0.4。

1）轴件的加工工艺

① 粗、精锉基准面 A，达到平面度要求。

② 粗、精锉基准面 A 的对面，达到平面度、平行度和尺寸要求。

③ 粗、精锉基准面 B，达到平面度和垂直度要求。

④ 粗、精锉基准面 B 的对面，达到平面度、平行度、垂直度和尺寸要求。

⑤ 全面检查形位精度和尺寸精度，并做必要修整。

⑥ 理顺锉纹，四面锉纹纵向并达到表面粗糙度要求。

⑦ 四棱柱倒角 0.1mm，两端倒角 C2。

2）孔件的加工工艺

① 外形轮廓加工。外形轮廓的加工步骤为：首先，粗、精锉 B 基准面，达到平面度和垂直度要求；再粗、精锉 B 基准面的对面，达到尺寸、平面度和平行度要求；然后粗、精锉 C 基准面，达到平面度和垂直度要求；再粗、精锉 C 基准面的对面，达到尺寸、平面度、平行度和垂直度要求；接下来，全面检查形位精度和尺寸精度，并做必要修整；最后光整锉削，理顺锉纹，四面锉纹纵向并达到表面粗糙度要求，同时四周面倒角为 C0.4。

② 划线操作。如图 4-19 所示，根据图样，对孔件进行划线操作，根据高度方向实际尺寸（50mm±0.03mm）的对称中心和宽度方向实际尺寸（50mm±0.03mm）的对称中心，以 B、C 两面为基准划出十字中心线，再以十字中心线为基准在 A 面和其对面划出 φ18mm 工艺孔和 22mm×22mm 四方孔的加工线，检查无误后打上冲眼。

③ 工艺孔加工。钻出 φ18mm 工艺孔，如图 4-20 所示。

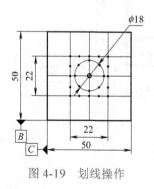

图 4-19　划线操作

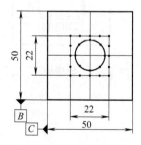

图 4-20　工艺孔加工

④ 锉削四方孔。锉削四方孔的加工步骤为：首先，粗锉四方孔，按线粗锉四方孔各面，单边留 0.5mm 半精加工余量，如图 4-21（a）所示；再用手锯对四

方孔清角（2mm×2mm×45°），如图 4-21（b）所示；最后，半精锉四方孔，如
图 4-21（c）所示。以 *C* 面为基准精锉四方孔第 1 面和第 2 面，以 *B* 面为基准精
锉四方孔第 3 面和第 4 面，单边留 0.1mm 的试配余量，注意控制与 *A* 基准面的
垂直度要求和与 *B*、*C* 基准面的对称度要求，孔口倒角 *C*1。

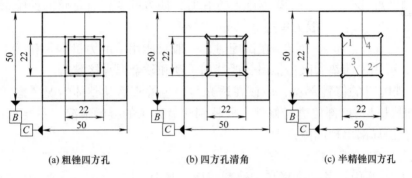

(a) 粗锉四方孔　　　　　(b) 四方孔清角　　　　　(c) 半精锉四方孔

图 4-21　四方孔的锉削

锉削四方孔时，可能出现下列几种典型缺陷，即端口凹圆弧、端口凸圆弧、
轴向中凸和轴向喇叭口（如图 4-22 所示）。因此，在粗锉、半精锉四方孔时，就
要尽量防止这些缺陷；在精锉四方孔时，要最大限度地减少这些缺陷，以保证锉
配质量。

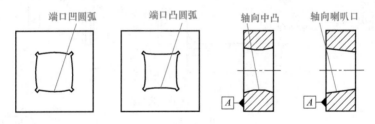

图 4-22　四方孔锉削缺陷

3）锉配加工

① 同向锉配。开始锉配时，要以轴件端部
一角插入孔件 *A* 基准面孔口进行试配，如图 4-23
（a）所示，轴件与孔件进行同向锉配，如图 4-23
（b）所示。试配前，可以在四方孔的四面涂抹显
示剂，这样接触痕迹就很清晰，便于确定修锉部
位。当轴件全部通过四方孔后，同向锉配完成。

② 换向锉配。同向锉配完成后，将轴件径向
旋转 90° 进行换位试配（如图 4-24 所示）。换向

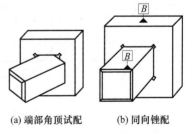

(a) 端部角顶试配　　(b) 同向锉配

图 4-23　四方孔的同向锉配

锉配时，一般只需作微量修锉即可。当轴件全部通过四方孔后，换向锉配完成。

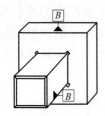

图4-24　换向锉配

4）四方体锉配要点

① 为获得较高的换向配合精度，轴件的宽、高尺寸（$22_{-0.05}^{0}$mm、$22_{-0.05}^{0}$mm）必须控制在配合间隙的1/2范围内（即 0.10/2 =0.05mm）。

② 锉削四方孔时，四方孔要留有足够的锉配余量，一般为单边 0.10mm 左右。

③ 在试配时，一般只能用手的力量推入和推出，若推不出来，可用木棒垫着敲击推出，严禁用手锤和硬金属直接敲击。

④ 锉配时的修锉部位，应该在透光与涂色检查后从整体情况考虑，合理确定。一般只对亮点部位进行修锉，要特别注意四角的接触情况，不要盲目修锉，防止配合面局部出现间隙过大。

（2）角度形面的锉配操作

图4-25为内、外角度样板的锉配图样。其中，图4-25（a）所示内角度样板的毛坯尺寸为 36mm×22mm×4mm；图4-25（b）所示外角度样板的毛坯尺寸为 46mm×36mm×4mm。

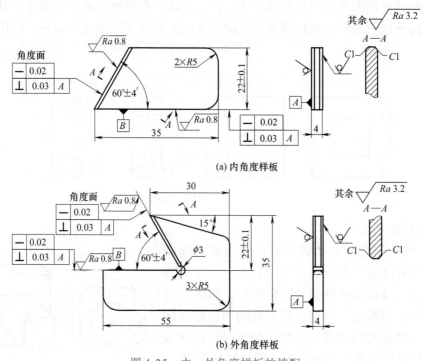

(a) 内角度样板

(b) 外角度样板

图4-25　内、外角度样板的锉配

锉配技术要求为：

① 以内角度样板为基准件，外角度样板配作；

② 配合间隙≤ 0.03mm；

③ 内、外角度样板非角度面倒角 C0.4；

④ 研磨两工作面。

1）内角度样板的加工工艺

① 外形轮廓加工。

② 粗、精锉 B 基准面，达到直线度和与 A 基准面垂直度的要求。

③ 按照图样划出角度面加工线，锯除多余部分。

④ 粗、精锉角度面，达到直线度、与 B 基准面的角度以及与 A 基准面的垂直度要求。

⑤ 角度面倒角 C1，非角度面倒角 C0.4。

2）外角度样板的加工工艺

① 外形轮廓加工。

② 按照图样划出角度及工艺孔加工线，钻出 ϕ3mm 工艺孔，锯除多余部分。

③ 粗锉 B 基准面和角度面，留 0.5mm 的半精加工余量。

④ 半精锉 B 基准面，留 0.1mm 的精锉余量。

⑤ 精锉 B 基准面，达到直线度和与 A 基准面的垂直度要求。

⑥ 以 B 面为基准，精锉角度面，达到直线度、与 B 基准面的角度以及与 A 基准面的垂直度要求。

⑦ 角度面倒角 C1，非角度面倒角 C0.4。

3）研磨加工

选用磨料粒度号数为 100～280 的磨料配制成研磨剂，对内、外角度样板工作面作研磨，达到表面粗糙度 Ra=0.8μm。

（3）圆弧形面的锉配操作

图 4-26 为凸、凹圆弧体的锉配图样。其中，图 4-26（a）所示凸件的毛坯尺寸为 82mm×45mm×20mm；图 4-26（b）所示凹件的毛坯尺寸为 82mm×46mm×20mm。

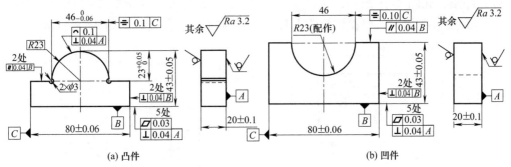

图 4-26　凸、凹圆弧体的锉配

锉配技术要求为：

① 以凸件为基准件，凹件为配作件；

② 换向配合间隙≤0.1mm；

③ 侧面错位量≤0.1mm；

④ 周面倒角 C0.4；

⑤ 试配时不允许敲击。

1）凸件的加工工艺

① 凸件外形轮廓加工。加工要求如图 4-27 所示。

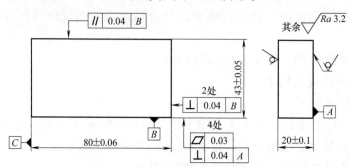

图 4-27　凸件外形轮廓加工

加工步骤为：首先，粗、精锉 B 基准面，达到平面度和与 A 基准面的垂直度要求；然后，粗、精锉 B 基准面的对面，达到尺寸、平面度、平行度和与 A 基准面的垂直度要求；再粗、精锉 C 基准面，达到平面度和与 A、B 基准面的垂直度要求；接着粗、精锉 C 基准面的对面，达到尺寸、平面度、平行度和与 A、B 基准面的垂直度要求；最后，光整锉削，理顺锉纹，四面锉纹纵向并达到表面粗糙度要求。同时，四周面倒角为 C0.4。

② 划线操作。根据图样，划出凸圆弧轮廓加工线；以 B 面的对面为辅助基准从上面下降 23mm，划出 R23 圆弧高度位置线；再以 C 面为基准、以宽度实际尺寸（80mm）的 1/2（对称中心线）为辅助基准划出 R23 圆弧圆心位置线；划出 φ3mm 工艺孔加工线；用划规划出 R23 圆弧加工线，检查无误后在相关各面打上冲眼，如图 4-28 所示。

③ 工艺孔加工。根据图样在凸体上钻出 φ3mm 工艺孔，如图 4-29 所示。

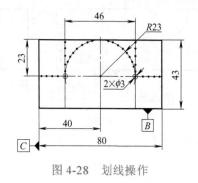

图 4-28　划线操作

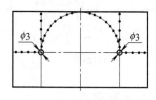

图 4-29　钻工艺孔

④ 凸件凸台加工。加工步骤如下。首先，按线锯除右侧一角多余部分，留 1mm 粗锉余量，如图 4-30 所示；再粗锉、半精锉右台肩面 1 和右垂直面 2，留 0.1mm 的精锉余量；然后，精锉右台肩面 1，用工艺尺寸 X_1（$20_{-0.05}^{0}$ mm）间接控制凸圆弧高度尺寸 $23_{0}^{+0.05}$ mm，注意控制右台肩面 1 与基准面 B 的平行度、与 A 基准面的垂直度以及自身的平面度，精锉右垂直面 2，用工艺尺寸 X_2（$63_{-0.06}^{0}$ mm）间接控制与 C 基准面的对称度要求，注意控制与 A 基准面的垂直度以及自身的平面度，如图 4-31 所示。

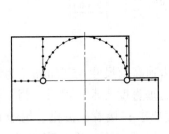

图 4-30 锯除右侧一角

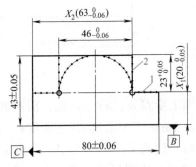

图 4-31 精锉右端台肩面、垂直面

同样，按线锯除左侧一角多余部分，留 1mm 粗锉余量；再粗锉、半精锉左台肩面 3 和左垂直面 4，留 0.1mm 的精锉余量；然后，精锉左台肩面 3，用工艺尺寸 X_3（$20_{-0.05}^{0}$ mm）间接控制凸圆弧高度尺寸 $23_{0}^{+0.05}$ mm，注意控制左台肩面 3 与 B 基准面的平行度、与 A 基准面的垂直度以及自身的平面度；精锉左垂直面 4，注意控制凸圆弧宽度尺寸（$46_{-0.06}^{0}$ mm）、与 A 基准面的垂直度以及自身的平面度，如图 4-32 所示。

⑤ 凸件圆弧面的加工。加工步骤为：首先，锯除凸圆弧加工线外多余部分，如图 4-33 所示；然后，粗、精锉凸圆弧面，用半径样板检测线轮廓度，用直角尺检测垂直度，达到图样要求的线轮廓度和与 A 基准面的垂直度；最后，将凸圆弧面和台肩面锉倒角 $C0.4$，并全面检查并做必要的修整，同时理顺锉纹，凸圆弧面及台肩面锉纹径向并达到表面粗糙度要求。

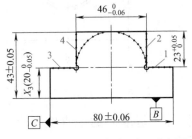

图 4-32 精锉左端台肩面、垂直面

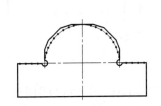

图 4-33 锯除多余部分

2）凹件的加工工艺

① 凹件外形轮廓加工。加工要求如图 4-34 所示。

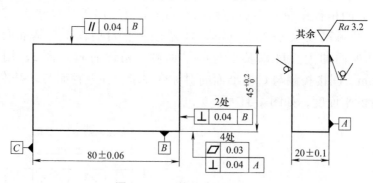

图 4-34 凹件外形轮廓加工

加工步骤为：首先，粗、精锉 B 基准面，达到高度尺寸 $45_{0}^{+0.2}$mm（为划线需要预留 1mm 高度余量）、平面度和与 A 基准面的垂直度要求；然后，粗、精锉 C 基准面，达到平面度和与 A、B 基准面的垂直度要求；接着，再粗、精锉 C 基准面的对面，达到尺寸、平面度、平行度和与 A、B 基准面的垂直度要求；最后，光整锉削，理顺锉纹，四面锉纹纵向并达到表面粗糙度要求，同时四周面倒角为 C0.4。

② 划线操作。根据图样，划出凹圆弧轮廓加工线；以 B 面为基准上升 43mm，划出 R23 圆弧圆心的高度方向位置线；再以 C 面为基准，划出长度实际尺寸（80mm）的 1/2 即对称中心线作为 R23 圆弧圆心的长度方向位置线；用划规划出 R23 圆弧加工线，检查无误后在相关各面打上冲眼，如图 4-35 所示。

③ 锉削 B 基准面的对面，达到尺寸（43mm±0.05mm）、平面度、平行度和与 A、B 基准面的垂直度要求，倒角为 C0.4。

④ 除去凹圆弧加工线外多余部分，可先钻出工艺排孔，再采用手锯将多余部分交叉锯掉，至少留 1mm 的粗锉余量，如图 4-36 所示。

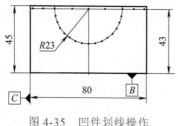

图 4-35 凹件划线操作

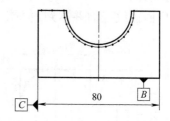

图 4-36 除去凹圆弧多余部分

⑤ 粗锉、半精锉凹圆弧面，注意控制与 A 基准面的垂直度要求，倒角为 C0.4，留 0.1mm 的锉配余量，如图 4-37 所示。

3）锉配加工

① 同向锉配。凸件与凹件进行同向锉配，如图 4-38（a）所示。试配前，可以在凹圆弧面上涂抹显示剂，这样试配时的接触痕迹就很清晰，便于确定修锉部位。

② 换向锉配。锉配过程中，凸件与凹件要进行换向锉配，即将凸件径向旋转 180° 进行换向试配、修锉，如图 4-38（b）所示。

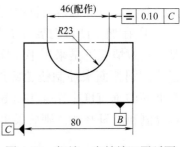

图 4-37　粗锉、半精锉凹圆弧面

③ 当凸件全部配入凹件，且换向配合间隙小于等于 0.1mm，侧面错位量小于等于 0.1mm，锉配完成。

凸、凹圆弧体锉配中容易出现配入后圆弧面间局部间隙过大而超差和侧面错位量超差等缺陷，如图 4-39 所示。

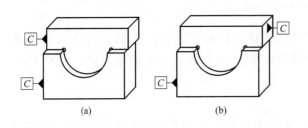

图 4-38　锉配加工

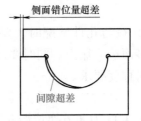

图 4-39　圆弧体锉配典型缺陷

配入后圆弧面间局部间隙过大而超差的原因分为两个方面。在凸件方面，其一是圆弧面本身有局部塌面，导致线轮廓度超差；其二是圆弧面与 A 基准面有垂直度超差，如图 4-40 所示。在孔件方面，其一是在试配时孔件圆弧面由于局部修锉得过多而造成局部塌面，导致线轮廓度超差；其二是圆弧面与 A 基准面有垂直度超差，如图 4-41 所示。侧面错位量是由凸件圆弧有对称度超差或凹件圆弧有对称度超差造成的。

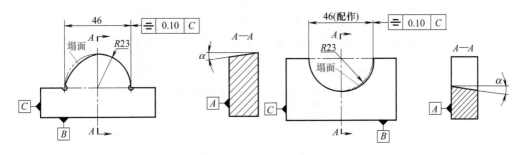

图 4-40　凸圆弧体缺陷　　　　　图 4-41　凹圆弧体缺陷

4）凸、凹圆弧体锉配要点

① 在加工凸件时要注意控制与 C 基准面的对称度要求，要对圆弧面加强检测。一般情况下是采用半径样板与直角尺来控制圆弧面形位公差，即采用半径样板检测圆弧面来控制线轮廓度［图 4-42（a）］、用直角尺检测圆弧面来控制与 A 基准面的垂直度［图 4-42（b）］。若采用半圆环规（专制辅助量具）对圆弧面进行检测和对研修锉，则效果更好，见图 4-42（c）。

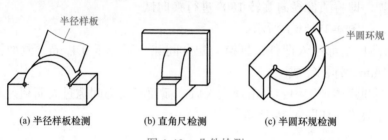

(a) 半径样板检测   (b) 直角尺检测   (c) 半圆环规检测

图 4-42　凸件检测

② 在与孔件试配时，要根据试配痕迹谨慎修锉孔件圆弧面，防止因局部修锉过多而造成塌面。同时要注意控制凹件圆弧面与 A 基准面的垂直度、与 C 基准面的对称度要求。

（4）四方的换位锉配操作

图 4-43 为四方换位镶配图样。从图中可看出，四方块 2 除了要与孔件 1 的四方孔配合外，还要与孔件 1 的 V 形槽进行换位配合。其中，孔件 1 的毛坯尺寸为（75±0.2）mm×（71±0.2）mm；四方块 2 的毛坯尺寸为 ϕ（42±0.1）mm×$8_{-0.1}^{0}$ mm。

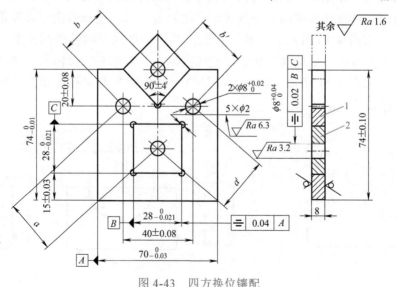

图 4-43　四方换位镶配

1—孔件；2—四方块

锉配的技术要求为：

① 配合处尺寸为四方块 2 的尺寸，孔件 1 按四方块 2 配作；

② 配合间隙 ≤ 0.05mm；

③ 尺寸 a 和尺寸 a' 的误差 ≤ 0.10mm，b 和 b' 误差 ≤ 0.10mm；

④ 锐边倒圆 R=0.3mm。

1）工艺分析

从图中可看出，该锉配加工除了内四方配合外，还要换位镶配，并且要求换位前后两对孔的中心距误差不大于 0.10mm。其关键不仅是要控制四方配合间隙，同时还要控制四方体中孔的位置及 90° V 形槽对称中心误差。所以加工时必须从严控制孔件 1、四方块 2 的加工精度及位置精度，才能满足装配后的技术要求。

2）四方块 2 的加工方法与步骤

根据锉配原则及该工件配合特点，首先应先加工四方块 2。其加工步骤如下。

① 检查毛坯 $\phi(42\pm0.1)\,\text{mm}\times8_{-0.1}^{0}\,\text{mm}$ 尺寸的正确性。

② 按四方块 2 图划出外形线及孔中心线，并在孔中心处打样冲孔。

③ 以四方块 2 的大平面为基准，按线钻、铰孔 $\phi8_{0}^{+0.04}\text{mm}$，表面粗糙度 Ra=1.6μm，去孔口毛刺。

④ 按线粗锉四方体，留余量 0.2mm。

⑤ 依次精锉四方体各面，保证其平面度 ≤ 0.01mm，各面相互垂直度 ≤ 0.01mm（用刀口直角尺检查），并保证尺寸 $28_{-0.021}^{0}\text{mm}$，各面与孔中心的对称度 ≤ 0.01mm，用量块、百分表在平板上测量（见图 4-44）。

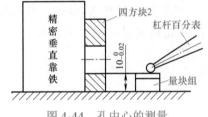

图 4-44 孔中心的测量

3）孔件 1 的加工方法与步骤

孔件 1 应按四方块 2 尺寸进行锉配，其加工步骤如下。

① 检查毛坯尺寸（75±0.2）mm×（71±0.2）mm，两侧面的垂直度 0.02mm，表面粗糙度 Ra=1.6μm。

② 以基准面精锉其余两面，控制尺寸，且留精锉余量 0.2mm，保证平行度、平面度均 ≤ 0.02mm。

③ 按图划出全部外形线及孔中心线（注意留有余量）。

④ 用坐标位移法，先钻、铰孔 $\phi8_{0}^{+0.02}\text{mm}$，控制孔距（40±0.08）mm（见图 4-45）。用平口钳夹零件两端（找平上端面），用中心钻对准第一个孔的中心后，将平口钳压紧在钻床工作台面上，钻、扩、铰孔 $\phi8_{0}^{+0.02}\text{mm}$（孔 I）。测量钳口侧面与基准面 C 的尺寸 A。然后松开平口钳，位移零件至第二夹紧位置。$X=A-40$（用深度尺测量 X）。然后用同样的方法钻、扩、铰孔 $\phi8_{0}^{+0.02}\text{mm}$（孔 II）。

⑤ 以孔中心为基准，先精修锉两基准面，控制尺寸（20±0.02）mm，孔 I

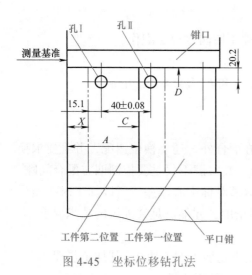

图 4-45　坐标位移钻孔法

与基准面距离为（15±0.02）mm。

⑥ 精锉对称面，控制尺寸 $74_{-0.03}^{0}$ mm，$70_{-0.03}^{0}$ mm。

⑦ 钻排孔，去除四方孔余料，留 0.5mm 余量。

⑧ 用锯割法去除 V 形槽余料，留 0.5mm 余量。

⑨ 粗、精锉四方孔，先锉削底面，控制尺寸（15±0.03）mm。用百分表及量块测量，方法同上。

⑩ 粗、精锉四方孔上端面，控制尺寸（28±0.01）mm。用内测千分尺或内径表测量。

⑪ 锉削四方孔两侧面，尺寸控制（28±0.01）mm，对称度控制在 0.01mm 以内。测量方法是：分别以孔件 1 两侧面为基准，打表测量内四方孔两侧面，两次的差值即为对称度差。

⑫ 粗、精锉 V 形槽，对称度≤0.02mm，测量方法如图 4-46 所示。90°±4′用万能角度尺测量，其深度用千分尺和测量棒控制，如图 4-47 所示，用下列公式计算。

$$M = H - L + R + \frac{R}{\sin\dfrac{\alpha}{2}}$$

式中　M——实测值，mm；

　　　H——零件高度，mm；

　　　L——V 形槽深度，mm；

　　　α——V 形槽角度，（°）；

　　　R——测量棒半径，mm。

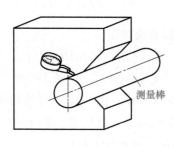

图 4-46　V 形槽对称度的测量

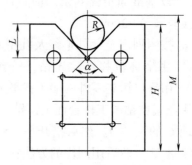

图 4-47　V 形槽深度的测量

⑬ 将四方块 2 装入孔件 1，观察间隙，然后转 180° 再观察，确定修锉位置，直至四方块 2 既能推入，又保证间隙 ≤ 0.02mm。用游标卡尺对角测量两孔距，保证尺寸 a 和 a' 的误差 ≤ 0.10mm。

⑭ 将四方块 2 放在孔件 1 的 V 形槽上，测量 b 和 b'，如有差值，只能修锉孔件 1 的 V 形槽，保证 b 和 b' 的误差 ≤ 0.10mm。

⑮ 锐边倒圆 R=0.3mm。

4.4　研磨

用研磨工具和研磨剂从工件表面磨掉一层极薄的金属，使工件表面具有精确的尺寸、形状和很低的表面粗糙度，这种操作称为研磨。研磨有手工操作和机械操作。在模具的装配及维修工作中，常常也要运用手工研磨操作。

4.4.1　研磨的工具与应用

（1）研具

研具是研磨时决定工件表面几何形状的标准工具。

1）研具的主要类型及适用范围

① 板条形研具。板条形研具通常用来研磨量块及各种精密量具。

② 圆柱和圆锥形研具。在制造与检修工作中，通常见到和使用的是这两种研具。这两种研具又可分为整体式和可调式两种，根据工件的加工部位，又可分为外圆研具和内孔研具。整体式圆柱和圆锥研具见图 4-48。

整体式研具结构简单，制造方便，但由于没有调整量，在磨损后无法补偿，故只用于单件或小批量生产。制作整体式研具时，可按研磨工件的实际加工尺寸、研具的磨损量、工件研磨的切削量，制作一组 1 ～ 3 个不同公差的研具，对工件进行研磨。小批量生产时，可适当增加孔较大公差、外圆较小公差的研具，以补充不足。

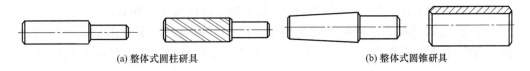

(a) 整体式圆柱研具　　　　　　　(b) 整体式圆锥研具

图 4-48　整体式圆柱和圆锥研具

可调式研具适用于研磨成批生产的工件。由于这种研具可在一定范围内调节尺寸，因此使用寿命较长，但结构复杂，制造比较困难，成本较高，一般工厂很少使用。可调式圆柱和圆锥形研具见图 4-49。

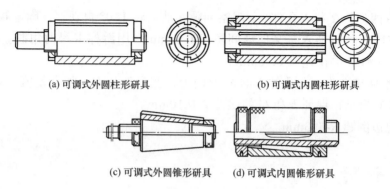

(a) 可调式外圆柱形研具   (b) 可调式内圆柱形研具

(c) 可调式外圆锥形研具   (d) 可调式内圆锥形研具

图 4-49　可调式圆柱和圆锥形研具

2）研具的材料

研具的材料一般有以下两点要求：一是研具材料比工件软，且组织要均匀，可使磨粒嵌入研具表面，对工件进行切削不会嵌入工件表面，但也不能太软，否则嵌入研具太深会失去切削作用；二是要容易加工，寿命长和变形小。

常用的材料有灰铸铁、软钢、纯铜、铅、塑料和硬木等，其中灰铸铁的润滑性能好，有较好的耐磨性，硬度适中，研磨效率较高，是制作研磨工具最常用的材料。

软钢的韧性较好，常作为小型研具，如研磨螺纹和小孔的研具。纯铜的性质较软，容易被磨粒嵌入，适用于作粗研时的研具，其研磨效率也较高。铅、塑料、硬木则更软，用于研磨铜等软金属。

（2）研磨剂

研磨剂是由磨料和研磨液调和而成的混合剂。

1）磨料

磨料在研磨时起切削作用，研磨的效率、精度和表面粗糙度都与磨料有密切的关系。常用的磨料主要有氧化物、碳化物和金刚石三大类。

① 氧化物磨料（俗称钢玉）。氧化物磨料主要用于研磨碳素工具钢、合金工具钢、高速钢和铸钢工件，也适用于研磨铜、铝等有色金属。这类磨料能磨硬度60HRC 以上的工件，其主要品种有棕色氧化铝、白色氧化铝和氧化铬等。

② 碳化物磨料。这种磨料除了用于研磨一般钢料外，主要用来研磨硬质合金、陶瓷和硬铬等高硬度工件，其硬度高于氧化物磨料，主要品种有黑色碳化硅、绿色碳化硅和碳化硼等。

③ 金刚石磨料。金刚石磨料的硬度比碳化物磨料更高，故切削能力也高，分人造的和天然的两种。由于其价格昂贵，一般只用于精研硬质合金、宝石、玛瑙等高硬度材料。

上述各种磨料的系列与用途见表 4-6。

表 4-6 磨料的系列与用途

系列	磨料名称	代号	特性	适用范围
氧化物系	棕刚玉	GZ	棕褐色,硬度高,韧性大,价格便宜	粗、精研磨钢、铸铁、黄铜
	白刚玉	GB	白色,硬度比棕刚玉高,韧性比棕刚玉差	精研磨淬火钢、高速钢、高碳钢及薄壁零件
	铬刚玉	GG	玫瑰红或紫红色,韧性比白刚玉高,磨削光洁度好	研磨量具、仪表零件及高光洁度表面
	单晶刚玉	GD	淡黄色或白色,硬度和韧性比白刚玉高	研磨不锈钢、高钒高速钢等强度高、韧性大的材料
碳化物系	黑碳化硅	TH	黑色有光泽,硬度比白刚玉高,性脆而锋利,导热性和导电性良好	研磨铸铁、黄铜、铝、耐火材料及非金属材料
	绿碳化硅	TL	绿色,硬度和脆性比黑碳化硅高,具有良好的导热性和导电性	研磨硬质合金、硬铬宝石、陶瓷、玻璃等材料
	碳化硼	TP	灰黑色,硬度仅次于金刚石,耐磨性好	精研磨和抛光硬质合金、人造宝石等硬质材料
金刚石系	人造金刚石	JR	无色透明或淡黄色、黄绿色或黑色,硬度高,比天然金刚石略脆,表面粗糙	粗、精研磨硬质合金、人造宝石、半导体等高硬度脆性材料
	天然金刚石	JT	硬度最高,价格昂贵	
其他	氧化铁		红色至暗红色,比氧化铬软	精研磨或抛光钢、铁、玻璃等材料
	氧化铬		深绿色	

磨料的粗细程度用粒度表示,粒度越细,研磨精度越高。磨料粒度按照颗粒尺寸分为磨粉和微粉两种,磨粉号数在 100 ～ 280 范围内选取,数字越大,磨料越细;微粉号数在 W40 ～ W0.5 范围内选取,数字越小,磨料越细。磨料粒度及应用如表 4-7 所示。

表 4-7 常用的研磨粉

研磨粉号数	研磨加工类别	可达到的粗糙度 $Ra/\mu m$
100 ～ 280	用于最初的研磨加工	0.80
W40 ～ W20	用于粗研磨加工	0.40 ～ 0.20
W14 ～ W7	用于半粗研磨加工	0.20 ～ 0.10
W5 以下	用于精细研磨加工	0.10 以下

2)研磨液

研磨液在研磨加工中起调和磨料、冷却和润滑的作用。它能防止磨料过早失效和减少工件(或研具)的发热变形。

常用的研磨液有煤油、汽油、10# 和 20# 机械油、透平油等。此外,根据需要在研磨剂中加入适量的石蜡、蜂蜡等填料和氧化作用较强的油酸、脂肪酸、硬脂酸等，则研磨效果更好。

研磨剂也可自行配制，表 4-8 给出了部分研磨剂的配制方法及用途。

表 4-8　部分研磨剂的配制及使用

研磨剂类别		研磨剂成分	数量	用途	配制方法
液体研磨剂	1	氧化铝磨粉 硬脂酸 航空汽油	20g 0.5g 200ml	用于平板、工具的研磨	研磨粉与汽油等混合，浸泡一周即可使用，用于压嵌法研磨
	2	研磨粉 硬脂酸 航空汽油 煤油	15g 8g 200ml 15ml	用于硬质合金、量具、刀具的研磨	材质疏松，硬度为 100～120HBS，煤油加入量应多些；硬度大于 140HBS，煤油加入量应少些
固体研磨剂（研磨膏，分为粗、中、精三种）	1	氧化铝 石蜡 蜂蜡 硬脂酸 煤油	60% 22% 4% 11% 3%	用于抛光	先将硬脂酸、蜂蜡和石蜡加热溶解，然后加入汽油搅拌，经过多层纱布过滤，最后加入研磨粉等调匀，冷却后成为膏状 　使用时将少量研磨膏置于容器中，加入适量蒸馏水，调成糊状，均匀地涂在工件或研具表面上进行研磨
	2	氧化铝磨粉 氧化铬磨粉 硬脂酸 电容器油 煤油	40% 20% 25% 10% 5%	用于精磨	

（3）研磨的应用

研磨是精密和超精密零件精加工的主要方法之一。通过研磨能使两个紧密结合的或有微量间隙能滑动而又能密封的工件、组合表面，具有精密的尺寸、形状和很低的表面粗糙度。工件经研磨后，表面粗糙度可达 $Ra=1.6～0.05\mu m$，最小可达 $0.012\mu m$，尺寸精度可达 $0.001～0.005mm$，几何形状可以更加理想。它可以加工平面、圆柱面、圆锥面、螺纹面和其他特殊面，常用于各种液压阀的阀体、气动阀体及各类密封阀门的进出口密封部位，精密机械设备配合面的制造与修复等。

4.4.2　研磨的操作方法

研磨操作主要分平面研磨及曲面研磨两种，但不论研磨何种表面，操作时主要应注意以下内容。

（1）研磨余量

研磨的切削量很小，一般每研磨一遍，所磨掉的金属层厚度不超过 0.002mm。为减少研磨时间，提高研具的使用寿命，研磨余量不能太大。一般情况下，可按以下三个原则来确定。

① 根据工件的几何形状与精度要求确定，若研磨表面面积大，形状复杂，且精度要求高，则研磨余量应取较大值。

② 根据研磨前的工件加工质量选择，若研磨前工件的预加工质量高，研磨余量可取较小值，反之则应取较大值。

③ 按实际加工情况选择，若工件位置精度要求高，而预加工又无法保证必要的质量要求时，则可适当增加研磨余量。

研磨余量的增加，要掌握一定限量。对于一个工件，经研磨后是否能够达到要求，有时取决于工件的预加工的精度、几何形状与表面粗糙度精度。例如对一个孔进行研磨，要求达到 $Ra=0.2\mu m$，这就要求孔的预加工后表面粗糙度应在 $Ra=1.6\mu m$ 以下，也就是说孔研磨前后表面粗糙度不可能相差太多，一般是 $1 \sim 2$ 个精度等级，最大不应超过 3 个精度等级，否则研磨后的孔肯定达不到要求。其原因在于，不可能对孔无限制地进行研磨，研磨时间一旦过长，就会造成孔口部位呈喇叭形，孔呈椭圆或尺寸超差等情况，而使工件报废。无论何种工件，在研磨时预加工精度、几何形状、表面粗糙度越好，对研磨越有利。有时差得太多，无论对工件怎样研磨也达不到要求。

一般情况下，平面、外圆和孔的研磨余量可分别按表 4-9 ～表 4-11 选择。

表 4-9 平面的研磨余量 单位：mm

平面长度	平面宽度		
	≤ 25	26 ～ 75	76 ～ 150
≤ 25	0.005 ～ 0.007	0.007 ～ 0.010	0.010 ～ 0.014
26 ～ 75	0.007 ～ 0.010	0.010 ～ 0.014	0.014 ～ 0.020
76 ～ 150	0.010 ～ 0.014	0.014 ～ 0.020	0.020 ～ 0.024
151 ～ 260	0.014 ～ 0.018	0.020 ～ 0.024	0.024 ～ 0.030

表 4-10 外圆的研磨余量 单位：mm

直径	直径余量	直径	直径余量
≤ 10	0.005 ～ 0.008	51 ～ 80	0.008 ～ 0.012
11 ～ 18	0.006 ～ 0.008	81 ～ 120	0.010 ～ 0.014
19 ～ 30	0.007 ～ 0.010	121 ～ 180	0.012 ～ 0.016
31 ～ 50	0.008 ～ 0.010	181 ～ 260	0.015 ～ 0.020

表 4-11 孔的研磨余量 单位：mm

加工孔的直径	铸铁	钢
25 ～ 125	0.020 ～ 0.100	0.010 ～ 0.040
150 ～ 275	0.080 ～ 0.160	0.020 ～ 0.050
300 ～ 500	0.120 ～ 0.200	0.040 ～ 0.060

（2）研磨的操作步骤

① 研磨前准备。根据工件图样，分析其尺寸和形位公差以及研磨余量等基本情况，并确定研磨加工的方法。

② 根据所确定的加工工艺要求，配备研具、研磨剂。

③ 按研磨要求及方法进行研磨。

④ 全面检查研磨的质量。

（3）手工研磨运动轨迹的选择

手工研磨的运动轨迹一般有直线、摆动式直线、螺旋线和"8"字形或仿"8"字形等几种，具体选用哪一种方法，应该根据工件被研面的形状特点确定。

如图 4-50（a）所示为直线研磨运动轨迹示意图，由于直线研磨运动轨迹不能相互交叉，容易直线重叠，使被研磨工件表面的表面粗糙度较差一些，但可获得较高的几何精度。一般用于有台阶的狭长平面，如平面板、直尺的测量面等。

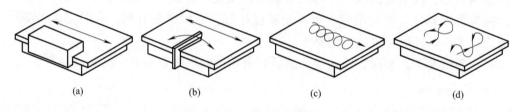

| (a) | (b) | (c) | (d) |

图 4-50 研磨运动轨迹

如图 4-50（b）所示为摆动式直线研磨运动轨迹示意图，其运动形式是在左右摆动的同时，做直线往复移动。对于主要保证平面度要求的研磨件，可采用摆动式直线研磨运动轨迹，如研磨双斜面直尺、样板角尺的圆弧测量面等。

如图 4-50（c）所示为螺旋线研磨运动轨迹示意图。对于圆片或圆柱形工件端面的研磨，一般采用螺旋线研磨运动轨迹，这样能够获得较高的平面度和较低的表面粗糙度。

如图 4-50（d）所示为"8"字形或仿"8"字形研磨运动轨迹示意图，采用"8"字形或仿"8"字形研磨运动轨迹进行研磨，能够使被研工件表面与研具表面均匀接触，这样能够获得很高的平面度和很低的表面粗糙度，一般用于研磨小平面的工件。

（4）平面的研磨

研磨平面时，一般选用非常平整的平面作研具。粗研时，常采用平面上带槽的平板。带槽的平板可以使研磨时多余的研磨剂被刮去，工件容易压平，以提高粗研时平面的平整性，而不会产生凸弧面，同时可使热量从沟槽中散出。精研时为了获得低的表面粗糙度，应采用光滑的平板，不能带槽。

研磨平面时，合理的运动轨迹对提高工作效率、研磨质量和研具寿命都有直接的影响。图 4-51 是常采用的 "8" 字形运动轨迹，它能使工件表面与研具保持均匀的接触，有利于保证研磨质量和使研具均匀地磨损，但对于有台阶或狭长的平面，则必须采用直线运动。

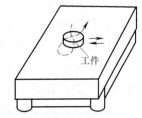

图 4-51　用 "8" 字形
运动轨迹研磨平面

研磨时应在研磨一段时间后，将工件调头或偏转一个位置，这是为了使工件均匀地磨去，同时避免工件因受压不均而造成不平整。研磨时压力太大，研磨切削量虽大，但表面光洁度差，也容易把磨料压碎，使表面划出深痕。一般手工研磨时的适当压力为：粗磨 0.1 ～ 0.2MPa，精磨 10 ～ 50kPa。研磨时的速度也不应过快，手工研磨时，粗磨 40 ～ 60 次 /min，精磨 20 ～ 40 次 /min。当研磨狭窄平面时，可用标准方铁作导向，工件紧靠方铁一起研磨，防止产生偏斜。

研磨时，无论工件、磨具和研磨剂，都应该做好严格的清渣工作，以防研磨时划伤工件表面。

（5）圆柱面的研磨

圆柱面研磨分外圆柱面和圆柱孔的研磨，一般外圆柱面的研磨多采用机床配合手工进行，圆柱孔的研磨一般多采用手工方法研磨。在批量大的时候，多采用机床配合手工方法进行研磨。

① 外圆柱面研磨。外圆柱面是采用研磨环进行的，也有的采用研磨套作为研具，两者的内径应比工件的外径大 0.025 ～ 0.05mm。如图 4-52 所示为常用的可调式研磨环，其结构为：研磨环（或套）的内孔开有两条弹性槽和一条调节槽，外圈 2 上装有调节螺钉 3，当研磨一段时间后，若研具内孔磨大，可拧紧调节螺钉 3，使研具孔径适当缩小，达到所需要的间隙。一般研磨环的长度为孔径的 1.2 倍。研磨方法有以下两种。

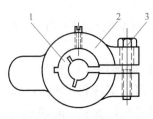

图 4-52　研磨环
1—研磨环套；2—外圈；
3—调节螺钉

a. 手工研磨。先在工件外圈涂一层薄而均匀的研磨剂，然后装入夹持在台虎钳上的研具孔内，调整好间隙，用手握住夹持工件的夹箍柄，使工件既作正反方向的转动，又作轴向往复移动，保证工件整个研磨面得到均匀的研削。

b. 机床配合手工研磨。工件由机床带动，在工件表面上涂上研磨剂后，套上研磨环，调整好间隙，然后开动机床，手握研具在工件轴向的全长来回移动，并使研套继续旋转，以免由于研套的自重和间隙的不均匀使工件产生椭圆形缺陷。一定要控制机床的转数，直径小于 80mm 时在 100r/min 以内，直径大于 100mm 时在 50r/min 以内。

② 圆柱孔研磨。研磨圆柱孔采用研磨棒作研具。一般经常使用的为固定式

研磨棒。其中带螺旋槽的适用于粗研磨，它可以使研磨剂不致从工件两端挤出，起到一定的保留作用。精研磨时必须用光滑的研磨棒。在有条件的情况下可选择可调式研磨棒，它可以使研磨棒的外径有一定的调整量。研磨圆柱孔时采用手工方法研磨较多，研磨时正反方向转动研磨棒，并同时作轴向往复运动。操作时应注意研磨棒伸出工件孔外不能过长，避免摇晃使孔口扩大和两端直径不等。使用可调节式研磨棒时，必须注意使研磨棒两端的直径一致。

研磨圆柱孔有时也采用手工与机械配合的方法。研磨时由机床带动研磨棒进行旋转，用手握住工件沿轴向往复移动。

（6）圆锥面的研磨

圆锥面的研磨包括圆锥孔的研磨和圆锥体的研磨，研磨时采用与工件锥度相同的研磨套或研磨棒来进行。在单件小批量生产和检修工作中，往往采用相配工件对研的办法，这样既能满足工件的加工使用要求，又不必制造研具。

研磨圆锥孔的研磨棒有固定式和可调节式两种，它们的使用方法相同，一般在机床上进行研磨。研磨棒的转动方向应与其螺旋槽的方向相适应。在研磨棒上，均匀地涂上一层研磨剂后，插入工件锥孔中缓慢地旋转 4 ~ 5 圈，然后将工件稍微退出一些，再推入研磨，当锥孔表面全部研磨到后，应调换一个新的研磨棒，再轻轻地研磨一次。最后将工件锥孔擦净。

（7）研磨质量分析

常见研磨缺陷的产生原因主要有以下几方面。

① 表面不光洁。其产生的原因主要有：a. 磨料太粗；b. 研磨液选用不当；c. 研磨剂涂得太薄而不匀。

② 表面拉毛。其产生的原因主要有：a. 不注意清洁；b. 研磨剂混有杂物。

③ 表面成凸形或孔口扩大。其产生的原因主要有：a. 研磨剂涂得太厚；b. 被挤出到工件孔口或边缘的研磨剂未及时擦去；c. 研磨棒伸出孔口太长；d. 研具有晃动现象。

④ 孔成椭圆形或圆柱孔有锥度。其产生的原因主要有：a. 研磨时研具与工件在圆周上的相对位置没有经常更换；b. 研磨时没有调头。

⑤ 薄型工件变形。其产生的原因主要有：a. 研磨速度太快或研磨压力太大，从而使工件发热变形；b. 研磨时工件被夹持过紧，从而产生变形。

4.5　研配

通过研磨，使两个或两个以上的互配件达到规定的形状、尺寸和配合要求的加工操作称为研配。研配是一种手工精加工方法，主要用于两个互相配合的曲面要求形状和尺寸一致的情况下。研配加工的基本过程是：先将一个零件按图样加工好作为基准件，然后当加工另一件时，将基准件的成形表面涂上红丹粉并使基准件与加工件的成形表面相接触，根据在加工件成形表面上印出的接触印痕多少，即可知道两个成形表面吻合程度；同时，根据接触点位置，即可确定需要修磨的部位，以便进行修磨；经修磨后，再进行着色检验和修磨，如此循环进行修磨和检验，直至加工件的形状和尺寸与基准件完全一致（即着色检验全部接触）时为止。

模具工的研配，通常用于下述两种情况。

① 用于二维曲面的配合。例如，冲裁刃口是曲线形时，凸模和凹模的配合面就是二维曲面。当冲裁间隙较小时，机械加工达不到精度要求，就需靠手工研配来保证。

② 用于三维曲面的配合。例如汽车覆盖件拉深的凸模和凹模的形状，都是三维曲面，它们的形状和尺寸不易测量，一般都用模型、样架进行研合、着色检验后，再进行修磨成形。

4.5.1 二维曲面的研配

二维曲面的研配方法见表 4-12。从表中图示的落料模结构可知，其凸模是整体结构，而凹模则是由六块镶块组成。在加工时，是先将凸模加工成形（按样板或成形磨削）经淬硬后以其为基准来研磨凹模型块，依次贴合成形。

表 4-12 二维曲面的研配方法

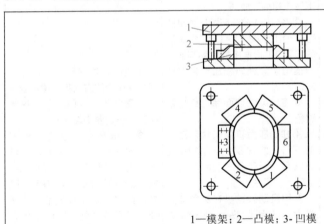

1—模架；2—凸模；3-凹模

加工步序	图示	研配操作方法
准备凹模六镶块	—	将凹模六镶块粗加工成形后，淬硬并将上、下平面磨平
准备凸模	—	将凸模按图样加工成形，淬硬后装在上模板上，并将其四周涂上红丹粉

续表

加工步序	图示	研配操作方法
研配	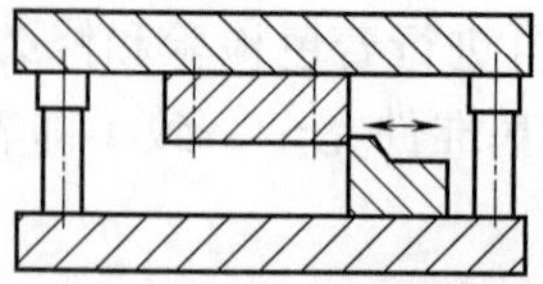 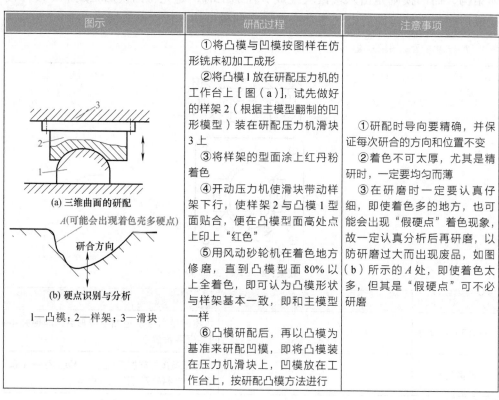	①选择一块镶块，确定好与凸模相对位置后，与凸模进行研合 ②根据研配着色情况，钳工可用风动砂轮机修磨着色部位，直到合适为止 ③将研合好的镶块结合面磨平，并用螺钉紧固
	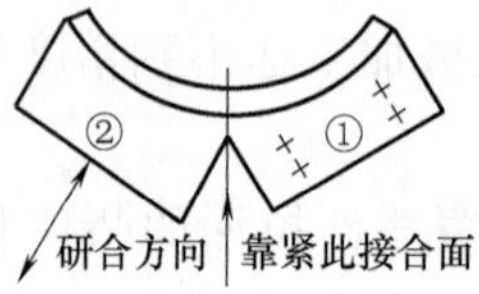	①磨第二块镶块与第一块镶块的结合面，用上述同样方法着色研配，并要紧贴已固定的第一块镶块，以保证与凸模相对位置 ②第二块镶块研配后用螺钉紧固，再依次研配第3～6块 ③研配成形后，用油石修整，配好与凸模的间隙后即可使用

4.5.2　三维曲面的研配

大型汽车覆盖件拉深模的凸、凹模多为三维曲面。其研配方法见表4-13。

表4-13　三维曲面研配

图示	研配过程	注意事项
(a) 三维曲面的研配 A(可能会出现着色壳多硬点) 研合方向 (b) 硬点识别与分析 1—凸模；2—样架；3—滑块	①将凸模与凹模按图样在仿形铣床初加工成形 ②将凸模1放在研配压力机的工作台上［图（a）］，试先做好的样架2（根据主模型翻制的凹形模型）装在研配压力机滑块3上 ③将样架的型面涂上红丹粉着色 ④开动压力机使滑块带动样架下行，使样架2与凸模1型面贴合，便在凸模型面高处点上印上"红色" ⑤用风动砂轮机在着色地方修磨，直到凸模型面80%以上全着色，即可认为凸模形状与样架基本一致，即和主模型一样 ⑥凸模研配后，再以凸模为基准来研配凹模，即将凸模装在压力机滑块上，凹模放在工作台上，按研配凸模方法进行	①研配时导向要精确，并保证每次研合的方向和位置不变 ②着色不可太厚，尤其是精研时，一定要均匀而薄 ③在研磨时一定要认真仔细，即使着色多的地方，也可能会出现"假硬点"着色现象，故一定认真分析后再研磨，以防研磨过大而出现废品，如图（b）所示的A处，即使着色太多，但其是"假硬点"可不必研磨

4.6　抛光

用抛光工具和磨料对工件表面进行的减小表面粗糙度的操作称为抛光。与研磨加工不同的是，抛光仅能减小表面粗糙度，但不能提高工件形状精度和尺寸精度。通常经过普通抛光后的工件，表面粗糙度可达 $Ra=0.4\mu m$。

4.6.1　抛光工具与磨料

抛光轮与磨料是抛光加工的主要工具，抛光轮材料的选用见表 4-14。

表 4-14　抛光轮材料的选用

抛光轮用途	选用材料		
	品名	柔软性	对抛光剂保持性
粗抛光	帆布、压毡、硬纸壳、软木、皮革、麻	差	一般
半精抛光	棉布、毛毡	较好	好
精抛光	细棉布、毛毡、法兰绒或其他毛织品	最好	最好
液中抛光	细毛毡（用于精抛）、脱脂木材（椴木）	好（木质松软）	浸含性好

表 4-15、表 4-16 分别给出了软磨料的种类和特性、固体抛光剂的种类与用途。

表 4-15　软磨料的种类和特性

磨料名称	成分	颜色	硬度	适用材料
氧化铁（红丹粉）	Fe_2O_3	红紫	比 Cr_2O_3 软	软金属、铁
氧化铬	Cr_2O_3	深绿	较硬，切削力强	钢、淬硬钢
氧化铈	Ce_2O_3	黄褐	抛光能力优于 Fe_2O_3	玻璃、水晶、硅、锗等
矾土	—	绿	—	

表 4-16　固体抛光剂的种类与用途

类别	品种（通称）	抛光用软磨料	用途	
			适用工序	工件材料
油脂性	赛扎尔抛光膏	熔融氧化铝（Al_2O_3）	粗抛光	碳素钢、不锈钢、非铁金属
	金刚砂膏	熔融氧化铝（Al_2O_3）金刚砂（Al_2O_3、Fe_3O_4）	粗抛光（半精抛光）	碳素钢、不锈钢等
	黄抛光膏	板状硅藻岩（SiO_2）	半精抛光	铁、黄铜、铝、锌压铸件、塑料等
	棒状氧化铁（紫红铁粉）	氧化铁（粗制）（Fe_2O_3）	半精抛光精抛光	铜、黄铜、铝、镀铜面等

续表

类别	品种（通称）	抛光用软磨料	用途	
			适用工序	工件材料
油脂性	白抛光膏	焙烧白云石（MgO、CaO）	精抛光	铜、黄铜、铝、镀铜面、镀镍面等
	绿抛光膏	氧化铬（Cr_2O_3）	精抛光	不锈钢、黄铜、镀铬面
	红抛光膏	氧化铁（精制）（Fe_2O_3）	精抛光	金、银、白金等
	塑料用抛光剂	微晶无水硅酸（SiO_2）	精抛光	塑料、硬橡皮、象牙
	润滑脂修整棒（润滑棒）		粗抛光	各种金属、塑料
非油脂性	消光抛光剂	碳化硅（SiC）熔融氧化铝（Al_2O_3）	消光加工	各种金属及非金属材料，包括不锈钢、黄铜、锌（压铸件）、镀铜、镀镍、镀铬面及塑料等

4.6.2　抛光工艺参数

一般抛光的线速度为 2000m/min 左右。抛光压力随抛光轮的刚性不同而不同，最高不大于 1kPa，如果过大，会引起抛光轮变形。一般在抛光 10s 后，可将前加工表面粗糙程度减少 1/10 ～ 1/3，减少程度随磨粒种类不同而不同。

4.7　钻孔、扩孔、锪孔和铰孔

模具装配时，有时需要将两个以上的零件连接在一起，这就需要钻出不同规格的孔，用螺栓、螺钉、销和键等将零件连接起来，因此钻孔在模具加工中应用非常广泛。

4.7.1　钻孔的设备与工具

钻孔属孔的粗加工，其加工孔的精度一般为 IT11 ～ IT13，表面粗糙度 Ra 约为 50 ～ 12.5μm，故只能用于加工精度要求不高的孔。

钻孔加工需要操作人员利用钻孔设备及钻孔工具，同时需要一定的钻孔操作技能才能较好地完成。使用的钻孔设备主要为钻床，钻孔工具则主要由钻头及钻孔辅助工具组成。

（1）钻孔设备

钻孔的常用设备主要台式钻床、立式钻床、摇臂钻床和手电钻等，如图 4-53 所示。

其中，台式钻床是一种小型钻床，是装配工作中常用的设备，一般可钻直径 12mm 以下的孔。但有的台式钻床的最大钻孔直径为 20mm，这种钻床体积也较大。

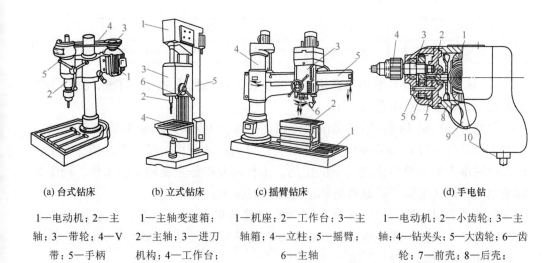

(a) 台式钻床	(b) 立式钻床	(c) 摇臂钻床	(d) 手电钻
1—电动机；2—主轴；3—带轮；4—V带；5—手柄	1—主轴变速箱；2—主轴；3—进刀机构；4—工作台；5—立柱；6—手柄	1—机座；2—工作台；3—主轴箱；4—立柱；5—摇臂；6—主轴	1—电动机；2—小齿轮；3—主轴；4—钻夹头；5—大齿轮；6—齿轮；7—前壳；8—后壳；9—开关；10—电线

图 4-53　钻孔设备结构图

立式钻床最大钻孔直径有 25mm、35mm、40mm、50mm 几种，适用于钻削中型工件，它有自动进刀机构，生产效率较高，并能得到较高的加工精度。其立钻主轴转速和进刀量有较大的变动范围，适用于不同材质的刀具，能够进行钻孔、锪孔和攻螺纹等加工。

摇臂钻床最大钻孔直径有 35mm、50mm、75mm、80mm、100mm 等几种，一般是由底座、立柱、摇臂、钻轴变速箱、自动走刀箱、工作台等主要部分组成。它的摇臂能回转 360°，并能自动升降和夹紧定位。因它调速、进刀调整范围广，可利用它进行钻孔、扩孔、锪平面、锥坑、铰孔、镗孔、环切大圆和攻螺纹等项加工。

手电钻种类较多，规格大小不等，携带方便，使用灵活，尤其在检修工作中使用广泛。电钻有单相（电压为 220V，其钻孔直径有 6mm、10mm、13mm、19mm）、三相（电压为 380V，其钻孔直径有 13mm、19mm、23mm、32mm）等规格。使用手电钻必须注意安全，要严格按照操作规程进行操作。

（2）钻头

钻头是钻孔的主要工具，其种类有麻花钻、扁钻、深孔钻、中心钻等。它们的几何形状虽然不同，但都有两个对称排列的切削刃，使得钻削时产生的力保持平衡，其切削原理都相同。其中又以麻花钻最为常用。

① 麻花钻的结构。麻花钻由柄部、颈部和工作部分组成，有直柄和锥柄两种。直柄所能传递的扭矩较小，钻头直径一般都在 13mm 以内，较大钻头一般均为锥柄钻头。表 4-17 给出了锥柄钻头的详细规格。

表 4-17　莫氏锥柄钻头直径　单位：mm

莫氏锥柄号	1	2	3	4	5	6
钻头直径	6～15.5	15.6～23.5	23.6～32.5	32.6～49.5	49.6～65	65.1～80

　　锥柄的扁尾是用来增加传递扭矩，避免钻头在轴孔或钻套中打滑，并作为把钻头从主轴孔或钻套中退出之用。

　　颈部为制造钻头时供砂轮磨削退刀用。一般也用来刻印商标和规格。

　　工作部分由导向部分和切削部分组成。导向部分在切削过程中，能保持钻头正直的钻削方向和具有修光孔壁的作用，工作部分担任主要的切削工作。两条螺旋槽用来形成切削刃，并起排屑和输送冷却液作用。

　　钻头直径大于 6～8mm 时，常制成焊接式的，其工作部分一般用高速钢（W18Cr4V）制作，淬硬至 62～68HRC，其热硬性可达到 550～600℃。柄部一般用 45 钢制作，淬硬至 30～45HRC。

　　② 麻花钻头主要角度及顶角（尖角）的选择。

　　钻头好不好用，工作效率高和低，这些与钻头切削部分的几何角度是否正确有着重要的关系。钻头的切削为楔形的，它有后角 α、楔角 β、前角 γ 和切削角 δ，如图 4-54 所示。

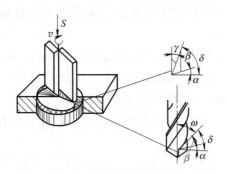

图 4-54　钻头角度的形成

　　由于麻花钻本身的特征性而产生螺旋角 ω、顶角 φ 及横刃斜角 ϕ。螺旋角 ω 是钻头的轴线和切于刃带的切线间夹角，在切削刃上，螺旋角的大小各不相同，愈靠近外径，螺旋角愈大，一般钻头的螺旋角在外径上为 18°～30°，大约和螺旋角相等。后角 α 是切削平面与后刀面之间的角，后角大，钻头锋利，但过大易破裂；后角小，钻头坚固，但过小不利于钻孔，一般为 6°～20°。横刃斜角 ϕ 是横刃与切削刃所夹的角，它只是影响横刃的长度，一般为 55°。顶角 φ 是两个切削面上切削刃之间的夹角，它的大小与钻孔工件材料性质有关系，标准角度为 118°，钻孔前应根据钻孔材料的不同选择钻头的顶角。麻花钻的几何参数见图 4-55。

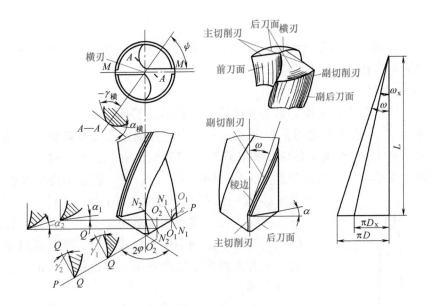

图 4-55　麻花钻的几何参数

麻花钻顶角、切削角度的选择见表 4-18。

表 4-18　麻花钻顶角、切削角的选择　单位:(°)

钻孔材料	顶角 φ	后角 α	螺旋角 ω
一般钢铁材料	116～118	12～15	20～32
一般韧性钢铁材料	116～118	6～9	20～32
铝合金（深孔）	118～130	12	32～45
铝合金（通孔）	90～120	12	17～20
软黄铜和青铜	118	12～15	10～30
硬青铜	118	5～7	10～30
铜和铜合金	110～130	10～15	30～40
软铸铁	90～118	12～15	20～32
冷（硬）铸铁	118～135	5～7	20～32
淬火钢	118～125	12～15	20～32
铸钢	118	12～15	20～32
锰钢（7%～13%锰）	150	10	20～32
高速钢	135	5～7	20～32
镍钢（250～400HB）	135～150	5～7	20～32
木材	70	12	30～40
硬橡胶	60～90	12～15	10～20

　　钻孔时的切削平面为图 4-55 中的 P-P，基面为图 4-55 中的 Q-Q。但实际上，由于钻头的主切削刃不在径向线上，各点的切削速度方向不一样，故各点的基面也各不相同。为简单起见，将主切削刃上各点的基面近似看作同一个垂直于切削平面的平面。

（3）钻孔夹具

钻孔加工除必需的钻孔设备、钻头外，有时，还需一些钻孔夹具。钻孔夹具可分为钻头夹具和工件夹具两类。

1）钻头夹具

钻头夹具主要有钻夹头、钻套和楔铁等钻孔辅助工具。

① 钻夹头。钻夹头是用来装夹 13mm 以内的直柄钻头（特殊情况下还有较大一点的钻夹头），在夹头的 3 个斜孔内装有带螺纹的夹爪，夹爪螺纹和装在夹头套筒的螺纹相啮合。旋转套筒使 3 个爪同时张开或合拢，将钻头夹紧或松开。

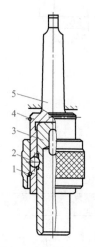

图 4-56　快换钻夹头
1—滑套；2—钢球；3—可换套；
4—弹簧环；5—夹头体

② 快换钻夹头。当在钻床上加工工件，尤其是同一工件时，往往需要多次更换钻头、铰刀等，使用快换钻夹头可以做到不停车换装刀具，既可提高加工精度，又大大提高了生产效率。快换钻夹头的结构如图 4-56 所示。

夹头体 5 的锥柄部位装入钻床主轴的锥孔内。可换套 3 可根据孔加工的需要制作多个，并预先装好所需要的刀具。可换套外圆表面有两个凹坑，钢球 2 嵌入时便可传递动力。1 是滑套，内孔与夹头体为间隙配合。当需要更换刀具时，不必停车，只需用手把滑套向上推，两粒钢球因受离心力而飞出，贴于滑套端部大孔表面，此时另一手就可把装有刀具的可换套取出，把另一个可换套插入，并放下滑套，使两粒钢球复位，新的可换套就装好了。弹簧环 4 是限制滑套上下位置用的。

③ 钻套和楔铁。钻套是用来装夹圆锥柄钻头的夹具。由于钻头或钻夹头尾锥尺寸不同，为了适应钻床主轴锥孔，用锥体钻套做过渡连接。钻套是由不同尺寸组成的，可根据钻床主轴锥孔与钻头锥柄尺寸进行选择使用，也可把几个钻套配接起来用。钻套规格见表 4-19。

表 4-19　钻套规格

钻套	莫氏锥度号	
	内锥孔	外圆锥
1 号	1	2
2 号	2	3
3 号	3	4
4 号	4	5
5 号	5	6

当把几个钻套配接起来用时，增加装拆难度，同时也增加了主轴与钻头的不同轴度，此时可采用特制的钻套，如内锥孔为 1 号，而外锥面为 3 号。另外可根据钻套的标准尺寸自制钻套，此时可将钻套根据所需尺寸加长。

2）工件夹具

钻孔操作，除上述工具外，还需对工件进行装夹，常用的工件装夹方式主要有以下几种。

① 使用手虎钳、平行夹板、台虎钳等夹持小工件和薄板件。一般钻 8mm 以下直径的孔时，可手持工件，工作比较方便，但一定要防止工件把手划伤。不能拿住的加工件必须使用上述夹具夹持工作。

② 在圆柱形工件上钻孔应使用 V 形铁，钻较大孔时，应配合使用压板，将工件压牢固。钻圆柱形式两端面孔时，应使用卡盘将工件卡紧，卡盘应压紧固定在工作台上进行钻孔。

③ 钻较大孔时应使用 T 形螺母、压板、垫铁等将工件压紧在平台上进行，或在钻头旋转方向上用一牢固的物体或螺栓等将工件靠住。

④ 使用弯板与专用工作台，将工件装夹紧固后钻孔。工件的夹具应随着工件形状的变化而确定。

4.7.2 钻孔的操作方法

（1）钻孔的切削用量

切削用量是切削速度、给进量和吃刀深度的总称。钻孔时的切削速度 v，是钻头直径上一点的线速度，可用下式计算：

$$v = \frac{\pi D n}{1000} \ (\text{m/min})$$

式中　D——钻头直径，mm；

　　　n——钻头的转速，r/min；

　　　π——圆周率。

钻孔时的给进量 s 是钻头每转一周向下移动的距离。钻孔时的吃刀深度 t 等于钻头的半径，$t = D/2$。由于吃刀深度已由钻头直径所定，所以只需选择切削速度和进给量。正确地选择切削用量，是为了在保证加工表面粗糙度和精度，保证钻头合理耐用度的前提下，提高生产效率，同时不允许超过机床功率和机床、刀具、夹具等的强度和刚度。

在选择钻孔的切削用量时应考虑，在允许范围内，尽量选择较大的进给量，当受到表面粗糙度和钻头刚度的限制时，再考虑选较大的切削速度。

具体选择时应根据钻头直径、工件材料、表面粗糙度等几方面因素，确定合适的切削用量、切削速度与钻头转数。

表 4-20、表 4-21 分别给出了钻钢料及铸铁时的切削用量。

表 4-20 钻钢料的切削用量

加工材料			深径比 L/D	切削用量	直径 D/mm								
碳钢（10，15，20，35，40，45，50 等）	合金钢（40Cr，38CrSi，60Mn，35CrMo，18CrMnTi 等）	其他钢			8	10	12	16	20	25	30	35	40～60
正火 HB＜207 或 σ_b＜600MPa	HB＜143 或 σ_b＜500MPa	易切钢	≤3	进给量 s/（mm/r）	0.24	0.32	0.40	0.5	0.6	0.67	0.75	0.81	0.9
				切削速度 v/（m/min）	24	24	24	25	25	25	26	26	26
				转速 n/（r/min）	950	760	640	500	400	320	275	235	—
			3～8	进给量 s/（mm/r）	0.2	0.26	0.32	0.38	0.48	0.55	0.6	0.67	0.75
				切削速度 v/（m/min）	19	19	19	20	20	20	21	21	21
				转速 n/（r/min）	750	600	500	390	300	240	220	190	—
HB=170～229 或 σ_b=600～800MPa	HB=143～207 或 σ_b=500～700MPa	碳素工具钢、铸钢	≤3	进给量 s/（mm/r）	0.2	0.28	0.35	0.4	0.5	0.56	0.62	0.69	0.75
				切削速度 v/（m/min）	20	20	20	21	21	21	22	22	22
				转速 n/（r/min）	800	640	530	420	335	270	230	200	—
			3～8	进给量 s/（mm/r）	0.17	0.22	0.28	0.32	0.4	0.45	0.5	0.56	0.62
				切削速度 v/（m/min）	16	16	16	17	17	17	18	18	18
				转速 n/（r/min）	640	510	420	335	270	220	190	165	—

续表

加工材料			深径比 L/D	切削用量	直径 D/mm								
碳钢（10，15，20，35，40，45，50 等）	合金钢（40Cr，38CrSi，60Mn，35CrMo，18CrMnTi 等）	其他钢			8	10	12	16	20	25	30	35	40～60
HB=229～285 或 σ_b=800～1000MPa	HB=207～255 或 σ_b=700～900MPa	合金工具钢，易切不锈钢，合金铸钢	≤3	进给量 s/(mm/r)	0.17	0.22	0.28	0.32	0.4	0.45	0.5	0.56	0.62
				切削速度 v/(m/min)	16	16	16	17	17	17	18	18	18
				转速 n/(r/min)	640	510	420	335	270	220	190	165	—
			3～8	进给量 s/(mm/r)	0.13	0.18	0.22	0.26	0.32	0.36	0.4	0.45	0.5
				切削速度 v/(m/min)	13	13	13	13.5	13.5	13.5	14	14	14
				转速 n/(r/min)	520	420	350	270	220	170	150	125	—
HB=285～321 或 σ_b=1000～1200MPa	HB=255～302 或 σ_b=900～1100MPa	奥氏体不锈钢	≤3	进给量 s/(mm/r)	0.13	0.18	0.22	0.26	0.32	0.36	0.4	0.45	0.5
				切削速度 v/(m/min)	12	12	12	12.5	12.5	12.5	13	13	13
				转速 n/(r/min)	480	380	320	250	200	160	140	120	—
			3～8	进给量 s/(mm/r)	0.12	0.15	0.18	0.22	0.26	0.3	0.32	0.38	0.41
				切削速度 v/(m/min)	11	11	11	11.5	11.5	11.5	12	12	12
				转速 n/(r/min)	440	350	290	230	185	145	125	110	—

注：1. 钻头平均耐用度 90min。

2. 当钻床和刀具刚度低，钻孔精度要求高和钻削条件不好时，应适当降低进给量 s。

表 4-21　钻铸铁的切削用量

加工材料		深径比 L/D	切削用量	直径 D/mm								
灰铸铁	可锻铸铁、锰铸铁			8	10	12	16	20	25	30	35	40～60
HB=143～229（HT=10～26，HT=15～33）	可锻铸铁（HB≤259）	≤3	进给量 s/（mm/r）	0.3	0.4	0.5	0.6	0.75	0.81	0.9	1	1.1
			切削速度 v/（m/min）	20	20	20	21	21	21	22	22	22
			转速 n/（r/min）	800	640	530	420	335	270	230	200	—
		3～8	进给量 s/（mm/r）	0.24	0.32	0.4	0.5	0.6	0.67	0.75	0.81	0.9
			切削速度 v/（m/min）	16	16	16	17	17	17	18	18	18
			转速 n/（r/min）	640	510	420	335	270	220	190	165	—
HB=170～269（HT=10～40以上）	可锻铸铁（HB=179～270）、锰铸铁	≤3	进给量 s/（mm/r）	0.24	0.32	0.4	0.5	0.6	0.67	0.75	0.81	0.9
			切削速度 v/（m/min）	16	16	16	17	17	17	18	18	18
			转速 n/（r/min）	640	510	420	335	270	220	190	165	—
		3～8	进给量 s/（mm/r）	0.2	0.26	0.32	0.38	0.48	0.55	0.6	0.67	0.75
			切削速度 v/（m/min）	13	13	13	14	14	14	15	15	15
			转速 n/（r/min）	520	420	350	270	220	170	150	125	—

注：1. 钻头平均耐用度为 120min。

2. 应使用乳化液冷却。

3. 当钻床和刀具刚度低，钻孔精度要求高和钻削条件不好时（如倾斜表面，带铸造黑皮），应适当降低进给量 s。

（2）冷却润滑液的选择

钻头在切削过程中产生大量的热量，很容易造成切削刃的退火和严重损坏，从而使钻头失去切削性能，不能继续使用，对于工件的钻孔质量也有很大影响。为了降低切削温度和保证润滑性能，提高钻头的耐用性、钻孔质量及效率，应根据工件材料的性质不同，选择适当的冷却润滑液。钻各种材料的冷却润滑液见表 4-22。

表 4-22 钻各种材料的冷却润滑液

工件材料	冷却润滑液
各类结构钢	3%～5% 乳化液，7% 硫化乳化液
不锈钢，耐热钢	3% 肥皂水，加 2% 亚麻油水溶液、硫化切削油
纯铜、黄铜、青铜	不用；或用 5%～8% 乳化液
铸铁	不用；或用 5%～8% 乳化液、煤油
铝合金	不用；或用 5%～8% 乳化液、煤油、煤油与菜油的混合油
有机玻璃	5%～8% 的乳化液、煤油

（3）钻头的刃磨

钻头的切削部分对于钻孔质量和效率有直接影响。钻头刃磨的目的是要把钝了或损坏的切削部分刃磨成正确的几何形状，使钻头保持良好的切削性能。

① 磨主切削刃。其目的为将磨钝或损坏的主切削刃磨锋利，同时将后角与顶角修磨到所要求的正确角度。其方法为：用手捏住钻头，将主切削刃摆平，钻头中心和砂轮面的夹角等于 1/2 顶角，刃磨时右手使刃口接触砂轮，左手使钻头柄向下摆动，所摆动的角度即是钻头的后角，当向下摆动时，右手捻动钻头绕自身的中心线旋转，这样磨出的钻头钻心处的后角会大些，有利于切削。磨好一条主切削刃后，再磨另一侧主切削刃。

② 修磨横刃。其目的为把横刃磨短，并使钻心处的前角增大，使钻头便于定位，减少轴向抗力，利于切削。磨好的钻头切削性能怎样，往往横刃部位起着很大作用，如果材料软，可多磨去些。一般把横刃磨短到原来的 1/3～1/5。一般小直径钻头（5mm 以内）可不需修磨横刃。

修磨横刃的方法为：磨削点大致在砂轮的水平中心面上，钻头与砂轮相对位置如图 4-57 所示，钻头与砂轮侧面构成 15° 角（向左侧），与砂轮中心面约构成 55° 角，刃磨时钻头刃背与砂轮圆角接触，磨削是逐渐向钻心处移动，直至磨出内刃前角。修磨中，钻头略有转动，磨量由小到大，当磨至钻心处时，应保证内刃前角、内刃斜角、横刃长度要准确，磨时动作要轻，防止刃口退火或钻心过薄。

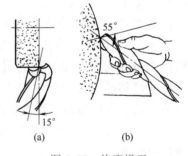

图 4-57 修磨横刃

③ 修磨钻薄板钻头。在装配与检修工作中，常遇到在薄钢板、铝板、黄铜皮、紫铜皮、马口铁等金属薄板上钻孔。用普通钻头钻孔，会出现孔不圆，孔口飞边，孔被撕破，毛刺大，甚至使板料变形和发生事故，因此必须把钻头磨成如图 4-58 所示的几何形状，通常也叫平钻头。钻削时，钻心先切入工件，定住中心，起钳制工件作用，然后两个锋利外尖（刃口）迅速切入工件，使其切离。如

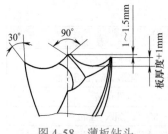

图 4-58　薄板钻头

果将锋刃磨平，并低于钻心，还可以钻一般的沉孔或划孔的平面用。

④ 群钻。群钻是广大钻工在生产实践中总结了长期以来的钻削经验，对麻花钻头的切削部分进行了改革后，创造出来的一种效率高、寿命长、加工质量好的新型钻头。它的特点是主切削刃可分为三段（外刃、圆弧刃、内刃），横刃变短、变尖、磨低，在一侧的外刃上磨出分屑槽。这样就降低了扭转力和轴向力，散热好，能自行断屑，排屑容易，而且切削变形小，提高了切削量，大大提高了生产效率，孔的精度和表面粗糙度也符合要求。它特别适用于加工大批量的孔，钻削碳钢与各种合金结构钢，在设备装配、维修操作时，也可以根据需要使用这种钻头。

⑤ 钻头刃磨的要求。刃磨时，钻头切削部分的角度应符合要求，两条主切削刃等长，顶角应被钻头的中心线平分，可做顶角样板，边磨边检查。在实际工作中，一般都用目测来检查。可将钻头转动 180° 目测，经过几次反复后，可鉴定出两刃是否高低一致。钻头刃磨时，钻柄摆动不可高出水平面，以防止磨出负后角。为防止刃口退火，必须经常浸入水中冷却。

（4）钻孔的操作步骤

① 准备。钻孔前，应熟悉图样，选用合适的夹具、量具、钻头、切削液，选择主轴转速、进给量。

② 划线。划出孔加工线（必要时可划出校正线、检查线），并加大圆心处的冲眼，便于钻尖定心。

③ 装夹。装夹并校正工件。

④ 手动起钻。钻孔时，先用钻尖对准圆心处的冲眼钻出一个小浅坑。目测检查浅坑的圆周与加工线的同心程度，若无偏移，则可继续下钻；若发生偏移，则可通过移动工作台和钻床主轴（使用摇臂钻时）来进行调整，直到找正为止。当钻至钻头直径与加工线重合时，起钻阶段完成。

⑤ 中途钻削。当起钻完成后，即进入中途深度钻削，可采用手动进给或机动进给钻削。

⑥ 收钻。当钻头将钻至要求深度或将要钻穿通孔时，要减小进给量。特别是在通孔将要钻穿时，此时若是机动进给的，一定要换成手动进给操作。这是因为当钻心刚穿过工件时，轴向阻力突然减小，此时，由于钻床进给机构的间隙和弹性变形的突然恢复，将使钻头以很大的进给量自动切入，容易造成钻头折断、工件移位甚至提起工件等现象。用手动进给操作时，由于已注意减小了进给量，轴向阻力较小，就可避免发生此类现象。

（5）一般件的钻孔方法

① 先把孔中心的样冲眼冲大一些，使钻头容易定位，不偏离中心，然后用钻头尖钻一浅坑。检查钻出的锥坑与所划的孔的圆周线是否同心，否则及时予以纠正。

② 钻通孔时，当孔要钻透前，手动进给的要减小压力，钻床加工采用自动进给的最好改为手动，或减小走刀量，以防止钻心刚钻穿工件时，轴向力突然减少，使钻头以很大的进给量自动切入，造成钻头折断或钻孔质量降低等现象。

③ 钻不通孔时，应调整好钻床上深度标尺挡块，或实际测量，准确控制钻孔深度。

④ 钻深孔时一般钻深到直径的 3 倍时，需将钻头提出排屑，以后每进一定深度，钻头均应退出排屑，以免钻头因切屑阻塞而折断。

有的深孔深度超过钻头的总长度或更深些，这时可使用加长杆钻头或接杆钻头钻孔，这两种钻头可外购或自制。

对于一些特殊的深孔，例如某些长轴的透孔的加工，一般采用专用设备，或在机床上进行，此时，需要特别的加长杆钻头。这种钻头需根据工件的具体情况，自行研究制作。

⑤ 一般钻直径超过 30mm 的大孔要分两次钻削，先用 3～5mm 小钻头钻出中心孔，再用 0.5～0.7 倍孔径的钻头钻孔，然后用所需孔径的钻头扩孔。这样可以减少轴向力，保护机床，同时也可以提高钻孔质量。

（6）在斜面上钻孔

钻削斜孔时，由于孔的中心与钻孔端面不垂直，因此，钻头在开始接触工件时，先是单面受力，作用在钻头切削刃上的径向力会把钻头推向一边，故易出现钻头偏斜、滑移，钻不进工件等多种缺陷。为保证钻孔质量，应有针对性地采取以下几种方法。

① 钻孔前用铣刀在斜面上铣出一个平台，或用錾子在斜面上凿出一个小平面，按钻孔要求定出中心后再钻孔。

② 可用圆弧刃多能钻直接钻出。将钻头修磨成圆弧刃多能钻，如图 4-59 所示，这种钻头相似于立铣刀，圆弧刃各点均成相同的后角（6°～10°），横刃经过修磨。这种钻头长度要短，以增强其刚度。钻孔时虽然是单面受力，由于刃呈圆弧形，钻头所受径向力小些，改善了偏切削受力情况。钻孔时应选择低转速，手动进给。

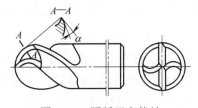

图 4-59 圆弧刃多能钻

③ 在装配操作中，常遇到钻斜孔，可采用垫块垫斜度的方法，或者用钻床上有可调整斜度的工作台进行钻孔。

（7）钻半圆孔（或缺圆孔）

在工件上钻半圆孔，可用同样材料的物体工件合起来，找出中心后钻孔，分开后即是要钻的半圆孔。钻缺圆孔，同样用材料嵌入工件内与工件合钻孔，然后拆开。

（8）钻骑缝孔

在连接件上钻骑缝孔，例如套与轴、轮毂与轮圈之间，装骑缝螺钉或销钉。此时尽量用短的钻头，钻头伸出钻夹头外面的长度也要尽量短，钻头的横刃要尽量磨窄，以增加钻头刚度，加强定心作用，减少偏斜现象。如两工件的材料性质不同，则打中心样冲眼应往硬质材料一边偏些，以防止钻头偏向软质材料一边。

（9）钻孔缺陷分析

钻孔时产生废品，大都是没有按钻孔技术要求，违反了操作规程，钻头刃磨不正确，钻孔切削用量选择不当，工件夹不紧，钻头夹持错误以及工作中疏忽大意等原因造成的。表 4-23 给出了钻孔时产生废品的原因和防止方法。

表 4-23　钻孔时产生废品的原因和防止方法

废品形式	产生原因	防止方法
孔呈多角形	①钻头后角过大 ②两切削刃不等长，角度不对称	正确刃磨钻头
孔径大于规定	①切削刃不等长，高低不一致 ②钻头摆动（钻头弯曲，主轴摆动，夹具不精确）	①正确磨钻头 ②更换钻头，修整主轴，消除摆动，修整或更换夹具
孔壁粗糙	①钻头不锋利 ②后角太大 ③走刀量太大 ④冷却不足，冷却润滑性能不好	①修磨锋刃 ②减小后角 ③减小走刀量 ④及时输入冷却液并正确选用
孔位置偏移或孔偏斜	①工件表面与钻头不垂直 ②钻头横刃太长 ③主轴与工作台不垂直 ④进刀过急 ⑤工件固定不牢	①正确夹持工件，并找正 ②修磨横刃 ③校正主轴与工作台垂直度 ④要缓慢进刀 ⑤工件夹持要牢固

（10）钻孔安全技术

① 钻孔时不准戴手套，手中也不能拿棉纱头一类的东西，以免不小心被切屑勾住，发生人身事故。不准用手去拉切屑和用嘴吹碎屑。清除切屑应用钩子或刷子，并尽量在停车时清除。

② 钻孔时工件一定要压紧，在通孔将钻穿时要特别小心，尽量减小给进量，以防给进量突然增加而发生工件甩出等事故。

③ 钻通孔时工件底面应放垫铁，防止钻坏工件台或台虎钳的底平面。

④ 车未停妥不准去捏停钻夹头，松紧钻夹头必须用钥匙，不准用手锤或其

他东西敲打。钻头从钻套中退出要使用斜铁敲出。

⑤ 钻床变速前应先停车，使用钻床时不能同时两人操作，以免因配合不当造成事故。

⑥ 使用电钻时（除低压及双层绝缘的电钻外），应戴橡胶手套和穿胶鞋，以防触电。在工作中要随时注意人站立的稳定性，以防滑倒。

4.7.3　扩孔的操作

用扩孔钻或麻花钻等刀具对工件已有孔进行扩大加工的操作称为扩孔。扩孔常作为孔的半精加工及铰孔前的预加工。它属于孔的半精加工，一般尺寸精度可达 IT10，粗糙度可达 $Ra=6.3\mu m$。在机械设备的装配与维修工作中，经常遇到需要进行扩孔的零件，如两个连接件的螺栓孔等。这些孔精度要求不高，在保证不影响两零件强度的情况下，为了便于装配，在一定的条件下允许扩孔。对于这种类型的孔，只要采用麻花钻头扩孔即可。

（1）扩孔的刀具

扩孔主要由麻花钻、扩孔钻等刀具完成。扩孔使用的麻花钻与钻孔所用麻花钻几何参数相同，但由于扩孔同时避免了麻花钻横刃的不良影响，因此，可适当提高切削用量，但与扩孔钻相比，其加工效率仍较低。

扩孔钻是用来进行扩孔的专用刀具，其结构形式比较多，按装夹方式可分为带锥柄扩孔钻和套式扩孔钻两种；按刀体的材质可分为高速钢扩孔钻和硬质合金扩孔钻两种。

标准高速钢扩孔钻按直径精度分 1 号扩孔钻和 2 号扩孔钻两种。1 号扩孔钻用于铰孔前的扩孔，2 号扩孔钻用于精度为 H11 的孔的最后加工。硬质合金锥柄扩孔钻按直径精度分四种，1 号扩孔钻一般适用于铰孔前的扩孔，2 号扩孔钻用于精度为 H11 的孔的最后加工，3 号扩孔钻用于精铰孔前的扩孔，4 号扩孔钻一般适用于精度为 D11 的孔的最后加工。硬质合金套式扩孔钻分两种精度，1 号扩孔钻用于精铰孔前的扩孔，2 号扩孔钻用于一般精度孔的铰前扩孔。

（2）扩孔的操作步骤

① 扩孔前准备。主要内容有熟悉加工图样，选用合适的夹具、量具、刀具等。

② 根据所选用的刀具类型选择主轴转速。

③ 装夹。装夹并校正工件，为了保证扩孔时钻头轴线与底孔轴线相重合，可用钻底孔的钻头找正。一般情况下，在钻完底孔后就直接更换钻头进行扩孔。

④ 扩孔。按扩孔要求进行扩孔操作，注意控制扩孔深度。

⑤ 卸下工件并清理钻床。

（3）扩孔的操作要点

① 正确选用及刃磨扩孔刀具。扩孔刀具的正确选用是保证扩孔质量的关键

因素之一，一般应根据所扩孔的孔径大小、位置、材料、精度等级及生产批量进行选用。

用高速钢扩孔钻加工硬钢和硬铸铁时，其前角 $\gamma = 0° \sim 5°$；加工中硬钢时，$\gamma = 8° \sim 12°$；加工软钢时，$\gamma = 15° \sim 20°$；加工铜、铝时，$\gamma = 25° \sim 30°$。

用硬质合金扩孔钻加工铸铁时，其前角 $\gamma = 5°$；加工钢时，$\gamma = -5° \sim 5°$；加工高硬度材料时，$\gamma = -10°$，后角 α 一般取 $8° \sim 10°$。

② 正确选择扩孔的切削用量。对于直径较大的孔（直径 $D > 30mm$），若用麻花钻加工，则应先用 0.5 ~ 0.7 倍孔径的较小钻头钻孔；若用扩孔钻扩孔，则扩孔前的钻孔直径应为孔径的 0.9 倍。不论选用何种刀具，进行最后加工的扩孔钻的直径都应等于孔的公称尺寸。对于铰孔前所用的扩孔钻直径，其扩孔钻直径应等于铰孔后的公称尺寸减去铰削余量。铰孔余量如表 4-24 所示。

表 4-24　铰孔余量

扩孔钻直径 D/mm	< 10	10 ~ 18	18 ~ 30	30 ~ 50	50 ~ 100
铰孔余量 A/mm	0.2	0.25	0.3	0.4	0.5

③ 注意事项。对扩钻精度较高的孔或扩孔工艺系统刚性较差时，应取较小的进给量；工件材料的硬度、强度较大时，应选择较低的切削速度。

（4）扩孔常见缺陷分析

扩孔钻扩孔，常见的缺陷主要有孔径增大、孔表面粗糙等。其产生的原因和解决方法参见表 4-25。

表 4-25　扩孔钻扩孔中常见缺陷的产生原因和解决方法

缺陷	产生原因	解决方法
孔径增大	①扩孔钻切削刃摆差大 ②扩孔钻口崩刃 ③扩孔钻刃带上有切屑瘤 ④安装扩孔钻时，锥柄表面油污未擦干净或锥面有磕、碰伤	①刃磨时保证摆差在允许范围内 ②及时发现崩刃情况，更换刀具 ③将刃带上的切屑瘤用油石修整到合格 ④安装扩孔钻前必须将扩孔钻锥柄及机床主轴锥孔内部油污擦干净；锥面有磕、碰伤处用油石修光
孔表面粗糙	①切削用量过大 ②切削液供给不足 ③扩孔钻过度磨损	①适当降低切削用量 ②切削液喷嘴对准加工孔孔口；加大切削液流量 ③定期更换扩孔钻；刃磨时把磨损区全都磨去
孔位置精度超差	①导向套配合间隙大 ②主轴与导向套同轴度误差大 ③主轴轴承松动	①位置公差要求较高时，导向套与刀具配合要精密些 ②校正机床与导向套位置 ③调整主轴轴承间隙

4.7.4 锪孔的操作

在孔的表面用锪钻（划平面刀杆或改制的钻头）加工出一定形状的孔或表面，称为锪孔。锪孔加工主要分为锪圆柱形沉孔［图4-60（a）］、锪锥形沉孔［图4-60（b）］和锪凸台平面［图4-60（c）］三类。

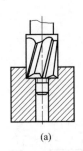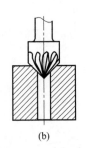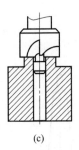

(a) (b) (c)

图 4-60 锪孔加工的形式

锪孔主要由锪钻来完成。锪钻的种类较多，有柱形锪钻、锥形锪钻、端面锪钻等。根据所用锪孔钻头的不同，其加工形式主要有锪钻锪孔、钻头锪孔及划平面刀杆三种。

（1）锪钻锪孔

锪钻有柱形锪钻和锥形锪钻。这两类刀具为标准刀具，使用时按规格选择。

① 柱形锪钻。锪圆柱形沉孔（埋头孔）的锪钻，前端有导柱，保证良好的定心与导向。导柱与锪钻可制成一体的，也可以把导柱制成装卸式的。

② 锥形锪钻。锪锥形沉孔（埋头锥坑）用。它的锥角按工件锥形沉孔的要求不同，有60°、75°、90°及120°四种，其中90°的用得较多。

（2）钻头锪孔

钻头锪孔这种方法使用非常广泛。

① 按锥形沉孔要求将钻头磨成需要的顶角，同时后角要磨得小些，在外缘处的前角也磨得小些，两边切削刃磨得对称进行锪锥孔。

② 使用钻头锪凸台平面与柱形沉孔，在锪凸台平面时往往先钻一个小孔，按小孔定位再选择大的尺寸、合适的钻头。将钻头磨成平钻头后进行锪凸台端面。

用钻头锪柱形沉孔，一般孔精度要求不高时，可将钻头磨成平钻头，直接加工柱形沉孔。孔精度要求高时，可将钻头前端按所加工孔的尺寸磨制15～30mm长的导向定位部分，进行锪柱形沉孔，如图4-61所示。

（3）划平面刀杆

划平面刀杆使用最为广泛，它可以根据需要的尺寸自行制作。一般钻床都配备一定数量的划平面刀杆。它可以锪端面、柱形沉孔、反方向的端面等，如图4-62所示。

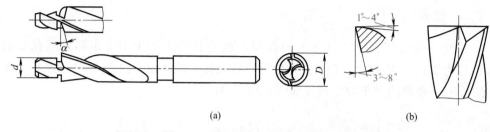

图 4-61　用钻头改制的柱形锪钻

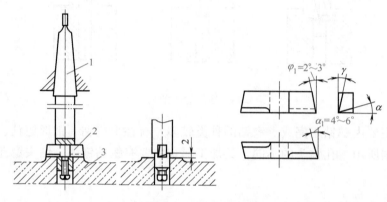

图 4-62　划平面刀杆
1—刀杆；2—刀片；3—工件

4.7.5　铰孔的操作

　　铰孔是用铰刀对已经粗加工的孔进行精加工，可提高孔的精度和表面光洁度。它适用于在孔径较小（32mm 以下），精度与表面光洁度要求高的孔以及各种锥孔上，在设备的安装及维修工作中使用比较广泛。

　　（1）铰刀的种类及用途

　　铰刀是铰削加工的主要刀具，所有类型铰刀均为国家标准刃具，使用时应按所需尺寸选取。铰刀的构造主要有切削部分、颈部和尾部，如图 4-63 所示。

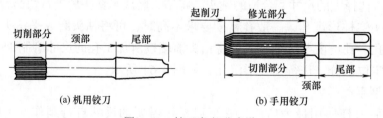

(a) 机用铰刀　　　　　　　(b) 手用铰刀

图 4-63　铰刀各部分名称

　　刀齿的数目根据铰刀直径不同有 4 ～ 12 条，刀刃的形状为楔形。因为它的切削量很薄，所以前角 γ 为 0°，起刮削作用，如果要求精度很高，可改为负前角，一般为 -5° ~ 0°。后角 α 不宜过大，它关系到刀刃的强度（α 越小强度越高），一般铰硬质材料 α 为 8°，脆性材料 α 为 5°，如图 4-64 所示。为了测量准确，刀刃都是偶数的，但是分布不均匀，以保证铰刀切削均匀平衡，防止孔壁产生颤痕（尤其材料硬度不均的表面上更为明显）。刀刃分布情况如图 4-65 所示，铰刀修光部分起着保证铰刀对中，修光孔壁，可作备磨部分等作用。铰刀齿顶有 0.3 ~ 0.5mm 的宽刃带，用于对准孔位。

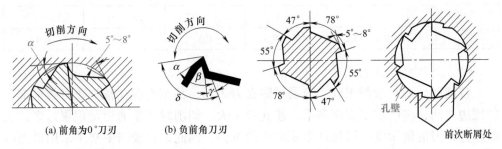

图 4-64　铰刀刃形状　　　　　　　　图 4-65　铰刀刃分布

铰刀的种类比较多，按使用方法可分为手用铰刀、机用铰刀两种；按加工孔的形状可分为圆柱形铰刀、圆锥形铰刀、圆锥阶梯形铰刀；按构造形式可分为整体式铰刀、组合式铰刀；按直径是否能调整可分为不可调节铰刀、可调节铰刀。

① 手用铰刀。用于钳工手工操作铰孔。

② 可调节手用铰刀。用于钳工手工操作铰孔，在检修、装配、单件生产及尺寸特殊的情况下铰削通孔，使用时需在铰刀的调节范围内选用。

③ 直柄机用铰刀。用在一般机床上，对工件各种配合孔的铰削。还有一种镶硬质合金直柄机用铰刀，主要用于对工件进行高速切削和材料较硬时。

④ 锥柄机用铰力。主要在机床上使用，对工件进行铰孔。另一种为镶硬质合金铰刀，其使用同直柄合金铰刀。

⑤ 套式机用铰刀。用在一般机床上对孔进行铰削。一般用来铰削较大孔，规格在 25 ~ 80mm。使用时应按铰刀配制刀杆。

⑥ 锥铰刀。锥铰刀用以铰削圆锥孔。常用的锥铰刀主要有以下四种：

第一种为 1:10 锥铰刀，主要用于加工联轴节上与柱销配合的锥孔。

第二种为莫氏锥铰刀，主要用于加工 0 ~ 6 号莫氏锥孔（其锥度近似于 1:20）。

第三种为 1:30 锥铰刀，主要用于加工套式刀具上的锥孔。

第四种为 1:50 锥铰刀，主要用于加工锥形定位销孔。

锥铰刀的刀刃是全部参加切削的，铰起来比较费力。其中 1:10 锥铰刀及莫氏锥铰刀一般一套三把，一把是精铰刀，其余是粗铰刀。

（2）铰孔的切削用量

铰孔的前道工序（钻孔或扩孔）必须留有一定的加工量，供铰孔时加工。铰孔的加工余量适当，铰出的孔壁光洁。如果余量过大，容易使铰刀磨损，并影响孔的表面粗糙度，有时还会出现多边形，因此应留有合理的铰削余量，可按表4-26选择。

表4-26　铰孔余量的选择

孔公称直径/mm	< 5	5 ~ 20	21 ~ 32	33 ~ 50	51 ~ 70
加工余量/mm	0.1 ~ 0.2	0.2 ~ 0.3	0.3	0.5	0.8

（3）冷却润滑液的选择

铰削的切屑一般都很碎，容易黏附在刀刃上，甚至夹在孔壁与铰刀校准部分的棱边之间，将已加工表面刮毛，使孔径扩大。切削时产生的热量积累过多，从而降低铰刀的耐用度，增加产生积屑瘤的机会，因此，在铰削中必须采用适当的冷却润滑液，借以冲掉切屑和消散热量。冷却润滑液的选择见表4-27。

表4-27　铰孔时的冷却润滑液

加工材料	冷却润滑液
钢	① 10% ~ 20% 乳化液 ②铰孔要求高时，采用 30% 菜油加 70% 肥皂水 ③铰孔的要求更高时，可用茶油、柴油、猪油等
铸铁	①不用 ②煤油，但会引起孔径缩小，最大缩小量达 0.02 ~ 0.04mm ③低浓度的乳化液
铝	煤油
铜	乳化液

（4）铰刀的选择与修磨

铰孔质量与铰刀的选择有很大关系，因此在铰孔前，要认真选择铰刀，检查铰刀的外径尺寸，刀刃是否完整锋利。选择后应先试铰，试铰时的材料、余量、方法与正式铰孔相同。如有不合要求的地方，应认真处理。铰刀的修磨方法如下：

①用什锦三角油石刃磨铰刀的前面，使刃口锋利和降低表面粗糙度。

②研磨铰刀外径，用研磨套研磨法进行。

③用油石修磨铰刀后面，使刃带宽度在一定尺寸内，要防止碰伤刃口。

④用油石沿着锥度方向修磨铰刀的切削部分。

（5）铰孔的操作步骤

①铰孔前准备。主要内容有，熟悉加工图样，确定各孔的铰孔余量，选用

合适的夹具、量具、刀具等。

② 根据所选用的刀具类型、铰孔方法选择合适的铰孔速度、铰孔进给量等。

③ 装夹。装夹并校正工件，铰刀的中心要与孔的中心尽量保持重合。

④ 铰孔。按铰孔要求进行铰孔操作。

⑤ 检验铰孔质量合格后，卸下工件并清理钻床。

（6）铰孔方法与注意事项

① 按照要求确定铰孔的次数及选择铰刀。

② 工件夹持要正确，铰刀在铰杠上装夹后，将铰刀插入孔内，用角尺校验，使铰刀与孔端面垂直。两手握持铰杠柄部，稍加均衡压力，按顺时针方向扳动铰杠进行铰削。

③ 铰孔中严禁倒转。如在铰削中旋转困难时，仍按顺时针方向用力向上提起，查明原因及时处理。

④ 铰削钢料时切屑碎末容易粘在刀刃上，要注意经常清除。

⑤ 机铰时要在铰刀退出后再停车，否则孔壁有刀痕，退出时孔也要被拉毛。

⑥ 机铰时要注意机床主轴、铰刀和工件上所要铰的孔三者的同轴度是否符合要求。

⑦ 铰刀是精加工刀具，用后将切屑清理干净，涂油放入专用盒内，以防生锈或碰伤。

4.8　攻螺纹

4.8.1　螺纹的组成要素

螺纹的种类很多，按螺纹牙型、外径、螺距是否符合国家标准可分为：标准螺纹（螺纹牙型、外径、螺距均符合国家标准）、特殊螺纹（牙型符合国家标准，而外径或螺距不符合国家标准）、非标准螺纹（牙型不符合国家标准，如有方牙螺纹、平面螺纹等）。标准螺纹又分为三角形、梯形和锯齿形三种。三角形螺纹又有普通螺纹（粗牙、细牙两种）、管螺纹（有圆柱、55° 圆锥及 60° 圆锥）及英制螺纹等。

（1）螺纹的特点及应用

① 普通螺纹（分为粗牙和细牙两种）。代号 M。普通螺纹是连接螺纹的基本形式，其牙形基本呈三角形，牙形角 60°。其中细牙普通螺纹比同一公称直径的粗牙螺纹强度要高，自锁性能也较好。

② 矩形螺纹。牙形为正方形，传动效率较其他螺纹高，但强度比同样螺距的螺纹要低，制造较困难，对中精度低，磨损后造成的轴向和径向的间隙较大，

牙形尚未标准化。一般用于力的传递，例如千斤顶、小的压力机等。

③ 梯形螺纹。代号 T。其牙形呈等腰梯形，牙形角为 30°。梯形螺纹是传动螺纹的主要螺纹形式，常用于丝杆、刀架丝杠等。

④ 锯齿形螺纹。代号 S。牙形为锯齿状，牙形角为 33°（两边不相等）。工作面牙形角为 3°，非工作面为 30°。它具有矩形螺纹效率高和梯形螺纹牙根强度高的特点，用于承受单向压力，例如螺旋压力机、起重机的吊钩等。

⑤ 非螺纹密封的管螺纹（圆柱管螺纹）。代号 G。其牙形角为 55°，公称直径指管子的孔径，内、外径间均无间隙并做成圆顶，以便结合紧密。其多用于压力为 1.57MPa 以下的水、煤气、润滑和电线管道系统。

⑥ 用螺纹密封的管螺纹。代号 R（旧标准为 ZG）。其牙形角为 55°，公称直径指管子的孔径，螺纹分布在 1∶16 圆锥管壁上，牙顶和牙底为圆形，内外螺纹配合时没有间隙，可不用填料而保证连接的不渗漏，拧紧时可消除制造不准或磨损所产生的间隙。其用于高温、高压系统和润滑系统。

⑦ 60° 圆锥管螺纹（布锥管螺纹）。代号 Z。牙形角为 60°，牙形顶和牙形槽底是平的。用于汽车、机床等的燃料、水、气输送系统的管连接。

⑧ 米制锥螺纹。代号 ZM。牙形角为 60°，牙顶和牙底是平的，其他与用螺纹密封的管螺纹相似，用于气体、液体管路系统中依靠螺纹密封的连接（水、煤气管道用管螺纹除外）。

⑨ 英制螺纹。牙形角 55°。英制螺纹现在一般只在制造修配件时使用，设计新产品时不使用。

（2）螺纹主要尺寸

螺纹的主要尺寸主要由外径、内径及中径等尺寸组成，如图 4-66 ～ 图 4-68 所示。

① 外径 d。外径是螺纹的最大直径，即外螺纹的牙顶直径、内螺纹的牙底直径，叫做螺纹的公称直径。

② 内径 d_1。内径是螺纹的最小直径，即螺纹的牙底直径、内螺纹的牙顶直径。

③ 中径 d_2。螺纹的有效直径称为中径，中径母线上的牙宽等于螺距的一半［英制等于内外径的平均直径，即 $d_2=(d_1+d)/2$］。

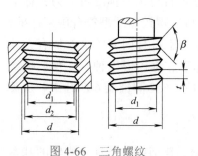

图 4-66　三角螺纹

④ 螺纹工作高度 h。螺纹顶点到根部的垂直距离（公制 h，英制 h_2），称为螺纹工作高度（或牙形高度）。

⑤ 螺纹剖面角 β。螺纹剖面角是螺纹剖面两侧所夹的角，也称牙形角。

⑥ 螺距 t。螺距是相邻两牙对应点之间的轴向距离。

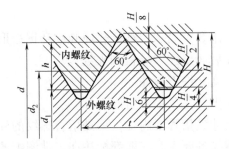

$$H=0.866t;\ d_2=d-0.6495t;\ d_1=d-1.0825t;\ h=0.5413t;\ r=0.1443t$$

在强度计算时，采用的螺栓有效面积为：

$$F=\frac{\pi}{4}\left(d_1-\frac{H}{6}\right)^2$$

图 4-67　公制螺纹

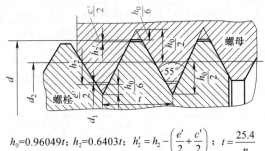

$$h_0=0.96049t;\ h_2=0.6403t;\ h_2'=h_2-\left(\frac{e'}{2}+\frac{c'}{2}\right);\ t=\frac{25.4}{n}$$

n 为每英寸牙数

标记示例：公称直径 3/16″；3/16″

图 4-68　英制螺纹

⑦ 导程 s。螺纹上一点沿螺旋线转一周时，该点沿轴线方向所移动的距离称为导程。单头螺纹的导程等于螺距。多头螺纹导程与螺距的关系可用下式表达：

多头螺纹导程（s）＝头数（z）× 螺距（t）

⑧ 精度。原标准精度粗牙螺纹有 1，2，3 三个精度等级；细牙螺纹有 1，2，2a，3 四个精度等级；梯形螺纹有 1，2，3，3S 四个精度等级；圆柱管螺纹有 2，3 二个精度等级。

新标准分为精密、中等、粗糙三个级别，标准螺纹孔时精密一般为 4H、5H，中等的为 6H，粗糙的为 7H。例如，M16-4H，相当于原 1 级精度螺纹；M12-6H，相当于原 2 级精度螺纹；M20-7H，相当于原 3 级精度螺纹。标准外螺纹一般精密的为 3h、4h、5h，中等的为 5g、6g、7g 或 5h、6h、7h，粗糙的为 8g 或 8h。例如，M24-6g，相当于原 2 级精度螺纹。新标准精度中孔用大写的 G 或 H，外螺纹用小写的 g 或 h 标注。G 或 H 或小写的 g 与 h，代表各自的螺纹中径公差带。

（3）螺纹的标注

① 螺纹外径和螺距用数字表示，细牙普通螺纹和锯齿形螺纹必须加注螺距。

② 多头螺纹在外径后面要注"导程和头数"。

③ 普通螺纹3级精度允许不标注。

④ 左旋螺纹必须注出"左"字，右旋不标。

⑤ 管螺纹的名义尺寸是指管子内径，不是指管螺纹的外径。

⑥ 非标准螺纹的螺纹各要素，一般都标注在工件图纸的牙形上。

表4-28给出了螺纹的标注示例。

表4-28　螺纹标注示例

螺纹类型	牙形代号	代号示例	代号示例说明
粗牙普通螺纹	M	M10	外径10mm
细牙普通螺纹	M	M16×1	外径16mm，螺距1mm
梯形螺纹	T	T36×12/2-3 左	外径36mm，导程12mm，头数2，精度3级，左旋
锯齿形螺纹	S	S70×10	外径70mm，螺距10mm
圆柱管螺纹	G	G3/4″	管料内径3/4″
密封管螺纹	R	RC1$\frac{1}{2}$″	55°锥管螺纹，管子内径1$\frac{1}{2}$″
60°锥管螺纹	Z	Z1″	管料内径1″
米制锥螺纹	ZM	ZM22×1.5	外径22mm，螺距1.5mm

4.8.2　攻螺纹的工具

使用丝锥在孔壁上切削螺纹叫做攻螺纹。攻螺纹用工具主要包括丝锥、扳手（又称丝锥扳手、铰杠）和机用攻螺纹安全夹头等。

（1）丝锥

丝锥是用来切削内螺纹的刀具，主要由工具钢或高速钢加工，并经淬火硬化制成。

① 丝锥的结构。丝锥主要由切削部分、修光部分（校准部分）、屑槽和颈部组成，其构造如图4-69所示。

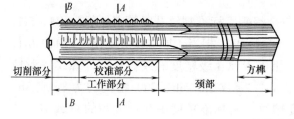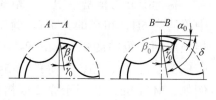

图4-69　丝锥的构造

其中，切削部分在丝锥前端呈圆锥形，有锋利的切削刃，刀刃的前角为
8°～10°，后角为4°～6°，用来完成切削螺纹工作。修光部分具有完整的齿形，
可以修光和校准已切出的螺纹，并引导丝锥沿轴向运动。屑槽部分有容纳、排除
切屑和形成刀刃的作用，常用的丝锥上有3～4条屑槽。颈部的形状与作用与铰
刀相同。

② 丝锥的种类及应用。按丝锥加工场合的不同，丝锥主要有手用丝锥、机
用普通丝锥两种。

a. 手用丝锥。原先手用丝锥一般由两只或三只组成一组，分为头锥、二锥、
三锥。由于丝锥制造材料的提高，现在一般 M10 以下丝锥大部分为1组1支，
M10 以上的为1组2支，3支1组的已经很少见了。通常普通丝锥还包括管子丝锥，
它又分为圆柱形管子丝锥和圆锥形管子丝锥。

b. 机用普通丝锥。用于机械攻螺纹，为了装夹方便，丝锥颈部较长。一般机
用丝锥的攻螺纹是用一支丝锥一次性完成。它适用于攻通孔螺纹，不便于攻浅孔
螺纹。机用丝锥也可用于手工攻螺纹。

（2）丝锥扳手

丝锥扳手又称铰杠。丝锥扳手是用来夹持丝锥的工具，分为普通扳手和丁字
扳手两类，各种扳手又分为固定式和活动式两种。扳手方孔尺寸与柄的长度都有
一定的规格，使用时应根据丝锥尺寸大小选择不同规格的扳手，见表 4-29。

表 4-29　常用丝锥扳手规格

丝锥直径 /mm	≤6	8～10	12～14	≥16
扳手长度 /mm	150～200	200～250	250～300	400～450

在凸、凹台旁攻螺纹时，可采用丁字形扳手。由于扳手构造简单，工作时可
根据实际情况自行制作固定式扳手或丁字形扳手。

（3）安全夹头

在钻床上攻螺纹或使用手提式电钻攻螺纹时，要用安全夹头来夹持丝锥，以
免当丝锥负荷过大时或攻不通孔到底时，产生丝锥折断或损坏工件等现象。

常用的安全夹头有钢球式安全夹头和锥体摩擦式安全夹头等。使用时，其安
全扭矩应注意按照丝锥直径的大小进行调节。

4.8.3　攻螺纹的操作

与钻孔和铰孔加工一样，攻螺纹也有手工攻螺纹与机动攻螺纹两种，且攻螺
纹操作时，应正确地选用丝锥及切削液，并进行合理地操作。

（1）攻螺纹前螺纹底孔直径的确定

攻螺纹时，丝锥对金属有切削和挤压作用，使金属扩张，如果螺纹底孔与螺

纹内径一致，会产生金属咬住丝锥现象，造成丝锥折断与损坏。所以攻螺纹前的底孔直径（钻孔直径）必须大于螺纹标准中规定的螺纹内径。

底孔直径的大小，要根据工件材料的塑性大小和钻孔的扩张量来考虑，使攻螺纹时有足够的空隙来容纳被挤出的金属，又能保证加工出的螺纹得到完整的牙形。按照普通螺纹标准，内螺纹的最小直径 $d_1=d-1.08t$，内螺纹的允差是正向分布的，这样攻出的内螺纹的内径在上述范围内，才合乎理想要求。

根据以上原则，确定钻普通螺纹底孔所用的钻头直径大小的方法，有计算或查表两种表达形式。

① 计算法。攻普通螺纹的底孔直径根据所加工的材料类型由下式决定：

对钢料及韧性材料，底孔直径 $D=d-t$；

铸铁及塑性较小的材料，底孔直径 $D=d-1.1t$。

式中，D 为钻头直径（底孔直径，mm）；d 为螺纹外径（公称直径，mm）；t 为螺距（mm）。

对于英制螺纹攻螺纹底孔（钻头），可按以下经验计算公式确定：

钢料及韧性金属：$D = 25.4 \times \left(d_0 - 1.1 \times \dfrac{1}{N} \right)$；

铸铁及塑性较小的材料：$D = 25.4 \times \left(d_0 - 1.2 \times \dfrac{1}{N} \right)$。

式中，D 为钻头直径（钻孔直径，mm）；d_0 为螺纹外径（英寸转换，mm）；N 为螺纹每英寸牙数。

② 查表法。攻螺纹前钻底孔的钻头直径也可以从表 4-30～表 4-32 中查得。

表 4-30　普通螺纹攻螺纹前钻底孔的钻头直径

螺纹直径 D/mm	螺距 t/mm	钻头直径 d_i/mm	
		铸铁、青铜、黄铜	钢、可锻铸铁、纯铜、层压板
2	0.4 0.25	1.6 1.75	1.6 1.75
2.5	0.45 0.35	2.05 2.15	2.05 2.15
3	0.5 0.35	2.5 2.65	2.5 2.65
4	0.7 0.5	3.3 3.5	3.3 3.5
5	0.8 0.5	4.1 4.5	4.2 4.5

续表

螺纹直径 D/mm	螺距 t/mm	钻头直径 d₀/mm	
		铸铁、青铜、黄铜	钢、可锻铸铁、纯铜、层压板
6	1	4.9	5
	0.75	3.2	3.2
8	1.25	6.6	6.7
	1	6.9	7
	0.75	7.1	7.2
10	1.5	8.4	8.5
	1.25	8.6	8.7
	1	8.9	9
	0.75	9.1	9.2
12	1.75	10.1	10.2
	1.5	10.4	10.5
	1.25	10.6	10.7
	1	10.9	11
14	2	11.8	12
	1.5	12.4	12.5
	1	12.9	13
16	2	13.8	14
	1.5	14.4	14.5
	1	14.9	15
18	2.5	13.3	13.5
	2	13.8	16
	1.5	16.4	16.5
	1	16.9	17
20	2.5	17.3	17.5
	2	17.8	18
	1.5	18.4	18.5
	1	18.9	19
22	2.5	19.3	19.5
	2	19.8	20
	1.5	20.4	20.5
	1	20.9	21
24	3	20.7	21
	2	21.8	22
	1.5	22.4	22.5
	1	22.9	23

表 4-31　英制螺纹、圆柱管螺纹攻螺纹前钻底孔的钻头直径

英制螺纹				圆柱管螺纹		
螺纹直径 /in	每英寸牙数	钻头直径 /mm		螺纹直径 /in	每英寸牙数	钻头直径 /mm
		铸铁、青铜、黄铜	钢、可锻铸铁			
3/16	24	3.8	3.9	1/8	28	8.8
1/4	20	5.1	5.2	1/4	19	11.7
5/16	18	6.6	6.7	3/8	19	15.2
3/8	18	8	8.1	1/2	14	18.9
1/2	12	10.6	10.7	3/4	14	24.4
5/8	11	13.6	13.8	1	11	30.6
3/4	10	16.6	16.8	$1\frac{1}{4}$	11	39.2
7/8	9	19.5	19.7	$1\frac{3}{8}$	11	41.6
1	8	22.3	22.5	$1\frac{1}{2}$	11	45.1
$1\frac{1}{8}$	7	25	25.2			
$1\frac{1}{4}$	7	28.2	28.4			
$1\frac{3}{8}$	6	34	34.2			
$1\frac{3}{4}$	5	39.5	39.7			
2	$2\frac{1}{2}$	45.3	45.6			

表 4-32　圆锥管螺纹攻螺纹前钻底孔的钻头直径

55° 圆锥管螺纹			60° 圆锥管螺纹		
公称直径 /in	每英寸牙数	钻头直径 /mm	公称直径 /in	每英寸牙数	钻头直径 /mm
1/8	28	8.4	1/8	27	8.6
1/4	19	11.2	1/4	18	11.1
3/8	19	14.7	3/8	18	14.5
1/2	14	18.3	1/2	14	17.9
3/4	14	23.6	3/4	14	23.2
1	11	29.7	1	$11\frac{1}{2}$	29.2
$1\frac{1}{4}$	11	38.3	$1\frac{1}{4}$	$11\frac{1}{2}$	37.9
$1\frac{1}{2}$	11	44.1	$1\frac{1}{2}$	$11\frac{1}{2}$	43.9
2	11	55.8	2	$11\frac{1}{2}$	56

（2）攻不通孔螺纹深度的确定

攻不通孔螺纹时，由于丝锥切削部分不能切出完整的螺纹牙形，所以钻孔深度要大于所需的螺纹孔深度（图纸标注深度尺寸除外）。一般取：

$$钻孔深度\ H= 所需钻孔深度\ h+0.7d\ （d\ 为螺纹外径）$$

（3）攻螺纹方法及注意事项

① 工件上底孔的孔口要倒角，通孔螺纹要两面都倒角，可使丝锥容易切入和防止孔口的螺纹牙崩裂。

② 攻螺纹开始时，要尽量将丝锥放正，与孔端面垂直，然后对丝锥加压力并转动扳手，当切入 1～2 圈后，再仔细观察和校正丝锥的位置，也可用钢尺、角尺等有直角边的工具检查。例如使用导向套和同样直径的精制螺母等校正，以保证丝锥切入 3～4 圈时丝锥与孔端面的垂直度，不再有明显的偏差和强行纠正，此后只需转动扳手即可攻螺纹。

③ 攻螺纹时，扳手每转动 1/2～1 圈，就应倒转 1/3 圈，使切屑碎断后容易排除。在攻 M5 以下的螺纹或塑性较大的材料与深孔时，有时每扳转不到 1/2 圈就要倒转。

④ 攻不通孔时，要经常退出丝锥排屑，尤其当将要攻到孔底时更要注意。

⑤ 攻螺纹时要加润滑冷却液，以及时散热，保持丝锥刃部锋利，减少切削阻力，降低螺纹孔表面粗糙度，延长丝锥使用寿命。对于钢料，一般使用机油或浓度较大的乳化液。对于铸铁料，可使用轻柴油或煤油。对于不锈钢，可使用 30# 机油。

⑥ 机攻时，要保证丝锥与孔的同轴度，丝锥的校准部分不能全部出头，否则返车退出丝锥时会产生乱牙现象。

⑦ 机攻时，要选择低转数进行，一般在 80 转以下为好。

（4）螺纹测量

在机械设备的装配与维修工作中，为了弄清楚螺纹的尺寸规格，必须对螺纹的外径、螺距和牙形进行测量，以利于加工及质量检查。通常可按以下几种简便方法进行测量。

① 用游标卡尺测量螺纹外径，如图 4-70 所示。

② 用螺纹样板，（螺纹规）量出螺距与牙形，如图 4-71 所示。

螺纹样板

图 4-70　用游标卡尺测量螺纹外径　　　图 4-71　用螺纹样板测量牙形及螺距

③ 用英制钢板尺量出英制螺纹每英寸的牙数，如图 4-72 所示。

④ 用已知螺杆或丝锥，放在被测量的螺纹上，测出是哪一种规格的螺纹，如图 4-73 所示。

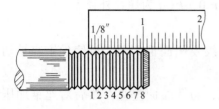 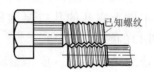

图 4-72　用英制钢板尺测量英制螺纹牙数　　图 4-73　用已知螺纹测定公、英制螺纹方法

（5）攻螺纹缺陷分析

攻螺纹时产生废品的原因和防止方法参见表 4-33。

表 4-33　攻螺纹时产生废品的原因及防止方法

废品形式	产生原因	防止方法
螺纹乱扣、断裂、撕破	①底孔直径太小，丝锥攻不进，使孔口乱扣 ②头锥攻过后，攻二锥时放置不正，头、二锥中心不重合 ③螺纹孔攻歪斜很多，而用丝锥强行借正仍借不过来 ④低碳钢及塑性好的材料，攻螺纹时没用冷却润滑液 ⑤丝锥切削部分磨钝	①认真检查底孔，选择合适的底孔钻头将孔扩大再攻 ②先用手将二锥旋入螺孔内，使头、二锥中心重合 ③保持丝锥与底孔中心一致，操作中两手用力均衡，偏斜太多不要强行借正 ④应选用冷却润滑液 ⑤将丝锥后角修磨锋利
螺孔偏斜	①丝锥与工件端平面不垂直 ②铸件内有较大砂眼 ③攻螺纹时两手用力不均衡，倾向于一侧	①起削时要使丝锥与工件端平面成垂直，要注意检查与校正 ②攻螺纹前注意检查底孔，若砂眼太大不宜攻螺纹 ③要始终保持两手用力均衡，不要摆动
螺纹高度不够	攻螺纹底孔直径太大	正确计算与选择攻螺纹底孔直径与钻头直径

（6）丝锥折断的原因和防止方法

攻螺纹时，丝锥折断的原因及防止方法参见表 4-34。

（7）丝锥折断后的取出方法

① 丝锥折断部分露出孔外，可用钳子拧出，或用尖凿及样冲轻轻地将断丝锥剔除。如断丝锥与孔太紧，用上述方法取不出时，可将弯杆或螺帽焊在断丝锥上部，然后拧动，可将断丝锥取出，如图 4-74 所示。

表 4-34 攻螺纹时丝锥折断原因及防止方法

折断原因	防止方法
①攻螺纹底孔太小 ②丝锥太钝，工件材料太硬 ③丝锥扳手过大，扭转力矩大，操作者手部感觉不灵敏，往往丝锥卡住仍感觉不到，继续扳动使丝锥折断 ④没及时清除丝锥屑槽内的切屑，特别是韧性大的材料，切屑在孔中堵住 ⑤韧性大的材料（不锈钢等）攻螺纹时没用冷却润滑液，工件与丝锥咬住 ⑥丝锥歪斜单面受力太大 ⑦不通孔攻螺纹时，丝锥尖端与孔底相顶仍旋转丝锥，使丝锥折断	①正确计算与选择底孔直径 ②磨锋利丝锥后角 ③选择适当规格的扳手，要随时注意出现的问题，并及时处理 ④按要求反转割断切屑，及时排除，或把丝锥退出清理切屑 ⑤应选用冷却润滑液 ⑥攻螺纹前要用角尺校正，使丝锥与工件孔保持同心度 ⑦应事先做出标记，攻螺纹时注意观察丝锥旋进深度，防止相顶，并要及时清除切屑

弯杆焊断丝锥　　**螺帽焊断丝锥**

图 4-74 用弯杆或螺帽焊接取出断丝锥的方法

② 丝锥折断部分在孔内，可采用钢丝插入到丝锥屑槽中，在带方榫的断丝锥上旋上两个螺母，钢丝插入断丝锥和螺母的空槽（丝锥上有几条屑槽应插入几根钢丝），然后用扳手反方向旋动，将断丝锥取出，如图 4-75 所示。钢丝可制作成接近屑槽的形状，可增加强度。

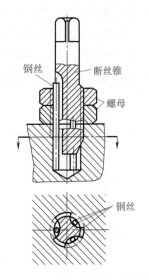

图 4-75 用钢丝插入丝锥屑槽内旋出断丝锥的方法

也可以自制旋取器旋出断丝锥，制作方法有两种。一是用钢管制作，取接近螺孔底孔直径的钢管，按丝锥屑槽数目制作相应数目的短爪，将断丝锥旋出。二是用弯杆，在头部按丝锥屑槽尺寸钻几个小孔后，插入钢丝，将断锥旋出。图 4-76 所示为用弯杆旋取器取断丝锥的方法。

③ 用电火花加工设备将断丝锥腐蚀掉。

④ 将断丝锥从孔中取出来，是一项难度较大，而操作时又要非常细心的工作，操作者要有耐性。如无电火花设备，上述几种方法又取不出来，一般情况下只有将断锥敲碎取出，这种

方法一般用在 M8 以上尺寸的丝锥。方法是将样冲磨细，一点一点地将丝锥敲碎，直至将丝锥取出。操作时要细心，否则将破坏螺纹孔，造成废品，如图 4-77 所示。

图 4-76 用弯杆旋取器取断丝锥法

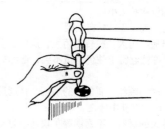
图 4-77 用錾子或冲子剔出断丝锥方法

（8）丝锥的刃磨

丝锥在使用后会产生磨损、刃部不锋利或断屑等情况，经过手工刃磨后可继续使用。常用丝锥的刃磨操作方法主要有以下几方面。

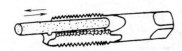
图 4-78 研磨丝锥前刃面

当丝锥前刃面磨损不严重时，可先用圆柱形油石研磨齿槽前面，然后用三角油石轻轻研光前刃面，如图 4-78 所示。研磨时，不允许将齿尖磨圆。

若丝锥磨损严重，就需在工具磨床上修磨，修磨时要控制好前角 γ，见图 4-79。

当丝锥的切削部分磨损时，可在工具磨床上修磨后刃面，以保证丝锥各齿槽的切削锥角和后角的一致性。

此外，也可在砂轮机上修磨后刃面。刃磨时，要注意保持切削锥角 K 及切削部分长度的准确和一致性。同时，要小心地控制丝锥转动角度和压力大小来保证不损伤另一刃边，且保证原来的合理后角 α，见图 4-80。

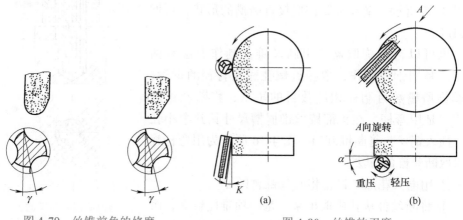
图 4-79 丝锥前角的修磨　　　图 4-80 丝锥的刃磨

当丝锥切削部分崩牙或折断时，应先把损坏部分磨掉，再刃磨其后刃面。

4.9　套螺纹

用板牙在圆柱体上切削螺纹，叫做套螺纹。与攻螺纹一样，套螺纹也是模具装配中常用的操作基本技能。

4.9.1　套螺纹的工具

套螺纹用工具主要有板牙及圆板牙架。其中板牙是加工外螺纹的刀具，用合金工具钢或高速钢制作并经淬火处理，按所加工螺纹类型的不同，有圆板牙及圆锥管螺纹板牙两类。圆板牙架是安装板牙的工具。

（1）板牙

板牙的种类有圆板牙、可调式圆板牙、方板牙（一般不常见）、活络管子板牙和圆锥管螺纹板牙，见图 4-81。

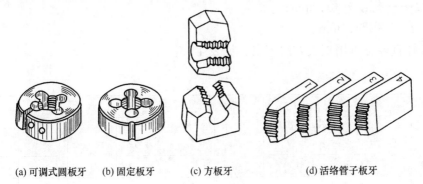

(a) 可调式圆板牙　(b) 固定板牙　(c) 方板牙　(d) 活络管子板牙

图 4-81　板牙的种类

（2）板牙架的种类及应用

板牙架是装夹板牙的工具，分为圆板牙架、可调式板牙架和管子板牙架三种，如图 4-82 所示。

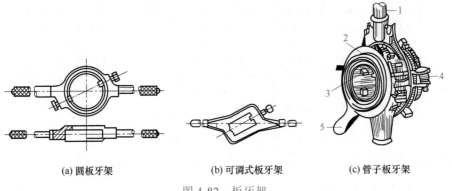

(a) 圆板牙架　　　　(b) 可调式板牙架　　　　(c) 管子板牙架

图 4-82　板牙架

1—套螺纹扳动手柄；2—本体；3—板牙；4—螺杆；5—板牙手柄

使用板牙架（圆板牙架）时，将板牙装入架内，板牙上的锥坑与架上的紧固螺纹要对准，紧固后使用。可调式板牙架装入架内后，旋转调整螺纹，使刀刃接近坯料。管子板牙架可装三副不同规格的活络板牙，扳动手柄可使每副的四块板牙同时合拢或张开，以适应切削不同直径的螺纹，或调节切削量。组装活络板牙时，应注意每组四块上都有顺序标记，按板牙架上标记依次装上。

4.9.2　套螺纹的操作方法

（1）套螺纹圆杆直径的确定

与攻螺纹一样，用板牙在钢料上套螺纹时，其牙尖也要被挤高一些，所以圆杆直径应比螺纹的外径（公称直径）小一些。圆杆直径可采用下列公式计算出：

$$D=d-0.13t$$

式中　D——螺纹外径，mm；

　　　t——螺距，mm。

圆杆直径也可用查表方法查出，见表 4-35。

表 4-35　套螺纹时圆杆的直径

粗牙普通螺纹				英制螺纹			圆柱管螺纹		
螺丝直径 d/mm	螺距 t/mm	圆杆直径 d_1/mm		螺纹直径 /in	圆杆直径 d_1/mm		螺纹直径 /in	管子外径 d_1/mm	
		最小直径	最大直径		最小直径	最大直径		最小直径	最大直径
M6	1	5.8	5.9	1/4	5.9	6	1/8	9.4	9.5
M8	1.25	7.8	7.9	5/16	7.4	7.6	1/4	12.7	13
M10	1.5	9.75	9.85	3/8	9	9.2	3/8	16.2	16.5
M12	1.75	11.75	11.9	1/2	12	15.2	1/2	20.5	20.8
M14	2	13.7	13.85	—	—	—	5/8	25.5	25.8
M16	2	15.7	15.85	5/8	15.2	15.4	3/4	26	26.3
M18	5.5	17.7	17.85	—	—	—	7/8	29.8	30.1
M20	5.5	19.7	19.85	3/4	18.3	18.5	1	32.8	33.1
M22	5.5	21.7	21.85	7/8	21.4	21.6	1.125	37.4	37.7
M24	3	23.65	23.8	1	24.5	24.8	1.25	41.4	41.7
M27	3	26.65	26.8	1.25	30.7	31	1.875	43.8	44.1
M30	3.5	29.6	29.8	—	—	—	1.5	47.3	47.6
M36	4	35.6	35.8	1.5	37	37.3			
M42	4.5	41.55	41.75						
M48	5	47.5	47.7						
M52	5	51.5	51.7						
M60	5.5	59.45	59.7						

（2）套螺纹方法与注意事项

① 套螺纹时应将圆杆端部倒 30° 角，倒角锥体小头一般应小于螺纹内径，便

于起削和找正。

② 套螺纹前将圆杆夹持在软虎钳口内，要夹正、夹牢固，工件不要露出钳口过长。

③ 板牙起削时，要注意检查和校正，使板牙与圆杆保持垂直。两手握持板牙架手柄，并加上适当压力，然后按顺时针方向（右旋螺纹）扳动板牙架起削。当板牙切入修光部分 1～2 牙时，两手只用旋转力，即可将螺杆套出。套螺纹时两手用力均匀，以避免螺纹偏斜，发现稍有偏斜，要及时调整两手力量，将偏斜部分借过来，但偏斜过多不要强借，以防损坏板牙。

④ 套螺纹过程与攻螺纹一样，每转 1/2～1 周时倒转 1/4 周。

⑤ 为了保持板牙的切削性能，保证螺纹表面粗糙度，要在套螺纹时，根据工件材料性质的不同，适当选择冷却润滑液。与攻螺纹一样，套螺纹时，适当加注切削液，也可以降低切削阻力，提高螺纹质量和延长板牙寿命。切削液可参考表 4-36 选用。

表 4-36 套螺纹切削液的选择

被加工材料	切削液
碳钢	硫化切削油
合金钢	硫化切削油
灰铸铁	乳化液
铝合金	50% 煤油 +50% 全系统消耗用油
可锻铸铁	乳化液
铜合金	硫化切削油，全系统消耗用油

（3）套螺纹缺陷分析

套螺纹中出现废品的原因与攻螺纹基本相同，表 4-37 给出了套螺纹产生废品的原因及防止方法。

表 4-37 套螺纹时产生废品的原因及防止方法

废品形式	产生原因	防止方法
螺纹乱扣	①塑性好材料套螺纹时，没有用冷却液 ②切屑堵塞 ③圆杆直杆过大，板牙与圆杆不垂直，强行借正造成乱扣	①按材料性质应用冷却液 ②按要求反转，及时清屑 ③圆杆尺寸合乎要求，保持板牙与圆杆垂直，不可强行借正
螺纹太瘦	①扳手摆动太大，由于偏斜多次借正，使螺纹中径小了 ②起削后仍加压力振动 ③板牙尺寸调得太小	①握稳板牙架，旋转套丝 ②起削后不要施加压力 ③准确调整板牙标准尺寸
螺纹太浅	圆杆直径小	正确确定圆杆尺寸

4.10　压印

压印加工成形是在冲模制造中，缺少专用的电火花、线切割、成形磨削及数控加工设备的条件下，常采用的模具工手工制模法。它是指利用已加工淬硬的凸模（或凹模）作压印的基准件，垂直放在未经淬硬的并留有一定余量的对应刃口凹模（或凸模）孔中，加以适当的压力，通过压印基准件的切削及挤压作用，在工件上压出印痕，模具工按印痕均匀地修整四周余量从而制作出对应刃口的凹模（或凸模）的一种手工加工方法。尽管这种方法显得原始落后，但在缺少现代化专用设备的中小企业，还是发挥着应有的作用。即使机电加工后，模具工也应做压印整修。

4.10.1　压印加工的应用范围

压印一般在专用压印设备上进行。压印机有手搬压印机和液压式压印机（图4-83）两种。

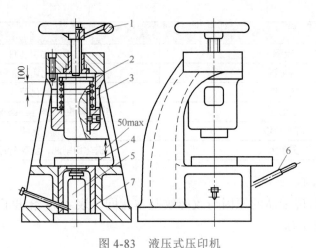

图 4-83　液压式压印机

1—手轮；2—上工作台；3—弹簧；4—平板；5—千斤顶；6—手柄；7—柱塞

采用压印机压印，其动作平稳，导向准确。上、下工作台要求高度平行。在没有上述压印机时，对于大件可用手搬压力机，对于小件可在平台上用手锤加力压印。利用压印锉修，可做如下几种加工。

① 用凸模对凹模孔或凹模孔反对凸模进行压印修正、锉修成形。

② 用凸模（或样冲）修整凸模固定板的凸模安装形孔或修整卸料板的导向孔、底座的漏料孔等。

③ 配合辅助工具加工具有精密孔距的多型孔零件。

④ 加工比较难加工的精密型孔成形。

⑤ 加工用成形磨削、电火花、线切割等方法难以加工及达不到间隙配合要求的凸、凹模。

⑥ 设备较差的中小型企业冲模零件的最后成形。

4.10.2 压印凸、凹模的操作方法

压印锉修加工成形，多用于凸、凹模配作加工。对于冲裁模，由于冲压件的外形尺寸由凹模刃口尺寸决定，故多采用以先制出凹模孔并以其为基准反压印锉修凸模，并保证间隙值；而冲孔则以先做凸模（凸模决定冲孔尺寸）并经淬火后压印锉修凹模型孔。各类凸模压印凹模型孔，凹模反压印凸模及复合模凸、凹模压印锉修方法见表 4-38、表 4-39 及表 4-40。

表 4-38　凸模压印凹模型孔方法

模具结构形式	图示	压印操作方法
无卸料板简单冲模	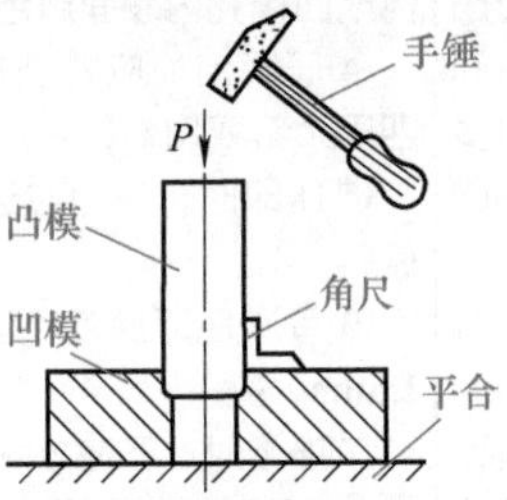 (a) 压印方法 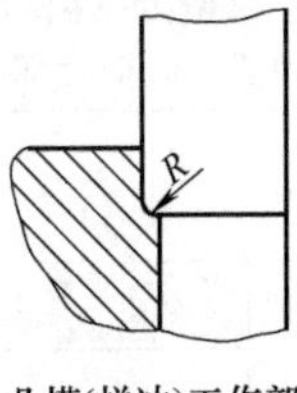 (b) 凸模(样冲)工作部位倒角	①先加工凸模成形，并热处理淬硬后涂上硫酸铜溶液着色 ②加工凹模坯料孔，孔应留有加工余量 0.2～0.3mm ③将凹模坯料放在平台上，并使凸模垂直引入凹模孔[凸模应倒 0.5～1mm 倒角，如图(b)]内，用手锤（或压印机）轻轻加压，使凸模伸入凹模孔 0.5～1mm 左右 ④取出凸模，用细锉锉削被挤压的凹模孔表面 ⑤锉后，再用上述同样的方法压印、锉修，反复多次直到合适为此
带卸料板复杂冲模	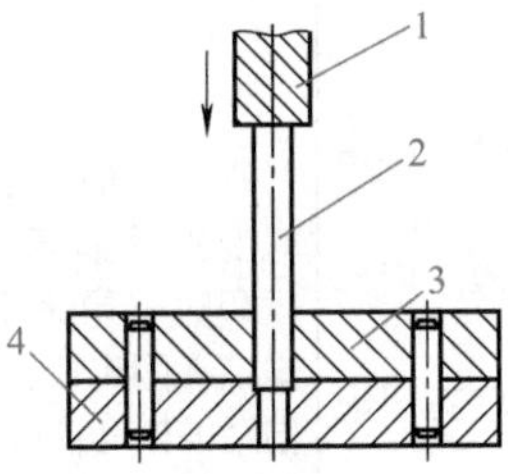 凹模孔压印锉修 1—压印机；2—凸模（样冲）； 3—卸料板；4—凹模	①将预加工好的卸料板放在凹模上面，并用手钳或销钉、螺钉紧固 ②将已加工、淬硬的凸模涂以硫酸铜溶液后，以卸料孔导向穿入 ③在压力作用下，将凸模垂直压入凹模孔中 0.5～1mm ④取下凸模，将卸料板卸下，并用细锉锉削凹模孔被挤压的光亮部位 ⑤锉削后，再用上述方法反复压印、锉修，直到孔透合适为止 ⑥压印合适后，用油石做精细加工并修整出后角，与凸模间隙配合合格后，经热处理淬硬即可使用

续表

模具结构形式	图示	压印操作方法
压印注意事项	①做样冲的压印凸模，工作部位应磨出 R=0.5～1mm 的圆角，压印后磨削去除继续做凸模使用 ②压印每次不要太深，一般为 0.5～1mm ③凹模孔端面与压印凸模一定要保持垂直 ④锉削时要仔细，不能碰坏压过后的小平面及刃口	

表 4-39 凹模反压印凸模的方法

图示	压印锉修方法	压印注意事项
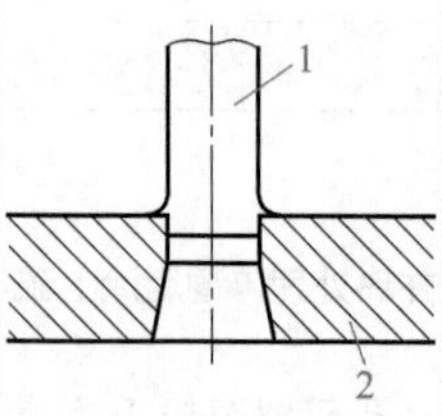 压印修锉凸模 1—凸模；2—凹模	①先将凹模孔制作成形到所需尺寸，并经淬硬后作为压印基准件 ②按凸模图样制成坯料，并在成形部位留有压印余量0.5～1mm ③在压印机上将未经淬火的凸模坯料垂直压入已淬硬的凹模孔内深 0.5～1mm，在凸模上的多余金属被挤出，并在表面留下凹模孔印痕 ④根据印痕用细锉把多余金属锉掉 ⑤反复多次压印，直到凸模刃口达到所要的尺寸，并与凹模孔相配，用油石修整间隙合适后，即可淬硬使用	①压印用凹模的工作刃口表面粗糙度 $Ra < 0.4\mu m$ ②压印用凹模上、下平面应磨平，压印凹、凸模均应先退磁处理 ③在压印前将凸模表面涂以硫酸铜溶液着色或凹模孔内表面涂色 ④压印前，应将凸模正确放入凹模孔内，四周余量要均匀，并垂直放入 ⑤压印时，压力应通过凹模孔中心，不得偏斜 ⑥每次压印深度不宜太大，一般以 0.5～1.5mm 为宜 ⑦锉修时，不应损坏已压光的表面 ⑧压印锉修反复次数应根据工作刃口形状、余量大小和冲模间隙大小而定，不能急于求成，以免损坏凹模

表 4-40 凸、凹模压印锉修方法

图示	压印方法	注意事项
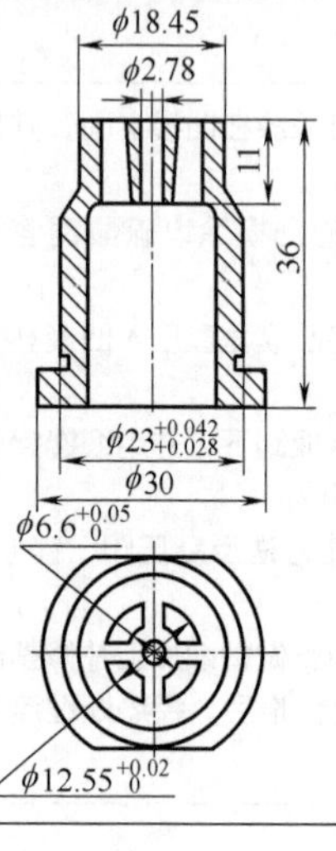	①将压印用的内孔凸模与外缘凹模先进行装配 ②用其组合体压印凸、凹模的内孔和外形 ③分别锉修内孔与外形，使其研配成形	在压印时，要时刻防止凸、凹模坯料变形而损坏，若内孔凸模很细小，压印时不易保证垂直度，可将其预先安装在固定板上，并装在冲模模架上，借助模架导柱导向来压印

对于用压印锉修法加工凸、凹模固定板的安装孔及卸料板的卸料孔，可参照凸、凹模压印成形法进行，但一定要保证固定板与凸模的过盈配合为 H7/m6 和卸料板卸料孔与凸模的间隙配合为 H7/h6。

4.11 制作样板

在模具制作中，一些形状较复杂、空间曲线和曲面过渡较多的零件，在其划线和加工过程中常用到样板。因此，样板已成为模具零件加工制作中的辅助工具，其加工质量的高低，和使用方法正确与否，将直接关系到这些零件的加工质量和尺寸形状精度。

4.11.1 样板的种类及功用

样板是检查确定工件尺寸、形状和位置的一种专用量具，其种类及作用见表 4-41。

表 4-41 模具零件加工常用样板的种类与功用

样板名称	图示	功用
划线样板	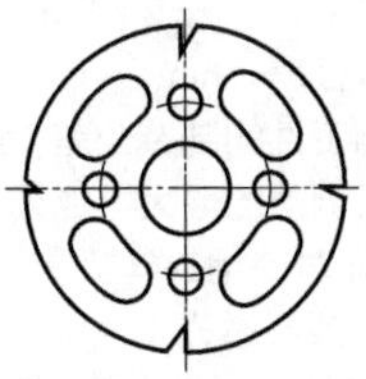	主要用于模具零件的划线，如对于具有立体复杂曲面拉深成形模的凸模外轮廓，压边圈的内轮廓，顶件块的外轮廓，凹模的内轮廓和复杂型腔模的型芯（凸模）、凹模（型腔）内外轮廓等的划线都需工艺主模型有关投影样板来确定
测量样板（工作样板）	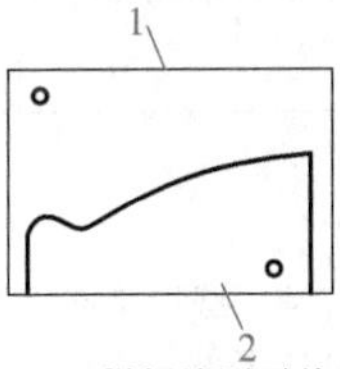 (a) 用样板检测零件 1—样板；2—工件 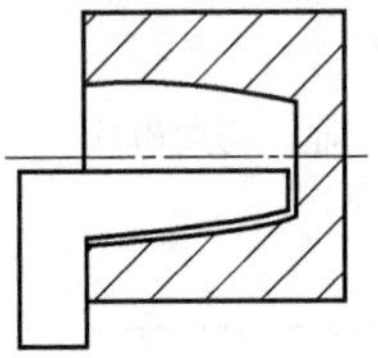 (b) 用样板精加工	用来检验工件表面轮廓形状及尺寸的样板。在检测时，可以将样板的测量型面与被加工工件的测量表面贴合，然后用间隙法（漏光）确定光缝大小，来确定零件是否合格，也可将样板复合在工件平面上，按样板形状加工检测

4.11.2   样板的制作方法

样板的制作方法见表 4-42。

表 4-42   样板的制作方法

序号	项 目	制作方法与要求
1	样板材料选择	材料：Q235 冷轧钢板 材料厚度：1 ～ 3mm 材料要求：硬度要适中，表面平整光洁
2	样板基准选择	①以中心十字线为基准 ②以两个相互垂直的面为基准 ③以平面和中心线为基准 ④以已加工出来的表面为基准
3	样板的制作精度	①样板的尺寸公差值及位置与形状公差值一定要在被测及被加工零件精度等级范围内，即 $$\delta_{样板} \leqslant \delta_{工件} - \delta_{测量}$$ 式中　$\delta_{样板}$——样板公差，mm； 　　　$\delta_{工件}$——被测工件的制造公差，mm； 　　　$\delta_{测量}$——样板测量的最大可能公差，mm ②对要求较高的配对使用的样板，其轮廓要吻合，应用"灯箱"透光检查，要求透光均匀，或不透光 ③样板的测量面应与样板大平面垂直 ④样板测量面的表面粗糙度 Ra 值应小于 0.8μm ⑤具有对称轴的样板必须能翻对中心
4	样板的加工方法	①模具工手工加工 ②机械精密加工，精密成形磨床，数控机床 ③电加工，线切割加工
5	样板标记	①标记要清晰、明显、容易辨认 ②标志符号要美观

模具钳工手工制作样板工艺过程见表 4-43。

表 4-43　手工制作样板工艺过程

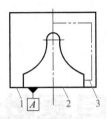

1—工作样板；2—校对样板；3—辅助样板

序号	加工过程	工艺说明	要求
1	制作校对样板	①剪切板料 ②矫正与磨平 ③加工基准面 ④划线 ⑤粗加工测量面 ⑥精加工测量面 ⑦研磨测量面 ⑧去毛刺 ⑨检验	①两块按最大的长×宽尺寸，并要留有加工余量 ②在平台上矫平，并用平面磨床磨平 ③锉削两相邻面并互相垂直 ④划出样板全部轮廓线 ⑤周围留 0.2～0.5mm 加工余量 ⑥留有研磨余量 ⑦要达到表面粗糙度要求 ⑧四周应无毛刺 ⑨检验尺寸精度与表面粗糙度要符合要求
2	制作工作样板	①将检验合格的校对样板与工作样板坯料叠合在一起，用夹板夹紧 ②用划针按校对样板划线 ③按粗、精加工方法加工	①要使两个样板的基准面 A 重合 ②划线一定要仔细 ③用制作校对样板的方法加工
3	检验	①对拼检验法 ②用万能量具检验法 ③光学测量仪器检验法	①将制作后的校对样板与工作样板对拼在一起，用光隙法检验 ②检验时要正确使用标准量规和角规 ③主要用工具显微镜检验
4	做标记	在样板指定位置上，用电刻法刻制出标记	标记符号要平直美观，容易辨认

注：1. 校对样板是指用来检测工作样板（测量样板）形状尺寸的高精度样板。

2. 表中加工工艺方法只供参考。

第5章 模具零件的机械加工

5.1 模具零件的毛坯加工

模具零件最常见的毛坯形式是锻件、型材、铸件等。对于承载能力要求高或者是模具的关键零件，而结构形状又不很复杂时，采用锻造毛坯较为合理；而模具中一些较次要的和结构形状简单的零件，采用热轧圆钢、钢板或型材作为毛坯就较合理；对于单件结构复杂而不便于或不允许拆散拼装的，或者批量很大的模具，采用铸造毛坯就更为合理，但这些原则也不是在任何情况下都一成不变的，应该根据本厂的具体生产条件和模具的技术要求，全面权衡利弊，合理地进行选择。

（1）基本方法

模具毛坯外形的机械加工方法，通常是按照零件的外形和质量要求来进行选择的。旋转体表面如圆柱面和圆锥面等在普通车床上进行加工，平面一般采用铣床和刨床加工，长而窄的平面采用刨床加工效果更好。

在进行模具毛坯的加工时，由于外形表面粗糙不平整，往往不便于装夹。因此，选择毛坯装夹面时，既要考虑对加工质量的影响，又要考虑装夹的稳定性和可靠性。

毛坯加工机床的选择，主要应考虑机床的生产效率、机床动力、机床各部分的刚度和强度等，在这些条件得到满足的情况下，机床应具备尽量高的精度等级。这是因为毛坯外形表面加工时切除的金属量很大，而且这层被切除的金属硬度较高。

通常毛坯在进行机械加工前，应进行适当的热处理，尤其是采用铸件毛坯时，若不先进行退火处理，则会因铸造过程中产生的内应力分布不均匀而造成机械加工后毛坯严重变形，当这种变形量大于后续工序的加工余量时，则产生不可修复的误差，从而使毛坯成为废品。另一方面，经过退火处理后，毛坯的组织均匀，硬度下降，既有利于对材料性能的要求，又使切削加工变得容易进行。在正常的情况下，毛坯的热处理是由毛坯的专业生产厂来完成的，因此在订购毛坯时应向毛坯生产厂提出这一要求。对于一些精密模具或者结构复杂的模具，在进行毛坯外形加工后也要安排一些热处理工序，及时消除因切削大量金属后产生的内应力，减少零件内应力作用不平衡的程度，以便将零件的变形控制在最小范围内。

在毛坯机械加工时，还应该正确选择刀具，采用适当的切削方法。在加工铸铁材料的毛坯时，可选用 YG8、YG6、YG4 等材料的硬质合金刀具；加工合金钢毛坯时，可选用 YT30、YT60、YT15 和 YG3 等材料的硬质合金刀具；加工45 钢时，可选用 YT15、YT30 和 YT60 等材料的硬质合金刀具。为保证刀具的使用寿命，在毛坯进行第一刀加工时，应当将切削深度适当取大些，使锋利的刀刃深入到毛坯硬皮层内，避免刀刃被毛坯表层硬皮磨钝或撞坏。

（2）毛坯的锻造

锻造过程中，应准确把握不同材料的始锻温度、终锻温度、锻造方法和锻件的退火处理等关键要素。

1）锻造温度

对于一般的碳素工具钢和低合金工具钢，在加热温度上没有特殊的要求，与一般的结构钢锻造并无大的差异，主要是自由锻造。在模具钢材中，锻造时比较难于掌握的是高铬钢和高速钢。这是由于 Cr12MoV 等工具钢中，碳和合金元素的含量很高与碳化物的大量存在，给锻造造成了困难，会大大降低钢的塑性和韧性。因此，在锻造时要正确地控制锻造温度。碳素工具钢和低合金工具钢的锻造温度见表 5-1，高铬钢和高速钢的锻造温度见表 5-2。

表5-1　碳素工具钢、低合金工具钢的锻造温度

材料牌号	锻造温度 t_θ/℃	
	始锻	终锻
T8，T8A	1150	800
T10，T10A	1100	770
T12，T12A	1050	750
9Mn2V，9SiCr，CrWMn	1100	800
GCr15	1080	800
5CrMnMo，5CrNiMo	1100	850
3Cr2W8V	1100	850

表5-2　高铬钢、高速钢的锻造温度

材料牌号	锻造温度 t_θ/℃	
	始锻	终锻
Cr12	1050～1080	850～920
Cr12MoV	1050～1100	850～900
W6Mo5Cr4V2	1050～1100	920～950
W18Cr4V	1100～1150	880～930

2）锻造方法

碳素工具钢和低合金工具钢的锻造方法与高铬钢、高速钢的锻造方法基本相同，均采用多次镦粗、拔长的方法达到所要求的形状和尺寸。对于高速钢和高铬钢，经锻造可以达到改善碳化物分布的不均匀性，从而提高零件的工艺性和使用寿命。有的零件在锻造时，还要求具有一定的纤维方向，以提高某一方向的强度。目前，在锻造时一般采用以下方法。

① 纵向锻造法。此法是沿着坯料的轴向镦粗、拔长。其优点是操作方便，流线方向容易掌握，纵向镦粗、拔长能有效地改善碳化物的分布状况。但镦粗、拔长次数多容易使两端开裂。纵向镦粗、拔长的工艺如图 5-1 所示。锻坯按图 5-1 进行反复镦粗、拔长多次，最后按锻件图的要求成形。

② 横向锻造法。此方法也就是变相的镦拔。其中（包括十字、双十字镦拔）横向十字镦粗、拔长是将锻坯顺着轴线方向镦粗后，再沿着轴线的垂直方向进行十字形的反复镦拔的一种锻造方法。横向镦粗、拔长工艺如图 5-2 所示。

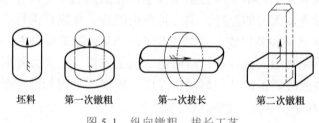

图 5-1　纵向镦粗、拔长工艺

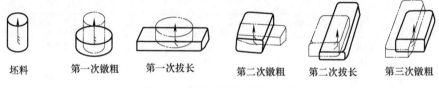

图 5-2　横向镦粗、拔长工艺

此法的优点是锻坯中心部分金属流动不大，反复镦粗、拔长多次中心不易开裂，能较好地改善碳化物分布状况。在锻造过程中，应注意锻件的流线方向，原来的坯料中心已转变为锻坯的横截面。为了保证锻坯反复镦粗、拔长多次，仍使材料轴线方向不乱不错，在锻造过程中，需经常保持锻坯成扁方形，最后按锻件图要求锻造成形。

③ 综合锻造法。纵向（顺向）镦拔虽能有效地改善碳化物分布状况，但锻件中心较易开裂，而横向锻造虽不易使锻件开裂，但对改善碳化物分布的效果较差。因此，将每一次锻造中均包括纵向镦拔和横向镦拔（一或十字）的锻造方法，称为综合锻造法。因为此法保留了横向十字镦拔坯料中心不容易开裂和纵向

镦拔能改善碳化物分布的优点，所以广泛地应用于模具零件的锻造。

3）锻件的退火

锻造结束后，由于锻件的终锻温度比较高，或者随后的冷却不均匀，使其得到粗大的不均匀组织，并可能产生极大的内应力，使材料的力学性能变坏，同时，也降低了冷加工性能（如切削加工性、冲压性等）。因此，对锻件要进行退火处理，使其组织细化，消除内应力，从而改善切削加工性能。

各种模具的锻件，应有一定的退火工艺规范，以达到所要求的硬度和金相组织。按照锻件钢种的不同，一般可将其退火工艺分为三类。

第一类锻件的退火工艺如图 5-3 所示。它适用于高铬钢和高速钢，如 Cr12、Cr12MoV、W18Cr4V、W9Cr4V2、W6Mo5Cr4V2、W6Mo5-Cr4V2Al、W14Cr4V4、3Cr2W8V 等。对于含钼高速钢应进行封闭退火，即用废的铸铁屑、干砂进行保护。

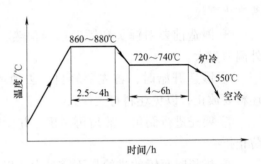

图 5-3 第一类锻件的退火工艺

第二类锻件的退火工艺如图 5-4 所示。它适用于一般低合金工具钢，如 GCr15、CrMn、CrWMn、9CrWMn、7Cr3、8Cr3 以及配套零件坯料 4CrW2Si、5CrW2Si、6CrW2Si、5CrNiMo 和 5CrMnMo 等。其高温保温时间：一般直径或厚度 100mm 以下的小型锻件及装载量不大时采用 3h；锻件较大及其装载量大的采用 5h。其低温保温时间：小件、小装载量采用 3h；大件、装载量大的采用 6h。

第三类锻件退火工艺见图 5-5。它适用于各类工具钢，如 T7、T7A、T8、T8A、T10、T10A 和 9Mn2V 等。其高温保温时间为：小型锻件、小装载量采用 3h；大型锻件及装载量大的采用 5h。低温保温时间为：小型锻件、小装载量采用 3h；大型锻件及大装载量的采用 6h。

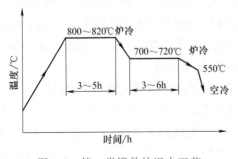

图 5-4 第二类锻件的退火工艺

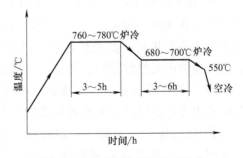

图 5-5 第三类锻件的退火工艺

适用第二、第三类退火的锻件，除特殊需要外，一般均不采用封闭保护措施。对于不宜采用上述三类退火工艺的锻件，特别是极易脱碳的小截面锻件，应根据材料的不同，另定退火工艺并采取保护措施，达到软化组织、消除内应力的目的。

（3）注意事项

1）锻造过程中的注意事项

① 根据锻件的质量选用适当吨位的锻锤。

② 对锻件的坯料要用冷锯切割，不用热切下料，以防止镦粗时热切毛刺折叠产生裂纹。

③ 锻造前要对锤头和锤砧适当预热，防止因冷锤头和锤砧吸热造成坯料内外温差过大。

④ 锻造开始时，首先要轻打，去掉坯料上的氧化皮，再按工艺要求锻造。坯料要放正，以免坯料打飞伤人。

⑤ 要先进行倒角，然后再镦粗，并要经常翻转180°。发现弯曲应及时矫直，防止折叠。

⑥ 拔长时每锤的进给量不宜过大，以 30～40mm 为好。因进给量过大，锤击力相应提高，容易使坯料中心部位温度升高而产生开裂。如发现边角出现裂纹，应及时剔除。另外，拔长时一般不宜超过坯料长度的三倍。

⑦ 锻件一般应尽量避免冲孔，若必须冲孔时，每次冲孔只能冲锻件的一面。因锻件接触砧面的一面温度较低，若翻转冲孔容易引起裂纹。一般是先冲一面（不冲透）然后重新加热再冲通另一面。扩孔时应严格掌握孔内边缘温度，若发现锻件呈黑色要立即终止扩孔，防止产生裂纹。

⑧ 对于 Cr12MoV 类工具钢，由于存在大量的碳化物，锻造加热时热应力比较显著，特别是 Cr12，由于共晶温度较低，加热时最容易产生过烧现象。所以，应缓慢加热，并要严格控制上限温度，如发现过烧或过热时，应在炉内降温后再进行加热。

⑨ 对于导热率低、塑性差的 Cr12MoV 类模具材料，如直径大于 70mm，加热时应先在 800～900℃的预热炉内进行预热，预热时间以直径 1～1.5min/mm 为准，预热后再转入高温炉加热。高温加热的时间以直径 0.8～1min/mm 为准。加热时在炉内要经常翻转，使整个坯料加热均匀并烧透。

⑩ 在选择原材料时，要根据模具的不同要求，分别考虑碳化物的偏析等级，并且采用合适的锻造工艺改善碳化物的分布状况，一般每镦拔三次可提高1.5级。

⑪ 锻造成形后的锻件，最好在 400～650℃的保温炉中进行保温，使其缓慢冷却；也可以放在石灰箱或干砂内进行缓慢冷却，防止急冷产生的内应力或裂纹。

2）选择毛坯时考虑的因素

① 零件材料的工艺特性以及零件对材料组织和性能的要求。如凸模或凹模，为获得良好的力学性能，不论其结构形状复杂还是简单，均应选用锻件。

② 零件的结构形状及外形尺寸。如轴类零件，若各台阶直径相差不大，可直接选用圆棒料；若各台阶直径相差较大，则宜选择锻件。非回转体的板条件钢制零件，一般也选择锻件。

零件的外形尺寸对毛坯选择有较大的影响，大型零件可选择毛坯精度较低的砂型铸造和自由锻造的毛坯，中小型零件可择标准模锻毛坯。

③ 零件的生产工艺和经济性　当零件的产量较大时，应选择精度和生产率较高的毛坯制造方法，如标准锻件和铸件的大批量生产。虽然用于毛坯翻造的设备和工艺装备费用较高，但可以通过降低材料消耗和减少机械加工费用予以补偿。当零件的产量较小时，则选择自由锻造或手工造型的铸造毛坯。总之，毛坯类型和制造方法的选择，要考虑零件的生产工艺和经济性。

5.2 模具零件的一般机械加工

5.2.1 车削加工

在卧式车床上进行车削加工，通用性好，应用广泛。除用于加工模具的凸模、凹模、型芯、导柱、导套、顶杆和模柄等圆柱形零件的表面，还可以加工成形回转曲面及一些特殊结构成形零件的回转面及圆弧面。例如，对拼式型腔、多型腔结构等的回转成形表面。根据模具零件的精度要求，车削可以完成回转表面的粗车、半精车或最终工序的精车。精车的尺寸精度可达 IT6～IT8，表面粗糙度 Ra 为 1.6～0.8μm。

（1）对拼式型腔的加工

在模具设计中，为了便于取出工件，常把模具的型腔设计成对拼结构，即型腔是由两个拼块或多个镶块组成。这种结构在注射模和压铸模等模具中应用较多。

对拼式型腔的加工方法如下：其结构为两个模块拼合而成（如图 5-6 所示），结构中 ϕ44.7mm 的球面和 ϕ21.71mm 的圆锥面可以

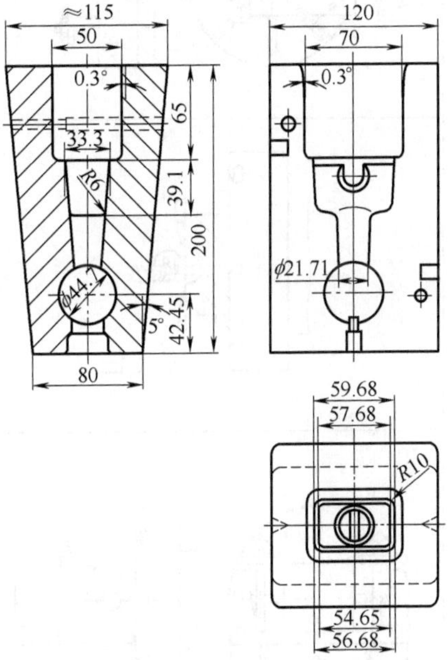

图 5-6　对拼式型腔

采用车削加工，其车削工艺主要考虑如何保证其形状和尺寸精度。为了保证两拼块型腔形状和尺寸的准确性，通常应预先将两拼块间的接合面磨平，相互间用工艺销钉固定，组成一个整体后再进行车削。对拼式塑压模型腔车削工艺过程见表 5-3。

表 5-3　对拼式塑压模型腔车削工艺过程

简图	工序	说明
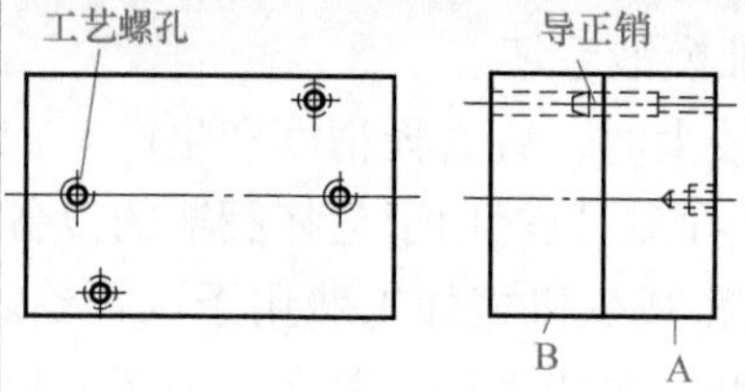	坯料准备	①坯料为六面体，5°斜面不刨出 ②两拼块上装导钉，一端与拼块 A 过渡配合，一端与拼块间隙配合 ③在拼块 A 上设工艺螺纹孔准备装夹时使用 ④两拼块合装后外形尺寸磨正，对合平面要求磨平，两拼块厚度要求一致
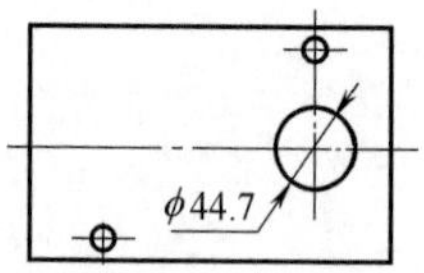	划线	在对合平面上划 $\phi 44.7$mm 线段
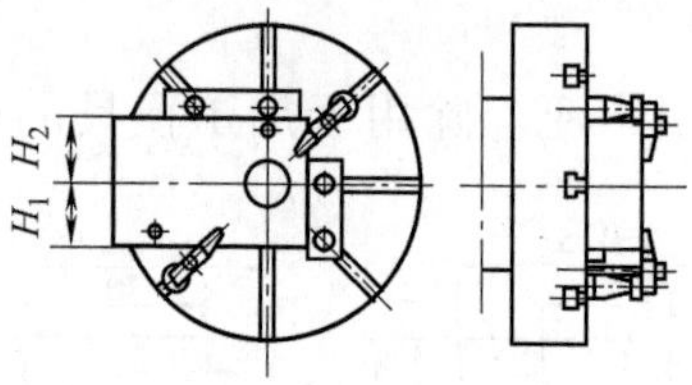	装夹	①将工件压在花盘上，用千分表找正 $\phi 44.7$mm，并使 H_1、H_2 一致 ②靠紧工件一对垂直面，压上两块定位块，以备车另一件时定位
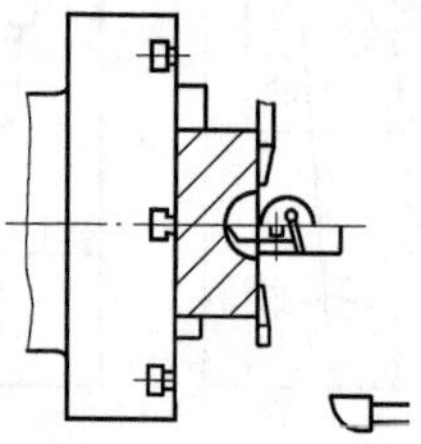	车球面	①粗车球面毛坯 ②使用弹簧刀排和成形车刀车削球面
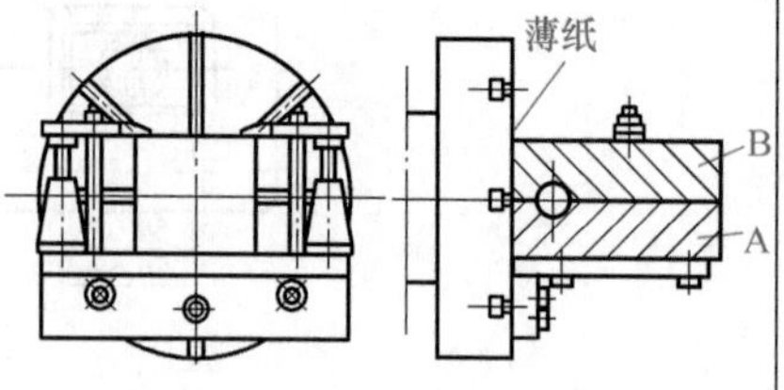	第二次装夹	①花盘上搭角铁 ②将拼块 A 用螺钉初步紧固在角铁上 ③以拼块导钉为准，合上拼块 B，用压板初步压紧 ④在工件底面与花盘之间垫一张薄纸后靠紧，薄纸的作用是便于卸开拼块 ⑤用千分表校正中心后将角铁最后紧固

续表

简图	工序	说明
	车锥孔	①用约φ18mm钻头钻孔 ②镗孔至尺寸φ21.7mm，松开压板，卸下拼块B检查尺寸 ③后工序车削锥度时，同样用卸下拼块B的方法观察及检查

（2）多型腔模具的加工

对于多型腔模具，如果其型腔的形状适合车削加工，可利用辅助顶尖校正型腔中心，并逐个加工。

多型腔模具的加工方法，如图5-7（a）所示车削四型腔塑料模的型腔为例。车削前，先用其他方法加工工件外形，并在4个型腔的中心处用冲头或中心钻头加工中心眼或中心孔；车削时，工件装夹在卡盘上，利用辅助顶尖顶住1个型腔的中心孔，辅助顶尖底部的中心孔顶在车床尾座的顶尖上，用手转动车头，使用千分表校正辅助顶尖外圆，调整工件位置，直到辅助顶尖外圆与车床主轴之间满足同轴要求为止，如图5-7（b）所示，然后进行1个型腔的车削。其余型腔采用同样调整方法逐一进行车削。

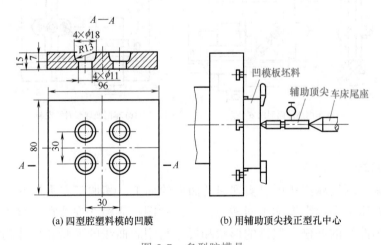

(a) 四型腔塑料模的凹膜　　　(b) 用辅助顶尖找正型孔中心

图5-7 多型腔模具

为保证在调整中，型腔中心与车床主轴回转中心一致，辅助顶尖的各回转面应具有很高的同轴度。如图5-8所示是辅助顶尖的结构示意图。

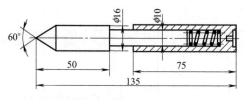

图 5-8　辅助顶尖结构

（3）球面的加工

在模具上常能见到具有球面结构的零件，如拉深凸模、弯曲模、浮动模柄、球面垫圈和塑料模型芯等零件。采用一种辅助工具就可以在普通车床上方便而又准确地实现球面加工。

球面的加工方法如下。如图 5-9 所示是利用辅助工具车削球面，图 5-9（a）所示是车削凸球面时的安装示意图。图中连杆可以调节，一端与固定在机床导轨的基准板上的轴销铰接，另一端与调节板上的销轴铰接，调节板用止动螺钉紧固在中滑板上。当中滑板横向自动进给时，由于连杆的作用，使车床滑板同时沿纵向移动，而连杆绕基准板上的轴销回转使刀尖走出圆弧轨迹。改变连杆长度时，就可车削出不同半径的圆球面。如图 5-9（b）所示为车削凹球面时的安装示意图。

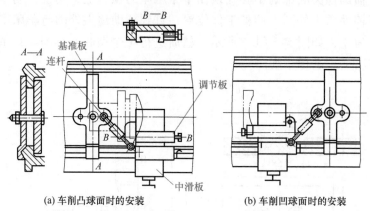

(a) 车削凸球面时的安装　　　　(b) 车削凹球面时的安装

图 5-9　利用辅助工具车削球面

（4）回转曲面加工

在车床上利用靠模法可以实现回转曲面的加工。其加工方法如下。如图 5-10 所示为在车床上利用靠模加工回转曲面的示意图。靠模 2 安装在床身 1 后侧，靠模上加工出曲线的型槽，型槽的形状和尺寸与型腔曲线的形状和尺寸相同，滚柱 3 通过连接板 5 与机床中滑板 6 连接。当大滑板 4 做纵向运动时，滚柱在靠模的型槽内移动，通过连接板使中滑板带动刀架 7 上的车刀 8 产生纵、横向同时运动，完成回转曲面的车削加工。

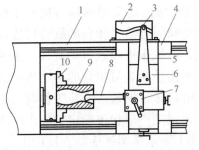
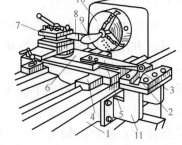

图 5-10　车床上利用靠模加工回转曲面示意图

1—床身；2—靠模；3—滚柱；4—大滑板；5—连接板；6—中滑板；7—刀架；
8—车刀；9—工件；10—卡盘；11—靠模托架

5.2.2　铣削加工

在模具零件的铣削加工中，应用最广的是立式铣床和万能铣床的立铣加工，其主要加工对象是各种模具的型腔和型面，加工精度可达 IT10，表面粗糙度 Ra 为 1.6μm。若选用高速、小用量铣削，则加工精度可达 IT8，表面粗糙度 Ra 为 0.8μm。铣削时，留 0.05mm 的修光余量，经模具工修光即可得到所要求的型腔。当型腔和型面精度要求高时，铣削加工只用于粗加工和半精加工。

（1）平面或斜面的加工

在立铣上使用端铣刀加工平面或斜面时，生产效率较高。这种加工方法在模具零件的平面或斜面加工中得到广泛的应用，图 5-11 为在立铣上加工斜面的示意图。

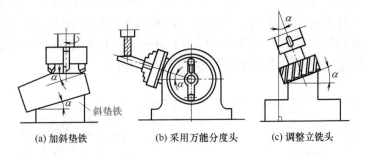

(a) 加斜垫铁　　　　(b) 采用万能分度头　　　　(c) 调整立铣头

图 5-11　在立铣上加工斜面

（2）圆弧面的加工

利用铣床附件回转工作台可以进行各种圆弧面的加工。圆弧面的加工方法如下。

如图 5-12（a）所示是回转工作台的结构示意图。底座 1 安装在铣床工作台

6上。转台2上安装工件或夹具，并通过转台上的T形槽用螺栓和压板将工件或夹具固定。转动转台时，工件随着旋转做圆周进给。转台的旋转可摇动手柄7进行手动，也可以利用传动轴接头5连接，由机床带动做自动旋转。手柄4用来变换自动进给时圆台的转向。扳动插销3可使手柄7与圆台的运动连接或脱开，当脱开时，手柄7只能空转。转动手柄8可将转台锁紧。安装工件时，必须使被加工圆弧中心与回转工作台中心重合，并根据工件形状来确定铣床主轴中心是否需要与回转工作台中心重合。如图5-12（b）所示是圆弧面的立铣加工。

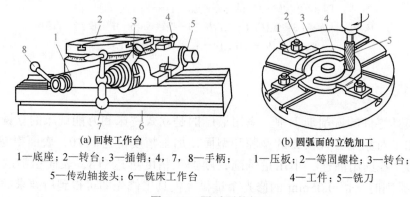

(a) 回转工作台

1—底座；2—转台；3—插销；4，7，8—手柄；

5—传动轴接头；6—铣床工作台

(b) 圆弧面的立铣加工

1—压板；2—等固螺栓；3—转台；

4—工件；5—铣刀

图 5-12　圆弧面的加工

（3）复杂型腔或型面的加工

对于不规则的型腔或型面，可采用坐标法加工，即根据被加工点的位置，控制工作台的纵、横向移动以及主轴头的升降进行立铣加工。

复杂型腔或型面的加工方法如下。如图5-13所示为一不规则型面铣削示意。铣削前，先在毛坯上划线。如图5-13（a）中所示型面轮廓线1、曲线2表示铣刀中心相对工件的运动轨迹线。铣削时，控制工作台相对铣刀沿 z 和 y 方向同时移动，走出型面轮廓曲线，如图5-13（b）所示。这种坐标法加工的型腔或型面精度较低，需经过模具工修整才能获得比较平滑的表面。

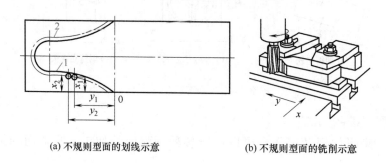

(a) 不规则型面的划线示意

(b) 不规则型面的铣削示意

图 5-13　不规则型面的铣削

5.2.3 刨削和插削加工

(1) 刨削加工

刨削加工是以单刃刀具——刨刀相对于工件做直线往复运动形式的主运动,工件做间歇性移动进给的切削加工方法。在模具零件加工中,刨削主要用于模具零件外形的加工,刨削加工的精度为 IT9 ~ IT6,表面粗糙度 Ra 为 6.3 ~ 1.6μm。大型零件需用龙门刨床或单臂刨床加工。中、小型零件广泛采用牛头刨床加工,如冲裁模模座等。牛头刨床主要用于平面与斜面的加工。刨削加工方法见表 5-4。

表 5-4 刨削加工方法

图示	加工方法
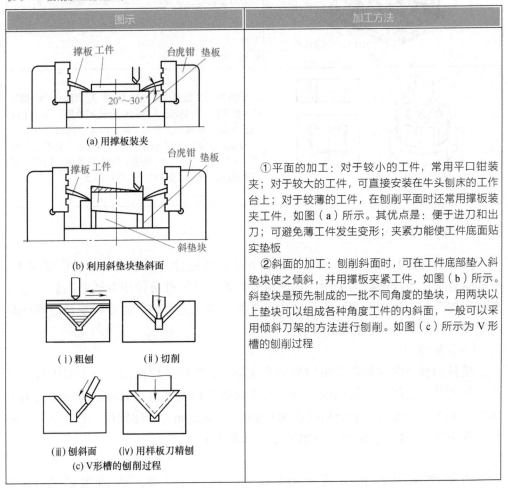	① 平面的加工:对于较小的工件,常用平口钳装夹;对于较大的工件,可直接安装在牛头刨床的工作台上;对于较薄的工件,在刨削平面时还常用撑板装夹工件,如图(a)所示。其优点是:便于进刀和出刀;可避免薄工件发生变形;夹紧力能使工件底面贴实垫板 ② 斜面的加工:刨削斜面时,可在工件底部垫入斜垫块使之倾斜,并用撑板夹紧工件,如图(b)所示。斜垫块是预先制成的一批不同角度的垫块,用两块以上垫块可以组成各种角度工件的内斜面,一般可以采用倾斜刀架的方法进行刨削。如图(c)所示为 V 形槽的刨削过程

(2) 插削加工

插床在模具制造中主要用于成形内孔的粗加工,有时也用于大工件的外形加工。插床加工时有冲击现象,宜采用较小的切削用量。其生产率和加工表面粗糙度都不高,加工精度为 IT10,表面粗糙度 Ra 为 1.6μm。插削加工方法见表 5-5。

表 5-5　插削加工方法

图示	加工方法
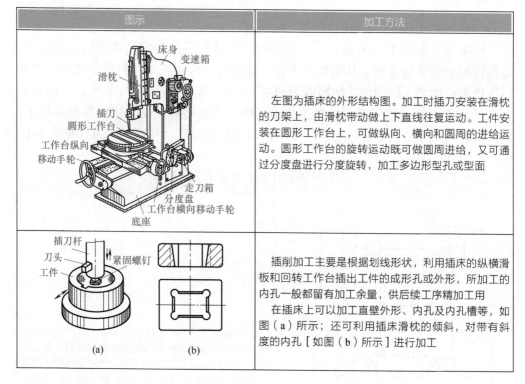	左图为插床的外形结构图。加工时插刀安装在滑枕的刀架上，由滑枕带动做上下直线往复运动。工件安装在圆形工作台上，可做纵向、横向和圆周的进给运动。圆形工作台的旋转运动既可做圆周进给，又可通过分度盘进行分度旋转，加工多边形型孔或型面
	插削加工主要是根据划线形状，利用插床的纵横滑板和回转工作台插出工件的成形孔或外形，所加工的内孔一般都留有加工余量，供后续工序精加工用 在插床上可以加工直壁外形、内孔及内孔槽等，如图（a）所示；还可利用插床滑枕的倾斜，对带有斜度的内孔[如图（b）所示]进行加工

5.2.4　磨削加工

为了达到模具成形零件的尺寸精度和表面粗糙度的要求，需经过磨削加工。模具制造中，零件形状为平面、内圆或外圆的简单零件可使用普通磨削加工。普通磨削加工是在平面磨床、内圆磨床或外圆磨床上进行的。而形状复杂的零件则需使用各种精密磨床进行成形磨削。

（1）平面磨削

模具的板类零件都需要采用平面磨床加工，以保证模板的上、下面平行，以及各相关平面之间垂直的精度要求。两平面的平行度可达 0.01mm/100mm，加工精度为 IT5 ～ IT6 级，表面粗糙度 Ra 为 0.4 ～ 0.2μm。砂轮粒度一般在 36 ～ 60 号，常用为 46 号。平面磨削的加工方法见表 5-6。

（2）内圆磨削

内圆磨床上磨孔的精度可以达到 IT6 ～ IT7 级，表面粗糙度 Ra 为 0.8 ～ 0.2μm。若采用高精度磨削工艺，尺寸精度可以控制在 0.005mm 之内，表面粗糙 Ra 为 0.1 ～ 0.025μm。表面粗糙度 Ra 要求 1.6 ～ 0.8μm 时，采用 46 号砂轮；表面粗糙度 Ra 要求 0.4μm 时，采用 60 ～ 80 号砂轮；磨削热导率低的渗碳淬火钢时，采用硬度较低的砂轮。内圆磨床上可以加工直内孔和斜内孔。内圆磨削的加工方法见表 5-7。

表 5-6　平面磨削的加工方法

图示	加工方法
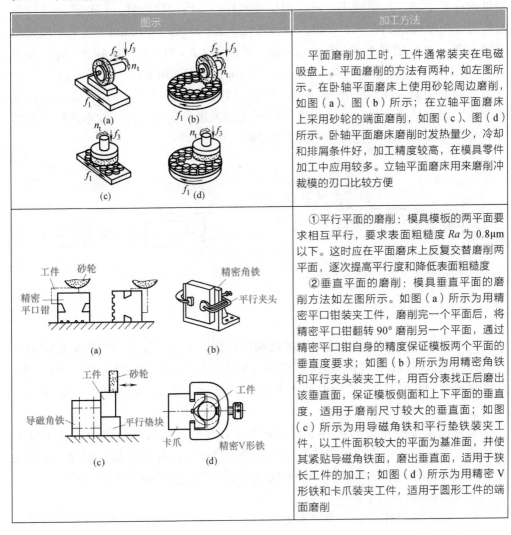	平面磨削加工时，工件通常装夹在电磁吸盘上。平面磨削的方法有两种，如左图所示。在卧轴平面磨床上使用砂轮周边磨削，如图（a）、图（b）所示；在立轴平面磨床上采用砂轮的端面磨削，如图（c）、图（d）所示。卧轴平面磨床磨削时发热量少，冷却和排屑条件好，加工精度较高，在模具零件加工中应用较多。立轴平面磨床用来磨削冲裁模的刃口比较方便
	①平行平面的磨削：模具模板的两平面要求相互平行，要求表面粗糙度 Ra 为 $0.8\mu m$ 以下。这时应在平面磨床上反复交替磨削两平面，逐次提高平行度和降低表面粗糙度 　　②垂直平面的磨削：模具垂直平面的磨削方法如左图所示。如图（a）所示为用精密平口钳装夹工件，磨削完一个平面后，将精密平口钳翻转 90° 磨削另一个平面，通过精密平口钳自身的精度保证模板两个平面的垂直度要求；如图（b）所示为用精密角铁和平行夹头装夹工件，用百分表找正后磨出该垂直面，保证模板侧面和上下平面的垂直度，适用于磨削尺寸较大的垂直面；如图（c）所示为用导磁角铁和平行垫铁装夹工件，以工件面积较大的平面为基准面，并使其紧贴导磁角铁面，磨出垂直面，适用于狭长工件的加工；如图（d）所示为用精密 V 形铁和卡爪装夹工件，适用于圆形工件的端面磨削

表 5-7　内圆磨削的加工方法

图示	加工方法
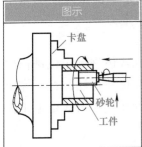	内圆磨削时，模具零件的装夹方法与车床装夹方法类似，较短的套筒类零件如凹模、凹模套等可用三爪自定心卡盘装夹；矩形凹模孔和动、定模板型孔可用四爪单动卡盘装夹；大型模板上的型孔、导柱孔、导套孔等可用工件端面定位，在花盘上用压板装夹。加工时，工件夹持在卡盘上，工件和砂轮按相反方向旋转，同时砂轮还沿被加工孔的轴线做直线往复运动和横向进给运动。转动磨床头架可以磨锥度较大的锥孔，锥度不大的锥孔可以采用转动磨床工作台的方法

（3）外圆磨削

外圆磨床是以高速旋转的砂轮对低速旋转的工件进行磨削，工件相对于砂轮做纵向往复运动。外圆磨床上可以加工外圆柱面、圆台阶面和外圆锥面。外圆磨削的尺寸精度可达 IT5 ～ IT6 级，表面粗糙度 Ra 为 0.8 ～ 0.2μm。若采用高光洁磨削工艺，表面粗糙度 Ra 为 0.025μm。半精磨（Ra 为 1.6 ～ 0.8μm）时，采用 36 ～ 46 号砂轮；精磨时（Ra 为 0.4 ～ 0.2μm）时，采用 60 ～ 80 号砂轮。

外圆磨削时，工件一般采用前、后顶尖装夹，如图 5-14 所示。这种方式装夹方便，加工精度较高。当磨削细长但不能加工顶尖孔的工件（如小凸模、型芯等）时，可采用反顶尖装夹，如图 5-15 所示。

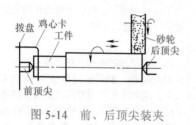

图 5-14　前、后顶尖装夹

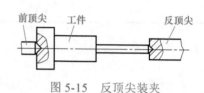

图 5-15　反顶尖装夹

5.2.5　坐标镗床加工

坐标镗床是通过坐标原理工作的高精度机床，主要用于孔及孔系的精密加工（镗孔、扩孔、铰孔）、精密划线和精密测量等。坐标镗床可达到的加工精度为：孔尺寸精度 IT6 ～ IT7，表面粗糙度 Ra 值为 0.8μm，孔距精度 0.005 ～ 0.01mm。

（1）坐标镗床的分类及结构

坐标镗床按照布置形式的不同，分为立式单柱、立式双柱和卧式等主要类型。其工作台的纵向移动和主轴箱滑板的横向移动均设有光学测量装置，这两套光学测量装置的工作原理相同。图 5-16 为立式双柱光学坐标镗床的结构。

（2）坐标镗床的附件

坐标镗床的附件较多，主要有万能回转工作台（其结构见图 5-17）、光学中心测定器（其结构见图 5-18）和镗孔夹头等。

镗孔夹头是坐标镗床最重要的附件之一，如图 5-19 所示。其锥尾要插入主轴锥孔内，调节机构用来调节镗孔的孔位尺寸，刀夹用来固定刀架。

（3）坐标镗床镗削的加工工艺

坐标镗床工作时，装夹在工作台上的工件是以直角坐标或极坐标定位进行加工的，但零件图上的孔位尺寸是按设计要求标注的，和坐标尺寸标注往往不完全相同。因此，为便于坐标镗床加工，加工前要进行工件坐标转换，可以根据工件材料、表面硬度、刀具材料和加工性质选择不同的切削用量。

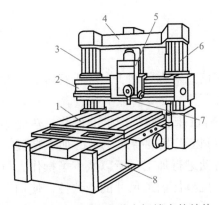

图 5-16 立式双柱光学坐标镗床的结构

1—工作台；2—横梁；3，6—立柱；

4—顶梁；5—主轴箱；7—主轴；8—床身

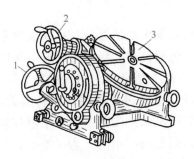

图 5-17 万能回转工作台

1—倾斜手轮；2—回转手轮；3—水平回转台

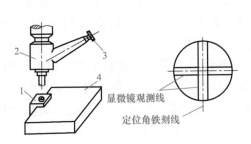

显微镜观测线

定位角铁刻线

图 5-18 光学中心测定器

1—定位角铁；2—光学中心测定器；3—目镜；4—工件

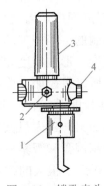

图 5-19 镗孔夹头

1—刀夹；2—紧固螺钉；3—锥尾；4—调节螺钉

5.3 模具零件的数控加工

数控机床是指采用了数控技术（Numerical Control Technology，是指用数字量及字符发出指令并实现自动控制的技术）的机床。它能将零件加工过程所需的各种操作和步骤（如主轴变速、主轴启动和停止、松夹工件、进刀和退刀、冷却液开或关等）以及刀具与工件之间的相对位移量都用数字化的代码来表示，由编程人员编制成规定的加工程序，通过输入介质（磁盘等）送入计算机控制系统，由计算机对输入的信息进行处理与运算，发出各种指令来控制机床的运动，使机床自动地加工出所需要的零件。数控机床一般是由数控系统（计算机和接口电路）、驱动装置（伺服电路和伺服电动机）、主机（床身、立柱、主轴、进给机构等）、辅助装置（液压装置、气压装置、交换工作台、刀具及检测装置等）等几部分组成。

5.3.1　数控加工的特点

数控加工是通过数控机床实现采用数字信息对零件加工过程进行定义,并控制机床进行自动运行的一种自动化加工方法。其主要具有以下特点。

① 加工精度高。机床的数控装置可以对机床运动中产生的位移、热变形等导致的误差通过测量系统进行有效补偿,可以获得很高的稳定的加工精度。另外,数控机床是受数字信息指令控制,并自动进行加工,所以减少了操作人员因技术的高低而产生的人为误差,提高了同一批零件加工尺寸的一致性,使加工质量稳定,产品合格率高。

② 生产效率高。数控机床与普通机床相比,生产效率最高可达到十几倍。原因在于数控机床的自动化程度较高,简化了生产工序、夹具设计制造、多次装夹定位和检测等工作所带来的辅助时间,因而大大提高了生产效率。

③ 适用范围广。因数控机床一次装夹可完成多道工序的加工,而且加工过程是程序控制的,当加工的零件发生变化时,除更换刀具和夹具外,只需按零件图的尺寸精度、形位精度和技术要求编写出加工程序,输入数控系统的计算机中即可加工,所以数控加工特别适用于单件小批量生产。

④ 劳动强度低。数控机床一人可操作多台,工作中,特别是大批量生产中,机床是自动加工,工人只做一些工件的装夹及测量工作。除此之外,工人多数时间是操作控制键盘和观察机床加工中的机床运行状态,这样使工人的劳动强度和工作环境都得到了很大的改善。

⑤ 网络化控制。一台计算机通过网络可控制多台数控机床,也可实现在多台数控机床间建立通信网络,有利于形成计算机辅助设计,生产管理和制造一体化的集成制造系统,还可实现无人化生产,使数控机床充分发挥其自动化的优势。

5.3.2　数控机床与模具

模具作为现代工业生产的重要工艺装备之一,对提高产品的产量和质量起着非常重要的作用。过去模具零件的加工依赖手工操作,零件的质量不易保证,也难以在短期内完成。目前模具加工广泛采用数控加工技术,从而为单件小批量的曲线、曲面模具自动加工提供了极为有效的手段。通过采用数控机床,模具零件的加工过程发生了很大的变化。用数控机床定位钻孔,减少了手工划线工序,而且孔位精度也有了提高。使用数控加工中心,则一次装夹可完成所有的加工内容,由于减少了装夹和工序转移的等待时间,一方面大大缩短了加工周期,另一方面减少了多次装夹带来的孔位误差,提高了加工精度。所以,模具行业离不开数控机床，数控机床在模具行业中得到了广泛应用和迅速发展。

模具生产具有的特点及说明见表 5-8。

表 5-8　模具生产具有的特点及说明

特点	说明
模具型面复杂	如汽车覆盖件、飞机零件、玩具、家用电器等，其表面形状经常是由多种曲面组合而成的，这样相应的模具型腔、型芯也就比较复杂，甚至某些曲面必须用数学计算方法进行处理
模具表面质量、精度要求高	模具通常是由上模、下模和模架组成的，模具中还有许多拼合模块件。上、下模的组合，镶块与型面的配合，镶块之间的拼合等均要求有很高的加工精度和很低的表面粗糙度。精密模具的尺寸精度往往要达到微米级
加工工序多	模具的型面复杂，零件种类多，一套模具需经过多道工序完成
生产批量小	模具作为零件生产的工艺装备，属于单件、小批量生产
模具用材料硬度高、价格贵	模具常用材料有 Cr12、CrWMn 等，其材料对加工工艺有严格的要求

5.3.3　数控机床的种类和分类

（1）数控机床的种类

数控机床的种类见表 5-9。

表 5-9　数控机床的种类

序号	种类	序号	种类
1	数控车床（NC Lathe）	10	数控工具磨床（NC Tool Grinding Machine）
2	数控铣床（NC Milling Machine）	11	数控坐标磨床（NC Jig Grinding Machine）
3	加工中心（Machine Center）	12	数控线切割机床（NC Linear Cutting Machine）
4	数控钻床（NC Drill Press）	13	数控电火花加工机床（NC Die Sinking Electric Discharge）
5	数控齿轮加工机床（NC Gear Cutting Machine）	14	数控激光加工机床（NC Laser Beam Machining）
6	数控镗床（NC Boring Machine）	15	数控冲床（NC Punching Press）
7	数控平面磨床（NC Surface Grinding Machine）	16	数控超声波加工机床（NC Ultrasonic Machine）
8	数控外圆磨床（NC External Cylindrical Grinder Machine）	17	其他（三坐标测量机等）
9	数控轮廓磨床（NC Contour Grinding Machine）		

（2）数控机床的分类

① 按照数控机床的加工方式分类，可分为金属切削类、金属成形类和特种加工类。

　　a. 金属切削类：包括数控车床、数控铣床、数控钻床、数控磨床、数控镗铣床、数控齿轮加工机床、加工中心等。

　　b. 金属成形类：包括数控剪床、数控折弯机、数控冲床、数控液压机等。

　　c. 特种加工类：包括数控电火花加工机床、数控线切割机床、数控激光切割机床等。

　　② 按数控机床运动控制方式分类，可分为点位控制、直线控制和轮廓控制3种，如图5-20所示。其中轮廓控制数控机床（又称连续控制数控机床）的特点是不管数控机床有几个控制轴，其中任意两个或两个以上的控制轴都能实现联动控制，从而实现轨迹控制。根据联动轴的数量，可分成两轴联动、三轴联动和多轴联动数控机床。

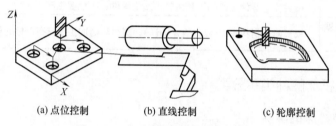

(a) 点位控制　　　　(b) 直线控制　　　　(c) 轮廓控制

图 5-20　机床运动控制方式的分类

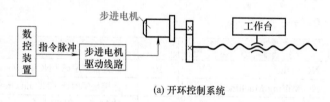

(a) 开环控制系统

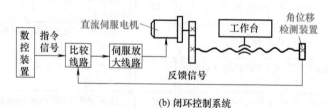

(b) 闭环控制系统

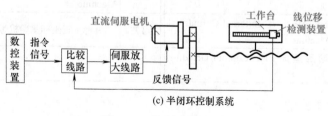

(c) 半闭环控制系统

图 5-21　控制系的分类

③ 按有无位置检测和反馈装置分类，可分为开环控制系统、闭环控制系统和半闭环控制系统三种，如图 5-21 所示。

④ 按数控装置的构成方式分类，可分为硬件数控（简称 NC，Numerical Control）系统和软件数控（简称 CNC，Computer Numerical Control）系统两种。

硬件数控系统的信息输入处理、运算和控制功能，都由专用的固定组合逻辑电路来实现，不同功能的机床，其组合逻辑电路不同，改变或增减控制、运算功能时，需要改变数控装置的硬件电路。软件数控系统也称计算机数控系统，使用软件数控装置。这种数控装置的硬件电路是由小型或微型计算机加上通用或专用的大规模集成电路制成，数控机床的主要功能几乎全部由系统软件来实现，当需要修改或增减系统功能时，不用变动硬件电路，只需改变系统软件，因此具有较高的灵活性。

5.3.4　数控加工工艺分析

数控加工工艺是以普通机床的加工工艺为基础，结合数控机床的特点，综合运用多方面的知识解决数控机床加工过程中面临的工艺问题。数控机床的种类较多，但不论采用何种数控设备，在具体编制某模具零件加工工艺时，首先应对待加工模具零件的数控加工工艺进行分析。

（1）选择适合数控加工的零件

① 形状复杂，加工精度要求高，通用机床无法加工或很难保证加工质量的零件。

② 具有复杂曲线或曲面轮廓的零件。

③ 具有难测量、难控制进给量、难控制尺寸的型腔壳体或盒型零件。

④ 必须在一次装夹中完成铣、镗、锪、铰或攻螺纹等多道工序的零件。

（2）确定数控加工的内容

在选择并决定对某个零件进行数控加工后，并不是说零件所有的加工内容都采用数控加工，数控加工可能只是零件加工工序中的一部分。因此，有必要对零件图样进行仔细分析，选择那些最适合、最需要进行数控加工的内容和工序。

（3）数控加工零件的结构工艺性分析

① 零件的内腔和外形尽可能采用统一的几何类型和尺寸。这样可以减少刀具的规格和换刀次数，有利于编程和提高生产率。

② 内槽圆角的大小决定了刀具直径的大小，因此内槽圆角不应过小。如图 5-22 所示，零件结构工艺性与被加工轮廓精度的高低、过渡圆弧半径的大小等有关，与图 5-22（a）相比，图 5-22（b）中的过渡圆弧半径较大，可采用直径较大的铣刀来加工。加工平面时，进给次数也相应地减少，表面加工质量也较好，所以其结构工艺性较好。通常 $R < 0.2H$（H 为被加工轮廓面的最大高度）时，可

判定零件该部位的工艺性不好。

③ 铣削零件的底平面时，槽底圆角半径 r 不应过大。如图 5-23 所示，圆角半径 r 越大，铣刀端刃铣削平面的能力就越差，效率也越低。因为铣刀与铣削平面接触的最大直径 $d=D-2r$，当铣刀直径一定时，r 越大，铣刀端刃的铣削面积越小，加工工艺性就越差。

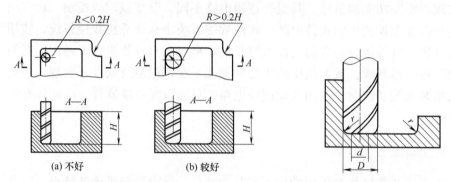

图 5-22　内槽结构工艺性对比　　图 5-23　零件底面圆弧对加工工艺性的影响

④ 保证基准统一。数控加工的高柔性、高精度和高生产率等特点，决定了在数控机床上加工的工件必须有可靠的定位基准。为了便于采用工序集中原则，避免因工件重复定位和基准变换所引起的定位误差以及生产率的降低，一般都采用统一基准的原则定位。如果零件上没有合适的定位基准，则应在零件上设置辅助基准，以保证数控加工的定位准确、可靠、迅速、方便。

（4）选择合适零件的装夹方式

数控机床加工时，应尽量使零件能够一次装夹完成零件所有加工面的加工；应合理选择定位基准和夹紧方式，以减少误差环节；应尽量采用通用夹具或组合夹具，必要时才设计专用夹具。其夹具的设计原理和方法与普通机床所采用的夹具相同，但其结构应简单，便于装卸，操作灵活。

（5）数控加工的工艺特点

普通机床上加工零件，通常是由工艺人员按照所拿到的设计图样制定好零件的加工工艺规程，确定工件的加工工序、切削用量、机床的规格及工艺装备等，再由工人按工艺规程要求完成零件的加工。

若在自动和仿形机床上加工零件，需根据零件的工艺特点和工艺要求设计出凸轮和靠模，通过凸轮和靠模进行控制，最后加工出零件。自动和仿形机床加工的特点是，当加工零件被改变时，需重新设计凸轮和靠模。

数控机床加工零件，是按事先编好的加工程序，自动地对工件进行加工。将工件的加工路线、工艺参数、刀具的运动轨迹、位移量、切削参数，按照数控机床规定的指令代码及程序格式编写成加工程序，并将这一程序记录在控制介质上，用控制介质上的信息来控制机床，实现零件的全部加工过程。从分析零件图样到制成控制介质的全过程称为数控程序的编制。

5.4　模具零件外圆柱面的加工方法

　　组成模具模架的零件，例如导柱、导套、顶杆、型芯等，它们在结构上都具有外圆柱面。在加工过程中，不仅要保证外圆柱面的尺寸精度，还要保证各相关表面的同轴度、垂直度等要求。模具零件的外圆柱面加工，一般需要通过车削来完成其粗加工和半精加工，再通过外圆磨削进行精加工，精度要求更高的外圆柱面，则需要再研磨（研磨的操作参见本书"4.4　研磨"的相关内容）。各专业工种在加工模具零件外圆柱面时，加工方法主要有以下几方面。

　　（1）车削加工

　　车削是在车床上用车刀对工件进行切削加工的方法。车削加工在模具加工中一般应用于圆盘类和局部圆弧面的加工、回转曲面的粗加工或半精加工等。车削加工的尺寸精度一般为 IT7 ～ IT8，表面粗糙度 Ra 值为 0.8 ～ 1.6μm，精车时可达到 IT5 ～ IT6，表面粗糙度 Ra 值为 0.4 ～ 0.1μm。

　　车床的种类很多，常采用的有卧式车床、立式车床、转塔车床、多刀半自动车床、数控车床等。

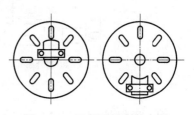

　　局部圆弧面的车削加工和回转曲面的车削加工方法如图 5-24 和图 5-25 所示。外圆车刀主要有直头车刀、弯头车刀和 90° 偏刀等。

图 5-24　局部圆弧面的车削

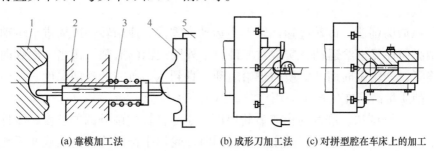

(a) 靠模加工法　　　(b) 成形刀加工法　　(c) 对拼型腔在车床上的加工

图 5-25　回转曲面的车削

1—工件；2—板架；3—刀架；4—靠模；5—靠模支架

　　模具零件在车床上加工时的装夹方法主要有以下几种。

　　① 卡盘装夹。自定心卡盘适用于装夹中、小型圆柱形，正三角形，正六边形零件。单动卡盘适于装夹在单件、小批量生产中的非圆柱形零件。

　　② 顶尖装夹。对于较长的轴类零件的装夹，特别是在多工序加工中，重复

定位精度要求较高的场合，一般采用两顶尖装夹。

③ 心轴装夹。对于内、外圆同轴度和端面对轴线垂直度要求较高的套类零件，如导套等，可采用心轴装夹。

④ 中心架、跟刀架辅助支承。在加工细长的轴类零件时，为了增加零件的刚度，防止零件在加工中弯曲变形，常使用中心架或跟刀架作辅助支承。

（2）磨削加工

外圆柱面的磨削是在外圆磨床上用砂轮对零件进行加工，它是零件淬火后的主要加工方法之一，其主运动是砂轮的旋转运动。磨削加工的特点为精度高、表面质量好。磨削加工适用的表面类型有平面、外圆和内圆。磨削加工的尺寸精度可达 IT4 ～ IT7，表面粗糙度 Ra 值为 1.25 ～ 0.01μm，甚至可达 Ra=0.1 ～ 0.008μm。加工模具零件常用到的磨床主要有万能工具磨床、平面磨床、外圆磨床、内圆磨床等。

各种磨削加工如图 5-26 所示。

(a) 磨外圆　　　　　　(b) 磨平面　　　　　　(c) 磨孔

图 5-26　各种磨削加工

① 磨削外圆的方法。在外圆磨床上磨外圆的方法有纵向磨削法和横向磨削法。

a. 纵向磨削法。砂轮高速回转做主运动，零件低速回转做圆周进给运动，工作台做纵向往复进给运动，实现对零件整个外圆表面的磨削。每当一次纵向往复行程终了，砂轮做周期性的横向进给运动，直到达到所需的磨削深度。纵向磨削法的磨削质量高，在生产中应用广泛，但生产率较低。

b. 横向磨削法。磨削时由于砂轮厚度大于零件被磨削外圆的长度，零件无纵向进给运动。砂轮高速回转做主运动，同时砂轮以很慢的速度连续或间断地向零件横向进给切入磨削，直到磨去全部余量。

横向磨削法的生产率较高，但加工精度低，一般只适用于磨削长度较短的外圆表面以及不能纵向进给的场合，如磨削有台阶的轴颈。

② 零件在磨床上的装夹方法。磨外圆时零件常用的装夹方法有两顶尖装夹、自定心卡盘装夹和单动卡盘装夹。其中两顶尖装夹零件的方法使用方便，定位精度高，应用最为普遍。

5.5　模具零件平面的加工方法

　　模具零件的平面加工一般是采用牛头刨床、龙门刨床和铣床进行，去除毛坯上的大部分加工余量，然后再通过平面磨削进行精加工，以达到设计要求。

　　（1）铣削加工

　　铣削在模具加工中主要应用于成形面、各种带圆弧的型面与型槽、孔的加工。各种铣削加工如图 5-27 所示。铣削加工的尺寸精度可达 IT8 ～ IT10，表面粗糙度 Ra 值为 $0.8 \sim 1.6\mu m$。

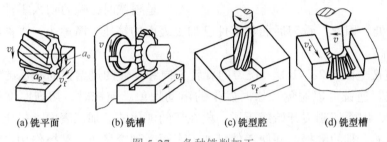

| (a) 铣平面 | (b) 铣槽 | (c) 铣型腔 | (d) 铣型槽 |

图 5-27　各种铣削加工

　　① 铣床的种类及应用。常用于模具零件平面加工的铣床种类主要有万能工具铣床、仿形铣床、数控立式铣床。其中，万能工具铣床主要用于螺旋面、圆弧、齿条、齿轮、花键等零件的加工；仿形铣床及数控立式铣床主要用于模具零件较复杂的内、外形面及型腔的加工。

　　② 铣刀的种类及应用。铣刀是一种多刃回转刀具，铣削时参与切削的切削刃较长，且无空行程，铣削速度较高，所以生产率较高。

　　a. 加工平面的铣刀包括圆柱形铣刀和面铣刀。圆柱形铣刀一般用于加工较窄的平面，分为粗齿和细齿两种。面铣刀分为整体式、镶齿式和可转位式三种，用于粗、精铣各种平面。

　　b. 常用的立铣刀包括单刃立铣刀、双刃立铣刀、利用麻花钻改制的立铣刀、标准立铣刀等，立铣刀主要用于在立式铣床上铣削各种沟槽和凸轮等。

　　③ 铣床附件的种类及应用。为扩大铣床的加工范围，铣床一般均配有附件，包括机用虎钳、万能分度头、圆盘回转工作台。机用虎钳用于夹紧工件，万能分度头用于分度及把工件装夹成需要的角度，圆盘回转工作台用于加工带有内、外圆弧面的工件，并对工件分度。

　　④ 零件在铣床上的装夹方法。零件在铣床上的装夹方法主有：用机用虎钳装夹，用万能分度头装夹，用压板、螺栓装夹，用专用夹具装夹。

　　⑤ 铣削方式。不论是何种铣床，其铣削均有顺铣及逆铣两种方式。

　　a. 顺铣［图 5-28（a）］。铣刀的旋转方向和零件的进给方向相同的铣削方式称为顺铣。顺铣时，铣削力的水平分力与零件的进给方向相同，工件台进给丝杠与固定螺母之间一般存在间隙，因此切削力容易引起零件和工作台一起向前窜动，使进给量突然增大，造成打刀。

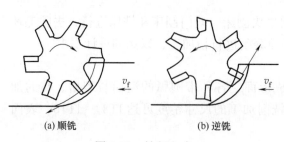

图 5-28　铣削方式

在铣削铸件或锻件等表面有硬皮的零件时，顺铣时刀齿首先接触零件硬皮，加剧了铣刀的磨损。但是顺铣时，铣刀切入零件是从切削厚处到薄处，因此，铣刀后面与零件已加工表面的挤压、摩擦小，零件的表面加工质量较高。

b. 逆铣［图 5-28（b）］。铣刀的旋转方向和零件的进给方向相反的铣削方式称为逆铣。逆铣可以避免顺铣时发生的窜动现象。逆铣时，切削厚度从零开始逐渐增大，因而切割刃开始经历了一段在切削硬化的已加工表面上挤压滑行的阶段，加速了刀具的磨损，并使零件已加工表面受到冷挤压、摩擦作用，影响零件已加工表面的质量。逆铣时，铣削力的垂直分力将零件上抬，易引起振动。

一般而言，在铣床上进行圆周铣削时，一般采用逆铣。只有当把丝杠的轴向间隙调整到很小，或者当水平分力小于工作台导轨间的摩擦力时，才选用顺铣。

（2）刨削加工

刨削加工的主要内容有模板的外形加工和局部圆弧面加工，具体为各种平面（水平面、垂直面、斜面）、各种沟槽（直槽、T 形槽、燕尾槽、V 形槽等）。刨削加工示意图如图 5-29 所示。刨削加工的尺寸精度可达 IT8 ～ IT10，表面粗糙度 Ra 值为 1.6μm。

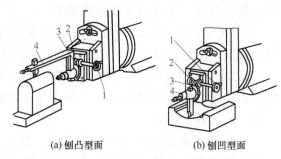

(a) 刨凸型面　　(b) 刨凹型面

图 5-29　刨削加工示意图
1—手轮；2—蜗杆；3—蜗轮；4—刀杆

① 刨床和刨刀。刨床主要分为牛头刨床和龙门刨床。刨削加工中，中、小型平面多采用牛头刨床加工，大型平面多采用龙门刨床加工。

刨刀属于单刃刀具，其几何形状与车刀大致相同。由于刨刀在切入工件时受到较大的冲击力，所以刀杆的截面积一般比较大。刨刀有直杆和弯颈两种形式。

② 刨刀的安装和零件的装夹。刨刀的安装位置要正，刀头伸出长度应尽可能短，夹紧要牢固。

较小的零件可用固定在工作台上的机用虎钳装夹，较大的零件可置于工作台上，用压板、螺栓、挡块等直接装夹。

（3）磨削加工

平面磨削是在平面磨床上进行的。平面磨床按其砂轮轴线的位置和工作台的结构特点，可分为卧轴矩台平面磨床、卧轴圆台平面磨床、立轴矩台平面磨床、立轴圆台平面磨床等几种类型。其中卧轴矩台平面磨床应用最广。平面磨削的加工精度一般可达 IT6 ～ IT5，表面粗糙度值为 Ra=0.4 ～ 0.2μm。

平面磨削有周磨法及端磨法两种方式。

① 周磨法。周磨法是用砂轮的圆周面磨削零件平面，砂轮与零件的接触面很小，排屑和冷却条件均较好，所以零件不易产生热变形。因为砂轮圆周表面的磨粒磨损均匀，所以加工质量较高，适用于精磨。

② 端磨法。端磨法是用砂轮的端面磨削零件平面，砂轮与零件的接触面较大，切削液不易注入磨削区内，零件热变形大。另外，因为砂轮端面各点的圆周速度不同，端面磨损不均匀，所以加工质量较差，但其磨削效率高，适用于粗磨。

5.6　模具零件孔与孔系的加工方法

模具零件中孔的加工占整个模具零件加工的很大比重。模具零件中孔的种类有圆形、方形、多边形及不规则形状的异形孔。异形孔大多采用电火花、电火花线切割等特种加工方法加工。

（1）一般孔的加工

① 钻孔。钻孔是在钻床上，用钻头旋转钻削孔。钻床分为台式钻床、立式钻床和摇臂钻床。在钻床上除了进行钻孔以外，还可以进行扩孔、铰孔、锪孔、攻螺纹、刮平面等加工。

钻孔为粗加工，加工范围为 ϕ0.1 ～ 80mm，以 ϕ30mm 以下时最常用。加工精度较低，一般为 IT13 ～ IT11，表面粗糙度值一般为 Ra=50 ～ 12.5μm。一般用作要求不高的孔，如螺栓通过孔、润滑油通道孔等的加工或高精度孔的预加工。

麻花钻是钻孔的常用工具，一般由高速钢制成，其结构分为柄部、颈都和工作部分。钻头的装夹根据其柄部的不同而不同。钻头的柄部分为直柄和锥柄两种，直柄钻头需用带锥柄的钻夹头夹紧，再将钻夹头的锥柄插入钻床主轴的锥孔中。如果钻夹头的锥柄不够大，可套上过渡用钻套再插入主轴锥孔中。对于锥柄钻头，如果其锥柄规格与主轴锥孔规格相符，则将钻头锥柄直接插入主轴锥孔，不相符时也可加用钻套。

对于孔径较小的小型零件，可采用机用虎钳装夹再进行钻削。对于孔径较大的零件，可采用压板、V 形块、螺栓等装夹再进行钻削。

② 扩孔。扩孔是采用扩孔钻对已经钻出的孔进一步扩大的加工方法。扩

孔常用作铰孔、镗孔、磨孔前的预加工，也可以作为精度要求不高的孔的最终加工。

扩孔钻与麻花钻相似，但有3～4条切削刃，其导向性好，钻芯直径较大，没有横刃，刀体刚度和强度高，因此切削稳定。扩孔的精度一般为IT11～IT10，表面粗糙度值一般为$Ra=6.3～3.2\mu m$。

③ 锪孔。锪孔是指用锪钻加工各种埋头螺钉、沉头座、锥孔及凸台端面等。锪钻上制有定位导柱用来保证被锪孔或端面与原来孔的同轴度或垂直度要求。

④ 铰孔。铰孔是用铰刀对中小直径的未淬硬孔进行半精加工和精加工的方法。铰孔的加工余量小，切削厚度薄，加工精度可达IT8～IT6，表面粗糙度值可达$Ra=1.6～0.4\mu m$。模具制造中常需要铰孔的有销钉孔，安装圆形凸模、型芯或顶杆的孔，冲裁模刃口锥孔等。

铰刀是多刃刀具，有6～12条刀齿。铰刀的工作部分由引导部分、切削部分、修光部分组成。引导部分是铰刀进入孔时的导向部分，切削部分承担主要的铰削工作，修光部分对孔壁起修光作用。铰刀分为机用铰刀和手用铰刀两种。机用铰刀用于成批生产，装在钻床、车床、铣床、镗床等机床上进行铰孔，有锥柄和直柄两种型式。手用铰刀的切削部分较长，导向作用好，用于单件、小批量生产。

⑤ 镗孔。镗孔是在镗床上，用镗刀旋转加工孔，通常用于加工尺寸较大，精度要求较高的孔，特别是分布在不同表面上，孔距和位置精度要求较高的孔，如箱体上的孔。镗孔的加工精度一般为IT9～IT7，表面粗糙度值为$Ra=6.3～0.8\mu m$。

镗床分为立式镗床、卧式镗床和坐标镗床。在镗床上主要是加工箱体类零件上的孔或孔系。同轴、相互平行或垂直的若干个孔称为孔系。如果被加工的孔的轴线与其底面平行，应在镗削前的工序中把该平面加工好，镗削时用作定位基准，直接将零件用压板、螺栓固定在工作台上；如果孔与底平面垂直，则可在工作台上用弯板（角铁）装夹工件。

⑥ 内圆磨削。模具零件中要求很高的孔（如型孔、导向孔等），一般采用内圆磨削进行精加工。内圆磨削可在内圆磨床或万能外圆磨床上进行，在万能外圆磨床上磨削内孔有两种方法，即纵向磨削法和横向磨削法，与外圆的磨削方法相同。

⑦ 珩磨。珩磨是使用具有几条磨石（砂条）的珩磨头，对预先磨过或精镗过的孔进行精密加工。珩磨时，零件装夹在珩磨机的工作台上固定不动，珩磨头与珩磨机主轴为浮动连接，珩磨头插入零件的孔中，并使磨石以一定压力与孔壁接触。珩磨头由机床主轴带动旋转，同时沿轴向做往复运动，使磨石从孔壁切除一层极薄的金属。

（2）深孔加工

模具零件中的深孔主要有两类，一类是冷却水道孔和加热器孔，冷却水道孔的精度要求不高，但不能偏斜；加热器孔为了保证热传导效率，孔径和表面粗糙度有一定要求，孔径一般比加热棒大 0.1 ～ 0.3mm，表面粗糙度值为 Ra=12.5 ～ 6.3μm。另一类是顶杆孔，顶杆孔的要求较高，孔径精度一般为 IT8 级，并有垂直度和表面粗糙度要求。深孔常用的加工方法主要有：

① 中、小型模具的深孔，可用加长钻头在立式钻床或摇臂钻床上进行，加工时应注意及时排屑并进行冷却，吃刀量要小，防止孔偏斜。

② 中、大型模具的深孔，可在摇臂钻床或专用深孔钻床上完成。

③ 如果孔的深度很大并且精度要求较低，可采用先划线后两面对钻的加工方法。

④ 对于有一定垂直度要求的深孔，加工时必须采用一定的工艺措施予以导向，如采用钻模等。

⑤ 对于直径小于 ϕ20mm 且长径比大于 100 的深孔，多采用枪钻加工。

（3）精密孔加工

当孔的精度为微米级时，对于较大的孔可采用坐标镗床加工（坐标镗床的加工参见本书"5.2.5　坐标镗床加工"），对于较小的孔可采用坐标磨床加工。

坐标磨削是将零件固定在坐标磨床精密的工作台上，并使工作台移动或转动到坐标位置，在磨头的高速旋转与插补运动下进行磨削的一种高精度加工方法。其加工精度可达 5μm 左右，表面粗糙度值可达 Ra=0.8 ～ 0.32μm，甚至可达 Ra=0.2μm。孔距精度可达 0.005 ～ 0.01mm。

（4）孔系加工

在模具零件中，经常有一系列圆孔，如凸、凹模固定板，上、下模座等，这一系列圆孔的尺寸和相互位置有较高的精度要求，构成孔系。加工孔系时，为了保证各孔的相互位置精度要求，一般是先加工好基准平面，然后再加工所有的孔。对于同一零件的孔系，常用以下几种加工方法。

① 划线法。这种方法是在零件表面先画出各孔的中心位置，再用样冲冲出中心孔，然后在车床、钻床或镗床上按照划线逐个找正并加工。

② 找正法。这种方法是在普通镗床等通用机床上，借助一些辅助装置来找正各孔的中心位置。

③ 通用机床坐标加工法。这种方法是将被加工各孔之间的距离尺寸换算成互相垂直的坐标尺寸，然后通过机床纵、横移动来确定孔的中心位置进行加工的。

④ 坐标镗床加工法。在坐标镗床上加工的孔不仅具有较高的尺寸精度和几何形状精度，而且还具有较高的孔距精度，孔距精度可达 0.005 ～ 0.01mm。

5.7　钻床上加工较高精度孔的方法

模具零件上有许多孔，这些孔在加工时除了要保证孔本身的质量精度外，还要保证各孔的相互位置精度。对这类孔位精度要求很高的孔，在有条件的情况下，可以采用坐标镗床、坐标磨床及数控铣床、加工中心加工。但对条件较差，缺少这些设备的企业，模具工也可以采用钻床，通过配钻和同心钻铰的方法加工。

（1）划线加工法

利用划线钻孔是加工零件内孔最简单的方法。操作时，首先在预加工零件的表面上按图样划出各孔的位置、大小，并在孔中心点好样冲眼，然后在钻床上按线加工。采用这种方法，由于划线和在钻床上找正时都会产生较大误差，故加工精度较低，一般在 0.25～0.50mm，且生产效率不高，故只适于孔位精度要求不高、单件或小批量生产。

① 单孔钻削加工的方法。

a. 在工件表面上按图样划出待加工孔的位置及轮廓圆和孔的中心（小孔不用划轮廓圆），并用样冲对准孔的中心冲出样冲眼。

b. 用装在钻床主轴上的钻头对准样冲眼，先试钻一个浅坑。

c. 目测检查浅坑的圆与划线的轮廓圆有无偏移。若无偏移，继续钻；若有偏移，可在偏移方向上把工件垫高，钻头在倾斜的工作面上把浅坑钻深一些，再使工件减少些倾斜再钻深一些，直到找正为止。

d. 找正后，放平工件继续钻孔，直到钻成为止。

② 多孔钻削加工。如图 5-30 所示的工件，在表面上要加工出一系列相互位置精度要求较高的孔，除了要保证孔本身的加工精度外，还要保证孔与孔之间的位置精度（俗称孔系加工）。这类孔一般要在坐标镗床上加工，但也可以通过划线的方法，在钻床上加工，即先加工好基准面，再以基准面划线、钻孔。用划线法加工孔系的方法如图 5-31 所示，以侧面 A、B 为基准，在划线平板上划出各孔的中心线及孔轮廓线并在中心点冲好各样冲眼；用比孔直径小 1.5～3mm 的钻

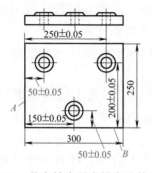

图 5-30　具有精度要求较高孔的工件

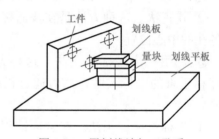

图 5-31　用划线法加工孔系

头钻孔,钻后检验各中心位置是否合适,若有偏差,可用整形锉修正;再将孔适当扩大再检验、再修,直到合适为止。钻后精度可达 ±0.05mm。

（2）配钻加工法

配钻加工的钻孔操作在模具制作中是一种常用的方法。所谓配钻加工,就是在钻加工某一零件时,其孔位可不按图样中的尺寸和公差来加工,而是通过另一零件上已钻好的实际孔位来配作。例如制作冲模时,可先在凹模上按图样要求将螺纹孔、销孔和内部圆形孔加工出来,并经淬硬后作为标准样件,再通过这些孔,来引钻其他固定板、刮料板、模板的螺纹孔或销钉孔。其常见的配钻方法如下。

① 直接引钻法。将两个零件按装配时的相对位置夹紧在一起,用一个与光孔直径相配合的钻头,以光孔为引导,在待加工工件上欲钻孔位置的中心处先钻出一个"锥孔";再把两件分开,以锥孔为基准钻攻螺纹孔。

注意:一是钻头直径应相当于导向孔直径;二是钻锥孔的锥角应为 105°～110°;三是钻锥孔时,进刀要缓慢。在达到锥坑深度后,进钻回升一下,再进刀 0.2～0.3mm,可以保证同轴度要求。

② 样冲印孔法。如果待加工的零件孔位是根据已加工好的不通螺纹孔来配钻时,可先将准备好的螺纹样冲（如图 5-32 所示）拧入已加工好的螺纹孔内,然后将两个工件按装配位置装夹在一起,并轻轻地给样冲施加压力,如此则会在另一件上影印上冲眼,即可按其加工。

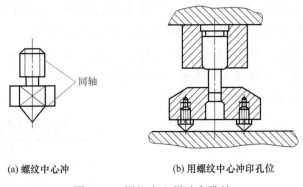

(a) 螺纹中心冲　　　　(b) 用螺纹中心冲印孔位

图 5-32　螺纹中心样冲印孔法

注意:一是螺纹样冲尖应淬硬且锥尖与螺纹中心线要同轴;二是在同一组螺纹样冲装入同一组零件的多个螺纹孔后,必须用卡尺将它们的顶尖找平后再印,否则会由于顶尖高低不平影响压印精度。

③ 复印印孔法。在已加工好的光孔或螺纹孔的平面上涂上一层红丹,再将两个零件按装配要求放在一起,即可在待加工的工件上印有印迹,根据印痕位置打上样冲眼再加工。

注意：一是红丹一定要涂匀；二是痕迹一定要清晰明显；三是打样冲眼时要仔细。

（3）同镗（钻）加工法

所谓同镗（钻），就是将待加工的两个（或三个）零件，用夹钳装夹固定在一起，然后同时钻孔以保证装配时零件相互位置精度。同镗（钻）可在铣床、车床或钻床上进行，其在钻床上同镗（钻）加工方法如下。

① 适用范围。孔距本身精度要求不高，但要求两个（或三个）零件的孔位同轴度高，如导柱、导套在上、下模板中的安装孔。

② 加工工艺。

a. 将两个或三个工件用夹钳紧固在一起。

b. 按划线用钻床钻孔，如图 5-33 所示。

c. 钻孔时，先钻完一个孔，再继续钻第二件、第三件孔，如型腔模或冲模的上、下模板上导柱、导套的安装孔。

③ 优缺点。孔的位置精度高，能保证同轴度，但加工复杂。

（4）定位套加工法

利用定位套配合加工零件内孔孔系的方法（图 5-34）如下。

① 在加工表面上划中心线及轮廓线。

② 在中心位置钻孔或攻螺纹，其螺纹外径要小于孔径。

③ 准备定位套，并磨削与淬硬。

④ 用螺钉将定位套轻轻压紧，然后用手锤轻轻敲打定位套侧面，用块规或量具调整各孔相对位置，直到符合要求为止，并将螺钉固紧。

⑤ 把调整好的零件固定放在钻床工作夹具上，用千分表找正某一定位套外径，使其通过主轴中心线并与钻头垂直，拆去定位套，钻孔。

⑥ 用上述方法更换位置，钻其他孔。

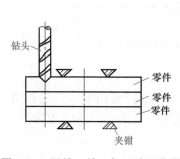

图 5-33 同镗（钻）加工法示意图

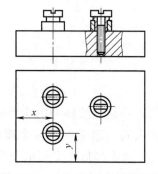

图 5-34 定位套加工法示意图

优缺点：钻孔位置精度可达 ±0.02mm，但工艺麻烦，劳动效率低，适于钻精密孔。

（5）坐标加工法

如图 5-35 所示的多孔工件，在没有坐标机床的情况下，可以采用钻床利用坐标法加工，尽管效率较低，但加工出的各孔位置精度仍可以达到 ±0.015mm 以上。其加工方法如下。

① 坯料准备。将坯料六面用平面磨床磨平并互为直角。

② 划线、工件安装及测量。将坯料按图样进行划线后，夹持在平口钳上，并要高出平口钳 5mm 以上，同时在固定的钳口一侧固定一百分表，取其读数 A，如图 5-36 所示。

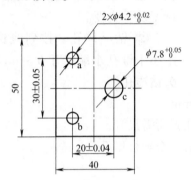

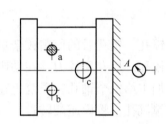

图 5-35　加工精度较高的多孔工件　　　　图 5-36　划线、工件安装及测量示意图

③ 钻孔 a。根据划线，移动钻床（Z35）工作台，钻 a 孔。钻孔时应先用中心钻定位，然后分别用（$\phi3.8mm$、$\phi4.1mm$、$\phi4.2mm$）钻头，分几次钻孔，并在每次钻孔时都要修正中心。

④ 钻孔 c。松开钳口，横向垫上自制块规 10mm，纵向垫 15mm，读取百分表 2 的读数 B 后（如图 5-37 所示）取下纵向块规。同时，向上移动工件横向块规，直到百分表 2 读数为 B 为止，拧紧钳口，使另一百分表 1 读数仍为 A，即可钻 c 孔。

⑤ 钻孔 b。松开钳口，取下横向垫块，在纵向再垫垫块 15mm，用百分表 2 读取读数 B_2（如图 5-38 所示），取出纵向块规后松开钳口，并将工件向上移到百分表 2 读取原来读数 B_2 再拧紧平钳，并使百分表 1 仍为原读数 A，即可钻孔 b，故 a、b、c 三孔同钻。

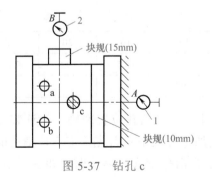

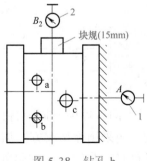

图 5-37　钻孔 c　　　　　　　　　　图 5-38　钻孔 b

（6）用摇臂钻床加工导柱、导套安装孔

在缺少专用设备的情况下，模具工可采用摇臂钻加工导柱、导套在模板的安装固定孔，如图 5-39 所示。其方法如下：

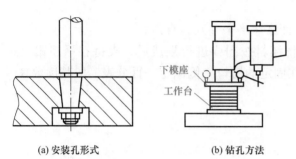

(a) 安装孔形式　　　　(b) 钻孔方法

图 5-39　用摇臂钻床加工导柱、导套安装固定孔

① 校正。将上模板放在工作台上，千分表装在机床主轴上，转动摇臂校正下模板的平面。模板的调整（平行度）可用垫片调整，也可以倾斜工作台调整其平行度及垂直度。

② 钻毛坯孔。按划线钻孔，用小于锥孔小端尺寸 0.5mm 的钻头钻透孔。

③ 镗孔。镗孔后的留精铰余量 0.5 ～ 0.6mm。

④ 铰孔。用专用铰刀，在钻床上铰出锥孔到所需尺寸。

⑤ 加工第二个锥孔。重复上述工序加工第二个导柱锥孔。

⑥ 镗沉孔。将模座翻转过来，锪孔。

（7）圆柱销孔的配钻铰加工

在进行模具装配时，模具零件间的相互位置精度常用圆柱销定位保证。因此，销孔的加工质量好坏及定位准确度，直接影响到模具的装配质量。一般情况下，柱销孔的加工是在各零件用螺钉紧固在一起，并调整好位置后才进行的。其要求是孔的本身要与销钉加工成 H7/m6 过渡配合精度，而且还要使各定位件对应的销钉孔有较高的同轴度要求。故在加工时应注意以下几点。

① 圆柱销孔的表面粗糙度应加工成 $Ra < 1.6\mu m$。因此，销孔不能采用钻头直接钻孔一次成形，必须在钻头钻孔后，留有一定的铰削余量，然后用相应尺寸的铰刀精铰成形。铰孔前，钻孔直径可按表 5-10 选取。

② 为便于装配与铰孔，销孔上、下应进行划窝和倒角，其大小与销孔直径有关，其值参见表 5-10。

表 5-10　圆柱销孔铰孔前的钻孔直径及倒角

柱销孔直径 /mm	6	8	10	12	16	20	25
钻孔钻头直径 /mm	5.7	7.5	9.5	11.5	15.5	19.5	24.5
倒角尺寸 /mm	C1			C1.5		C2	

③ 对于同一冲模不同零件的同一柱销孔，为了销孔位置准确，保证装配后的同轴度，应采用配钻铰方法加工销孔。其加工方法是：首先选定定位销孔的基准件是淬硬件，如凹模，在热处理前应将定位销孔铰好，热处理后如变形不大，

用铸铁棒加研磨剂进行研磨，或使用硬质合金刀进行精铰一次，以恢复到所要求的质量；然后，把装配调整好的需定位的各零件，用螺钉紧固在一起，配钻铰加工（以淬硬后的凹模销孔做导引）。

为了保证销钉孔的加工质量及各部件的同轴度，配钻铰销孔时，应选用比已加工好的销钉孔（基准件）直径小 0.1 ～ 0.2mm 的钻头锪锥坑找正中心，再进行钻、锪和粗、精加工，所留铰量要适当。在铰削中，要加注充分的切削液。

④ 对于需要淬硬的模具零件，为了防止销孔由于淬火后变形而影响其装配精度，最好在淬火后用硬质合金铰刀复铰一次（预先留有 0.05 ～ 0.10mm 复铰余量）。在复铰时，其转速不应太快，一般可选择 90 ～ 120r/min，进给量在 0.11mm/min 左右。

⑤ 对于 45 钢需要淬火的模具零件，为了预防淬火后销孔变形，也可以采用淬火前钻孔，淬火后铰孔的工艺方法，以保证精度。

第 **6** 章　模具零件的特种加工

6.1　电火花成形加工

随着模具工业的发展和科学技术的进步，大量高硬度、高强韧等特殊性能新材料在模具上的应用，使得常规的切削加工制模技术遇到许多新的困难和问题，特别是形状复杂的模具型腔，凸模和凹模型孔等的加工，采用常规的切削方法往往很难完成。然而，应运而生的各项特种加工技术在模具制造中的应用，使得困难迎刃而解。因此可以说，特种加工技术在模具制造中的应用，是模具制造工艺的一次重大突破。

特种加工是直接利用电能、热能、光能、化学能、电化学能及声能等进行加工的方法。特种加工与常规切削加工相比，其加工机理完全不同。目前，在模具制造中获得广泛应用的特种加工技术主要有电火花成形加工、电火花线切割加工、电化学加工、化学加工和超声波等。

6.1.1　电火花加工的基本原理、条件与特点

电火花加工是在一定介质中，通过工具和工件之间脉冲放电时的电腐蚀作用，对工件进行加工的一种工艺方法。它可以加工高熔点、高硬度、高强度、高纯度、高韧性的金属材料。

（1）电火花加工的基本原理

电火花加工的基本原理如图 6-1 所示。工件 1 与工具 4 分别与脉冲电源 2 的两个不同极性输出端相连接，自动进给调节装置 3 使工件和电极间保持相当的放电间隙。两电极间加上脉冲电压后，在间隙最小处或绝缘强度最低处将工作液介质击

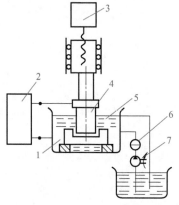

图 6-1　电火花加工原理图

1—工件；2—脉冲电源；3—自动进给
调节装置；4—工具；5—工作液；
6—过滤器；7—工作液泵

穿，形成放电火花。放电通道中等离子瞬时高温使工件和电极表面都被蚀除掉一小部分材料，使各自形成一个微小的放电坑。脉冲放电结束后，经过一段时间间隔，使工作液恢复绝缘，下一个脉冲电压又加在两极上，同样进行另一个循环，形成另一个小凹坑。当这种过程以相当高的频率重复进行时，工具电极不断地调整与工件的相对位置，加工出所需要的零件。从微观上看，加工表面是由很多个脉冲放电小坑组成的。放电凹痕剖面如图 6-2 所示。

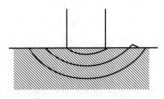

图 6-2　放电凹痕剖面

（2）电火花加工的基本条件

基于上述原理，实现电火花加工的基本条件如下。

① 工具电极和工件之间要有一定的距离，通常为几微米至几百微米，并能维持这一距离。

② 在脉冲放电点必须有足够大的能量密度，即放电通道要有很大的电流密度，一般为 $10^5 \sim 10^6 A/cm^2$。这样，放电时产生大量的热足以使金属局部熔化和气化，并在放电爆炸力的作用下，把熔化的金属抛出来。

③ 放电应是短时间的脉冲放电，放电的持续时间为 $10^{-7} \sim 10^{-3}s$。这样才能使放电所产生的热量来不及传导扩散到其余部分，将每次放电分布在很小的范围内，不会像持续电弧放电，产生大量热量，使金属表面熔化、烧伤。

④ 脉冲放电需要重复多次进行，并且每次脉冲放电在时间上和空间上是分散的，即每次脉冲放电一般不在同一点进行，避免发生局部烧伤。

⑤ 电火花放电加工必须在具有一定绝缘性能的液体介质中进行。液体介质又称工作液，必须具有较高的绝缘强度，一般在 $10^3 \sim 10^7 \Omega \cdot cm$，以利于产生脉冲性的放电火花。同时，工作液应及时清除电火花加工过程中产生的金属小屑、炭黑等电蚀产物，并对工具电极和工件表面有较好的冷却作用，以保证加工能正常地持续进行。

（3）电火花成形加工的特点

① 便于对用机械切削加工难以加工或无法加工的零件（如淬硬的钢制模具件、硬质合金制模具零件等）进行成形加工。

② 由于工作电极与被加工的零件在加工过程中不接触，则两者间的宏观作用力很小，故便于加工零件的小孔、深孔和窄缝部位，而不受工作电极和零件硬度的限制；对于模具的各种型孔、立体曲面、复杂形状的部位，均可采用成形电极一次完成加工。

③ 工作电极所用的材料不必比零件硬。

④ 直接利用电能、热能进行加工，便于实现对加工过程的自动控制等。

⑤ 脉冲放电持续时间短，放电产生的热影响区小，可以确保良好的加工精

度和表面质量。

⑥ 电火花加工可以在同一机床上，通过调整脉冲参数来进行粗、精加工。

（4）电火花成形加工在模具制造中的应用

① 电火花穿孔加工。其主要加工对象为冲裁模、复合模、级进模等各种冲模的凹模、凸模、固定板、卸料板等零件的型孔及拉丝模、拉深模等具有复杂型孔的零件和曲线孔。对于形状复杂的凹模采用电火花加工时，可以不用镶拼结构而采用整体结构，这样既可节约模具设计和制造的工时，又可提高凹模强度。采用电火花加工的冲模，容易获得均匀的配合间隙，可以提高工件质量和模具寿命。但加工中电极的损耗影响加工精度，难以达到小的表面粗糙度值，要获得小的棱边和尖角也比较困难。

② 电火花型腔加工。主要用于塑料的注射模、锻模、压铸模、挤压模等各种模具的型腔加工或盲孔加工。

③ 电火花磨削加工。对淬硬钢件、硬质合金工件进行平面磨削，内、外圆磨削，坐标孔磨削，小孔磨削以及成型磨削等。

④ 电火花线切割加工。加工对象主要有各种冲模的凹模、固定板、卸料板、落料模中用于上出料的顶板及导向板等各种内外成型零件和型腔模的上、下模，模套，固定板，型芯，等，以及各种复杂零件的窄槽、小孔等的切割。

6.1.2　电火花加工机床的组成及其作用

电火花穿孔成形加工机床主要由主机（包括自动调节系统的执行机构）、脉冲电源、自动进给调节系统、工作液净化和循环系统几部分组成。

（1）机床总体部分

图 6-3 为汉川 DM7132 电火花加工机床结构示意图。机床主机主要包括床身1、立柱2、主轴头3、工作台4及工作液槽几部分。床身和立柱是机床的主要结构件，要有足够的刚度。床身工作台面与立柱导轨面间应有一定的垂直度要求，还应保持较高的精度，这就要求导轨具有良好的耐磨性和充分消除材料内应力等。纵向、横向移动的工作台一般是靠刻度手轮来调整位置。高精度机床常采用光学坐标读数装置或磁尺数显等装置。

（2）主轴头

主轴头是电火花成形机床中最关键的部件，是自动调节系统中的执行机构。它的结构是由伺服进给机构、导向和防扭机构、辅助机构三部分组成，由它控制工件与工具电极之间的放电间隙，对加工工艺指标的影响极

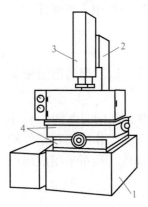

图 6-3　电火花加工机床
1—床身；2—立柱；3—主轴头；4—工作台

大。对主轴头的要求是：结构简单、传动链短、传动间隙小、热变形小、具有足够的精度和刚度，以适应自动调节系统的惯性小、灵敏度好、能承受一定负载的要求。经济型电火花成形机床主轴头位置移动常用大量程百分表显示。

（3）工具电极夹具及平动头

① 可调节工具电极角度的夹头。工具电极的装夹及其调节装置的形式很多，其作用是调节工具电极和工作台的垂直度，以及调节工具电极在水平面内微量的扭转角。常用的有十字铰链式和球面铰链式。

② 平动头。电火花加工也和切削加工一样按先粗后精原则，粗加工的火花间隙比半精加工的要大，而半精加工的火花间隙比精加工的又要大一些。当用一个电极进行粗加工后，其底面和侧壁四周的表面粗糙度很差，为了将其修光，就得改变规准逐挡进行修整。由于后挡规准的放电间隙比前挡小，对工件底面可通过主轴进给进行修光，而四周侧壁就无法修光了。平动头就是为解决修光侧壁和提高其尺寸精度而设计的。

平动头的动作原理是：利用偏心机构将伺服电动机的旋转运动，通过平动轨迹保持机构转化成电极上每一个质点都能围绕其原始位置在水平面内做平面小圆周运动，许多小圆的外包络线就形成加工表面，如图6-4所示。其运动半径 r 即图中的平动量 Δ，通过调节可由零逐步扩大，以补偿粗、中、精加工的火花放电间隙之差，从而达到修光型腔的目的。其中每个质点运动轨迹的半径就称为平动量。

（4）工作液循环、过滤系统

工作液循环、过滤系统包括工作液（煤油）箱、电动机、泵、过滤装置、工作液槽、油杯、管道、阀门以及测量仪表等。放电间隙中的电蚀产物除了靠自然扩

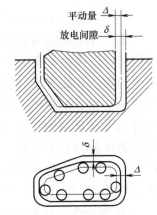

图6-4 平动加工时电极运动轨迹

散、定期抬刀以及使工具电极附加振动等排除外，常采用强迫工作液循环的办法加以排除，以免间隙中电蚀产物过多，引起已加工过的侧表面间"二次放电"，影响加工精度，此外也可起到冷却作用。如图6-5所示为工作液强迫循环的两种方式。图6-5（a）、图6-5（b）所示为冲油式，较易实现，排屑冲刷能力强，一般常采用，但电蚀产物仍通过已加工区，稍影响加工精度；图6-5（c）、图6-5（d）所示为抽油式，在加工过程中，分解出来的气体（H_2、C_2H_2 等）易积聚在抽油回路的死角处，遇电火花引燃会爆炸"放炮"，因此一般用得较少，但在要求小间隙、精加工时也有使用的。为了不使工作液越用越脏，影响加工性能，必须加以净化、过滤。其具体方法有：

① 自然沉淀法。这种方法速度太慢，周期太长，只用于单件、小用量或精

微加工。

② 介质过滤法。此法常用黄沙、木屑、棉纱头、过滤纸、硅藻土、活性炭等为过滤介质。这些介质各有优缺点，对中、小型工件，加工用量不大时，一般都能满足过滤要求，可就地取材，因地制宜。其中以过滤纸效率较高，性能较好，已有专用纸过滤装置生产供应。目前生产上应用的循环系统形式很多，常用的工作液循环过滤系统可以用冲油，也可以用抽油方式来进行过滤。

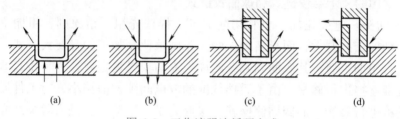

图 6-5　工作液强迫循环方式

（5）电火花加工用的脉冲电源

电火花加工用的脉冲电源的作用是把工频交流电流转换成一定频率的单向脉冲电流，以供给火花放电间隙所需要的能量来蚀除金属。脉冲电源对电火花加工的生产率、表面质量、加工速度、加工过程的稳定性和工具电极损耗等技术、经济指标有很大的影响。电火花加工机床的脉冲电源是整个设备的重要组成部分。脉冲电源输出的两端分别与电极和工件连接，在加工过程中向间隙不断输出脉冲，当电极和工件达到一定间隙时，工作液被击穿而形成脉冲火花放电。由于极性效应，每次放电而使工件材料被蚀除。电极向工件不断进给，使工件被加工至要求形状。一般情况下对脉冲电源有以下要求。

① 能输出一系列脉冲。

② 每个脉冲应具备一定的能量，波形要合适，脉冲电压幅值、电流峰值、脉宽和间隔度要满足加工要求。

③ 工作稳定可靠，不受外界干扰。

常用的脉冲电源有张弛式、电子管式、闸流管式、晶体管和晶闸管式，而高档的电火花机床则配置了微机数字化控制的脉冲电源。

（6）电火花加工机床的伺服进给系统

在电火花加工过程中，电极和工件之间必须保持一定的间隙。由于火花放电间隙 δ 很小，且与加工规准、加工面积、工件蚀除速度等有关，因此很难靠人工进给，也不能像机床那样采用"自动"、等速进给，而必须采用伺服进给系统。这种不等速的伺服进给系统也称为自动进给调节系统。

电火花加工机床的伺服进给系统的功能就是在加工过程中始终保持合适的火花放电间隙。自动进给调节系统的任务在于通过改变、调节进给速度，使进给速度接近并等于蚀除速度，以维持一定的"平均"放电间隙 δ，保证电火花加工正常而稳定地进行，以获得较好的加工效果。

6.1.3　保证凸、凹模配合间隙的方法

（1）直接法

直接法是用加长的钢凸模作电极加工凹模的型孔，加工后将凸模上的损耗部分去除。凸、凹模的配合间隙靠控制脉冲放电间隙来保证。此法可以获得均匀的配合间隙，模具质量高，不需另外制造电极，工艺简单。但是，钢凸模作电极加工速度低，在直流分量的作用下易磁化，使电蚀产生的金属微粒易吸附在电极上，从而在放电间隙的磁场中形成不稳定的二次放电。直接法适用于形状复杂的凹模或多型孔凹模，如电机转子、定子硅钢片冲模等。

（2）混合法

混合法是将凸模的加长部分选用与凸模不同的材料（如铸铁等），黏结或钎焊在凸模上，与凸模一起加工，以黏结或钎焊部分作穿孔电极的工作部分，加工后再将电极部分去除。此方法电极材料可选择，所以电加工性能比直接法好，其电极与凸模连接在一起加工，电极形状、尺寸与凸模一致，加工后凸、凹模配合间隙均匀，是一种使用较广泛的方法。

注意：这两种加工方法是靠调节放电间隙来保证配合间隙的。当凸、凹模配合间隙很小时，必须保证放电间隙也很小，但过小的放电间隙使加工困难，这时可将电极的工作部分用化学浸蚀法蚀除一层金属，使断面尺寸单边缩小 $\delta - \dfrac{Z}{2}$（Z 为凸、凹模双边配合间隙，δ 为单边放电间隙），以利于放电间隙的控制。反之，当凸、凹模配合间隙较大时，可用电镀法将电极工作部位的断面尺寸单边扩大 $\dfrac{Z}{2} - \delta$，以满足加工时的间隙要求。

（3）修配凸模法

凸模和工具电极分别制造，在凸模上留一定的修配余量，按电火花加工好的凹模型孔修配凸模，达到配合间隙要求。修配凸模法的优点是电极可以选用电加工性能好的材料，由于凸、凹模的配合间隙是靠修配来保证的，所以，不论凸模、凹模间隙大小均可采用这种方法。其缺点是增加了制造电极和模具的工人修配的工作量，而且不易得到均匀的间隙。

6.1.4　电极设计

电极的设计是完成电火花成形加工的重要内容，电极的设计可从以下几方面进行考虑。

（1）电极材料

根据电火花加工原理，电极材料应选择损耗小、加工过程稳定、生产率高、机械加工性能好、来源丰富、价格低廉的导电材料。常用电极材料的种类和性能见表 6-1，选用时应根据加工对象、工艺方法、脉冲电源的类型等综合考虑。

表 6-1　常用电极材料种类与性能

电极材料	电火花加工性能		机械加工性能	说明
	加工稳定性	电极损耗		
钢	较差	中等	好	在选择电参数时应注意加工的稳定性，可用凸模作为电极
铸铁	一般	中等	好	—
石墨	尚好	较小	尚好	机械强度差
黄铜	好	大	尚好	电极损耗大
纯铜	好	较小	尚好	磨削困难
铜钨合金	好	小	尚好	价格贵，多用于深孔、直壁孔、硬质合金穿孔
银钨合金	好	小	尚好	价格贵，用于精密及有特殊要求的加工

（2）电极结构

电极结构形式应根据电极外形、尺寸大小及复杂程度，电极结构的工艺性等因素综合考虑。

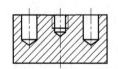

图 6-6　整体式电极

① 整体式电极。整体式电极是用一块整体材料加工而成的，最常用的结构形式如图 6-6 所示。

② 组合式电极。在同一凹模上有多个型孔时，可以将多个电极组合在一起，一次穿孔完成各型孔的加工，这种电极称为组合式电极，如图 6-7 所示。用组合电极加工生产率高，各型孔间的加工精度取决于各电极的加工精度。

③ 镶拼式电极。对于形状复杂的电极，整体加工困难，通常将其分成几块，分别加工后再镶拼成整体，这样既节省材料又便于制造，如图 6-8 所示。

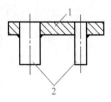

图 6-7　组合式电极

1—固定板；2—电极

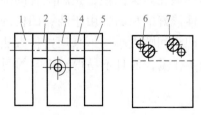

图 6-8　镶拼式电极

1～5—电极拼块；6—定位销；7—固定螺钉

　　不管采用哪种结构，电极都要具有足够的强度，以利于提高加工稳定性。对于体积小、易变形的电极，一般是增大电极除工作部分以外的截面尺寸，便于提高刚度。对本身体积就较大的电极，要尽量减轻电极质量从而减少机床的变形。设计电极时要注意电极的重心与连接处的对应关系，其重心应位于机床主轴中心线上（尤其是较重的电极），否则会产生附加偏心力矩，使电极轴线偏斜，影响模具加工精度。

（3）电极尺寸

　　电极尺寸包括横截面尺寸及其公差和电极长度尺寸。

　　① 电极长度的确定。如图 6-9 所示，电极的长度取决于模具的结构形式、凹模的加工深度、电极材料、型孔的复杂程度、装夹形式、使用次数、电极制造工艺等因素。计算公式：

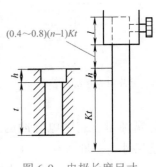

图 6-9　电极长度尺寸

$$L=Kt+h+l+(0.4 \sim 0.8)(n-1)Kt$$

式中　L——所需电极长度，mm；

　　　　t——凹模刃口有效高度，mm；

　　　　h——凹模漏料孔高度，mm；

　　　　l——装夹电极而增加的长度，一般为 10 ～ 20mm，mm；

　　　　n——电极使用次数，一般情况下，多用一次电极比少用一次时有效长度减少 0.2 ～ 0.9；

　　　　K——与电极材料、加工方式、型孔复杂程度等因素有关的系数。损耗小的电极材料加工简单型孔，且电极轮廓无尖角时，K 取小值；反之，取大值，见表 6-2。

表 6-2　常用电极材料经验数据 K 的取值范围

材料	K	材料	K
纯铜	2 ～ 2.5	黄铜	3 ～ 3.5
石墨	1.7 ～ 2	铸铁	2.5 ～ 3

　　② 电极横截面尺寸的确定。在设计电极时，电极轮廓尺寸要比预定型孔尺寸均匀地缩小或扩大一个加工间隙值，如下式：

$$d=D\pm2\delta$$

式中　d——电极截面尺寸，mm；

　　　　D——预定型孔尺寸，mm；

　　　　δ——单面加工间隙（电极凸出部分，即对应型孔凹入部分，尺寸取"-"；反之取"+"）。

③ 电极截面尺寸公差。其尺寸公差取模具刃口相应公差的 1/2 ～ 2/3。电极在长度方向的公差一般没有限制，用公称尺寸标注即可。但电极侧面平行度误差一般控制在 100mm/0.01mm 范围内。

④ 阶梯电极尺寸的确定。为了提高电火花加工过程中的生产效率，充分发挥粗规准能量大、生产效率高的特点，可将电极设计成阶梯状如图 6-10 所示。也就是说将已加工好的电极，在靠近端部的一小段长度 L_1 四周均匀地用特种方法腐

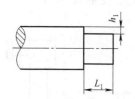

图 6-10　阶梯电极示意图

蚀，若是圆形则适量磨小一定尺寸 h_1，这样在实施电火花加工时，经过腐蚀的部分就可利用粗规准的能量高效快速地加工。然后再利用电极未经腐蚀部分进行精加工，直到符合型孔所需精度和表面粗糙度为止。图中 h_1 为腐蚀量，它随电脉冲的不同而不同，一般 h_1=0.08 ～ 0.2mm；L_1 为被腐蚀的长度尺寸，一般 L_1=（1.3 ～ 1.5）h，h 为凹模刃口的有效高度。

有关型腔模电极尺寸的确定，可查阅相关书籍。

（4）电极的装夹与调整

在电火花加工时，必须将电极和工件分别装夹到机床主轴和工作台上，并将其校正调整到正确的位置。装夹调整精度直接影响到模具的加工精度。

常用的电极装夹方式如图 6-11 所示。件 1 为一特制的标准螺栓，其螺纹部分与夹持部分有一定同轴度要求，件 2 的螺纹孔与其外圆同样有同轴度要求，设计时根据加工零件的精度，按有关标准选取，这种装夹方式不需有大的调整，可在电极设计和加工时进行控制。若是镶拼电极一般是采用一块连接板连接，使之成为一个整体，而连接板是设计成专用的，便于与机床主轴连接，从而保证其精度。

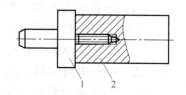

图 6-11　标准螺钉夹头装夹电极
1—标准螺钉夹头；2—电极

在欧洲一些先进的模具制造公司，从电极生产时开始就利用专用夹具将被加工的电极固定，这种专用夹具与加工电极的机床的连接部分和电火花机床与专用夹具的连接部分通用。电极加工完毕连同专用夹具一同卸下，存放在模具库，要用其加工模具时，连同夹具一起搬运。这种专用夹具精度高，装夹后不需任何调整，其重复定位精度一般在 0.02mm 左右。在欧洲大型模具制造公司，这种专用夹具是作为工厂标准件来生产的，专门为电极加工车间服务。目前，我国一些制造模具的合资公司也已在运用该种专用夹具，这对提高电极制造精度和模具加工精度十分重要，大大缩短了电火花加工时电极的调整时间，提高了生产率。

（5）工件的装夹

一般情况下，工件是装夹在电火花机床的工作台上，用压板和螺钉固定。工

件装夹时与电极的相对位置十分重要，事关加工模具的精度。因而可靠的定位精度和装夹方式是模具加工中的重要环节。常见的定位方法如下所述。

① 划线法。按加工要求在凹模上、下平面划出型孔轮廓，工件定位时将已安装正确的电极缓慢下降，靠近工件上表面时，用眼睛观察并移动工件，使电极对准工件上型孔线后再将工件压紧。进行试加工然后观察粗定位情况，视情况再移动纵、横拖板进行调整。这种方法只能用在定位精度要求不高的模具加工中，并且凹模上、下表面无台阶。

② 量块角尺法。如图 6-12 所示，按模具加工要求计算出凹模型孔到两基准面之间的距离 x、y。将安装正确的电极缓慢下移并接近工件，用块规、角尺确定工件定位后将其压紧。这种方法不需要专用工具，操作简单方便。型孔的相对位置比划线法要好。

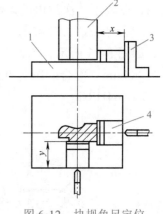

除上述两种常见方法外，当今比较先进的就是采用电极加工的专用夹具来定位，自动保证被加工型孔的相对位置，精度高，不管是单件生产，还是批量生产的模具精度保持不变。

图 6-12　块规角尺定位
1—凹模；2—电极；3—角尺；4—块规

（6）电规准的选择与转换

电火花加工中所选用的一组电脉冲称为电规准。电规准应根据工件的加工要求、电极和工件材料的工艺指标等因素来选择。电规准选用的是否恰当，不仅影响加工精度，而且还影响生产率和经济性，在生产中主要通过工艺试验进行确定。电规准常分为粗、中、精三种。从一个规准调整到另一个规准称为电规准的转换。

① 粗规准。粗规准主要应用于粗加工。它生产效率高，工具电极损耗小。被加工的工件表面粗糙度 Ra 小于 12.5μm。所以粗规准一般采用较大的电流峰值，较长的脉冲宽度（t_1=20 ～ 60μs），采用钢电极时相对损耗应低于 10%。

② 中规准。中规准是粗、精加工的过渡性加工所使用的电规准，用来减小精工余量，促进加工稳定性和提高加工精度。中规准采用的脉冲宽度一般为 20 ～ 400μs，峰值电流较小（10 ～ 25A）。被加工表面粗糙度 Ra=6.3 ～ 3.2μm。中规准用于加工小孔、窄缝等复杂型腔时，可直接用中规准进行粗加工成型。

③ 精规准。精规准用来精加工，要求在保证制造模具的各项技术要求的前提下尽可能提高生产率，所以多采用小的电流峰值（小于 10A）、高频率和短脉冲宽度（t_1=2 ～ 20μs）。被加工表面的粗糙度 Ra=1.6 ～ 0.8μm。

在实际生产中要合理地选择电规准，在加工过程中正确使用规准的转换，从而既保证生产效率，又保证模具加工的精度。

　　粗、精规准的正确配合，可以较好地解决电火花加工质量和生产率之间的矛盾。凹模型孔用阶梯电极加工时，电规准转换的程序是：当阶梯电极工作端的台阶进给到凹模刃口处时，转换成中规准过渡加工 1 ～ 2mm 后，再转入精规准加工，若精规准有两挡，还应依次进行转换。在转换电规准时，其他工艺条件也要适当配合，粗规准加工时排屑容易，冲油压力应小些；转入精规准后加工深度增加，放电间隙小，排屑困难，冲油压力应逐渐增大；当穿透工件时，冲油压力适当降低。对加工斜度、表面粗糙度要求较高的冲模加工，要将上部冲油改为下端抽油，以减小二次放电的影响。

　　（7）冲裁模加工实例

　　如图 6-13 所示，为冲裁电机定子的凸、凹模，凹模型孔有 24 个槽，冲件厚度为 0.5mm，配合间隙为 0.03 ～ 0.07mm（双边），模具材料为 Cr12MoV，硬度为 60 ～ 64HRC。

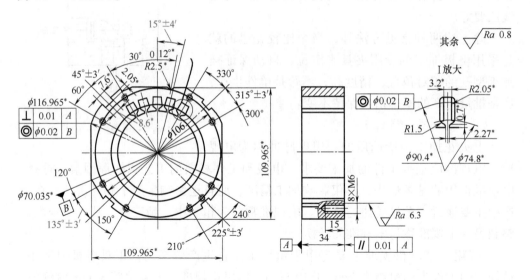

图 6-13　电动机定子凸、凹模零件图（配作留双面间隙 0.03mm，* 为参考尺寸）

　　由于配合间隙较小，对凸模与相应的凹模型孔的制造公差要求比较高，使用常规的配作存在一定难度。采用凸模（凸模采用 Cr12MoV 制成，热处理硬度：58 ～ 62HRC，其结构如图 6-14 所示）作电极对凹模型孔异形槽进行电火花加工既简单又能保证配合间隙要求。其工艺过程简述如下。

　　① 电极（凸模）的制造加工工艺。电极（凸模）的制造加工工艺为：锻造→退火→粗、精刨→淬火与回火→成形磨削。

　　凸模长度应加长一段作为电火花加工的电极，其长度根据凹模刃口高度而定。

② 电极（凸模）固定板的加工工艺。电极（凸模）固定板的加工工艺为：锻造→退火→粗、精车→划线→加工孔（孔比凸模单边大1～2mm）作为浇注合金时用→磨削。

③ 电极（凸模）的固定。在万能分度头上分别找正各凸模位置，用锡合金将凸模固定在固定板上，达到各槽位置精度的要求。

④ 凸、凹模加工工艺。凸、凹模加工工艺为：锻造→退火→粗、精车→样板划线→加工螺纹孔，并在各槽位钻冲油孔，在中心位置钻穿丝孔→淬火、回火→磨平面→退磁→线切割内孔及外形→用组合后的凸模作电极，电火花加工各槽。

凸、凹模各槽孔与凸模间隙的大小由电火花加工时所选的电规准控制。如果配合间隙不在放电间隙以内，则应将凸模电极部分采用化学浸蚀或镀铜的方法适当予以减少或增大。

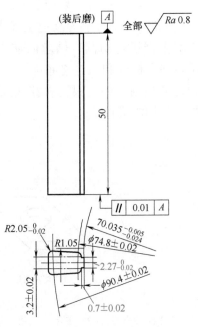

图 6-14　电动机定子冲槽凸模零件图

6.2　电火花线切割加工

电火花线切割加工是利用电极丝与高频脉冲电源的负极相接，零件与电源的正极相接，加工中，在线电极与加工零件之间产生火花放电而切割出零件的一种工艺方法。根据电极丝的运行速度，电火花线切割机床通常分为两大类：一类是快走丝（或称高速走丝）电火花线切割机床（WEDM-HS），这类机床的电极丝做高速往复运动，一般走丝速度为8～10m/s，是我国生产和使用的主要机种，也是我国独创的电火花线切割加工模式；另一类是慢走丝（或称低速走丝）电火花线切割机床（WEDM-LS），这类机床的电极丝做低速单向运动，一般走丝速度低于0.2m/s，是国外生产和使用的主要机种，我国也已生产和逐步更多地采用慢走丝机床。

目前国内外的线切割机床一般都配备数控系统，通常都具有自动编程功能。

6.2.1　电火花线切割加工的原理、特点及应用

电火花线切割加工的特点与电火花成形加工基本相同，不同的是电火花线切割加工是采用连续移动的金属丝作电极，从而使之呈现出与电火花成形加工不同的应用。

（1）电火花线切割加工的原理

如图 6-15 所示为高速走丝电火花线切割加工原理示意图。其利用细钼丝作工具电极进行切割，储丝筒使钼丝做正反向交替移动，加工能源由脉冲电源供给。在电极丝和工件之间浇注工作液介质，工作台在水平面两个坐标方向各自按预定的控制程序，根据火花间隙大小做伺服进给移动，从而合成各种曲线轨迹，把工件切割成形。

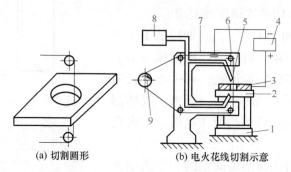

(a) 切割圆形　　　　(b) 电火花线切割示意

图 6-15　电火花线切割加工原理示意图

1—工作台；2—夹具；3—工件；4—脉冲电源；5—电极丝；6—导轮；7—丝架；8—工作液箱；9—储丝筒

（2）电火花线切割加工特点

① 线切割加工的电压、电流波形与电火花加工基本相似，单个脉冲也有多种形式的放电状态，如开路、正常火花放电、短路等。

② 线切割加工的加工机理、生产率、表面粗糙度等工艺规律，材料的可加工性等也都与电火花加工基本相似，可以加工硬质合金等一切导电材料。

（3）电火花线切割加工的应用

① 加工模具。适用于各种形状的冲模。线切割时，调整不同的间隙补偿量，只需一次编程就可以切割凸模、凸模固定板、凹模及卸料板等。模具配合间隙、加工精度通常都能达到 0.01～0.02mm（快走丝）和 0.002～0.005mm（慢走丝）的要求。此外，还可加工挤压模、粉末冶金模、弯曲模、塑压模等，也可加工带锥度的模具。

② 切割电火花成形加工用的电极。一般穿孔加工用的电极和带锥度型腔加工用的电极，以及铜钨、银钨合金之类的电极材料，用线切割加工特别经济。同时线切割也适用于加工微细复杂形状的电极。

③ 切割零件。在试制新产品时，用线切割可在坯料上直接割出零件。例如，试制切割特殊微电机硅钢片定转子铁心，由于不需另行制造模具，可大大缩短制造周期、降低成本。另外，其修改设计、变更加工程序比较方便，加工薄件时还可多片叠在一起加工。在零件制造方面，线切割可用于加工品种多、数量少的零件，特殊难加工材料的零件，材料试验样件，各种型孔、型面、特殊齿轮、凸

轮、样板、成形刀具。有些具有锥度切割的线切割机床，可以加工出"天圆地方"等上下异形面的零件，同时还可进行微细加工，切割异形槽和标准缺陷的加工等。

（4）线切割加工与电火花加工的比较

① 由于电极工具是直径较小的细丝，故脉冲宽度、平均电流等不能太大，加工工艺参数的范围较小，属正极性电火花加工，工件常接脉冲电源正极，基本上不用负极性加工。

② 采用水或水基工作液，不会引燃起火，容易实现安全无人运转，但由于工作液的电阻率远比煤油小，因而在开路状态下，仍有明显的电解电流。电解效应稍有益于改善加工表面粗糙度，但易使工件切缝口颜色变黑，影响外观。

③ 一般没有稳定电弧放电状态。电极丝与工件始终有相对运动，尤其是高速走丝电火花线切割加工，因此，线切割加工的间隙状态可以认为是由正常火花放电、开路和短路这三种状态组成，但往往在单个脉冲内有多种放电状态，有瞬时"微开路""微短路"现象。

④ 高速走丝线切割时，电极丝与工件之间存在着"疏松接触"式轻压放电现象。近年来的研究结果表明，当柔性电极丝与工件接近到通常认为的放电间隙（例如 $8 \sim 10\mu m$）时，并不发生火花放电，甚至当电极丝已接触到工件，从显微镜中已看不到电极间隙时，也常仍看不到火花，只有当工件将电极丝顶弯，偏移一定距离（几微米到几十微米）时，才发生正常的火花放电，亦即每进给 $1\mu m$，放电间隙并不减小 $1\mu m$，而是钼丝增加一点张力，向工件增加一点侧向压力，只有电极丝和工件之间保持一定的轻微接触压力，才会形成火花放电。可以认为，在电极丝和工件之间存在着某种电化学产生的绝缘薄膜介质，当电极丝被顶弯所造成的压力和电极丝相对工件的移动摩擦使这种介质减薄到可被击穿的程度，才发生火花放电。放电发生之后产生的爆炸力可能使电极丝局部振动而瞬时脱离接触，但宏观上仍是轻压放电。

⑤ 省掉了成形的工具电极，大大降低了成形工具电极的设计和制造费用，用简单的工具电极，靠数控技术实现复杂的切割轨迹，缩短了生产准备时间，加工周期短。这不仅对新产品的试制很有意义，对大批生产也增加了快速性、工艺适应能力和柔性。

⑥ 由于电极丝比较细，可以加工微细异形孔、窄缝和复杂形状的工件。由于切缝很窄，且只对工件材料进行"套料"加工，实际金属去除量很少，材料的利用率很高，这对加工、节约贵重金属有重要意义。

⑦ 由于采用移动的长电极丝进行加工，使单位长度电极丝的损耗较小，从而对加工精度的影响比较小，特别在低速走丝线切割加工时，电极丝一次性使用，电极丝损耗对加工精度的影响更小。正是电火花线切割加工有许多突出的

长处，因而在国内外发展较快，已获得了广泛的应用。

6.2.2 电火花线切割加工设备

电火花线切割加工设备主要由机床本体、脉冲电源、控制系统和工作液循环系统等几部分组成。如图6-16、图6-17所示分别为低速和高速走丝线切割加工设备组成图。考虑到模具工工作的需要，此处仅简述电火花线切割加工机床本体的组成。

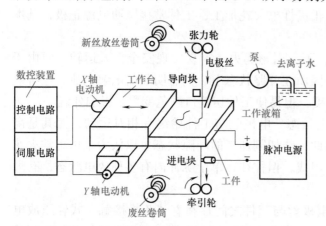

图6-16 低速走丝线切割加工设备的组成

机床本体由床身、坐标工作台、走丝机构、丝架、工作液箱、附件和夹具等几部分组成。

（1）床身部分

床身一般为铸件，是坐标工作台、绕丝机构及丝架的支承和固定基础。通常采用箱式结构，并有足够的强度和刚度。床身内部安置电源和工作液箱，考虑电源的发热和工作液泵的振动，有些机床将电源和工作液箱移出床身外另行安放。

（2）坐标工作台部分

电火花线切割机床最终都是通过坐标工作台与电极丝的相对运动来完成对零件加工的。为保证机床精度，对导轨的精度、刚度和耐磨性有较高的要求。一般都采用"十"字滑板、滚动导轨和丝杆传动副将电动机的旋转运动变为工作台的直线运动，通过X、Y两个坐标方向各自的进给移动，可合成各种平面图形曲线轨迹。为保证工作台的定位精度和灵敏度，传动丝杆和螺母之间必须消除间隙。

（3）走丝机构

走丝系统使电极丝以一定的速度运动并保持一定的张力，分为高速走丝系统和低速走丝系统。

① 在高速走丝机床上，一定长度的电极丝平整地卷绕在储丝筒上（如图6-17所示），电极丝张力与排绕时的拉紧力有关（为提高加工精度，近年已研制出恒张力装置），储丝筒通过联轴节与驱动电动机相连。为了重复使用电极丝，电动机由专门的换向装置控制做正反向交替运转。走丝速度等于储丝筒周边的线速度，通常为 8～10m/s。在运动过程中，电极丝由丝架支撑，并依靠导轮保持电极丝与工作台垂直或在锥度切割时倾斜一定的几何角度。

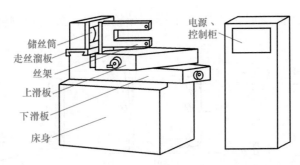

图 6-17　高速走丝线切割加工设备的组成

② 低速走丝系统如图 6-18 所示。自未使用的金属丝筒 2（绕有 1～3kg 金属丝）靠废丝卷丝轮 1 使金属丝以较低的速度（通常 0.2m/s 以下）移动。为了提供一定的张力（2～25N），在走丝路径中装有一个机械式或电磁式张力机构 4 和 5。为实现断丝时能自动停车并报警，走丝系统中通常还装有断丝检测微动开关。用过的电极丝集中到卷丝筒上或送到专门的收集器中。

③ 为了减轻电极丝的振动，加工时应使其跨度尽可能小（按工件厚度调整），通常在工件的上下采用蓝宝石 V 形导向器或圆孔金刚石导向器，其附近

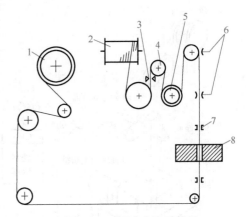

图 6-18　低速走丝系统

1—废丝卷丝轮；2—未使用的金属丝筒；3—拉丝模；4—张力电动机；5—电极丝张力调节轴；6—电极丝退火装置；7—导向器；8—工件

装有进电部分。工作液一般通过进电区和导向器再进入加工区，可使全部电极丝的通电部分都能冷却。近代的机床上还装有靠高压水射流冲刷引导的自动穿丝机构，能使电极丝经一个导向器穿过工件上的穿丝孔而被传送到另一个导向器，在必要时也能自动切断并再穿丝，为无人连续切割创造了条件。

（4）锥度切割装置

快走丝与慢走丝电火花线切割机床的锥度切割装置具有不同的结构形式。

① 偏移式丝架。主要用在高速走丝线切割机床上实现锥度切割。其工作原理如图 6-19 所示。图 6-19（a）所示为上（或下）丝臂平移法，上（或下）丝臂沿 X、Y 方向平移，用此法时锥度不宜过大，否则钼丝易拉断，导轮易磨损，工件上有一定的加工圆角。图 6-19（b）所示为上、下丝臂同时绕一定中心移动的方法，如果模具刃口放在中心 O 上，则加工圆角近似为电极丝半径。用此法时加工锥度也不宜过大。如图 6-19（c）所示，上、下丝臂分别沿导轨径向平

动和轴向摆动,用此法时加工锥度不影响导轮磨损,最大切割锥度通常可达 5°以上。

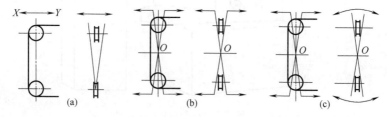

图 6-19 偏移式丝架实现锥度加工的方法

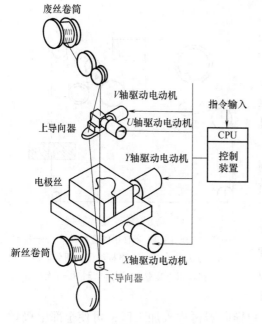

图 6-20 四轴联运锥度切割装置

② 双坐标联动装置。在低速走丝线切割机床上广泛采用此类装置,它主要依靠上导向器作纵横两轴(称 U、V 轴)驱动,与工作台的 X、Y 轴在一起构成 NC 四轴同时控制,如图 6-20 所示。这种方式的自由度很大,依靠功能丰富的软件,可以实现上下异形截面形状的加工,最大的倾斜角度 θ 一般为 ±5°,有的甚至可达 30°～50°(与工件厚度有关)。在锥度加工时,保持导向间距(上、下导向器与电极丝接触点之间的直线距离)一定,是获得高精度的主要因素,为此有的机床具有 Z 轴设置功能,并一般采用圆孔形式的无方向性导向器。

6.2.3 线切割加工工艺指标及工艺参数的选择

我国现在广泛使用的是数控电火花线切割机床,按走丝速度分为快走丝和慢走丝两种。线切割加工工艺指标及工艺参数的选择主要有以下几方面的内容。

(1)线切割加工工艺指标

① 切割速度。在保持一定的表面粗糙度的切割过程中,单位时间内电极丝中心线在工件上切过的面积总和称为切割速度,单位为 mm^2/min。最高切割速度是指在不计切割方向和表面粗糙度等条件下,所能达到的切割速度。通常慢速走丝线切割速度为 50～100mm²/min,快速走丝线切割速度为 100～150mm²/min。它与加工电流大小有关,为比较不同输出电流脉冲电源的切割效果,将每安培电流的切割速度称为切割效率,一般切割效率为 20mm²/(min・A)。

② 表面粗糙度。与电火花加工表面粗糙度一样，我国和欧洲常用轮廓算术平均偏差 Ra（μm）来表示，而日本常用 $Rmax$（μm）来表示。高速走丝线切割一般的表面粗糙度为 $Ra=5 \sim 2.5\mu m$，最佳也只有 $Ra=1\mu m$ 左右。低速走丝线切割一般可达 $Ra=1.25\mu m$，最佳可达 $Ra=0.2\mu m$。

用高速走丝方式切割钢工件时，在切割处表面的进出口两端附近，往往有黑白相间的条纹，仔细观察时能看出黑的微凹、白的微凸，电极丝每正、反向换向一次，便有一条黑白条纹，如图 6-21（a）所示。这是由工作液出入口处的供应状况和蚀除物的排除情况不同所造成的。如图 6-21（b）所示，电极丝入口处工作液供应充分，冷却条件好，蚀除量大但蚀除物不易排出，工作液在放电间隙中受高温热裂分解出的炭黑和钢中的炭微粒，被移动的钼丝带入间隙，致使放电产生的炭黑等物质凝聚附着在该处加工表面上，使该处呈黑色。而在出口处工作液少，冷却条件差，但因靠近出口，排除蚀除物的条件好，又因工作液少，蚀除量小，在放电产物中炭黑也较少，且放电常在气体中发生，因此表面呈白色。由于在气体中放电间隙比在液体中的放电间隙小，所以电极丝入口处的放电间隙比出口处大。由于电极丝入口处和出口处的切缝宽度不同，就使电极丝的切缝不是直壁缝，而是具有斜度，如图 6-21（c）所示。利用这种切缝自然形成的小斜度，可使电极丝只在一个运动方向放电，而另一个运动方向不放电，也可以加工出具有微小斜度的凹模来，但切割速度降低很多。高速走丝独有的黑白条纹，对工件的加工精度和表面粗糙度都造成不良的影响。

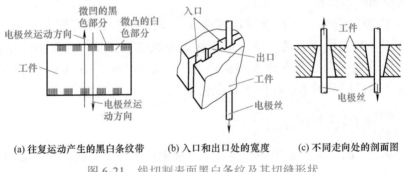

(a) 往复运动产生的黑白条纹带　　(b) 入口和出口处的宽度　　(c) 不同走向处的剖面图

图 6-21　线切割表面黑白条纹及其切缝形状

③ 电极丝损耗量。对高速走丝机床，用电极丝在切割 $10000mm^2$ 面积后电极丝直径的减少量来衡量电极丝的损耗率。一般每切割 $10000mm^2$ 后，钼丝直径减小不应大于 $0.01mm$。

④ 加工精度。加工精度是指所加工工件的尺寸精度、形状精度（如直线度、平面度、圆度等）和位置精度（如平行度、垂直度、倾斜度等）的总称。高速走丝线切割的可控加工精度为 $0.01 \sim 0.02mm$，低速走丝线切割可达 $0.005 \sim 0.002mm$。

（2）工艺参数的选择

① 脉冲参数的选择。对表面粗糙度要求高时，选用的脉冲参数要小；若要求获得较高的切割速度，脉冲参数要选大一些，但加工电流的增大受排屑条件及电极丝截面积的限制，过大的电流易引起断丝。高速走丝线切割加工脉冲参数的选择见表6-3。慢速走丝线切割加工脉冲参数可依据加工工件厚度、切割速度等加工条件来选择相应的脉冲参数。

表6-3　高速走丝线切割加工脉冲参数的选择

应用范围	脉冲宽度 t_i/s	电流峰值 I_e/A	脉冲间隔 t_0/μs	空载电压 /V
快速切割或加大厚度工件，且 $Ra > 2.5$μm	20～40	大于 12	为实现稳定加工，一般选择 t_0/t_i=3～4 以上	一般为 70～90
半精加工 Ra=1.25～2.5μm	6～20	6～12		
精加工 $Ra < 1.25$μm	2～6	4.8 以下		

② 电极丝的选择。电极丝应具有良好的导电性和抗电蚀性，抗拉强度高，材质均匀。常用电极丝有钼丝、钨丝、黄铜丝等。钨丝抗拉强度高，直径在 $\phi 0.03 \sim 0.1$mm 范围内，一般用于各种窄缝的精加工，但价格昂贵。黄铜丝抗拉强度较低，适于慢走丝加工，直径在 $\phi 0.1 \sim 0.3$mm 范围内；钼丝抗拉强度高，适于快走丝加工，直径在 $\phi 0.08 \sim 0.2$mm 范围内。

电极丝直径的选择应根据切缝的宽窄、工件厚度和拐角尺寸大小来选择。若加工带尖角、窄缝的小型模具宜选用较细的电极丝；若加工大厚度或大电流切割时应选用较粗的电极丝。

③ 工作液的选配。工作液对切割速度、表面粗糙度等有较大影响。慢走丝线切割加工，普遍使用去离子水；对于快走丝线切割加工，最常用的是乳化液。乳化液是由乳化油和工作介质配制而成的（浓度为 5% ～ 10%）。工作介质可以用自来水，也可用蒸馏水、高纯水和磁化水等。

6.2.4　工件的装夹与调整

线切割加工时，工件是利用压板等工具固定在工作台上的。为保证切割质量，切割加工还需考虑切割工件、电极丝位置的调整，切割线路的确定等方面的问题。

（1）工件装夹

工件装夹时必须保证工件的切割部位位于机床工作台纵、横进给的允许范围之内，同时应考虑切割时电极丝的运动空间。

（2）工件的调整

装夹工件时，还必须配合找正法进行调整，方能使工件的定位基准面分别与机床的工作台面和工作台的进给方向保持平行，以保证所切割的表面与基准面之间的相对位置精度。

常用的找正方法如下。

① 百分表找正法。如图 6-22 所示，在往复移动工作台上，按百分表的指示值调整工件位置，直至百分表指针的偏摆范围达到所要求的数值。找正应在相互垂直的两个方向上进行。

② 划线找正法。工件的切割图形与定位基准间的相互位置精度要求不高时，可采用划线法找正。如图 6-23 所示，在往复移动工作台上，目测划针与基准间的偏离情况，将工件调整到正确位置。

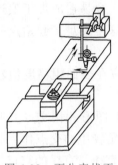 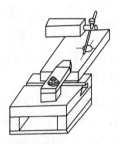

图 6-22　百分表找正　　　　　　　　　图 6-23　划线找正

（3）电极丝位置的调整

线切割加工之前，应将电极丝调整到切割的起始位置上，常用的调整方法有以下几种。

① 目测法。对加工精度要求较低的工件，可以直接利用目测或借助放大镜来进行观测。图 6-24 所示是利用穿丝孔处划出的十字基准线，分别从不同方向观察电极丝与基准线的相对位置，根据偏离情况移动工作台，直到电极丝与基准线中心重合为止。

② 火花法。如图 6-25 所示是一般工厂常用的一种简易调整方法。移动工作台使工件基准面逐渐靠近电极丝，在出现火花的瞬时，记下工作台的相应坐标值，再根据放电间隙推算电极丝中心的坐标。

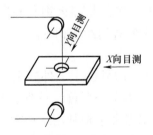 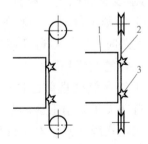

图 6-24　目测法调整电极丝位置　　　图 6-25　火花法调整电极丝位置

　　　　　　　　　　　　　　　　　　1—工件；2—电极丝；3—火花

③ 自动找中心。自动找中心就是让电极丝在工件孔的中心自动定位，数控功

能较强的线切割机床常用这种方法。首先让电极丝在 X 或 Y 轴方向（图 6-24）与孔壁接触，接着在另一轴的方向进行上述过程，经过几次重复（如图 6-26 中 A、B、C、D、E、F、G 路线），数控线切割机床的数控装置自动计算后就可找到孔的中心位置。

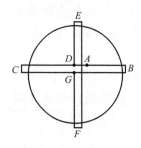

图 6-26 自动找中心调整电极丝位置

（4）起始切割点的位置确定

由于电火花线切割大部分加工封闭图形，所以起始切割点也是切割加工的终点。由于在加工中各种工艺参数的影响，电极丝返回到起点时，容易造成加工痕迹，使工件表面质量受到影响。为克服这一不足，起始点一般按以下原则确定。

① 被切割工件各处表面粗糙度要求不同时，应在表面粗糙度值较大的表面上选择起始切割点。

② 工件各表面粗糙度要求相同时，尽量在截面图形的相交点上选择起始切割点。当图形上有若干个相交点时，尽量选择相交角较小的交点作为起始点。当各相交角相同时，起始切割点的优先选择顺序是：直线与直线的交点、直线与圆弧的交点和圆弧与圆弧的交点。

③ 对于工件各切割面既无技术要求的差异，又没有型面相交的工件，起始切割点应尽量选择在便于钳工加工和修复的位置上，比如外轮廓的平面、半径大的圆弧面；应避免选择在凹入部分的平面、圆弧面上。

（5）切割线路的确定

① 切割轨迹与工件轮廓的关系。工件的电火花线切割加工轨迹是尺寸均匀、宽度不等的切缝。因此，切割对象的轮廓尺寸与电极丝中心运动的轨迹存在有尺寸差异。为了使加工图形的轮廓尺寸满足图纸设计要求，必须使电极丝中心的切割轨迹偏离该尺寸一个固定值。在实际进行线切割加工操作时要掌握这个要领，偏离值的大小根据线切割电极丝规格而定。

② 切割线路的确定。根据对工件产生变形的分析和预测确定切割线路。在整块坯料上切割工件时，坯料的边角处变形较大（尤其是淬火钢和硬质合金），因此确定线路时，应尽量避开坯料的边角处，尽量使各边距离相等。

（6）工件的线切割预加工

一般工件在热处理前已进行了机械加工，热处理后由于工件残余应力的存在，对于有些尖角、扇形区和窄长的工件，残余应力十分严重，易造成工件的报废。因此在正式线切割前对工件形状中的尖角、扇形和窄槽利用线切割本身机械预加工，就可以提前释放残余应力，减轻和避免残余应力造成的危害。

（7）精细工件的穿丝孔加工

对于一些精细的小型模具，由于预加工的型孔本身尺寸就很小。比如加工一些尺寸小的型孔时，穿丝孔无法用普通机械加工方法实现，可以利用高速电火花小孔机床来加工小孔，这样就可以在热处理后进行，最小的孔可以加工到 $\phi0.3mm$，加工后不需清洗即可穿丝进行线切割加工。目前在一些企业常用于小孔加工的电极铜管有黄铜和纯铜两种，黄铜加工精度高但损耗较大，纯铜损耗小，但精度较低，常见规格见表 6-4。目前，国外生产的单向走丝线切割机床已经有自带小孔加工装置，最小孔径达 $\phi0.2mm$。

表 6-4　小孔加工电极极限长度

材料	电极尺寸 /mm												
	0.3	0.4	0.5	0.6	0.8	0.9	1.0	1.2	1.3	1.5	2.0	2.5	3.0
黄铜	300		400										
纯铜			300				400						

（8）电火花线切割加工模具注意事项

① 模具材料的选用。线切割加工是在整块模坯上热处理淬硬后才进行的，为了提高模具的使用寿命和加工精度，一般要采用淬透性能良好的合金工具钢或硬质合金来制造。由于合金工具钢淬火后，坯料表层到中心的硬度没有显著变化，因此，切割时不会使凸模或凹模的柱面再产生变形，而且凸模的工作型面和凹模的型孔基本上全部淬硬，刃口可以多次修磨而硬度不会明显下降，所以模具的使用寿命较长。常用的硬质合金工具钢有 Cr12、CrWMn、Cr12MoV 等。

② 对于紧密细小、形状复杂的模具，可不必采用镶拼结构。有的凸模或凹模要采用镶拼结构，耗费工时多，精度要求高，需要技能高的熟练工制造。此时，如果采用线切割加工，则可用整体加工，模具强度好，所用工时短，易保证模具制造质量。

③ 由于线切割机床不带切割斜度功能，这样切割出的凸模凹模上下尺寸一样。为了适应这一点，模具的结构应做相应调整。

a. 要使凸模或凹模与固定板的配合紧密，在使用过程中，凸模或凹模不被拔出，一般应使凸模或凹模与固定板双边采用 0.01 ～ 0.03mm 的过盈配合。在凸模型面较大的情况下，应该用螺钉把凸模固定在固定板上，以防止凸模被拔出。

b. 因为线切割加工所得到的型孔不带斜度，所以凹模的刃口厚度在保证强度的前提下应尽量减薄，一般在凹模的背面预先用铣削加工的方式加工出排料孔（见图 6-27），这样使线切割加工凹模更为方便。在一些特殊情况下，用上面的方法不能保证凹模强度时，也可先用线切割加工凹模，然后再制作一个比凹模型孔稍大的纯铜电极，最后用这个电极在凹模的背后采用电火花加工工艺扩大型孔，使凹模的背面得到斜度（见图 6-28）。

图 6-27　排料孔

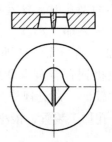

图 6-28　凹模背面的斜度

6.3　电化学和化学加工

电化学加工（ECM）是在电的作用下，通过阴、阳两极发生电子得失的电化学反应对工件进行加工的。其包括从工件上去除金属材料的电解蚀除加工和向工件上沉积金属的电沉积加工两大类。化学加工是利用酸、碱或盐等化学溶液与金属材料间的化学反应，对材料或工件表面需要去除的部分进行腐蚀溶解或涂覆，获得所需尺寸、形状或表面状态，以达到加工目的的一种加工方法。目前，电化学和化学加工已成为工业生产中不可缺少的加工手段。

在模具加工中，常用的电化学和化学加工方法主要有电铸加工、电解加工及化学腐蚀加工。

6.3.1　电铸加工

模具零件的电铸成形是利用金属制母模作为阴极，在金属盐溶液中通过电化学反应来沉积一定厚度的金属层，然后分离母模制成模具零件的工艺方法。

（1）电铸加工的原理

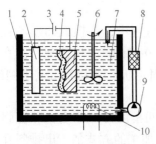

图 6-29　电铸加工

1—电铸槽；2—阳极；3—直流电源；4—电铸层；5—母模（阴极）；6—搅拌器；7—电铸液；8—过滤器；9—泵；10—加热器

如图 6-29 所示用导电的母模作阴极，电铸材料作阳极，含电铸材料的金属盐溶液作电铸溶液（溶液中的金属离子必须与阳极的金属材料相同），在直流电源的作用下，金属盐中的金属离子在阴极获得电子而沉积镀覆在作为阴极的母模（型芯）表面。阳极的金属原子失去电子而成为金属的正离子，源源不断地补充到电铸液中，使金属溶液中的金属离子浓度基本保持不变。当母模（型芯）表面的电铸层达到所需要的厚度时取出，将电铸层与母模（型芯）分离，即可获得型面与母模（型芯）凹、凸相反的电铸模具零件的成形型腔。

（2）电铸加工的特点

① 能准确地复制形状复杂的成形表面，制件表面粗糙度小；用同一母模能生产多个模具的电铸零件，且复制精度高，可成形花纹细致的型腔，表面粗糙度可达 Ra=0.1μm；电铸后，一般不需抛光即可使用。

② 设备简单，操作容易，在一个电铸槽中可同时电铸多个型腔。

③ 电铸层硬度可达 35～50HRC，即电铸模具零件使用寿命较长。

④ 母模的选材种类多，加工方便；电铸过程母模几乎无损耗，因此母模可重复使用。

⑤ 电铸速度慢；电铸件的尖角和凹槽部位不易获得均匀的铸层；尺寸大而薄的铸件容易变形等。

⑥ 电铸层难以获得均匀的厚度。

⑦ 由于电铸有内应力，加之脱模力的影响，大型或盘形电铸件易变形。

（3）电铸法制模的工艺过程

电铸法制模的工艺流程是：制件图样→母模设计与制造→母模表面前处理→电铸沉积层至规定厚度→衬套加固→脱模→精加工→清洗干燥→成品。

① 母模设计与制造。母模的尺寸应与型腔一致，沿型腔深度方向应加长 4～6mm，以备电铸后切除端面的粗糙部分，母模电铸表面应有 15′～30′ 的脱模斜度，并进行抛光，使表面粗糙度达 Ra=0.16～0.08μm。母模的轮廓在较深的底部处凸、凹不宜差别过大，并尽量避免有尖角和棱边等应力集中现象。

母模可用金属、合金、塑料、石蜡、石膏、木材、玻璃等材料制造。对于公差要求严格的制品，母模应选择硬质材料制造。

② 电铸金属及电铸溶液。常用的电铸金属有铜、镍和铁三种，为了提高模具的硬度和耐磨性，电铸之前镀一层 0.008～0.01mm 的硬铬。相应的电铸溶液为含有所选用电铸金属离子的硫酸盐、氨基磺酸盐和氧化物等的水溶液。

③ 前处理。母模表面的前处理包括镀分离层、表面防水处理和镀导电层等。

a. 金属母模表面要进行抛光及随后的去除油脂，然后彻底水洗去除碱性水溶液。经酸洗活化处理并冷水洗净后，镀分离层（一般为控制在小于 0.01mm 的油层、石蜡层、硫化物层、石墨层或二硫化钼层等）。

b. 非金属母模的前处理，一般为防水处理和镀导电层。若母模用木材和石膏制作，则表面应进行浸渍石蜡或喷涂油漆等的防水处理。表面镀导电层一般是化学镀，如利用镍、铜、银、铁等金属还原成几微米的沉积层，随后水洗干净，在小电流、无搅拌的预铸槽中预铸 0.5～1h，层厚达 10～15μm。然后转入较高电流密度、强力搅拌的终铸槽中进行正式电铸。

④ 电铸沉积。为了加速金属沉积，通常在高密度电流的条件下进行，并持续数小时，甚至数昼夜。由于阴极和阳极效率不同，电铸液的成分会发生明显变

化。因此，要经常调整电铸液成分。

电铸形状复杂的模具时，必须考虑金属沿母模表面分布的均匀性，而这一点又取决于电铸液的分散能力，以及母模与电极的相对位置和阴极电流的输入方法等因素。因此，电铸沉积时，需要强力搅动电铸液，以提高电铸液的分散度等工作参数。电铸所用电铸液的成分配比在相关电镀手册中可查得。

⑤ 衬背、脱模和精加工。有些电铸件电铸成形之后，需要用其他材料在其背面加固（称为衬背），从而提高刚度和强度以防止变形，然后再对电铸件进行机械精加工和脱模。

常用的加固方法有喷涂金属、铸铝、无机黏结剂层（厚度 0.2 ～ 0.3mm）、浇环氧树脂或低熔点合金（一般浇注在电铸电极的内壁，防止电加工时电极变形）等，见表 6-5。

表 6-5　电铸成形模的加固方法

加固方法	简图	说明
喷涂金属（铜、钢）	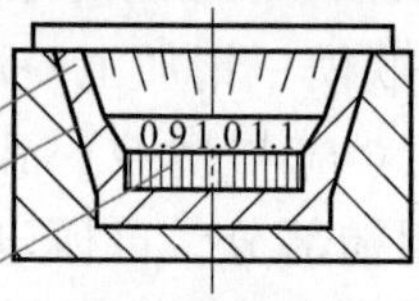 电铸层 喷涂层 原模	在电铸层外面喷涂金属（铜、钢），待达到一定厚度再将外形车成所需的形状
铸铝	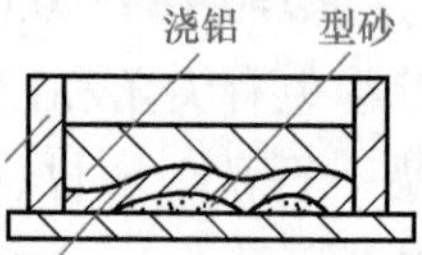 浇铝　型砂 模框 电铸层	在电铸件的背面铸铝加固，在浇铸前，型腔填以型砂，以防止模具变形
无机黏结	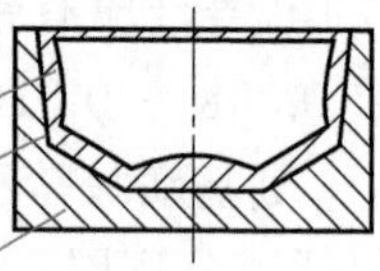 电铸层 无机黏结层 钢套	①将电铸件的外形按铸件的镀层大致车削成形 ②按车制后铸件的外形，配车钢套内形，单边间隙为 0.2 ～ 0.3mm ③浇无机黏结剂
浇环氧树脂或低熔点合金	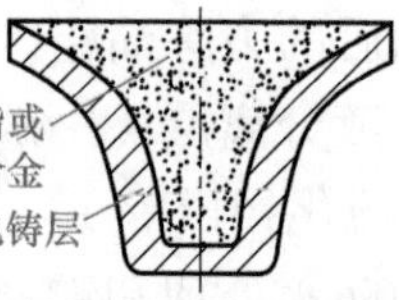 环氧树脂或低熔点合金 电铸层	电铸电极为了防止在电火花加工时变形，在电铸件的内腔浇以低熔点合金或环氧树脂

电铸成形的模具，加固和机械加工后，一般是镶入模套内加固使用。脱模是最后一道工序，通常在镶入模套后进行。这样有利于在机械加工中避免发生变形和损坏以及加力进行脱模。

脱模方法一般采用捶打、加热 - 冷却或用脱模架拉出等。具体采用哪种方法，视母模材料不同而合理选择。如图 6-30 所示为电铸模结构和脱模架。使用时，拧转脱模架的螺钉，就可以将母模从电铸件中取出。

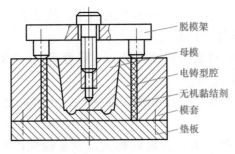

脱模架

母模

电铸型腔

无机黏结剂

模套

垫板

图 6-30　电铸模结构与脱模架

6.3.2　电解加工

与电铸加工一样，电解加工在模具零件（特别是型腔模零件）的加工中获得广泛应用。

（1）电解加工的原理

电解加工是基于金属在电解液中发生阳极溶解的原理，将模具加工成形的一种方法，如图 6-31 所示。工作时，模具接直流电源的阳极，工具电极接阴极。工具电极以恒速缓慢向模具进给，而具有一定压力（0.49～1.96MPa）的电解液从两极之间流过，并把阳极（模具）溶解下来的电解产物以 5～50m/s 的高速冲走。

由于阴极和阳极之间各面的距离不等，所以电流密度也不同，如图 6-32（a）所示。电流密度越大，阳极的溶解速度也越快。随着电极不断进给，电解产物不断被电解液冲走，模具表面不断被溶解，最后使电解间隙逐渐趋于均匀，电极的形状复制在模具上，如图 6-32（b）所示。

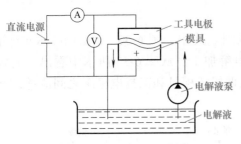

直流电源

工具电极

模具

电解液泵

电解液

图 6-31　电解加工示意图

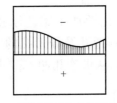 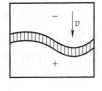

(a) 阴极与阳极的电流密度　(b) 电极形状被复制在模具上

图 6-32　电解加工成形原理

（2）电解加工的特点

① 加工范围广。电解加工不受金属材料力学性能的限制，即可以加工硬质合金、淬火钢等高硬度、高强度、高韧性以及各种复杂型面模具等。

② 加工速度快，为电火花加工的 5～10 倍。例如，加工复杂形状型腔，可在电极的进给下一次加工成形。

③ 由于在加工过程中不存在切削力的作用，故不会产生热变形和飞边、毛刺等，无电火花加工那样的白亮变质层。

④ 电极损耗较少，且表面粗糙度低，一般可达 $Ra=0.8 \sim 0.2\mu m$；平均加工精度可达 ±0.1mm 左右。

⑤ 不易达到较高的加工精度和加工稳定性，也难以加工出棱角，一般圆角半径大于 0.2mm。

⑥ 电解加工设备投资大，占地面积大，设备锈蚀严重；单件小批生产时，成本比较高。

⑦ 电解产物必须进行妥善处理，否则将污染环境等。

（3）模具型腔的电解加工工艺

① 电解液的选择。电解液分为中性、酸性和碱性溶液三类。其中，中性电解液腐蚀性较小，因此使用得比较普遍，最常用的有 $NaCl$、$NaNO_3$ 和 $NaClO_3$ 三种电解液。

② 工具电极的设计与制造。

a. 电极材料。作为电解加工中使用的电极材料，应具备电阻小；在液压作用下，其刚性和耐蚀性好；力学性能好；导热性好和熔点高等特点，常用的有黄铜、纯铜和不锈钢等材料。

b. 电极尺寸的确定。设计电解电极时，一般是先根据被加工型腔的尺寸和加工间隙确定电极尺寸，再通过工艺试验对电极尺寸、形状加以修正，以保证电解加工的精度。

c. 电极制造。电极制造一般是以机械加工为主，对于三维曲面的电极可采用仿形铣和数控铣等制作方法。

（4）模具型孔的电解加工工艺

图 6-33 为模具电化学加工工艺示意图。其中，图 6-33（a）、（b）、（c）分别为型腔电解加工、圆通孔及异形孔的电解加工。从图 6-33 所示中看出，电解液在压力泵的作用下，从供液孔冲入，从两极（模具和工具电极）之间流过，并

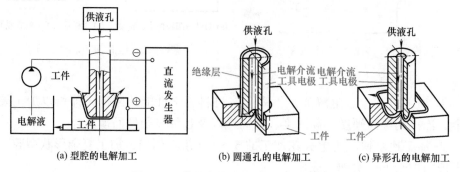

(a) 型腔的电解加工　　(b) 圆通孔的电解加工　　(c) 异形孔的电解加工

图 6-33　模具电化学加工工艺示意图

把阳极（模具）溶解下来的电解产物冲走，工具电极不断进给直至达到预定要求为止。

（5）混气式电解加工

混气式电解加工，即充气式电解加工，就是将一定压力的气体与电解液混合并送入加工区进行电解加工的方法，如图6-34所示。压缩空气由喷嘴进入气 - 液混合腔（包括引入部、混合部和扩散部）与电解液强烈搅拌成细小气泡，形成均匀的气液混合物，经工具电极进入工作区。

由于气体不导电，且因压力的改变其体积也改变，故压力高的部位气泡体积小，电阻率低，电解作用强；反之，压力低的部位电阻率高，电解作用弱。混气电解液的这种电阻特性，可使加

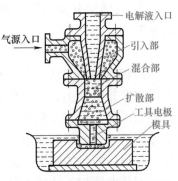

图6-34　混气式电解加工示意图

工区的某些部位在间隙达到一定值时电解作用趋于停止（将该间隙称为"切断间隙"），故混气式电解加工的型腔侧面间隙小而均匀，可保证较高的成形精度。

由于气体的密度和黏度远低于液体，混气后的电解液密度和黏度有所降低，能使电解液在较低的压力下达到较高的流速，从而降低了对设备的刚性要求。由于气体的强烈搅拌作用，还能驱散黏附于基体的惰性离子。同时，混气使加工区内的流场分布均匀，消除"死水区"，使其加工稳定性提高。

6.3.3　化学腐蚀加工

许多塑料制品的表面拥有各种各样的图文，如皮革纹、橘皮纹、木纹等装饰纹以及各种凸凹文字、商标图案等。赋予这些诸多图文的模具，可用化学腐蚀法加工。

（1）化学腐蚀加工的基本原理及特点

化学腐蚀加工是根据制品及其模具图样对图文的加工要求，在模具成形表面的某些部位用防腐材料覆盖，然后用酸、碱、盐等化学溶液将未覆盖的部分表面腐蚀到一定深度，来获得所要求的图文的方法。模具零件表面成形加工复杂图案、文字及花纹的化学腐蚀加工方法，常用的是照相腐蚀技术。化学腐蚀加工有如下一些特点。

① 腐蚀加工，特别是照相腐蚀加工，其加工成形的图文精度高，图案仿真性强，腐蚀深度均匀，模具加工的塑料制品具有良好的外观质量。

② 腐蚀加工可在钢制零件淬火、抛光后进行，这样可以确保成形表面不受热处理变形的影响。也可在非金属（如玻璃、石板等）制作的零件表面进行化学腐蚀加工，即不受材料种类的限制。

③ 加工大型模具零件的成形表面时，采用滴加腐蚀剂的方法可进行局部腐蚀，不影响已加工好的成形表面。

④ 化学腐蚀加工，不需要大型、专用设备和二类工具，加工成本低廉。

⑤ 腐蚀液和蒸汽污染环境，对设备和人体有危害作用，需采取适当的防护措施等。

（2）照相腐蚀工艺

照相腐蚀加工法，是照相制片与化学腐蚀相结合的制模技术，即把所需图像摄影到照相底片上，再将底片上的图像经光化学反应，复制到涂有乳状感光胶的型腔表面上。经感光后的胶膜既不溶于水，更增强其抗腐蚀能力。未感光的胶膜部分能溶于水，将其用水清洗去除后，这部分金属即裸露出来，经腐蚀液侵蚀后便可获得所需要的图案、文字和花纹。

照相腐蚀加工法的工艺过程如图 6-35 所示。

图 6-35　照相腐蚀加工法的工艺过程

如图 6-36 所示为照相腐蚀加工工序示意图。

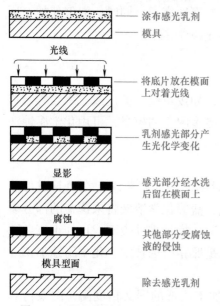

图 6-36　照相腐蚀加工工序示意图

① 原图和照相。将所需图形或文字按一定比例绘制在图纸上，形成颜色分明的图案即为原图，然后通过照相（专用的照相设备），将原图放大或缩小在照相底片上。

② 感光胶的涂覆。为了提高感光效果，首先将模具放在金属清洗剂溶液中或用汽油及去污粉清洗其表面，然后用清水冲洗。

③ 选择适宜的感光胶（喷胶或摇胶）。将感光胶涂布于模具表面上。如果面积较大时，选择喷胶，用压缩空气喷枪将聚乙烯醇感光胶，以约 $150mL/m^2$ 的用量喷涂在模具表面上。如果面积不大时，可选择摇胶，并用摇胶机在需腐蚀的表面进行涂布，摇胶时要控制温度和转速，以便控制其胶层厚度。常用的感光胶有骨质感光胶、蛋白感光胶和聚乙烯醇感光胶等。

④ 曝光。将照相底片贴在涂有感光胶的成形表面上，并使其紧密贴合，然后用紫外线照射，使成形表面上的感光膜按图像感光。光照的时间应根据光的强

弱、感光胶种类及灯的照射距离等因素进行选择，一般为 3 ～ 10min。随后用水冲洗，即可在照相底片上呈现黑白分明的图案或文字及花纹。

⑤ 显影。将曝光后的模具成形零件先放在 40 ～ 50℃的热水中浸没约 30s，然后放在碱性紫 5BN 染料中显影，再放在流水中用脱脂棉擦洗，用水洗净后晾干或吹干。

⑥ 坚膜。将已显影的模具成形表面放入 150 ～ 200℃的电热恒温箱中保持 5 ～ 20min，使膜层由青莲色变成咖啡色，然后用刀或针尖修除余膜，缺膜处用油墨修补，不需腐蚀处应涂汽油沥青溶液或凡士林，大面积不腐蚀部位需涂防腐漆保护。

⑦ 固化。经感光坚膜后，抗蚀能力仍不强，必须进一步固化。聚乙烯醇胶一般在 180℃固化 15min，即呈深棕色。固化温度与金属材料有关，铝板不超过 200℃，铜板不超过 300℃，时间为 5 ～ 7min，直至表面呈深棕色为止。

⑧ 腐蚀。腐蚀不同材料选择不同的腐蚀剂。对于钢制零件的型腔常用三氯化铁水溶液，可用侵蚀或喷洒的方法进行腐蚀。如在三氯化铁溶液中加入适量的硫酸铜粉末调成糊状，涂于型腔表面 0.2 ～ 0.4mm 厚度，可减少向侧面渗透。为了防止侧蚀，也可在腐蚀剂中添加保护剂或用松香粉嵌在腐蚀露出的图案侧壁上，腐蚀温度一般为 50 ～ 60℃，根据花纹密度和深度一般需腐蚀 1 ～ 3 次，每次需 30 ～ 40min，深度可达约 0.3mm。

⑨ 去胶和修整。将腐蚀好的型腔用漆溶剂和工业酒精擦洗。随后检查效果，有缺陷的地方进行局部修描，然后再腐蚀或机械修补。腐蚀结束后，将表面附着的感光胶用火碱溶液冲洗使保护层烧掉，最后用水冲洗几遍，以干净为准。用热风吹干，涂一层油膜后入库。

6.4　超声波加工

超声波加工是利用工具端面做超声频振动（16000 ～ 25000Hz），通过磨料悬浮液中的磨粒以很大的速度和加速度不断地撞击、抛磨被加工表面，使加工区域的材料粉碎成很细的微粒，从材料上剥落下来，是加工脆硬材料的一种成形方法。

6.4.1　超声波加工的原理及特点

超声波加工不仅可以加工硬脆的金属材料（如淬火钢模具等），更适合于加工硬脆的非金属材料（如玻璃、陶瓷和半导体硅片等）。

（1）超声波加工的原理

超声波加工是利用产生超声频振动的工具，带动工件和工具间的磨料悬浮液冲击和抛磨工件的被加工部位，使局部材料破坏而成粉末，以进行穿孔、切割和研磨等，如图 6-37 所示。

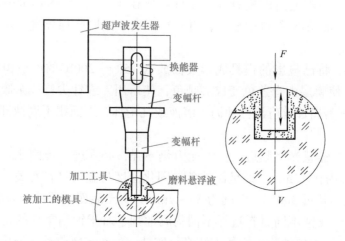

图 6-37　超声波加工原理示意图

　　加工时，在加工工具和被加工模具之间加入水或煤油与磨料混合的悬浮液，并使加工工具以轻微的力压在被加工的模具上，超声换能器产生 16000Hz 以上的超声频纵向振动，并借助变幅杆把振幅放大到 0.05 ～ 0.1mm，驱动工具端面做超声振动，迫使悬浮液中的磨粒以极大的速度不断撞击、抛磨被加工表面，把加工区的模具局部材料粉碎成微粒，并从模具上撞击下来。虽然每次撞击下来的材料很少，但由于每秒撞击的次数多达 16000 次以上，故仍有一定的加工速度。同时，工作液受工具端面超声频振动作用而产生的高频、交变的液压冲击，使磨料悬浮液在加工间隙中强迫循环，将钝化了的磨料及时更新，并带走从模具上去除的微粒。随着工具的轴向进给，工具端面的形状被复制在模具上。

　　由于超声波加工基于高速撞击的原理，因此，越是硬脆材料，受冲击破坏作用也越大，而韧性材料则因其对冲击有缓冲作用而难以加工。

　　（2）超声波加工的特点

　　① 超声波加工依靠磨粒的冲击作用去除材料，适用于加工硬脆材料，包括不导电的非金属脆性材料。

　　② 超声波加工工具不做很复杂的相对运动，因此，超声波机床结构比较简单，操作维修也比较方便。

　　③ 由于超声波加工时工具对模具的宏观作用力小，热影响小，不会引起变形和烧伤，故适合于加工薄壁零件及工件的窄缝、小孔等低刚性模具零件。

　　④ 超声波加工所用工具的端面，可以用较软的材料制成复杂的形状，用来复制复杂的型腔表面。

6.4.2　超声波加工设备

超声波设备如图6-38所示，由超声波发生器、超声波振动系统、机床本体和工作液循环系统等组成。

（1）超声波发生器

超声波发生器的主要作用是将50Hz交流电转变成具有一定输出功率的超声波电振荡。

（2）声学部件

声学部件的主要作用是把高频电能转化为机械振动，并以波的形式传递到工具端面。声学部件是超声波设备中的重要部件，主要由换能器、振幅扩大棒和工具等组成。

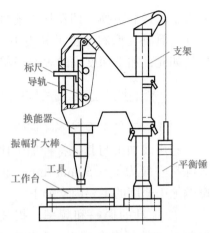

图 6-38　CSJ-2 型超声波加工机床

换能器的作用是将超声波的电振荡转变为机械振动。目前，常用的换能器有压电效应式换能器和磁致伸缩效应式换能器两种。前者能量转换效率高，体积小；后者功率大。

振幅扩大棒，也称变幅棒。用它将原始振幅由 0.005 ～ 0.01mm 放大到 0.02 ～ 0.1mm（超声波加工所需的最小振幅）。变幅杆是一根上粗下细的杆子，将其大端与转换器的轴截面相连，小端与工具相连。

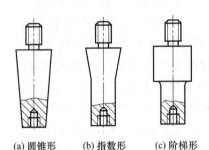

(a) 圆锥形　(b) 指数形　(c) 阶梯形

图 6-39　振幅扩大棒

变幅杆之所以能扩大振幅，是因为通过任一截面的能量是相等的，从大端传递的能量通过小端时，其能量密度变大，而波的能量密度正比于振幅的平方，因此振动的振幅也越大，从而满足超声波加工的需要。变幅杆的形式有如图6-39所示的圆锥形、指数形和阶梯形等。

（3）机床本体

超声波加工机床本体，包括支承声学部件的机架、工作台和工具的进给机构以及床体等。平衡锤用于调节压力。

（4）磨料工作液及其循环系统

超声波加工的磨料，通常为碳化硼、碳化硅以及氧化铝等，其粒度大小根据被加工的模具精度要求和生产效率等综合考虑。磨料颗粒大，则生产率高，但加工出的模具零件精度低，表面质量较差。

最常用的工作液是水。为了提高表面质量，有时选择机油或煤油作为工作液。

磨料的输送，视加工装置的繁简程度而定。简单的超声波加工装置，一般是靠人工输送和更换，即在加工前将悬浮的工作液堆积在加工区，加工过程中定时抬起工具补充磨料，也可利用小型离心泵使磨料悬浮搅拌后浇注到加工缝隙中。即使如此，加工深度大的表面仍需经常抬起工具，以便补充和更换磨料。

6.4.3 影响加工速度和质量的因素

（1）加工速度及其影响因素

超声波加工与其他特种加工比较，其生产率较低，单位时间内被加工模具的去除量一般为 $1 \sim 50mm^3/min$，但加工玻璃最大速度可达 $400 \sim 2000mm^3/min$。影响加工速度的主要因素如下。

① 工具的振幅和频率。提高振幅和频率，会提高加工速度。但过大的振幅和过高的频率会使工具和变幅杆产生较大内应力，因此，振幅和频率的增加受到机床功率、变幅杆及工具的材料强度及刚性等的限制。通常振幅范围为 $0.01 \sim 0.1mm$，频率为 $16 \sim 25kHz$。

② 进给压力。工作时，工具对被加工模具所施的压力大小，对生产率影响很大。压力过小，致使磨料在冲击过程中损失在路径上的能量过多，则加工速度降低；压力过大，则使工具难以振动，并会导致间隙变小，磨料和工作液不能顺利循环和更新，结果也使加工速度降低。因此，存在一个最佳压力值。由于该值与工具形状、材料、截面积以及磨粒大小等多种因素有关，因此一般由试验确定。

③ 磨料悬浮液。磨料的种类、硬度、粒度、磨料与工作液的比例以及悬浮液的黏度等对超声波加工均有影响。磨料硬、粒度粗则生产效率高。但选用时还应考虑经济性和粗糙度要求等，一般用碳化硼和碳化硅磨料加工硬质合金模具；用金刚石磨料加工金刚石和宝石模具；用刚玉磨料加工玻璃、陶瓷、石英和半导体材料模具。常用的工作液为水，磨料与水的最佳配比为 $0.8 \sim 1.0$（质量配比）。为了提高表面质量，有时选用煤油或机油作为工作液。

④ 被加工材料。超声波适用于加工脆性材料。材料越硬脆，承受冲击的能力越差，越容易碎除，即加工速度越快。此外，模具的被加工面积、加工深度、工具面积以及悬浮液的供给和循环方式等对加工速度也有一定影响。

（2）加工精度及其影响因素

① 加工精度。超声波加工的精度，除受机床和夹具的精度影响外，主要还与工具的制作及其安装精度、工具的磨损情况、磨粒粒度、加工深度以及被加工的模具材料等有关。超声波加工精度较高，可达 $0.01 \sim 0.02mm$，一般加工孔的尺寸精度可达 $\pm(0.02 \sim 0.05)mm$。磨料越细，其加工精度越高。

② 影响因素。为了保证超声波加工的精度，应注意以下两点：

a. 工具安装应确保其质量重心在整个超声振动系统的轴心线上，否则会产生横向振动，破坏加工精度。

b. 工具磨损直接影响圆孔和型腔的加工精度，为了减少其影响，应将粗、精加工分开，并更换相应磨料粒度以及合理选择工具材料等。

（3）表面质量及其影响因素

① 表面质量。超声波加工可达到较好的表面质量，一般表面粗糙度可达 $Ra=0.63 \sim 0.08\mu m$。

② 影响因素。超声波加工的表面质量主要与磨料粒度、被加工材料的性质、工具振幅、磨料悬浮液的性能及其循环状况等有关。当磨粒较细、被加工的模具硬度较高、工具的振幅较小时，加工后的表面粗糙度得到改善，但加工速度相应降低。工作液的影响已如前述，用煤油或机油作为工作液可改善表面质量。

6.4.4　工具的设计

工具的结构、尺寸、质量大小和变幅杆连接得好坏等，均对超声波振动系统的共振频率和工作效能影响较大。同时，工具的制作质量对超声波加工的质量也有直接影响。

（1）工具直径

通常，选择工具直径 D_0 为：

$$D_0=D-2d_0$$

式中，D 为加工孔径，mm；d_0 为磨料基本磨粒的平均直径，mm。

深孔加工时，为了减小锥度，工具后部直径可比前端（D_D）稍小些或带些倒锥。

（2）工具长度

① 当工具横截面积比变幅杆输出截面积小很多时，工具长度 $L_{max} < \lambda/4$（λ 为工作频率下工具中的声波波长），变幅杆的长度不减少。

② 当工具横截面积与变幅杆输出截面积相差不大时，工具长度仍取 $L_{max} < \lambda/4$，但变幅杆长度应减短，变幅杆减短部分的质量等于工具质量。

③ 加工深孔时，工具长度 $L_{max}=\lambda/2$。

（3）工具材料

工具材料可选择 45 钢和 T10A、T8A 钢等。

值得指出的是，工具与变幅杆的连接必须可靠，连接面应紧密接触，以确保声能有效传递。按工具断面大小采用螺纹连接或焊接。对一般加工工具，常用锡焊，以便于制作和更换。

6.4.5　超声波加工的应用

（1）型腔和型孔的加工

超声波加工目前主要应用在对脆性材料制作的模具圆孔、型腔、型孔、套料和微细小孔等的加工中，如图 6-40 所示。

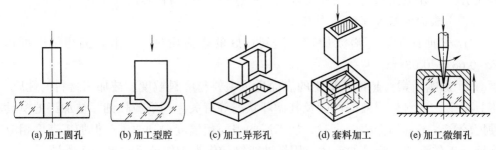

(a) 加工圆孔　　(b) 加工型腔　　(c) 加工异形孔　　(d) 套料加工　　(e) 加工微细孔

图 6-40　型腔和型孔的加工

（2）切削加工

用普通机械加工切割脆硬的半导体材料十分困难，采用超声波加工则很有效。例如，超声波可以切割单晶硅片、陶瓷模块等。

（3）抛光加工

电加工后的模具是硬脆的，所以可用超声波抛光降低模具的表面粗糙度，一般可达 $Ra=0.4 \sim 0.8\mu m$。

（4）清洗

超声波在清洗液中传播时，液体分子往复高频振动而产生往复交变的冲击波，当声强达到一定数值时，液体中急剧生成微小空气泡并瞬时强烈闭合，产生微冲击波，使贴附在被清洗物表面上的污物遭到破坏，并从被清洗物上脱落下来，即使是被清洗物上的窄缝、细小深孔中的污物也很容易清洗干净。

第 7 章 模具零件加工及质量控制

7.1 零件的加工工艺过程及流程

模具生产属于多品种小批量单件生产，它不像大批量生产那样采用流水作业按计划方式来进行成套生产，而多采用模具工负责制的管理模式。因此，模具工在模具生产中，不仅要完成本工序的加工和装配调试工作，而且还要负责部分零件的加工工艺方案制定及组织、指导工作。这就要求模具工要熟悉自己所制模具零件的加工工艺过程和质量控制方法，以保证产品质量，提高生产效率，缩短制造周期，降低制造成本，提高效益。

7.1.1 零件生产工艺过程及工艺流程

模具的生产过程是指将原材料变成成品模具的全过程，即在一定的工艺条件下，改变模具原材料的形状和性质，使之成为符合设计要求的模具零件，再经装配与调试而得到整副模具产品的全过程。其内容包括模具生产技术准备、零件成形加工、装配与调试三个主要阶段。其中，零件成形加工是模具制造全过程中的关键性工艺过程，它直接影响到后续的模具装配质量和制造周期的长短。

（1）零件生产工艺过程

零件生产工艺过程是指按照图样设计要求，采用不同的加工设备及工艺方法，将原材料进行加工，以达到其形状、尺寸精度以及表面质量、性能等各项要求。其工艺过程内容主要包括铸造、锻造、机械加工、热处理、电加工、特种加工、模具工修配、检验等不同生产加工形式。模具零件只有通过这些系列加工，才能将毛坯转化成成品零件，用于模具的装配。

零件的加工工艺过程，是由一个或多个工序组成的，而每一个工序又由安装、工位、工步和走刀行程所构成。因此，要加工出合格的模具零件，必须科学地研究工艺过程和深入分析工艺过程的组成，以保证模具生产正常有序地进行。

（2）零件加工工艺流程

模具零件生产工艺流程见表 7-1。

表 7-1　模具零件生产工艺流程

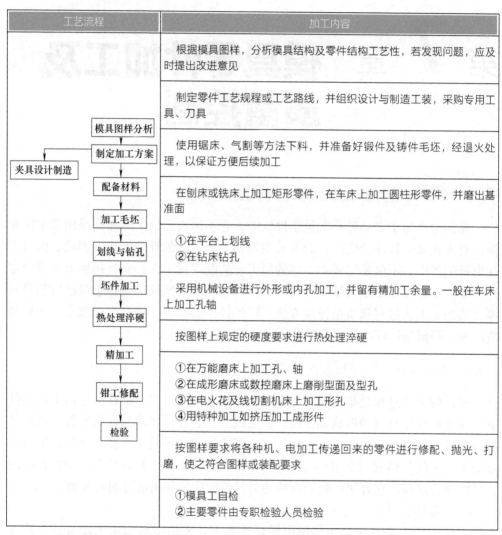

工艺流程	加工内容
模具图样分析 → 制定加工方案 → 夹具设计制造 → 配备材料 → 加工毛坯 → 划线与钻孔 → 坯件加工 → 热处理淬硬 → 精加工 → 钳工修配 → 检验	根据模具图样，分析模具结构及零件结构工艺性，若发现问题，应及时提出改进意见
	制定零件工艺规程或工艺路线，并组织设计与制造工装，采购专用工具、刀具
	使用锯床、气割等方法下料，并准备好锻件及铸件毛坯，经退火处理，以保证方便后续加工
	在刨床或铣床上加工矩形零件，在车床上加工圆柱形零件，并磨出基准面
	①在平台上划线 ②在钻床钻孔
	采用机械设备进行外形或内孔加工，并留有精加工余量。一般在车床上加工孔轴
	按图样上规定的硬度要求进行热处理淬硬
	①在万能磨床上加工孔、轴 ②在成形磨床或数控磨床上磨削型面及型孔 ③在电火花及线切割机床上加工形孔 ④用特种加工如挤压加工成形件
	按图样要求将各种机、电加工传递回来的零件进行修配、抛光、打磨，使之符合图样或装配要求
	①模具工自检 ②主要零件由专职检验人员检验

7.1.2　零件生产的工艺特点

模具制造业的生产类型主要分为单件生产和批量生产两种，其中多以单件生产为主，只有在模具标准化程度高，且模具使用批量大或专业化生产的厂家才采用模具标准零部件的批量生产，如标准模板、模座、导柱、导套等，而模具的工作成形零件，仍属于单件生产范畴。其各类生产的特点见表 7-2。

表 7-2　模具零件生产的工艺特点

生产类型	工艺特点	应用范围
单件生产	①零件单独加工，相互配合的零件成配对加工，无互换性 ②模坯一般手工铸造及自由铸造，精度低，加工余量较大 ③使用的机床设备为通用设备，其工具也多为通用夹具、刀具和量具等，对工人的技术能力要求要熟练。一般由划线法及试切法来保证尺寸精度和质量 ④在生产中只编制简单的工艺卡，其生产效率较低，但制造成本较高	适于单个及数量较小的模具加工或用于模具工修配，多应用于中、小工厂或模具应用不多的企业对模具制造
批量生产	①加工出的零件普遍具有互换性，但保留某些试配 ②坯件的加工部分用金属或模锻加工，毛坯精度高，加工余量小 ③使用的加工机床除部分为普用机床外，其他采用专用机床，按零件类别分工段排列。夹具、量具和刀具多为专用，要求中等熟练的操作工即可操作。其尺寸精度部分靠划线，其他多为工夹具保证 ④为保证产品质量，要有较详细的工艺规程和工序卡，其生产率高，成本较低	适用模具用量较多及模具专业化较强、模具标准化程度较高的厂家

7.2　零件加工工艺性分析

在模具零件加工前，首先必须要对零件进行加工分析，即要从加工制造的角度来研究模具零件图的各方面是否存在不利于加工制造的因素，并将不利因素与设计、工艺部门协商消除，以免造成后续工序的难度及不必要的损失。这也是作为模具工的职责和义务。

模具零件的工艺分析内容见表 7-3。

表 7-3　模具零件加工前的工艺分析及审核

分析审核项目	分析审核内容
零件图样的完整性与正确性检查	①检查相关零件的结构与尺寸是否吻合 ②检查零件图投影关系是否正确，表达是否清楚 ③检查零件的形状和位置尺寸是否完整、正确
零件材料加工性能审查	①审查零件的材料及热处理要求是否正确、合理 ②审查工艺文件。需先淬硬，再用电火花线切割加工的工件型腔或凹模孔不宜用淬透性差的工具钢，应采用 Cr12、7Cr3、CrWMn 等合金钢为好 ③形状复杂的模具工作零件，应采用微变形钢，如 Cr12MoV、Cr2Mn2SiWMoV 以减少变形磨削的困难
零件加工结构工艺性审查（零件加工难易程度）	①零件不必要的清角、窄槽应去除 ②不必要的尺寸较小的形孔及外表面应去除 ③尺寸接近的圆形过孔和圆形排料孔应修改成统一尺寸 ④不必要的平圆底锪孔应修改成 120°，以便于加工 ⑤矩形凸、凹模类零件的吊装台阶若四面全有，应修改成两面吊装台阶

续表

分析审核项目	分析审核内容
零件技术要求审查	①检查尺寸偏差及表面粗糙度标注，在不影响使用的前提下，偏差越大，表面粗糙度 Ra 值越高，越便于加工 ②检查形位公差的合理性 ③检查其他技术要求是否完整、合理、符合现有生产条件和技术能力，不要要求太高，以免增加加工难度

7.3　零件加工工艺内容及要求

（1）零件的加工工艺内容

模具零件的加工工艺内容及作用见表 7-4。

表 7-4　模具零件的加工工艺内容及作用

加工工艺	加工内容及作用
坯料制备	①铸件坯料。铸件主要有铸钢件和铸铁件两种，是通过砂型铸造工艺而成，应用于模座及大型覆盖件冲模 ②锻件。锻件是通过将钢坯经过加热，在锻锤的锤击下经反复拔长、镦粗而成形的。主要应用于模板类零件，如凸、凹模固定板以及成形零件（凸、凹模及型芯、型腔）等 ③型坯。型坯是通过锯割或气割将圆棒料或板材切割而成 上述三种备料，均应留有余量，并经热处理退火、调质及时效处理后使用
成形加工	模具零件的成形加工，是将坯料利用机、电加工设备，将其加工成符合图样要求的零件，这是模具制造最关键的工序
热处理	将零件经加温、保温及淬入工作液冷却，以改变内部组织，改善性能，使其能方便加工，提高零件本身的硬度和韧性以达到使用效果。主要包括退火、淬火、回火、时效处理和化学热处理、表面硬化等
模具工修配	零件的模具工整修主要包括零件加工前对坯料的划线和经机、电加工后的精密加工及锉修研配等，使零件更能符合图样要求，达到装配使用的目的

（2）零件的加工要求

① 零件的加工要保证零件图样所规定的形状及尺寸要求，并将加工的尺寸精度控制在所标注的尺寸精度范围内；

② 零件加工的表面质量要达到图样上所规定的表面粗糙度等级要求；

③ 零件加工后的热处理要满足图样规定的硬度要求；

④ 零件的加工，必须要满足装配时各配合要求；

⑤ 零件的加工要满足图样所规定的所有技术要求。

7.4　零件加工工艺方案拟定

零件加工工艺方案拟定主要包括表面加工方法选择、零件加工顺序安排及加工基准的选择、机床与工艺装备的选用等内容。

7.4.1　表面加工方法选择

表面加工方法的选择是零件加工工艺方案拟定的重要步骤之一，其选择是否合理将直接影响到模具零件的加工质量，乃至于影响到后续模具的装配质量及该模具所加工制造出的产品质量。通常表面加工方法的选择应从加工工艺的类型、表面加工的方式及加工方法的选择几个方面来进行。

（1）表面加工工艺类型

零件表面加工工艺类型见表 7-5。

表 7-5　模具零件表面加工工艺类型

加工工艺类型		适用模具	加工精度
铸造加工工艺	锌合金制造	冷冲模、塑料模、橡胶模	一般
	低熔点合金浇注	冷冲模、塑料模	
	铍铜合金铸造	塑料模	
	陶瓷型铸造	冷冲模、塑料模等各类模具	
	合成树脂铸造	冷冲模	
机械加工工艺	普通加工机床加工	冷冲模、塑料模、压铸模、锻模、橡胶模等所有模具零件加工	一般
	精密加工机床加工		精
	数控加工机床加工		精
	仿形加工机床加工		精
	靠模机床加工		精
	成形磨削加工		精
特种加工工艺	冷挤压加工	塑料模、冷冲模、橡胶模	精
	超声波加工		
	电火花加工		
	线切割加工	冷冲模、塑料模及其他各类型模具零件加工	精
	电解加工		
	电铸加工		
	腐蚀加工	塑料模、玻璃模	一般

实践证明：在模具制造中，没有哪一种加工方法能适应所有的要求。这就需要充分了解各种加工方法的特点，综合判断其加工可能性和局限性，选取与要求相适应的方法。为了发挥各种加工方法的特点，在模具制造中常把一种加工方法与其他加工方法综合应用，以达到良好的加工效果。例如：

① 仿形铣加工后，再用电火花机床精加工；

② 用电铸法来制造电火花加工型腔时用的电极；

③ 数控铣床加工、电火花精加工，其数控加工与电极制造选用同一数控穿孔带；

④ 精密铸造后进行电火花精加工，其加工电极按铸造模型制作；

⑤ 利用电铸法和喷镀法联合制造模具的型腔；

⑥ 电解加工型腔，用计算机辅助设计和制造电极。

目前，各类模具从粗、精加工到装配调试，都发展和配备了各种形式和规格的高效精密加工设备，基本实现了机械化及自动化生产。加工装备除有光学、数字控制、程序控制的精密成形磨床、坐标镗床、坐标磨床、多轴成形铣床外，电火花加工、线切割加工、电解加工等设备都得到了广泛应用。

（2）表面加工方式

表面加工一般分粗加工、精加工与光整加工三种形式，其各种加工工艺形式、特点及用途见表7-6。

表7-6　表面加工方式及特点

工序名称	加工特点	用途
粗加工工序	从坯件上切去大部分加工余量，使其形状和尺寸接近成品要求的工序，如粗车、粗镗、粗铣、粗刨及钻孔等，加工精度不低于 IT11，表面粗糙度 $Ra > 6.3\mu m$	主要应用于要求不高或非表面配合的最终加工，也可作为精加工前的预加工
精加工工序	从经过粗加工的表面上切去较少的加工余量，使工件达到较高精度及表面质量的工件。常用的方法有精车、精镗、铰孔、磨孔、磨平面及成形面、电加工等	主要应用于模具工作零件，如凸、凹模的成形磨削及型腔模的定模芯、动模芯等工件的电加工
光整加工工序	从经过精加工的工件表面上切去很少的加工余量，得到很高的加工精度及很小的表面粗糙度的加工工序	主要用于导柱、导套的研磨、珩磨以及成形模模腔的抛光

（3）加工方法的选择

模具零件的加工，根据零件结构形式及尺寸精度要求不同，可选择不同加工工艺方法。但在只用其中某一种加工方法不能达到设计要求时，要选用几个工步联合加工，以最终达到零件的各项技术要求。其选择原则如下。

① 根据零件所要求的尺寸精度和表面粗糙度要求进行选择。在选择加工方法时，首先要根据被加工零件的表面形状、特征及尺寸精度和表面质量要求来选择。

这是因为，不同的加工方法，其所达到的精度及粗糙度等级不同。同时，也应考虑到零件上比较精确的表面，是通过粗加工、半精加工和精加工逐步达到的，对这些表面仅仅根据质量要求，选择相应的最终加工方法是不够的，还应正确地确定从毛坯到最终成形的加工方案。表7-7～表7-9为常见的平面、外圆和内孔的加工方案及加工精度，供选择时参考。

表 7-7 平面的加工方案及加工精度

序号	加工方案	经济精度	经济表面粗糙度 $Ra/\mu m$	适用范围
1	粗车	IT11 ～ IT13	12.5 ～ 50	端面
2	粗车→半精车	IT8 ～ IT10	3.2 ～ 6.3	
3	粗车→半精车→精车	IT7 ～ IT8	0.8 ～ 1.6	
4	粗车→半精车→磨削	IT6 ～ IT8	0.2 ～ 0.8	
5	粗刨（或粗铣）	IT11 ～ IT13	6.3 ～ 25	一般不淬硬平面（端铣表面粗糙度值较小）
6	粗刨（或粗铣）→精刨（或精铣）	IT8 ～ IT10	1.6 ～ 6.3	
7	粗刨（或粗铣）→精刨（或精铣）→刮研	IT6 ～ IT7	0.1 ～ 0.8	精度要求较高的不淬硬平面，批量较大时宜采用宽刃精刨方案
8	以宽刃精刨代替上述刮研	IT7	0.2 ～ 0.8	
9	粗刨（或粗铣）→精刨（或精铣）→磨削	IT7	0.2 ～ 0.8	精度要求高的淬硬平面或不淬硬平面
10	粗刨（或粗铣）→精刨（或精铣）→粗磨→精磨	IT6 ～ IT7	0.025 ～ 0.4	
11	粗铣→拉	IT7 ～ IT9	0.2 ～ 0.8	大量生产，较小平面（精度视拉刀精度而定）
12	粗铣→精铣→磨削→研磨	IT5 以上	0.006 ～ 0.1	高精度平面

表 7-8 外圆柱面的加工方案及加工精度

序号	加工方案	经济精度	经济表面粗糙度 $Ra/\mu m$	适用范围
1	粗车	IT11 ～ IT13	12.5 ～ 50	适用于淬火钢以外的各种金属
2	粗车→半精车	IT8 ～ IT10	3.2 ～ 6.3	
3	粗车→半精车→精车	IT7 ～ IT8	0.8 ～ 1.6	
4	粗车→半精车→精车→滚压（或抛光）	IT7 ～ IT8	0.025 ～ 0.2	
5	粗车→半精车→磨削	IT7 ～ IT8	0.4 ～ 0.8	主要用于淬火钢，也可用于未淬火钢，但不宜加工非铁金属
6	粗车→半精车→粗磨→精磨	IT6 ～ IT7	0.1 ～ 0.4	
7	粗车→半精车→粗磨→精磨→超精加工（或轮式超精磨）	IT5	0.012 ～ 0.1	
8	粗车→半精车→精车→精细车（金刚车）	IT6 ～ IT7	0.025 ～ 0.4	主要用于要求较高的非铁金属加工
9	粗车→半精车→粗磨→精磨→超精磨（或镜面磨）	IT5 以上	0.006 ～ 0.025	极高精度的外圆
10	粗车→半精车→粗磨→精磨→研磨	IT5 以上	0.006 ～ 0.1	

表 7-9　孔的加工方案及加工精度

序号	加工方案	经济精度	经济表面粗糙度 $Ra/\mu m$	适用范围
1	钻	IT11～IT13	12.5	加工未淬火钢及铸铁的实心毛坯，也可用于加工非铁金属。孔径大于 $\phi 15 \sim 20mm$
2	钻→铰	IT8～IT10	1.6～6.3	
3	钻→粗铰→精铰	IT7～IT8	0.8～1.6	
4	钻→扩	IT10～IT11	6.3～12.5	
5	钻→扩→铰	IT8～IT9	1.6～3.2	
6	钻→扩→粗铰→精铰	IT7	0.8～1.6	
7	钻→扩→机铰→手铰	IT6～IT7	0.2～0.4	
8	钻→扩→拉	IT7～IT9	0.1～1.6	大批量生产（精度由拉刀精度决定）
9	粗镗（或扩）	IT11～IT13	6.3～12.5	除淬火钢外的各种材料，毛坯有铸出孔或锻出孔
10	粗镗（粗扩）→半精镗（精扩）	IT9～IT10	1.6～3.2	
11	粗镗（粗扩）→半精镗（精扩）→精镗（铰）	IT7～IT8	0.8～1.6	
12	粗镗（粗扩）→半精镗（精扩）→精镗→浮动镗刀精镗	IT6～IT7	0.4～0.8	
13	粗镗（粗扩）→半精镗（精扩）→磨	IT7～IT8	0.2～0.8	主要用于淬火钢，也可用于未淬火钢，但不宜用于非铁金属
14	粗镗（粗扩）→半精镗（精扩）→粗磨→精磨	IT6～IT7	0.1～0.2	
15	粗镗（粗扩）→半精镗（精扩）→精镗→精细镗（金刚镗）	IT6～IT7	0.05～0.4	主要用于精度要求高的非铁金属加工
16	钻→粗铰→精铰→珩磨	IT6～IT7	0.025～0.2	精度要求很高的孔
17	钻→拉→珩磨	IT6～IT7	0.025～0.2	
18	粗镗→半精镗→精镗→珩磨	IT6～IT7	0.025～0.2	
19	钻→粗铰→精铰→研磨	IT5～IT6	0.006～0.1	
20	钻→拉→研磨			
21	粗镗→半精镗→精镗→研磨			

　　模具零件的表面，特别是成形工作零件，如冲模的凸、凹模，型腔模的型芯、型腔等，差不多都是由曲面组成。这些零件曲面的加工，在有条件的企业多采用专用设备及特种加工方法加工。故在选择零件表面加工方法时，应根据零件的精度及表面质量要求和现有企业生产条件进行选择，见表 7-10。

表 7-10　成形表面加工方案及加工精度

序号	加工方案	经济精度	表面粗糙度 $Ra/\mu m$	适用范围
1	粗铣→仿形铣	0.2～0.5mm	1.6～3.2	各种形状曲面
2	刨（铣）→热处理→成形磨	IT6	0.4～1.6	凸模型芯及凹模镶块以及淬硬后的各种形状曲面
3	刨（铣）→热处理→光曲磨	±0.01mm	0.2～0.4	
4	刨（铣）→热处理→坐标磨	0.005mm	0.1～0.2	

续表

序号	加工方案	经济精度	表面粗糙度 $Ra/\mu m$	适用范围
5	刨（铣）→磨→热处理→电火花穿孔	$0.01 \sim 0.05$mm	$0.8 \sim 1.6$	凹模（型腔）孔、盲孔
6	刨（铣）→磨→热处理→线切割加工	快走丝 ±0.01mm 慢走丝 ±0.005mm	$0.4 \sim 1.6$ $0.2 \sim 0.8$	各种淬火后的凸凹模、型芯制作
7	刨（铣）→冷挤压	IT8 ～ IT10	$0.1 \sim 0.4$	各种型腔加工
8	陶瓷型铸造	IT13 ～ IT16	$1.6 \sim 6.3$	各种型腔模制作
9	电铸	$0.02 \sim 0.05$mm	$0.2 \sim 0.4$	

② 根据材料的性质进行选择。例如，淬火钢要采用磨削加工。

③ 根据工件的结构形状、大小选择。如对于回转零件可以采用车削及磨削方法加工孔，而矩形模板上的孔，一般都不宜采用车削或内孔磨削，而通常采用镗削或铰削加工。

④ 根据有配合要求的孔和轴来选择。如凸模及型芯与固定板、凸模（型芯）与凹模（型腔）、凸模与卸料板等。主要是为了保证配合间隙和过盈要求，其精加工的工艺方案见表 7-11。

表 7-11 保证配合间隙（或过盈）的工艺方案

工艺方案	加工方法	适用范围
分别加工	孔（凹模或型腔）和轴（凸模或型芯）分别按图样尺寸和公差进行加工	孔的公差＋轴的公差≤配合间隙（过盈）公差
配作加工	先选择孔或轴其中的一件，按图样尺寸及公差加工，作为基准件；然后按此基准件加工后的实际尺寸配作另一件，并确保配合所需的间隙及过盈	孔的公差＋轴的公差＞配合间隙（过盈）公差

其中，模具中的凸模（型芯）与凹模（型腔）配作加工方法见表 7-12、表 7-13。

表 7-12 常用以凸模（型芯）为基准配作凹模（型腔）方法

序号	基准件（凸模、型腔）加工方法	配作凹模或型芯的方法
1	成形磨削	成形磨削（镶块结构的凹模） 电火花穿孔或加工型腔 模具工压印配作加工
2	线切割	电火花穿孔或加工型腔 线切割（凸、凹模均采用线切割） 模具工压印配作加工
3	模具工按样板加工	压印加工

续表

序号	基准件（凸模、型腔）加工方法	配作凹模或型芯的方法
4	外圆磨削	内圆磨削 精车成形（淬硬后车），适用于间隙较大时
5	精车成形（先精车后抛光）或淬硬后再精车	精车成形（淬硬后车） 适用于冲裁间隙较大时

表 7-13　常用以凹模（型腔）为基准配作凸模（型芯）方法

序号	基准件（凹模、型腔）加工方法	配作凸模或型芯的方法
1	钻铰及镗加工	外圆磨削（外圆磨床、工具磨床）
2	内圆磨削	外圆磨或精车成形
3	精车成形（淬硬后车加工）	精车在淬火前后进行，适于间隙大的模具
4	线切割成形	仿形刨、压印加工、线切割
5	电火花加工	仿形刨、压印配作加工
6	模具工精修加工	压印配作加工

⑤ 根据生产效率及经济性要求选择加工方案。零件需批量较大时，应尽量采用高效的专用机床及高效的先进加工工艺。如导柱、导套的加工可采用专用机床及研磨加工。

⑥ 根据本企业自身能力选择，即根据企业现有设备及加工条件进行选择。同时，也应考虑不断改进现有工艺方法和设备，不断创新，推广新技术、新工艺，提高模具制造工艺水平。

7.4.2　零件加工顺序安排

（1）机械加工工序安排

机械加工工序安排应力求经一次在设备上安装后，能加工出多个被加工表面和完成多个工序的加工，即工序的内容应力求集中。其安排原则见表 7-14。

表 7-14　机械加工工序安排原则

序号	安排工序原则	说明
1	先粗后精	模具零件加工应先安排粗加工，再进行精加工成形。因为零件经粗加工后，可切除大部分加工余量，再进行逐步减少余量，采用半精及精加工，可以保证质量与精度
2	先加工基准面，后加工其他各面	先加工出基准面后，可使后续加工以此面为基准，能方便加工，确保形位精度要求及表面质量要求
3	先主后次	先安排主要加工面而后安排次要加工面，可以确保主、次之间的位置精度，如冲模凹模的上、下面一般为装配基准面，应先加工，而其他各型孔则为次要面，在加工时，以上、下面为基准进行加工，然后再加工其他孔槽

续表

序号	安排工序原则	说明
4	先平面后内孔	零件平面加工好后，可以作为孔加工时的基准，这样可稳定、可靠的对孔加工，以确保尺寸及位置精度

（2）零件热处理工序安排

模具零件热处理工序安排见表 7-15。

表 7-15 模具零件热处理工序安排

序号	热处理工序	工序安排方法	说明
1	退火 正火 时效处理	零件坯料的锻、铸之后，进行机械加工之前	降低坯件硬度，改善加工性能，便于后续机械、电加工
2	调质	零件粗加工之后，精加工之前	改善材料综合力学性能，方便后续加工
3	淬火与回火	①若使用电火花、线切割及成形磨削时，应在这些精加工前、半精加工后进行 ②若不采用电加工或成形磨削，应在精加工成形后进行	①提高硬度及耐磨性 ②热处理变形后，可通过精加工（电加工成形磨）修整
4	氮化处理	半精加工后进行	氮化后的微小变形可通过精加工后修复

（3）零件检验工序安排

① 零件在粗加工或半精加工后进行检测，以确保半精加工后加工余量，保证后续精加工尺寸及公差值。

② 零件在重要工序，如电火花，线切割，成形磨削，凸、凹模成形加工以及零件热处理前后，均应安排检验工序进行检验，以保证加工质量及加工前加工余量的正确性，预防出现废品。

③ 零件应在完成所有加工工序后，安排检测，以确定所加工的零件是否符合图样要求，方便装配。

7.4.3 机床与工艺装备的选用

（1）机床与工装选用原则

机床与工装选用原则见表 7-16。

（2）模具用机床的选用

各类模具用加工机床选用见表 7-17。

表 7-16　零件加工机床及工装的选用

序号	选用机床与工装	选用原则
1	机床的选择	①机床的加工范围应与零件的外廓尺寸相对应，小零件选小机床，大零件选大机床，做到合理匹配使用 ②机床的加工精度应与零件要求的加工精度相适应，各种机床能达到的加工精度见表 7-17 ③机床的生产率应与加工零件的生产类型相适应，即单件、小批量生产使用通用机床，大批量生产采用专用机床
2	夹具的选择	①单件、小批量生产尽量选用通用夹具，如各种卡盘、台虎钳、回转台等 ②大批量生产应选用高效、高精度专用气、液夹具
3	刀具的选择	①尽可能采用标准刀具，必要时选用高效率的复合刀具或专用刀具 ②刀具的规格、类型及精度应符合加工要求

表 7-17　模具零件加工用机床的选用

设备类型		主要用途	经济精度	表面粗糙度 Ra/μm
车床	通用车床	①车削模具零件的各种回转体端面及表面	一般 : IT7 ～ IT6 精车 : IT6 ～ IT5	1.6 ～ 0.8 0.4 ～ 0.2
	数控车床	②钻孔、扩孔、铰孔	0.02 ～ 0.1mm	3.2 ～ 0.8
刨床	牛头刨床	加工水平面、垂直面、斜面、台阶、燕尾、T 形槽、V 形槽	IT9 ～ IT8	6.3 ～ 1.6
	仿形刨床	加工各种凸模	IT10 ～ IT6	3.2 ～ 0.8
插床		加工直壁外形、内孔及斜壁表面、清角等	IT11 ～ IT10	3.2 ～ 1.6
铣床	通用铣床	加工模具零件平面、斜面、台阶以及成形面	一般 : IT10 粗铣 : IT8	3.2 1.6
	仿形铣床	加工凸模、型芯、型腔等曲面	IT8 ～ IT6	6.3 ～ 3.2
	数控铣床	加工平面、斜面、内外轮廓曲面等成形表面	0.02 ～ 0.1mm	0.8 ～ 0.2
钻床		钻孔、扩孔、铰孔及锪孔	IT12 ～ IT11	50 ～ 12.5
镗床	通用镗床	①孔及孔系加工	IT9 ～ IT7	6.3 ～ 0.8
	坐标镗床	②通孔与不通孔加工	IT8 ～ IT7	1.6 ～ 0.8
磨床	通用磨床	磨平面、磨垂直面及斜面	IT6 ～ IT5 上、下平面平行度 < 100mm/0.01mm	1.6 ～ 0.4
	外圆磨床	磨零件外圆	IT6 ～ IT5	0.8 ～ 0.2
	内圆磨床	磨零件内孔		0.8 ～ 0.4
	成形磨床	①加工凸模及凹模镶块形状	IT6 ～ IT5	0.4 ～ 1.6
	光学曲线磨床	②加工型芯及型腔镶块 ③电火花用电极	±0.01mm	0.2 ～ 0.4
	数控坐标磨床	④各种成形零件曲面	±0.005mm	0.1 ～ 0.2

续表

设备类型	主要用途	经济精度	表面粗糙度 Ra/μm
电火花机床	①加工零件型孔 ②加工型腔	0.01 ～ 0.05mm	0.8 ～ 1.6
线切割机床	加工零件型孔	快走丝：±0.01mm 慢走丝：±0.005mm	0.4 ～ 1.6 0.2 ～ 0.8
电铸设备	加工成形型腔模成形件	0.02 ～ 0.05mm	0.2 ～ 0.4

7.5　模具零件加工工艺方法

7.5.1　板类零件的加工

模具大都是由圆形及矩形板类零件组成的，在模具中主要具有连接、定位、导向和卸料、推出制品的作用。该类零件的加工通常有以下加工要求及方法。

（1）板类零件加工要求

由于其作用不同，则其形状、尺寸、精度等级要求也不尽相同，但在加工与制造时，均应满足表 7-18 中的要求。

表 7-18　模具板类零件加工要求

序号	要求项目	加工要求
1	模板材料的核对	①各种模板作用不同，选用材料也不同，在加工前必须对坯料进行核对，重要工作零件要进行火花鉴别 ②材料按图样核对，不可随意代用
2	上、下面平行度与相邻面间垂直度	①加工时应保证各模板图样上规定的平行度及垂直度要求 ②冲模模板上、下平面平行度，相邻面的垂直度为 IT5 ～ IT4，塑料模为 IT5 级以上
3	尺寸精度及表面质量	①零件加工要满足尺寸公差及粗糙度要求 ②冲模模板：IT8 ～ IT7，Ra=1.6 ～ 0.63μm 型腔模板：IT7 ～ IT5，Ra=0.8 ～ 0.32μm
4	孔的加工精度	①零件加工后常用模板各孔的配合精度一般应达到 IT7 ～ IT6，Ra=1.6 ～ 0.32μm ②孔轴线与上、下模板垂直度应达到 IT4 级 ③对应模板上各孔之间的孔间距应保持一致，一般要求 ±0.02mm 以下

（2）冲模平板类零件加工

冲模平板类零件加工工艺过程见表 7-19。

表 7-19 冲模平板类零件加工工艺过程

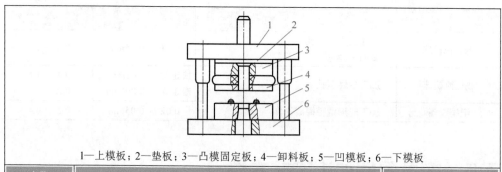

1—上模板；2—垫板；3—凸模固定板；4—卸料板；5—凹模板；6—下模板

名称	图示	加工工艺过程
上模板与下模板	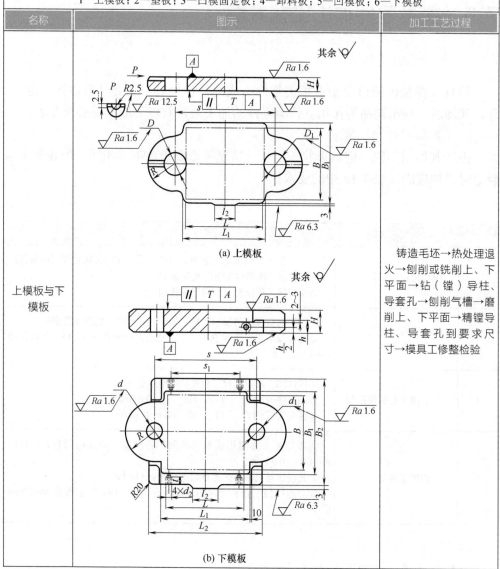 (a) 上模板 (b) 下模板	铸造毛坯→热处理退火→刨削或铣削上、下平面→钻（镗）导柱、导套孔→刨削气槽→磨削上、下平面→精镗导柱、导套孔到要求尺寸→模具工修整检验

续表

名称	图示	加工工艺过程
圆形板类零件	垫板 凸模固定板 卸料板 凹模板 导料板	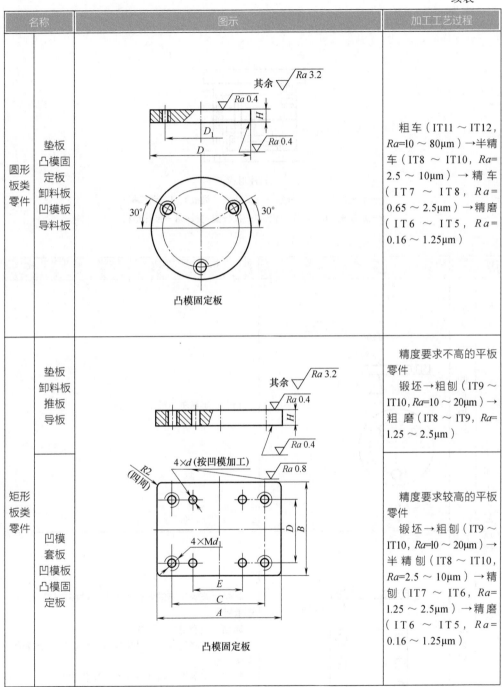	粗车（IT11～IT12，$Ra=10～80\mu m$）→半精车（IT8～IT10，$Ra=2.5～10\mu m$）→精车（IT7～IT8，$Ra=0.65～2.5\mu m$）→精磨（IT6～IT5，$Ra=0.16～1.25\mu m$）
矩形板类零件	垫板 卸料板 推板 导板		精度要求不高的平板零件 锻坯→粗刨（IT9～IT10，$Ra=10～20\mu m$）→粗磨（IT8～IT9，$Ra=1.25～2.5\mu m$）
	凹模 套板 凹模板 凸模固定板		精度要求较高的平板零件 锻坯→粗刨（IT9～IT10，$Ra=10～20\mu m$）→半精刨（IT8～IT10，$Ra=2.5～10\mu m$）→精刨（IT7～IT6，$Ra=1.25～2.5\mu m$）→精磨（IT6～IT5，$Ra=0.16～1.25\mu m$）

（3）型腔模平板类零件加工

型腔模平板类零件加工工艺过程见表 7-20。

表 7-20　型腔模平板类零件加工工艺过程 ┄┄

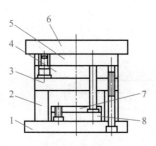

塑料注射模

1—动模座板；2—垫块；3—支承板（垫板）；4—动模板；
5—定模板；6—定模座板；7—推杆固定板；8—推杆垫板

项目		图示	加工说明
加工工艺过程	圆形模板	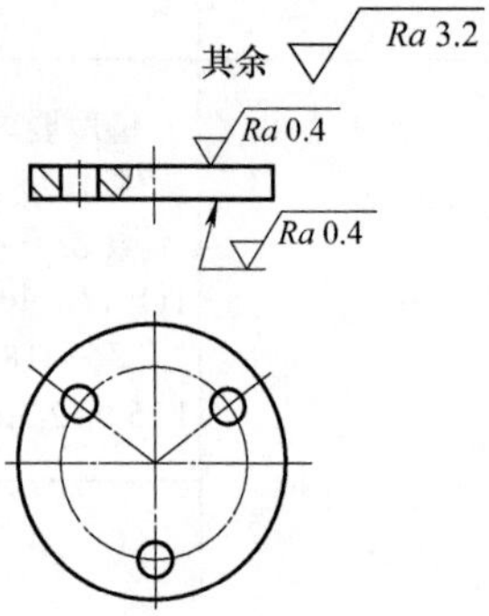 其余 ∇Ra 3.2 ∇Ra 0.4 ∇Ra 0.4	粗车→半精车→精车→精磨
	矩形模板	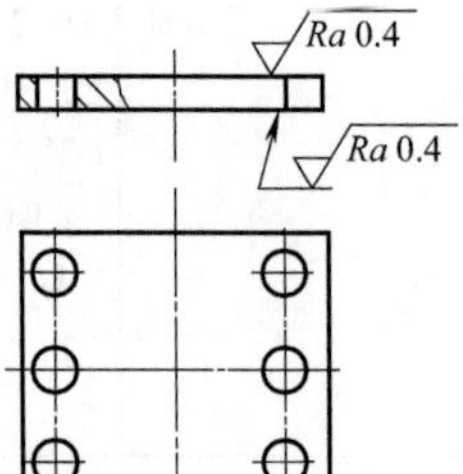 ∇Ra 0.4 ∇Ra 0.4	①精度要求不高的零件（推板、推杆垫板、垫块、支承板） 　粗刨→粗磨到要求尺寸 ②要求较高的零件（动模座板、动模板、定模板、定模座板） 　粗刨→半精刨→精刨→精磨到要求尺寸

续表

项目	图示	加工说明
加工要求	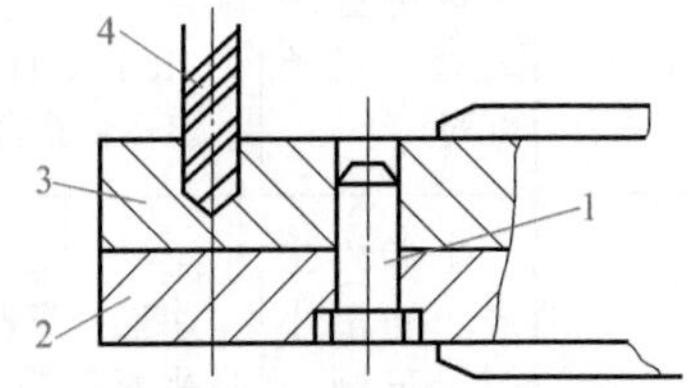 导钉孔的加工 1—定模（凸模）；2—固定板； 3—动模（凹模）；4—钻头	①零件板料在精磨以后上、下平面应留有 0.6mm 磨削余量，导柱、导套孔应各放 2mm 的镗孔余量，以便于后续磨、镗加工到要求尺寸 ②若定模与动模的导套、导柱孔径相同时，应用定位装夹的方法合在一起镗钻加工，如左图所示 ③对于需淬硬的模板，在热处理前应加工好导柱、导套、导销孔，但要留有精磨余量，以便淬硬后再用坐标磨床磨孔消除变形量 ④加工后的各模板尺寸应符合下表要求 型腔模模板加工要求

型腔模模板加工要求

分类 名称	垂直度 /mm	平行度 /mm	表面粗糙度 Ra/μm
各类模板	相邻面 0.03/300	上、下平面 0.02/300	上、下面 0.8，其余 1.6
垫块（支承板）	—	长度端面 0.02/300	长度端面 0.8

7.5.2　导向及推杆类零件加工

模具导向、推杆类零件均属于圆柱或圆筒形体，主要采用车削及内、外圆磨削加工。其加工工艺过程见表 7-21。

表 7-21　导向及推杆类零件加工工艺过程

零件名称		图示	加工工艺过程	加工要求
导向零件	导柱	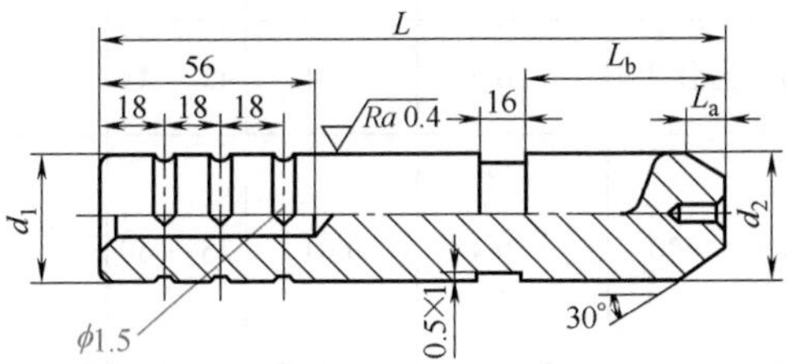	圆钢（20）棒料切断→车外圆及端面→钻、锪工艺孔→热处理淬火渗碳→外圆磨→研磨→检验配对	①工作部位圆度允差 直径 $d \leqslant 30$mm 时，为 0.003mm；直径 > 30mm 时，为 0.005mm ②安装部位对工作部位圆柱度允差不能超过工作部位允差的 1/2 ③导向配合精度 IT5～IT6，Ra=0.8～0.4μm

零件名称		图　示	加工工艺过程	加工要求
导向零件	导套		圆钢（20）棒料锯断→车内、外圆→热处理淬硬及渗碳→磨削内外圆→珩磨→检验配对	①工作部位圆柱度允差：直径 $d \leqslant 30mm$ 时，为 0.003mm；直径 > 30mm 时，为 0.005mm　②导套加工应与导柱配合加工，其配合精度为 H6/h5、H7/h2　③配合面的 $Ra < 0.4\mu m$
推杆类零件（顶件杆、复位杆）			①单件生产、批量小时：车削→热处理淬火→磨削　②批量较大时：拉削→精车→外圆磨	①推杆类零件加工后，其平直度应为 0.01mm/100mm　②淬火硬度安装部位：30～42HRC；工作部位：50～58HRC

7.5.3　模具成形零件加工

模具成形零件又称工作零件。它是模具型腔的承载体，其功能主要是赋予制件一定的形状和尺寸。模具成形零件精度的高低、表面质量的好坏，直接影响到模具和加工出制品零件的质量与精度以及模具本身的寿命长短。

（1）成形零件的类型及工作条件

模具成形零件的类型及工作条件见表 7-22。

表 7-22　模具成形零件的类型及工作条件

模具类型	主要成形零件名称	型面受力/MPa	工作温度/℃	型面粗糙度 $Ra/\mu m$	尺寸精度/mm	硬度（HRC）	预计达到的寿命/ $\times 10^3$ 次
冲模	凸模、凹模	200～600	室温	< 0.8	0.005～0.01	58～62	一次刃磨 > 30
压铸模	定模、动模、型芯	300～500	600（铝合金）	≤ 0.4	0.01	42～48	> 70
塑压模	凸模、凹模、型芯	70～150	180～200	≤ 0.4	0.01	35～40	> 200
注射模	定模、动模、型芯						
锻模	上模体、下模体	300～800	700（表面）	≤ 0.8	0.02	40～48	> 10

（2）成形零件的加工工艺方法

模具成形零件的加工工艺方法见表 7-23。

表 7-23　模具成形零件的加工工艺方法

工艺方法		工艺说明	优缺点	适用范围
传统手工工艺方法	模具工手工锉修压印成形	先按图样加工锉修凸（凹）模成形，经淬硬后，以其作为样冲反压凹（凸）模，边压印边锉修直到间隙及配合合适为止	方法陈旧，周期较长，费工费时，需模具钳工自身有较高的技艺，加工精度较低	适用于一般设备缺乏的小型企业，单件生产冲裁模
	模具工手工压印锉削加工			
	模具工手工修配加工	根据图样经车、铣、刨、磨粗成形后，模具工修磨，修配抛光后成形	劳动强度大，加工精度较低，质量不易保证	适用于设备短缺的弯曲、拉深以及形状简单的型腔模
机械加工	成形磨削加工	利用专用成形磨削机床，对淬硬后零件进行成形磨削	加工精度高，解决了零件由于淬火变形影响，但工艺计算复杂，需要高精度磨削专用夹具和成形砂轮	冲模、型腔模型芯、凸模及凹模镶块等
	冷挤压型腔	在常温下，利用加工淬硬的冲头对金属坯料挤压成形	样冲可多次使用，比较经济，压制后型腔表面光洁，精度较高	塑料模、锻模、压铸模型腔成形，适用大批量生产
电加工	电火花	利用电火花放电通过电极电腐蚀金属坯料进行穿孔和不通孔加工成形	加工精度高，解决了热处理淬硬变形影响	冲模凹模孔及型腔模型腔加工
	线切割加工	利用靠模、光电跟踪及数控技术对金属板料进行切割加工成形	加工精度高，废品少，可对淬硬后金属进行切割，减少对淬硬变形的影响	冲模凹模、凸模及型腔模型腔镶块等加工
	电铸成形	利用电镀原理使其成形	加工精度高，但工艺时间长，耗电较大	适用于形状复杂、精度要求较高的小型塑料模
铸造成形技术	锌合金制模	利用锌合金熔点低（380℃）的特点，在砂型中铸造成形	锌合金强度、硬度较低，故尺寸精度、寿命较低	适用生产量小或新产品试制模具
	铍铜合金制模	通过铸造、热挤压、锻造、冲压等工艺制造模具	工艺简单，但寿命较低	适用于制造吹塑和塑料注射模
	陶瓷型铸造	利用质地较纯、热稳定性较高的耐火材料制作模具型腔	生产周期短，节省材料，有较高的尺寸精度（IT8～IT10）及表面质量（Ra=1.25μm）而且模具性能好	适用于铸造形状复杂、带图案花纹的精致模，如塑料、玻璃等型腔模成形零件
	低熔点合金浇注制模	利用熔点低、冷凝时体积膨胀等特点的低熔点合金在压力机上铸模或在专用设备上铸模	成本低，浇注容易，是一种比较简单、快捷、经济型的模具制作工艺，但寿命较低，只适于小批、单件生产中使用	适用于弯曲、拉深、成形和矫正等工序模具及多品种、小批量产品模具

续表

工艺方法	工艺说明	优缺点	适用范围
数控机床及加工中心加工（NC、CNC）	采用 NC、CNC 机床进行成形零件加工，是由事先编好的程序按工步进给的顺序自动变换，控制机床自动加工成形零件	工作效率较高，保证加工精度和质量，是目前最先进的模具零件加工设备	适于各类模具的凸、凹模型腔、型芯精密加工

（3）成形零件加工工艺过程

模具的成形零件如冲模的凸模、凹模，型腔模的型腔、型芯等，其加工工艺过程一般可根据企业现有设备条件确定。大致工艺过程是：下料→锻造加工→模具工划线→加工坯件（通用机床加工六面体）→精密划线或编制程序及电极制造→加工型面、型孔（粗加工、留后续加工余量）→热处理→精密加工（成形磨、数控 NC、CNC 机床、电火花或线切割）→模具工整修成形→检测。

由于成形零件设计结构不同，则加工过程也不尽相同并有各自的加工特点，其加工过程见表 7-24。

表 7-24　模具成形零件加工工艺过程

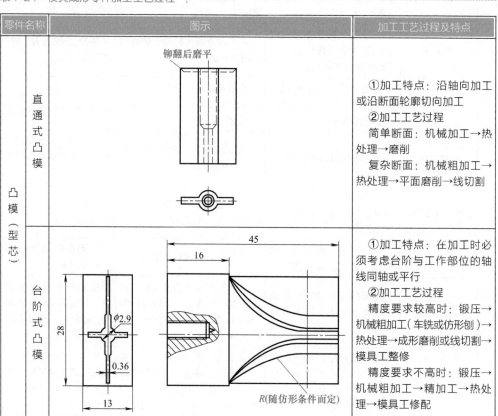

零件名称		图示	加工工艺过程及特点
凸模（型芯）	直通式凸模	铆翻后磨平	①加工特点：沿轴向加工或沿断面轮廓切向加工 ②加工工艺过程 简单断面：机械加工→热处理→磨削 复杂断面：机械粗加工→热处理→平面磨削→线切割
	台阶式凸模	45　16　28　φ2.9　0.36　13　R(随仿形条件面定)	①加工特点：在加工时必须考虑台阶与工作部位的轴线同轴或平行 ②加工工艺过程 精度要求较高时：锻压→机械粗加工（车铣或仿形刨）→热处理→成形磨削或线切割→模具工整修 精度要求不高时：锻压→机械粗加工→精加工→热处理→模具工修配

续表

零件名称		图示	加工工艺过程及特点
凸模（型芯）	曲面式凸模（型芯）	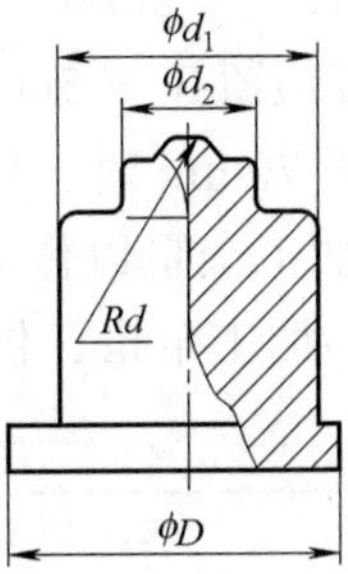	①加工特点：多为三维式曲面型腔模型芯在加工时其表面形状要与样板测量相结合，并要选择合理定位面做边检测边精细加工，以保证与凹模配合 ②加工工艺过程 　大型凸模：机械粗加工→热处理→精加工→修磨→抛光→模具工整修 　小型凸模：机械粗加工→热处理→曲面磨或成形磨→抛光→模具工整修
凹模（型腔）	直通孔凹模（型芯）	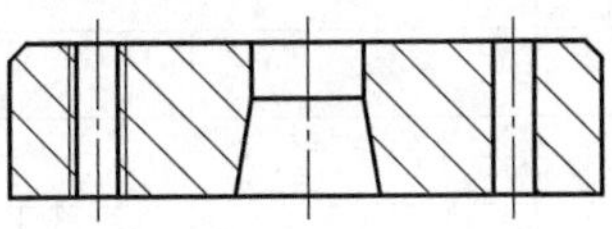	①加工特点：孔为直通，在加工时，应保证良好的成形性能，最好与凸模配合加工，即先按图样加工凸模，再以凸模配作凹模孔，并保证配合间隙 ②加工工艺过程 　简单形孔：粗加工→精加工（与凸模配作）→热处理→磨刃口 　复杂形孔：机械粗加工→热处理→磨工作面→电火花或线切割
	不通孔凹模（型芯）	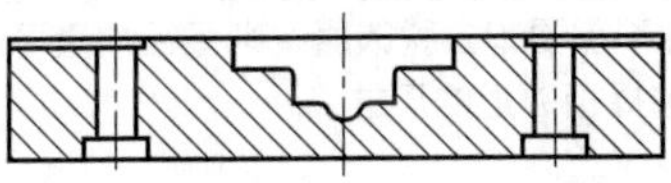	①加工特点：一般为型腔模型腔，在加工时，要保证与凸模形状吻合，最好与凸模配作加工 ②加工工艺路线 　小型凹模：锻压→机械粗加工→热处理→电火花加工型腔→抛光→模具工修配 　大型凹模：锻压→机械粗加工→热处理→精加工（电加工）→修磨→抛光

7.6　零件加工工序间加工余量的确定

7.6.1　型材坯料机械加工余量的确定

　　模具零件所用的型材主要有热轧圆钢棒料、板料等，其坯料机械加工余量主要有以下几方面内容。

（1）热轧圆钢棒最小加工余量

热轧圆钢棒经锯切下料后，其加工余量应按下述原则预留。

① 锯切后需要经锻造加工时，在型材（圆钢棒）尺寸≤250mm 时，余量取 2～4mm；型材尺寸＞250mm 时，余量取 3～6mm。

② 在加工中心孔时，其长度方向上应预留 3～5mm。

③ 在车削加工时，其车床夹头长度＜70mm 时，应留 8～10mm 加工余量；夹头长度≥70mm 时，应预留 6～8mm 加工余量以作为工艺装夹量。

表 7-25 列出了热轧圆钢棒加工前最小加工余量，供备料参考。

表 7-25　热轧圆钢棒加工前预留最小加工余量　单位：mm

工件直径 D	工作长度 L									
	＜ 50		＞ 50～80		＞ 80～150		＞ 150～250		＞ 250～400	
	余量 2a、2c									
	2c	2a	2c	2a	2c	2a	2c	2a	2c	2a
＜ 10	3.0	1.5	3.0	1.5	3.0	1.5	3.5	2.0	3.5	2.0
＞ 10～18	3.0	1.5	3.0	1.5	3.0	1.5	3.5	2.0	4.0	2.0
＞ 18～30	3.0	2.0	3.0	2.0	3.5	2.0	4.0	2.0	4.0	2.0
＞ 30～50	3.5	2.0	3.5	2.0	3.5	2.5	4.0	2.5	4.5	2.5
＞ 50～75	3.5	2.5	3.5	2.5	4.0	3.0	4.5	3.0	5.0	3.0
＞ 75～100	4.5	3.0	4.0	3.0	4.0	3.5	4.5	3.5	5.0	3.5

注：1. 表中数值适用于淬火工件，若工件不需要车去脱碳层，则直径余量可适当减少 20%～25%。

2. 决定毛坯直径应根据钢材规格，适当选择相邻近的尺寸。

（2）板材气割后预留机械加工余量

钢板型材经气割后，预留机械加工余量见表 7-26。

表 7-26　气割板材毛坯机械加工余量　单位：mm

板材厚度	工件外形长度或直径			内孔
	≤ 100	＞ 100～250	＞ 250～630	
	单面余量及公差			
＜ 25	3±1	3.5±1	4±1	5±1
＞ 25～50	4±1	4.5±1	5±1	7±1
＞ 50～100	5±1	5.5±1	6±1	10±1

注：表中数值仅供参考。

7.6.2 锻、铸件加工余量的预留

（1）铸坯预留机械加工余量

铸坯最大机械加工余量见表 7-27。

表 7-27 铸坯最大机械加工余量 单位：mm

材料	铸造加工表面位置	铸件最大尺寸				
		＜ 500	500 ～ 1000	1000 ～ 1500	1500 ～ 2500	2500 ～ 3150
铸钢	上面	5 ～ 7	7 ～ 9	9 ～ 12	12 ～ 14	14 ～ 16
	下面、侧面	4 ～ 5	5 ～ 7	6 ～ 8	8 ～ 10	10 ～ 12
铸铁	上面	4 ～ 5	5 ～ 7	6 ～ 8	8 ～ 10	10 ～ 14
	下面、侧面	3 ～ 4	4 ～ 6	5 ～ 7	7 ～ 9	9 ～ 12

（2）锻坯预留机械加工余量

① 矩形锻件。矩形锻件预留机械加工余量及公差见表 7-28。

表 7-28 矩形锻件预留机械加工余量及公差 单位：mm

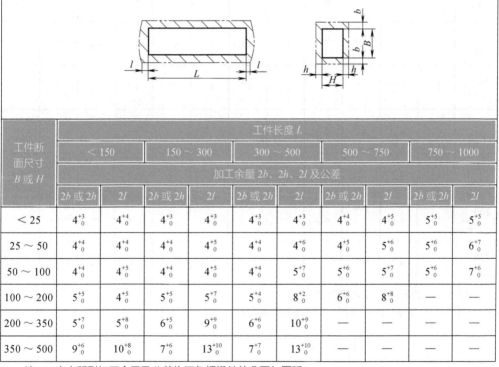

工件断面尺寸 B 或 H	工件长度 L									
	＜ 150		150 ～ 300		300 ～ 500		500 ～ 750		750 ～ 1000	
	加工余量 $2b$、$2h$、$2l$ 及公差									
	$2b$ 或 $2h$	$2l$	$2b$ 或 $2h$	$2l$	$2b$ 或 $2h$	$2l$	$2b$ 或 $2h$	$2l$	$2b$ 或 $2h$	$2l$
＜ 25	4^{+3}_0	4^{+4}_0	4^{+3}_0	4^{+3}_0	4^{+3}_0	4^{+3}_0	4^{+4}_0	4^{+5}_0	5^{+5}_0	5^{+5}_0
25 ～ 50	4^{+4}_0	4^{+4}_0	4^{+4}_0	4^{+5}_0	4^{+4}_0	4^{+6}_0	4^{+5}_0	5^{+6}_0	5^{+6}_0	6^{+7}_0
50 ～ 100	4^{+4}_0	4^{+5}_0	4^{+4}_0	4^{+5}_0	4^{+4}_0	5^{+7}_0	5^{+6}_0	5^{+7}_0	5^{+6}_0	7^{+6}_0
100 ～ 200	5^{+5}_0	4^{+5}_0	5^{+5}_0	5^{+7}_0	5^{+4}_0	8^{+2}_0	6^{+6}_0	8^{+8}_0	—	—
200 ～ 350	5^{+7}_0	5^{+8}_0	6^{+5}_0	9^{+9}_0	6^{+6}_0	10^{+9}_0	—	—	—	—
350 ～ 500	9^{+6}_0	10^{+8}_0	7^{+6}_0	13^{+10}_0	7^{+7}_0	13^{+10}_0	—	—	—	—

注：1. 表中所列加工余量及公差均不包括锻件的凸面与圆弧。

2. 应按 H 或 B 的最大断面尺寸形状余量。例如：H=50mm、B=120mm、L=180mm 的零件，H 的最小加工余量应按 120mm 取 5mm，而不是按 50mm 取 4mm。

② 圆形锻件。圆形锻件预留机械加工余量及公差见表 7-29。

表 7-29　圆形锻件预留机械加工余量与公差　单位：mm

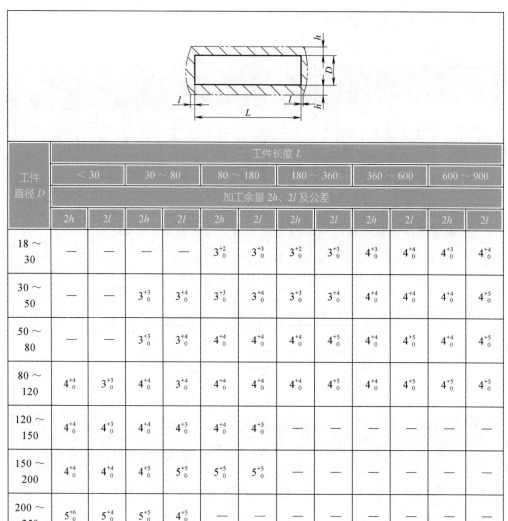

工件直径 D	工件长度 L											
	< 30		30～80		80～180		180～360		360～600		600～900	
	加工余量 2h、2l 及公差											
	2h	2l	2h	2l	2h	2l	2h	2l	2h	2l	2h	2l
18～30	—	—	—	—	3^{+2}_0	3^{+3}_0	3^{+2}_0	3^{+3}_0	4^{+3}_0	4^{+4}_0	4^{+3}_0	4^{+4}_0
30～50	—	—	3^{+3}_0	3^{+4}_0	3^{+3}_0	3^{+4}_0	3^{+3}_0	3^{+4}_0	4^{+4}_0	4^{+4}_0	4^{+4}_0	4^{+5}_0
50～80	—	—	3^{+3}_0	3^{+4}_0	4^{+4}_0	4^{+4}_0	4^{+4}_0	4^{+5}_0	4^{+4}_0	4^{+5}_0	4^{+4}_0	4^{+5}_0
80～120	4^{+4}_0	3^{+3}_0	4^{+4}_0	3^{+4}_0	4^{+4}_0	4^{+4}_0	4^{+4}_0	4^{+5}_0	4^{+4}_0	4^{+5}_0	4^{+5}_0	4^{+5}_0
120～150	4^{+4}_0	4^{+3}_0	4^{+4}_0	4^{+3}_0	4^{+4}_0	4^{+5}_0	—	—	—	—	—	—
150～200	4^{+4}_0	4^{+4}_0	4^{+5}_0	5^{+5}_0	5^{+5}_0	5^{+5}_0	—	—	—	—	—	—
200～250	5^{+6}_0	5^{+4}_0	5^{+5}_0	4^{+5}_0	—	—	—	—	—	—	—	—
250～300	5^{+5}_0	4^{+4}_0	5^{+6}_0	5^{+5}_0	—	—	—	—	—	—	—	—

注：1. 表列数值均不包括凸面及圆弧。

2. 表列长度方向的余量及公差，不适于切断坯料。

7.6.3　磨削余量的预留

（1）矩形件

矩形件平面磨削前留磨削余量见表 7-30。

表 7-30 矩形件平面磨削前留磨削余量 单位：mm

| 宽度 B | 厚度 H | 工件长度 A | | | |
		≤ 100	100 ～ 250	250 ～ 400	400 ～ 430
≤ 200	≤ 18	0.30	0.40	—	—
	18 ～ 30	0.30	0.40	0.45	—
	30 ～ 50	0.40	0.40	0.45	0.50
	> 50	0.40	0.40	0.45	0.50
> 200	≤ 18	0.30	0.40	—	—
	18 ～ 30	0.35	0.40	0.45	—
	30 ～ 50	0.40	0.40	0.45	0.55
	> 50	0.40	0.45	0.50	0.60

注：1. 本表只适于淬火零件，不淬火零件的磨削留磨余量应比表中数据适当减少 20% ～ 40%。
2. 如零件两次磨削可比表中数值适当加大 10% ～ 20%。

（2）圆形件

轴类圆形件在经车削后，其上、下端面留磨余量见表 7-31。

表 7-31 圆形件上、下端面留磨余量 单位：mm

| 直径 D | 工件长度 L | | | | | |
	< 18	18 ～ 50	50 ～ 120	120 ～ 260	260 ～ 500	> 500
≤ 18	0.20	0.30	0.30	0.35	0.35	0.50
18 ～ 50	0.30	0.30	0.35	0.35	0.40	0.50
50 ～ 120	0.30	0.35	0.35	0.40	0.40	0.55
120 ～ 260	0.30	0.35	0.40	0.40	0.45	0.55
260 ～ 500	0.35	0.40	0.45	0.45	0.50	0.60
> 500	0.40	0.40	0.50	0.50	0.60	0.70

注：1. 本表只适于淬火零件，不淬火零件，在磨削前整磨余量应比表中数值减少 20% ～ 40%
2. 如需经两次磨削，其留磨余量可比表中数值加大 10% ～ 20%。

（3）套筒类零件

套筒类及轴类零件内孔、外圆磨削前，预留加工余量见表 7-32。

表 7-32 内孔与外圆留磨余量（长度在 200mm 以内）单位：mm

| 直径 D | 材料 35、45、50Cr12 | | | | 材料 T8、T10、T10A | | | |
| | 内孔 | | 外圆 | | 内孔 | | 外圆 | |
	≤ 15	> 15	≤ 15	> 15	≤ 15	> 15	≤ 15	> 15
6 ～ 10	0.25 ～ 0.35	0.30 ～ 0.35	0.35 ～ 0.50	0.25 ～ 0.50	0.25 ～ 0.30	0.25 ～ 0.30	0.35 ～ 0.50	0.35 ～ 0.60

续表

直径 D	材料 35、45、50Cr12				材料 T8、T10、T10A			
	内孔		外圆		内孔		外圆	
	≤ 15	> 15	≤ 15	> 15	≤ 15	> 15	≤ 15	> 15
10 ~ 20	0.35 ~ 0.40	0.40 ~ 0.45	0.40 ~ 0.55	0.30 ~ 0.55	0.30 ~ 0.40	0.35 ~ 0.40	0.40 ~ 0.55	0.40 ~ 0.65
20 ~ 30	0.40 ~ 0.50	0.50 ~ 0.60	0.40 ~ 0.55	0.30 ~ 0.55	0.40 ~ 0.50	0.35 ~ 0.45	0.40 ~ 0.55	0.40 ~ 0.70
30 ~ 50	0.55 ~ 0.70	0.60 ~ 0.70	0.40 ~ 0.55	0.30 ~ 0.55	0.55 ~ 0.70	0.40 ~ 0.60	0.40 ~ 0.55	0.55 ~ 0.75
50 ~ 80	0.65 ~ 0.80	0.80 ~ 0.90	0.45 ~ 0.60	0.30 ~ 0.60	0.65 ~ 0.80	0.50 ~ 0.60	0.45 ~ 0.60	0.65 ~ 0.85
80 ~ 120	0.70 ~ 0.90	1.00 ~ 1.20	0.60 ~ 0.80	0.35 ~ 0.70	0.70 ~ 0.90	0.55 ~ 0.75	0.60 ~ 0.80	0.70 ~ 0.90

注：如果内径 / 壁厚 > 5 或者长度 / 外径 ≥ 2 时，应选用表中上限值为宜。

7.7　零件加工精度的控制

在模具零件加工过程中，由于受加工过程中各种因素的影响，会使刀具和零件向正确的相对位置产生偏移，因而使加工出的零件不能与理想的要求完全符合。零件加工后，实际测量的几何参数与所设计的理想几何参数的符合程度称为零件的加工精度。反之，零件加工后，实际加工的几何参数对理想设计的几何参数偏离程度称加工误差。模具零件加工精度主要内容见表 7-33。

表 7-33　模具零件加工精度主要内容

加工精度内容	图　示	控制方法
零件的尺寸精度	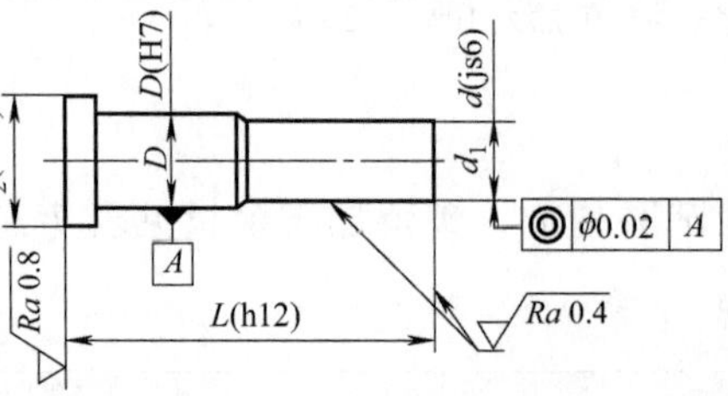 (a)	零件的尺寸精度是指在加工过程中，控制加工表面尺寸与基准尺寸的误差不能超过图样所规定公差，如图（a）中直径 D、d_1、d_2 和长度 L，在加工时，都应控制在所规定的公差范围内，不能超过图中所规定数值
零件的几何形状精度		零件的几何形状精度，是指在加工中控制加工表面宏观几何形状。如圆度、圆柱度、平面度、直线度等的误差，不能超过图样上所规定的公差范围

续表

加工精度内容	图　示	控制方法
零件的相互位置精度	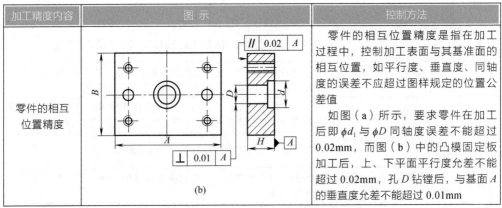 (b)	零件的相互位置精度是指在加工过程中，控制加工表面与其基准面的相互位置，如平行度、垂直度、同轴度的误差不应超过图样规定的位置公差值 　　如图（a）所示，要求零件在加工后即 ϕd_1 与 ϕD 同轴度误差不能超过0.02mm，而图（b）中的凸模固定板加工后，上、下平面平行度允差不能超过0.02mm，孔 D 钻镗后，与基面 A 的垂直度允差不能超过0.01mm

　　在生产中，主要是用控制加工误差来保证零件加工精度的。

7.7.1　尺寸精度的控制

（1）尺寸控制范围

　　模具零件加工过程中，在模具零件设计图样或工序图中，对尺寸公差进行了标注，加工时，即以标注的公称尺寸所规定公差范围内进行加工，将尺寸控制在公差范围内即可。模具未注公差的尺寸可按极限偏差的IT14～IT16级要求加工，也可按线性尺寸的极限偏差（GB/T 1804—2000）中的 m 级来选取加工。具体数值见表7-34。

表7-34　线性尺寸的极限偏差（GB/T 1804—2000）

公差等级	尺寸分段						
	0.5～3	＞3～6	＞6～30	＞30～120	＞120～400	＞400～1000	＞1000～2000
f（粗密级）	±0.05	±0.05	±0.10	±0.15	±0.20	±0.30	±0.50
m（中等级）	±0.10	±0.10	±0.20	±0.30	±0.50	±0.80	±1.20
c（粗糙级）	±0.20	±0.30	±0.50	±0.80	±1.20	±2.0	±3.0
v（最粗级）	—	±0.50	±1.00	±1.50	±2.5	±4.0	±6.0

　　注：本表适于金属切削加工和一般冲压加工尺寸。

（2）控制方法

　　在加工中，尺寸精度控制方法见表7-35。

表7-35　尺寸精度控制方法

序号	尺寸精度控制方法	控制工艺说明
1	选用合适的加工设备及方式加工	零件在加工时，为控制尺寸精度，应根据零件图中所规定的公差等级，选用适宜的机加工设备及方法加工，见表7-36

续表

序号	尺寸精度控制方法	控制工艺说明
2	选用高精度刀具进行加工	在加工时，选用高精度刀具进行加工，或设法提高刀具精度
3	采用试切校样方法进行加工	在切削零件时，先按工艺规程确定方法试切，然后进行测量，根据测量结果，适当调整刀具直到合乎精度要求再进行加工
4	利用靠模进行加工	对于形状复杂的零件，在切削加工时可利用靠模、行程开关、行程挡块及百分表测试等方法确定好刀具与工件相对位置后再进行加工
5	采用边加工边测量方法加工	在加工时，采用边测量边加工，可得到高精度工件
6	采用 NC、CNC 机床加工	数控机床加工精度高，一般精度可达到 0.01mm，故可加工出尺寸精度较高的零件

表 7-36　加工方法与尺寸精度关系

加工方法	精度等级（公差）（IT）	加工方法		精度等级（公差）（IT）
砂型铸造	14～15	铣床	粗铣	9～11
锻造	15～16		精铣	8～10
钻削	11～14	铰孔	细铰	8～11
插削	10～12		精铰	6～8
粗车、粗刨、粗镗	10～12	磨床	平磨	5～8
细车、细刨、细镗	9～11		圆磨	5～7
精车、精刨、精镗	7～9		精磨	2～5
金刚石镗孔	5～7	珩磨		4～8
金刚石车削	5～7	研磨		1～5

7.7.2　配合精度的控制

（1）模具零件的配合类型

模具零件的配合类型及应用见表 7-37。

表 7-37　模具零件的配合类型及应用

配合类别及名称	用途	模具零件所需的配合种类	
		配合类别	举例
过盈配合	用于模具工作时，零件间没有相对运动，且又不经常拆装的零件	H7/r6	导柱与导套与底座间的配合
		H7/r5	硬质合金镶块与凹模体的配合
过渡配合	用于模具工作时，零件之间没有相对运动且又需经常拆装的冲模零件	H7/m6	圆柱销与销孔，凸模与凸模固定板间的配合
间隙配合	用于模具工作时，零件之间有相对运动的零件	H6/h5 或 H7/h6	导柱与导套及导板与凸模间的配合
		H7/h6	浮动模柄与模座间的配合

（2）配合尺寸精度控制方法

① 正确选择零件的加工基准面和测量基准面。

② 正确按工艺操作并做到严格检查。

③ 按图样的平均尺寸（公差带的中心）加工。

④ 采用配制加工方法加工。

⑤ 采用标准化或者互换性较高的零件。

7.8 零件表面加工质量的控制

模具零件的表面质量，是指模具零件在加工后的表面层状态。主要包括零件的表面粗糙度、表面层的金相组织状态、力学性能和残余应力的大小等。

在模具零件加工过程中，模具零件的加工质量除加工精度外，表面质量的好坏也是重要因素之一。这是因为，当模具的工作性能在使用过程中逐渐变坏或不能再使用时，这与零件的表面磨损和腐蚀以及表面疲劳强度的破坏有直接关系。因此，零件的表面质量，直接影响模具的工作性能和寿命以及工作的可靠性。操作者在加工模具零件时，在注重尺寸与配合精度的同时，更应该注重零件的表面质量，特别是零件的表面粗糙度等级。

7.8.1 零件的表面粗糙度及应用

模具零件在加工过程中，其加工后的表面由于受各种加工因素的影响，总会存在着许多高低不平、具有较小间距的峰谷，这种微观的几何特性称为零件的表面粗糙度。表面粗糙度一般以代号形式在零件图上标注。

（1）表面粗糙度对模具质量的影响

① 影响模具零件间的配合精度；

② 影响模具零件的耐磨性；

③ 影响模具零件的疲劳强度；

④ 影响模具零件的耐蚀性。

由此看来，零件的表面粗糙度对模具的精度、使用性能及模具寿命影响很大。因此，在制造与加工模具零件时，操作者一定要按零件图样要求，设法满足其表面粗糙度的要求。

（2）表面粗糙度的应用

模具零件的表面粗糙度使用要求及范围见表 7-38。

7.8.2 表面粗糙度与加工设备的关系

在加工模具零件时，选用加工设备不但要考虑到设备的加工精度，也应考虑到其所能达到的表面质量。模具零件表面粗糙度等级与加工方法的关系见表 7-39。

表 7-38　模具零件的表面粗糙度使用要求及范围

表面粗糙度 $Ra/\mu m$	使用范围
0.1 ~ 0.3	抛光旋转体表面，如型腔模型芯、型腔表面与平面以及精度要求较高的成形模型面、型腔表面
0.3 ~ 0.4	①弯曲、拉深、成形的凸模与凹模工作表面 ②冲裁模刃口表面 ③滑动导向表面，如导柱外表面及导套内孔配合面
0.8	①成形凸、凹模刃口 ②凸模与凹模及型腔镶块结合面 ③过盈及过渡配合需热处理的配合表面 ④支承定位及紧固表面 ⑤磨削加工的基准面 ⑥要求精确的工艺基准面
1.6	①内孔表面在非热处理零件上的配合面 ②底板平面
6.3	不与制品零件接触的非工作成形零件表面或要求不精密的模具辅助零件表面
12.5	粗糙不重要的表面，如模板、模套外表面以及端面

表 7-39　表面粗糙度与加工方法的关系

加工方法	表面粗糙度 $Ra/\mu m$	加工方法	表面粗糙度 $Ra/\mu m$
车削	6.3 ~ 0.8	平面磨	1.6 ~ 0.4
刨削	12.5 ~ 1.6	外圆磨	0.8 ~ 0.2
铣削	6.3 ~ 1.6	内圆磨	0.8 ~ 0.4
钻孔	6.3 ~ 3.2	电火花穿孔	3.2 ~ 1.6
铰孔	3.2 ~ 1.6	线切割（快走丝）	3.2 ~ 1.6
坐标镗孔	1.6 ~ 0.8	线切割（慢走丝）	1.6 ~ 0.8
仿形铣	12.5 ~ 3.2	坐标磨	0.8 ~ 0.4
NC 加工	3.2 ~ 0.8	研磨	0.4 ~ 0.1
成形磨	1.6 ~ 0.4	珩磨	0.2 ~ 0.1

7.8.3　细化表面粗糙度的措施

在模具零件加工过程中，除了选用相应的加工方法及设备外（表 7-39），还应采取必要的加工措施，设法细化零件的表面粗糙度。如表 7-40 所示为在机械加工过程中操作者应采取的方法与措施，供加工时参考。

表 7-40 机械加工细化表面粗糙度措施

影响粗糙度细化的因素	产生现象	消除及控制方法
加工机床振动	工件表面产生振痕	①消除由外界周期性的干扰力引起的机床振动。如断续的切削力，电动机、带轮、主轴及砂轮不平衡的惯性力引起的振动，使刀具与工件的距离发生周期性变化，使工件表面产生振痕 ②采用隔离基础的方法，消除来自机床外的空压机、柴油机及其他从地面传入的干扰力 ③提高工艺系数的刚度，特别要提高工件、刀杆等刚度 ④修磨刀具及改变刀具的装夹方法，改变切削力的方向，减小作用于工艺系统的切削力 ⑤减小刀具后角，用油石修磨刀具，使其锋利
加工要素不尽合理	工件表面产生刀划痕	①改变刀具的几何参数，增大刀尖圆弧半径和减小负偏角 ②采用宽刃精铣刀、精车刀时，需要减少振动 ③减少加工时的进给量
工艺流程不佳	工件表面产生集屑瘤	①根据具体情况，改用适宜的切削速度，并配有较小的进给量 ②在中低速切削时，加大刀具前角或适当增大后角 ③改用润滑性能良好的切削液，如动、植物油 ④必要时可对工件材料进行正火、调质热处理以提高硬度、降低塑性及韧性
磨削加工操作不当	表面出现拉毛及烧伤	①正确选用砂轮磨削用量和磨削液 ②降低工件线速度和纵向进给速度 ③仔细修整砂轮，适当增加光磨次数 ④减小磨削深度 ⑤更换新磨削液，使之清洁

7.8.4 提高零件表面质量的途径

① 采用合理、先进的加工方法（NC、CNC）及加工余量，以细化表面粗糙度及消除零件的表面硬化。

② 采用合理的磨削工艺及磨削余量，以消除因表面残余应力而产生的裂纹、拉毛与烧伤。

③ 选用合适的电规准，以减少零件在电火花及线切割后的表面变质层。

④ 选择适当的热处理工艺，如高频感应加热淬火、渗碳、渗氮等消除零件表面残余应力。

⑤ 采用滚压、挤压、拉削、喷砂等方法，以获得较精细的表面粗糙度及提高零件的抗疲劳强度。

⑥ 采用研磨、珩磨等光整加工工艺，以消除机、电加工后的表面切削痕及变质层，细化表面粗糙度。

第 **8** 章　模具常见零件的加工

8.1　模架的加工

8.1.1　模架的组成及作用

模具的种类较多，且不同类型的模具，其模架结构也有所不同，但不论何种类型的模具，其模架都主要是由上模座、下模座、导柱、导套、顶杆、型芯等零件组成的。

（1）模架的结构形式

图 8-1（a）为冲模滑动导向模架类型中的对角导柱模架，其结构特点是两个导柱装在对角线上；图 8-1（b）为冲模滑动导向模架类型中的后侧导柱模架，其结构特点是两个导柱装在模板的后侧。同类型模架中还有中间导柱模架、四导柱模架等结构形式。此外，冲模还有滚动导向模架。

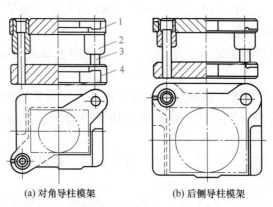

(a) 对角导柱模架　　　　　(b) 后侧导柱模架

图 8-1　冲模滑动导向模架

1—上模板；2—导套；3—导柱；4—下模板

图 8-2 为选用了标准注射模模架的注射模结构图。随着注射零件结构的不同，该模具的结构形式也变化多样，但不论结构如何变化，标准注射模模架的基本均由定模板（座）、导柱、导套及动模板（座）、顶杆、型芯等零件构成。

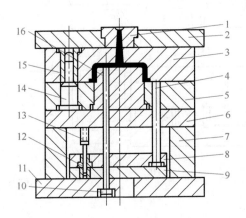

图 8-2 选用标准注射模模架的注射模结构图

1—浇口套；2—定模板；3—定模；4—顶杆；5—动模固定板；6—垫板；7—支承板；8—推板；9—推板垫板；
10—顶件杆；11—动模板；12—顶板导套；13—顶板导柱；14—导柱；15—导套；16—动模型芯

（2）模架的作用

模架的作用主要有两方面：一是连接，把模具的工作零件及辅助零件连接起来，从而构成一副完整的模具；二是导向，指通过导柱和导套的配合保证凸模和凹模相对运动时具有正确的位置。

8.1.2 导柱和导套的加工

导柱、导套是模架中的重要零件，在模具中起导向作用，其作用是保证模具中的凸模和凹模在工作时具有正确的相对位置，从而保证模具的工作质量。

（1）导柱和导套的技术要求

图 8-3（a）、（b）分别为冲模的导柱和导套，采用 20 钢制成，要求渗碳深度为 0.1mm，热处理硬度为 58～62HRC。为了保证良好的导向，导柱和导套装配后应保证模架的活动部分移动平稳、无滞阻。所以，在加工中除了保证导柱、导套配合表面的尺寸和形状精度外，还应保证导柱、导套各自配合面之间的同轴度要求。具体有以下几点。

① 导柱和导套的配合间隙应小于凸、凹模之间的间隙，导柱和导套的配合间隙一般采用 H7/h6，精度要求很高时为 H6/h5。导柱与下模座孔，导套与上模座孔采用 H7/r6 的过盈配合。

② 导柱与导套的配合精度见表 8-1。

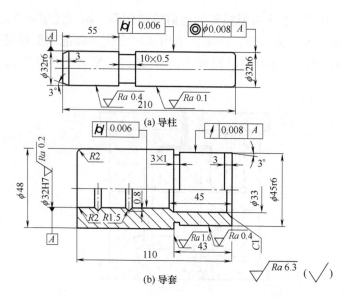

图 8-3　导柱和导套

表 8-1　导柱与导套的配合精度

配合形式	导柱直径 /mm	模架精度等级		配合后的过盈量 /mm
		Ⅰ级	Ⅱ级	
		配合后的间隙值 /mm		
滑动配合	≤ 18	≤ 0.010	≤ 0.015	—
	> 18 ~ 28	≤ 0.011	≤ 0.018	
	> 28 ~ 50	≤ 0.013	≤ 0.022	
	> 50 ~ 80	≤ 0.015	≤ 0.025	
	> 80 ~ 100	≤ 0.018	≤ 0.028	
滚动配合	> 18 ~ 35	—	—	0.010 ~ 0.020

③ 导柱和导套的工作部分的圆度公差要求：当直径 $d \leq 30$mm 时，圆度公差不大于 0.003mm；当直径 $d = 30 \sim 60$mm 时，圆度公差不大于 0.005mm；当直径 $d \geq 60$mm 时，圆度公差不大于 0.008mm。

（2）导柱和导套的加工工艺过程

构成导柱和导套的基本表面都是回转体表面，按照图示的结构尺寸和设计要求，可以直接选用适当尺寸的热轧圆钢棒作为毛坯。

将导柱和导套的工艺过程适当归纳，大致可划分成如下几个加工阶段：备料（获得一定尺寸的毛坯）阶段→粗加工和半精加工（去除毛坯的大部分余量，使其接近或达到零件的最终尺寸）阶段→热处理（达到需要硬度）阶段→精加工阶段→光整加工（使某些表面的表面粗糙度达到设计要求）阶段。

① 导柱的加工工艺过程。对于如图 8-3（a）所示的导柱，采用表 8-2 的加工

工艺过程。导柱的心部要求韧性好，材料一般选用 20 号低碳钢。在加工导柱的过程中，外圆柱面的车削和磨削以两端的中心孔定位，使设计基准与工艺基准重合。

表 8-2 导柱的加工工艺过程

工序号	工序名称	工序内容	设备	工序简图
1	下料	按尺寸 $\phi35mm \times 215mm$ 切断	锯床	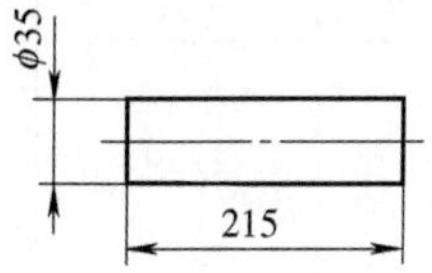
2	车端面，钻中心孔	①车端面，保证长度 212.5mm ②钻中心孔 ③调头车端面保证 210mm ④钻中心孔	卧式车床	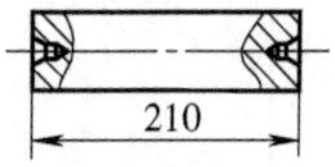
3	车外圆	①车外圆至 $\phi32.4mm$ ②车 10mm×0.5mm 槽至要求尺寸 ③车端部 ④调头车外圆至 $\phi32.4mm$ ⑤车端部	卧式车床	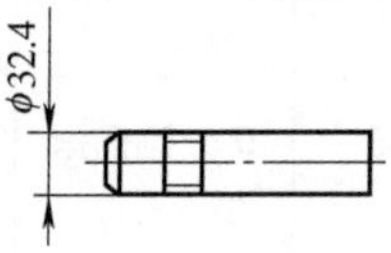
4	检验			
5	热处理	按热处理工艺进行，保证渗碳层深度为 0.8 ～ 1.2mm，表面硬度为 58 ～ 62HRC		
6	研中心孔	①研中心孔 ②调头研另一端中心孔	卧式车床	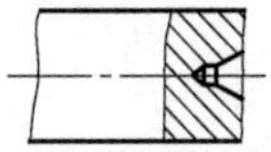
7	磨外圆	磨 $\phi32h6$ 外圆，留研磨量 0.01mm 调头磨 $\phi32r6$ 外圆至尺寸	外圆磨床	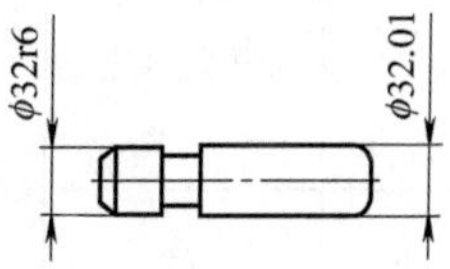
8	研磨	研磨外圆 $\phi32h6$ 达要求抛光圆角	卧式车床	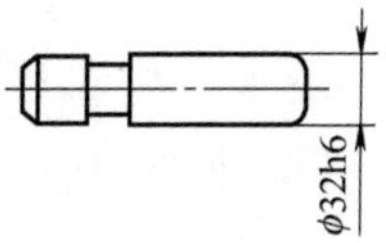
9	检验			

② 导套的加工工艺过程。对于图 8-3（b）所示的导套，采用表 8-3 的加工工艺过程。

表 8-3　导套的加工工艺过程

工序号	工序名称	工序内容	设备	工序简图
1	下料	按尺寸 52mm×115mm 切断	锯床	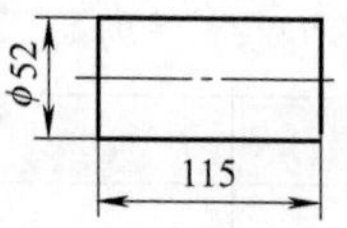
2	车外圆及内孔	①车端面，保证长度 113mm ②钻 ϕ32mm 孔至 ϕ30mm ③车 ϕ45mm 外圆至 ϕ45.4mm ④倒角 ⑤车 3mm×1mm 退刀槽至尺寸 ⑥镗 ϕ32mm 孔至 ϕ31.6mm ⑦镗油槽 ⑧镗 ϕ33mm 孔至要求尺寸 ⑨倒角	卧式车床	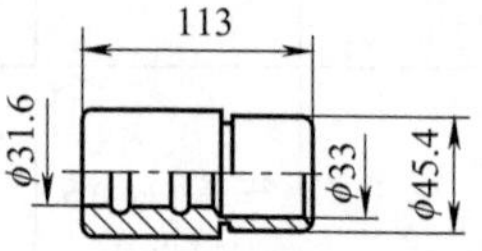
3	车外圆倒角	①车 ϕ48mm 外圆至要求尺寸 ②车端面，保证长度 110mm ③倒内、外圆角	卧式车床	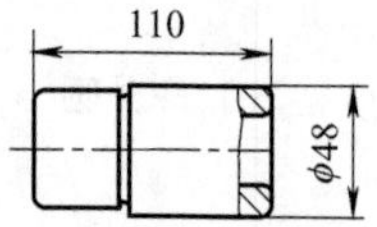
4	检验			
5	热处理	按热处理工艺进行，保证渗碳层深度为 0.8～1.2mm，硬度为 58～62HRC		
6	磨内外圆	磨 ϕ45mm 外圆至图样要求，磨 ϕ32mm 内孔，留研磨量 0.01mm	万能外圆磨床	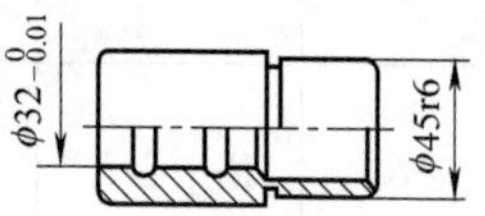
7	研磨内孔	①研磨 ϕ32mm 孔至图样要求 ②研磨圆弧	卧式车床	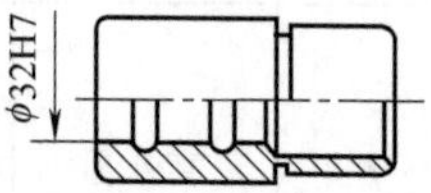
8	检验			

（3）导柱和导套的加工注意事项

1）热处理后磨削导套的方法

① 单件生产中，在万能外圆磨床上，利用自定心卡盘夹持零件的外圆柱面，一次装夹后磨出零件的内、外圆柱面。

② 批量生产中，可先磨内孔［图 8-4（a）］，再把导套装夹在专门设计的锥度心轴上，借助心轴和导套间的摩擦力带动工件旋转，磨削外圆柱面，如图 8-4（b）所示。

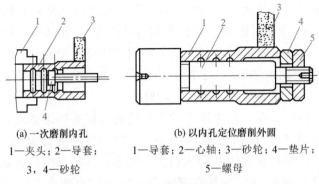

(a) 一次磨削内孔　　　　　　(b) 以内孔定位磨削外圆

1—夹头；2—导套；　　　1—导套；2—心轴；3—砂轮；4—垫片；

3，4—砂轮　　　　　　　5—螺母

图 8-4　导套的磨削加工

磨削导套时正确选择定位基准，对保证内、外圆柱面的同轴度要求十分重要。例如，图 8-3（b）中的导套热处理后，在万能外圆磨床上，利用自定心卡盘夹持 ϕ48mm 外圆柱面，一次装夹后磨出 ϕ32H7 和 ϕ45r6 的内、外圆柱面，可以避免由于多次装夹带来的误差，容易保证内、外圆柱面的同轴度要求。但每磨一件都要重新调整机床，所以这种方法只宜在单件生产的情况下采用。如果加工数量较多的同一尺寸的导套，可以先磨好内孔，再把导套装在专门设计的锥度心轴上，如图 8-5 所示，以心轴两端的中心孔定位，以便定位基准和设计基准重合，借心轴和导套间的摩擦力带动工件旋转，从而实现磨削外圆柱面。这种操作能获得较高的同轴度

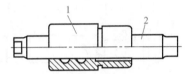

图 8-5　用锥度心轴安装导套

1—导套；2—锥度心轴

要求，并可使操作过程简化，提高生产效率。这种心轴应具有高的制造精度，其锥度在 1：1000 ～ 1：5000 范围内选取，硬度在 60HRC 以上。

2）外圆柱面和孔的加工方案

为获得所要求的精度和表面粗糙度，外圆柱面和孔的加工方案及加工精度可参考表 7-8 和表 7-9。

3）中心孔定位的注意事项

在导柱的加工过程中，外圆柱面的车削和磨削都是以两端的中心孔定位的，这样可使外圆柱面的设计基准与工艺基准重合，并使各主要工序的定位基准统一，易于保证外圆柱面间的位置精度和使各磨削表面都有均匀的磨削余量。由于要用中心孔定位，因此在外圆柱面进行车削和磨削之前总是先加工中心孔，以便为后续工序提供可靠的定位基准。

中心孔的形状精度和同轴度对加工质量有直接影响，特别是当加工精度要求高的轴类零件时，保证中心孔与顶尖之间的良好配合是十分重要的。导柱在热处理后应修正中心孔，目的在于消除中心孔在热处理过程中可能产生的变形和其他

缺陷，使磨削外圆柱面时能获得精确定位，以保证外圆柱面的几何精度要求。

修正中心孔可以采用磨削、研磨和挤压等方法，可以在车床、钻床或专用机床上进行。如图 8-6 所示是在车床上用磨削方法修正中心孔，可在被磨削的中心孔处加入少量的煤油或机油，手持工件进行磨削。这种方法修正中心孔的效率高，质量较好，但砂轮磨损快，需要经常修整。

用研磨法修整中心孔，是用锥形的铸铁研磨头代替锥形砂轮，在被研磨的中心孔表面加研磨剂进行研磨的。如果用一个与磨削外圆的磨床顶尖相同的铸铁顶尖作为研磨工具，将铸铁顶尖和磨床顶尖一同磨出 60° 锥角后再研磨中心孔，则可保证中心孔和磨床的顶尖达到良好配合，能磨削出圆度和同轴度误差不超过 0.002mm 的外圆柱面。

图 8-7 所示是挤压中心孔的硬质合金多棱顶尖。挤压时，多棱顶尖装在车床主轴的锥孔内，其操作和磨顶尖孔类似，利用车床的尾座顶尖将工件压向多棱顶尖，通过多棱顶尖的挤压作用来修正中心孔的几何误差。此法生产率极高（只需几秒钟），但质量稍差，一般用于修正精度要求不高的顶尖孔。

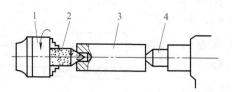

图 8-6　在车床上用磨削方法修正中心孔
1—夹头；2—砂轮；3—工件；4—顶尖

图 8-7　多棱顶尖

4）导柱和导套的研磨加工

导柱和导套的研磨加工，其目的在于进一步提高被加工表面的质量，以达到设计要求。在生产数量较大的情况下（如专门从事模架生产），可以在专用研磨机床上研磨；单件小批生产时，可以采用简单的研磨工具（图 8-8 和图 8-9），在普通车床上进行研磨。研磨时，将导柱装夹在车床上，由主轴带动旋转，在导柱表面均匀地涂上一层研磨剂，然后套上研磨工具并用手将其握住，沿轴线方向做往复直线运动。研磨导套与研磨导柱的方法类似，由主轴带动研磨工具旋转，手握套在研具上的导套，沿轴线方向做往复直线运动。调节研具上的调整螺钉和螺母，可以调整研磨套的直径，以控制研磨量的大小。

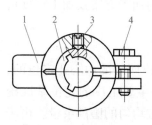

图 8-8　导柱研磨工具
1—研磨架；2—研磨套；3—止动螺钉；4—调整螺钉

磨削和研磨导套孔时常见的缺陷是"喇叭口"，即孔的尺寸两端大、中间小，造成这种缺陷的原因来自以下两方面：

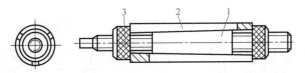

图 8-9 导套研磨工具
1—锥度心轴；2—研磨套；3—调整螺母

① 磨削内孔时，若砂轮完全处在孔内（图 8-10 中实线），则砂轮与孔壁的轴向接触长度最大，磨杆所受的径向力也最大，由于刚度原因，它所产生的径向弯曲位移使磨削深度减小，孔径相应变小。当砂轮沿轴向往复运动到两端孔口部位时，砂轮必将超越两端口，此时径向力

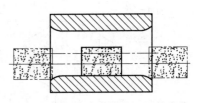

图 8-10 磨孔时"喇叭口"的产生

减小，磨杆产生回弹，使孔径增大。要减小"喇叭口"，就要合理控制砂轮相对孔口端面的超越距离，以便使孔的加工精度达到规定的技术要求。

② 研磨时工件的往复运动使磨料在孔口处堆积，这是由在孔口处切削作用增强所致。所以，在研磨过程中应及时清除堆积在孔口处的研磨剂，以防止和减轻这种缺陷的产生。

研磨导柱和导套用的研磨套和研磨棒一般用铸铁制造。研磨剂用氧化铝或氧化铬（磨料）与机油或煤油（磨液）混合而成。磨料粒度一般在 F220 ～ W7 范围内选用。按被研磨表面的尺寸大小和要求，一般导柱和导套的研磨余量为 0.01 ～ 0.02mm。

8.1.3 上模座和下模座的加工

上模座和下模座的结构、尺寸基本上已标准化。对于冲模来讲，其上模座和下模座主要用来安装导柱、导套，连接凸、凹模固定板等零件；对于型腔模的模板，则主要用来布置型腔、浇口套、孔等。下面以冲模上模座和下模座为例，简述其加工工艺。

（1）上模座和下模座的技术要求

如图 8-11 所示为冲模中间导柱的标准模座，多用铸铁或铸钢制造。其加工技术要求主要有以下几点。

① 为保证模架的装配要求，使模架工作时上模座沿导柱上、下移动平稳，无阻滞现象，加工后应保证一定的平行度和垂直度要求等。

② 上模座和下模座的铸件毛坯上的气孔、砂眼、缩孔、裂纹等缺陷必须去除，并进行时效处理，以消除内应力。

③ 模座上、下平面的平行度公差见表 8-4。

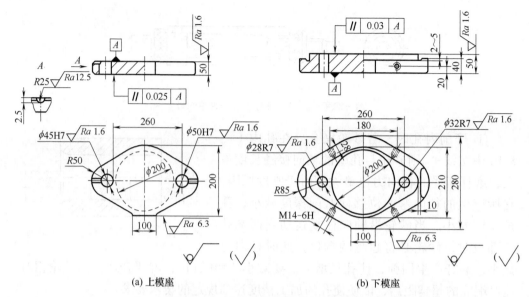

图 8-11 冲模中间导柱的标准模座

表 8-4 模座上、下平面的平行度公差

公称尺寸 /mm	模架精度等级		公称尺寸 /mm	模架精度等级	
	0Ⅰ、Ⅰ级	0Ⅱ、Ⅱ级		0Ⅰ、Ⅰ级	0Ⅱ、Ⅱ级
	平行度 /mm			平行度 /mm	
> 40 ～ 63	0.008	0.012	> 250 ～ 400	0.020	0.030
> 63 ～ 100	0.010	0.015	> 400 ～ 630	0.025	0.040
> 100 ～ 160	0.012	0.020	> 630 ～ 1000	0.030	0.050
> 160 ～ 250	0.015	0.025	> 1000 ～ 1600	0.040	0.060

④ 上模座和下模座的导柱、导套安装孔的孔间距离尺寸应保持一致，导柱、导套安装孔的轴线与模座上、下平面的垂直度公差不超过 0.01mm/100mm，导柱、导套安装孔的轴线与基准面的垂直度公差不超过 0.01mm/100mm。孔的轴线应与模座的上、下平面垂直，对安装滑动导柱的模座，其垂直度公差不超过 0.01mm/100mm。模座的上、下平面保持平行，模座上、下平面对导柱、导套、安装孔的垂直度公差见表 8-5。

⑤ 模座上、下平面及导柱、导套安装孔的表面粗糙度值为 $Ra=1.60 ～ 0.40\mu m$，其余表面为 $Ra=6.3 ～ 3.2\mu m$。四周非安装面可按非加工表面处理。

在上模座和下模座的加工工艺过程中，模座毛坯经过刨（或铣）削加工后，为了保证模座的上、下表面的平面度和表面粗糙度，必须在平面磨床上磨削模座的上、下平面。以磨好的平面为基准，进行导柱、导套安装孔的加工，这样才能保证孔与模座的上、下平面的垂直度。

表 8-5 模座上、下平面对导柱、导套、安装孔的垂直度公差

公称尺寸 /mm	公差等级		公称尺寸 /mm	公差等级	
	IT4	IT5		IT4	IT5
	公差值 /mm			公差值 /mm	
> 40 ~ 63	0.008	0.012	> 250 ~ 400	0.020	0.030
> 63 ~ 100	0.010	0.015	> 400 ~ 630	0.025	0.040
> 100 ~ 160	0.012	0.020	> 630 ~ 1000	0.030	0.050
> 160 ~ 250	0.015	0.025	> 1000 ~ 1600	0.040	0.060

镗孔工序可以在专用镗床、坐标镗床、双轴镗床（图 8-12）上进行，为了保证上模座和下模座的导柱、导套孔距一致，在镗孔时可以将上模座和下模座重叠在一起，一次装夹，同时镗出导柱、导套的安装孔，如图 8-13 所示。

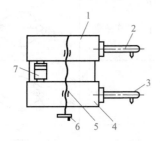

图 8-12 卧式双轴镗床两主轴间距调节示意图

1，4—主轴头；2，3—镗刀；5—丝杠；6—手轮；
7—量块

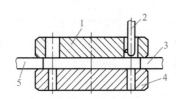

图 8-13 上模座和下模座一起加工

1—上模座；2—镗刀；3，5—垫块；4—下模座

（2）上模座和下模座的加工工艺过程

上模座和下模座的工艺流程为：铸坯→退火处理 - 刨削或铣削上、下表面→钻导柱和导套孔→刨气槽→磨上、下平面→镗导柱和导套孔。

模座的加工主要是平面加工和孔系加工。为了加工方便和保证加工技术要求，在各工艺阶段应先加工平面，再以平面定位加工孔系，即先面后孔。平面的加工方案及加工精度可参考表 7-7，上模座和下模座的加工工艺过程分别见表 8-6 和表 8-7。

表 8-6 上模座的加工工艺过程

工序号	工序名称	工序内容	设备	工序简图
1	备料	铸造毛坯		
2	刨平面	刨上、下平面，保证尺寸 50.8mm	牛头刨床	50.8

续表

工序号	工序名称	工序内容	设备	工序简图
3	磨平面	磨上、下平面，保证尺寸 50mm	平面磨床	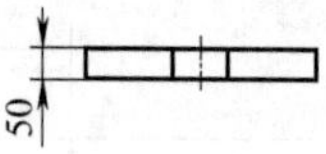
4	钳工划线	划前部和导套孔		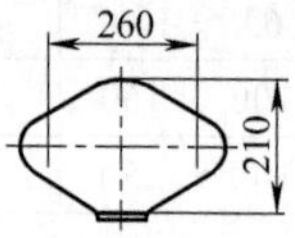
5	铣前部	按划线铣前部	立铣床	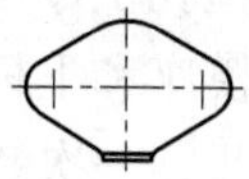
6	钻孔	按划线钻导套孔至 $\phi43$mm、$\phi48$mm	立式钻床	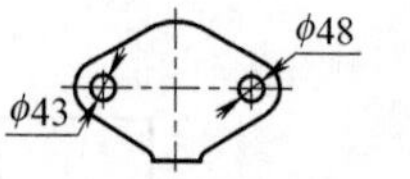
7	镗孔	和下模座重叠，一起镗孔至 $\phi45$H7、$\phi50$H7	镗床或铣床	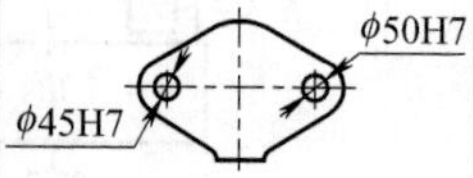
8	铣槽	按划线铣 $R=2.5$mm 的圆弧槽	卧式铣床	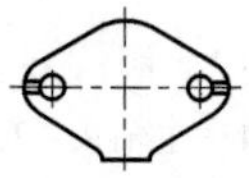
9	检验			

表 8-7　下模座的加工工艺过程

工序号	工序名称	工序内容	设备	工序简图
1	备料	铸造毛坯		
2	刨平面	刨上、下平面，保证尺寸 50.8mm	牛头刨床	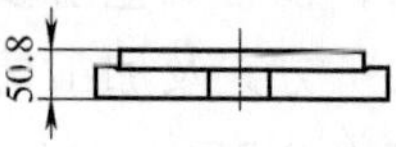
3	磨平面	磨上、下平面，保证尺寸 50mm	平面磨床	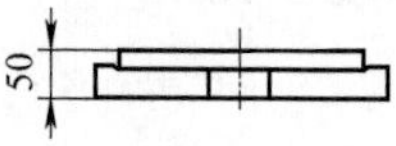
4	钳工划线	划前部 划导柱孔和螺纹孔		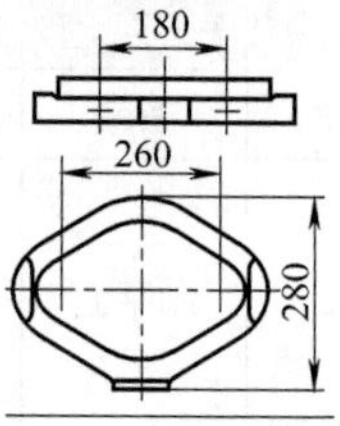

续表

工序号	工序名称	工序内容	设备	工序简图
5	铣前部	按划线铣前部台阶至要求尺寸	立铣床	
6	钻床加工	按划线钻导套孔至 $\phi30$mm、$\phi26$mm，钻螺纹底孔并攻螺纹	立式钻床	
7	镗孔	和上模座重叠，一起镗孔至 $\phi32R7$、$\phi28R7$	镗床或铣床	
8	检验			

8.1.4　浇口套的加工

　　浇口套是塑料注射模及压铸模等型腔模中熔料的进料口，是浇注系统的重要组成部分。以下以塑料注射模为例简述其加工工艺，其他类型模具浇口套的加工可参照进行。

　　常用的塑料注射模浇口套有两种类型，如图 8-14 所示的 A 型和 B 型。由于注射成型时，浇口套要与高温塑料熔体和注射机喷嘴反复接触和碰撞，因此浇口套一般采用 T8A 钢制造，局部热处理，硬度在 57HRC 左右。

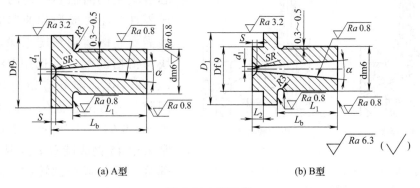

(a) A型　　　　　　　　　　　(b) B型

图 8-14　浇口套

与一般套类零件相比，浇口套的锥孔小（其小端直径一般为$\phi3 \sim 8mm$），加工较难，同时还应保证浇口套锥孔与外圆同轴，以便在安装模具时通过定位环使浇口套与注射机的喷嘴对准。浇口套的加工工艺过程见表8-8。

表8-8　浇口套的加工工艺过程

工序号	工序名称	工艺说明
1	备料	①按零件结构及尺寸大小选用热轧圆钢或锻件作毛坯 ②保证直径和长度方向上有足够的加工余量 ③若浇口套凸肩部分长度不能可靠夹持，应将毛坯长度适当加长
2	车削加工	①车外圆d及端面，留磨削余量 ②车退刀槽达设计要求 ③钻孔 ④用锥度铰刀加工锥孔达设计要求 ⑤调头车D_1外圆达设计要求 ⑥车外圆D，留磨削余量 ⑦车端面保证尺寸L_b ⑧车球面凹坑达设计要求
3	检验	
4	热处理	
5	磨削加工	以锥孔定位，磨外圆d及D达设计要求
6	检验	

8.1.5　侧型芯滑块的加工

当注射成型带有侧凹或R孔的塑料制品时，模具必须带有侧向分型或侧向抽芯机构。图8-15是一种斜导柱抽芯机构。图8-15（a）所示为合模状态，图8-15（b）所示为开模状态。在侧型芯滑块上装有侧向型芯或成型镶块。侧型芯滑块与滑槽可采用不同的组合形式，如图8-16所示。

从以上结构可以看出，侧型芯滑块是侧向抽芯机构的重要组成零件，注射成型和抽芯的可靠性需要它的运动精度来保证。滑块与滑槽的配合常选用H8/g7或H8/h8，其余部分应留有较大的间隙，两者配合面的表面粗糙度值$Ra=0.63 \sim 1.25\mu m$。滑块材料常采用45钢或碳素工具钢，导滑部分可局部或全部淬硬，硬度为$40 \sim 45HRC$。

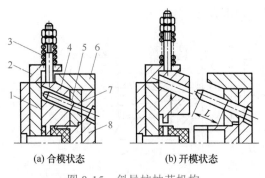

(a) 合模状态　　(b) 开模状态

图8-15　斜导柱抽芯机构

1—动模垫板；2—支承；3—弹簧；4—滑块；5—斜导柱；
6—压紧楔；7—定模型芯固定板；8—定模固定板

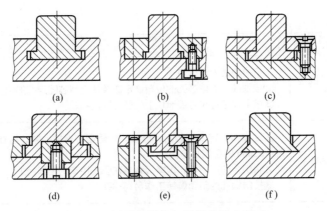

图 8-16　侧型芯滑块与滑槽的组合形式

图 8-17 所示为侧型芯滑块，其加工工艺过程见表 8-9。

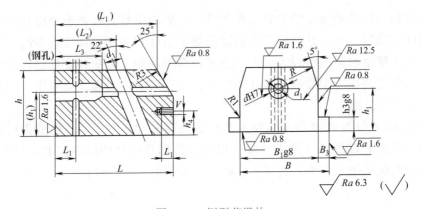

图 8-17　侧型芯滑块

表 8-9　侧型芯滑块的加工工艺过程

工序号	工序名称	工序说明
1	备料	将毛坯锻成平行六面体，保证各面有足够的加工余量
2	铣削加工	铣六面
3	钳工划线	
4	铣削加工	①铣导滑部，表面粗糙度值在 Ra=0.8μm 以上，表面留磨削余量 ②铣各斜面达设计要求
5	钳工加工	去毛刺，倒钝锐边 加工螺纹孔
6	热处理	
7	磨削加工	磨滑块导滑面至设计要求

续表

工序号	工序名称	工序说明
8	镗型芯固定孔	①将滑块装入滑槽内 ②按型腔上侧型芯孔的位置确定侧滑块上型芯固定孔的位置尺寸 ③按上述位置尺寸镗滑块上的型芯固定孔
9	镗斜导柱孔	①动模板、定模板组合，楔紧块将侧型芯滑块锁紧，可在分型面上用厚度为 0.02mm 的金属片垫实 ②将组合的动模板和定模板装夹在卧式镗床的工作台上 ③按斜销孔的斜角偏转工作台，镗孔

8.2 冲裁模的凸、凹模加工

凸模和凹模是冲裁模的主要工作零件，它们的质量直接影响着模具的使用寿命和制件的质量。尤其是凸模工作表面的加工精度和表面质量要求很高，热处理变形对加工精度的影响也较大，因此需选择合理的加工方法并安排合理的热处理工序。而凹模的加工主要是其型孔的加工，型孔属于内表面，需要用压印锉修等特殊的加工工艺加工。

如图 8-18 和图 8-19 所示为圆形凸模和非圆形型孔凹模，凸模的刃口轮廓和凹模的型孔有较高的加工要求。应根据对冲裁模凸模和凹模的技术要求的分析，综合运用其机械加工方法，制订出完整、合理的加工工艺过程。

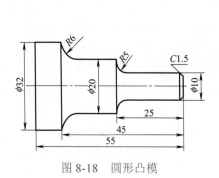

图 8-18　圆形凸模

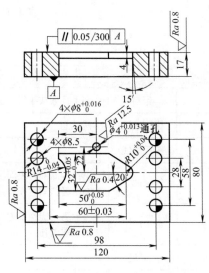

图 8-19　非圆形型孔凹模

8.2.1 凸、凹模的技术要求与材料选择

冲裁模的凸、凹模是用来冲裁制件的关键部件，且工作条件恶劣。因此，其设计、加工制造时应注意满足其工作条件的技术要求与材料选择要求。

（1）凸、凹模的结构特点

① 凸模和凹模都有与制件轮廓一样形状的锋利刃口，凸模和凹模之间存在一周很小的间隙。

② 凸模和凹模都会与制件或废料发生摩擦而导致磨损。

③ 凸模和凹模的镶拼式结构（图8-20和图8-21）在加工工艺方面具有以下优点：简化制模难度；节约贵重模具钢材料，避免整体模热处理变形；便于更换和维修。

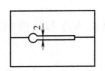

图 8-20　窄槽凹模镶拼式结构

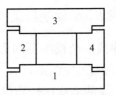

图 8-21　尖角凹模镶拼式结构

④ 凸、凹模的侧壁斜度要求及铆接凸模的硬度分别如图8-22和图8-23所示。

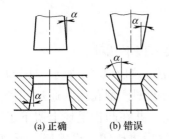

(a) 正确　　(b) 错误

图 8-22　凸、凹模的侧壁斜度要求

图 8-23　铆接凸模的硬度

（2）凸、凹模的技术要求

根据凸、凹模结构的工艺性，在设计时，应满足表8-10中的技术要求。

表 8-10　凸、凹模的技术要求

项目	加工要求
尺寸精度	达到图样设计要求，凸、凹模间隙合理、均匀
表面形状	凸、凹模侧壁要求平行或稍有斜度，大端应位于工作部分，决不允许有反斜度
位置精度	①圆形凸模的工作部分对固定部分的同轴度误差小于工作部分公差的一半。凸模端面应与中心线垂直 ②对于连续模，凹模孔与固定板凸模安装孔、卸料板孔的孔位应一致，各步步距应等于侧刃的长度 ③对于复合模，凸凹模的外轮廓和其内孔的相互位置应符合图样规定的要求

续表

项目	加工要求
表面粗糙度	刃口部分的表面粗糙度值为 Ra=0.4μm，固定部分的表面粗糙度值为 Ra=0.8μm，其余为 Ra=6.3μm，刃口要求锋利
硬度	凹模工作部分的硬度为 60～64HRC，凸模工作部分的硬度为 58～62HRC。对于铆接的凸模，从工作部分到固定部分，其硬度逐渐降低，但最低不小于 38～40HRC

（3）凸、凹模材料的选择

基于以上凸模与凹模的技术要求，两者所用的材料一般选用高碳钢、高合金钢，常用的材料为 T8A、T10A、CrWMn、Cr12、W18Cr4V 和硬质合金等，一般要进行淬硬处理，硬度为 58～62HRC。

8.2.2　冲裁模凸模的加工

根据冲裁模凸模的不同形状，可划分为圆形凸模和非圆形凸模两大类。

（1）圆形凸模的加工

圆形凸模的结构比较简单，加工也比较简单，其工艺过程一般为：准备毛坯→车削加工（留磨削余量）→热处理→磨削。

凸模加工的工艺要点有两个：a. 工作表面的加工精度和表面质量要求高；b. 热处理变形对加工精度有影响。

（2）非圆形凸模的加工

非圆形凸模的加工方法较多，归纳起来主要有以下几种。

① 压印锉修。压印锉修是一种钳工加工方法，如图 8-24 所示。压印时，在压力机上将粗加工后的凸模毛坯垂直压入已淬硬的凹模型孔内。通过凹模型孔的挤压和切削作用，凸模毛坯上多余的金属被挤出，并在凸模毛坯上留下了凹模的印痕。钳工按照印痕锉去毛坯上多余的金属，然后再压印，再锉修，反复进行，直到凸模刃口尺寸达到图样要求为止。

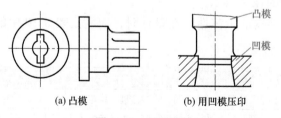

(a) 凸模　　　　(b) 用凹模压印

图 8-24　压印锉修

压印锉修适合于无间隙冲裁模的加工，在缺乏先进设备的情况下十分有效。但也有缺点：对工人的操作水平要求高，生产率低，模具精度受热处理影响。

② 仿形刨床切削加工。仿形刨床主要用于加工刃口轮廓由圆弧和直线组成

的形状复杂的带有台肩的凸模和型腔冷挤压冲头。仿形刨床加工一般凸模和复杂凸模的示意图分别如图 8-25 及图 8-26 所示。

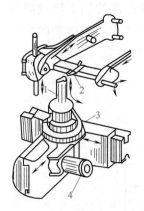  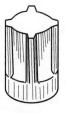 

图 8-25　仿形刨床加工一般凸模示意图　　　图 8-26　仿形刨床加工复杂凸模示意图
1—凸模；2—刨刀；3—卡盘；4—分度头

加工表面的表面粗糙度值为 Ra=1.6 ～ 0.8μm，尺寸精度可达 ±0.02mm。刨削前，毛坯各表面先在普通机床上加工，然后在端面上划出刃口轮廓线，按划线铣削加工，留单边刨削余量 0.2 ～ 0.3mm，在仿形刨床上精加工，并留研磨余量 0.01 ～ 0.02mm。

其缺点是对工人的操作水平要求高，生产率低，加工后的热处理将引起凸模的变形。

③ 电火花线切割加工。如图 8-27 所示为电火花线切割加工凸模示意图，其工艺规程如下：

a. 准备毛坯，将圆形棒料锻造成六面体，并进行退火处理。

b. 刨削或铣削六个面，在刨床或铣床上加工六面体的六个面。

c. 钻穿丝孔。

d. 加工螺纹孔，钻孔并攻螺纹，加工出固定凸模用的两个螺纹孔。

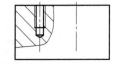
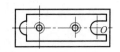

图 8-27　电火花线切割加工凸模示意图

e. 热处理，将工件进行淬火、回火处理，要求表面硬度达到 58 ～ 62HRC。

f. 磨削上、下两平面，表面粗糙度 Ra < 0.8μm。

g. 去除穿丝孔内的杂质，并进行退磁处理。

h. 线切割加工凸模。

i. 研磨。线切割加工后，钳工研磨凸模的工作部分，降低工作表面的表面粗糙度。

④ 成型磨削。成型磨削是目前加工凸模的常用方法。

（3）圆形凸模加工实例

如图 8-28 所示是圆形凸模的典型结构。这种凸模的加工比较简单，热处理前毛坯经车削加工，表面粗糙度 $Ra \leq 0.8 \mu m$，表面留适当的磨削余量。热处理后，经磨削加工即可获得较理想的工作型面及配合表面。

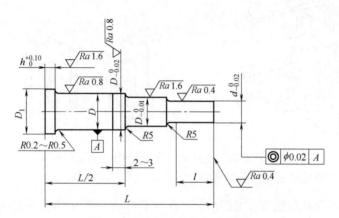

图 8-28　圆形凸模的典型结构

（4）非圆形凸模的加工实例

凸模的非圆形工作型面，大致分为平面结构和非平面结构两种。加工以平面构成的凸模型面（或主要是平面）比较容易，可采用铣削或刨削方法对各表面逐次进行加工，如图 8-29 所示。

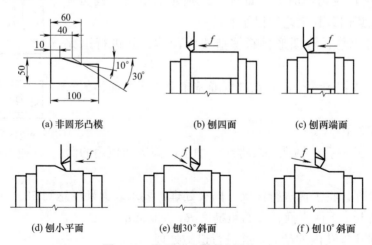

图 8-29　非圆形凸模的刨削加工

采用铣削方法加工平面结构的凸模时，多采用立铣床和万能工具铣床进行加工。对于这类模具中的某些倾斜平面，加工方法如下。

① 工件斜置。装夹工件时使被加工斜面处于水平位置进行加工，如图 8-30 所示。

② 刀具斜置。使刀具相对于工件倾斜一定的角度进行加工，如图 8-31 所示。

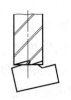

图 8-30 工件斜置铣削

图 8-31 刀具斜置铣削

③ 将刀具制成一定的锥度对斜面进行加工，这种方法一般少用。

加工非平面结构的凸模（图 8-32）时，可根据凸模形状、结构特点和尺寸大小，采用车床、仿形铣床、数控铣床或通用铣（刨）床等进行加工。

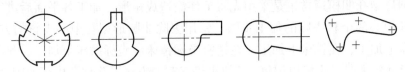

图 8-32 非平面结构的凸模

采用仿形铣床或数控铣床加工可以减轻劳动强度，容易获得所要求的形状尺寸。数控铣削的加工精度比仿形铣削高。仿形铣削是靠仿形销和靠模的接触来控制铣刀的运动，因此，仿形销和靠模的尺寸形状误差、仿形运动的灵敏度等会直接影响零件的加工精度。无论是仿形铣削还是数控铣削，都应采用螺旋齿铣刀进行加工，这样可使切削过程平稳，容易获得较低的表面粗糙度值。

8.2.3 冲裁模凹模的加工

冲裁模凹模的加工主要是凹模型孔的加工。

（1）凹模的加工特点

① 凹模内孔的加工尺寸往往直接取决于刃具的尺寸，因此刃具的尺寸精度、刚性及磨损将直接影响内孔的加工精度。

② 加工凹模孔时，切削区在工件内部，排屑和散热条件差，加工精度和表面质量不容易控制。

（2）凹模的加工方法

凹模型孔的加工又分为单孔凹模、多孔凹模及非圆形型孔的加工。

① 单孔凹模加工。单孔凹模加工比较简单，毛坯经锻造、退火后进行车削（或铣削），以及钻、镗型孔，在上、下平面和型孔处留适当磨削压力。再由模具工划线、钻所有固定用孔、螺纹、销孔，然后进行淬火、回火。热处理后磨削

上、下平面及刃口部分即可。

② 多孔凹模加工。在多孔冲裁模或级进模中，凹模上有一系列孔，凹模孔系的位置精度通常要求在 ±(0.01 ~ 0.02)mm 以下，这给孔的加工带来了较大困难。为保证模具各孔的位置度要求，常采用坐标镗床加工。

对于多孔凹模，凹模做成整体既浪费材料又增加加工难度，因此一般设计制成镶套式结构，仅凹模镶套采用模具钢制造，而凹模固定板则采用成本低得多的普通钢材制造，不需进行热处理。凹模镶套经淬火、回火和磨削后分别压入固定板的相应孔内，固定板上凹模镶套孔也可采用坐标镗床进行加工。在镗凹模孔时，孔与外形有一定的位置精度要求，加工时要确定好基准，并准确确定孔的中心位置。

③ 非圆形型孔的加工。非圆形型孔的加工比较复杂，首先要去除非圆形型孔中心的废料，然后再进行精加工。

非圆形型孔凹模通常也是采用先将毛坯锻造成矩形，加工各平面后进行划线，再将型孔中心的余料去除的加工步骤。常用去除非圆形型孔中心废料的方法有在普通钻床上加工、在铣床上加工、在精密坐标镗床或坐标磨床上加工、锉削加工。当凹模尺寸较大时，也可以用氧 - 乙炔火焰气割的方法去除型孔内部的废料。切割型孔时应留足加工余量，切割后的模坯应进行退火处理，以便进行后续加工。

去除余料后，生产中常用的型孔精加工方法有压印锉修、仿形铣削、电火花线切割和电火花加工。

当采用电火花加工时，凹模加工要注意以下几点：

a. 选择淬透性好、热处理变形小的材料。

b. 不必采用镶拼式结构，而采用整体式结构。

c. 应采用凹模背面铣削台阶的方法适当减小凹模刃口的厚度，或在线切割加工之后用电火花加工出漏料斜度，如图 8-33 和图 8-34 所示。

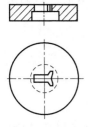

(a) 铣削台阶

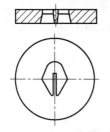

(b) 电火花加工凹模背面

图 8-33　电火花加工凹模

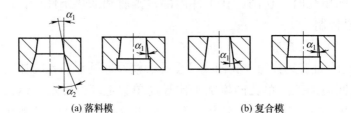

(a) 落料模　　　　　　　(b) 复合模

图 8-34　电火花加工模具的斜度

d. 凹模型孔的尖角改为小圆角。

e. 刃口及落料斜度小。

f. 标出凸模的公称尺寸和公差。

g. 刃口表面变质层的处理。

h. 凸模固定板采用线切割加工。

凹模型孔电火花加工方法的选择见表 8-11。

表 8-11 凹模型孔电火花加工方法的选择

配合间隙 z/mm	直接法	间接法	混合法	二次电极法
＞ 0.2	尚可	最合适	尚可	—
0.2 ~ 0.1	尚可	尚可	尚可	尚可
0.1 ~ 0.015	最合适	尚可	最合适	最合适
＜ 0.015	—	尚可	—	最合适

如图 8-35（a）所示为电火花加工的凹模，凹模材料为 T10A，与凸模的配合间隙为单边 0.05 ~ 0.10mm，加工余量为单边 3 ~ 4mm，刃口的表面粗糙度 Ra=0.8μm。如图 8-35（b）所示为电火花加工用的电极。

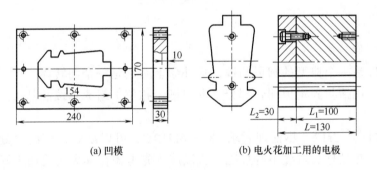

(a) 凹模　　　　　(b) 电火花加工用的电极

图 8-35　电火花加工凹模示意图

其加工过程为：准备毛坯→刨削六个面→平磨→模具工划线→切除中心废料→加工螺孔和销孔→热处理→平磨→退磁处理→电火花加工型孔。

8.3　典型模具零件的加工工艺

不同结构及形状的模具零件，在不同的企业其所采用的加工工艺是不同的，甚至同一个零件在不同的生产批量、同一个企业不同的生产时期时，其加工工艺也有所不同，以下通过一些典型实例具体说明模具零件的加工工艺。应该强调的是，所设计使用的加工工艺必须与本企业、本地区的加工设备，操作人员的技术水平相适应。

8.3.1　圆形凸模的加工

图 8-36 为某圆形凸模零件图，采用 Cr12 制成，要求热处理后，硬度为 58 ～ 62HRC。

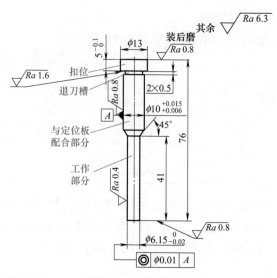

图 8-36　圆形凸模

（1）零件分析

该零件是一个典型的圆形凸模，从外形上看它是一个回转体，由工作部分和安装部分（包括与固定板配合部分、退刀槽、扣位）组成。按照其加工要求可做如下分析。

① 材料为 Cr12，热处理要求 58 ～ 62HRC，可以断定，最终热处理为：淬火＋回火。热处理后较硬不好加工，所以应优先考虑在淬火之前加工好。

② 工作部分尺寸为 $\phi 6.5_{-0.02}^{0}$ mm，表面粗糙度 $Ra=0.4$ mm，尺寸精度在 IT6 左右；安装部分尺寸为 $\phi 10_{+0.006}^{+0.015}$ mm，表面粗糙度 $Ra=0.8\mu$m，尺寸精度在 IT6 左右。这两部分的质量可以通过精磨加工来保证。精加工应该在热处理后，因为如果精加工后再热处理，材料热处理引起的变形和表面氧化将使之无法达到要求，所以可以断定这个表面的最终加工方法应该为热处理后精磨。

③ 工作部分与安装部分的同轴度要求为 $\phi 0.01$ mm。要保证这样的同轴度要求，最好在一次装夹中完成这两个表面的精加工，如果分开加工，每次装夹都会有一定的定位误差，那就很难保证同轴度要求了。要在一次装夹中完成两个以上外圆表面加工的方法主要有 3 种。

a. 用双顶尖装夹。如图 8-37 所示，这种装夹方法装夹方便快捷，加工同轴度高，但小零件因在双顶尖的顶力下容易弯曲变形，所以一般用于比较大的零件加工。

注意：采用顶尖装夹精加工应首先研磨中心孔，保证中心孔与顶尖接触良好，以免出现如图8-38所示的情况。

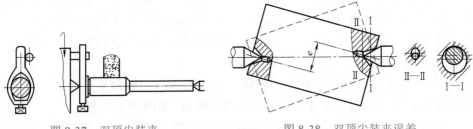

图8-37 双顶尖装夹　　　　　　　　图8-38 双顶尖装夹误差

b. 用单顶尖装夹。比较大的零件利用中心孔装夹（见图8-39），比较小的零件利用反顶尖装夹（见图8-40），这种装夹方法稍显麻烦，首先用三爪卡盘轻轻夹住一端，另一端用顶尖顶好，用百分表校验圆跳动，合格后才能夹紧。这种方法加工的同轴度比较高，装夹小零件也不容易变形，所以加工小的零件时经常采用。值得注意的是，采用顶尖装夹精加工应首先研磨中心孔，保证中心孔与顶尖接触良好，以免出现如图8-38所示的情况。

图8-39 单顶尖装夹　　　　　　　　图8-40 反顶尖装夹

c. 利用三爪卡盘装夹。如图8-41所示，即利用三爪卡盘装夹一次加工出两个圆柱表面。为了使三爪卡盘夹得更牢一些，可以再做个加长段增加三爪卡盘的夹持长度，在加长段与扣位之间车一个细槽，以便加工完毕后更容易把加长段去除（敲断即可）。这种方法最简单，但由于工件在砂轮的作用下很容易向下弯曲，不易保证

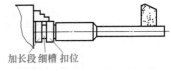

图8-41 三爪卡盘装夹磨削

加工的尺寸精度、圆柱度和同轴度要求，所以一般只能用于粗短凸模的加工。

综合比较以上三种装夹方法可知，本零件精加工采用单顶尖装夹进行加工是最好的选择。

（2）加工阶段划分

通过以上的零件分析，可以初步确定零件加工过程的四个阶段，即备料、粗加工、热处理、精加工。

① 备料。Cr12材料是一种高碳高铬合金钢，出厂状态下其内部结构不是很均匀，有的地方硬、有的地方软，这样的材料如果不经过一定的处理，加工比较困难，而且热处理时和热处理后在使用过程中也很容易开裂。所以，备料一般经

过：下圆棒料→锻造→退火。锻造的目的是使材料的内部组织更加均匀一点、更加致密一点，而锻造后表面很容易硬化，所以要经过热处理退火才能容易地加工。但是，如图 8-36 所示的凸模，形状比较细小，锻造有一定难度；再者，圆形凸模受力状况比较好，不容易损坏，而且圆形凸模的加工也比较容易，即使损坏了要更换，成本也不是很高。所以，在模具寿命要求不是特别高的情况下，一般采用圆钢直接加工，并不经过锻造和退火。

② 粗加工。因零件形状是回转体，粗加工方法一般为车削加工。由于零件比较细长，加工过程中还要注意防止受力变形而车出喇叭形零件。

此外，由于在精加工工作部分和安装部分时需要统一的定位基准，所以在车削加工的时候还要考虑做精加工定位基准，即中心孔。

③ 热处理。产品的最终热处理为淬火＋回火，一般企业由专门的部门加工或外协加工，这里不再赘述。

④ 精加工。由于零件的质量要求比较高，精加工一般采用外圆磨床加工。磨削加工时要注意保证凸模安装部分及工作部分的精度和表面粗糙度要求。

（3）工艺方案比较分析

① 方案一。加工工艺过程为下料→车削→热处理→磨外圆→切断，工艺过程如表 8-12 所示。

表 8-12 凸模加工工艺过程（方案一）

工序号	工序名称	工序内容	加工设备	工序简图
1	下料	锯圆钢 $\phi18\text{mm}\times85\text{mm}$	锯床	
2	车削	车端面（后端面留 0.1mm 余量待装配后磨平）、外圆及中心孔，见右图	车床	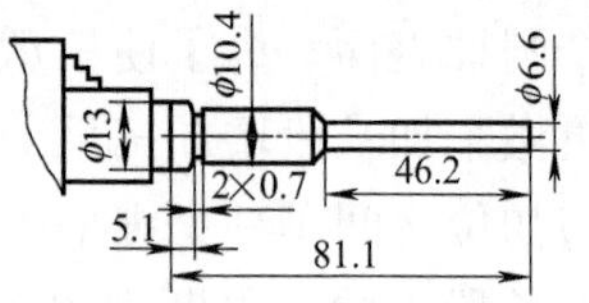
3	热处理	热处理淬火＋回火，58 ～ 62HRC	热处理炉	
4	磨外圆	磨外圆达图纸要求	外圆磨床	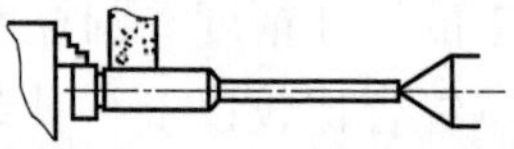
5	切断	在万能工具磨床上用切断砂轮切断刃口加长段，保长 $76.1^{+0.1}_{0}\text{mm}$	万能工具磨床	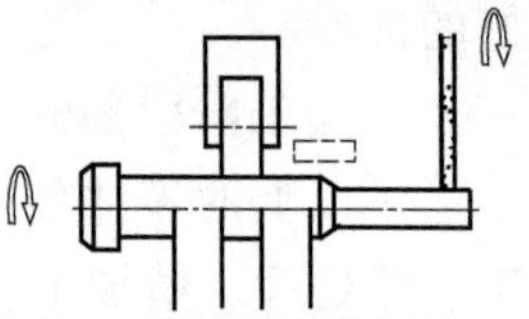

其中，车削和磨削为整个工艺过程的关键工序。

② 方案二。加工工艺过程为下料→车削→热处理→磨外圆（用磨针机装夹，在手摇磨床上磨），工艺过程如表 8-13 所示。

表 8-13 凸模加工工艺过程（方案二）

工序号	工序名称	工序内容	加工设备	工序简图
1	下料	锯圆钢 $\phi18mm\times85mm$	锯床	
2	车削	车端面（后端面留 0.1mm 余量待装配后磨平）、外圆及中心孔，见右图	车床	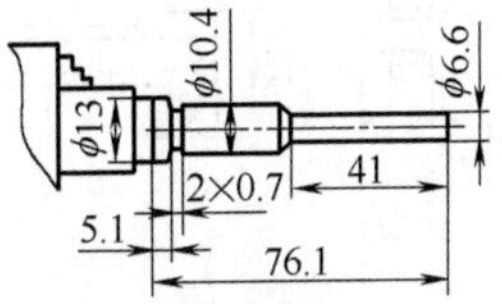
3	热处理	热处理淬火＋回火，58～62HRC	热处理炉	
4	磨外圆	磨外圆达图纸要求	外圆磨床	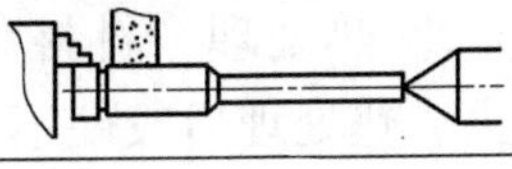

其中，磨削为整个工艺过程的关键工序。

③ 方案三。工艺过程为下料→锻造→热处理退火→车削→热处理→磨外圆→切断，工艺过程如表 8-14 所示。

表 8-14 凸模加工工艺过程（方案三）

工序号	工序名称	工序内容	加工设备	工序简图
1	下料	锯圆钢 $\phi28mm\times36mm$	锯床	
2	锻造	将坯料锻成 $\phi17mm\times84mm$，见右图	锻床	
3	热处理	退火	热处理炉	
4	车削	车端面，钻中心孔，以中心孔定位，按图车削成形，后端面留 0.1mm 余量，待装配后磨平，工作部分和与固定板配合部分留磨削余量 0.2mm，见右图	普通卧式车床	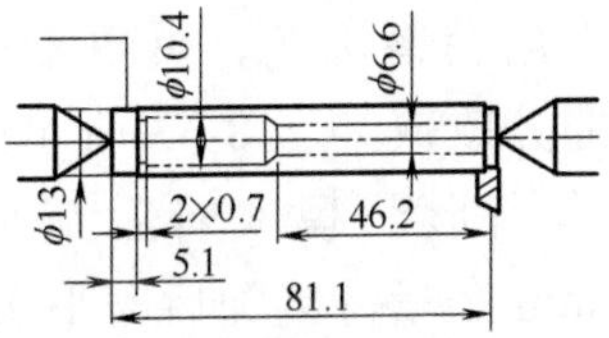
5	热处理	热处理淬火＋回火，58～62HRC	热处理炉	
6	磨外圆	研磨中心孔，以中心孔定位磨削工作部分和与固定板配合部分的圆柱面，见右图	外圆磨床	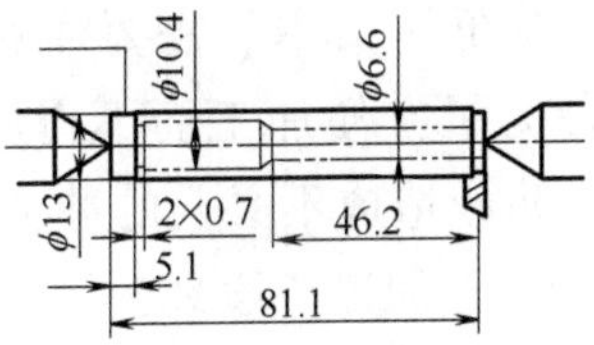
7	切断	切断刃口加长段，保长 $76.1^{+0.1}_{0}$mm	万能工具磨	

其中车削和磨削为整个工艺过程的关键工序。

8.3.2   非圆形凸模的加工

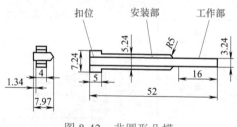

图 8-42   非圆形凸模

图 8-42 为某非圆形凸模结构简图，采用 Cr12 制成，要求热处理后，硬度为 58 ～ 62HRC。

（1）零件分析

该零件是一个典型的非圆形凸模，由工作部分和安装部分及扣位组成，根据其加工要求可做如下分析。

① 热处理。材料为 Cr12，热处理要求 58 ～ 62HRC，最终热处理为淬火 + 回火。热处理后较硬不易加工，所以应优先考虑在淬火之前加工。

② 工作部分。尺寸为 16mm×3.24mm 的长鼓形，公差为 0.01mm，要求较高。因为是工作表面，表面粗糙度要求较高，应该在 Ra=0.4mm 以下。要保证这样的质量要求，一般可以通过精磨或线切割精加工方法保证。精加工应该在热处理后，因为如果精加工后再热处理，材料热处理引起的变形和表面氧化将使之无法达到精度要求，所以这个表面的最终加工方法应该为热处理后精磨或线切割。

③ 安装部分。外轮廓为十字形面，轮廓尺寸 31mm×5.24mm，公差为 0.01mm，要求较高。因为是安装表面，所以表面质量要求也很高，应该在 Ra=0.8μm 以下。要保证这样的质量要求，可以通过精磨或线切割精加工方法保证。精加工应该在热处理后，因为如果精加工后再热处理，材料热处理引起的变形和表面氧化将使之无法达到精度要求，所以这个表面的最终加工方法应该为热处理后精磨或线切割。磨曲面（如图 8-43 所示圆弧面）是比较麻烦的，所以如果采用精磨工艺，可以考虑将安装部分改成如图 8-43 所示的改进的非圆形凸模（前后端面各留 0.1mm 余量待装配后磨平），这样既不影响使用要求（工作部分不改动），又可以减少圆弧面的磨削量，降低了成本。需要注意的是，

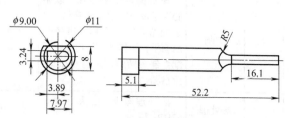

图 8-43   改进的非圆形凸模

这种为了方便加工而不得不更改设计图纸的情况，应该及时与设计部门沟通协调，防止造成不必要的冲突。

（2）加工阶段划分

通过以上的零件分析，可以初步确定零件加工过程为 4 个阶段，即备料、粗加工、热处理、精加工。

① 备料。Cr12 材料是一种高碳高铬合金钢，出厂状态下其内部结构不是很

均匀，有的地方硬，有的地方软，这样的材料如果不经过一定的处理比较难加工，而且热处理也很容易造成开裂。所以，备料一般经过下圆棒料→锻造→退火。锻造的目的是使材料的内部组织更均匀、更致密。锻造后表面很容易硬化不易加工，所以要经过热处理退火后才加工。

② 粗加工。粗加工可以采用铣床加工或车削加工。

③ 热处理。产品的最终热处理为淬火＋回火，一般工厂由专门的部门加工或外协加工，这里不赘述。

④ 精加工。采用线切割或磨削加工。

（3）加工工艺方案比较分析

① 方案一。加工工艺过程为：下料→锻造→热处理退火→铣平面→磨平面→划线钻孔→热处理→磨平面→线切割→磨平面→钳工修整，工艺过程如表 8-15 所示。

表 8-15 非圆形凸模加工工艺过程（方案一）

工序号	工序名称	工序内容	加工设备	工序简图
1	下料	锯圆钢 ϕ35mm×41.6mm	锯床	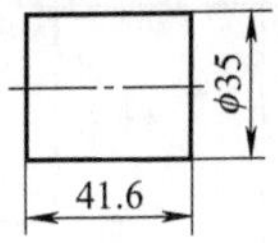
2	锻造	将圆钢锻成 29mm×22mm×57mm	锻床	
3	热处理	热处理退火	热处理炉	
4	铣平面	铣平六个表面，尺寸 25.3mm×18.3mm×53mm	万能铣床	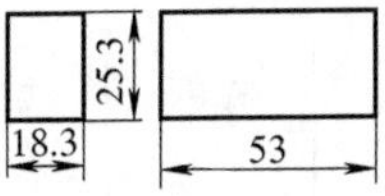
5	磨平面	磨上、下两平面和相邻的两侧面（用作划线基准），尺寸见右图	平面磨床	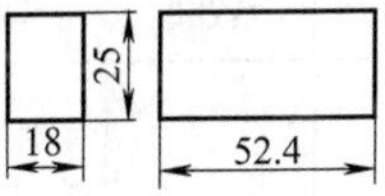
6	划线钻孔	划 ϕ5mm 穿线孔线，并钻孔，见右图	钻床	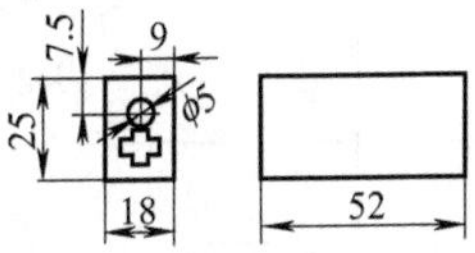
7	热处理	淬火＋回火	热处理炉	
8	磨平面	磨上下两平面，尺寸见右图	平面磨床	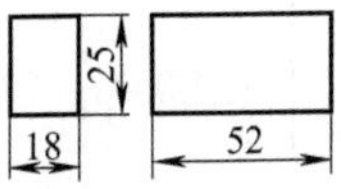

工序号	工序名称	工序内容	加工设备	工序简图
9	线切割	线切割外形见右图	线切割机	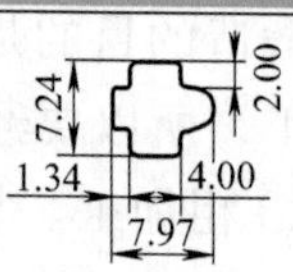
10	磨平面	磨削加工达到零件图要求	平面磨床	见图 8-42
11	修整	研磨抛光线切割表面、非工作锐边倒钝等	钳工	

其中，下料（圆钢）的尺寸应根据线切割毛坯的体积，再依据体积不变的原则计算。

② 方案二。工艺过程为：下料锻造→热处理退火→车削→铣削→热处理→成形磨削，工艺过程如表 8-16 所示。

表 8-16　非圆形凸模加工工艺过程（方案二）

工序号	工序名称	工序内容	加工设备	工序简图
1	下料	锯圆钢 $\phi25mm\times25.7mm$	锯床	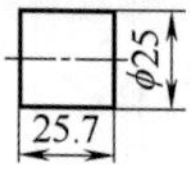
2	锻造	将圆钢锻成 $\phi16mm\times57mm$	锻床	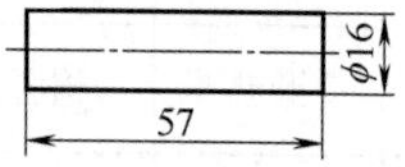
3	热处理	热处理退火	热处理炉	
4	车削	车削端面及外圆，如右图	车床	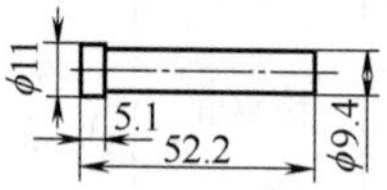
5	热处理	淬火＋回火	热处理炉	
6	磨外圆	用磨针机装夹（见右图）粗磨外圆，掉头装夹再粗磨另一头。再次掉头装夹，精磨好一头，掉头再精磨另一头	万能工具磨床磨针机	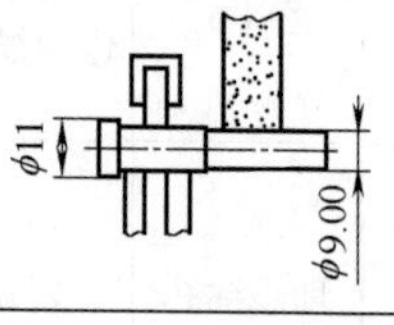
7	磨平面	台虎钳装夹，磨平凸模小平面，见右图	平面磨床	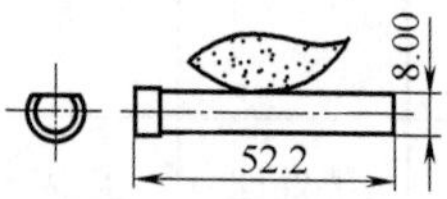
8	成形磨削	磨削，见右图	万能工具磨床	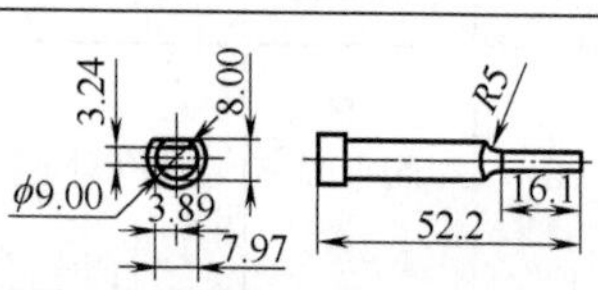

其中，下料（圆钢）的尺寸应根据体积不变的原则计算，步骤如下：

a. 确定锻件尺寸。锻件尺寸等于零件最大尺寸加上加工余量，参考资料可得：直径及长度的加工余量各取 5mm，所以锻件的尺寸为 $\phi16mm \times 57mm$。

b. 确定圆钢的直径和长度。根据公式计算，最后确定圆钢直径为 25mm，长度为 25.7mm。

8.3.3　凸模的成形磨削加工

某凸模断面形状如表 8-17 所示，要求采用成形磨削完成零件的加工。表 8-17 给出了其成形磨削工艺过程。

表 8-17　某凸模成形磨削工艺过程

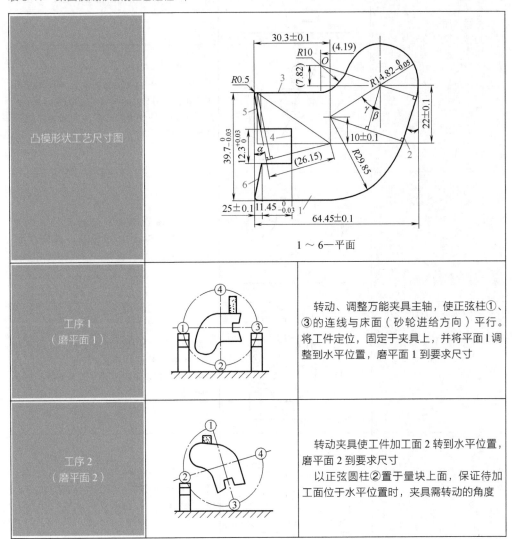

凸模形状工艺尺寸图	（图） 1～6—平面
工序 1 （磨平面 1）	转动、调整万能夹具主轴，使正弦柱①、③的连线与床面（砂轮进给方向）平行。将工件定位，固定于夹具上，并将平面1调整到水平位置，磨平面 1 到要求尺寸
工序 2 （磨平面 2）	转动夹具使工件加工面 2 转到水平位置，磨平面 2 到要求尺寸 以正弦圆柱②置于量块上面，保证待加工面位于水平位置时，夹具需转动的角度

工序 3（磨 R29.85mm 凸圆弧面）	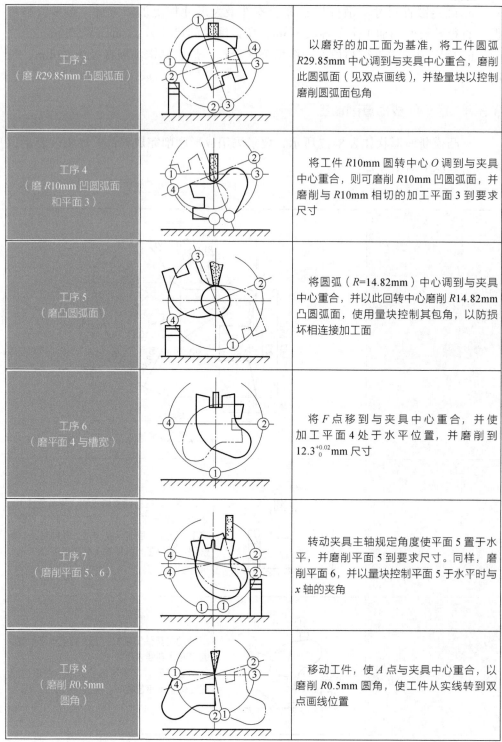	以磨好的加工面为基准，将工件圆弧 R29.85mm 中心调到与夹具中心重合，磨削此圆弧面（见双点画线），并垫量块以控制磨削圆弧面包角
工序 4（磨 R10mm 凹圆弧面和平面 3）		将工件 R10mm 圆转中心 O 调到与夹具中心重合，则可磨削 R10mm 凹圆弧面，并磨削与 R10mm 相切的加工平面 3 到要求尺寸
工序 5（磨凸圆弧面）		将圆弧（R=14.82mm）中心调到与夹具中心重合，并以此回转中心磨削 R14.82mm 凸圆弧面，使用量块控制其包角，以防损坏相连接加工面
工序 6（磨平面 4 与槽宽）		将 F 点移到与夹具中心重合，并使加工平面 4 处于水平位置，并磨削到 $12.3_{0}^{+0.02}$mm 尺寸
工序 7（磨削平面 5、6）		转动夹具主轴规定角度使平面 5 置于水平，并磨削平面 5 到要求尺寸。同样，磨削平面 6，并以量块控制平面 5 于水平时与 x 轴的夹角
工序 8（磨削 R0.5mm 圆角）		移动工件，使 A 点与夹具中心重合，以磨削 R0.5mm 圆角，使工件从实线转到双点画线位置

8.3.4　拉深凹模的加工

图 8-44 为某拉深凹模零件图，采用 Cr12MoV 制成，要求热处理后，硬度为 60 ～ 62HRC。

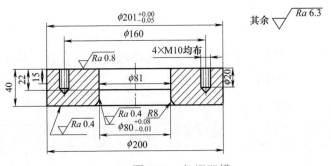

图 8-44　拉深凹模

（1）零件分析

该零件是一个典型的拉深凹模，根据其加工要求可分析如下。

① 热处理。材料为 Cr12MoV，热处理要求 60 ～ 65HRC，由此可确定最终热处理为：淬火 + 回火。因热处理后较硬不好加工，所以能在热处理淬火之前加工的优先考虑在淬火之前加工。

② 型孔部分。ϕ80mm 圆形孔，端部有 R=8mm 的圆角，型孔公差要求不算高，但表面粗糙度 Ra=0.4μm，要求较高，其最终加工方法是热处理淬火后抛光。底部扩孔为 ϕ81mm 要求不高，可以在热处理淬火之前加工好。

③ 其他部分。外形直径为 ϕ200mm，底部有 ϕ201mm 的定位台阶，定位台阶公差为 0.05mm，零件形状简单、刚性较好。热处理变形不大，外径尺寸可以加工后热处理，上、下底面表面粗糙度要求较高，可热处理淬火后磨平，内有 4 个 Ml0 的螺孔，应该在热处理淬火之前加工好。

（2）加工阶段划分

通过以上零件分析，可以初步确定零件加工过程的 5 个阶段，即备料、淬火前加工、热处理淬火、热处理后精加工、光整加工（抛光）。

① 备料。Cr12MoV 材料是一种高碳高铬合金钢，出厂状态下内部结构不是很均匀，有的地方硬，有的地方软，这样的材料如果不经过一定的处理，比较难加工，而且热处理和热处理后拉深时受力容易开裂。所以，备料一般经过：下圆棒料→锻造→退火。锻造的目的是使材料的内部组织更均匀、更致密。锻造后表面很容易硬化不易加工，所以要经过热处理退火才可加工。

② 淬火前加工。包括上下底面的粗加工，外径的粗、精加工，内孔的粗加工，螺纹孔的加工。

③ 热处理淬火。产品的最终热处理为淬火＋回火，一般工厂由专门的部门加工或外协加工，这里不赘述。

④ 热处理后精加工。包括型孔的精加工，上、下底面的精加工。

⑤ 光整加工，即型孔的抛光。

（3）加工工艺方案比较分析

1）方案一

该零件加工工艺过程为：下料→锻造→热处理退火→车削→划线、钻孔、攻螺纹→热处理→磨上、下平面→精加工型孔并抛光，工艺过程见表 8-18。

表 8-18 拉深凹模加工工艺过程（方案一）

工序号	工序名称	工序内容	加工设备	工序简图
1	下料	锯圆钢 $\phi 105mm \times 166mm$	锯床	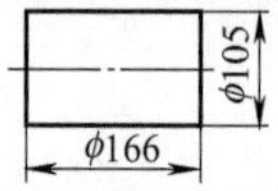
2	锻造	将圆钢锻成如右图所示	锻床	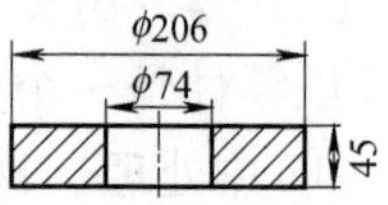
3	热处理	热处理退火	热处理炉	
4	车削	车削端面，留 0.35mm 余量，车外圆达尺寸要求，车内孔留双边余量 0.5mm，见右图	车床	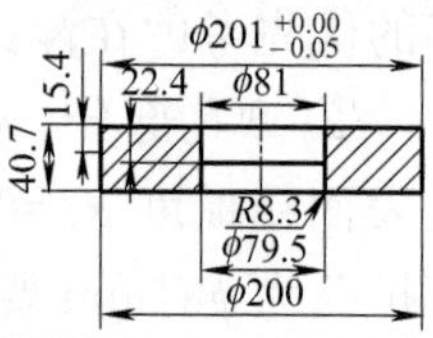
5	攻螺纹	加工 4×M10	钻床	
6	热处理	淬火＋回火	热处理炉	
7	磨平面	磨上、下平面达尺寸要求	平面磨床	
8	精加工型孔	磨削内孔并抛光达到尺寸要求，见右图	车床	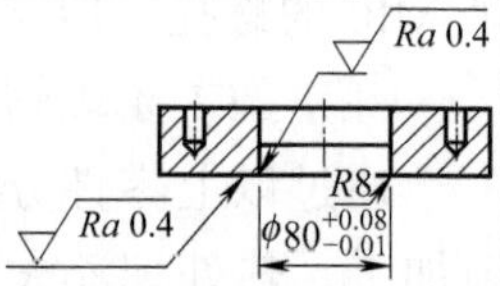

① 下料。其中，下料（圆钢）的尺寸应根据体积不变的原则计算，步骤如下。

a. 确定锻件尺寸。锻件尺寸等于零件最大尺寸加上加工余量，根据参考资料可得，加工余量为：直径余量 5mm，长度方向余量 5mm，内孔余量适当放大为 6mm，所以锻件的尺寸为 $\phi 206mm \times 45mm$，内孔为 $\phi 74mm$。

b. 确定圆钢直径和长度。根据公式计算，最后确定圆钢直径为 105mm，长度为 166mm。

② 车削工序。

a. 三爪卡盘装夹一头，伸出 25mm，粗校端面，夹紧，平端面，车外圆 ϕ201mm，车削长度 20mm 以上。

b. 车内孔至 ϕ76mm，扩孔 ϕ81mm，深 22.4mm，如图 8-45 所示。

c. 掉头装夹，伸出 25mm，粗校端面，打表校正外圆（已车的部分）跳动，夹紧，平端面到长 40.7mm，车外圆 ϕ200mm，长 25.4mm。

d. 扩内孔至 ϕ79.5mm，倒外圆 R=8.3mm，如图 8-46 所示。

③ 精加工型孔工序。将工件装夹在三爪卡盘上，用百分表校正其端面跳动，然后夹紧，如图 8-47 所示。

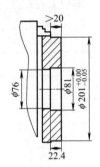 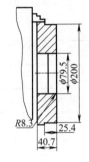 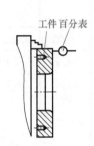

图 8-45　车外圆及内孔　　图 8-46　掉头车外圆及内孔　　图 8-47　校正端面示意图

将车床转速调至 1200r/min 以上，开机，手拿旧砂轮块打磨型孔内表面，不时用检验卡板（见图 8-48）检验打磨的孔型，直至符合要求。当外径达到 ϕ80mm 以后，改用砂布、研磨膏抛光型孔面，使表面光亮，表面粗糙度 Ra < 0.4μm，如图 8-49 所示。卡板一般用厚度为 0.5 ~ 1mm 的冷轧板线切割制作，尺寸精确。

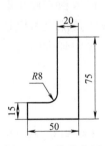 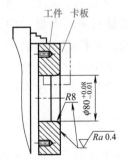

图 8-48　检验卡板　　　　　图 8-49　用卡板精修型孔

2）方案二

该零件加工工艺过程为：下料→锻造→热处理退火→车削→划线、钻孔、攻螺纹→热处理→磨上、下平面→精磨型孔→抛光，工艺过程见表 8-19。

表 8-19　拉深凹模加工工艺过程（方案二）

工序号	工序名称	工序内容	加工设备	工序简图
1	下料	锯圆钢 ϕ105mm×166mm	锯床	
2	锻造	将圆钢锻成如右图所示	锻床	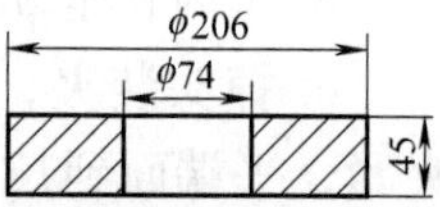
3	热处理	热处理退火	热处理炉	
4	车削	车削端面，留 0.35mm 余量，车外圆达尺寸要求，车内孔留双边余量 0.5mm，见右图	车床	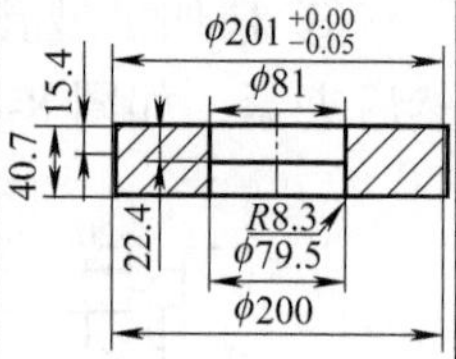
5	攻螺纹	加工 4×M10	钻床	
6	热处理	淬火 + 回火	热处理炉	
7	磨平面	磨上、下平面达到尺寸要求	平面磨床	
8	精磨型孔	修好成形砂轮，用成形砂轮精磨型孔内表面达尺寸要求，见右图	内圆磨床	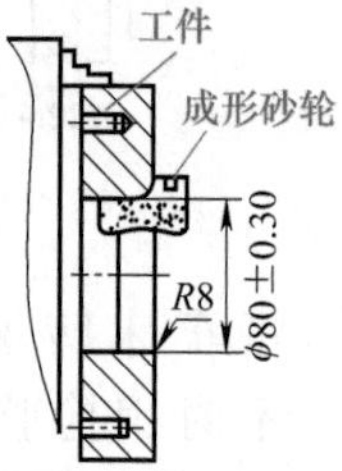
9	抛光	用砂布、研磨膏抛光型孔和端面，使表面光亮，表面粗糙度达到 Ra=0.4μm 以下	内圆磨床或车床	

　　方案二与方案一的精、粗加工方法一样，区别在精加工工艺上。方案一靠手持砂轮或油石来精磨型孔内表面，并不断用检验卡板来检查修正磨削效果。此法简单方便，在没有内圆磨床的情况，依靠工人熟练的技能也可以达到较高的精度。方案二采用成形砂轮精磨内孔，效率较高，但需要用到内圆磨床，此外还要预先修制好成形砂轮，成本较高。

8.3.5　注射模侧滑块型芯的加工

　　图 8-50 为某注射模中的侧滑块型芯的零件图，材料为 9CrWMn，热处理要求 52 ～ 58HRC。

（1）零件分析

　　该零件是一个集滑块及型芯于一体的塑料模用零件，根据其加工要求可分析如下。

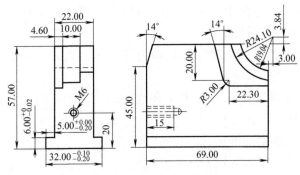

图 8-50 侧滑块型芯零件图

① 热处理要求。该零件要求硬度高、耐磨性能好，材料为 9CrWMn，热处理要求 52 ～ 58HRC。在一般的加工设备上加工，通常先粗加工后淬火处理再精加工才达到使用要求。如果用高速加工（如高速铣削）或电加工，则可以采用预硬钢来加工。如果使用预硬钢，机械加工完毕抛光型面即可使用。

② 表面加工要求。几乎所有的表面加工要求都比较高，导向台肩有配合要求，型面部分（右上部）要求抛光。

③ 外形的加工。零件外形见图 8-51，形状比较简单，可以用铣削平面的方法粗加工，然后精磨保证各尺寸要求，也可以用线切割加工。斜面可以用正弦精密平口钳装夹后加工，加工时预留 0.1 ～ 0.2mm 的装配修磨余量。螺纹孔用划线、钻孔、攻螺纹的方法加工。

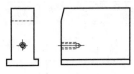

图 8-51 型芯外形

④ 型面部分的加工。型面部分如图 8-50 所示的右上部，包括三个台阶的型面。如果采用普通机械加工的方法，$R19.04$mm 和 $R24.10$mm 可以在铣床上用镗孔的办法加工。带斜面的台阶面比较难加工，可以考虑用回转工作台装夹后用铣平面的方法加工，铣削加工后，研磨抛光即可。当然，型面的加工可以采用数控铣床加工或电火花加工。

（2）加工阶段划分

通过以上的零件分析，我们知道，如果是用预硬钢加工，需要采用高速铣削或电加工（数控电火花加工或数控线切割加工），而且螺纹孔将很难加工，所以本例不采用预硬钢。采用常用机械加工方法加工时，应在热处理淬火之前完成所有的粗加工，热处理淬火之后再精加工。根据这些分析我们可以初步确定零件加工过程的 5 个阶段，即备料、淬火前加工、热处理淬火、热处理后精加工、光整加工（抛光）。

① 备料。9CrWM 料价较贵，所以一般采用外购坯料，外购回来的坯料都比较规整，坯料的加工余量不需太大，一般预留单边余量 0.5mm 就可以了。本例坯料规格为：70mm×58mm×33mm。

② 淬火前加工。包括上、下底面的粗加工，螺纹孔的加工，导向台肩和斜面的粗铣加工，型面的粗加工。

③ 热处理淬火。产品的最终热处理为淬火＋回火，一般工厂由专门的部门加工或外协加工，这里不赘述。

④ 热处理后精加工。各外形表面和型面的精加工，因为热处理后较硬，所以一般采用磨削加工或电加工。

⑤ 光整加工，即型面的抛光。

（3）加工工艺方案比较分析

1）方案一

侧滑块型芯外形要求比较高，所以外形表面的最终加工方法采用热处理后再磨削加工。而如果型芯型面的精度要求不是很高，型面的加工工艺则可以采用铣削→热处理→抛光的方案。因此，方案一的加工工艺过程：备料→铣削外形→铣削斜面→磨削外形→划线、钻孔、攻螺纹→铣圆弧型面→铣带铲边型面→热处理→磨外形→磨削斜面→抛光。工艺过程如表 8-20 所示。

表 8-20　滑块型芯的加工工艺过程（方案一）

工序号	工序名称	工序内容	加工设备	工序简图
1	备料	外购坯料：70mm×58mm×33mm		
2	铣削	用台虎钳装夹铣削导向台肩，单面预留加工余量 0.4mm，见右图。在铣削台阶面昀时候，可以用垫块垫平右图中的左右平面，夹右图上、下平面铣好的台阶，然后翻转装夹再铣另一台阶面	万能铣床	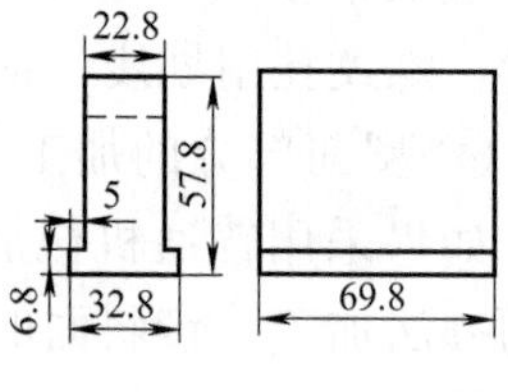
3	铣削	铣削斜面，单面预留加工余量 0.4mm，见右图 方法一：用万能角度尺划斜面线，在台钳上用垫块垫平右图左右平面，装夹右图上下两面，用黄油把大头针粘在铣刀上，校正划的线是否平行于进给方向，然后铣削 方法二：采用万向可倾平口钳装夹，然后铣削 方法三：将主轴摆成与水平面夹角为 14°，然后横向进给铣削，见右图	万能铣床	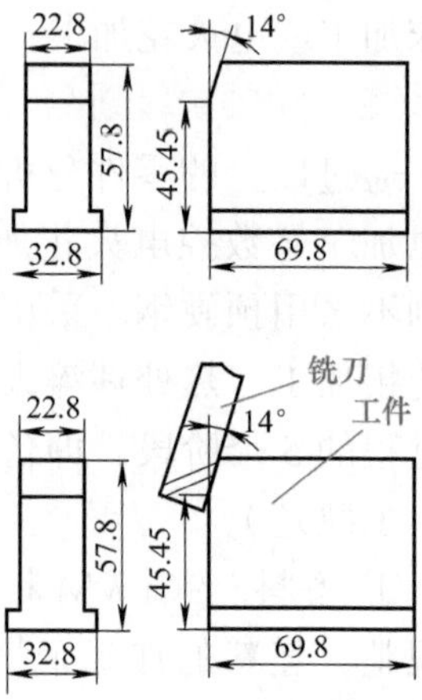

续表

工序号	工序名称	工序内容	加工设备	工序简图
4	磨削	磨削加工过的各表面（除斜面外），单面预留加工余量 0.2mm，见右图。装夹方案同工序 2，要求垂直平面垂直度＜0.01mm，平行平面平行度＜0.01mm	平面磨床	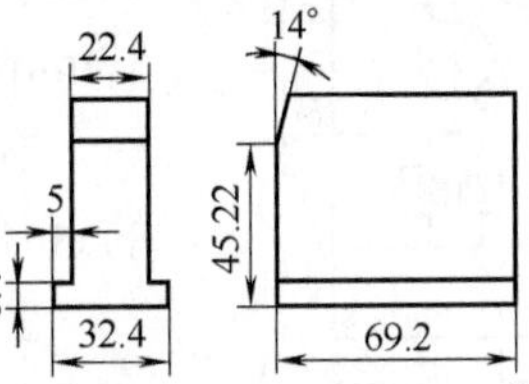
5	攻螺纹	加工 M6，划线钻孔 ϕ5.2mm×18mm，然后用 M6 丝锥攻螺纹，深 15mm，见右图	钻床	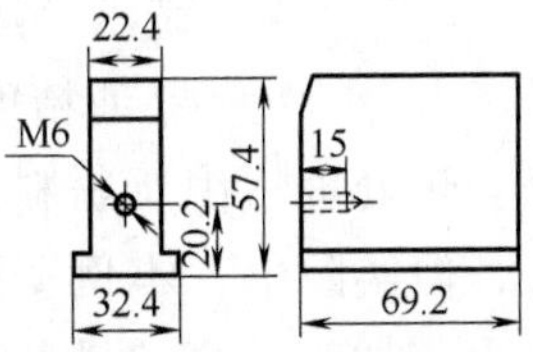
6	铣圆弧型面	划线粗铣 R=19.04mm 和 R=24.10mm 圆弧面，余量 0.5mm，然后找正 R=19.04mm 和 R=24.10mm 圆弧中心，粗铣圆弧面到要求尺寸。尺寸见右图 　　粗铣方法：看线铣，离线 0.5mm 以上 　　精铣方法：用旋转校准棒找正圆弧中心，然后用可调镗刀铣削，直到符合尺寸要求	万能铣床	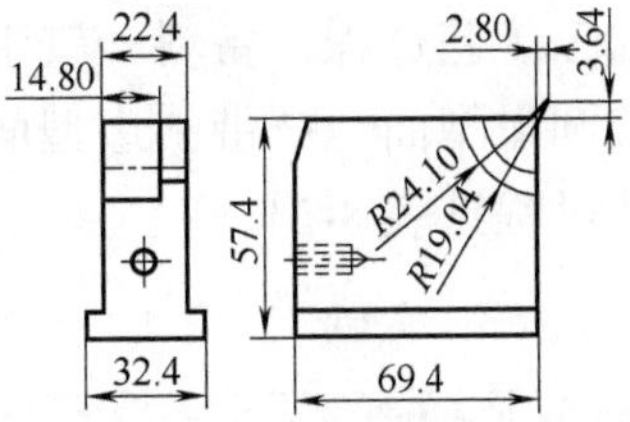
7	铣削	铣削带角度的台阶面和深 4.8mm 的圆弧型面，尺寸见右图 　　方法一：垫平工件右图的右平面，装夹在回转工作台上。校正圆弧中心基准面与进给方向平行，找正 R=3.00mm 圆心位置，并用中心钻找正孔。然后，将回转工作台旋转 14°，找正孔，铣削 14°，斜面到尺寸要求，将回转工作台翻转 14° 铣去余料。尺寸符合图的要求 　　方法二：垫平工件右图的右平面，装夹在台钳上，校正圆弧中心基准面与进给方向平行，铣削 22.3mm 这一面，然后调转台虎钳（可用万能角度尺测量）铣削 14° 斜面	万能铣床	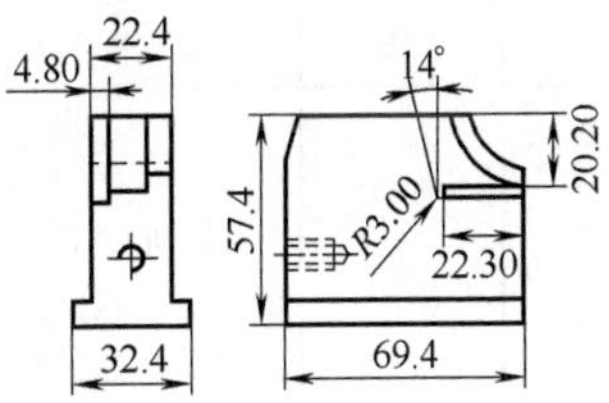

　　① 线切割毛坯边界。应预留装夹位置和穿线孔位置，预留余量可参照图 8-52。经过计算可得线切割毛坯的长、宽、高尺寸为 25mm×18mm×52mm。

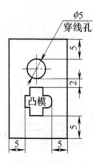

图 8-52　线切割
毛坯余量

② 确定锻件尺寸。锻件尺寸等于线切割毛坯的尺寸加上加工余量。由参考资料可得，加工余量为：高度方向余量 5mm，长度和宽度方向余量 4mm，所以锻件的尺寸为 29mm×22mm×57mm。

③ 确定圆钢的直径和长度。根据公式计算，最后确定圆钢的直径为 35mm，长度为 41.6mm。

2）方案二

如果型芯、型面的精度要求很高，型面的加工工艺若采用铣削→热处理→抛光会由于热处理过程中氧化、变形等原因难以保证精度要求，所以型面的加工只能采用热处理后再精加工的方法。热处理后由于材料比较硬，一般只能采用电加工、磨削加工或者高速铣削加工，但实际上，本例型面的形状不适合磨削加工，所以只能考虑采用高速铣削和电火花加工。高速铣削要用采用数控高速加工中心，成本较高，目前应用也不是很广，所以方案二将探讨一下采用电火花加工型面的加工工艺方案。方案二的加工工艺过程：备料→铣削外形→铣削斜面→磨削外形→划线、钻孔、攻螺纹→铣圆弧型面→铣带斜边型面→热处理→磨削各平面→电火花加工型面→抛光。工艺过程见表 8-21。

表 8-21　滑块型芯的加工工艺过程（方案二）

工序号	工序名称	工序内容	加工设备	工序简图
1	备料	外购坯料：70mm×58mm×33mm		
2	铣削	铣削导向台肩，单面预留加工余量 0.4mm，见右图 方法同表 8-20 方案一	万能铣床	
3	铣削	铣削斜面，单面预留加工余量 0.4mm，见右图 方法同表 8-20 方案一	万能铣床	
4	磨削	磨削加工过的各表面，单面预留加工余量 0.2mm，见右图。垂直平面垂直度 < 0.01mm，平行平面平行度 < 0.01mm 方法同表 8-20 方案一	平面磨床	

续表

工序号	工序名称	工序内容	加工设备	工序简图
5	攻螺纹	加工 M6，划线、钻 ϕ5.2mm×18mm 孔，然后用 M6 丝锥攻螺纹，深 15mm，见右图	钻床	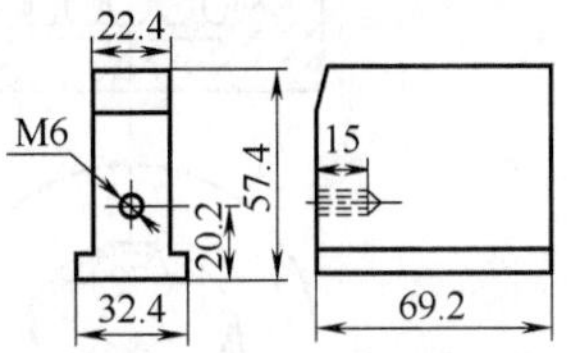
6	粗铣型面	划线粗铣 R=119.04mm、R=24.10mm 以及带 14° 边的型面，各表面预留电火花加工余量 0.5mm（这个工序也可以用数控铣加工）	万能铣床	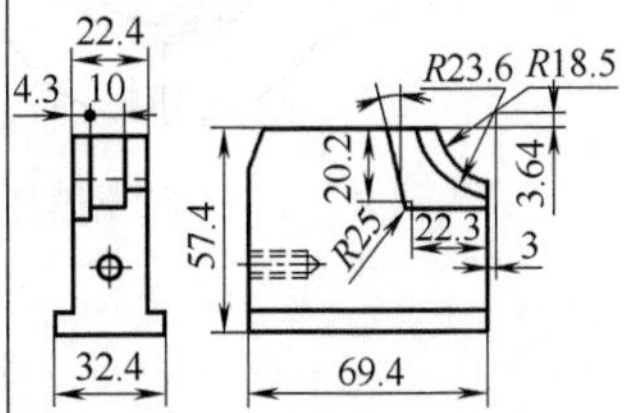
7	热处理	淬火 + 回火	热处理炉	
8	磨削	各外形平面每面磨削 0.2mm 至尺寸要求，垂直平面垂直度＜0.01mm，平行平面平行度＜0.01mm	平面磨床	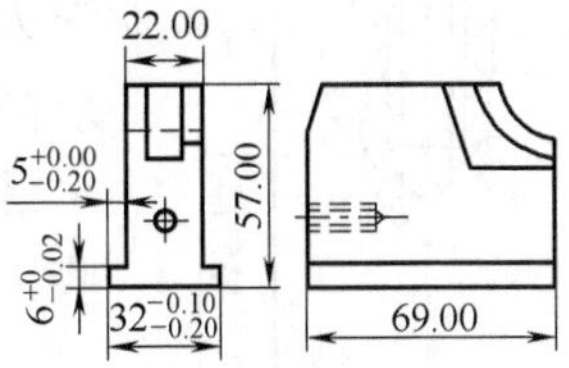
9	磨削斜面	将工件装夹在万向可倾平口钳上，调整好角度，磨削斜面至要求尺寸	平面磨床	
10	电火花	电火花加工各型面	数控电火花成形机	
11	抛光	研磨抛光型面达要求		

8.3.6　塑料瓶盖压模型腔的冷挤压加工

图 8-53 为塑料瓶盖压模型腔示意图。该型腔内孔由很多圆弧槽互相连接而成，形状较复杂，精度要求高，加工难度大。

对于该类小尺寸浅型腔的模具零件以及带文字、花纹的模具零件加工，可选用冷挤压成型工艺。该工艺是在常温下利用安装在压力机上的工艺凸模，以一定的压力和速度挤压模坯金属，使其产生塑性变形而形成具有一定几何形状和尺寸的模具型腔。该零件型腔的冷挤压加工参见图 8-54 所示的冷挤压加工模具型腔示意图。该模具在挤压方式上采用导向套定位，以保证挤压冲头的垂直度和外圆柱面与型腔中心一致。

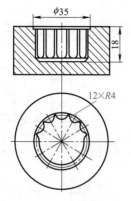

图 8-53 塑料瓶盖压模型腔

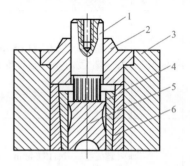

图 8-54 冷挤压加工模具型腔示意图
1—挤压冲头；2—导向套；3—外模套；
4—拼合模套；5—坯料；6—淬硬模套

冷挤压成型模的加工过程及其各零件的加工工艺要点主要有以下方面。

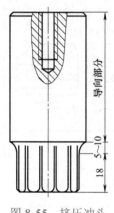

图 8-55 挤压冲头

① 挤压冲头。如图 8-55 所示，材料为 Cr12 或 Cr12MoV，淬火硬度 58 ～ 62HRC，冲头成形工作部分高度大于塑料成形高度 5 ～ 10mm，并有 1°30′ 的斜度。在冲头上端面加工出螺纹孔以便脱模时应用。其导向部分长度应尽可能长一些，以保证挤压时冲头的垂直度。

② 导向套。内孔和挤压冲头的配合为 H8/h7，内孔和外圆柱面要求同轴，硬度为 54 ～ 58HRC，材料为 T8A。

③ 模套。外模套上半部与导向套间隙配合，与淬硬内套为过盈配合。淬硬内套内孔锥度为 3°，硬度为 56 ～ 58HRC。拼合内套为三等分拼合而成，硬度为 54 ～ 58 HRC，外圆锥度与淬硬内套相同，内孔和坯料相接触。

④ 坯料。型腔模坯在保证型腔强度的条件下，一般尽量选用含碳量较低的钢材或非铁金属及其合金材料，如 10、20、20Cr、T8A、T10A、4Cr2W8V 与铝及铝合金、铜及铜合金等作型腔材料。模坯在冷挤压前，要进行退火处理，低碳钢完全退火至 100 ～ 160HB，中碳钢球化退火处理至 160 ～ 180HB，以提高材料的塑性，降低强度，从而减小挤压时的变形抗力。

本例坯料材质选用中碳钢，切削加工后进行球化退火处理至 160 ～ 180HB。为了减小挤压阻力，将坯料底部加工出球状凹坑，圆柱面加工出圆弧槽，如图 8-56 所示。

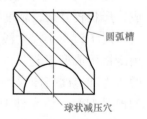

图 8-56 瓶盖型腔坯料

⑤ 型腔的挤压过程。将模套组装后，在坯料上涂润滑剂装入拼合内套中，安装导向套和挤压冲头，对冲头工作部分涂润滑剂，放入压机进行挤压。达到预定深度后整体取出，将脱模套放在导向套上，用螺栓旋入冲头螺纹孔将冲头拉出。然后，用压柱将拼合内套和坯料一起压出，分开拼合内套取出型腔制件。

采用冷挤压成型加工，所得到的型腔轮廓清晰，尺寸精度高，表面粗糙度可达 Ra=0.32 ～ 0.08μm。

8.3.7 落料模凸模、凹模的压印加工

如图 8-57 所示工件，材料为 15 钢，料厚 2mm，采用落料模进行生产。所设计落料模中的凹模及凸模可采用以下加工工艺过程进行制造。

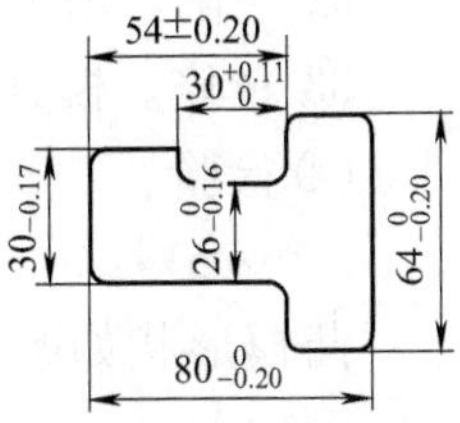

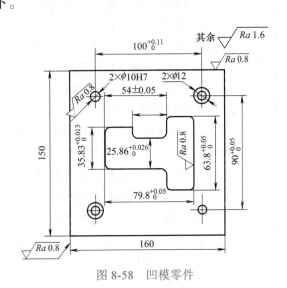

图 8-57 工件图

（1）凹模的制造工艺过程

凹模形状如图 8-58 所示。由于冲制的工件为简单形状，为了减小模具零件在热处理过程中的变形，选用 CrWMn 钢制造，凹模硬度为 60 ～ 64HRC，凸、凹模双面间隙为 Z_{min}=0.13mm。凹模的加工工艺过程如下。

图 8-58 凹模零件

① 下料。按锻造工艺尺寸下料。

② 锻造。将坯料锻造成矩形。

③ 热处理。球化退火，改善切削加工性能，消除锻造后的应力。

④ 粗加工。刨削加工矩形六面体，并留加工余量。

⑤ 磨削。磨上、下平面保证平行度，磨相邻两侧面保证垂直，作为划线基准。

⑥ 划线。以已磨好的两侧为基准，划出凹模及孔的中心线，同时按样板划

出凹模型孔的轮廓线。

⑦ 型孔粗加工。先沿凹模型孔轮廓钻孔，去除中间多余余料，再在立铣床上按划线加工型孔，留精修余量单边 0.15 ～ 0.25mm（也可用线切割加工）。

⑧ 型孔精加工。模具工修锉型孔，并加工出型孔斜度。

⑨ 钻孔。钻 2×ϕ12mm，螺钉安装孔。

⑩ 钻铰。钻、铰 2×ϕ10mm H7 孔。

⑪ 热处理。淬火后低温回火，60 ～ 64HRC。

⑫ 磨削。磨上、下平面达图纸要求。

⑬ 精修。模具工精修型孔达到图纸要求。

⑭ 检验。

（2）凸模的加工工艺过程

凸模形状如图 8-59 所示。由于该件是一落料件，现以凹模作为基准件，配

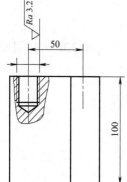

作凸模（实际上凸模上可直接标注公称尺寸）。制造时保证双面间隙为 0.13mm。凸模的加工工艺过程如下。

① 下料。按锻造工艺尺寸下料。

② 锻造。按锻造工艺要求锻造。

③ 热处理。球化退火。

④ 粗加工。刨六个面并留磨削余量。

⑤ 划线。划出凸模轮廓及螺孔中心线。

⑥ 型面加工。按划线留压印、修锉余量，刨或铣削加工凸模轮廓形状。

⑦ 型面精加工。用已加工好的凹模对凸模压印，锉修凸模，留精修余量。

⑧ 加工孔。钻孔、攻螺纹 2×M8×16。

⑨ 热处理。淬火并低温回火，58 ～ 62HRC。

⑩ 磨削。上、下端面磨削加工达图纸要求。

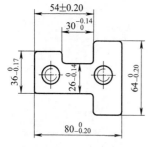

⑪ 凸模型面精修。精修凸模型面，保证凸模和凹模之间双面间隙为 0.13mm。

图 8-59　凸模零件图

⑫ 检验。

（3）凸模压印加工要点

凸模压印加工是将已加工好的凹模对凸模进行压印，一般是利用压印机（工厂使用的压印设备多为自制的四柱手动简易压床）进行压印。压印时，在压印机上装好凸模使之压入已加工好并淬硬的凹模内，如图 8-60 所示。

压印过程中，凸模上多余的金属被挤出，出现了凹模

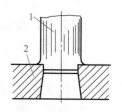

图 8-60　用凹模压印
1—凸模；2—凹模

的压痕，模具工可根据印痕将多余的金属锉去，应特别小心不能破坏已压光的表面。锉削时留下的余量要均匀，以免再压时发生偏斜。锉去多余的余量后再行压印，再锉削，反复进行，直至凸模工作部分完全修锉到尺寸为止。但应注意的是，压印次数也不宜过多，否则会使非基准件产生啃伤和出现倒锥。因此，必须在首次压印修锉中，去掉加工余量的 80% 以上，并严格保证精度。压印深度也不宜过大，否则会使材料产生内应力，从而增大热处理的变形。首次压印深度应控制在 0.5mm 以内，以后各次的压印深度可稍大些。

为了使压印工作进展顺利，达到细化表面的目的，一般可将基准件的刃口周边用油石倒钝 0.1mm 左右的圆角，在压印的工作表面涂上机油或其他润滑剂。待整个压印结束将凹模表面磨去，这样可使刃口锋利。

（4）凹模压印加工要点

在凹模制造时，往往也可采用凹模压印法进行加工。凹模压印加工是利用已加工好的凸模对凹模进行压印，然后修锉成形。加工过程与方法与凸模压印加工基本相同。

首次压印时，一定要找准凸模与凹模的相对位置，使凹模四周余量基本均匀，压印前用角尺检查凸模的垂直度，其压印深度一般控制在 0.6mm 左右。然后按压印修锉型孔内壁，需注意不得破坏已压好的表面，反复进行，边压边修锉，直至最终成形。注意：每次压印前都必须检查凸模的垂直度，以防压出的型孔歪斜。

为得到均匀的间隙，在精加工凸模或凹模时，除形状简单的凸、凹模可分开加工外，通常都是采用配合加工的方法，即先加工好其中的一件作为基准件，然后按基准件配作另一件。

采用配合加工法时，精加工凸模和凹模的先后顺序，一般应根据工件的要求来确定。原则是：对工件外形尺寸有要求时，先加工好凹模，然后以凹模为基准件配作凸模；对工件内孔有要求时，先精加工好凸模，然后以凸模为基准件配作凹模。而在实际生产中往往受到设备条件限制，不能按上述原则进行加工。此时可根据本厂加工设备和自身的加工习惯来选择凸、凹模的加工顺序。压印法适合于无间隙冲裁，也可用来加工较小间隙的冲模。加工时，可用压印法加工成无间隙，然后模具工修锉凸模的表面，达到扩大间隙的目的。模具工修锉时要边修锉边不断地测量或检验，防止超差。

8.3.8 压铸模镶拼块的精加工 I

压铸模具内形成铸件形状的零件称为成形零件。为了方便加工制造，这些成形零件往往都采用镶拼结构。图 8-61 为某压铸模的型芯，其为镶拼块组成的配加工件，图 8-62 为镶套的结构图。

对于镶拼块的加工。加工的核心是镶拼块的加工顺序，也就是基准的选择问题。因为镶套ϕ、ϕ_1的两个孔（图8-62），都是坐标镗床加工的，理所当然应以镶套作基准，即先加工镶套，然后根据镶套配加工镶块 1 和 2。由此可确定镶拼块的加工顺序及方法如下。

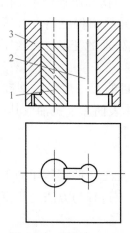

图 8-61 镶拼块（一）

1—镶块 1；2—镶块 2；3—镶套

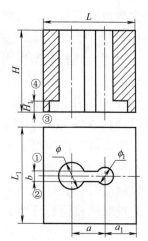

图 8-62 镶套加工（一）

（1）镶套加工（图 8-62）

a. 以 ϕ、ϕ_1 孔作基准，精加工小槽平面①。

b. 以平面①作基准，精加工平面②，保证尺寸 b。

c. 以平面③作基准，精加工平面④，保证尺寸 H_1（H 尺寸由平磨磨成）。

（2）镶块 1 的加工（图 8-63）

a. 以平面①作基准，精加工平面③，保证尺寸 H。

b. 以平面①作基准，精加工平面②，保证尺寸 H_1。

c. 以 d 外圆作基准，精加工小槽平面④，保证与尺寸 a 的对称度。

d. 以平面④作基准，精加工平面⑤，尺寸 b 留 0.03～0.04mm 配加工余量。

e. 以 d 左边外圆作基准，精加工小槽底平面⑥，保证尺寸 a。

（3）镶块 2 的加工（图 8-64）

a. 以镶套 ϕ_1 孔作基准，配加工尺寸 d 外圆，加工前在 ϕ_1 孔内表面涂抹一层薄而均匀的红丹粉作显示剂，通过配研着色情况，精修 d 外圆，保证配合间隙。

b. 以尺寸 d 外圆作基准，精加工平面①，保证与尺寸 d 的对称度。

c. 以平面①作基准，精加工平面②，保证尺寸 a。

d. 以尺寸 d 作基准，精加工平面③，保证尺寸 b。

e. 以平面③作基准，精加工平面④，保证与平面③的垂直度。

f. 以平面④作基准，精加工平面⑤，保证尺寸 H。

g. 以平面④作基准，精加工平面⑥，保证尺寸 H_1。

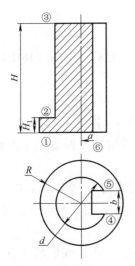

图 8-63 镶块 1 的加工（一）

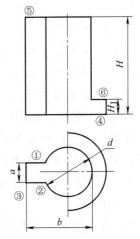

图 8-64 镶块 2 的加工（一）

8.3.9 压铸模镶拼块的精加工 Ⅱ

图 8-65 为某压铸模的型芯，其为镶拼块组成的配加工件。这套镶拼块的加工，与其他镶拼块加工相同，但工艺性很强，核心问题是怎样保证镶块 1、2、3 的加工质量。

根据镶拼块的实际情况，三个镶块均不能够单独进行机加工或钳工加工，必须实行机加工和模具工相配合，并由模具工负责的加工方法，即由模具工指挥机加工，才能够更好地完成这套镶拼块的加工。整套镶拼块的加工步骤和方法如下。

（1）镶块 1 的加工（图 8-66）

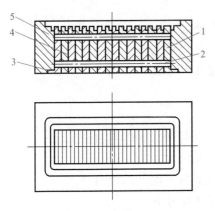

图 8-65 镶拼块（二）

1—镶块 1；2—铆钉；3—镶块 2；4—镶块 3；5—镶套

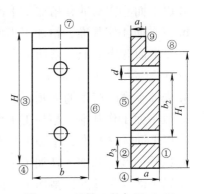

图 8-66 镶块 1 的加工（二）

a.剪板机下料。尺寸 a、b、H 留精加工余量。

b.模具工。去毛刺、矫平。

c.平磨。磨平面①、②，保证尺寸 a，镶块 2（图 8-67）与镶块 1 同时加工。

d.模具工。在镶块 3 的平面⑤涂抹紫色。

e.模具工。划两孔 d 的线。

f.模具工。将镶块 1 已加工完的平面⑤与镶块 3（图 8-68）已加工完的平面⑥贴合，镶块 1、镶块 3 共用夹具夹在一起加工，并保证平面③、④大致平行。

g.模具工。用长杆钻头按线钻两 d 孔。

h.模具工。用与两 d 孔相同直径的两销钉，将镶块 1、2、3 铆在一起。

i.平磨。以平面③、④作基准，分别平磨平面⑥、⑦，尺寸 b、H 都必须留出平磨③、④的余量。

j.平磨。以平面⑥、⑦作基准，分别平磨平面③、④，保证尺寸 b、H。

k.平磨。以平面④作基准，平磨平面⑦，保证尺寸 H。

l.模具工。涂抹紫色。

m.模具工。按 H_1、a_1 尺寸划线。

n.工具铣。按线加工，尺寸 H_1、a_1 留精加工余量 $0.05 \sim 0.08$mm。

o.模具工。以平面④作基准，精加工平面⑧，保证尺寸 H_1。

p.模具工。以平面⑤作基准，精加工平面⑨，保证尺寸 a_1。

q.模具工。将两头铆钉用砂轮磨平，去掉毛刺。

（2）镶块 2 的加工（图 8-67）

a.以平面⑤作基准，精加工平面①，保证尺寸 a_1。

b.以平面④作基准，精加工平面②，保证尺寸 H。

c.以平面⑤作基准，精加工平面③，保证尺寸 a_2。

（3）镶块 3 的加工（图 8-68）

a.以平面⑥作基准，精加工平面⑤，保证尺寸 a。

b.以平面④作基准，精加工平面①，保证尺寸 H_2。

c.以平面③作基准，精加工平面②，保证尺寸 a_2。

（4）镶套加工（图 8-69）

a.去掉平磨时产生的毛刺。

b.以平面①作基准，精加工平面③，保证与平面①的垂直度。

c.以平面③作基准，精加工平面④，保证尺寸 a。

d.以平面③作基准，精加工平面⑤，保证与平面③的垂直度。

e.以平面⑤作基准，精加工平面⑥，保证尺寸 b_3。

f.以平面③作基准，精加工平面⑦，保证与尺寸 a 的对称度，与平面③的平行度。

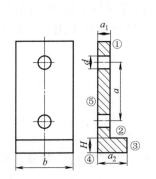

图 8-67　镶块 2 的加工（二）

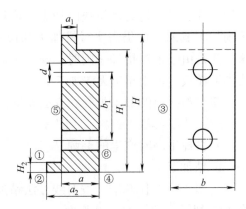

图 8-68　镶块 3 的加工（一）

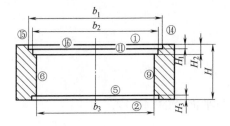

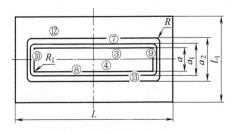

图 8-69　镶套加工（二）

g. 以平面⑦作基准，精加工平面⑧，保证尺寸 a_1。

h. 以平面⑦作基准，同时精加工平面⑨、R_1，保证与尺寸 b_3 的对称度。

i. 以平面⑨作基准，同时精加工平面⑩、R_1，保证尺寸 b_2。

j. 以平面①作基准，同时精加工平面⑪周边平面，保证尺寸 H_2。

k. 以平面③作基准，精加工平面⑫，保证与尺寸 a 的对称度。

l. 以平面⑫作基准，精加工平面⑬，保证尺寸 a_2。

m. 以平面⑫作基准，精加工平面⑭，R，保证与尺寸 b_3 的对称度。

n. 以平面⑭作基准，精加工平面⑮，R，保证尺寸 b_1。

o. 以平面①作基准，精加工平面⑯周边的平面，保证尺寸 H_1。

p. 以平面②作基准，精加工平面⑮左右平面，保证尺寸 H_1。

q. 将镶块 1、2，用铆钉串在一起配研加工凹形尺寸。

8.3.10　压铸模镶拼块的精加工 Ⅲ

图 8-70 为某压铸模的型芯，其为镶拼块组成的

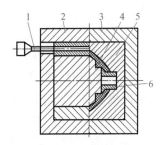

图 8-70　镶拼块（三）

1—顶杆；2—镶套 1；3—镶套 2；
4—镶块 1；5—镶块 2；6—镶块 3

配加工件。对于这套镶拼块的加工，模具工的工作量并不大，镶块1和2都是由车削加工成的，但仍需实行机加工和模具工相结合的模具工负责制的加工方法。这主要是由于该镶拼件车削时，模具工需根据图样设计和加工用于车削加工的两块半形样板，否则车工无法加工。

整套镶拼块的加工步骤和方法如下。

（1）半形样板I的加工（图8-71）

a. 去掉平磨时产生的毛刺。

b. 精加工平面③。

c. 以平面③作基准，按对线方法精加工R弧面。所谓对线，就是在紫铜板上作1:1划线，按线加工R弧面。

d. 精修并检测半形样板I形状及各尺寸合格。

（2）半形样板II的加工（图8-72）

a. 去掉平磨时产生的毛刺。

b. 锯空刀槽。

c. 精加工平面③。

d. 以平面③作基准，精加工平面④，保证与平面③的垂直度。

e. 以平面③、④作基准，对线精加工R弧面。

f. 精修并检测半形样板II形状及各尺寸合格。

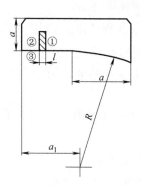

图8-71　半形样板I的加工

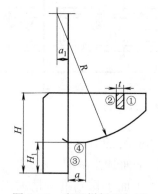

图8-72　半形样板II加工

（3）镶块1的加工（图8-73）

车削加工时，按半形样板I，以直径表面①作基准，检测R弧面，如R弧面与半形样板I吻合不好，则需由车工继续修整R弧面，保证与半形样板I紧密贴合。

（4）镶块2的加工（图8-74）

车削加工时，按半形样板II，以端面①、内径②作基准，车削加工R内弧面，保证与样板吻合，如发现样板贴合不好时，由车工修整R内弧面，直至与半形样板II紧密贴合。

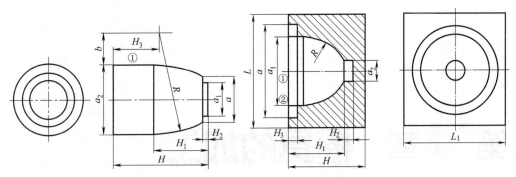

图 8-73　镶块 1 的加工（三）　　　　图 8-74　镶块 2 的加工（三）

（5）镶套 1 的加工（图 8-75）

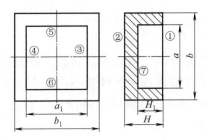

图 8-75　镶套 1 的加工

a. 去掉平磨时产生的毛刺。

b. 以平面①作基准，精加工平面⑤，保证与平面①的垂直度。

c. 以平面③作基准，精加工平面④，保证尺寸 a_1。

d. 以平面③作基准，精加工平面⑤，保证与平面③的垂直度。

e. 以平面⑤作基准，精加工平面⑥，保证尺寸 a。

f. 以平面①作基准，精加工平面⑦，保证尺寸 H_1。

镶套 2 与镶块 3 的加工可参照镶套 1 进行，此处不再详述。

第**9**章　模具的加工

9.1　冲裁模的加工

冲裁模按其工作性质的不同，可分为落料模、冲孔模、切边模、切口模及整修模等。这些冲裁模由于其结构及冲压性质不同，在加工时，各具有不同的特征及方法。在生产中，认真分析冲裁模的这些结构和特点，对冲裁模零件的加工、组装及调试是非常重要的。

9.1.1　冲裁模加工的基本方法

与所有模具制造一样，冲裁模加工涉及的方法较多，主要有：普通机械加工、数控加工、特种加工及热处理、表面处理等。

（1）冲裁模加工特点

① 表面光洁、刃口锋利。要求刃口表面粗糙度 $Ra=0.80 \sim 1.60\mu m$，非工作部分允许适当增加，刃口保证锋利，以提高冲件质量。

② 高硬度。凸模、凹模的工作部分应具有高硬度和耐磨性及良好韧性。一般凸模制造容易，易修磨刃口，因此凸模工作部分硬度为 $58 \sim 62HRC$，凹模硬度为 $60 \sim 64HRC$。

③ 表面形状。工作刃口应尖锐、锋利；无裂纹、黑斑及缺口等缺陷；侧壁应平行，或稍有斜度，但要注意斜度的方向。

④ 间隙控制。冲裁模工作磨损后间隙增大，制造和初配时应采用最小合理间隙，而且同一副冲模的间隙应在各方向力求均匀一致。

（2）冲裁模加工顺序

① 冲裁模凸模和凹模精加工方案见表9-1。

② 配合加工的顺序选择见表9-2。

表 9-1　冲裁模凸模和凹模精加工方案

序号	方案	适用范围
方案一	按图纸要求，分别加工凸模和凹模，并保证加工精度	采用的加工设备和加工方法能保证凸摸和凹模有足够的精度
方案二	先加工好凸模，按凸模配作凹模，保证规定的凸、凹模间隙	多用于冲孔摸的制造，以保证冲孔精度
方案三	先加工好凹模，按凹摸配作凸模，保证规定的凸、凹模间隙	多用于落料模的制造，以保证冲件精度

表 9-2　根据冲件情况选择精加工顺序

冲裁模	尺寸特点	精加工顺序
有间隙冲孔模	孔的尺寸等于凸模尺寸	①先加工凸模，保证尺寸精度 ②按凸模配作凹模，保证规定间隙
有间隙落料模	冲件的尺寸等于凹模尺寸	①先加工凹模，保证尺寸精度 ②按凹模配作凸模，保证规定间隙
有间隙复合模	冲件外形尺寸等于凹模尺寸，内孔尺寸等于凸模尺寸	分别加工凸模和凹模，保证各自的尺寸精度，并保证规定间隙
无间隙	冲件尺寸等于凹模尺寸，也等于凸模尺寸	分别加工凸模和凹模，保证各自的尺寸精度

（3）冲裁模主要零件的加工方法

① 凸模加工方法。凸模的加工方法一般根据其不同形状和结构形式而定，冲裁模凸模的常用加工方法见表 9-3。

表 9-3　冲裁模凸模常用加工方法

凸模形式		常用加工方法	适用场合
圆形凸模		车削加工毛坯，淬火后精磨，最后工件表面抛光及刃磨	各种圆形凸模
非圆形凸模	带安装台阶式	方法一：凹模压印修锉法。车、铣或刨削加工毛坯，磨削安装面和基准面，划线铣轮廓，留 0.2 ～ 0.3mm 单边余量，凹模（已加工好）压印后修锉轮廓，淬火后抛光，磨刃口	无间隙模或设备条件较差的工厂
		方法二：仿形刨削加工。粗加工轮廓，留 0.2 ～ 0.3mm 单边余量，用凹模（已加工好）压印后仿形精刨，最后淬火，抛光磨刃口	一般要求的凸模
	直通式	方法一：线切割。加工长方毛坯料，磨安装面和基准面，划线加工安装孔，淬硬后磨安装面和基准面，切割成形，抛光，磨刃口	形状较复杂的凸模，且精度较高
		方法二：成形磨削。加工毛坯料，磨安装面和基准面，划线加工安装孔，粗加工轮廓，留 0.2 ～ 0.3mm 单边余量，淬硬后磨安装面，再成形磨削轮廓	形状不太复杂、精度较高的凸模或镶块

② 凹模加工方法。冲裁模凹模的加工从某种意义上说是平面直线、折线或

曲线的加工，其加工方法取决于型孔的平面形状，常用加工方法见表9-4。

表9-4　冲裁模凹模常用加工方法

型孔形式	常用加工方法	适用场合
圆形	方法一：钻铰法。毛坯处理后，车削加工上、下底面及外圆，钻、铰工作型孔，淬硬后磨上、下底面，研磨抛光工作型孔	孔径小于5mm
	方法二：磨削法。毛坯处理后，车削加工上、下底面，钻、镗工作型孔，划线加工安装孔，淬硬后磨上、下底面和工作型孔，抛光	较大孔的凹模
系列圆孔	方法一：坐标镗削。毛坯处理后，粗、精加工上、下底面和凹模外形，磨上、下底面和定位基面，划线，坐标镗削型孔系列，加工固定孔，淬火后研磨抛光型孔	高精度位置要求
	方法二：立铣加工。坯料粗、精加工与坐标镗削相同，不同之处为孔系加工用坐标法在立式铣床上加工，后续加工与坐标镗削法一样	位置精度要求一般
非圆形型孔	方法一：锉削法。坯料粗加工后按样板划轮廓线，切除中心余料后按样板修锉，淬硬后研磨抛光	形状简单，设备条件较差
	方法二：仿形铣。凹模型孔精加工在仿形铣或立铣上靠模加工（要求铣刀半径小于型孔圆角半径），模具工锉斜度，淬硬后研磨抛光型孔	形状不太复杂，精度不太高，过渡圆角较大
	方法三：压印加工法。粗加工后，用加工好的凸模或样冲压印后修锉，再淬火，研磨抛光	尺寸不太大，形状不太复杂
	方法四：线切割。外形加工好，划线加工安装孔后淬火，磨安装基面，割型孔（斜度可淬火前铣好，也可割小锥度）	各种形状型孔，精度较高
	方法五：成形磨削。毛坯按镶拼结构加工好，划线粗加工轮廓，淬火后磨安装面，成形磨轮廓，研磨抛光	镶拼结构凹模
	方法六：电火花加工法。外形加工好，划线加工安装孔后淬火，磨安装基面，做电极或用凸模电火花加工凹模型孔，最后研磨抛光	复杂形状，精度要求较高的整体式凹模

注：表中加工方法可根据企业设备情况和模具具体要求选用。

③ 卸料板型孔加工方法。一般卸料板的热处理硬度不太高，加工精度也较低，常用的加工方法与凹模加工相似，不同的是这些加工都是在热处理之后进行的。具体方法见表9-5。

表9-5　卸料板型孔常用加工方法

型孔形状	常用加工方法	适用场合
圆形	毛坯处理好后车削成形，再加工安装孔	所有圆形孔卸料板
系列圆孔	毛坯处理好后用立式铣床坐标法加工	所有系列圆孔

续表

型孔形状	常用加工方法	适用场合
非圆孔	方法一：修锉法。毛坯加工后钳工划线修锉	形状简单，设备条件差
	方法二：铣削法。毛坯加工后划线铣或仿形铣，最后钳工修锉	形状不太复杂，过渡圆角较大
	方法三：压印法。毛坯加工后，划线，型孔粗加工后，用凸模压印或仿铣，钳工修锉	形状不太复杂的场合
	方法四：线切割毛坯加工后，线切割型孔	形状复杂，精度较高

对于刚性卸料板型孔，加工后还要加工进料槽或导料槽。

④ 凸模固定板加工。凸模固定板的结构形式与凸模固定方式有直接关系，但安装孔的形状主要有圆形、矩形、系列圆孔和凹模型孔。主要加工方法见表9-6。

表9-6 凸模固定板常用加工方法

安装孔形式	常用加工方法	适用场合
圆形	毛坯调质处理后直接车削成形，最后加工固定孔和止转结构	各种圆形安装凸模
矩形	毛坯处理后粗加工，划线后铣矩形孔或线切割矩形孔，再加工台阶面，最后加工固定孔	各种矩形安装凸模
系列圆形	方法一：坐标镗削。毛坯加工后用坐标镗削法加工凸模固定系列孔	安装位置精度较高
	方法二：立铣加工法。毛坯加工后用立铣坐标法加工凸模固定系列孔	安装位置精度较低
凹模型孔	毛坯热处理加工后，进行型孔加工，而型孔加工与凹模型孔加工方法相同	型腔加工

9.1.2 冲裁模加工制造要点

(1) 凸、凹模加工的基本原则

① 落料时，落料零件的尺寸与精度取决于凹模刃口形状和尺寸。因此，在加工制造落料模时，应先加工凹模，使其刃口尺寸与制品零件最小极限尺寸相近，并以凹模为基准，加工配作凸模，使凸模刃口的基本尺寸按凹模刃口的基本尺寸减小一个最小间隙值。

② 冲孔时，冲孔零件的尺寸与精度取决于凸模尺寸。因此，在制造加工冲孔模时，应先加工凸模，使凸模刃口尺寸与孔的最大尺寸相近。然后再以凸模为基准，配作凹模型孔，使凹模型孔基本尺寸在凸模刃口尺寸上加上一个最小间隙值。

③ 凸模与凹模的加工精度，应随制品零件精度而定。一般情况下，圆形凸模和凹模孔应按IT5和IT6级精度加工，而非圆形凸、凹模按制品精度的25%

加工。

（2）凸、凹模间隙的控制

冲裁间隙 Z 是冲裁的重要工艺参数。它是指冲裁凸模与凹模刃口部分之差。如图 9-1 所示，其凸模与凹模的间隙值为：

$$Z=D_凹-D_凸$$

式中　Z——凸、凹模双面间隙，mm；

　　　$D_凹$——凹模刃口尺寸，mm；

　　　$D_凸$——凸模刃口尺寸，mm。

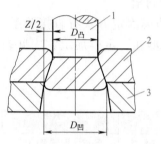

图 9-1　冲裁间隙 Z
1—凸模；2—工件；3—凹模

在生产实践中，间隙值的大小，直接影响到冲裁件的断面质量、冲裁力大小及冲模使用寿命。为此，在冲模制造时，一定要控制好冲裁间隙。其原则是：

① 制造冲裁模时，应采用最小的合理间隙值，以使冲裁过程中间隙向最大方向扩展，而不影响冲裁效果。

② 制造冲裁模时，同一副模具的凸、凹模间隙应力求在各个方向上一致，并要均匀。

在加工及装配时，操作者可按图样规定的间隙值加工、配作。但也可按下式计算：

$$Z=mt$$

式中　Z——凸、凹模双面间隙值，mm；

　　　t——制件的厚度，mm；

　　　m——系数，见表 9-7。

表 9-7　各种材料的间隙系数 m 值

冲裁制品材料	m		冲裁制品材料	m	
	$t \leqslant 3mm$	$t > 3mm$		$t \leqslant 3mm$	$t > 3mm$
软钢、纯铁	0.06～0.09	0.15～0.19	铜、铝合金	0.06～0.10	0.16～0.21
硬钢	0.08～0.12	0.17～0.25	硬纸板、皮革层压布板	0.02～0.03	0.03～0.04

注：t 为材料厚度。

在制造冲模时应注意，落料与冲孔所取间隙的方向是不一致的，即落料时应以凹模为基准，间隙应取在减少凸模尺寸的方向上；冲孔时应以凸模尺寸为基准，间隙应取在加大凹模孔尺寸的方向上。在同等条件下，冲孔间隙应比落料间隙大一些。

（3）凸、凹模刃口尺寸精度控制

在制造装配冲裁模时，要准确地加工和修配凸、凹模刃口工作尺寸。这是因为凸、凹模刃口工作尺寸和精度，直接影响到制品的尺寸精度。同时，合理的间隙值也是靠刃口尺寸和公差来保证的。因此，在制造及装配时，要按图样认真分析其刃口尺寸在冲压过程中的变化趋向，并在装配前仔细修配及检测。表 9-8 及表 9-9 分别列出了刃口尺寸变化趋势和计算方法。

表 9-8 凹模制作时分析及加工注意事项

图示	尺寸类型		磨损后尺寸变化状况	加工注意事项
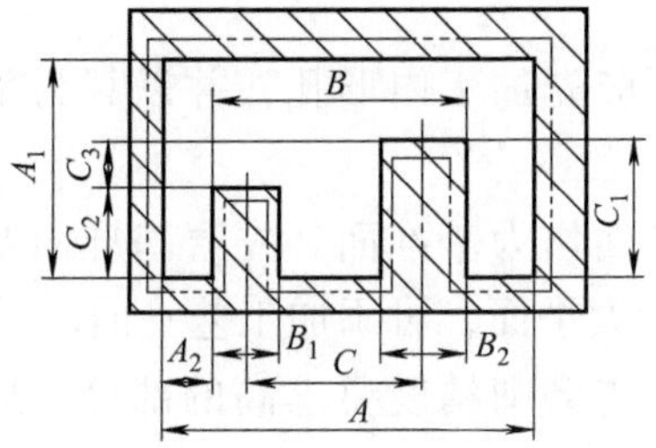	A 类尺寸	A	增大	应保证凹模尺寸与冲裁件对应的最小尺寸相近
		A_1		
		A_2		
	B 类尺寸	B	减小	应保证凹模尺寸与冲裁件槽宽的最大尺寸相近
		B_1		
		B_2		
	C 类尺寸	C	不变	C 类尺寸应与冲裁件相对应尺寸中间尺寸相近
		C_1		
		C_2		
		C_3		

注：凸模的变化恰好相反，即 A 类尺寸减小，B 类尺寸增大，而 C 类尺寸不变。

表 9-9 凸、凹模刃口尺寸计算

加工方法	工序性质	冲压制品尺寸	凸模尺寸	凹模尺寸
分开加工（圆形件）	落料	$D^{0}_{-\Delta}$	$D_{凸}=(D-x\Delta-2Z_{max})^{0}_{-\delta_{凸}}$	$D_{凹}=(D-x\Delta)^{+\delta_{凹}}_{0}$
	冲孔	$d^{+\Delta}_{0}$	$d_{凸}=(d+x\Delta)^{0}_{-\delta_{凸}}$	$d_{凹}=(d+x\Delta+2Z_{min})^{+\delta_{凹}}_{0}$
配作加工（异形件）	落料	磨损后增大的 A 类尺寸 $A^{0}_{-\Delta}$	按凹模尺寸配作，保证单面间隙 $Z_{max}\sim Z_{min}$	$A_{凹}=(A-x\Delta)^{+\delta_{凹}}_{0}$
		磨损后减小的 B 类尺寸 $B^{+\Delta}_{0}$		$B_{凹}=(B+x\Delta)^{+\delta_{凹}}_{0}$
		磨损后减小的 C 类尺寸 $C\pm\Delta/2$		$C_{凹}=C\pm\delta_{凹}$
	冲孔	磨损后增大的 A 类尺寸 $A^{0}_{-\delta}$	$A_{凸}=(A-x\Delta)^{0}_{-\delta_{凸}}$	按凸模尺寸配作，保证单面间隙 $Z_{min}\sim Z_{max}$
		磨损后减小的 B 类尺寸 $B^{+\delta}_{0}$	$B_{凸}=(B+x\Delta)^{0}_{-\delta_{凸}}$	
		磨损后减小的 C 类尺寸 $C\pm\Delta/2$	$C_{凸}=C\pm\delta_{凸}$	

注：D，d—圆形件直径尺寸（mm）；Δ—工件的公差（mm）；A，B，C—异形件尺寸（mm）；$\delta_{凸}$，$\delta_{凹}$—凸模、凹模制造公差，通常按工件公差 Δ 的 1/4 来选取（mm）；$D_{凹}$，$D_{凸}$，$d_{凸}$，$d_{凹}$，$A_{凸}$，$B_{凸}$，$C_{凸}$，$A_{凹}$，$B_{凹}$，$C_{凹}$，δ—凸模、凹模尺寸（mm）；Z_{max}，Z_{min}—最大、最小初始单面间隙值（mm）；x—磨损系数，其值在 0.5 ～ 1 之间，可按冲裁件的公差等级选取，即：当工件公差为 IT10 以上时，取 x=1；当工件公差为 IT11 ～ IT13 时，取 x=0.75；当工件公差为 IT14 以下时，取 x=0.5。

（4）零件间位置精度控制

在零件加工时，应按图样规定要求确保各零件间位置及相互配合要求。

9.1.3　冲裁模加工注意事项

① 应研磨顶尖孔。在热处理后顶尖孔可能会产生变形或存有氧化皮，故在精加工之前应对顶尖孔进行研磨。研磨的办法一般是在车床上用金刚石或硬质合金顶针加压进行。

② 应留合适的精加工余量。余量太多，磨削困难，浪费工时；余量太少，热处理变形后可能加工不出来。一般来讲，应根据工件的材料和几何尺寸选择所留加工余量的多少，具体选择时可参考有关资料。

③ 外圆磨削加工一般采用拨盘、卡箍装夹。

④ 当凸模有内形孔时，忌先加工外形，而应先加工内形孔，并以其为基准加工凸模外形。

⑤ 切忌将小平面作为基准面。应选择大平面作为基准面，先磨基准面及有关平面，以增加加工的稳定性并易于测量，如无大平面，可添加工艺平面。

⑥ 磨削的工序切忌无根据地随意制定，应先磨削精度要求高的部分，后磨削精度要求低的部位，以减少加工中的积累误差。先磨平面后磨斜面及凸圆弧，先磨凹圆弧后磨平面及凸圆弧，先磨大圆弧后磨小圆弧，最后磨去添加的工艺基准及装夹部分。用这样的程序便于加工成形及达到精度要求。

9.2　弯曲模的加工

为保证弯曲模的加工质量，在生产中，模具工应认真分析弯曲模的结构和特点，掌握必要的弯曲模零件的加工要点。

9.2.1　弯曲模加工的基本方法

与冲裁模的加工一样，弯曲模零件加工时，也应根据所加工零件的结构、尺寸精度、表面质量要求及设备条件等，按图样进行加工。

（1）弯曲模加工特点

① 弯曲模的最终热处理是在试模之后进行的。材料的回弹量受很多因素的影响，一般设计计算很难确定，故一般情况下，在制造时通过试验求得合格零件，在模具凸模、凹模修整后再淬火。

② 弯曲凸、凹模形状一般较复杂，几何形状及尺寸精度要求较高，为便于机加工后修磨，对于大、中型凸、凹模的表面曲线及折线，要采用样板或样件控制精度。其样板及样件的准确度要控制在 ±0.05mm 左右为宜。

③ 弯曲凸、凹模的圆角半径及间隙应制造均匀，淬火后进行精修和抛光，以保证制件表面质量。

④ 弯曲模的凸、凹模不允许有刃口，应有圆角过渡，以防弯曲件被冲裂或产生表面缺陷。

⑤ 弯曲模的工作面一般为敞开面，易于加工。

（2）弯曲模加工顺序

弯曲模的加工顺序一般按制件要求选择，其方案如表9-10。

表9-10 弯曲模加工方案的选择

制件要求	加工顺序
制件要求有精确的内形尺寸	先加工凸模，再按凸模修配凹模，同时保证规定的间隙
制件要求有精确的外形尺寸	先加工凹模，再按凹模修配凸模，并保证规定的间隙

（3）弯曲模加工方法

弯曲模的凸模、凹模工作面一般是敞开面，所采用的加工方法与制件的大小和形状有关。

圆形凸模不论大小一般都是采用车削和磨削加工方法，加工精度也较高。

非圆形弯曲凸模、凹模的加工常用方法见表9-11。

表9-11 非圆形弯曲模常用加工方法

常用加工方法	加工过程	适用场合
刨削加工	毛坯准备后粗加工，磨削安装面、基准面，划线，粗、精刨型面，精修后淬火，研磨，抛光	大中型弯曲模型面
铣削加工	毛坯准备后粗加工，磨削基面，划线，粗、精铣型面，精修后淬火，研磨，抛光	中小型弯曲模
成形磨削加工	毛坯加工后磨削基面，划线粗加工型面，安装孔加工后淬火，磨削型面，抛光	精度要求较高，不太复杂的凸、凹模
线切割加工	毛坯加工后淬火，磨安装面和基准面，线切割加工型面，抛光	小型凸、凹模（型面长小于100mm）

注：表中加工方法可根据企业设备情况和模具型面结构尺寸选择。

9.2.2 弯曲模加工制造要点

（1）凸、凹模加工技术要求

弯曲凸、凹模是弯曲模的主要工作成形零件，故在加工时一定要制造精确，符合图样规定的技术要求。

① 几何形状及尺寸精度加工要精确。常用弯曲模主要有 V 形及 U 形两种结构形式，其几何形状及尺寸精度主要是指凸模与凹模的圆角半径和凹模深度。在加工时，应给以高度注意，并要加工精确。

常用凸、凹模结构尺寸及加工要点见表 9-12。

表 9-12　常用弯曲凸、凹模几何形状及尺寸精度

结构形式	加工要点	
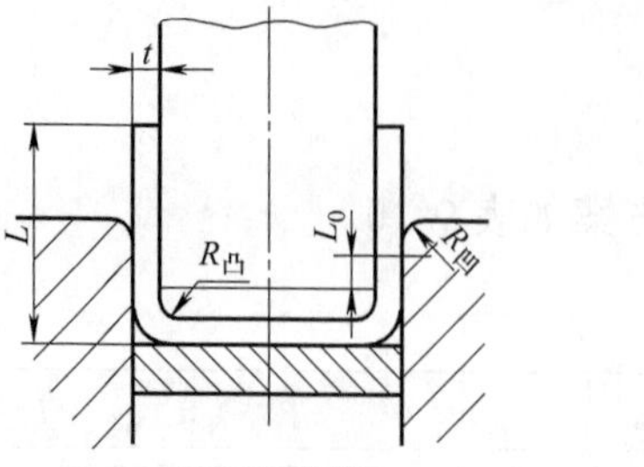 （a）U形弯曲模 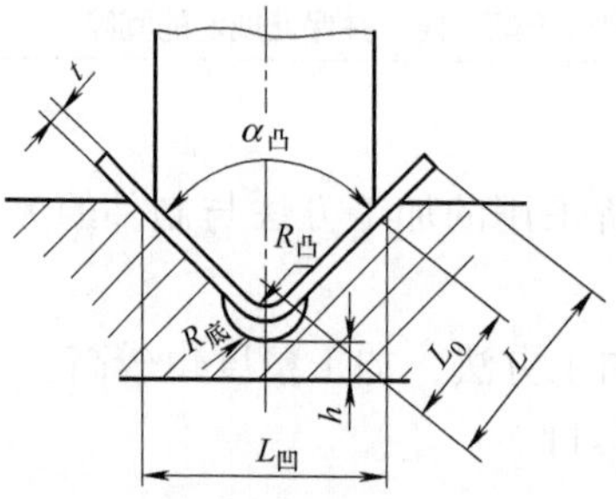 （b）V形弯曲模	凸模圆角半径 $R_凸$	加工时，应按图样加工，一般应等于弯曲零件的弯曲半径 R 值，但不能小于材料允许的最小弯曲半径值
	凹模圆角半径 $R_凹$	① $R_凹$ 与材料厚度有关，即材料厚度 t： $< 2mm$ 时，$R_凹 = (3 \sim 6)t$ $\geqslant 2mm$ 时，$R_凹 = (2 \sim 3)t$ ②在加工时，凹模两边的圆角半径 $R_凹$ 要一致（相等），否则会造成压弯偏斜而裂损
	V形弯曲底部圆角半径 $R_底$	① $R_底 = (0.6 \sim 0.8)(R_凸 + t)$ ②在加工 V 形弯曲时，凹模底部应开有退刀槽或加工成圆角［图（b）］
	凹模深度 L	L_0 必须要加工适中，不宜过大或过小。若过大，则凹模加大，浪费钢材且压力机工作行程也大；若过小，则易产生回弹，影响制品质量

②间隙控制要合理、均匀。弯曲凸、凹模的间隙是影响弯曲件质量的一个重要因素，因此在制造冲模时，必须严格控制。其控制方法见表 9-13。

表 9-13　弯曲凸、凹模间隙控制

弯曲形式	图示	间隙控制方法
V形弯曲	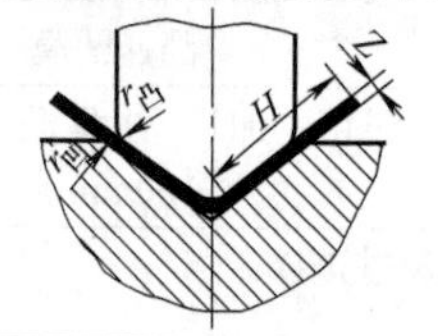	弯曲 V 形件时，凸、凹模之间的间隙主要靠压力机的闭合高度来控制。因此在制造时，要严格按图样加工凸、凹模，在试冲时，调整及修整间隙值
U形弯曲		①U形弯曲凸、凹模间隙值： $$Z = t + \Delta + Ct$$ 式中　Z——凸、凹模单边间隙值，mm； 　　　t——材料厚度，mm； 　　　Δ——板料厚度正偏差值，mm； 　　　C——系数与板料厚度有关，一般为 $0.05 \sim 0.08$，厚度越大，C 值越大 ②加工时必须经过反复试验再确定，制品精度要求高时，间隙值取在比料厚小 $0.02 \sim 0.06mm$ 范围内，以预防回弹

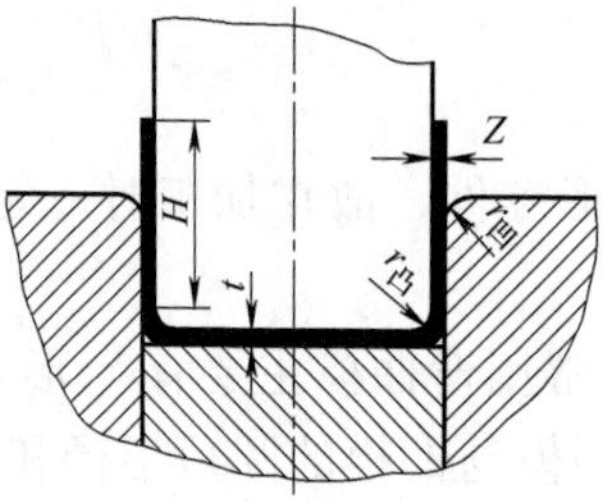

③ 尺寸精度要控制在图样规定范围之内。弯曲凸、凹模尺寸精度要求见表9-14。其控制方法应按图样要求加工、控制在公差范围内。

表9-14 弯曲凸、凹模工作部分尺寸确定及精度要求

弯曲形式		图示	凹模尺寸	凸模尺寸
V形弯曲		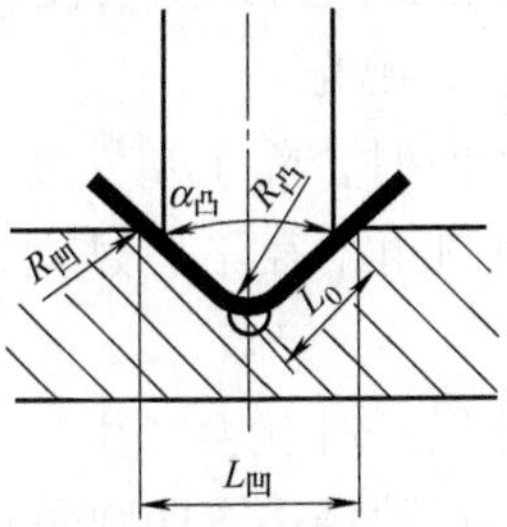	$L_{凹}=2(L_0+R_凸+t)\times\sin\dfrac{\alpha_凸}{2}$ 式中，$L_凹$为凹模圆角半径中心距离（mm），其值不能大于弯曲毛坯长度的0.8倍；L_0为凹模深度（mm）；$R_凸$为凸模圆角半径（mm）；$\alpha_凸$为弯曲角	
U形弯曲	用内形尺寸标注的弯曲件	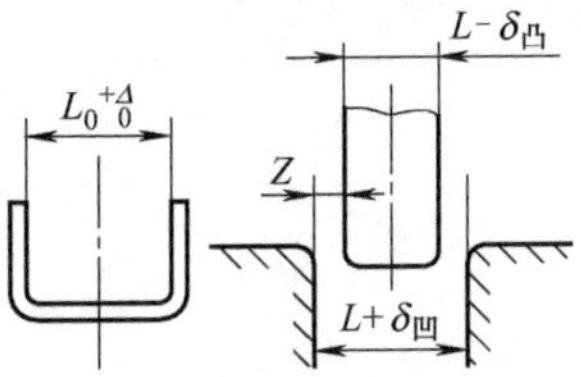	$L_{凹}=(L_0-0.75\Delta)_0^{+\delta_凹}$	$L_{凸}=(L_凹-0.75\Delta-2t_{max})_{-\delta_凸}^{0}$
	用外形尺寸标注的弯曲件	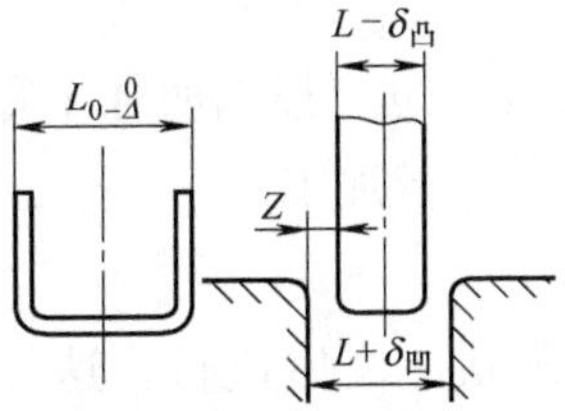	$L_{凹}=(L_0+0.4\Delta+2t_{max})_0^{+\delta_凹}$	$L_{凸}=(L_凹+0.4\Delta)_{-\delta_凸}^{0}$
式中，$L_凹$、$L_凸$分别为弯曲凹模与凸模工作部位尺寸（mm）；L_0为弯曲件公称尺寸（mm）；Δ为弯曲件制造公差（mm）；t_{max}为材料最大厚度（mm）；$\delta_凸$、$\delta_凹$为凸、凹模制造公差，取IT9级				

当制品零件精度要求较高时，在加工凸、凹模时应采用配作方法，边试边修正。同时弯曲凸、凹模型面，一般要经抛光、研磨加工，表面粗糙度Ra值要控制在0.4μm以下。

（2）加工顺序的选择

弯曲凸、凹模加工的先后次序，要根据制件外形尺寸标注情况来选择：对于尺寸标注在外形上的制件，一般应先加工凹模，而凸模以凹模配作加工并保证双面间隙值；对于尺寸标注在内形上的制件，应先加工凸模，凹模按凸模尺寸配作，并保证间隙值。

9.2.3 弯曲模加工注意事项

① 保证各处圆角半径及间隙均匀性。在修整凸、凹模时，要保证各处圆角

及间隙的均匀性，在修整角度时，不要影响弯曲凸、凹模直线尺寸。同时，工作部分要修整成圆角过渡，否则会使弯曲制品折断或产生划痕。

② 凸、凹模的淬火应在试模后进行。材料在压弯时，由于弹性变形在弯曲中产生回弹，故即使按设计要求制模，也难以达到要求，必须通过试模方能确定凸、凹模某些部位尺寸，即边试模边修正，直到合适为止。所以，为便于模具工对凸、凹模进行修整，应在试模合适后再淬硬、抛光。

③ 弯曲件的圆角半径不宜过大。工件弯曲时，除了塑性变形外，必然同时伴随着弹性变形，产生回弹。因此弯曲件的圆角半径不宜过大，否则难于保证精度。

④ 弯曲件的圆角半径不宜过小，否则外层纤维就会产生拉裂破坏。对于低碳钢，最小圆角半径约为 1.0 倍板厚；黄铜和铝的最小弯曲圆角约为 0.6 倍板厚；对于中碳钢，最小弯曲圆角约为 1.5 倍板厚。

9.3 拉深模的加工

9.3.1 拉深模加工的基本方法

与弯曲模的加工一样，拉深模零件加工时，也应根据所加工零件的结构、尺寸精度、表面质量要求及设备条件等，按图样进行加工。

（1）拉深模加工特点

① 拉深模热处理一般在试模冲压出合格制件之后进行，这样可以方便模具工修正。

② 拉深模凸、凹模工作部分边缘应为圆角，以防工件被撕裂。

③ 拉深模型腔工作表面要求粗糙度很小，一般要求在淬火后抛光、研磨或镀硬铬。

④ 拉深模凸、凹模间隙要均匀，一般可先按图纸做一样板，供加工时修配。拉深模间隙的大小直接影响到拉深力的大小、拉深件的质量和拉深模的寿命，加工时应严格控制。

⑤ 根据制件尺寸要求，对外缘尺寸要求较高时，制模修配以凹模为基准；相反对内接尺寸要求较高时，则以凸模为基准。

（2）拉深模加工方法

不同类型的制件，其模具的加工方法也不同。根据制件的外形可分三种类型，即回转体类、盒形零件、非回转体曲面形零件。拉深凹模、拉深凸模的加工方法分别见表 9-15、表 9-16。

表 9-15 拉深凹模加工方法

制件类型及凹模结构			常用加工方法	适用场合
回转体类	筒形及锥形		毛坯加工后粗、精车型孔，划线加工安装孔淬火，磨型孔或研磨型孔，抛光	各种凹模
	曲线回转体	无底模	与筒形凹模加工方法相同	无底中间拉深模
		有底模	毛坯加工后粗、精车型孔，精车时可用靠模、仿形、数控等方法，也可用样板精修，淬火后抛光	需整形的凹模
盒形零件			方法一：铣削加工。毛坯加工后，划线，铣型孔，最后钳工修锉，淬火后研磨、抛光	精度要求一般的无底凹模
			方法二：插削加工。毛坯加工后，划线插型孔，最后钳工修锉圆角，淬火后研磨、抛光	
			方法三：线切割。毛坯加工后，划线加工安装孔，淬火后磨安装面等，最后切割型孔，抛光	精度要求较高的无底凹模

表 9-16 拉深凸模常用的加工方法

制件类型		常用加工方法	适用场合
回转体类	筒形和锥形	毛坯锻造后退火，粗车、精车外形及圆角，淬火后磨装配处成形面，修磨成形端面和圆角 R，抛光	所有筒形零件的拉深凸模
	曲线回转体	方法一：成形车削。毛坯加工后粗车，用成形刀或靠模成形曲面和过渡圆角淬火后研磨，抛光	凸模要求较低，设备条件较差
		方法二：成形磨削。毛坯加工后粗车、半精车成形面，淬火后磨安装面，成形磨削曲面和圆角，抛光	凸模精度要求较高
盒形零件		方法一：修锉法。毛坯加工后修锉方形和圆角，再淬火、研磨、抛光	精度要求低的小型件、设备条件差
		方法二：铣削加工。毛坯加工后，划线铣成形面，修锉圆角后淬火、研磨、抛光	精度要求一般的通用加工法
		方法三：成形刨削。毛坯加工后划线，粗、精刨成形面及圆角，淬火、研磨、抛光	精度要求稍高的制件凸模
		方法四：成形磨削。毛坯加工后，划线，粗加工型面淬火后成形磨削型面、抛光	精度要求较高的凸模
非回转体曲面形零件		方法一：铣削加工。毛坯加工后，划线铣型面，修锉圆角后淬火、研磨、抛光	型面不太复杂，精度较低
		方法二：仿形刨削。毛坯加工后划线，粗加工型面仿形刨削，淬火后研磨抛光	型面较复杂，精度较高
		方法三：成形磨削。毛坯加工后划线，粗加工型面淬火后成形磨削型面，抛光	结构不太复杂，精度较高的凸模
		方法四：电火花加工。毛坯加工后，划线加工安装孔，淬火后磨基面，最后采用电火花加工型腔，抛光	精度较高，需整形的凹模
		方法五：仿形铣削。毛坯加工后划线，仿形铣削型腔，精修后淬火、研磨、抛光	有底型腔模，精度较低

制件类型	常用加工方法	适用场合
非回转体曲面形零件	方法六：铣削或插削。毛坯加工后划线，铣或插型孔，修锉圆角后淬火、研磨、抛光	无底型腔模，精度较低
	方法七：线切割。毛坯加工后划线，加工安装孔，淬火后磨基面，线切割型孔，研磨、抛光	精度较高的无底型腔模
	方法八：电火花加工。毛坯加工后划线，加工安装孔，淬火后采用电火花加工型腔，研磨、抛光	精度较高，较小型腔的整形模

9.3.2　拉深模加工制造要点

（1）凸、凹模加工技术要求

拉深凸、凹模是拉深模的主要工作成形零件，故在加工时一定要制造精确，符合图样规定的技术要求。

① 拉深凸、凹模几何形状。零件在拉深时，材料沿着凹模的边缘滑动。因此，凹模圆角半径是影响拉深件成形的主要因素。在制造模具时，一般都根据设计图样上所规定的凹模圆角半径数值，由小到大边修边试边确定，直到合适为止。

拉深凸、凹模的几何形状见表9-17。

表9-17　拉深凸、凹模几何形状确定

零件名称	图示		参数确定
凹模	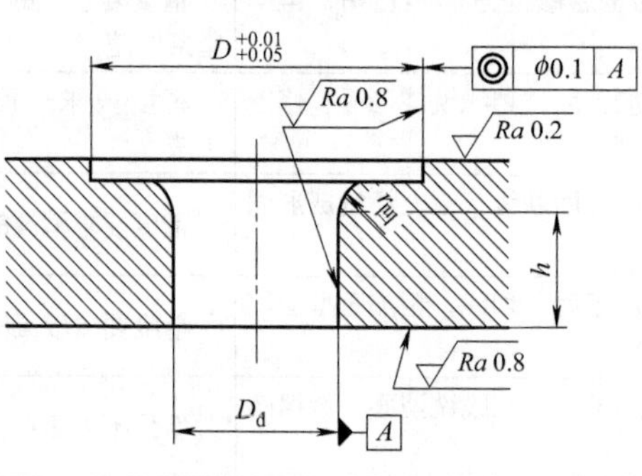	$r_凹$	①计算公式：$r_凹=0.8\sqrt{(D-d)t}$ 式中　D——坯料直径，mm； 　　　d——拉深直径，mm； 　　　t——材料厚度，mm ②经验数值：$t\leqslant 6$mm 时， $r_凹=(3\sim10)t$，边试边修直到合格为止
		h	h一般应为9～13mm为宜，不能太大或太小，过小拉深时易产生回弹；过大又增加摩擦，使制品变薄
凸模	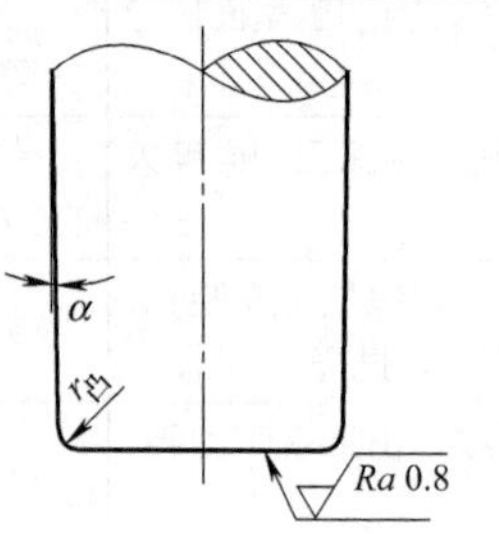	$r_凸$	①计算公式 　　$r_凸=(0.5\sim1)r_凹$ ②经验确定：一次拉深成形的$r_凸$及需多次拉深成形的最后一次$r_凸$，应与制品要求内圆角半径相同
		锥度α值	一般 $\alpha=2'\sim5'$

② 拉深间隙。拉深凸模与拉深凹模相应工作尺寸差值的一半称为拉深间隙。其计算方法见表 9-18。

表 9-18 拉深间隙的确定

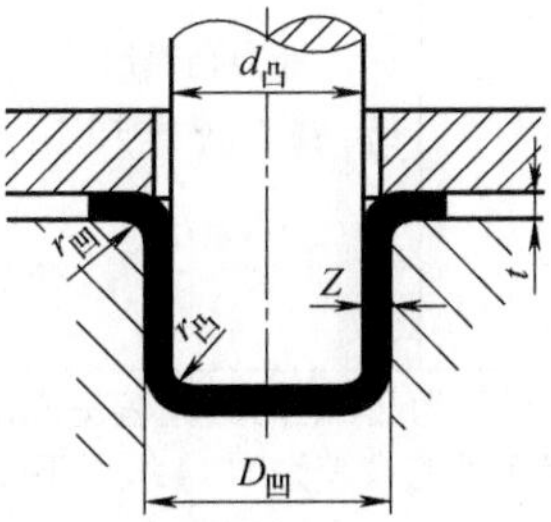

拉深次数	单边间隙 Z	
	软钢	黄铜、铝
首次拉深	$(1.3 \sim 1.5) t$	$(1.3 \sim 1.4) t$
中间各次拉深	$(1.2 \sim 1.3) t$	$(1.15 \sim 1.2) t$
最后一次拉深	$1.1t$	$1.1t$

注：t 为板料厚度（mm）。

在模具制造时，确定间隙应注意以下几点：

a. 拉深凸、凹模之间的间隙值，应边试模边修整，直到冲出合格零件后才能热处理淬硬。

b. 各面间隙要均匀一致，不能过大或过小。间隙过大，制品易起皱；过小又易被拉裂。

c. 在首次或多次拉深的最末一次，在确定间隙时应注意：对于制品尺寸标注在外形的拉深件，应以凹模为基准，间隙取在缩小凸模的尺寸方向上；尺寸标注在内形的拉深件，加工时应以凸模为基准，间隙取在加大凹模尺寸方向上。

③ 凸、凹模尺寸及精度 拉深凸、凹模工作部位尺寸应根据拉深制品零件要求确定。加工时，应按图样尺寸规定来制造，其尺寸公差只在最后一次拉深工序中考虑。

拉深凸、凹模尺寸确定方法见表 9-19。

表 9-19 拉深凸、凹模工作部位尺寸确定方法

制品尺寸标注方法		凹模尺寸 $D_凹$	凸模尺寸 $d_凸$
标注外形尺寸	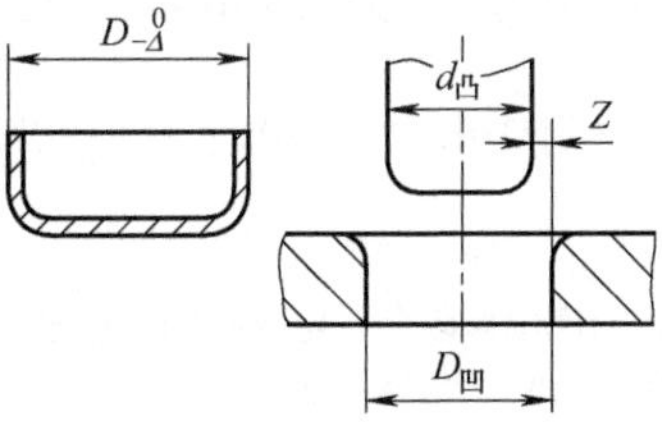	先计算凹模尺寸 $D_凹 = (D - 0.75\Delta)_0^{+\delta_凹}$	按凹模尺寸配作 $d_凸 = (D - 0.75\Delta - 2Z)_{-\delta_凸}^0$

制品尺寸标注方法		凹模尺寸 $D_凹$	凸模尺寸 $d_凸$
标注内形尺寸		按凸模尺寸配作 $D_凹=(d+0.4\Delta+2Z)_0^{+\delta_凹}$	先计算凸模尺寸 $d_凸=(d+0.4\Delta)_{-\delta_凸}^0$

注: Δ 为板料厚度偏差（mm）; Z 为凸、凹模单边间隙（mm）; $\delta_凸$、$\delta_凹$ 分别为凸、凹模制造偏差（mm）, 若工件的公差为 IT13 级以上，凸、凹模的制造公差为 IT6 ~ IT8 级，若工件的公差为 IT14 级以下，凸、凹模的制造公差为 IT10 级。

取公差的方法是：若制品要求外形尺寸，则公差取在凹模上，凸模按凹模配制；若要求内形尺寸时，则公差取在凸模上，凹模按凸模配制，并要保证间隙值。

④ 凸、凹模表面质量要求 拉深凸、凹模表面粗糙度，一般要求为 $Ra=0.8 ~ 0.10\mu m$。因此，在制造时，其凸、凹模淬硬后，均应经研磨，抛光，并要求研磨与抛光的方向应与拉深方向相同。

（2）拉深凸、凹模的加工工艺过程

拉深凸、凹模的加工工艺过程见表 9-20。

表 9-20 拉深凸、凹模加工工艺过程

拉深凸、凹模断面形状	加工工艺过程及方法
断面为圆形的凸、凹模	①按图样要求在车床上精车 ②凸、凹模配作，保证间隙均匀 ③热处理淬硬 ④磨修、抛光、研磨到要求尺寸
断面为非圆形的凸、凹模	①先制作样件或样板，然后按样板（样件）加工 a. 轮廓样板：按零件内部轮廓尺寸制造，给以小的负的允许偏差，以便划线 b. 凸模样板：按凸模最大极限尺寸制造，以检验凸模用。凹模样板按凹模最小尺寸制作 c. 断面轮廓特殊部位形状样板：尺寸按最大极限尺寸加工，以便锉修时作为特殊形状的验规使用 ②将坯件按轮廓样板划线 ③进行铣、钻、粗加工成形，凹模也可以利用电火花加工成形 ④钳工修磨。用凸、凹样板相互检验，合格为止 ⑤凸、凹模研配合适后进行淬火、修磨、抛光

9.3.3　拉深模加工注意事项

① 拉深模的凹模圆角表面应光滑，圆角过渡无棱角，即在制作时应经抛光或研磨，表面粗糙度值一般应达到 $Ra=0.4 \sim 0.2\mu m$。其抛光研磨的方向应与拉深方向相同。刃口周边的凹模圆角半径若不同时，应圆滑过渡、无明显突变。

② 凹模型孔、型腔内直壁表面均应研磨抛光，其方向应与拉深方向相同，必要时可经镀硬铬后再抛光。对复杂曲面型腔，其凸棱处的表面质量要高，以有利于拉深时的流动。

③ 拉深凸模表面质量尽管比凹模低，但也应达到 $Ra=1.6 \sim 0.8\mu m$。在凸模的圆角处，在加工时应圆滑过渡，不应存在棱角。

④ 拉深凸、凹模的间隙。对于圆筒形零件拉深，其间隙应各向均匀一致；非旋转体拉深件如矩形盒件的间隙应根据材料的流动趋向，按设计要求采用不同的间隙值，并在试模时修正，直到冲出合格零件方可淬硬定形。

⑤ 加工拉深凸、凹模零件时，对于圆筒形凸、凹模可直接在车床上车削；而对于非旋转体曲面复杂形状凸、凹模，在加工时应借助事先制作的标准样件或样板配合加工，并进行间隙调整。

⑥ 对带有压边装置的拉深模，其模具装配后的结构尺寸，应使材料开始拉深时就形成压边作用，并在整个拉深过程中，始终保持压力状态。并且在加工时，其压边圈、凹模工作面等与材料接触的部位。不允许有任何孔，否则在拉深时造成材料堆积，影响拉深。

⑦ 拉深模的部件、顶出机构，加工安装后应动作灵活。并对于大、中型拉深模的凸模应加工出透气孔。

⑧ 对于拉深所用的毛坯尺寸，很难用试算方法准确确定，应通过试模后确定毛坯尺寸。因此，对于落料拉深模的加工顺序应该是：先制作拉深模，待拉深模试模合格后，再以其所用的毛坯尺寸和形状，制作坯料落料模。

9.4　成形模的加工

成形模是采用局部变形的方法，使制件达到所要求形状和尺寸精度要求的一种冲模。常用的成形模主要有翻边模、胀形模和缩口模、扩口模等。成形模零件加工制作基本上与前述的弯曲模、拉深模相似，即根据设计图样规定加工出成形模具的零件，再依据所加工零件的形状、尺寸精度以及模具结构特点，采用配作或直接装配的方法，先进行部件分组组装，然后进行总体装配成形。

由于成形工艺是比较复杂的，为保证成形零件质量，成形模在装配与制作时，往往采用在装配过程中边试模边修整的方法进行制造。

表 9-21 给出了常见成形模的结构及其制造加工要点。

表 9-21   成形模的结构及制造加工要点 ···

模具名称		模具结构	结构及加工制造要点
翻边模	内孔翻边模	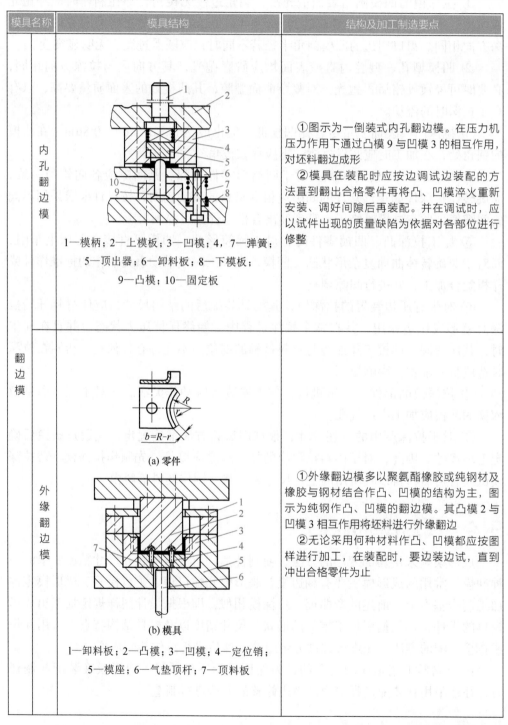 1—模柄；2—上模板；3—凹模；4，7—弹簧； 5—顶出器；6—卸料板；8—下模板； 9—凸模；10—固定板	①图示为一倒装式内孔翻边模。在压力机压力作用下通过凸模 9 与凹模 3 的相互作用，对坯料翻边成形 ②模具在装配时应按边调试边装配的方法直到翻出合格零件再将凸、凹模淬火重新安装、调好间隙后再装配。并在调试时，应以试件出现的质量缺陷为依据对各部位进行修整
	外缘翻边模	(a) 零件 $b=R-r$ (b) 模具 1—卸料板；2—凸模；3—凹模；4—定位销； 5—模座；6—气垫顶杆；7—顶料板	①外缘翻边模多以聚氨酯橡胶或纯钢材及橡胶与钢材结合作凸、凹模的结构为主，图示为纯钢作凸、凹模的翻边模。其凸模 2 与凹模 3 相互作用将坯料进行外缘翻边 ②无论采用何种材料作凸、凹模都应按图样进行加工，在装配时，要边装边试，直到冲出合格零件为止

续表

模具名称	模具结构	结构及加工制造要点
胀形模	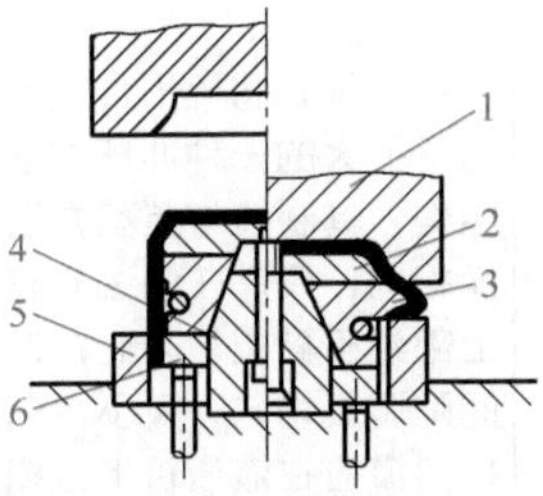 (a) 1—凹模；2—凸模；3—斜楔滑块； 4—斜状芯块；5—模套；6—顶板 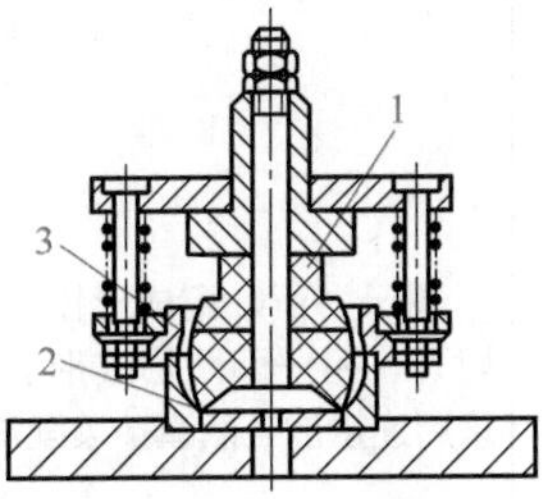 (b) 1—橡胶凸模；2，3—钢制分瓣凹模	①胀形模是将拉深后的筒形坯件，在凸、凹模的作用下，向外扩张成所需要的零件形状。图（a）为一机械式胀形模，即在上模下压时，由斜状芯块4将其斜楔滑块3分开，从而可使坯料在凸模2、凹模1作用下胀形成所要求的工件形状；而图（b）为一以橡胶凸模1与钢制分瓣凹模2、3作用后的成形零件 ②胀形模制造与装配与普通冲模一样，一般都应按设计图样加工、装配，即可按装配拉深、弯曲模的方法，先进行上、下模部件组装，然后再进行总体装配并调试。在调试时，防止制品产生胀形裂纹是调试的关键，采取的措施主要有：采用较高级润滑剂、适当减小压边力、修整凸模圆角半径等
缩口模	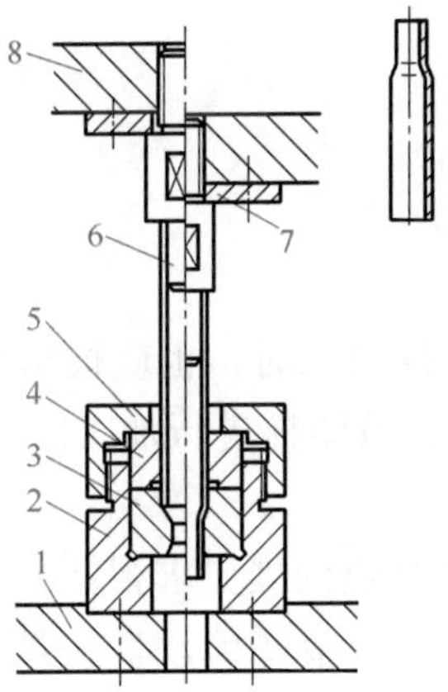 1—模座；2—凹模套；3—凹模；4—导正圈； 5—紧固套；6—凸模；7—垫板；8—上模板	缩口模是在压力机作用下，将开口空心件或管材口部缩小的一种冲压模具。左图所示的缩口通用模，更换凸模6、凹模3、导正圈4可加工不同孔径的制品零件 缩口模的零件加工及装配基本上与拉深模相同，即零件按图样加工后，首先进行部分装配件装配，然后采用边装边试的方法进行总体装配 缩口模调试时最易发生失稳起皱，因此，调试时要注意修整冲模工作部位的形状，即间隙修整要合适，表面质量要精细，必要时可使缩口口部局部加热退火处理，以防变形或产生皱纹

续表

模具名称	模具结构	结构及加工制造要点
扩口模	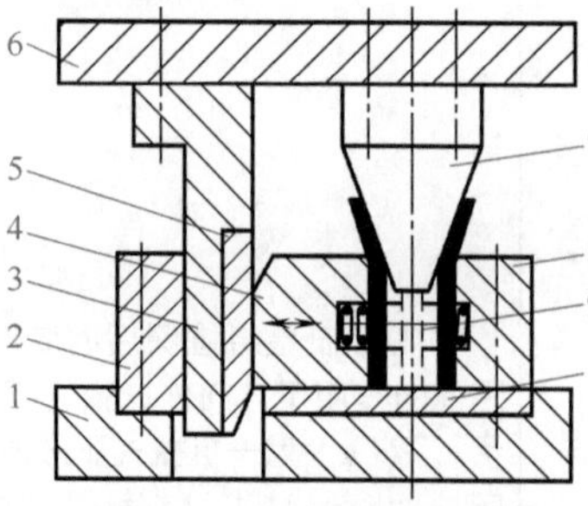 1—下模板；2—挡块；3—斜楔柱； 4—活动凹模；5—斜楔；6—上模板； 7—凸模；8—固定凹模；9—弹簧；10—垫板	扩口模是将筒形件或管材口部在压力机作用下扩大的一种冲压方法。左图所示的模具结构，其制造与装配方法，与普通弯曲拉深模相同，只是在调试时随着管口被挤大，其上部易于破裂。因此在调试时要使凸、凹模间隙调试均匀，大小合适，表面要进行抛光扩口模应在液压机上试模或使用，冲压速度要低。必要时应将扩口部位进行加热退火处理，以防裂纹起皱
成形模	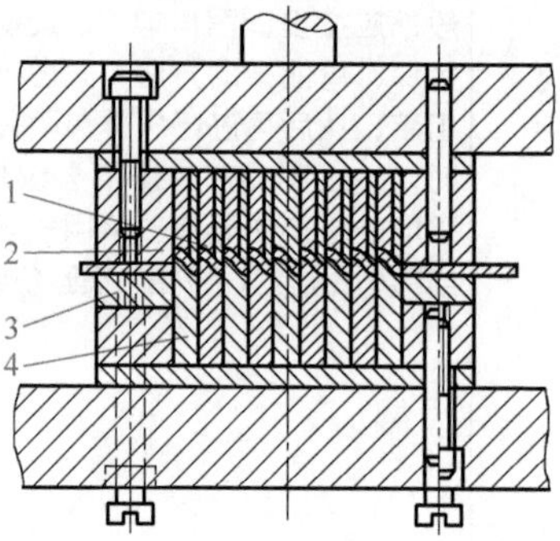 1—镶片；2，4—凸、凹模；3—压板	图示为百叶窗成形模，可实现一面将板材切开，另一面胀形成形。其结构简单，往往采用连接加工后直接装配法制造

9.5　冷挤压模的加工

9.5.1　冷挤压模加工的基本方法

　　与其他冲压模的加工一样，冷挤压模零件加工时，也应根据所加工零件的结构、尺寸精度、表面质量要求及设备条件等，按图样进行加工。

　　（1）冷挤压加工特点

　　① 冷挤压模受力较大，因此对材料选择和热处理要求很严。

　　② 模具工作表面要求光洁，其形状有利于金属流动。一般淬硬后要研磨、抛光。

　　（2）冷挤压模加工方法

　　冷挤压模的加工方法根据型面来确定。一般分两大类：回转体类和非回转体类。

① 凸模加工。

凸模的加工方法比较简单，回转体类凸模加工过程为：毛坯准备，热处理后粗加工和半精加工，接着进行淬火和回火，研磨中心孔后磨削成形面和安装定位面，最后磨去端头凸台，抛光后试模。加工中值得注意的是，冷挤压模的凸模端头不允许留中心孔，因此在粗加工时要加工一中心孔凸台，待精磨后切除。另外过渡圆角要大，结构上尽可能以锥面代替过渡圆弧。

非回转体凸模加工一般可用铣削或仿形刨削加工，再由钳工修锉后淬火，最后研磨、抛光工作型面。

② 凹模加工。

凹模常用的加工方法见表 9-22。

表 9-22　冷挤压凹模常用加工方法

型腔形状	型腔结构	常用加工方法
回转体形	直通	毛坯处理后粗、精车型孔，留 0.2 ～ 0.3mm 余量，淬火后磨削型孔，再抛光
	不通或阶梯	①毛坯处理后粗、精车型腔，留 0.02 ～ 0.05mm 的研磨余量，淬火后研磨，再抛光 ②毛坯加工后淬火，用电火花加工型腔孔
非回转体形	直通	①毛坯处理后粗加工，划线铣或插型孔，钳工修锉淬火，研磨、抛光 ②毛坯加工后淬火，再磨安装面和基面，用线切割割型孔，修磨口部圆角，抛光
	不通	毛坯加工后淬火，再磨安装面和基面，做电极，用电火花加工出型腔

9.5.2　冷挤压模加工制造要点

冷挤压是强迫金属流动，挤压力很大。因此，冷挤压模的制造技术要求较高，为保证拉深模的制造质量，还注重以下加工制造要点。

（1）模架的制备要求

冷挤压所用的模架应具有良好的刚性及强度，其模板上、下平面的平行度允差应为 0.01mm/100mm；导柱与导套应加工成 H6/h5、H7/h6 配合形式，固定在上、下模座的固定长度应大于直径的 1.5 ～ 2 倍，其与模板基面的垂直度允差应为 0.01mm/100mm。

（2）凸、凹模结构形状要求

冷挤压凸、凹模应根据所挤压的金属材料与挤压方法而采取不同的结构形式。在设计与制造时，除保证设计精度外，还应注意到凸、凹模工作部分尽量加工成圆角过渡，以防止直径的剧烈变化使应力集中，在工作时破损。另外，为了减少挤压力和便于取出制品，凸、凹模在不影响精度的情况下，应制作出一定的出模斜度。

如图 9-2 为冷挤压凸、凹模结构形式。为了增加凹模强度，常采用如图 9-3 所示预应力组合凹模结构形式，其最内凹模 1 与预应力承料框 2、3 之间，应加工成过盈配合形式，过盈量为 0.02 ~ 0.05mm。

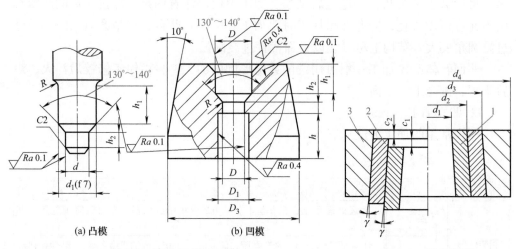

图 9-2　冷挤压凸、凹模

图 9-3　组合凹模
1—凹模；2，3—预应力承料框

（3）凸、凹模工作部位尺寸精度要求

冷挤压凸、凹模工作部位尺寸精度要求见表 9-23。

表 9-23　冷挤压凸、凹模工作部位尺寸与精度要求

制品要求	图示	加工要求
制品要求外形尺寸	$D_{-\Delta}^{0}$　t	$D_{凹}=\left(D_{\max}-0.75\Delta\right)_{0}^{+\delta_{凹}}$ $d_{凸}=\left(D_{\min}-1.9t\right)_{-\delta_{凸}}^{0}$ 其中，$\delta_{凹}=\delta_{凸}=\left(1/5 \sim 1/4\right)\Delta$
制品要求内形尺寸	$d_{0}^{+\Delta}$　t	$d_{凸}=\left(d_{\min}+0.5\Delta\right)_{-\delta_{凸}}^{0}$ $D_{凹}=\left(d_{\min}+1.9t\right)_{0}^{+\delta_{凹}}$ 其中，$\delta_{凹}=\delta_{凸}=\left(1/5 \sim 1/4\right)\Delta$

注：t 为制品零件壁厚（mm）；$D_{凹}$、$d_{凸}$ 分别为凹、凸模直径（mm）；D、d 分别为制品外、内径尺寸（mm）；Δ 为制品制造公差（mm）；$\delta_{凸}$、$\delta_{凹}$ 分别为凸、凹模制造公差（mm）。

（4）凸、凹模形位及表面质量要求

① 凸模装配后，其中心轴线与安装基面的垂直度允差应为 0.01mm/100mm。

② 凸模工作部位相对于紧固部位同轴度允差应为 0.01mm。

③ 凸模轴线对凹模工作端面垂直度允差应为 0.01mm/100mm。

④ 凸模座与凹模座工作面平行度允差为 0.01mm/100mm。

⑤ 凹模型腔对外圆的同轴度允差应为 0.01mm。

⑥ 凹模型腔底面对其下平面平行度允差为 0.01mm/100mm。

冷挤压凸、凹模表面粗糙度 Ra 要求应为 $0.20 \sim 0.05\mu m$。实践证明：表面质量越高，则制品质量越好，并能降低挤压力和延长冷挤压模的使用寿命。

（5）凸、凹模加工要求

冷挤压凸、凹模加工要求见表 9-24。

表 9-24 冷挤压凸、凹模加工要求

加工部位	图示	加工方法及要求
凸、凹模的加工	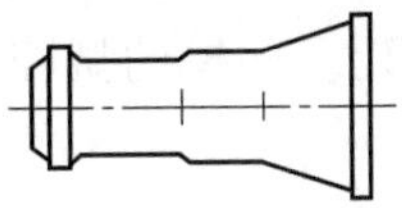	①凸模两端应预留磨削时打中心孔所需的凸台，这个凸台在磨削后去除 ②凸模在最后加工后，过渡部应光滑连接 ③凹模磨削加工后，工作部分与紧固部分应同心，工作部分形状相对于中心应对称 ④凸、凹模在磨削加工前，表面粗糙度 $Ra \leqslant 3.2\mu m$，留磨削余量为 0.1mm ⑤磨削后，应进行抛光及研磨，研磨量为 $0.01 \sim 0.02mm$。研磨后 Ra 在 $0.20\mu m$ 以上
组合凹模与预应力承料框压台工艺	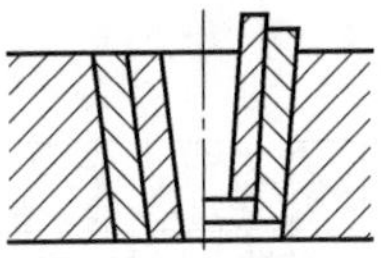	①预应力组合凹模，其预应力是由组合凹模之间的过盈配合获得的 ②压合方法 a. 热压合法：将外圈加热（温度为 400℃），使外圈涨大套入内圈，冷却后，外圈收缩而压紧内圈，成为组合凹模 b. 冷压合法：在常温下，借助于压力机压力，直接将内、外圈压合在一起 ③压合次序：先外后内，即先将中圈压入外圈，再将内圈压入中圈 ④在压合时，应在凹模上垫以软材料垫板，并且要有保护措施 ⑤更换凹模时，必须由内向外依次压出 ⑥外层各圈多次压入，压出后应进行退火以消除内应力 ⑦压合后应进行修整凹模，以消除压后的凹模形变 ⑧中圈材料：5CrNiMo，40Cr35CrMoA，$45 \sim 47HRC$ 外圈材料：45，45Cr35 CrMoA，35CrMnSiA，$42 \sim 43HRC$
硬质合金凹模加工	—	①硬质合金制作的凹模，有良好的耐磨性，但不能承受较大的冲击载荷。做凹模时，必须配合预应力圈使用 ②模具型腔应采用电火花及金刚砂轮配合加工 ③型腔抛光、研磨时，应用金刚石研磨剂进行

9.5.3　冷挤压模加工注意事项

① 模具早期失效的原因主要是模具热处理工艺不佳和模具原材料质量不好，其次是模具使用条件不好、模具加工方法不好、模具设计不合理及模具毛坯锻造工艺不妥等原因的影响。因此，为了防止模具早期失效，延长模具使用寿命，应从上述几方面采取有效的、相应的预防措施。

a. 模具零件金属切削加工时，影响模具失效的有以下几点：磨削损伤，形成微裂纹痕迹；电加工质量差；连接圆角半径较小；表面粗糙度差；尺寸精度差；加工应力未除去。

b. 模具零件热处理工艺中，与模具失效有关的有以下几点：加热速度不当；淬火温度不当；保温时间不当；冷却速度不当；炉内气氛不当；回火次数不够；表面硬度不够。

② 凸模制作时要保证光滑和足够的强度，防止冲压时的断裂现象。关键零件在冲压时要承受巨大冲击力，因而其制作精度和强度非常重要。材料选用模具钢 W6Mo5Cr4V2，淬火硬度为 61～63HRC，精磨后用抛光方法保证表面光滑。

③ 凹模决定着挤压件的外圆尺寸精度，切忌内表面粗糙，以便于挤压成形，有利于挤压件材料的流动，同时可防止退料时被卡死。凹模的型腔要有较佳的表面粗糙度、良好的耐磨性能及较高的抗变形能力。

④ 挤压型腔时，压力机必须平稳，冲头与坯料平面必须垂直，挤入过程必须跟踪观察，如发生异常应立即停机，但不能立即打开防护罩，以免发生危险。

⑤ 当挤压型腔的变形程度过大，不能一次挤压成形时，中间需进行退火才能继续挤压。

⑥ 为保护冲头，使用后可将冲头进行低温回火以消除内应力，以便重复使用。

⑦ 当压力机没有自动控制装置时，冷挤压工具设计上应考虑限位措施。几种常用的脱模方法见表 9-25。

表 9-25　几种常用的脱模方法

脱模形式	说明	脱模形式	说明
螺钉脱模	脱模时挤压冲头受到扭矩，冲头细小则容易折断。适用于型腔锥度较大，深度较浅，直径较大的型腔脱模	斜楔脱模	较圆棒脱模方便，但需要制作专用斜楔及垫圈。坯料为圆形时，斜楔可制成半圆形形式
圆棒脱模	由淬硬的圆棒脱模，圆棒直径由小到大调换，所用工具简单，但手续比较麻烦，操作不够方便，适宜于有导向冲头的脱模	顶杆脱模	脱模力均匀、稳定，特别对于细小而深度大的型腔更为适宜。顶板及托板可制成通用的适用于一定尺寸范围的坯料

⑧ 挤出的型腔毛坯在加工平面及外形尺寸时必须使型腔与平面垂直，与外形同心。

⑨ 影响型腔精度的因素很多，主要有：

a. 坯料越硬或弹性变形越大，则型腔精度越低。

b. 挤入深度大，冲头圆角大，则型腔精度高。

c. 挤压冲头的斜度对型腔精度有利，斜度大小受型腔精度要求限制。

d. 型腔形状及坯料形状对挤压的型腔精度也有影响。

9.6 型腔模制造特点及要求

型腔模的种类很多，主要有塑料压缩模、塑料压注模、塑料注射模、合金压铸模、锻模、粉末冶金模等。这类模具有着共同的成形特点，都是以定模（凸模、型芯）与动模（凹模、型腔）合模后组成整体型腔，待金属或非金属材料经加热熔融后，压填入型腔内，待保压冷却后而形成与型腔相应形状的制品零件。因此，型腔模具有共同的制造特点。但由于各模具的结构组成与成形工艺条件及使用材料不同，其制造工艺与技术要求尽管有相似之处，但也有各自的特点。

（1）型腔模的加工特点

型腔模零件结构、形状均比较复杂，而且尺寸精度、表面质量要求较高，故在加工与装配时主要具有以下共同的加工制造特点：零件的加工与装配，应相互配合并同步进行。其主要表现为：

① 型腔模的工作零件，一般多选用优质钢材，并需进行较复杂的三维型面加工和表面精细研磨、抛光或花纹处理，有些零件还需要涂覆、氮化和淬硬处理，故加工工艺比较复杂。

② 型腔模工作零件，一般尺寸精度及表面质量要求较高，且形状复杂多样。这就决定了其加工方法的特殊性和使用技术的多样性及先进性，也使得型腔模加工制作过程工序繁多，工艺路线及制造周期较长。

③ 型腔模各零件加工过程中，由于要考虑到材料的锻造及机械加工时的内应力、热处理变形及复杂型腔的多层次加工等因素，故在编排零件加工工序时，要适当地增加一些热处理、表面处理工序，重新修整加工成形。

④ 型腔模在装配时，往往与几个主要零部件的加工同步进行，直至型腔模中的零件加工完毕进行总装配为止。故零件的加工与装配是相互配合，并同步进行。

⑤ 型腔模的装配次序没有严格要求，一般先淬硬主要零件，如动模作为基准，使其全部加工完毕之后，再分别加工与其有关联的其他零件。待动模装配后，再加工定模和固定板导孔，然后在滑块、导轨及型芯等零件配合下，配镗斜导孔，接着安装顶杆和顶板。最后将动模板、垫板、固定板一起组装起来。

（2）零件制作与装配精度要求

模具零件经加工至装配以后，各部位尺寸及配合精度，必须符合工艺规程及设计图样上所规定的要求。其中包括：

① 模具各零件线性尺寸及各部位形位精度，如同轴度、平行度、垂直度及尺寸偏差等。

② 活动零件的相对位置精度，如传动精度、直线运动及回转运动精度。

③ 定位精度，如动模（凹模）与定模（凸模）以及上、下模对合精度、滑块定位精度、型腔与型芯安装定位精度。

④ 接触配合精度，如配合精度、过盈量、接触面积大小与接触点的分布状况等。

⑤ 表面质量，如成形零件的表面粗糙度、耐磨性、耐蚀性等要求。

9.7 塑料注射模的加工

为保证塑料注射模的加工质量，在生产中，模具工应认真分析塑料注射模的结构和特点，掌握必要的塑料注射模零件的加工要点。

9.7.1 塑料注射模加工的基本方法

与其他型腔模加工一样，塑料注射模零件加工时，应根据所加工零件的结构、尺寸精度、表面质量要求及设备条件等，按图样进行加工。

（1）注射模加工特点

① 一般情况下注射成型件结构较复杂，因此其模具型腔也较复杂，加工较困难。

② 注射模的成型零件型腔、型芯、镶块在加工时，一般先制作型芯，然后按型芯配作型腔，最后进行抛光或电镀。采用镶块结构时，镶块与型腔连接要紧密，不得有间隙及裂缝。另外这类零件加工时要加工出拔模斜度。

③ 顶出机构动作要求灵活可靠且要密闭。

④ 注射模的动模与定模合模后，接触面接触严密，故加工时要保证两接触面要平滑，表面粗糙度 Ra 在 $0.8\mu m$ 以下。

⑤ 由于各种塑料的性能差别较大，成型工艺也不一样，因此模具有时要经过反复试模和改进才能最终定型。

⑥ 很多配合处需在装配中修磨、修配及调整位置，最终消除配合间隙。

⑦ 有复杂的浇注系统与型腔对应。

（2）注射模的加工方法

注射模的成型零件随塑料件的形状、尺寸千变万化，它包括型腔（凹模）、型芯及组合成型件拼块、镶件、侧型芯（含组合型芯等）。

1）型腔加工

① 整体式型腔加工见表 9-26。

表 9-26 整体式型腔加工常用方法

加工方法	加工说明	特点
切削加工方法	模板粗加工磨削定位面、安装面和分型面，划线找正，车削或铣型腔，再由模具工修研、抛光	精度低，模具工工作量大，但采用仿形或数控加工可提高加工精度
电火花成形加工	模板加工后，划线找正，用电火花成形法加工型腔，一般先粗加工，精修电极后精加工，以提高精度和表面质量，最后进行抛光	用于精度要求高、结构复杂的型腔。加工精度高，但抛光较困难
铸造制模法	用低压铸造铝合金。铸造型腔模时要严格控制充型压力、充型时间、结晶压力和保压时间等工艺因素。铸后机械加工	可用于复杂薄壁模的制造
	熔模精铸形状复杂的模具型腔毛坯，铸后机械加工	尺寸精度高，表面质量较好
	壳型铸造加工毛坯，机械加工到规定的精度	
	陶瓷铸造可直接铸造成型	尺寸精度高，表面质量很好

② 组合式凹模的加工方法见表 9-27。

表 9-27 组合式凹模的组合形式和加工方法

组合形式	加工方法	特点
整体型腔嵌入式	方法一：用切削加工法加工整体镶块，然后与凹模固定板相配或螺钉连接，有方向要求时加防转结构，最后修磨模板上、下表面	加工结构形式较简单，模具工型腔修磨工作量大
	方法二：用电火花成形法加工型腔、镶嵌，同方法一	加工结构复杂，精度高，表面需抛光
	方法三：冷挤压成型法加工型腔，但尖角无法加工	加工精度高，多型腔尺寸一致，表面质量很好
	方法四：电铸加工法。先作母模，应用电镀原理电铸型腔，用机械加工法把型腔维修尺寸加工到规定尺寸，然后连母模一起放入装有无机黏结剂的模套内，而后用卸模架卸下母模	精度高，仿形能力强，制模速度快，表面粗糙度很小，耐蚀能力强，可制多腔复杂模具
单腔拼块	拼块及固定安装孔采用切削加工方法加工；拼块外形固定尺寸加工后，型孔留修磨余量；拼块安装后切削精修或电火花精修型腔，抛光	可采用切削加工方法加工复杂型腔，节省贵重材料
多型腔拼块	拼块的加工一般采用电火花成形或冷挤压成型，且多数情况下把拼块先加工好，安装时根据拼块尺寸修配模板孔	模具拼块尺寸小，型腔加工方便，并保证了精度要求
拼块模框	拼块的每一镶入模板均可采用磨削的方法精确控制其尺寸，并用红粉检查拼合面的密闭性。模板孔一般采用压印法加工	大型型腔可简化加工，精度高

续表

组合形式	加工方法	特点
局部镶块	镶块是镶入型腔成型工件的局部凹模，镶块的加工主要是外形加工。加工方法可采用机械加工，模具工修锉。在型腔加工时除了要加工工件成型轮廓外，还必须加工镶块的安装定位面，配合一般采用过渡配合，安装要紧固、稳定，定位面常留修正余量	型腔加工简单，局部型腔的加工精度高
哈夫凹模	方法一：切削加工时回转体型腔可在模块加工后定位、合型、车削、抛光。非圆形型腔可分别加工后合型、精修、抛光	加工合型精度高，接缝质量好，但只适合口部较大、深度较浅的型腔
	方法二：模块加工后按定位基准，校正后用电火花加工型腔，然后抛光。为了保证合型接缝质量，对于弧形和斜面，可把型腔加工深一点，通过修磨分型面来保证过渡连接质量	复杂型腔，加工精度高
	方法三：模块加工后冷挤压加工型腔，一般要加工深一点，然后修磨合型面，修去挤压圆角，确保接缝质量	加工表面质量好、精度高，型腔凹、凸深度较浅
	方法四：电铸加工法，加工过程与电火花加工方法相似	加工精度和表面质量比电火花加工更好

2）型芯加工

整体型芯一般尺寸较大，结构较简单，这种型芯加工可采用切削加工的方法。具体可用车削、铣削或仿形刨削及成型磨削的加工方法。

整体型芯还有一个常用的成型方法——精密铸造。其中陶瓷铸造精度高，表面质量好，周期短。其他铸造方法结合机械加工同样可得到合格的型芯。

制件内腔结构复杂、型芯加工困难或局部型芯长度较大时，常采用组合式镶拼结构。组合型芯的加工方法见表9-28。

表9-28　组合型芯的加工方法

组合形式	加工方法	特点
整体嵌入式	带固定凸缘结构的型芯可以采用与整体型芯相似的加工方法。直通式结构的型芯除了可用与表9-27相同的加工方法外，还可用线切割加工。多型腔凸模固定板定位孔加工可用压印法加工，还可留修配余量，以便与型腔相配	结构简单，加工方便，尺寸一致性好
镶拼组合式	多拼块分别加工后拼合成型芯，而单拼块的加工可用切削加工方法，且可磨削	加工精度高，适合于有窄槽结构的型芯
局部镶拼	局部结构凸起尺寸较大或形状复杂、加工困难时，采用与型腔镶块相似的结构和加工方法，可进行切削加工或电火花、线切割加工，并与定位孔相配	加工简单，精度高，并可方便地更换

续表

组合形式	加工方法	特点
螺纹型芯	螺纹型芯一般用车削加工	加工简单，精度较高
内抽芯结构型芯	方法一：带凸缘或凹槽结构较深的型芯，为了出模方便，常用结构内侧分型抽芯。为保证对接精度，采用的加工方法是合型定位加工并抛光	要求具有较高的合型精度，并精确限位锁紧
	方法二：型芯整体加工成型，然后分割开，再加工分型面及导向面	合型精度高，分型面等加工困难
	方法三：分别加工各分型芯、块，安装时进行修正	合型精度较低，尤其是回转体内

3）图形文字的加工

制件表面有时需成形图形及文字，这些图文的成形一般在型腔上加工。

① 制件的凸起图形一般在型腔表面直接加工，通常采用的方法有：

a. 雕刻加工。将图形文字用机械雕刻的加工方法，在型腔表面刻好，也可手工雕刻。这种方法只适用于图形不太复杂，型腔硬度较低的场合。

b. 电火花成形加工。把要刻的图文做成相应的凸型电极，用电火花在型腔表面加工成形。这种方法适合于各种形式的图文。

c. 化学腐蚀法。图形文字通过照相制版，用腐蚀法制取铜印刷板，再用油墨在拷贝纸上印出图纹贴在型腔表面，感光显影后进行腐蚀加工。这种方法适用于加工细小、精致的文字、图纹，且深度不超过0.5mm。

② 制件图文为凹型时，在模具型腔表面的相应图文应为凸形。这种图形的加工一般比较困难。常用的加工方法有：

a. 电火花加工。这种图文可以在型腔加工电极上直接刻出来，一般这一过程在粗加工后进行。值得注意的是，留的精加工余量应超过图文凸形的最大高度。这种方法简单，精度高。

b. 镶嵌法。将图形文字做成单独的镶块，在型腔孔上加工相应的镶嵌孔。镶块图形的加工一般可采用雕刻法或电火花成形。

c. 陶瓷铸造法。将图形文字与型腔一起做成陶瓷壳型，采用合金浇注法与型腔同时铸造出来。

4）浇注系统的加工

主浇道的结构有相应的标准，而且绝大部分属回转体零件，其加工的主要方法为车削加工，且喷嘴要与注射机相配。

分浇道的常用截面形状及其加工方法见表9-29。

表 9-29　常用分浇道的截面形状及其加工方法

截面形状	加工方法说明
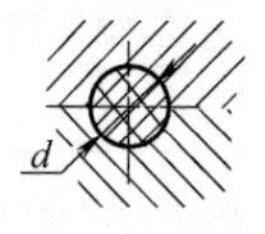	这种浇道分布在上、下两块模板上，因此加工时要保证较高的位置精度，才能相吻合。加工方法：一般可在立式铣床上校正，用圆弧铣刀加工两模板
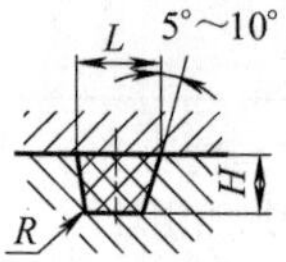 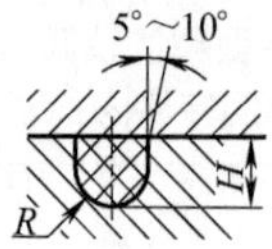	浇道分布在同一模板上，加工时可先划线，然后在立式铣床上用指状成形铣刀校线加工

　　浇口常用形式及其加工方法见表 9-30。

表 9-30　常用浇口形式及其加工方法

浇口形式	图　例	加工方法
直浇口	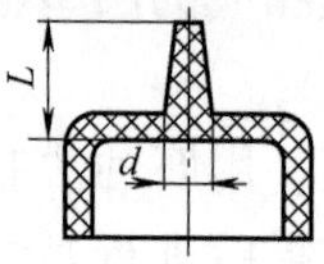	尺寸较大，一般用钻、铰方法加工
点浇口、潜伏式浇口	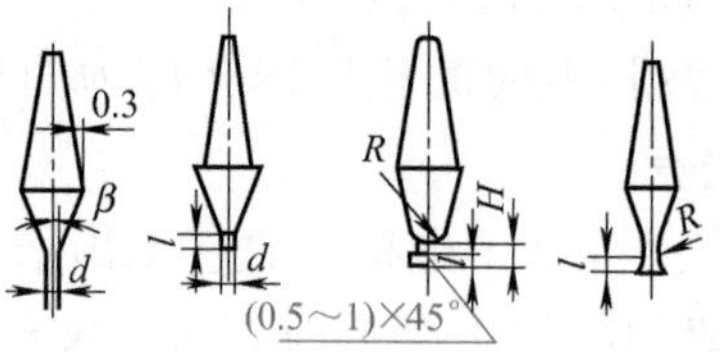	这种浇口的主要加工方法是钻孔，浇口一般为 $\phi1.5mm$ 以下的细小孔或锥孔
侧浇口、隙浇口	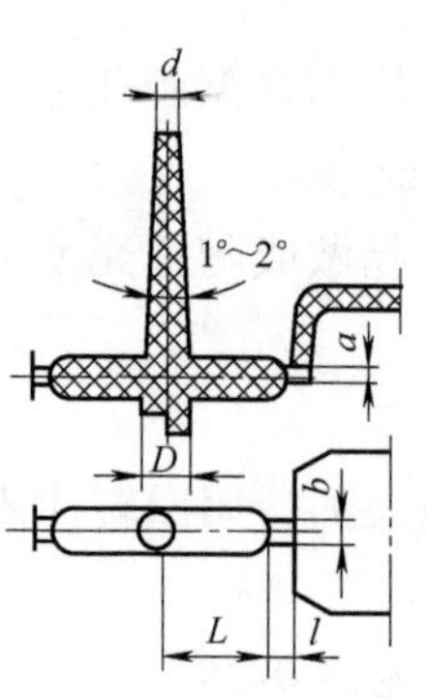	在分型面上铣削、修锉而成，这种浇口尺寸很小，加工时应尽可能保证多型浇口的一致性

续表

浇口形式	图 例	加工方法
环形浇口	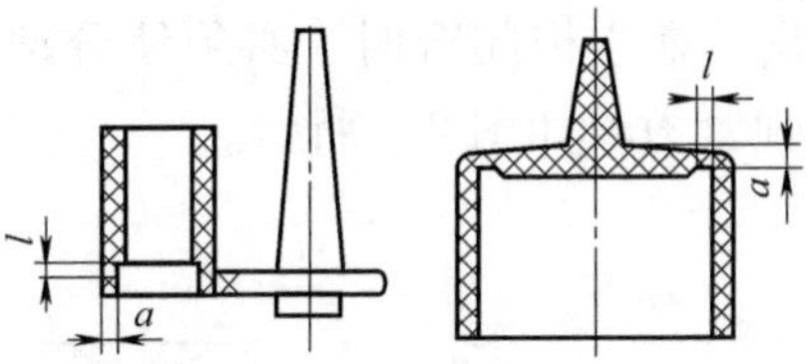	加工的主要方法是车削，即在分型面上车削一环形缝隙
其他形式浇口	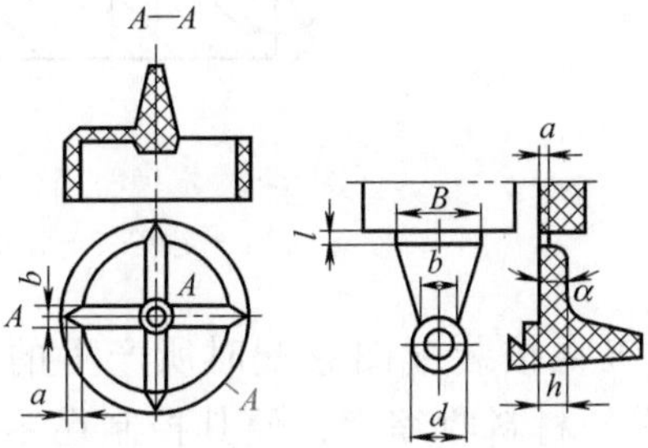	所有这些浇口的加工方法一般都是采用铣削加工，再由模具工修整

9.7.2 塑料注射模加工制造要点

塑料注射模是型腔模具中结构最为复杂、制造难度最大、加工精度要求最高的一种模具。塑料注射模在加工制作时除具有型腔模制造加工的共同特点外，还有其独特的制造特征，为保证模具的制造质量，还须注重以下加工制造要点。

① 注射模成形零件结构复杂、形状不规则，大多为三维曲面，其尺寸、形状精度和表面质量要求较高，故在加工时必须按图样精心加工，使其达到图样所规定的各项精度要求指标。

② 注射模工作零件形状、尺寸精度要求较高，故很难用较少的工序或简单的加工方法完成，往往需要涉及较多的加工设备与加工方法并经多道工序反复加工才能达到要求。

③ 零件在加工时，应先选好加工次序，即对于难以加工、热处理易变形而又是关键的成形零件应优先加工。如凸模型芯、凹模型腔等应先加工，并以此为基准，再配作其他零件。

④ 成形零件在机、电加工后，均应由装配钳工做最后修整。其原则是：凸起形状尽可能修整为上公差；凹陷形状尽可能修整成下公差，以便于后续装配及延长模具使用寿命。

⑤ 型腔及型芯加工后一定要进行钳工抛光，其抛光后，型腔、型芯成形面

要达到 $Ra=0.25 \sim 0.32\mu m$，且抛光纹络原则上应与脱模方向相一致。

⑥ 对于采用斜拼块的模具，在其空模闭合后，必须在斜拼块底部留出合理的间隙 Δ，使其在正式使用时能锁紧拼块，不产生飞边，如图 9-4 所示。

⑦ 对采用斜楔锁紧滑块的模具，在空模闭合时，必须使分型面留出一定的间隙 Δ，使其在正式使用时能产生锁紧力，如图 9-5 所示。

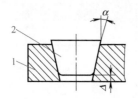

图 9-4　模套与凸模拼块拼合
1—模套；2—拼块

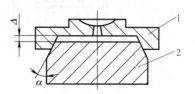

图 9-5　定模与斜深块配合
1—定模；2—滑块

⑧ 对已经加工好的零件，钳工在按装配图修配时所产生的累积误差，应参照图样修整、配合，并要根据零件材料收缩率，使其控制在零件的公差范围之内。

9.8　塑料压缩模的加工

9.8.1　塑料压缩模加工的基本方法

与其他型腔模加工一样，塑料压缩模零件加工时，应根据所加工零件的结构、尺寸精度、表面质量要求及设备条件等，按图样进行加工。

（1）压缩模加工特点

① 一般多腔模制造时应严格控制型腔尺寸一致性，防止在压制过程中导致各型腔承压不均匀。

② 压缩模型腔表面粗糙度要求较高，一般为 $Ra=0.2 \sim 0.1\mu m$，而对制件表面质量要求高，流动性差时 $Ra=0.1 \sim 0.025\mu m$。型芯与加料腔 $Ra=0.8 \sim 0.2\mu m$。

③ 一般压缩模要进行热处理，凸模与加料腔的配合部位及成形部位一般要镀硬铬，以增大表面的耐磨性。

（2）压缩模的加工方法

压缩模凸模、凹模的加工方法与其结构有关，常用凸模、常用凹模结构形式及方法分别见表 9-31、表 9-32。

表 9-31　压缩模常用凸模结构形式及加工方法

结构形式	常用加工方法		适用场合
整体式	切削加工法	车削后淬火，再磨削抛光	回转体类凸模
		毛坯加工后铣削或仿形刨削加工，再由钳工修正后热处理，研磨抛光或电镀抛光	结构较简单，高度尺寸较小的非圆凸模
	线切割法：毛坯粗加工后淬火，磨高度尺寸，线切割加工外轮廓，最后研磨抛光		直通型凸模
多型芯组合	凸模主体结构采用车削或铣削等切削加工方法加工，钳工修配后淬火，再研磨抛光；分解出的型芯可采用切削加工或线切割加工方法单独加工，最后与主体部分修配组装		局部结构复杂或易损
拼块组合	把凸模分解为多个拼块，分别切削加工或线切割加工各拼块，最后研配组装并抛光		结构复杂，精度要求较高

表 9-32　压缩模常用凹模结构形式及其加工方法

结构形式	常用加工方法	适用场合
整体凹模	切削加工：回转体类凹模可用车削成形，研磨抛光；非回转体类在毛坯加工后划线铣削加工，结构复杂的可用数控或仿形铣削，再由钳工修正	结构简单，精度要求较低的场合
	电加工：毛坯粗加工后划线，用电火花方法加工出型腔，然后进行抛光	结构较复杂，精度要求高
整体型腔组合模	型腔加工较简单，一般可采用切削加工或线切割方法加工。镶拼下凸模同样可切削加工或电火花加工，抛光后镶入型腔	尺寸较大，结构较复杂，加工困难
模套锁紧组合凹模	模套一般粗加工后热处理，淬火磨削成形。拼块可组合在一起加工型腔，也可分别加工，加工方法可为切削加工。镶拼下凸模的加工同上	垂直分型结构，结构较复杂的场合
嵌件式组合凹模	模套的加工一般用切削加工方法获得。嵌件加工一般用冷挤压加工或电火花加工再抛光	精度要求较高的模具
斜滑式拼块凹模	拼块一般可分开切削加工，拼合后精修研磨抛光，斜滑槽加工时要保证尺寸一致性	垂直分型结构模具

9.8.2　塑料压缩模加工制造要点

（1）制造要点

塑料压缩模主要用于热固性塑料的压缩成形，是塑料模中的一种，也是型腔模中的一种重要类型。塑料压缩模在加工制作时除具有型腔模制造加工的共同特点外，还有其独特的制造特征，其主要表现为：

① 压缩模的型腔和型芯尺寸是由塑件所要求的形状和尺寸精度决定的。由于模具在加热（60～150℃）状态下工作，故加热时尺寸会胀大，而型腔冷却后，尺寸又会收缩，反复交替使用。因此，在制造压缩模时，除按图样规定的尺

寸精心加工与制造外，还应当把型腔和型芯的磨损及上述热胀冷缩因素考虑进去，以使模具长期使用时，能保证制品质量。

② 在制作压缩模时，其型芯（凸模）与型腔（凹模）应配合加工。经配合加工后，可用石蜡或橡胶泥填充后看形体形状及尺寸边试边修整加工，直到认为合适后再淬硬及修磨。

③ 压缩模加工时，为便于制品取出，凸、凹模应加工修整出脱模斜度。其脱模斜度大小按图样加工。

④ 压缩模的上模与下模的位置精度，一般是由导柱、导套或导销来保证的，故在加工时，导柱、导套安装孔位应一致，配合间隙应合适。各成形孔、嵌件孔、型芯固定板上的型芯孔等均应与导柱、导套孔保持一定的位置精度，以使模具装配后、运动灵活。

⑤ 压缩模成形零件凸、凹模加工成形后均应抛光或镀硬铬，使其表面粗糙度 Ra 达到 0.20μm。

⑥ 模具顶出机构装配后应活动灵活，位置分布均匀。顶杆的位置除按设计图样加工外一般应在试模修整后使塑件在不变形情况下，最后确定位置。

⑦ 在加工型芯，型腔，凸、凹模时，除考虑到配合精度外，还要按图样加工出废料存储槽，及溢料槽，其形状、尺寸应根据试模情况进行修整、确定。

（2）零件的修配要求

塑料压缩模主要由成形零件如凸模型芯、凹模型腔以及结构零件如上、下模板，加热板，固定板以及导向、卸料零件组成。

① 结构零件的加工与修整。塑料压缩模结构零件主要以板类零件为主，一般用45、35、50钢制成，其加工精度及表面粗糙度要求不是很高，但上、下面要求相互平行。常采用锻→刨→铣→平面磨削加工，工作表面要求 Ra=1.6～0.8μm，板上的各种孔主要采用钻、铰及镗削加工。

② 导向与顶出零件加工。压缩模导向及顶出零件一般采用 T7、T8 及 T10A 等材料，硬度要求为 40～50HRC。其加工精度要求较高，表面粗糙度 Ra=1.6～0.8μm，主要以车、磨为主（顶杆以精车即可）。

③ 工作零件的加工与修配。工作零件又称成形零件，主要包括凸、凹模。这类零件主要由机械加工、电火花加工以及冷挤压、电解加工等完成。它是模具中主要零件，故在加工时应满足下述要求：

a. 凸、凹模尺寸精度要加工精确，表面质量一般要达到 Ra=0.20～0.25μm。要求表面镀硬铬的要达到铬层厚为 0.015～0.02mm。

b. 凸、凹模安装后要牢固可靠，不许松动。

c. 采用拼块结构的凸、凹模镶拼后要密切贴合，无缝隙。

d. 成形凸、凹模要加工出脱模斜度，以便卸模取件。

9.9 塑料压注模的加工

压注模又称挤塑模，主要用于热固性塑料的成形。其与压缩模的不同点在于压注模具有与注射模类似的流道，并附有单独的加料室。因此，塑料压注模在加工制作时除具有型腔模制造加工的共同特点外，还具有塑料注射模和塑料压缩模的制造特征。为保证塑料压注模的加工质量，在生产中，模具工应认真分析塑料压注模的结构和特点，掌握必要的塑料压注模零件的加工要点。

（1）压注模加工特点

① 压注模的型芯、型腔配合加工，配合加工后可用石蜡（熔化后浇注）或橡胶泥边试边修整。

② 压注模的成形零件在加工时必须制出出模斜度，且制件冷却后要收缩，若使制件出模时留在凸模上，其凸模脱模斜度要大些。

③ 压注模的上、下模定位是由导柱、导套保证的，所有模板的导柱、导套孔的位置要一致，配合间隙要合适。常将一副模具的模板叠加起来一起加工。

④ 为了使塑件表面光洁美观，一般要求表面粗糙度 Ra 在 $0.2\mu m$ 以下。

（2）压注模的加工方法

塑料压注模的加工可参考压缩模及注射模进行，主要有以下几方面的内容。

① 加料腔和柱塞的加工。加料腔和柱塞的结构是不同的，但它们都是回转体类结构。因此加工时一般都是先车削，热处理淬火后磨削，最后工作表面镀硬铬（厚 $0.015 \sim 0.02mm$）再抛光，表面粗糙度 Ra 在 $0.2\mu m$ 以下。

浇注系统的加工与注射模相似，可参考其加工方法。

② 压注模成型零件加工。压注模的成型零件与注射模的结构形式较相似，包括型腔、型芯、镶块等。其加工方法可参照注射模的加工。

9.10 压铸模的加工

压铸模是用压力铸造方法获得锡、铅、锌、铝、镁、铜等各种合金材料铸件的模具。为保证压铸模的加工质量，在生产中，模具工应认真分析压铸模的结构和特点，掌握必要的压铸模零件的加工要点。

9.10.1 压铸模加工的基本方法

与其他型腔模加工一样，压铸模零件加工时，应根据所加工零件的结构、尺寸精度、表面质量要求及设备条件等，按图样进行加工。

（1）压铸模加工特点

① 压铸模是在高温和压力作用下工作的，模腔中加注的是熔融金属液体，

因此制造型腔表面不得有裂缝、锐角、凹坑等表面不平整现象，并要避免金属对型壁或型芯的正面冲击。

② 压铸模工作表面粗糙度 Ra 应低于 $0.2\mu m$，以提高制件表面质量。

③ 压铸模型腔表面应有较高的硬度，以保证其耐冲击、耐磨性能，一般采用耐热钢加工，加工后要进行热处理及表面化学处理。

④ 型腔端面在压铸模分型面处、浇口套进口处应保持锐角，不能修成圆角。模具制造合模时，分型面不允许有间隙，局部间隙不得超过 0.05mm，一般分型面要在磨削后研配。

（2）压铸模加工方法

压铸模的成型零件与模具的材料和热处理工艺以及型腔的加工方法有直接关系。压铸模的成型零件分镶块和型芯，常用加工方法见表 9-33。

表 9-33　压铸模成型零件的加工方法

成型零件	加工方法	适用场合
整体镶块结构型腔	切削加工。用立铣、仿形铣或数控铣加工，钳工修正研磨，热处理后抛光	结构简单，精度要求不太高
	冷挤压加工。毛坯加工后通过冷挤压成形，再进行表面化学处理和热处理，最后研磨抛光	加工精度高，多型腔加工，尺寸一致要求高
	电火花加工。毛坯加工后淬火处理，做成电极后电火花加工成形，成形后低温处理，最后研磨抛光	结构复杂，精度要求高的型腔
组合镶块镶孔及型孔镶块	切削加工。用铣削加工方法加工，钳工修正研磨，对精度要求较高的可采用成型磨削加工	精度要求较高，结构简单的型孔件
	线切割加工。毛坯加工后淬火，磨定位面、安装面，线切割加工直通镶孔或镶块	组合结构较复杂，精度要求较高
型芯	采用车削及磨削加工方法加工	圆形型芯
	非圆形型芯加工参照组合镶块加工	异形型芯

9.10.2　压铸模加工制造要点

（1）制造要点

压铸模属于型腔模，其加工制作具有型腔模制造加工的共同特点。但由于压铸模是在高温条件下，借助压力机的压力作用，将熔融合金以极高的速度推入模具型腔，并在压力作用下凝固而获得零件制品的，因此，它在制造过程中又具有独自的特点和要求。主要表现为：

① 压铸模的工作温度较高，在模具制造时，首先要考虑材料的热膨胀的影响，故在制造时，凡与液态金属接触的部位表面，不应有任何细小的缝隙、锐角、凹坑及表面不平等现象，并要避免金属对压铸模型壁或型芯的正面冲击。

② 压铸模的工作环境恶劣，这就要求在模具加工的过程中尽可能地减小应力集中现象。在许可的位置加大圆角和倒角，并在第一次试模前，对型腔进行去应力处理，消除应力集中，避免型腔早期的龟裂。

③ 压铸模的分型面，在面对操作者侧和对侧一定要安装防溅板并要固定在定模一侧。同时，排气槽的出口方向要在模具的上、下两侧，绝对不可以在直对操作者侧开设，以防溅伤，发生安全事故。

④ 模具的型腔、型芯一般在试模后进行热处理淬硬，并在淬硬后进行抛光和研磨，以保证制件质量。

（2）零件的加工要点

① 压铸模的制造要注意分型面密合，不能有很大间隙存在。这就要求在加工时，要事先对分型面进行仔细地研配。研配时，应以一个面为基准，再以此面与另一面配合研配，直至不存在间隙为止。

② 分型面研配后，要进行划线，应用立铣、仿形铣或电加工设备进行型腔加工，要注意留有模具工修磨余量。

③ 模具工修刮型腔时，要经常使定模、动模相配，必要时熔化蜡液，浇注成型，边验证蜡形，边对型腔及型芯修刮，使之达到所要求的形状和尺寸。

④ 精修合格的型腔淬硬后一定要经模具工抛光、研磨，使之达到所要求的表面粗糙度等级，一般 Ra 为 0.20～0.10μm。

⑤ 在加工冷却水管道时，钻孔时一定避免破坏型腔及通过嵌件部位，以免使用时渗水。

⑥ 在模板的加工过程中，型腔安装槽、导柱孔或导套孔、分流锥孔或浇口套孔要在一次装夹内完成，且位置公差要保证在 ±0.02mm 范围内，否则模具动、定模装配时容易错位、错腔。

9.11　锻模的加工

锻模是金属在加热状态和冷态下进行体积成形时所用模具的统称。为保证锻模的加工质量，在生产中，模具工应认真分析锻模的结构和特点，掌握必要的锻模零件的加工要点。

9.11.1　锻模加工的基本方法

与其他型腔模加工一样，锻模零件加工时，应根据所加工零件的结构、尺寸精度、表面质量要求及设备条件等，按图样进行加工。

（1）加工制造要求

锻模主要用于大批量锻件的生产，使用条件恶劣，故在加工制作时应符合下述技术要求。

① 锻模各部分形状和尺寸，应符合安模空间规格要求。如锻模的紧固部分燕尾的形状和尺寸，应与所使用的锻压设备相应的燕尾尺寸一致，燕尾的高度应略大于相应燕尾槽的深度，且燕尾的支承面与分模面的平行度允差应小于模块最大尺寸的 0.05%；燕尾直线平行度，合模基准面的平行度，上、下模块燕尾槽的同轴度应分别不超过图样规定的偏差允许值。

② 在加工多模膛锻模时，模膛的位置尺寸及各部尺寸应在图样规定的允许公差范围之内。

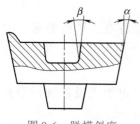

图 9-6　脱模斜度

③ 模膛在加工时，其垂直剖面处应按图样加工出圆角，且在同一锻模内，内、外圆角半径大小应统一。同时，还应加工出脱模斜度，目的是便于锻件锻成后脱模，如图 9-6 所示。

脱模斜度一般为 30′，1°，1°30′，2°，3°，5°，7°，10°，15°，其大小可在试锻时修正，即模膛深而窄的部位要选大些，并且内斜角 β 要比外斜角 α 大一些。

④ 模膛在热处理后，均应由模具工精修及磨光。其预锻模膛 Ra 应为 3.2 ～ 1.6μm；终锻模膛 Ra 应为 0.80 ～ 0.40μm；分模面与一般制坯模膛经精刨、精铣后应达到 Ra=12.5 ～ 6.3μm。

⑤ 模膛淬火前后，均要用灌铅法制出校样检测。

（2）锻模模块外形加工

锻模模块外形加工一般采用常规的加工方法。其主要加工要素包括支承面、基准面、分模面、锁扣、燕尾、键槽等。加工过程为先粗加工并留精加工余量，经热处理淬硬后，再进行精加工、打磨、修光，最后达到图样规定的尺寸精度及表面质量要求。

大型模具的加工要采用大型设备，如龙门铣、龙门刨床加工。

锁扣是锻模特有的，常用的有圆形和角形两类。加工方法见表 9-34。

表 9-34　锻模锁扣加工方法

类型	加工方法	尺寸测量
圆形锁扣	粗车时凸圆角车削成锐角，根部车削成大圆角，热处理后精车外圆、凹圆角和凸圆角到精度尺寸	加工中用游标卡尺测量，用样板精修尺寸，根据图纸要求，透光值小于最大间隙为合格
角形锁扣	用铣床或刨床进行粗加工，对复杂曲面、分模面、锁扣等结构特殊的用仿形铣削加工。先用直柄铣刀铣削后再用锥铣刀加工到工序尺寸，热处理后进行修正，先修凹模再配作凸模，一般只要求修对锁扣角度和两定位面互相垂直即可	用间隙规测量合模后的配合间隙

（3）锻模模膛加工

锻模模膛加工的原则是：先粗加工，留有精加工余量，热处理淬硬后，再进行精加工及模具工整修成形。常用模膛加工方法见表9-35。

表9-35 常用模膛加工方法

加工方法		说明	适用场合
立铣加工		划线粗铣大部分余量，再用圆形球头沿划线粗铣，最后再精铣，小型模具留修磨余量，大型模具留精铣余量，热处理后再精铣修正。铣削顺序：先深后浅。尺寸控制方法：水平靠线，垂直深度靠样板	形状不太复杂，精度要求较低的锻模或设备条件较差的工厂
仿形铣加工		划线，做靠模，中、小型模具精铣，留修光余量，大型模具留精铣余量，热处理后精铣、修磨。粗铣用大直径球头刀，精铣用圆头刀。圆头刀圆弧半径小于等于槽底圆角尺寸，斜角小于等于出模角。仿形销应与刀具形状相同，质量不超过规定	形状复杂、无窄槽模具的加工
电火花加工		要求电极损耗小，蚀除量大，采取相应的排屑方法。加工表面（几十微米）极硬，内应力极大，且有明显的脆裂倾向，必须除去。电火花加工后进行一次回火处理，清除应力，方便模具工精修。对大型模具，加工余量较大时，在电火花加工前可进行适当的切削加工，以减少加工余量，提高效率	形状较复杂、分模面为平面的精度较高的模具加工
线切割		毛坯加工后热处理，切割通孔、型腔或定位孔	加工样板、冲切模、镶块孔等
电解加工		电解加工用的工具电极为钢制，并可利用废旧模具锻造再加模具工修正制成。电解加工工艺参数不易确定。电解加工效率高。尺寸精度高，表面粗糙度低	适合加工较陡、变化曲率不大、批量较大的模膛
压力加工	热反印法	将模块加热到锻造温度后，用准备好的模芯压入模块，模块退火后刨分型面、铣毛边槽，淬火后修整打光。模芯可用零件修磨而得，形状复杂精度较高的另做模芯。一般热压时除上、下对压外还要压四个侧面，型面粗加工后再压一次，以消除分型处圆角	适合于小批量生产或新产品试制。方法简便，周期短、成本低
	开式冷挤压	冲头直接挤压坯料，坯料四周不受限制，挤压后型面需加工	适合精度要求不高或深度较浅的多型模膛，或分模面为平面的模膛
	闭式冷挤压	挤压时坯料外加钢套限制金属流向，保证模块金属与冲头吻合。模膛轮廓清晰，粗糙度很低	适合于单模膛、精度要求较高的场合

9.11.2 锻模加工制造要点

（1）制造要点

锻模属型腔类模具，除在制造加工中有前述型腔模加工制造中共同点外，由于其是在高温状态下对金属进行加工，而且又承受压力和冲击，工作条件相当恶劣，故在制造加工中又有独特的特点。其主要表现为：

① 锻模各部件坯料所用材料，一定要符合图样要求，即材料的化学成分要符合规定标准，并且要采用平炉钢、电弧炉钢，要进行真空处理。同时，坯料必须是经过锻造的锻坯，且钢锭镦粗比应不小于 2，锻造比不小于 4，锻棒或轧钢锻造比不小于 3。

② 模块的流线方向要符合要求，即长方形模块应与纵向（长度方向）中心线平行；宽度较大的模块应与横向中心线平行；圆形或近似圆形模块流线方向应为径向，不允许顺镶块高度方向分布。

③ 模腔的型腔尺寸、位置精度要满足图样的公差要求；表面要光洁，一般 Ra 要达到 0.40μm 以下；同时其表面不应有斑点、裂纹、缩孔等缺陷。

④ 锻模各模块的热处理要求较严，处理后一定要达到各硬度指标，不允许有裂纹、变形。

⑤ 锻模的模块各棱边应进行倒角，其圆角应小于最大边长的 3%，基准面和检验面棱边圆角应小于 $R10$。

⑥ 锻模模镗加工，一般先进行粗加工，并留有精加工余量，待热处理淬硬后再进行精加工或模具工整修。但在加工时，多采用事先制好的成形样板，边检测，边修磨，最后灌铅液待冷凝后检测，再修整成形，直到认为合适为止。

（2）样板的加工

样板是与模具某一切面或某一表面（或其投影）相吻合的板状检测工具，其主要作用是对模具几何形状和尺寸进行检测和控制。在锻模型腔的加工过程中，为保证其加工精度及表面质量，特别是模具工在锻模光整加工阶段，通常要用到样板，如：圆形锁扣的加工在粗车后经热处理再精车后，最后需由模具工用样板整修到规定尺寸，并用透光法检测间隙值；而角形锁扣的加工在则是在铣床或刨床进行粗加工、热处理、仿形铣精加工后，最后再由模具工修磨到规定尺寸，并用间隙规检测；而模腔加工方法则可能为立铣、仿形铣、电火花、线切割、电解以及压力加工及精密铸造等。但无论采用何种方法进行精加工，加工后的模腔都应通过样板、验棒或三坐标型面跟踪光学投影仪、电感检测仪进行检测。根据检测结果，由模具工整修后，再用灌铅法进行校样检测，直到合适为止。

① 样板的分类和用途。样板按其工作特性的不同，可分为专用样板及通用样板，其用途见表 9-36。

② 样板设计。样板的设计是在编制模具工艺规程时进行的，设计的基本原则是：在能测量模具的全部尺寸（能用通用量具测量的除外）和能满足制模过程中各工序需要的前提下，样板数量尽可能少。

锻模样板的基本要求：

① 制造公差：一般取模腔尺寸偏差的 2/5 ～ 1/5，且凹型面取负值，凸型面取正值。

表9-36 样板的分类和用途

	分类	说明	用途
专用样板	全形样板	模具呈工作位置时，按锻件在分模面上的垂直投影所制作的样板	主要用于平面分模模具的划线和修型，切边模的粗加工，可缩短生产周期
	截面样板	反映某一截面形状或其某一局部形状的样板	一般用于模具工修型、靠模加工和检验某截面的形状
	立体样板	按锻件图造的、具有主体型面且又符合样板要求的样板。其可以是整体的，也可以是局部的	测量模膛立体型面，翻制截面样板或加工靠板
	检验样板	形状与一般样板反切，精度比一般样板高1～2级	用于批量生产或精度要求较高的模具
通用样板		锻模典型结构，不同模具通用样板，如燕尾、锁扣、键槽等	对不同模具相同结构因素的基础控制

② 表面粗糙度：$Ra < 1.25 \sim 0.4\mu m$。

③ 材料要求：一般不需要热处理，中、小样板料厚 1 ～ 2mm；大型样板 2 ～ 5mm。

④ 样板的加工方法。样板的加工方法见表 9-37。

表9-37 样板加工方法

加工方法	加工过程	适用场合
按图板对线法	材料磨平后划图板线及样板线，按线加工、印记、修形，修形采用与图板对比的方法，最后按要求可进行热处理或表面处理	精度不高的普通锻模，且料厚 $t \leqslant 3mm$
按放大图加工法	材料磨平后划样板线，同时划放大图板线，按线加工、印记、修形，修形时采用投影放大对线法，其余与上相同	精度较高的锻模样板，料厚 $t \leqslant 3mm$
数控线切割加工法	材料校平后，淬火或不热处理，磨平，线切割加工样板，留0.01 ～ 0.05mm 的研磨余量，最后由模具工研磨	精密样板加工
光学曲线磨削加工法	材料磨平后划线粗加工（铣或刨），模具工修正后留0.1 ～ 0.3mm 余量，打印、钻孔，需要时进行热处理，校平、磨平后工作面符合放大图	较厚的精密样板加工

9.11.3 锻模加工注意事项

① 当锻模燕尾支承面与分型面平行度超过要求时，会使锻模锁扣啃坏或打裂，重者会打断锤杆，甚至损坏锤头。所以，在锻模加工中除对模腔尺寸按图样要求加工外，对其他各部分外形尺寸、位置度、平行度误差、垂直度误差都要按要求加工并严格检验。有些厂对小型锻模热处理后用平面磨床磨削上下平面，对大型锻模用龙门刨床以刨代刮，保证制造精度。

② 锻模模腔的表面粗糙度直接影响锻模寿命，表面粗糙度值高会使锻件不易脱模，特别是中间带凸起部位，锻件型腔越深，抱得越紧，最后只能卸下锻模

用机加工或气割的方法破坏锻件。由于表面粗糙度值高会使金属流动阻力增加，严重时模锻若干件以后会将模壁磨损成沟槽，既影响锻件成形，也易使锻模早期失效。

工作表面粗糙度值低的模具不但摩擦阻力小，而且抗咬合和抗疲劳能力强，表面粗糙度一般要求为 Ra=0.4～0.8μm。

③ 模锻件应尽量避免带小孔、窄槽、夹角等结构，形状要尽量对称，即使不能做到轴对称，也希望达到上、下对称或左、右对称。要设计拔模斜度，避免应力集中和模锻单位压力增大，克服偏心受载和模具磨损不均等缺陷。

④ 对于锻模模腔边缘和底部圆角半径 R，应从保证锻件型腔容易充满的前提下尽可能放大。若圆角半径过小，模腔边缘很容易在高温高压下塌陷，严重者会形成倒锥，影响模锻件出模。若底部圆角半径尺寸过小而又不是光滑过渡，则容易产生裂纹，且裂纹会不断扩大。

⑤ 根据经验，不同的锻压设备上的模锻对锻模的硬度要求不尽相同，即使在同一种锻压设备上的模锻，锻不同的产品对模具的硬度要求也不相同。

⑥ 如果碳化物偏析严重，可能引起过热、过烧、开裂、崩刃、塌陷、拉断等早期失效现象。带状、网状、大颗粒和大块堆积的碳化物使制成的模具性能呈各向异性，横向的强度低，塑性也差。

⑦ 根据显微硬度测量结果，碳化物正常分布处硬度为 740～760HV，碳化物集中处硬度为 920～940HV，碳化物稀少处硬度为 610～670HV。碳化物稀少处易回火过度，使硬度和强度降低，碳化物富集区往往因回火不足，脆性大，而导致模具镦粗或断裂。

⑧ 热处理不当是导致模具早期失效的重要原因。

⑨ 模腔表面加工时留下的刀痕、磨痕都是应力集中的部位，也是早期裂纹和疲劳裂纹源，因此在锻模加工时一定要刃磨好刀具。平面刀具两端一定要刃磨好圆角 R，圆弧刀具刃磨时要用半径样板测量，绝不允许出现尖点。在精加工时进给量要小，不允许出现刀痕。对于复杂模腔一定要留足磨削余量，即使加工后没有刀痕，也要再由模具工用风动砂轮（或用其他方法）打磨抛光，但要注意防止打磨时出现局部过热，烧伤表面和降低表面硬度。

⑩ 模具电加工表面有硬化层，厚 10μm 左右。硬化层脆且有残留应力，直接使用往往引起早期开裂。对这种硬化层进行 180℃左右的低温回火，可消除其残留应力。

⑪ 锻模粗加工时要为精加工保留合理的加工余量，因为所留的余量过小，可能因热处理变形造成余量不够，必须对新制锻模进行补焊；若留的余量过大，则增加了淬火后的加工难度。

⑫ 焊接修复是模具修复中一种常用手段。在焊接前，应先掌握所焊模具钢

型号，用机械加工或磨削消除表面缺陷，焊接表面必须是干净和经过烘干的，所用焊条应与模具钢成分一致，且须干净、经过烘干。模具与焊条一起预热（预热温度为450℃），待表面与材料心部温度一致后，在保护气下焊接修复。在焊接过程中，当温度低于260℃时，要重新加热。焊接完成后，当模具冷却至手可触摸后，再加热至475℃，按25mm/h保温。最后于静止的空气中完全冷却，再进行型腔的修整和精加工。模具焊后进行加热回火，是焊接修复中重要的一环，即消除焊接应力以及对焊接时被加热淬火的焊层下面的薄层进行回火。

第10章 模具主要零部件的组装

10.1 冲模模架的组装

冲模的装配主要包括两方面的内容：一是将加工好的零件组装成部件，二是再将组装后的部件按总装配图要求组装成整套模具。冲模部件的装配是指冲模在总装配之前，将两个或两个以上的零件按照规定的技术要求连接成一个组件的局部装配工作。如模架的组装，凸模、凹模与其固定板的组装，卸料零件的组装等。组件的装配质量对整副模具的装配精度将起到一定的保证作用。

冲模模架是由一对模座（或一组模板）、导柱和导套组成，其作用是用来安装模具工艺零件，传递工作压力，并使上、下模合模时有一定方向和正确位置。模架的制造精度直接影响到制品的精度和模具工作时的可靠性。

10.1.1 冲模模架的类型及特点

冲模模架根据所冲压制品精度不同，可分为滑动导向模架、滚动导向模架两种类型。目前，中、小尺寸的模架已纳入国家标准，并实现了专业化生产及市场化供应。在模具制造批量不是很大的情况下，可根据所制的模具大小，从市场中采购，这样可以大大简化模具设计，提高模具制造质量，缩短模具制造周期。

一般说来，滑动导向模架是最为常用的导向装置，广泛用于冲裁模、弯曲模、拉深模、成形模及复合模、级进模等类型模具的冲压加工；而滚动导向模架是一种无间隙、精度高、寿命较长的导向装置，适用于高速冲模、精密冲裁模以及硬质合金模具的冲压工作。

图 10-1 为常用的滑动导向模架结构，其选用原则如下。

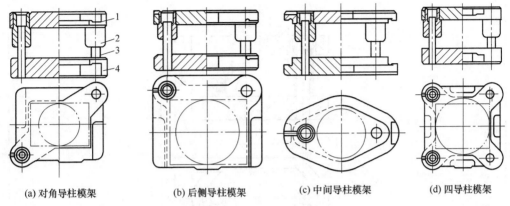

(a) 对角导柱模架   (b) 后侧导柱模架   (c) 中间导柱模架   (d) 四导柱模架

图 10-1 滑动导向模架

1—上模板；2—导套；3—导柱；4—下模板

图 10-1（a）所示为对角导柱模架，两个导柱装在对角线上，冲压时可防止由于偏心力矩而引起的模具歪斜，适用于在快速行程的冲床上冲制一般精度冲压件的冲裁模或级进模。

图 10-1（b）所示为后侧导柱模架，它具有三面送料、操作方便等优点，但冲压时容易引起偏心矩而使模具歪斜。因此，其适用于冲压中等精度的较小尺寸冲压件的模具，大型冲模不宜采用此种形式。

图 10-1（c）所示为中间导柱模架，适用于横向送料和由单个毛坯冲制的较精密的冲压件。

图 10-1（d）所示为四导柱模架，导向性能最好，适用于冲制比较精密的冲压件或大型的冲压件。

表 10-1 给出了滚动导向中间导柱模架的规格，表 10-2 给出了滚动导向四导柱模架的规格。

不论采用何种模架形式，选用模架的导柱和导套配合间隙均应小于冲裁或拉深等模具的间隙，一般可根据凸、凹模间隙来选用模架等级。对于冲裁模，若凸、凹模间隙小于 0.03mm，可选用Ⅰ级精度滑动导向模架或 0Ⅰ级精度滚动导向模架；大于 0.03mm 时，则可选用Ⅱ级精度滑动导向模架或 0Ⅱ级精度滚动导向模架；拉深较厚的金属板（4～8mm）时，可选用Ⅱ级精度滑动导向模架或 0Ⅱ级精度滚动导向模架。

10.1.2　模架的技术要求

模架既是冲模各工作部件安装的结构件（冲模上所有的工作零件和辅助零件均需通过螺钉、圆柱销连接起来，最后安装在模架上，构成完整的冲模结构），

表 10-1　滚动导向中间导柱模架的规格　单位：mm

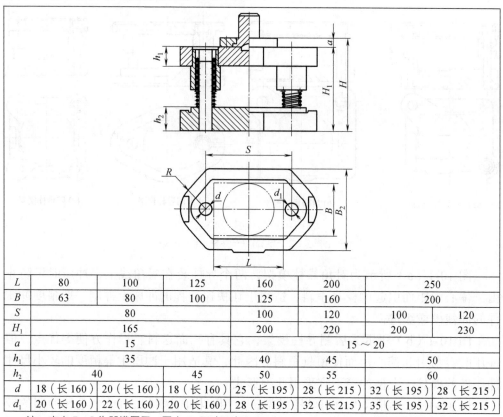

L	80	100	125	160	200	250	
B	63	80	100	125	160	200	
S		80		100	120	100	120
H_1		165		200	220	200	230
a		15			15 ～ 20		
h_1		35		40	45	50	
h_2		40		45	50	55	60
d	18（长160）	20（长160）	18（长160）	25（长195）	28（长215）	32（长195）	28（长215）
d_1	20（长160）	22（长160）	20（长160）	28（长195）	32（长215）	35（长195）	32（长215）

注：表中 B、L 为凹模周界。图中 B_2 尺寸可查 GB/T 2855.2—2008；H、R 根据设计要求确定。

表 10-2　滚动导向四导柱模架的规格　单位：mm

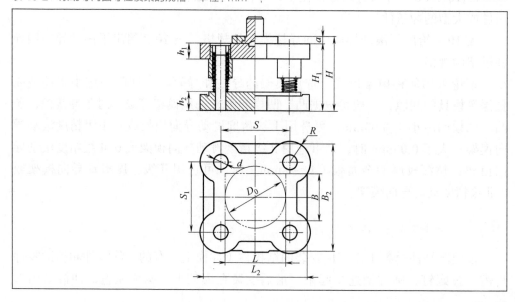

续表

L	160		200		250				315		400	
B	125		160				200				250	
D_0	160		200		250						—	
S_m	80	100	100	120	100	120	100	120	100	120	100	120
H_1	165	200	200	220	200	230	200	230	200	230	220	240
h_1	40		45		50						55	
h_2	45	50	55		60				65		70	
L_2	250		300		350				435		515	
B_2	240		290				340				390	
S	185		230		270				330		425	
S_1	180		220		230		270				320	
R	40		45		50						60	
d	25（长160）	25（长190）	28（长195）	28（长215）	32（长195）	32（长215）	32（长195）	32（长215）	32（长195）	32（长215）	35（长215）	35（长225）

注：表中 B、L 为凹模周界；表中 S_m 尺寸为该模架许可的最大冲压行程；图中尺寸 a 可根据所装模柄的相关尺寸确定，一般为 15～20mm；图中尺寸 H 根据设计需要确定。

又是提供整套冲模正确导向、保证冲模正确加工的基准及基础。因此，必须根据冲压加工件的精度及外形尺寸、生产加工批量等情况选用合适的模架，并采取适当的措施控制模架的加工质量。一般来说，模架加工的质量应满足以下技术条件规定：

① 各种模柄（包括带柄上模座）的圆跳动公差值见表 10-3。

表 10-3 模柄圆跳动公差

基本尺寸 /mm	＞40～63	＞63～100	＞100～160	＞160～250
公差值 T/mm	0.012	0.015	0.020	0.025

注：基本尺寸是指被测零件的短边长度。

② 上、下模座的导柱、导套安装孔的轴心线应与基准面相垂直，其垂直度公差应满足以下要求：

a. 安装滑动导柱或导套的模座为 100mm/0.01mm。

b. 安装滚动导柱或导套的模座为 100mm/0.005mm。

③ 导套的导入端孔允许有扩大的锥孔，孔的最小直径小于或等于 55mm 时，在 3mm 长度内为 0.02mm；孔径大于 55mm 时，在 5mm 长度内为 0.04mm。

④ 导柱和导套的压入端圆角与圆柱面交接处的 $R=0.2mm$ 的小圆角应在精磨后用油石修出。

⑤ 滑动和滚动的可卸导柱与导套的锥度配合面，其吻合长度和吻合面积均应在 80% 以上。

⑥ 滚动模架中铆合在钢球保持圈上的钢球应在孔内自由转动而不脱落。

10.1.3 模架的装配方法

（1）模架的装配工艺要求

① 模架的上模板与下模板凹模尺寸必须一致，即同一副模架的上、下模板凹模周界尺寸（$L \times B$），必须要保持一致，不能偏大或偏小。

② 装入模板的每对导柱、导套，在装配前应认真成对选配，即在研磨导套时，应将研磨合格的导柱与导套相配并配对分组。其配合间隙应按表 10-4 所规定值选配，以尽量贴近国标分级标准，配对装配。

表 10-4　导柱、导套分组配对选配精度

配合形式	导柱直径 /mm	配合精度		配合后过盈值 /mm
		H6/h5	H7/h6	
		配合后的间隙值 /mm		
滑动导向模架	≤ 18	0.002 ~ 0.010	0.005 ~ 0.015	—
	> 18 ~ 28	0.004 ~ 0.011	0.005 ~ 0.018	
	> 28 ~ 50	0.005 ~ 0.013	0.007 ~ 0.022	
	> 50 ~ 80	0.005 ~ 0.015	0.008 ~ 0.025	
	> 80 ~ 100	0.006 ~ 0.018	0.009 ~ 0.028	
滚动导向模架	> 18 ~ 35	—	—	0.01 ~ 0.02

③ 装配后的模架闭合高度，必须要符合图样要求的允许尺寸范围，即在此范围内上、下模之间应实现良好的导向。

模架的闭合高度一般规定最大值和最小值，如图 10-2 所示。其中，图 10-2（a）为最小闭合高度、图 10-2（b）为最大闭合高度。模架装配后，当处于 $H_{\min}$ 时，导柱上顶面与上模座上平面之间距离不应小于 10mm；而处于 $H_{\max}$ 状态时，导套与导柱的接触长度应为 30 ~ 60mm 之间，以使模架达到理想的导向效果，确保模架精度。

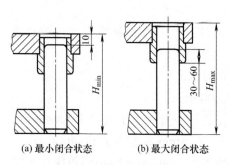

(a) 最小闭合状态　　(b) 最大闭合状态

图 10-2　模架的闭合高度

④ 模架在装配时，其模架上模座上平面与模座下平面要保持平行，导柱轴线对下模座上平面要保持垂直，其允差可按表 10-5 所确定的数值，边装配边检测。

表 10-5 模架装配各项指标值 （单位：mm）

检查项目	被测尺寸	模架精度等级	
		0 Ⅰ、Ⅰ级	0 Ⅱ、Ⅱ级
模架上模板上平面对下模板下平面的平行度	> 40 ~ 63	0.012	0.020
	> 63 ~ 100	0.015	0.023
	> 100 ~ 160	0.020	0.030
	> 160 ~ 250	0.025	0.040
	> 250 ~ 400	0.030	0.050
	> 400 ~ 630	0.060	0.100
	> 630 ~ 1000	0.080	0.120
	> 1000 ~ 1600	0.100	0.150
导柱轴线对下模座下平面的垂直度	> 40 ~ 63	0.008	0.012
	> 63 ~ 100	0.010	0.015
	> 100 ~ 160	0.012	0.020
	> 160 ~ 250	0.025	0.040

⑤ 在装配时，导柱与导套分别采用压入黏结及低熔点浇注方法与上、下模座固定，其一定要固定牢固，不能松动。

⑥ 装配后的模架，一定要按标准检测或定级，并打刻编号。

（2）模架装配工艺方法

通常生产中使用的滑动导向标准模架大多都采用机械压入式固定法装配。此外，对精度要求低、料厚小于2mm的薄板冲裁模还可采用低熔点合金浇注法进行装配。

① 压入式装配法。压入式装配，即将导柱与导套直接用机械压力压入上、下模板内。其方法有先压入导柱法（见表10-6）、先压入导套法（见表10-7）和导柱、导套、模柄分别压入法（见表10-8）。

表 10-6 先压入导柱装配法

步序	工序名称	图示	装配工艺说明
1	选配导柱、导套使其配对使用	—	按模架精度等级，选配导柱、导套，即配对使用，使其配合间隙符合规定等级要求
2	先压入导柱，检验导柱与下模座上平面的垂直度误差	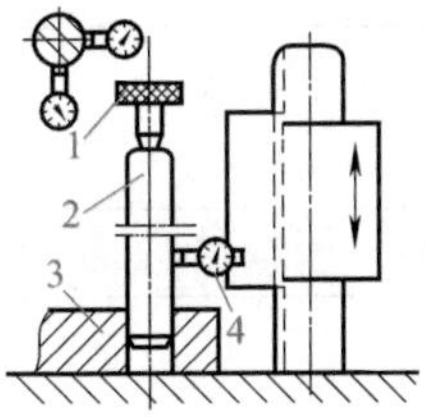 1—压块；2—导柱；3—下模座；4—千分表	①用压力机将导柱先压入下模座，在压入时，压块应放在导柱中心孔上，并用百分表或宽度角尺校正导柱与模座上平面，使其垂直 ②导柱压入后，应用专用指示器或宽度角尺检查导柱中心轴线与下模座上平面垂直度，若超误差，应重新压入

步序	工序名称	图示	装配工艺说明
3	装导套	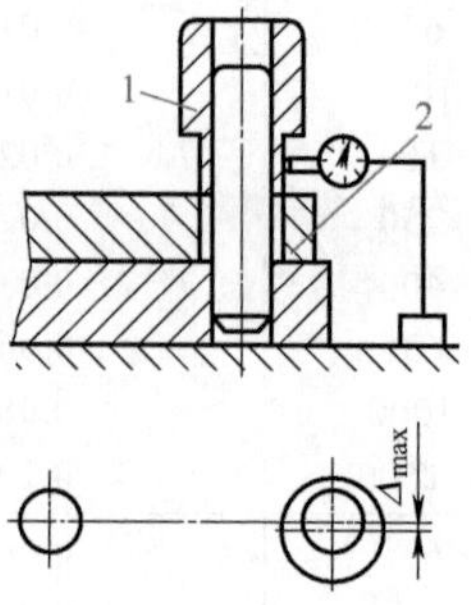 1—导套；2—上模板	①将上模板反塞在导柱上，然后套入导套 ②转动导套，用千分表检查导套压配部分内外圆柱面的同轴度误差，并将 Δ_{max} 放在两导套中心线的垂直位置上
4	压入导套	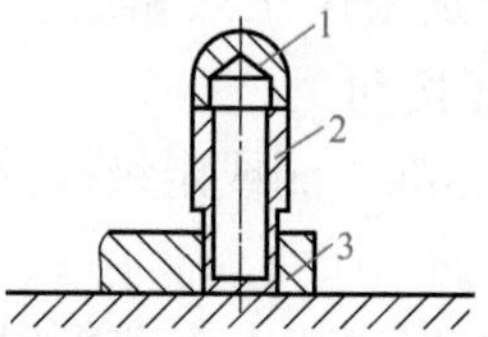 1—帽形垫铁；2—导套；3—上模板	将帽形垫铁放在导套上（左图示），将导套压入模座一部分后取走带有导柱的下模座，再继续压入
5	检验	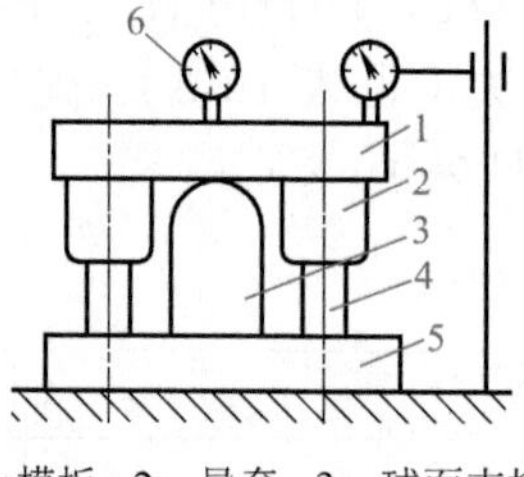 1—上模板；2—导套；3—球面支持杆； 4—导柱；5—下模板；6—千分表	将压入导套、导柱的上、下模座对合，使导柱进入导套，检测模架的装配质量，如上、下模座平行度误差

表 10-7　先压入导套装配法

步序	工序名称	图示	装配工艺说明
1	选配导柱导套	—	将加工好的导柱、导套进行配对选配，使其配合间隙精度及表面粗糙度符合技术要求

续表

步序	工序名称	图示	装配工艺说明
2	导套压入上模板	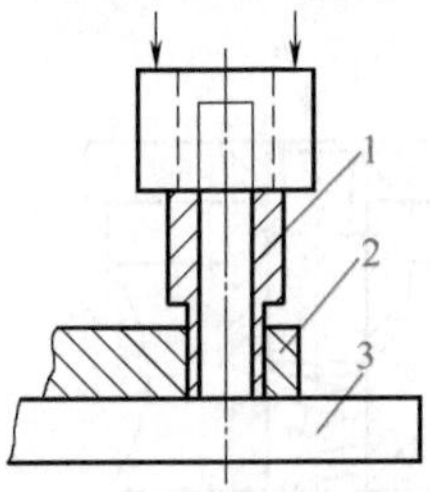 1—导套；2—上模座；3—装夹工具	①将上模板放在专用夹具上，其专用夹具两圆柱应与底板垂直，圆柱直径与导套内孔直径相同 ②将两个导套分别套在二圆柱上，借助压力机压力将导套压入上模板 ③检验导套压入上模板的垂直度
3	导柱压入下模板并检验	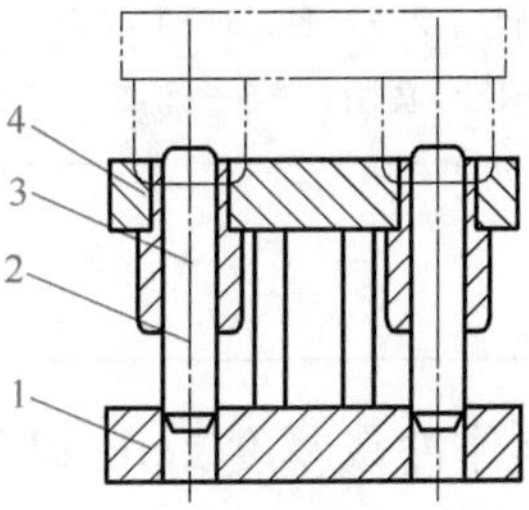 1—下模板；2—导套；3—导柱；4—上模板	①用等高垫铁将上、下模板垫起，在导套内插入二导柱 ②通过压力机将导柱压入下模板5～6mm ③将上模板提升至不脱离导柱最高位置，然后再放下，如无滞涩则表示装配合适；如感觉发紧或松紧不一，则应调整导柱，再重新压入直到合适为止 ④将上模对合进行检测

表 10-8 导柱、导套、模柄分别压入装配法

步序	工序名称	图示	装配工艺说明
1	先压入模柄于上模板上	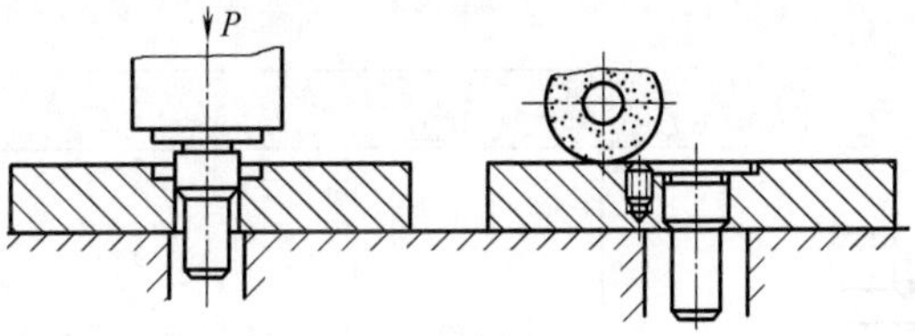 (a) (b)	①直接将模柄先压入上模板内，见图（a） ②加工骑缝孔或螺纹孔，装入螺钉紧固 ③用平面磨床将上模板磨平，见图（b）
2	压入导柱于下模板上	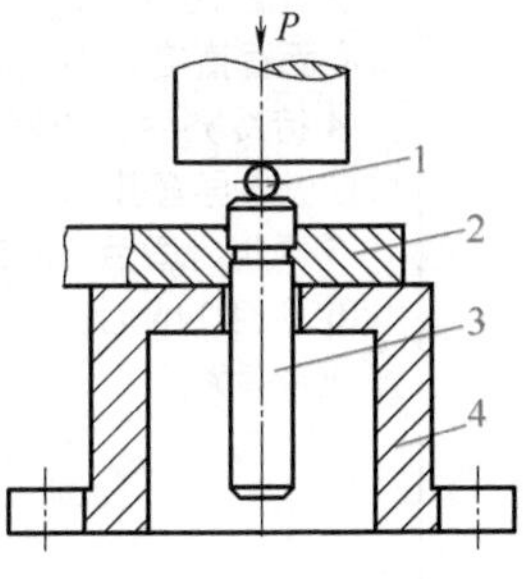 1—钢球；2—下模板；3—导柱；4—压导柱胎具	利用压导柱胎具将导柱压入下模板内，并在压入时随时检验导柱与下模板垂直度。压入要采用图中所示的胎具进行

续表

步序	工序名称	图示	装配工艺说明
3	压入导套于上模板上	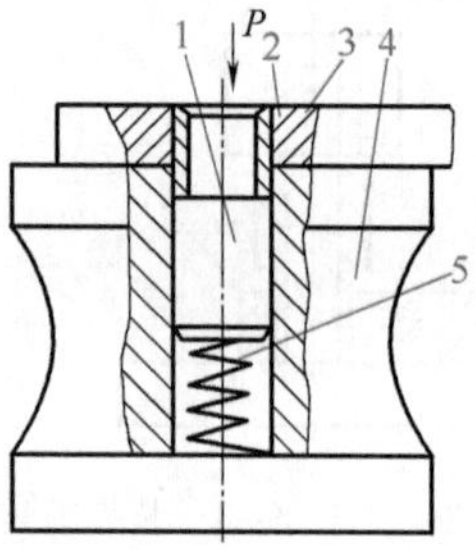 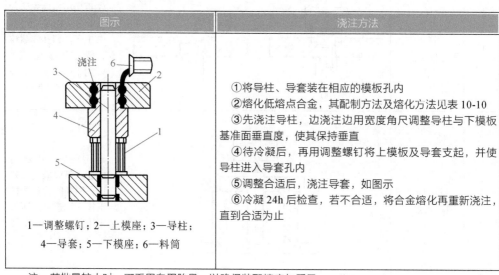 1—导向柱；2—导套；3—上模板； 4—压导套胎具；5—弹簧	利用压导套胎具将导套压入上模板内，压入时要以导向柱导向，借助于弹簧给以缓冲，以确保压入质量
4	合拢上、下模板检验质量	—	将压入后的上、下模板对合，检查安装质量

② 低熔点合金浇注法。在制作冲裁厚度 2mm 以下所用冲模时，可采用低熔点合金浇注固定导柱、导套于上、下模板上。其工艺简单、操作方便，且模板上安装孔也无需精密加工，很适于制品批量小的模具加工，其方法见表 10-9。

对于单件或批量不大的模架装配，亦可采用环氧树脂、厌氧胶等黏结剂固定导柱、导套，其装配方法与低熔点合金浇注法基本相似，但组装后的模架精度较低，使用寿命也较短，只适于料厚在 2mm 以下的各类冲模。

表 10-9　低熔点合金浇注法装配模架

图示	浇注方法
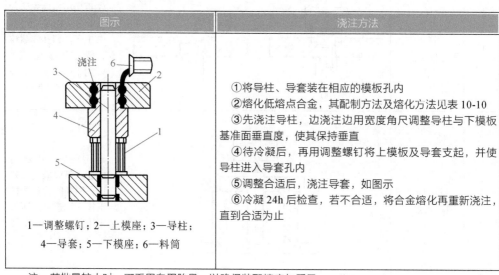 1—调整螺钉；2—上模座；3—导柱； 4—导套；5—下模座；6—料筒	①将导柱、导套装在相应的模板孔内 ②熔化低熔点合金，其配制方法及熔化方法见表 10-10 ③先浇注导柱，边浇注边用宽度角尺调整导柱与下模板基准面垂直度，使其保持垂直 ④待冷凝后，再用调整螺钉将上模板及导套支起，并使导柱进入导套孔内 ⑤调整合适后，浇注导套，如图示 ⑥冷凝 24h 后检查，若不合适，将合金熔化再重新浇注，直到合适为止

注：若批量较大时，可采用专用胎具，以确保装配精度与质量。

表 10-10 低熔点合金材料配比及熔化方法

合金配比［质量百分比］				熔化配制方法
序号	材料名称	配制比例 /%	熔点 /℃	
1	锑（Sb）	9	630.5	①将合金元素锑和铋分别打碎成 5 ～ 25mm 的小块 ②按配比将各元素称好质量，分开存放 ③采用坩埚加热，并按熔点高低先加入锑使其熔化后再依次加入铅、铋、锡，并用搅拌棒搅拌，全部熔化后即可浇注
2	铅（Pb）	28.5	327.4	
3	铋（Bi）	48	271	
4	锡（Sn）	14.5	232	

③ 滚动导向模架装配的说明。滚动导向模架的上、下模板，导柱，导套的装配均采用机械压入式固定法，装配要点与滑动导向模架基本相同，要注意的是滚珠夹持套的装配。

图 10-3 为滚珠夹持套结构示意图。其材料为黄铜。夹持套圈上安装滚珠的几十个孔为台阶孔。装配时，选择相对误差小于 0.002mm 的钢珠装入孔内以后，再将孔 D 四周铆翻封口，保证钢珠在里面能灵活转动即可。

图 10-4（a）为手工封口用的铆口工具，图 10-4（b）为利用台钻主轴加压封口用的铆口工具。

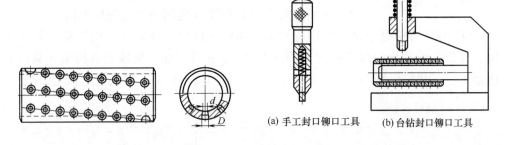

(a) 手工封口铆口工具　　(b) 台钻封口铆口工具

图 10-3　滚珠夹持套结构　　　　　　图 10-4　夹持套铆口工具

10.1.4　模架的检验及定级

为控制模架的装配质量，避免不合格的模架转入总装，影响冲模质量，对自制及外购进入模具总装的模架必须根据模具图样或相关国标要求进行质量检测。专业模架生产企业还必须根据模架的检测结果，对模架进行定级，只有检验定级后才可以附检验合格证书，进行包装、出厂。

模架检测的项目主要有以下几项。

① 上模座上平面对下模座下平面的平行度检测。检测按表 10-6 中图示方法进行，将装配好的模架放在检验用的精密平板上，在上、下模座之间的中心位置上，用球面支持杆支撑上模板，然后用千分表按规定测量被测表面。球面支持杆的高度必须控制在被测模架的闭合高度范围内。根据被测表面的大小，可推动模架或测量架，测量整个被测表面，最后取千分表的最大与最小读数差，即为上模座上平面对下模座下平面的平行度误差值。

② 导柱轴心线对下模座下平面的垂直度检测。检测按表 10-6 中图示方法进行，即将装有导柱的下模座放在检验用的精密平板上，用千分表对导柱进行垂直度测量。由于导柱垂直度具有任意方向要求，所以应将在两个相互垂直方向上测量的垂直度误差 Δx、Δy 再作矢量合成，$\Delta_{\max} = \sqrt{\Delta x^2 + \Delta y^2}$，求得该导柱 360° 范围内的最大误差值 $\Delta_{\max}$ 即为被测导柱的垂直度误差。

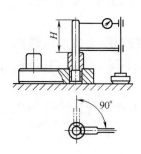

图 10-5　导套孔对上模座垂直度的检测

③ 导套孔轴线对上模座上平面的垂直度检测。检测按图 10-5 所示方法进行，将装有导套的上模座放在精密平台上，在导套孔内插入带有 0.015∶200 锥度的心轴，以测量心轴轴线的垂直度作为导套孔轴线垂直度的误差值。与导柱轴心线对下模座下平面垂直度的检测一样，在两个相互垂直方向上测得的垂直度误差 Δx、Δy 也应再做矢量合成，$\Delta_{\max} = \sqrt{\Delta x^2 + \Delta y^2}$，$\Delta_{\max}$ 即为导套孔轴线在 360° 范围内对上模板上平面的垂直度误差，但测定的读数 Δx、Δy 必须扣除或加上心轴 H 范围内锥度的影响因素。

④ 模架的检测定级。按国标 GB/T 2854—1990，滑动导向模架精度分为 Ⅰ 级、Ⅱ 级，滚动导向模架精度分为 0 Ⅰ 级、0 Ⅱ 级。加工完成后的模架在测得上述指标后，便可根据表 10-11 及表 10-12 所列的技术指标，对模架进行定级。

表 10-11　各级精度模架的技术指标

检查项目	被测尺寸 /mm	模架精度等级	
		0 Ⅰ、Ⅰ级	0 Ⅱ、Ⅱ级
		公差等级	
上模座上平面对下模座下平面的平行度	≤ 400	5	6
	> 400	6	7
导柱轴心线对下模座下平面的垂直度	≤ 160	4	5
	> 160	5	6

注：公差等级按 GB/T 1184—1996。

表 10-12　导柱、导套配合间隙（或过盈量）

配合形式	导柱直径/mm	模架精度等级		配合后的过盈量/mm
		I 级	II 级	
		配合后的间隙值 /mm		
滑动配合	＜18	≤ 0.010	≤ 0.015	—
	＞18～30	≤ 0.011	≤ 0.017	
	＞30～50	≤ 0.014	≤ 0.021	
	＞50～80	≤ 0.016	≤ 0.025	
滚动配合	＞18～35	—	—	0.01～0.02

10.2　冲模凸、凹模的固定装配

10.2.1　凸、凹模的安装固定要求

凸、凹模的固定方式除了常用的机械固定法（紧固件紧固、挤压），还有低熔点合金浇注法及黏结剂黏结法等。无论采用何种方法装配，除了满足设计图样要求外，还应注意以下几点：

① 采用机械固定法，如螺钉紧固、压入或铆接安装后，凸、凹模与安装孔都应成 H7/m6 过盈配合形式。

② 采用低熔点合金浇注或无机黏结剂与环氧树脂等黏结的凸、凹模，与固定孔之间应保持有一定的浇注和黏结间隙。其间隙大小，应根据所选用的填充、黏结介质不同而选用。

③ 采用热套法固定时，其过盈量可选用配合尺寸的 0.1%～0.2% 左右为宜。

④ 凸、凹模在固定板上固定后，其中心轴线必须与固定板安装面垂直。薄板冲裁模垂直度偏差不应大于 0.01mm；一般冲模的垂直度偏差也应控制在 0.02mm 以内。

⑤ 凸、凹模安装端面，在安装后应与固定板支承面在同一平面上，即安装后应将固定组合用平面磨床磨平。同时，凸模的上端面在装配时要紧贴垫板（无垫板时，要紧贴模柄底面），不允许有缝隙存在。

10.2.2　机械安装法固定

凸、凹模机械安装固定法的常见方式主要有：挤压固定法、紧固件固定法及铆翻固定法。其操作步骤及注意事项可见表 10-13。

表 10-13　凸、凹模机械安装固定方法

固定方法	图示	操作步骤与注意事项
挤压固定法	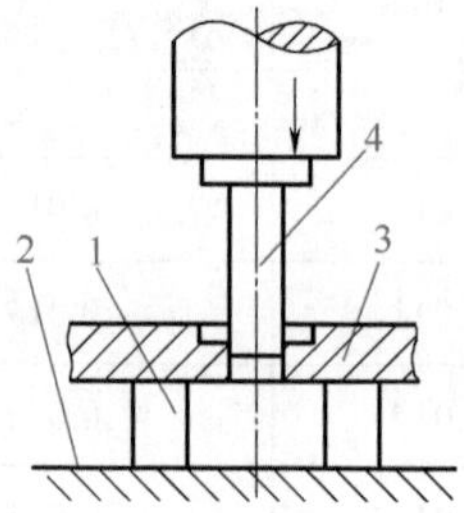 (a) 1—等高垫铁；2—平台；3—固定板；4—凸模 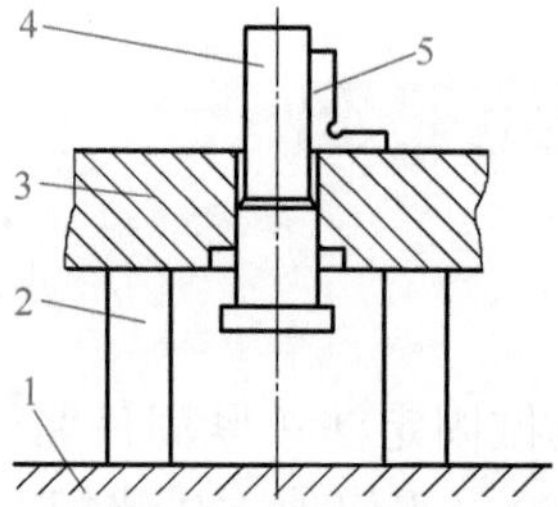 (b) 1—平台；2—等高垫铁；3—固定板； 4—凸模（或凹模）；5—角尺	①适用范围：适用于冲裁或成形 6mm 以下的板材的冲压模具 ②操作方法及步序 a. 将凸模压入端修整成有引导功能的小圆角，以便于凸模引入固定板型孔。当凸模不允许修整时，可把固定板型孔端面稍微修锉成圆角，以便导入凸模压入 b. 将修整好的凸模固定板在平台上用两块等高垫铁垫起，将凸模放置在安装孔内，用压力机将其压入固定板孔内，如图（a）所示 c. 当将凸模固定部分压入 1/3 时，用角尺检查垂直度，如图（b）所示，校正垂直后，将凸模全部压入 d. 再次用角尺检查垂直度，合格后将支承台肩全部压入固定板 e. 在平面磨床上，将压入后的凸模支承端面磨平，并与固定板在同一平面上 f. 将凸模及固定板组合件反转再以固定板支承面为基准刃磨凸（凹）模刃口面，将其作为引导部分的小圆角磨去，使刃口变得锋利
紧固件固定法	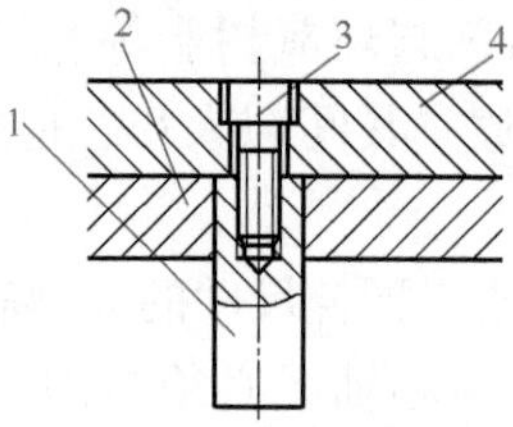 (a) 1—凸模；2—凸模固定板；3—螺钉；4—模板 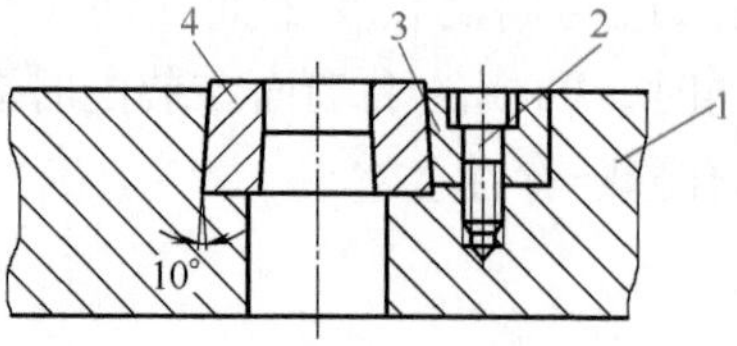 (b) 1—模座（固定板）；2—螺钉； 3—斜压块；4—凸凹模	①适用范围：主要适用于大、中型凸模及凹模固定 ②安装紧固方法 a. 凸模固定：如图（a）所示的凸模 1，首先将其放入凸模固定板 2 型孔内，借助直角尺将其调好位置后，使其垂直于固定板基面，将螺钉 3 紧固即可 b. 凹模固定：如图（b）所示是利用斜压块 3 及螺钉紧固凹模的方法。在固定时，首先将凸凹模 4 置入固定板（模座）内，调好位置，压入斜压块 3 再拧紧螺钉 2 即可

续表

固定方法	图示	操作步骤与注意事项
铆翻固定法	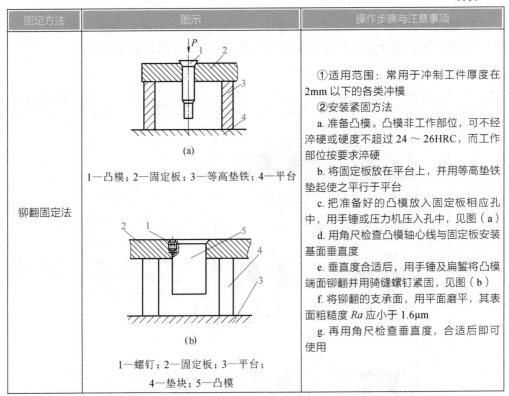 (a) 1—凸模；2—固定板；3—等高垫铁；4—平台 (b) 1—螺钉；2—固定板；3—平台； 4—垫块；5—凸模	①适用范围：常用于冲制工件厚度在2mm以下的各类冲模 ②安装紧固方法 a. 准备凸模。凸模非工作部位，可不经淬硬或硬度不超过24～26HRC，而工作部位按要求淬硬 b. 将固定板放在平台上，并用等高垫铁垫起使之平行于平台 c. 把准备好的凸模放入固定板相应孔中，用手锤或压力机压入孔中，见图（a） d. 用角尺检查凸模轴心线与固定板安装基面垂直度 e. 垂直度合适后，用手锤及扁錾将凸模端面铆翻并用骑缝螺钉紧固，见图（b） f. 将铆翻的支承面，用平面磨平，其表面粗糙度 Ra 应小于 1.6μm g. 再用角尺检查垂直度，合适后即可使用

10.2.3 红热固定法固定

凸、凹模红热固定适用于凸、凹模与固定板为过盈配合的装配，凸、凹模红热固定的操作方法见表10-14。

表 10-14 凸、凹模红热固定方法

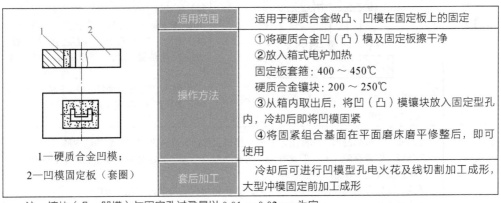 1—硬质合金凹模； 2—凹模固定板（套圈）	适用范围	适用于硬质合金做凸、凹模在固定板上的固定
	操作方法	①将硬质合金凹（凸）模及固定板擦干净 ②放入箱式电炉加热 固定板套箍：400～450℃ 硬质合金镶块：200～250℃ ③从箱内取出后，将凹（凸）模镶块放入固定型孔内，冷却后即将凹模固紧 ④将固紧组合基面在平面磨床磨平修整后，即可使用
	套后加工	冷却后可进行凹模型孔电火花及线切割加工成形，大型冲模固定前加工成形

注：镶块（凸、凹模）与固定孔过盈量以 0.01～0.02mm 为宜。

10.2.4 低熔点合金浇注法固定

低熔点合金浇注法固定凸、凹模，与用低熔点合金浇注固定导柱、导套一样，采用的合金成分及熔融方法见表 10-10，而固定方法见表 10-15。

表 10-15 低熔点合金浇注固定凸、凹模的方法

项目	图示	操作方法
零件浇注前制备	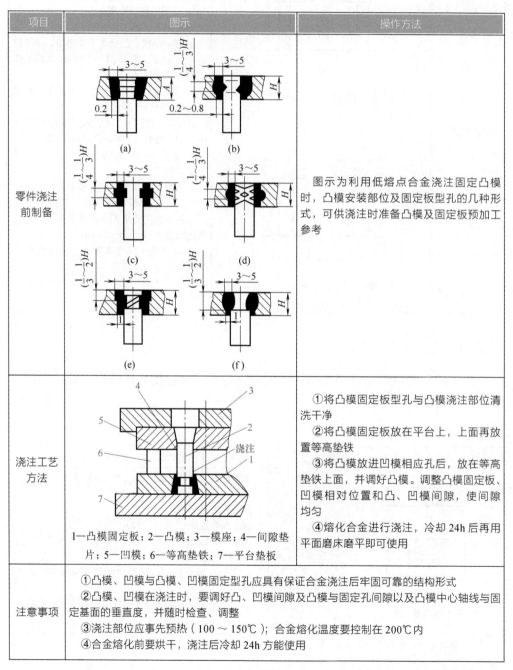	图示为利用低熔点合金浇注固定凸模时，凸模安装部位及固定板型孔的几种形式，可供浇注时准备凸模及固定板预加工参考
浇注工艺方法	1—凸模固定板；2—凸模；3—模座；4—间隙垫片；5—凹模；6—等高垫铁；7—平台垫板	①将凸模固定板型孔与凸模浇注部位清洗干净 ②将凸模固定板放在平台上，上面再放置等高垫铁 ③将凸模放进凹模相应孔后，放在等高垫铁上面，并调好凸模。调整凸模固定板、凹模相对位置和凸、凹模间隙，使间隙均匀 ④熔化合金进行浇注，冷却 24h 后再用平面磨床磨平即可使用
注意事项	①凸模、凹模与凸模、凹模固定型孔应具有保证合金浇注后牢固可靠的结构形式 ②凸模、凹模在浇注时，要调好凸、凹模间隙及凸模与固定孔间隙以及凸模中心轴线与固定基面的垂直度，并随时检查、调整 ③浇注部位应事先预热（100～150℃）；合金熔化温度要控制在 200℃内 ④合金熔化前要烘干，浇注后冷却 24h 方能使用	

10.2.5 黏结法固定

在装配过程中，对于冲裁力较小的薄板料冲模，为减少凸模固定的麻烦，可采用无机黏结剂、环氧树脂等黏结剂，将凸模固定黏结在凸模固定板型孔内。环氧树脂黏结法见表10-16。

表 10-16 环氧树脂黏结法

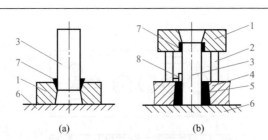

(a)　　　　　　　(b)

1—凹模；2—等高垫铁；3—凸模；4—固定板；5—环氧树脂黏结剂；6—平台垫板；7—间隙垫片；8—角尺

黏结步骤	操作方法	注意事项
选择配方、称好材料（按质量百分比）	按表1配方选择及称重好各材料 表1　环氧树脂配方 <table><tr><td rowspan="2">组成成分</td><td rowspan="2">材料名称</td><td colspan="2">配比［质量百分比］/%</td></tr><tr><td>1</td><td>2</td></tr><tr><td>黏结剂</td><td>环氧树脂610</td><td>100</td><td>100</td></tr><tr><td>填充剂</td><td>铁粉（200目）</td><td>250</td><td>250</td></tr><tr><td>增塑剂</td><td>邻苯二甲酸二丁脂</td><td>15～20</td><td>15～20</td></tr><tr><td>固化剂</td><td>无水乙二胺</td><td>8～10</td><td>16～19</td></tr></table>	材料配比一定要严格要求
调制黏结剂	①将材料用天平按比例称好 ②将环氧树脂加热至 70～80℃，并将烘干的铁粉加入调匀，再加入二丁酯继续调匀 ③当温度降到40℃时，加入乙二胺并搅拌至无气泡，待用	①在调配时不能混入任何杂物 ②填充剂在使用前要烘干（200℃） ③严格控制固化剂加入温度
黏结过程	①将凸模与固定板用丙酮清洗 ②把凸模插入凹模调整间隙用垫片垫紧［图（a）］后再插入固定板型孔［图（b）］，再次调好凸模与固定板相对位置，使四周均匀 ③将调好的环氧树脂倒入凸模与固定板间隙内，并使其均匀分布 ④在加入环氧树脂时，不时用角尺校正凸模对固定板的垂直度 ⑤填满树脂，固化24h即可使用	①黏结时，必须保持各零件相对位置，未固化前不得移动 ②黏结表面必须清洗干净 ③黏结表面要求粗糙 ④要在通风良好环境下工作 ⑤用剩下的黏结剂要用盖封好，准备待用，但时间不能太长

10.2.6　多凸模及镶拼凹模固定

（1）多凸模在同一固定板上的固定

在同一副冲模中，若有多个凸模同时固定在同一个凸模固定板上（如连续模），其固定方法见表 10-17。

表 10-17　多凸模固定方法

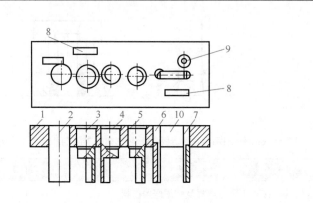

1—凸模固定板；2—落料凸模；3 ～ 5—半环凸模；6，7—半圆凸模；
8—侧刃凸模；9—圆孔凸模；10—垫块

项目	图示	操作说明
凸模安装顺序的选择原则	—	①容易定位并能作为其他凸模基准的应首先装入 ②较难定位或要依据其他零件需通过一定的工艺方法才能定位的要后安装 ③在各凸模有不同精度要求时，应先安装精度要求高且难控制精度的凸模再安装容易保证精度的凸模
压入顺序	—	如上图所示的多凸模固定压入顺序应该是：半圆凸模 6、7（包括垫块 10）→依次压入半环凸模 3、4、5→侧刃凸模 8 及落料凸模 2→冲圆孔凸模 9

续表

项目	图示	操作说明
压入安装方法	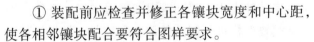（a） （b）	①先压入半圆凸模6、7。因半圆凸模压入时容易定位、定向。压入时从凸模固定板1正面用垫块同时压入，并在压入时用90°角尺检测其与固定板安装基面的垂直度，如图（a）所示 ②压入半环凸模。用已装好的半圆凸模6、7为基准，垫上等高垫铁，插入凹模，调整好间隙。同时，将半环凸模3按凹模相应孔定位。卸去凹模，垫上等高垫铁，先将半环凸模3压入，再以同样方法压入4、5，如图（b）所示 ③压入两个侧刃凸模8，再压入落料凸模2，最后压入圆孔凸模9
平面磨凸模端面，使其刃口锋利	—	①各凸模全部压入后，在平面磨床上将各凸模刃口磨平，保持锋利 ②为保护小凸模不在磨削中折断，磨削应将卸料板合到凸模上，并用等高垫铁垫起，使凸模端面从卸料板中露出0.3～0.5mm，用小进给量将凸模磨成等高

（2）镶拼式凹模安装法

在冲压复杂零件或窄槽、窄缝的零件时，其凹模常采用镶拼式结构，如图10-6所示的仪表十字架凹模，是由四块镶块相拼而成的。尽管各镶块在精加工时，保证了各尺寸精度及位置要求，但拼合后因误差累计，也会影响整体凹模精度。因此在装配时，模具工必须对其研磨修正。其方法如下。

① 装配前应检查并修正各镶块宽度和中心距，使各相邻镶块配合要符合图样要求。

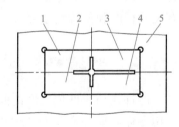

图10-6 仪表十字架凹模

1～4—凹模镶块；5—凹模固定板

② 将拼合镶块按基准面排齐、磨平。将预制好的凸模插入拼合后的型孔中，检查拼合后的凹模与凸模配合情况以及间隙均匀性，若不合适应酌情修正。

③ 修正合适后，将凹模拼块压入凹模固定板中，压入后再对压入位置及尺寸精度做最后检查，并用凸模插入复查。修正间隙，无误后用平面磨床将上、下平面磨平即可。

当凹模镶块较多时，应在压入时先选择各凹模镶块的压入次序。其选择的原则是：凡装配时容易定位的应优先压入，较难定位或要求依赖其他镶拼块才能保证型孔或步距精度的镶块以及必须通过一定工艺方法加工后定位的镶块应后压入。

如图 10-7 所示的连续模各镶块的压入顺序是：应先压入冲导正孔凹模 1、冲孔凹模 2，因为它们已在精加工时保证了尺寸精度和步距精度，然后再以其为定位基准分别依次压入凹模镶块 3～6。

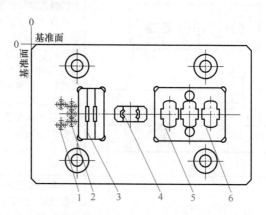

图 10-7　镶块凹模的安装
1—冲导正孔凹模；2—冲孔凹模；3～6—凹模镶件

当各凹模镶块对精度有不同要求时，应先压入精度要求较高的镶块，再压入容易保证精度的镶块。如在冲孔、切槽、弯曲、切断的连续模中，应先压入冲孔、切槽、切断的镶拼块，最后再压入弯曲镶拼块。这是因为前者型孔与定位面有尺寸精度和位置精度要求，而后者只要求位置精度，容易保证。

10.3　冲模凸、凹模间隙的控制

冷冲模凸、凹模之间的间隙大小及均匀性直接影响到所冲制品质量和冲模的使用寿命。如冲裁模的冲裁间隙过大或过小以及分布不均匀，都会使冲裁后的冲压件产生毛刺而弯曲。拉深件则由于间隙大小不均而难以成形或起皱、裂纹。因此，在制造装配冲模时，操作者必须要严格进行间隙的调整和控制，尽量使其大小适中，各向均匀一致，符合图样要求。实际上，装配的主要工作，也就是要确定凸、凹模的正确位置，并确保它们之间的间隙均匀。

10.3.1　间隙控制工艺顺序的选择

装配时，为确保凸模和凹模的正确位置，保证间隙大小适中、均匀一致，一般都是依据图样要求先确定其中一件（凸模或凹模）的位置，然后以该件为基准，用找正间隙的方法，确定另一件的准确位置。实际装配时，要根据模具结构特征、间隙大小及装配条件，来选择间隙控制的工艺顺序和方法。常采用的间隙控制顺序方法见表10-18。

表10-18 各类冲模控制间隙工艺顺序选择

序号	模具类型	间隙控制顺序选择
1	单工序冲裁模	先安装凹模，再以凹模为基准，配合安装凸模，并保证间隙的均匀性
2	连续模	先安装凹模，而各凸模的相对位置应在凸模安装固定时以各凹模孔为准，按表10-17多凸模安装方法保证各凸模相对位置和间隙值，在上、下模装配时可做适当微量调整，以确保间隙均匀一致
3	复合模	先安装凸凹模，再以其为基准用找正间隙的方法确定冲孔凸模和凹模位置，并按模具的复杂度决定先安装冲孔凸模还是落料凹模
4	弯曲、拉深或成形模	在装配前，根据制品图样，先制作一个标准样件，在装配过程中，将样件放在凸、凹模之间，来控制及调整间隙大小及均匀程度

10.3.2 间隙控制方法

在装配过程中，常用凸、凹模间隙控制方法见表10-19。

表10-19 凸、凹模间隙控制方法

控制方法	图示	说明	适用范围及优缺点
透光调整法	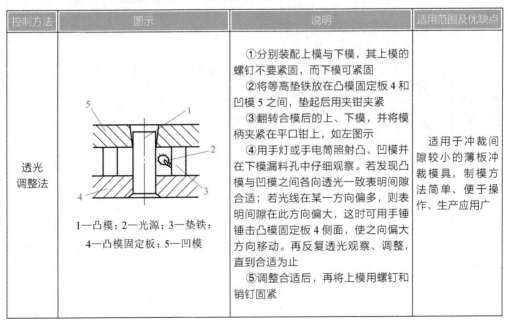 1—凸模；2—光源；3—垫铁； 4—凸模固定板；5—凹模	①分别装配上模与下模，其上模的螺钉不要紧固，而下模可紧固 ②将等高垫铁放在凸模固定板4和凹模5之间，垫起后用夹钳夹紧 ③翻转合模后的上、下模，并将模柄夹紧在平口钳上，如左图示 ④用手灯或手电筒照射凸、凹模并在下模漏料孔中仔细观察。若发现凸模与凹模之间各向透光一致表明间隙合适；若光线在某一方向偏多，则表明间隙在此方向偏大，这时可用手锤锤击凸模固定板4侧面，使之向偏大方向移动。再反复透光观察、调整，直到合适为止 ⑤调整合适后，再将上模用螺钉和销钉固紧	适用于冲裁间隙较小的薄板冲裁模具，制模方法简单、便于操作、生产应用广

控制方法	图示	说明	适用范围及优缺点
垫片调整法	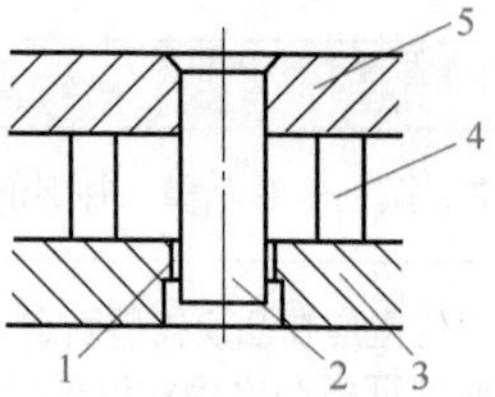 1—垫片；2—凸模；3—凹模； 4—等高垫铁；5—凸模固定板	①按图样分别组装上模及下模，但上模不要固紧下模固紧 ②在凹模刃口四周垫入厚薄均匀，厚度等于所要求凸、凹模单面间隙的金属片或纸片 ③将上、下模合模，使凸模进入相应的孔内，并用等高垫铁垫起 ④观察各凸模是否顺利进入凹模，并与垫片能有良好的接触，若在某方向上与垫片松紧程度相差较大，表明间隙不均匀。这时，可用锤子轻轻敲打固定板侧面，使之调整到各方向松紧程度一致，凸模易于进入凹模孔为止 ⑤调整合适后，再将上模螺钉紧固，穿入销钉	适用于冲裁比较厚的大间隙冲裁模也适于拉深、弯曲、成形模的间隙调整，其方法简单可行
涂淡金水法	—	在凸模表面上涂上一层淡金水，待干燥后，再将机油与研磨砂调合成很薄的涂料均匀地涂在凸模表面上（厚度等于间隙值），然后将其垂直插入凹模相应孔内即可装配	工艺简单，装配方便，但涂法不当，易使间隙不准
镀铜法	—	采用电镀的方法。按图样要求将凸模镀一层与间隙厚度一样的铜层后，再将其垂直插入凹模孔进行装配。装配后试冲时镀层自然脱落	间隙均匀但工艺复杂
利用工艺定位器法	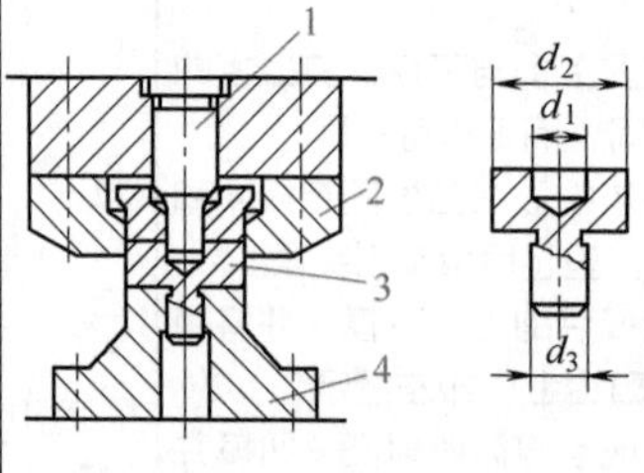 1—凸模；2—凹模；3—工艺定位器；4—落料凸凹模	装配时，将工艺定位器 3 的 d_1 与凸模 1、d_2 与凸模 2、d_3 与落料凸凹模 4 都处于滑动配合形式，由于工艺定位器 d_1、d_2、d_3 都是在车床上一次装夹成形，同轴度较高故能保证上、下模同轴，使间隙均匀一致	适用于复合模装配
塞尺测量法	—	①将凹模紧固在下模板上，上模装配后暂不紧固 ②使上、下模合模，其凸模进入凹模孔内 ③用塞尺在凸、凹模间隙内测量 ④根据测量结果进行调整 ⑤调整合适后再紧固上模	适用于厚板料间隙较大的冲模，工艺繁杂且麻烦，但间隙经测后均匀，也适于拉深弯曲模调整

续表

控制方法	图示	说明	适用范围及优缺点
腐蚀法	—	在加工凸、凹模时，可将工作部位尺寸做成一致，装配后为得到相应间隙将凸模用酸腐蚀去除多余部位。其酸液配方： ①硝酸 20%+ 醋酸 30%+ 水 50% ②水 55%+ 过氧化氢 25%+ 草酸 20%+ 硫酸 1%～2% 腐蚀时间根据间隙大小定	间隙均匀
涂漆法	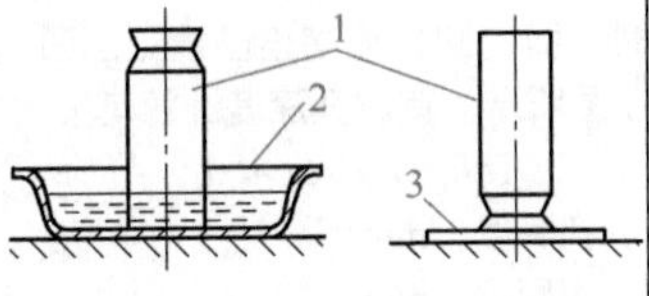 1—凸模；2—漆盒；3—垫板	利用磁漆或氨基醇酸绝缘漆，在凸模上涂上与间隙厚度一样的漆膜后进行装配。方法为 ①将凸模浸入盛漆的容器内约15mm，使刃口向下，如左图所示 ②取出凸模，端面用吸水纸擦一下，然后使刃口朝上，该漆慢慢向下流，自然形成一定锥度 ③放入恒温箱内在 100～120℃温度下烘干 0.5～1h，冷却后即可装配	方法简单，适用于小间隙冲模
工艺留量法	—	装配前先不要将凸模（凹模）刃口做到所需尺寸，而留出工艺余量使其成 H7/h6 配合，待装配后取下凸模（或凹模）去除工艺余量而获得间隙	方法简单但增加工序
标准样件法	—	在调整装配前，按图样（制品）先制作一个样件，在装配调整时放在凸、凹模之间，以保证间隙	适于弯曲、拉深、成形模，方法简单易行
试切纸片法	—	无论采用何种方法来控制间隙，最后都要采用与制件厚度相同的纸片，在装配后的凸、凹模间试切，根据纸片的切口状态来验证间隙均匀度，从而确定间隙需往哪个方向调整。如果切口一致表明间隙均匀一致；如果在某处难以切下，表明此处间隙大应修配，若出现毛刺更应调整至合适	适用于各种调整间隙方法后的最后试验

10.4 冲模螺钉与销钉的装配

（1）卸料螺钉的装配

冲模中的卸料螺钉装配主要是确定卸料弹簧窝座深度及卸料板螺钉沉孔深度，因为它直接影响卸料力大小。尽管在图样设计上有所规定，但在装配时操作者也应根据弹簧及螺钉的选用，进行核算后再加工，以保证其准确性。其计算方法见表 10-20。

表 10-20 卸料弹簧窝座深度及螺钉沉孔深度的确定

项目	图示	计算确定方法
卸料弹簧窝座深度确定	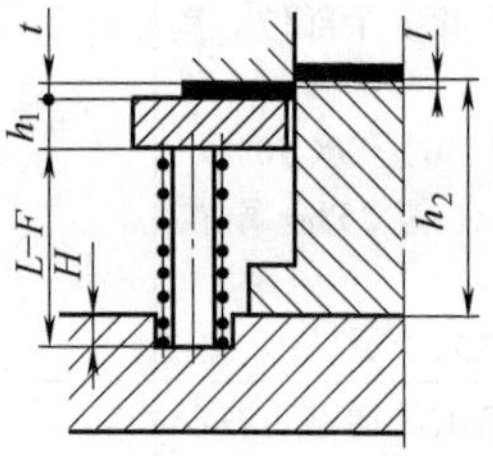	在底板上的弹簧底座深度 H 可按下式计算： $$H=L-F+h_1+t+l-h_2$$ 式中　L——弹簧自由状态长度，mm； h_1——卸料板厚度，mm； F——弹簧最大容许压缩量，mm； t——材料厚度，mm； h_2——凸模（凸凹模）高度，mm； l——凸模（凸凹模）进入凹模的深度，mm
卸料螺钉沉孔深度确定	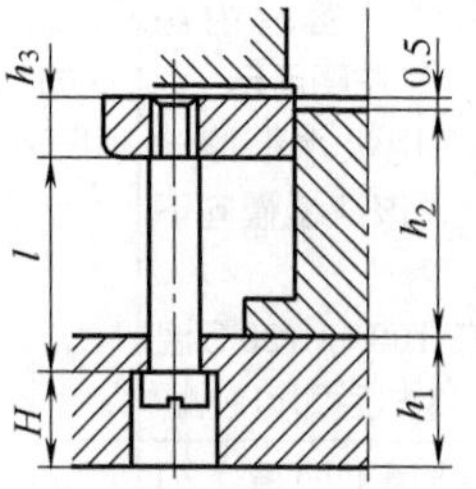	卸料螺钉沉孔深度（底座沉孔）是控制卸料板行程终点位置的尺寸。卸料时，要使卸料板高出凸模（凸凹模）刃口平面 0.5mm 左右，如左图所示。其沉孔深度计算可按下式： $$H=h_1+h_2+0.5-h_3-l$$ 式中　H——螺钉沉孔深度，mm； h_1——模座底板厚度，mm； h_2——凸模（凸凹模）高度，mm； h_3——卸料板厚度，mm； l——卸料螺钉长度，mm 在不依靠卸料螺钉控制卸料板行程时，H 值可较上式适当加深 2～3mm

（2）内六角螺钉及圆柱销的装配

在冲模装配中，对于上、下模板上用来固定凸模固定板、卸料板及凹模固定板等零件的螺钉孔、圆柱销孔，一般都是采取配作的方法来加工。也就是说，上、下模板上的这些螺孔及销孔位置不是按图样划线确定的，而是在装配时根据被固定件已加工出的孔，采取配作、配钻加工的。但在加工中应注意以下几点：

① 选用的内六角螺钉应为 45 钢制成，其头部的淬火硬度应为 35～40HRC；销钉选用 T7、T8 钢淬火硬度应为 48～52HRC，其表面粗糙度 Ra 应不大于 1.60μm。

② 在装配钻孔时，其内角螺钉过孔的尺寸应按表 10-21 钻取。

表 10-21 内六角螺钉过孔的尺寸　单位：mm

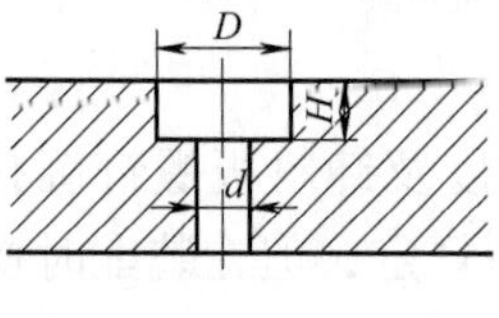

过孔尺寸		螺钉规格					
		M6	M8	M10	M12	M16	M20
	d	7	9	11.5	13.5	21.5	25.5
	D	11	13.5	16.5	19.5	31.5	37.5
	H_{min}	3	4	5	6	10	12
	H_{max}	25	35	45	55	85	95

③ 销钉与销孔配合精度应为 H7/m6 过渡配合形式。因销钉在模具中，不仅要起紧固作用，更主要的是，其还兼起各零件的定位作用。

④ 螺钉拧入基体内深度和圆柱销配合深度见表 10-22。

表 10-22　装配时螺钉拧入基体及圆柱销配合深度确定

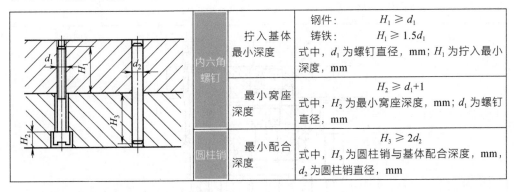

内六角螺钉	拧入基体最小深度	钢件：　　　$H_1 \geqslant d_1$ 铸铁：　　　$H_1 \geqslant 1.5d_1$ 式中，d_1 为螺钉直径，mm；H_1 为拧入最小深度，mm	
	最小窝座深度	$H_2 \geqslant d_1+1$ 式中，H_2 为最小窝座深度，mm；d_1 为螺钉直径，mm	
圆柱销	最小配合深度	$H_3 \geqslant 2d_2$ 式中，H_3 为圆柱销与基体配合深度，mm；d_2 为圆柱销直径，mm	

（3）装配后模具闭合高度核算

冲模装配后，其闭合高度一定要满足图样所要求的闭合高度。其装配后测量核算方法见表 10-23。

表 10-23　冲模闭合高度核算方法

模具结构	图样	闭合高度计算公式
冲裁（剪切）类冲模		闭合高度 H：　$H=h_1+h_2+h_3+h_4-\Delta$ 式中　h_1——下模板厚度，mm； 　　　h_2——上模板厚度，mm； 　　　h_3——凹模厚度，mm； 　　　h_4——凸模高度，mm； 　　　Δ——凸模刃口进入凹模刃口深度，对于普通冲裁模 $\Delta=1$mm，精冲模 $\Delta=0$mm
弯曲、拉深、成形类冲模		闭合高度 H：　$H=h_1+h_2+h_3+h_4+t-h_5$ 式中　h_1——下模板厚度，mm； 　　　h_2——上模板厚度，mm； 　　　h_3——凸模高度，mm； 　　　h_4——压料板（或凹模）高度，mm； 　　　t——材料厚度，mm； 　　　h_5——下模板窝座深度，mm

10.5　冲模零件间配合尺寸的控制

　　冲模在制造装配过程中，要特别注意各模具零件的装配位置以及各零件之间的配合关系，以确保模具的制造质量。冲模零件之间配合尺寸要求及形式见表 10-24。

表 10-24　冲模零件常用配合尺寸要求

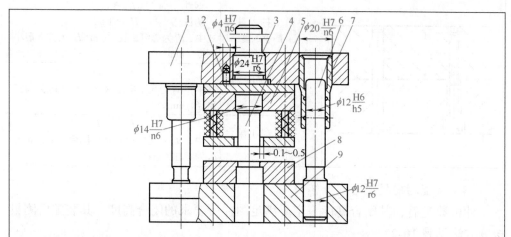

1—上模板；2—圆柱销；3—模柄；4—凸模；5—凸模固定板；6—导柱；7—导套；8—凹模；9—下模板

零件名称	配合类型与尺寸要求	零件名称	配合类型与尺寸要求
导柱与下模座	H7/h6	活动挡料销与卸料板	H9/h8 或 H9/h9
导套与上模座	H7/h6	圆柱销与固定板及模座	H7/n6
导柱与导套	H6/b5 或 H7/h6	螺钉与螺钉孔	单边间隙：0.5 ～ 1mm
模柄与上模座	H7/n6 或 H9/n8	卸料板与凸模（凸凹模）	单边间隙：0.1 ～ 0.5mm
凸模与凸模固定板	H7/m6 或 H7/k6	顶件器与凹模	单边间隙：0.1 ～ 0.5mm
凹模与下模座	H7/n6	打料杆与模柄	单边间隙：0.5 ～ 1mm
固定挡料销与凹模	H7/m6 或 H7/n6	顶（推）杆与凸模固定板	单边间隙：0.2 ～ 0.5mm

10.6　型腔模主要零部件的组装

　　型腔模零部件的装配主要包括：型芯与固定板的组装，型芯与模板的组装，过盈配合件的装配，型腔模在装配中的修磨，卸、推件机构的装配等。与冲模主要零部件的组装一样，要装配好型腔模，首先应做好型腔模主要零部件的装配工作，组件的装配质量对整副模具的装配精度将起到一定的保证作用。型腔模主要零部件的装配主要有以下内容。

10.6.1　型芯与固定板的组装

　　型芯与固定板的装配工艺方法见表 10-25。

表 10-25　型芯与固定板的装配工艺方法

序号	结构形式	图示	装配工艺方法	注意事项
1	型芯与通孔固定板的装配	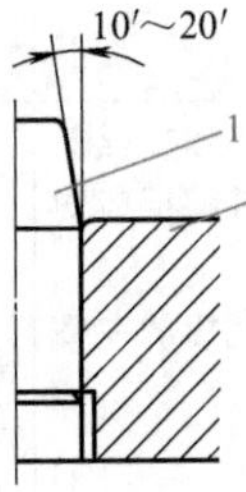 10′～20′ 1—型芯；2—固定板	主要采用直接压入法，即将型芯直接压入固定板型孔中。压入时最好采用液压机压入 ①压入前在型芯表面及固定板形孔压入贴合面应涂以润滑油，以便于压入 ②将固定板用等高垫铁垫起，其安装面要与工作台面相互平行 ③将型芯导入部位放入固定板形孔内，并要随时校正与固定板安装基面垂直度 ④开动液压机，将型芯缓慢压入 ⑤压入一半后，再校正一次垂直度，调整后再继续压入 ⑥全部将型芯压入后再检查一下垂直度	①装配前应将固定板型孔清角稍加修整成圆角，以便于型芯导入 ②压入前应检查型芯与固定板型孔配合程度，不应太紧，以免压入时弯曲变形 ③压入时要始终保持平稳的压力，不要太急、太快
2	埋入式型芯装配	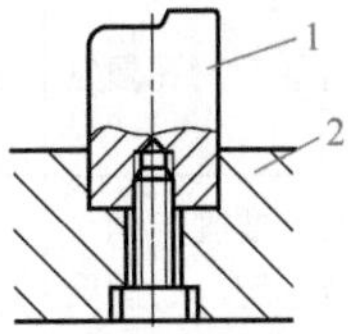 1—型芯；2—固定板	直接将型芯用螺钉拧紧在固定板2上，其固定板沉孔应与型芯尾部呈过渡配合形式 ①修整固定板沉孔与型芯尾部形状及尺寸，使其达到配合要求，一般以修整型芯较为方便 ②型芯埋入固定板深度＞5mm时，可将型芯埋入部稍微修整成斜度，以便于装入 ③型芯埋入固定板后再用螺钉固紧 ④装配时随时检测型芯与固定板基面的垂直度	在修正配合部位时，应特别注意定（凸）、动（凹）模相对位置，否则将会影响定、动模间的配合关系
3	螺钉、销钉固定式型芯装配	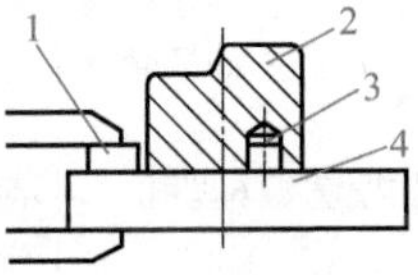 1—定位块；2—型芯； 3—销钉套；4—固定板	面积大而高度低的型芯常用螺钉及销钉直接与固定板连接装配 ①在淬硬的型芯上压入销钉套3 ②按型芯在固定板上的位置，将定位块1用平行夹钳紧固在固定板4上 ③将型芯的螺孔位置，复印在固定板4上后钻孔、锪孔 ④初步用螺钉将型芯固紧在定位板上，若固定板上已经装好导套、导柱，则应调整型芯以确保定、动模相对位置 ⑤在固定板反面划出销钉孔位置，并与型芯一起配钻，铰销孔并打入销钉	装配时为便于打入销钉，可将销钉头部稍微修出锥度。销钉与销钉套的配合长应为3～5mm，以便于销钉的拆卸
4	螺纹型芯与固定板装配	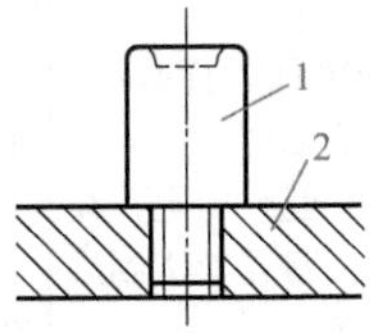 1—型芯；2—固定板	热固式塑料压缩模常采用螺纹式型芯。在装配时可将型芯直接拧进固定板中，并用定位螺钉紧固。定位螺钉孔是在型芯位置调整合适后进行攻制。然后取下型芯再进行淬硬后装配	装配时，一定要保持型芯与固定板间的相对位置精度和型芯与固定面的垂直度

注：型芯与模板孔一般应采用 H7/m6 配合形式。

10.6.2　型芯与模板的组装

型腔（凹模）在模板上的装配方法见表 10-26。

表 10-26　型腔（凹模）在模板上的装配方法

结构形式	图示	装配工艺要点	注意事项
单体圆形型腔装配	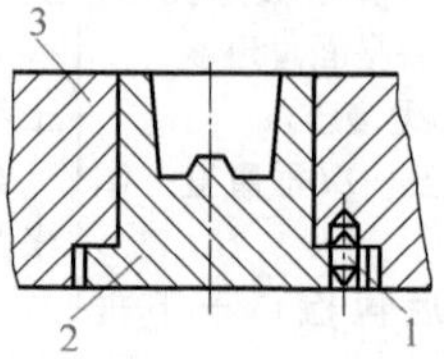 \n1—定位销；2—型腔凹模；3—模板	①在模板的上、下平面上划出对准线，在型腔凹模上也划出对准线，并将相应对准线引入侧面\n②以对准线为基准，将型腔凹模放在模板上，定准位置\n③将型腔压入模板内\n④压入极小一部分时，进行位置调整，也可用百分表调整其直线部分。若发现偏差，可用相同直径管钳将其旋转至正确位置\n⑤将型腔凹模全部压入，并注意位置正确性\n⑥位置合适后用已淬硬的型腔销孔复钻模板销孔，铰削后打入销钉	①型腔凹模与模板镶合后，在型面上要密合无缝隙。因此压入端不准修出斜度，应将导入斜度修在模板上\n②型腔凹模与模板相对位置一定要符合图样要求
多件整体型腔凹模镶入模板的装配	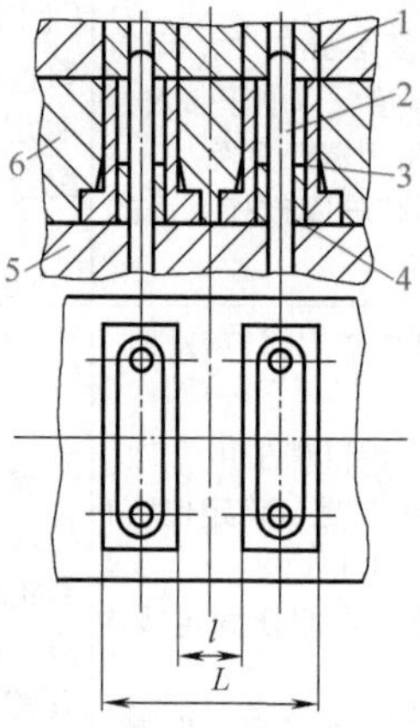 \n1—定模镶块；2—型芯；3—型腔凹模；4—推块；5—固定板；6—动模套板	左图所示是在一块固定板上要固定两个或两个以上型腔及型芯，而且定、动模要求有较高的相对位置精度，故在装配时，要先选择装配基准，并合理地确定装配工艺以保证装配正确。如左图所示结构，其装配方法是\n①用工艺销钉穿入定模镶块 1 和推块 4 孔中定位\n②将型腔凹模 3 套在推块 4 上，按凹模型腔的外形实际尺寸 l 和 L 修正动模套板 6 的固定型孔\n③将型腔凹模 3 压入动模套板 6 型孔中，并磨平端面\n④放入推块 4 以推块 4 孔配钻定模型芯 2 固定孔\n⑤将型芯 2 装入定模镶块 1 中并保证其位置	①要注重选择装配基准，如左图所示装配中，基准为定模镶块上的孔\n②装配时应注意定、动模相对位置精度
单型腔拼块凹模压入模板的装配	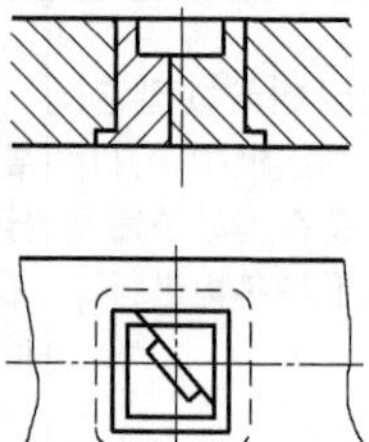	采用压入法，将型腔凹模压入模板内。在压入前其型腔要经粗加工成形，压入后再将预先经粗加工并淬硬的型腔用电火花穿孔加工成形或用硬质合金刀具加工到规定尺寸，并保证其尺寸精度	①压入模板的型腔拼块要配合严密不可松动\n②压入时要用力，并始终保持平稳压入

续表

结构形式	图示	装配工艺要点	注意事项
拼块模框的压入模板装配	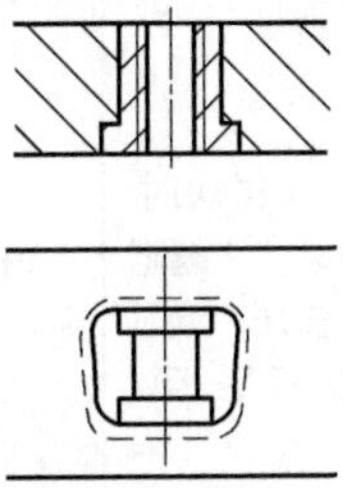	①拼块在装配前将所有拼合面磨平并用红丹粉对研 ②模板上的型腔固定孔要留有修正余量,按拼块拼合后尺寸修正 ③将拼块压入型孔中时,压入拼块应先用平行夹头夹紧,防止压入最初阶段拼块尾部产生缝隙,并要在拼块上端加一平垫块,使各拼块进入模板孔要同步进行	①拼合后不应有缝隙存在 ②加工模板型孔时要注意,孔壁应与安装基面相互垂直
沉坑内拼块型腔镶入装配	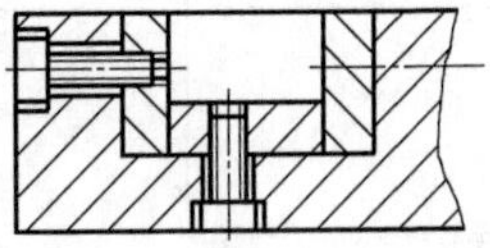	①用铣床加工模板沉孔 ②将拼块镶入 ③根据镶块螺孔位置用划线法在模板上钻出过孔位置,并锪孔 ④将螺钉拧入紧固	①拼块之间要配合严密,不准有缝隙存在 ②应按图样要求保证拼块正确位置

10.6.3　过盈配合件的装配

在型腔模装配中,有不少以过盈配合装配的零件,如销钉套与导钉的压入,以及多拼块及锥面拼块压入等。这类零件一般不用螺钉固紧,而是靠压入后的过盈量密合在一起,不许在工作时脱出。其装配方法见表10-27。

表10-27　型腔模过盈配合零件的装配方法

结构形式	图示	装配工艺要点	注意事项
销钉套的压入	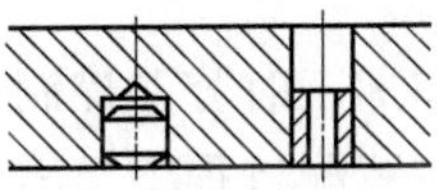	①利用液压机(小件用台钳)将销钉套压入淬硬的零件内 ②压入后与配合件共钻、共铰销孔 ③当淬硬件为不穿透孔时则应采用实体的销钉套,此时销孔的钻铰是从相配合的另一件向实心销钉套配钻铰	淬硬件应在热处理前将孔口部位倒角并修整出导入斜度,也可将斜度修设在销钉套一端
导钉的压入	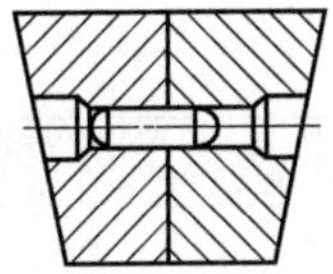	①将拼块合拢,用研磨棒研正导钉孔 ②将研磨合适的拼块热处理淬硬 ③压入导钉。拼块厚度不大时导钉可在斜面的导向端压入,则将压入端修正导入锥度	将导钉装入时,应预防两斜块位置偏移
镶套的压入	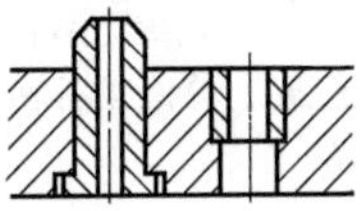	①模板孔在压入口倒成斜度或进行倒角 ②压入件的压入端倒角 ③压入镶套时,可利用芯棒以滑配合固定在模板上,再将压入件套在芯棒上加压 ④压配后应进行修磨	①压入时应严格控制过盈量,以防内孔缩小。压入后应用铸铁研磨棒研磨 ②压入件需有导入部位以保证压入后的垂直度

续表

结构形式	图示	装配工艺要点	注意事项
多拼块压入法	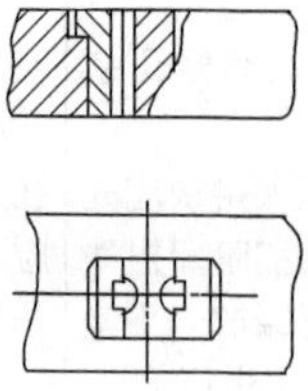	①在一块模板上同时压入几块拼块时，可采用平行夹板将拼块夹紧，以防产生缝隙 ②压入时采用液压机进行，在压入端应用垫块垫平，使各拼块进入模板深度一致	拼合后应不产生缝隙，各拼块应密合
锥面配合压入法	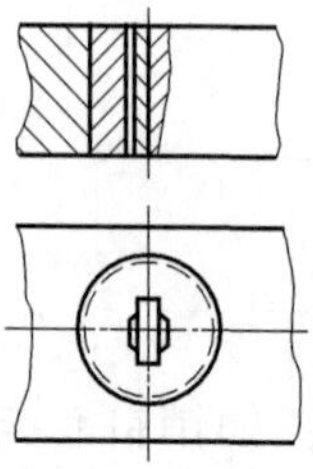	①压入件与模孔应为锥面配合，二者锥面应一致。在装配时，先用红丹粉检查配合状况 ②压入时应借助百分表测量型腔各点以保证型腔和模板相对位置精度	压入端应留余量，待压入后将其与模板一起磨平

注：1. 压入后，压入件不许松动或脱出。

2. 要保证压入后零件间过盈量，并确保配合部位表面质量。

3. 压入端导入斜度要均匀，在加工时应同时做出，以保证同轴度。

10.6.4　型腔模在装配中的修磨

型腔模是由许多零件组合而成的，尽管各零件在加工时公差控制很严，但在装配中仍很难保证装配后的技术要求。因此，部件在装配过程中，需将零件做局部修磨，以达到装配要求。其修磨的方法见表 10-28。

表 10-28　型腔模在装配中的修磨方法

修磨部位	图示	修磨要求	修磨方法
型芯与加料室组合的修磨	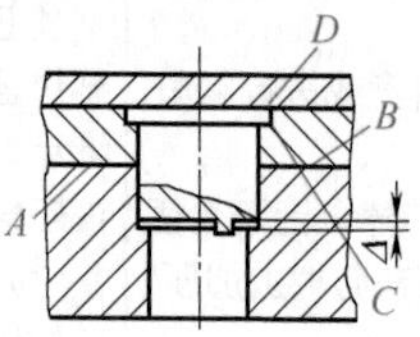	型芯端面与加料室之间有间隙 Δ，需要进行修磨后消除	①单型腔时，修磨固定板平面 A（修磨时需拆下型芯）或修磨型腔平面 B ②多型腔时，修磨型芯台肩 C，装入模板后再修磨 D 面

续表

修磨部位	图示	修磨要求	修磨方法
型芯与型芯固定板组合修磨	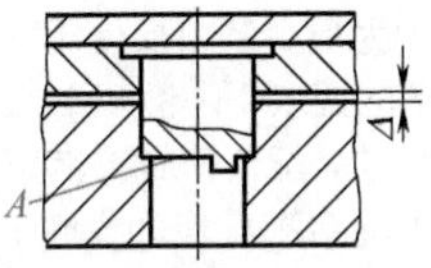 (a) 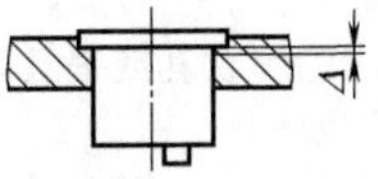 (b) 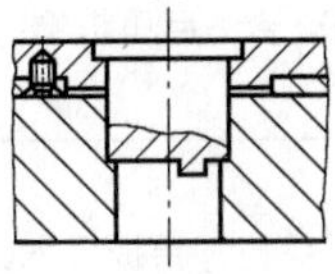 (c)	型芯与型芯固定板间有间隙 Δ，装配后必须修磨消除	①修磨型芯工作面 A，见左图（a） ②在型芯与固定板台肩内加入垫片，见左图（b），适用于小型模具 ③在固定板上设垫块（其厚度大于 2mm），在型芯固定板上铣出凹坑，见左图（c），此法适于大、中型模具
浇口套与固定板组合修磨	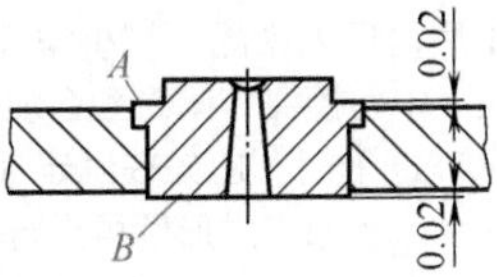	修磨后应使浇口套略高于固定板 0.02mm	① A 面高出固定平面 0.02mm 应由加工时保证 ② B 面可将浇口套压入固定板后磨平，然后拆去浇口套再将固定板磨去 0.02mm
埋入型芯高度尺寸控制	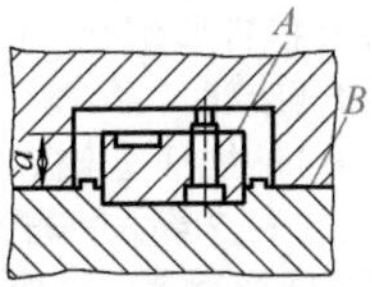	埋入式型芯高度尺寸应装配合适	①当 A、B 面无凹、凸形状时，可修磨 A、B 面到尺寸 ②当 A、B 面有凹、凸形状时应修磨型芯底面，使 a 减小；在型芯底部垫薄片可使 a 加大
型芯斜面的修磨	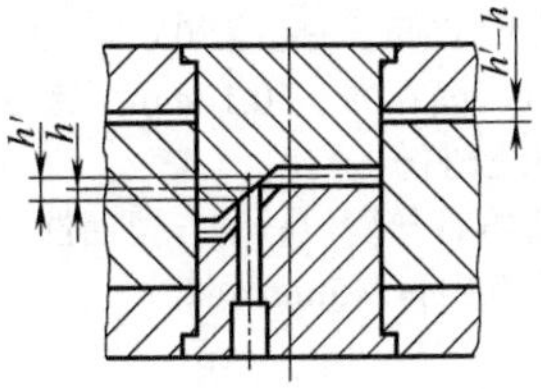	修磨型芯斜面后使之与型芯贴合	小型芯斜面必须先磨成形，总高度可略加大。待装入后合模使小型芯与上型芯接触，测出修磨量 h' 和 $-h$，然后将小型芯斜面修磨合适

注：在修磨复杂型面时应注意各型面尺寸的相互关联，避免修一面而影响其他面。

10.6.5 卸、推件机构的装配

型腔模卸料与推件系统的装配方法见表 10-29。

表 10-29　型腔模卸料与推件系统的装配 ╌╌╌╌╌╌╌╌╌╌╌╌╌╌╌╌╌╌╌╌╌╌╌╌╌╌╌╌╌

装配部位		图示	装配方法
卸料板的装配	型孔镶块式卸料板	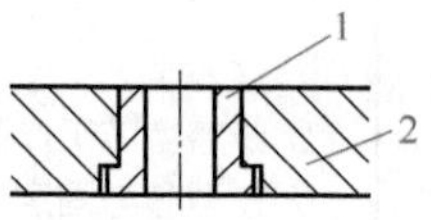 1—镶块；2—卸料板	在型腔模中为提高卸料板使用寿命，型孔部位一般镶入淬硬的镶块（左图示），其安装方法是：圆形镶块采用过盈配合形式将其直接压入卸料板即可，其压入配合高度应为 5～10mm；非圆形镶块采用螺钉连接，装配时可将镶块装入卸料板型孔中，再套到型芯上，然后再通过已淬硬的镶块试先加工出的螺纹孔或销孔配钻卸料板相应孔，拧入螺钉或铆钉 　采用螺钉紧固时可先将镶块装入卸料板，然后再套入型芯，调整合适后再将螺钉拧紧
	埋入式卸料板	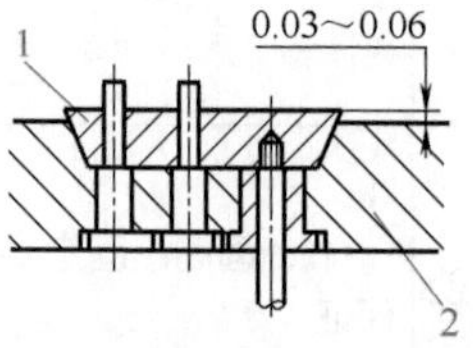 1—卸料板；2—固定板	埋入式卸料板是将卸料板埋入固定板沉孔内与固定板呈斜面接触（左图示），装配后上平面高出固定板 0.03～0.06mm 　卸料板为圆形结构时，将卸料板与固定板按图样配合加工后再压入紧固。其小型模具可采用划线加工，大、中型模具应同时配合加工 　卸料板为非圆形时，应先在固定板上镗出基准孔，然后在铣床上加工成形后再进行装配
	推杆及复位杆的装配	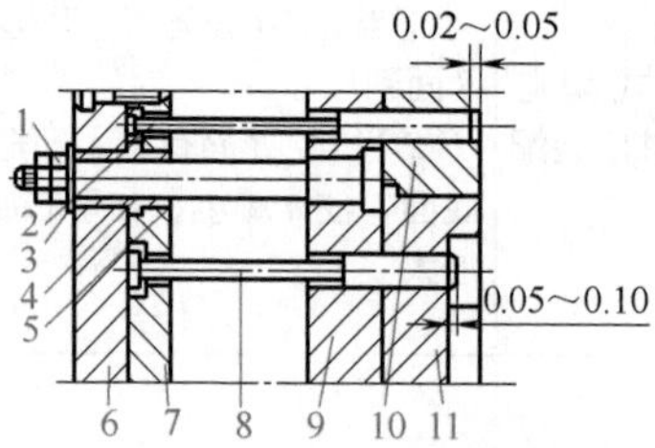 1—螺母；2—复位杆；3—垫圈； 4—导套；5—导柱；6—推板；7—推杆固定板；8—推杆；9—支承板； 10—固定板；11—型腔镶件	①修整推杆及推杆装配孔，使推杆端部呈锥形，孔处倒角以便装配 ②将装有导套 4 的推杆固定板 7 套在导柱 5 上，并将推杆 8、复位杆 2 穿入推杆固定板 7、支承板 9、型腔镶件 11 最后盖上推板 6，最后将螺钉拧紧 ③修磨及调整推杆及复位杆端面，使复位杆复位，其端面应低于分型面 0.02～0.05mm；推杆应高出分型面 0.05～0.10mm。其修磨方法可在平面磨床上进行 ④检查推杆与复位杆动作灵活性，并调整使其在固定板孔内有 0.5mm 间隙

10.6.6　斜销抽芯机构的装配

　　在型腔模中，为加工出制品的侧孔、侧凸、侧凹，常采用斜销抽芯机构。其加工装配方法见表 10-30。

表 10-30 斜销抽芯机构的加工与装配

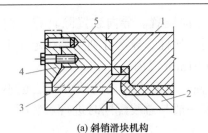

(a) 斜销滑块机构

1—定模型芯；2—动模型腔；3—滑块型芯；
4—斜楔；5—楔紧块

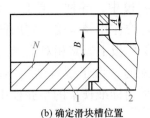

(b) 确定滑块槽位置

1—动模板；2—型腔镶块

工序	装配内容	装配工艺说明
1	确定滑块槽位置	①斜销抽芯机构［图（a）］一般由滑块型芯 3、斜楔 4 和楔紧块 5 组成。合模时，滑块型芯 3 在滑块斜楔 4 作用下，顺着滑道向右推进，进入型腔，使零件成形。开模时，又在斜楔 4 作用下，向左推出，退出型腔，从而完成侧面型孔及凹凸成形 ②在装配时，必须先确定好滑块型芯的正确位置。一般情况下，滑块型芯 3 的安装都是以型腔镶块（动模）2 为基准，即在安装时应先将定模型芯 1 首先安装在定模板中，然后使其进入动模型腔 2 中，调整修磨无误后，即可确定滑块型芯位置
2	精加工滑块槽及铣 T 形槽	①将定模型芯退出动模板，以分型面为基础面根据滑块实际尺寸配磨或精铣滑块槽底面 N［图（b）］ ②按滑块台肩的实际尺寸再精铣动模板上的 T 形槽到要求尺寸 ③模具工修正，使滑块与导滑 T 形槽正确配合并保证滑块运动得平稳
3	测定型孔位置及配制加工型芯固定型孔	固定在滑块上的型芯，一般要穿过动模型腔 2 后，进入型腔。因此，在装配时，首先要测出型腔孔的正确位置，并在滑块的相应位置按其测量的实际尺寸镗型芯安装孔及在动模上加工过孔；在加工时，型腔镶块过孔与型芯安装固定孔要配制加工，以保证位置准确
4	安装滑块型芯	①将滑块型芯顶端面磨成和定模型芯相应部位的形状，将其推入滑块槽，使滑块前端面与型腔块相接触 ②调整后再装入型芯并推入滑块槽，修磨合适后打入销钉定位
5	安装楔紧块	①用螺钉固定楔紧块 5 于定模上 ②修磨楔紧块及滑块斜面使二者密合 ③通过楔紧块对定模复钻销钉、螺钉孔，装入后，拧入固紧 ④将楔紧块下端面与定模一起磨平，使其与滑块斜面保持均匀接触
6	装配斜楔	在分型面之间垫入 0.2mm 的金属片，并用楔紧块来锁紧滑块。在滑块动模板与定模板组合情况下，按划线加工楔固定孔，然后将其压入定模并用手动砂轮修平斜楔在定模板平面上凸出的部位
7	安装滑块复位与定位装置	滑块复位、定位装置的安装与位置调整，一般应在模具装配基本完成后再进行调整固定
8	调整与试模	安装结束后，必须要经试模修整，并检测其活动的灵活性以及安装位置的正确性

10.6.7　导向零件的随模装配

在型腔模中，导柱、导套、导销组成导向装置。导向装置除具有导向作用外，还有定位作用及承受一定的侧压力作用。导柱、导套分别安装在定（上模）、动（下模）模板上。其相对位置误差应在 0.01mm 以内。

在装配时，由于模具结构不同，其导柱、导套、导销的装配方法也不尽相同。在不采用标准模架的型腔模中，其装配一般与总装配同时进行。装配方法见表 10-31。

表 10-31　导向零件随模装配方法

装配方法	图示	装配工艺说明
先装配导柱、导套再装配动、定模	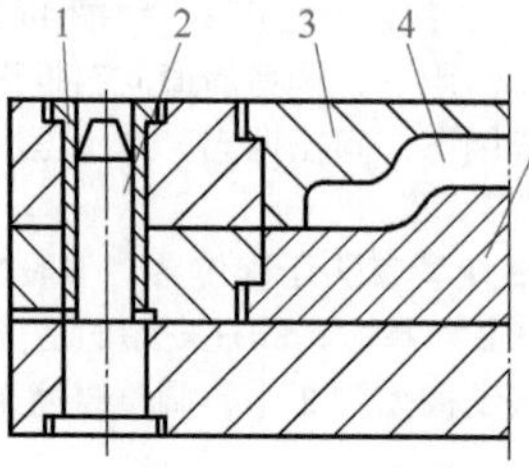 1—导套；2—导柱；3—定模型腔； 4—型腔；5—动模型芯	对于不规则主体形状的型腔，由于装配合模时很难找正相对位置，故可先加工导柱、导套孔并装导柱、导套。合适后再以其为基准进行定位，再加工定模、动模安装固定孔，然后再安装型腔、型芯
先安装动、定模，再安排导柱、导套孔的加工与安装	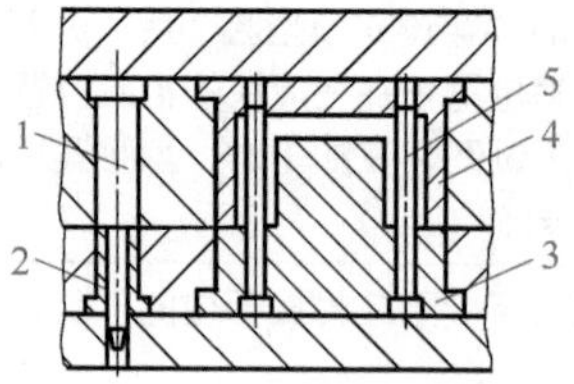 1—导柱；2—导套；3—动模型腔； 4—定模；5—动模小型芯	装配时，先按图样装配定模、动模。合模合适后，再安装导柱、导套。这种方法主要适用于在合模时，动、定模之间能正确找正位置的型腔模。如左图所示，在合模时可由动模的小型芯穿入定模镶块孔中来找正位置，方法简单方便
压缩模导销的安装	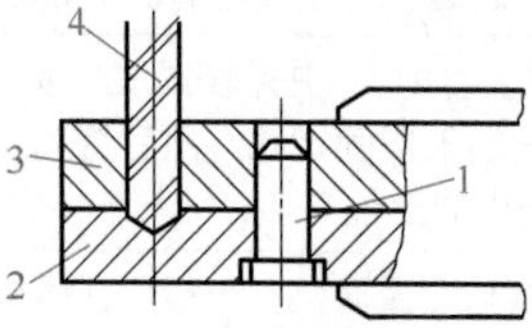 1—凸模；2—固定板；3—凹模； 4—钻头	在装配移动式塑料压缩模时，其凹模上的导钉孔应在凹模淬火前加工正确。固定板上的相应导钉孔则应在凸模定位后，通过淬硬凹模上的导钉孔复钻，以保证导向精度，如左图所示

10.7 型腔模模架的组装要求

与冲模一样，型腔模模架也是整套模具的骨架，模具的各部分零件通过骨架连接在一起。对于塑料注射模、压缩模等通用型模具，其模架一般均为标准模架，其余压铸模、锻模、粉末冶金模等多采用非标准模架。但不论采用何种模架，型腔模模架的装配方法都可参照冲模进行。以下以塑料模标准模架为例，简述其组装要求，其余型腔模模架可参照进行。

（1）模架主要零件的技术要求

1）导柱和导套的技术要求

导柱和导套是合模导向机构，它起着引导动模和定模正确闭合和保证型芯的作用。对导柱和导套的技术要求主要有以下几点。

① 导柱、导套的尺寸精度、几何精度和表面粗糙度均应达到相应的国标所规定的各项技术指标要求。

② 导柱固定部分与模板固定孔的配合为 H7/k6。

当采用台阶导套时，导套固定部分与模板固定孔的配合为 H7/k6；当采用直导套时，两者的配合为 H7/n6。

2）模板的技术要求

模板上、下平面的平行度和模板基准面的垂直度均要求较高，否则将影响模架的装配和型腔的加工精度。对模板的主要技术要求如下。

① 模板的尺寸精度、几何精度和表面粗糙度应达到 GB/T 4169.8—2006 所规定的各项技术指标。

② 动模板和定模板上导柱、导套固定孔的中心距应一致，且孔的轴线与模板平面的垂直度误差应符合 IT6 级精度。

③ 导柱孔至基准面的边距公差为 ±0.02mm。

④ 基准面的直角相邻两面应做出明显标记。

3）其他模具零件的技术要求

塑料模具其他零件的结构精度检测指标见表 10-32。

表 10-32 塑料模具结构精度检测指标

模具零件	部位	条件	标准值
模板	厚度	要求平行	0.02mm/300mm
	装配总厚度	要求平行	0.1mm
	导柱孔	要求孔径正确	H7
		要求定模、动模位置一致	< ±0.02mm
		要求垂直	0.02mm/100mm
	顶杆、复位杆孔	要求孔径正确	H7
		要求垂直	0.02mm/100mm（配合长度）

续表

模具零件	部位	条件	标准值	
导柱	压入部分直径	精磨	k6、k7、m6	
	滑动部分直径	精磨	f7、e7	
	直线度	要求无弯曲	0.02mm/100mm	
	硬度	淬火回火	＞55HRC	
导套	外径	精磨	k6、k7、m6	
	内径	精磨	H7	
	内外径的关系	要求同轴	0.01mm	
	硬度	淬火回火	＞55HRC	
推杆、复位杆	滑动部分直径	精磨	2.5～5mm	−0.01mm −0.03mm
			6～12mm	−0.02mm −0.05mm
	直线度	要求无弯曲	0.1mm/100mm	
	硬度	淬火回火或氮化	＞55HRC	
推板	推杆安装孔	孔位置与模板同尺寸	±0.3mm	
	复位杆安装孔		±0.6mm	
有侧型芯机构时	滑动部分配合	不咬死，滑动灵活	f7、e6	
	硬度	双方或一方淬火	50～55HRC	

在塑料模图样上，无特殊标注的尺寸偏差，包括成形部位和一般尺寸，以及调整余量值的偏差值参照表 10-33 选择。

当公称尺寸较大时会使精度定得过高，根据塑件要求这是不必要的。对成型塑件壁厚部位，如以公称尺寸大小来取公差，则又使壁厚公差增大，不能保证塑件需要的壁厚尺寸要求。这类情况通常取模具成型零件的有关公差为对应的塑件公差的 $1/4 \sim 1/3$。

表 10-33　模具一般尺寸偏差　单位：mm

公称尺寸 L	成形部位			一般	调整余量	
	参数及公差					
	一般	圆孔中心距	以名义尺寸作为长度部位的壁厚	公差	尺寸数值	公差
＜63	±0.07	±0.03	±0.07	±0.1	0.1	+0.1 0
63≤L＜250	±0.1	±0.04	±0.1	±0.2	0.2	
250≤L＜1000	±0.2	±0.05	±0.2	±0.3	0.3	

注：1. 成形部位是指在模具上形成塑件的部位。

2. 一般是指除了配合部位、成形件部位、调整部位、拼合部位以外的一般部分。

3. 调整余量是指由于拼合部位须经修配加工而保留的余量尺寸。

4. 圆孔中心距不适用于型腔间的中心距、导柱中心距。

5. 同轴度误差无特别规定，希望尽量包括在一般尺寸的公差范围内。

（2）模架的主要技术要求

① 模架上、下平面的平行度误差为 0.05mm/300mm，精度要求高时为 0.002mm/300mm。

② 导柱与导套轴线对模板的垂直度误差为 0.02mm/100mm。

③ 导柱与导套的配合间隙应控制在 0.02 ～ 0.04mm 之间。

④ 导柱、导套与模板孔固定结合面不允许有间隙。

⑤ 分型面闭合时，应紧密贴合，如有局部间隙，其间隙值应不大于 0.03mm。

⑥ 复位杆顶端面应与分型面平齐，复位杆与动模板的配合为 H7/e7。

第 **11** 章 冲模的装配与调试

11.1 冲模的装配及要求

冲模装配是模具制造的最后阶段，也是加工的关键工序，它包括装配、调整、检验和试模等工序内容。为保证冲模装配精度，使之具有良好的技术状态，装配完成后的冲模必须满足以下技术要求，这既是装配要求，同时也是检验的要求。模具工应掌握模具装配的各项技术要求，以便检查和使用模具。

（1）外观要求

冲模装配完成后，其模具外观应满足表 11-1 的要求。

表 11-1 外观要求

项目	技术要求
铸造表面	①铸造表面应清理干净，使其光滑、美观、无杂尘 ②铸件表面应涂防锈漆
加工表面	模具加工表面应平整，无锈斑、锤痕及碰伤、焊补等
加工表面倒角	①加工表面除刃口、型孔外，锐边、尖角均应倒钝 ②小型冲裁模倒角应≥2mm×45°、中型冲裁模倒角≥3mm×45°、大型冲裁模倒角≥5mm×45°
打刻编号	在模具的模板上应按规定打刻模具编号、使用压力机型号、工序号、装模高度、制造日期等

（2）部件装配要求

表 11-2 给出了冲模主要部件的装配技术要求。

（3）紧固件装配技术要求

表 11-3 给出了模具所用紧固件的装配技术要求。

表 11-2 冲模主要部件装配技术要求

安装部位	技术要求
凸模、凹模、凸凹模、侧刃与固定板的安装基面装配后的垂直度	①刃口间隙≤0.06mm 时，在 100mm 长度上垂直度误差≤0.04mm ②刃口间隙≤0.06～0.15mm 时，在 100mm 长度上垂直度误差≤0.08mm ③刃口间隙≥0.15mm 时，在 100mm 长度上垂直度误差≤0.12mm
凸模（凹模）与固定板的装配	①凸模（凹模）与固定板装配后，其安装尾部与固定板安装面必须在平面磨床上磨平至 Ra=1.6～0.8μm ②对于多个凸模工作部分高度，必须按图样保持相对的尺寸要求，其相对误差不大于 0.1mm ③在保证使用可靠的情况下，凸模、凹模在固定板上的固定允许用低熔点合金浇注
凸模（凹模）的拼合	①装配后的冲裁凸模或凹模，凡是由多件拼块拼合而成的，其刃口两侧的平面应完全一致、无接缝感觉以及刃口转角处非工作的接缝面不允许有接缝及缝隙存在 ②对于由多拼块拼合而成的弯曲、拉深、翻边、成形等的凸模、凹模，其工作表面允许在接缝处稍有不平现象，平面度不大于 0.02mm ③装配后的凸模工作表面与凹模型腔表面不允许留有任何细微的磨削痕迹及其他缺陷
导柱压入模座后的垂直度	导柱压入下模座后的垂直度在 100mm 长度范围内误差为： 滚珠导柱类模架＜0.005mm 滑动导柱Ⅰ类模架≤0.01mm 滑动导柱Ⅱ类模架≤0.015mm 滑动导柱Ⅲ类模架≤0.02mm
导料板的装配	①装配后上模导料板的导向面应与凹模进料中心线平行。对于一般冲裁模，其平行度误差不得大于 100mm/0.05mm ②左右导板的导向面之间的平行度误差不得大于 100mm/0.02mm
斜楔及滑块导向装置	①模具利用斜楔、滑块等零件，做多方向运动的结构，其相对斜面必须吻合。吻合程度在吻合面纵横方向上，均不得小于 3/4 长度 ②预定方向的偏差不得大于 100mm/0.03mm ③导滑部分必须活动正常，不能有阻滞现象发生
模柄对上模板安装面垂直度	在 100mm 长度范围内应不大于 0.05mm
浮动模柄安装	浮动模柄结构中，传递压力的凹凸球面必须在摇动及旋转的情况下吻合，其吻合接触面积应不少于应接触面的 80%

表 11-3 紧固件装配技术要求

紧固件名称	技术要求
螺钉	①装配后的螺钉必须拧紧，不许有任何松动现象 ②螺钉拧紧部分的长度，钢件及铸钢件连接长度不小于螺纹直径，铸铁件连接长度应不小于螺纹直径的 1.5 倍 ③螺钉头部不能高出安装平面，一般应低于安装平面 1mm 以上
圆柱销	①圆柱销连接两个零件时，每一个零件都应有圆柱销 1.5 倍直径的长度占有量（销深入零件深度大于 1.5 倍圆柱销直径） ②圆柱销与销孔的配合松紧应适度 ③圆柱销端面不能高出安装平面，一般应低于安装平面 1mm 以上

（4）凸模、凹模间隙技术要求

表 11-4 给出了各类冲模凸模、凹模间隙的技术要求。

表 11-4 凸模、凹模间隙技术要求

模具类型		技术要求
冲裁凸模、凹模		①间隙必须均匀，其误差不大于规定间隙的 10% ②局部尖角或转角处误差不大于规定间隙的 30%
压弯、成形类凸模、凹模		装配后的凸模、凹模四周间隙必须均匀，其装配后的偏差值最大不应大于"料厚＋料厚的上偏差"，而最小值不应小于"料厚＋料厚的下偏差"
拉深模	形状简单	各向间隙应均匀一致
	形状复杂	同压弯、成形类凸、凹模间隙控制法相同

（5）闭合高度

装配好的模具，其闭合高度应符合图样规定的要求，闭合高度尺寸公差见表 11-5。

表 11-5 闭合高度尺寸公差　单位：mm

闭合高度尺寸	公差
≤ 200	+1 −3
＞ 200 ～ 400	+2 −5
＞ 400	+3 −7

（6）顶出卸料件技术要求

模具装配完成后，其卸料机构动作应灵活，无卡紧现象，且弹簧、卸料橡胶应有足够的弹力及卸料力。表 11-6 给出了顶出卸料件的技术要求。

表 11-6 顶出卸料件的技术要求

顶出卸料件	技术要求
卸料板、推件板、顶板的安装	①装配后的冲压模具，其卸料板、推件板、顶板、顶圈均应相应露出凹模面、凸模顶端、凸凹模顶端 0.5 ～ 1mm ②图样另有要求时，按图样要求进行检查
弯曲模顶件板装配	装配后的弯曲模顶件板，在处于最低位置（即工作最后位置）时，应与相应弯曲拼块接齐，但允许顶件板低于相应拼块。其公差在料厚为 1mm 以下时为 0.01 ～ 0.02mm；料厚大于 1mm 时，为 0.02 ～ 0.04mm
顶杆、推杆装配	顶杆、推杆装配时，长度应保持一致。在一副冲模内，同一长度的顶杆，其长度允许误差不大于 0.1mm
卸料螺钉	在同一副模具内，卸料螺钉应选择一致，以保持卸料板的压料面与模具安装基面平行度误差在 100mm 长度内不大于 0.05mm

续表

顶出卸料件	技术要求
螺杆与推杆孔	模具的上模座、下模座，凡安装弹顶装置的螺杆孔或推杆孔，除图样上有标注外，一律在坐标的中心。其允许偏差对于导向模架应不大于1mm；对于铸件底座应不大于2mm

（7）模板间平行度

装配后的冲模上模板上平面对下模板下平面应满足以下平行度公差要求，其平行度允差参见表11-7。

表 11-7　模板间平行度允差值

模具类型	刃口间隙 /mm	凹模尺寸（长 + 宽或直径 2 倍）/mm	300mm 内平行度允差 /mm
冲裁模	≤ 0.06	—	0.06
	> 0.06	≤ 350	0.08
		> 350	0.10
其他类冲模	—	≤ 350	0.10
		> 350	0.14

注：1. 刃口间隙取平均值。

2. 包含有冲裁性质的其他类冲模按冲裁类冲模装配。

（8）漏料孔

下模座漏料孔一般按凹模孔尺寸每边应放大 0.5 ～ 1mm。漏料应通畅，且无卡住现象。

（9）装配精度

① 冲模各零件的材料、形状尺寸、加工精度、表面粗糙度和热处理等技术要求，均应符合图样设计要求。

② 凸、凹模之间的配合间隙要符合设计要求，并要保障各向均匀一致。

③ 模具的模板上平面对模板下平面要保证一定平行度要求，见表 11-7。

④ 压力机上、下模板安装孔（槽）之间相对位置公差不应超过 ±1mm。

⑤ 模柄装入上模板后，其圆柱部分与上模板上平面的垂直度允差应符合图样要求，凸模安装后其与固定板垂直度允差应符合图样要求。

⑥ 装配后的冲模，上模沿导柱上、下移动时，应平稳无滞涩现象。选用的导柱、导套在配对时应符合规定的等级要求。若选用标准模架，其模架的精度等级要满足制件所需的精度要求。

⑦ 装配后冲模各活动部位应保证静态下位置准确，工作时配合间隙适当，运动平稳、可靠。

⑧ 装配后的冲模，在安装条件下要进行试冲。在试冲时，条料与坯件定位要准确、安全、可靠，对于连续及自动冲模要畅通无阻，同时出件、退料顺利。

11.2　冲模装配工艺过程

冲模的装配就是按冲模设计的总装配图，把所有的冲模零件连接起来，使之成为一体，并能达到冲模所规定的技术要求的一种加工工艺。为保证冲模上述各项装配技术要求，模具工必须了解冲模装配的工艺过程，并按其中操作要点进行装配。

（1）模具的装配工艺过程

装配质量的好坏，将直接影响到冲件的质量和冲模的耐用度及使用寿命。因此，在装配时，一定要按装配工艺规程进行装配，并按以下步骤进行。

① 熟悉和研究装配图。装配图是冲模进行装配的主要技术依据。通过对装配图的分析与研究，应了解所要装配冲模的主要特点和技术要求，各零件的安装部位及其作用，零件与零件之间的相互位置、配合关系以及连接方式，从而确定合理的装配基准、装配方法和装配顺序。

② 清理检查零件。根据总装图上的模具零件明细表，对零件进行清点和清洗，并检查主要零件的尺寸和形位精度，查明各部分配合面的间隙、加工余量及有无变形及裂纹等缺陷。

③ 布置好工作场地。准备好所需的工、卡、量具及设备。

④ 准备标准件及材料。按图样要求备好标准螺钉、销钉、弹簧、橡胶或装配时所需的辅助材料如低熔点合金、环氧树脂、无机黏结剂等。

⑤ 组件装配。组件装配是指冲模在总装配之前，将两个或两个以上的零件按照规定的技术要求连接成一个组件的局部装配工作，如模架的组装，凸模、凹模与其固定板的组装，卸料零件的组装等。组件的装配质量对整副模具的装配精度将起到一定的保证作用。

⑥ 总装配。冲模的总装配，是将零件及组件通过连接而成为模具整体的全过程。冲模在总装前，应选择好装配的基准件，安排好上、下模的安装顺序，然后进行装配。

⑦ 调试及验收。模具完成装配后，要按模具验收技术条件检验冲模的各部分功能，并通过试冲，对其进行调整，直到冲出合格的工件来，模具才能交付使用。

（2）模具的装配工艺要点

表 11-8 给出了模具装配时，各操作工序的装配工艺要点。

表 11-8　模具装配工艺要点

序号	项目	装配要点
1	分析模具装配图	模具装配图是模具装配工作的主要依据。通过对模具装配图的分析，了解产品尺寸形状、模具结构、主要技术参数、零件连接方式和配合性质、冲裁间隙要求，以便确定装配基准、装配工艺

续表

序号	项目	装配要点
2	组织工作场地	①根据模具结构和装配工艺，确定工作场地 ②准备工、量、夹具和辅助设备
3	清理、检测待装零件	①根据图样检测各零部件 ②清洗检测合格后的模具零部件
4	冲裁模常用装配顺序	①装配下模部分，依据装配顺序装配下模各零件 ②装配上模部分，一般先将凸模装配在固定板上，再装配其他零件 ③上、下模合模调整模具的相对位置，主要调整模具冲裁间隙 ④紧固下模没紧固的零件，紧固完成后再次检查冲裁间隙 ⑤紧固上模没紧固的零件，紧固完成后再次检查冲裁间隙 ⑥检查装配质量
5	试冲和调整	试冲时可用切纸（纸厚等于料厚）试冲及上机试冲两种方法。试冲出的制品零件要仔细检查。如试冲时发现间隙不均匀、毛刺过大，应进行重新装配调整，试冲合格后再钻、铰销钉孔定位

（3）装配方法的选择

根据冲模的精度要求，选用合理的装配方法可提高模具的装配质量及生产效率。常用的装配方法主要有修配、调整、分组、互换（直接装配）等多种方法，这要根据企业的技术水平来确定。如采用数控技术加工，零件精度较高，可选用互换法直接对零件装配；生产条件较差，零件精度较差的企业则采用修配、调整装配法为宜。装配方法的选择可见表1-8。

11.3 冲模调试的内容及要求

模具的试冲与调整简称为调试，习惯上又称为试模。

（1）试模的目的

① 发现模具设计与制造中存在的问题，以便对原设计、加工与装配中的工艺缺陷加以改进与修正，加工出合格的制品。

② 通过试冲与调整，能初步提供出制品的成形条件及工艺规程。

③ 试模调整后，可以确定前一道工序的毛坯形状及尺寸。

④ 验证模具的质量与精度，作为交付使用的依据。

（2）试模的内容

① 将模具安装在指定的压力机上。

② 用指定的材料（板料）在模具上试冲出成品。

③ 检查制品质量，并分析质量缺陷及产生原因，设法修整模具直至能试生产出一批完全符合图样要求的合格制品。

④ 排除影响生产、安全、质量和操作的各种不利因素。

⑤ 根据设计要求，确定某些模具零件的尺寸，如拉深模凸、凹模圆角大小，以及拉深前，落料坯料尺寸及形状。

⑥ 经试模，编制出冲压制品生产工艺规程。

（3）试模的要求

① 冲模的质量与外观要求。

a. 冲模装配后，要按冲模技术条件经全面检验合格后，方能安装在指定型号、规格的压力机上试冲。

b. 冲模的外观应完好无损，各活动部位需在空载运行下，动作灵活，并应涂以润滑剂润滑后进行试模。

② 试冲材料要求。

a. 试模用的原材料牌号、规格应符合工艺要求，并经检验合格。

b. 试模用的条料（卷料）形状和尺寸要符合工艺规定，其表面要平直，无油污及杂物。

③ 冲压设备要求。调试所用压力机主要技术参数（公称压力、行程、装模高度）应符合工艺要求，并能保证冲模顺利安装，压力机的运行状况应良好、稳定。

④ 试冲件数要求。试冲数量应根据用户要求而定。一般情况下，小型冲模≥50件；硅钢片≥200片；自动冲模连续工作时间≥3min。

⑤ 冲件质量要求。试冲的制品经检查后，尺寸、形状及表面质量精度要符合制品规定要求。其冲裁模毛刺不得超过所规定数值，断面光亮带要分布合理均匀，弯曲、拉深、成形件要符合图样规定的要求。

⑥ 冲模交付使用要求。

a. 模具要能顺利、方便地安装到工艺要求的压力机上。

b. 能批量稳定地冲制出合格制品零件。

c. 能保证生产操作安全。

（4）试模注意事项

① 试模所用材料的牌号、力学性能、厚度均应符合产品图样规定之要求，一般不得代用。

② 试模条料宽度应符合工艺规程要求。连续模试模时，条料或卷料的宽度应比导板间距离小0.1～0.15mm，而且宽窄一致，并在长度方向上要平直。

③ 模具应在所要求设备上试冲，并要紧固无松动。

④ 模具在试模前要进行一次全面检查，认为无误后才能安装试冲，并在使用中要加强润滑。

⑤ 试模过程中，除模具装配者本人参加外，应邀请模具设计、工艺、质检、管理人员及用户共同参加分析。

11.4 冲裁模的装配

冲裁模是将金属或非金属的板料、条料或带料通过冲裁工序而得到封闭或非封闭图形零件所使用的模具。按其结构的不同，冲裁模可分为单工序冲裁模、连续模（又称级进模）和复合模。这些冲模由于其结构及冲压性质不同，在装配中，又各自具有不同的特点及方法。

11.4.1 冲裁模的装配方法

（1）装配顺序的选择

在进行冲裁模装配时，为了确保凸、凹模间隙均匀，必须先确定好装配顺序，才能开始总装。其原则如下：

① 无导向冲模。上、下模分别安装，在机床上安装后进行调整。

② 有导向装置的单工序冲模。组装部件后，可先选装上模（或下模）作为基准件，并将紧固螺钉、圆柱销固紧，再装下模（或上模），但不要先将螺钉、圆柱销固死，等与先组装的基准配合、间隙调好，其他零件以基准配装、试切合格后再将螺钉及销钉固紧。

③ 有导柱的复合模。与单工序冲模不同，复合模装配时，上、下模的配合稍不准，就会导致整副模具的损坏，所以装配时不得有丝毫差错。复合模分正装式（落料凹模安装在上模）和倒装式（落料凹模安装在下模）两种结构形式，由于凸凹模位置的不同，装配的方法也略有不同，但一般均是先借助于凸凹模之外的工作零件找出并确定凸凹模位置，再以凸凹模为基准，分别调正其他工作零件的位置，以保证模具的间隙。

对于倒装式复合模，一般先安装上模，然后借助上模中的冲孔凸模以及安装在上模的落料凹模孔，找出下模的凸凹模位置，并按冲孔凹模孔在下模板上加工出漏料孔，这样可以保证上模中的卸料装置能与模柄中心轴线对正，避免漏料孔错位，最后，将下模其他零件以上模为基准装配。

对于凹模在下模上的正装式复合模，则最好先装配下模，并以其为基准再安装上模。

④ 有导柱的连续模。连续模是一种多工序冲模，它不仅有由多道冲裁工序组成的连续模（级进模），往往还带有弯曲、拉深、成形等多种工序。由于在送料的方向上具有两个或两个以上的工位，因此，这类冲模的加工与装配要求较高，难度也较大，若步距和定位稍有误差，就很难保证制品内、外形状相对位置一致。因此，凹模各型孔的相对位置及步距一定要加工、装配准确。

连续模（级进模）装配一般选择凹模为装配基准件，装配时，先装配下模，再以下模为准，配装上模。由于级进模的结构多数采用镶拼形式，由若干块拼块或镶块组成，为便于调整准确步距和保证间隙均匀，因此，对拼块凹模的装配原则是：先把步距调整准确，并进行各组凸、凹模的预配，检查间隙均匀程度，修正合格后再把凹模压入凹模固定板，然后再将其装入下模座，之后以凹模定位，再将凸模装入上模，待用切纸法试冲达到要求后，用销钉定位固定，再装入其他辅助零件。

一般装配步骤为：装配准备→装配模柄→装配导柱、导套→装配凸模→装配凹模→安装下（上）模→配装上（下）模→调整间隙→固紧上（下）模→装卸料板→试切与调整→打刻编号。

应该指出的是，各类冲模的装配顺序并非一成不变，主要根据冲模结构及操作者的加工经验而定。

（2）装配工艺方法的选择

冲裁模的装配工艺方法主要有配作和直接装配两种，具体选用哪一种，需根据企业生产设备及操作人员技术水平来确定。

（3）装配要点

① 要合理地选择装配方法。必须充分考虑和分析模具的结构特点及零件的加工工艺和加工精度等因素，以选择最方便又最可靠的装配方法来保证模具的装配质量。

② 要合理地确定装配顺序，以确保装配质量及间隙的均匀性。一般来说，冲模装配前应先选择装配基准件。基准件原则上按照冲模主要零件加工时的依赖关系来确定。可作装配时基准件的零件有固定板、凸模、凹模等。

③ 要合理地控制凸、凹模间隙大小及均匀性，保证凸、凹模间隙的大小及均匀性是模具装配的关键。

④ 要保证装配后的冲模动作灵活、协调，能试切出合格的工件。

⑤ 要保证装配尺寸精度，如模具的闭合高度及各零件的配合精度等，均应符合图样要求。

11.4.2　单工序冲裁模的装配

单工序冲裁模是指只完成单一冲裁工序的模具，如冲孔模、落料模、切边模等。按导向形式又分为无导向冲裁模和有导向冲裁模。

（1）无导向冲裁模的装配

单工序无导向冲裁模装配比较简单，如图11-1所示。在装配时，可按图样要求将上、下模分别装配。其凸、凹模间隙是在冲模安装到压力机上之后进行调整的。其装配方法如下。

第一步：装配前的准备。

① 按模具设计图样、装配工艺规程了解模具结构、特点及装配验收要求。

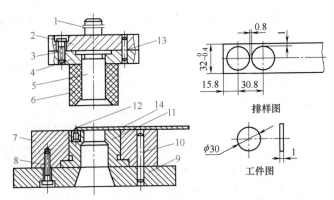

图 11-1 单工序无导向冲裁模装配示意图

1—模柄；2—上模座；3, 8—内六角螺钉；4—凸模固定板；5—凸模；6—卸料橡胶；

7—凹模固定板；9—下模板；10, 13—圆柱销；11—凹模；12—定位钉；14—垫板

② 按总装配图查对零件，并领取螺钉及销钉、橡胶等标准件和材料。

③ 对凸模 5、凹模 11、凸模固定板 4 及凹模固定板 7 逐个进行检测，确保符合要求。

④ 确定装配方法及装配顺序，由于是无导向冲模，上、下模可分别装配。

第二步：安装模柄。

① 在手扳压力机上将模柄 1 压入上模板 2 上。在压入时，应随时检查校正模柄外圆柱面与上模板上平面的垂直度，如图 11-2（a）所示。模柄装后再装入骑缝螺钉紧固。

② 模柄压入后，以上模板上平面为基准在平面磨床上将模柄端面与模板下平面磨平，如图 11-2（b）所示。

第三步：安装凸模。

① 采用压入法将凸模 5 固定到凸模固定板 4 上，并在固定时，随时检查与固定板安装面垂直度，如图 11-3（a）所示。

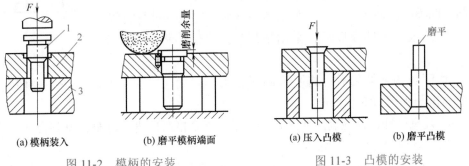

(a) 模柄装入   (b) 磨平模柄端面   (a) 压入凸模   (b) 磨平凸模

图 11-2 模柄的安装   图 11-3 凸模的安装

1—模柄；2—上模座；3—垫板

② 以固定板下平面为基准面，将其上面与凸模 5 安装尾部端面一起磨平在同一个平面上。

③ 翻转后，再以磨平后的固定板上平面为基面，在平面磨床上刃磨凸模工作刃口，使其锋利，如图 11-3（b）所示。

第四步：安装凹模。

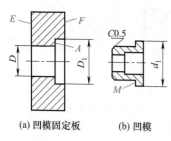

(a) 凹模固定板　　(b) 凹模

图 11-4　凹模的安装

① 用压入法将凹模 11 压入凹模固定板 7 中，如图 11-4 所示。为压入方便应将凹模端外轮廓棱角处修磨成 $C0.5mm$ 圆角，如图 11-4（b）所示，然后用手扳压力机压入。

② 装配时注意两点：其一，凹模固定板 7 安装孔的台阶面 A，如图 11-4（a）所示，应在安装孔直径 D 和固定板支承面 F 一次装夹内车成，并以下面为基准，先磨平 E 面，再以 E 面为基准磨平 F 面；其二，安装孔尺寸 D 与凹模孔 d_1 间，应留有 $0.6 \sim 1mm$ 间隙，以保证凹模装配后凹模台阶处 M 面与固定板 A 面接触无缝隙。

③ 凹模压入后应以 E 面为基准面磨平 F 面，使凹模尾端与固定板在同一平面上；磨平后，再以下面为基准面，反过来磨平 E 面，使刃口锋利。

第五步：安装上、下模。

① 将固定安装后的上模板与模柄的组合与凸模和凸模固定板的组合装配在一起，并用内六角螺钉 3、圆柱销 13 紧固在一起构成上模。

② 用同样方法，将凹模组合与下模板 9 连在一起，用内六角螺钉 8、圆柱销 10 固紧，组成下模。

第六步：安装调试（如图 11-5 所示）。

① 将装配的上、下模分别安装到压力机滑块及工作台上，但下模不要固紧。

② 用手搬压力机飞轮，将凸模 5 深入凹模 11 孔中。为保证凸、凹模间隙便于安装，可采用图 11-5 所示定位器进行安装。

③ 凸模进入凹模以后，采用垫片或透光法，将间隙调整均匀。

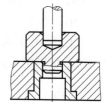

图 11-5　用定位器调整间隙

④ 间隙调整均匀后，将下模固紧在工作台面上，套上卸料橡胶，并使其下平面高出凸模刃口 $3 \sim 5mm$。

⑤ 开机试冲，检验制品质量是否合格，不合格时要进行修整，直到合适为止。

（2）有导向冲裁模的装配

单工序有导向冲裁模，是指用导柱、导套作为导向装置的冲模。其冲裁精度高，工作稳定可靠，装配后使用时方便在压力机上安装。

有导向冲裁模装配时首先要选择基准件，然后以基准件为准，配装其他零件，其装配顺序和步骤如下。

第一步：组件装配。如模架装配，模柄在上模座上的装配，凸、凹模在固定板上的装配等。

第二步：安装下模。将凹模放在下模板上，找正位置后，将下模板按凹模孔划线，加工出漏料孔，然后用内六角螺钉、圆柱销将下模板和凹模紧固，成为一体。

第三步：安装上模。首先将凸模与凸模固定板组合放在安装好的下模凹模板上，并用等高垫铁垫起，将凸模导入相应的凹模孔内，调整间隙使之均匀。然后，将上模板组合，垫板及凸模固定组合配好，并用夹钳夹紧取下，沿着上模板紧固螺孔，拧入螺钉但不要拧紧。

第四步：调整间隙。将初装的上模与下模合模，查看凸模是否自如地进入相应凹模孔内，并调好间隙。如不合适，可用锤子敲击凸模固定板侧面进行调整，直到间隙合适为止。

第五步：固紧上模。间隙调整合适后，将上模螺钉拧紧，并卸下。沿销孔打入销钉及再配装其他辅助零件。

（3）单工序有导向冲裁模装配方法及过程

单工序有导向冲裁模装配方法及过程见表11-9。

表11-9　单工序有导向冲裁模装配方法及过程

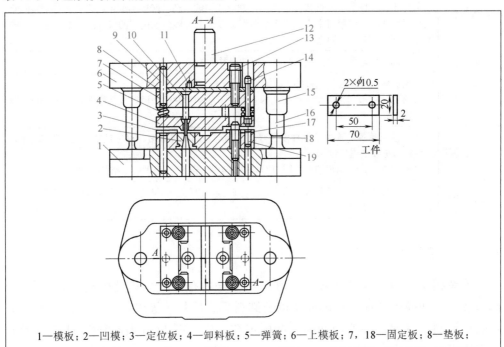

1—模板；2—凹模；3—定位板；4—卸料板；5—弹簧；6—上模板；7，18—固定板；8—垫板；9，11，19—圆柱销；10—凸模；12—模柄；13，17—螺钉；14—卸料螺钉；15—导套；16—导柱

续表

装配项目	装配说明
装配前的准备	①通读图样，了解所冲制品零件的形状、精度要求以及所用模具结构特点、动作过程 ②选择确定装配顺序及方法 ③检查零件质量，备好标准件，如螺钉、圆柱销等组装部件
组装部件	①装配模架 ②装配凸模在凸模固定板上 ③装配模柄
装配卸料板	将卸料板 4 套在已装入固定板 7 的凸模 10 上，在固定板与卸料板 4 之间垫上垫铁，并用夹板将其夹紧，然后按卸料板上的螺纹孔在固定板相应位置上划线，拆开后钻铰固定板 7 上的螺纹孔
装配凹模	①把凹模 2 装入固定板 18 中 ②用平面磨削法磨固定板与凹模组合的上、下面，使刃口锋利
装配下模	①在凹模与固定板组合上安装定位板 3 ②将固定板、凹模、定位板组合放在下模板上，划钻漏料孔后，再将其按配钻方法钻出模板螺钉过孔、销孔，并用螺钉、销钉紧固
装配上模	①装凸模固定组合，将凸模插入相应凹模孔，并在之间垫入等高垫铁 ②调好间隙后，把上模板 6、垫板 8 放在固定板上，调好相互位置后，用夹钳夹紧卸下 ③在上模板上以事先加工好的卸料板及固定板螺纹孔、销孔为准，配钻上模板、垫板、螺纹孔及卸料螺纹孔，然后分别拧入螺钉，但不要拧紧
调整间隙	①将装好的上、下模合模，并翻转倒置，把模柄夹在平台钳上 ②用手电筒照射凸、凹模配合孔，从漏料孔中观测凸、凹模间隙是否均匀。若某方向偏大，则用锤子轻轻敲打上模固定板 7 侧面，以改变上模凸模进入凹模孔的位置，直到各向透光一致，间隙均匀为止
紧固上模	间隙调整均匀后，将上模内六角螺钉拧紧并钻铰销孔，穿入圆柱销
装卸料板	①将卸料板 4 装在已固紧的上模上 ②检查卸料板是否能灵活地在凸模间上、下移动，并使凸模缩入卸料孔 0.5～1mm，最后安装弹簧
试切与调整	①冲模所有辅助零件按图样安装好后，用与制品同样厚度的硬纸板放在凸、凹模之间，用手锤敲击模柄进行试切 ②检查试件，若毛刺较小，切口均匀，表明装配正确，否则应重新装配调整
调试打刻	将装配好的冲模安装到压力机上试冲与调整，直到能批量试制出合格零件，在模板上打刻编号，交付使用

11.4.3　连续模的装配

连续模又称级进模和跳步模，其结构与普通有导向冲裁模相似，主要由凸、凹模及凸、凹模固定板、标准模架以及卸料板、导料板等组成。只是卸料板常采用刚性卸料板卸料，一般与凹模一起固定在下模。图 11-6 为冲制图 11-7 所示电镀表磁极冲片的连续模结构。

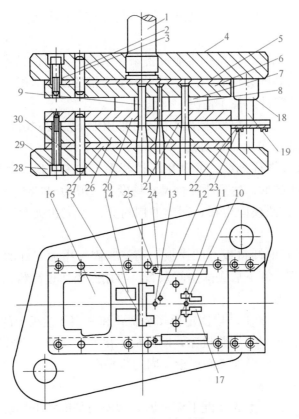

图 11-6　冲片连续模

1—模柄；2，25，30—圆柱销；3，23，29—螺钉；4—上模板；5，27—垫板；6—凸模固定板；
7—侧刃凸模；8～15，17—冲孔凸模；16—落料凸模；18—导套；19—导柱；20—卸料板；
21—导料板；22—托料板；24—挡料块；26—凹模；28—下模板

　　该连续模工作时，可按一定的顺序，在压力机
的一次行程中，在第一～第三工位上分别同时完成
第一组内孔、第二组内孔的冲孔及外形落料三个工
序，并随着条料的连续推进在模具的几组凸、凹模
作用下，分别完成冲孔、落料作业。条料的定位是
依靠侧刃凸模 7 及挡料块 24 完成。

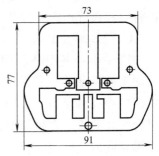

图 11-7　磁极冲片（硅钢片）

（1）加工装配要求

　　① 凹模各型孔的相对位置及步距一定要加工、
装配准确。

　　② 凹模型孔、凸模固定板上的凸模安装孔、卸料板导向孔三者位置必须要
保持一致，即在加工与装配后，各对应形孔的中心轴线应保证同轴度的要求。

　　③ 各凸、凹模间隙要均匀一致。

④ 采用侧刃定位时，侧刃的断面长度应等于步距的长度。

（2）零件加工特点

连续模的零件加工，应根据企业设备条件来选定。而模具零件加工的精确程度又决定了模具的装配方法。因此，对于一个合格的模具装配人员，应熟悉并准确掌握所装配模架零件的加工情况。

在无线切割及精密数控机床条件下，可采用如下加工方法：

① 先加工凸模，并经淬硬处理。

② 对卸料板按图样划线，并利用机械及手工加工成形，其形孔留有一定加工余量以凸模压印成形，达到所配合尺寸精度，一般为H7/h6。

③ 将卸料板、凸模固定板、凹模四周对齐，用夹钳夹紧，同钻紧固螺纹孔及销孔。

④ 把已加工好的卸料板与凹模板用销钉紧固，用加工好的卸料板型孔对凹模孔进行仿形划线，卸下后去除中间余料，再用凸模通过卸料板导向，压印锉修凹模，保证间隙均匀。

⑤ 用上述方法，加工凸模固定板安装型孔和底座下模板上的漏料孔。

若企业有电火花、线切割机床，应先加工出凹模，并以凹模为基准，按上述方法压印加工凸模，仿形加工卸料板、固定板型孔。

（3）装配顺序选择

连续模的装配，一般先装配下模，即以凹模为基准将下模装配后，再装配上模及其他辅助零件。若凹模采用拼装结构，在装配时，为便于准确调整步距和保证间隙均匀，应先把步距调整准确，并进行各组凸、凹模的预配。间隙检查修正均匀后，再把凹模压入固定板，然后把固定板装入下模，再以凹模为定位基准把凸模依次装入上模固定板，待用切纸法试切合格后，用圆柱销、螺钉紧固定位，再将导料板等辅助零件装入。

（4）装配步骤与方法

第一步：各组凸、凹模预配。假如凹模是整体凹模，凹模孔的步距是由凹模加工中保证的；若是镶拼结构，则在镶拼前，应仔细检查各镶块宽度（拼块一般以各型孔分段拼合，即拼块宽等于步距）和型孔中心距，使相邻两块宽度之和符合图样要求。在拼合时，应按基准面排齐、磨平，再将凸模逐个插入相对应的凹模型孔内，检查凸模与凹模的配合情况，目测间隙均匀程度，若不合适应进行修正。

第二步：组装凹模。先按凹模镶块拼装后的实际尺寸及要求的过盈量，修正凹模固定板固定孔尺寸，然后把凹模拼块压入，并用三坐标测量机、坐标磨床、坐标镗床进行位置精度或步距精度检查（无此设备可用一般量具），再插入凸模，复查间隙均匀度。

凹模装配后，将上、下平面用平面磨床磨平。

第三步：凸模与卸料板导向孔预配。把卸料板合到已装配好的凹模上，对准各型孔再用夹钳夹紧。然后，把凸模逐个插入卸料孔并进入凹模刃口，用宽度角尺检查凸模与卸料板垂直度误差，若误差太大，或凸模上下移动时发涩发紧，应修整卸料板导向孔。

第四步：组装凸模。按多凸模固定的方法将凸模依次固定到凸模固定板上。

第五步：装配下模。首先按下模板中心线找正凹模（板）位置，通过凹模板已加工好的螺纹孔及销孔尺寸、大小配钻下模板、垫板螺钉过孔及销孔，并用螺钉、销钉将卸料板、导板、凹模下模板、垫板紧固在一起。

第六步：装配上模。将凸模组合的凸模相应插入各对应卸料孔及凹模型孔中，并用等高垫铁垫起，以防损坏凹模刃口。再将上模板及上垫板放在凸模固定板上，调整好位置及间隙后，将上模用夹钳夹好，取下，配钻上模板螺纹孔及销孔。钻好后拧入螺钉，但不要固紧。

第七步：将上、下模合模，观察间隙是否均匀及导柱、导套配合状况，不合适时，继续调整间隙，直到合适为止，然后拧紧螺钉，打入销钉。

第八步：装机试模。将装配后的冲模安装在压力机上进行试冲、检验、调整，直到连续冲出合格制品后再打刻编号、交付使用。

该磁极冲片连续模的装配方法见表11-10。

表 11-10　连续模装配工艺方法

装配工序	装配操作说明
凸、凹模预配	①装配前仔细检查各凸模形状、尺寸以及凹模型孔是否符合图样要求的尺寸精度、形状 ②将各凸模分别与相应的凹模孔相配，检查其间隙是否加工均匀。不合适者应重新修磨或更换
凸模装入固定	以凹模孔定位，将各凸模分别压入凹模固定板型孔中，并挤紧挤牢固
装配下模	①在下模板28上划中心线，按中心预装凹模26、垫板27、导料板21、卸料板20 ②在下模板28、垫板27、导料板21、卸料板20上，用已加工好的凹模分别复印螺钉位置，并分别钻孔、攻螺纹 ③将下模板、垫板、导料板、卸料板、凹模用螺钉紧固，打入销钉
装配上模	①在已装好的下模上放等高垫铁，将凸模与固定板组合通过卸料孔导向，装入凹模 ②预装上模板，划出与凸模固定板相应螺纹孔、销孔位置并钻铰螺纹孔、销孔 ③用螺钉将固定板组合、垫板上模板连接在一起，但不要拧紧 ④复查凸、凹模间隙并调整合适后，紧固螺钉 ⑤切纸检查，合适后打入销钉
装辅助零件	装配辅助零件后，试冲

11.4.4　复合模的装配

复合模是指在压力机的一次行程中，可在模具同一工位上，同时完成二个或二个以上冲压工序加工的冲模。复合模是在大批量生产情况下，经常采用的模具结构，其冲裁精度可达到IT9～IT10级，而连续模为IT10～IT11级，单工序冲裁模最高能达到IT12级。

如图11-8所示为一副用来冲制垫圈的倒装式复合模。它可以在模具的同一个位置上完成冲孔和落料工序。其结构特点主要表现在它必须具有一个外缘可作落料凸模、内孔可作冲孔凹模用的复合形式的凸凹模，它既是落料凸模又是冲孔凹模。该凸凹模18安装在下模固定板17上，冲裁时，既是冲制垫圈外缘的凸模又是冲制内孔的凹模。当冲模的上模随压力机滑块下行时，则冲孔凸模6与凸凹模18的内孔作用，冲出垫圈内孔，其冲孔废料随凸凹模的下面漏料孔落下，而此时凸凹模18外缘与装在上模上的凹模9作用，将零件与条料分开冲出垫圈的外形，并嵌在凹模孔中。待上模回升时，制品零件由推件块8在顶出杆作用下推出模外，完成冲裁工作。

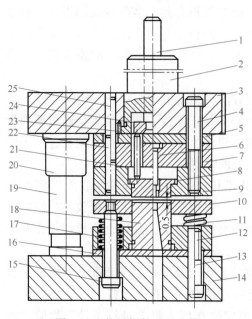

图 11-8　垫圈倒装式复合模
1—打杆；2—模柄；3—上模座；4，13—螺钉；5，16—垫板；6—凸模；7，17—固定板；8—推件块；9—凹模；10—卸料板；11—弹簧；12，22，23，25—圆柱销；14—下模座；15—卸料螺钉；18—凸凹模；19—导柱；20—导套；21—连接推杆；24—推杆

（1）制造与装配要求

① 凸凹模、凸模、凹模必须符合加工要求。

② 装配时，其冲孔与落料间隙要均匀一致。

③ 装配后，上模的推件装置推力中心，应与模柄中心重合。

（2）加工与制作特点

在加工与制作复合模零件时，若电加工及精密加工齐全，可首先用成形磨削加工凸模，其凸模要比图样长一些，然后以此作为电极用电火花加工穿孔凸凹模内型孔，然后再做一个与凸凹模形状相同的电极，加工凹模孔；若有线切割机床，可先加工凹模，再以凹模配作凸凹模及冲孔凸模。利用电加工或精密加工设备制作的零件一般精度较高，钳工稍加修整后，即可装配。在缺少精密加工及电加工设备情况下，可借助模具工用手工制作，可按以下顺序加工。

① 首先加工冲孔凸模。

② 对凸凹模进行粗加工，并按图样划线，粗加工后再用冲孔压印锉修凸凹

模内部型孔。

③ 制作一个与制品冲件形状、尺寸相同的标准样板，再把凸凹模与样板黏接在一起或划线，再铣凸凹模外形。

④ 经锉修后，将凸凹模锯下一块，可作为卸料器用。

⑤ 将精加工成形的凸凹模淬硬，压印锉修凹模孔。

⑥ 用冲孔凸模通过卸料器导向，压印凸模固定板型孔。

⑦ 对于倒装式复合模，可先装上模，然后再配装下模；正装式复合模则先装下模，然后再配装上模。

（3）装配顺序选择

该倒装式导柱复合模装配时，先安装上模，然后找正下模中凸凹模的位置，按照冲孔凹模型孔加工出漏料孔。这样既可以保证上模中的推件装置与模柄中心对正，又可避免排料孔错位，然后以凸凹模为基准分别调整落料孔间隙并使之均匀，最后再安装其他零件。

（4）装配方法与步骤

复合模的装配方法有配作装配法和直接装配法。其主要步骤如下：

第一步：组装部件。主要包括模架、模柄装入，凸模及凸凹模在固定板上的固定。

第二步：装配上模。

第三步：装配下模。

第四步：调整间隙。

第五步：安装其他辅助零件。

第六步：试冲与调整。

（5）垫圈倒装式复合模的装配步骤

以下以配作装配法为例，简述图11-8所示垫圈复合模的装配步骤如下。

1）组件装配

模具总装配前，将主要零件如模架、模柄、凸模等进行组装。

① 组装模架。将导套、导柱压入上、下模座，导柱、导套之间滑动平稳，无阻滞现象。检查上、下模座之间的平行度误差。

② 组装模柄。将模柄2压入上模座3，再钻铰骑缝销钉孔，压入圆柱销23，然后磨平模柄大端面。模柄柄部应垂直于上模座的上平面。

③ 组装凸模。将凸模6压入凸模固定板7，保证凸模与固定板垂直，并磨平凸模底面。然后放上凹模9，磨平凸模和凹模刃口面。

2）总装配

待组件安装完毕经检查无误后，可按下列步骤进行总装配。

① 装配上模。把凸模、凹模和推件装置装入上模座。

　　a. 翻转上模座，找出模柄孔中心，划出中心线和安装用的轮廓周边线。

　　b. 按照外轮廓线，放正凸模固定板 7 及落料凹模 9，初步找正冲孔凸模和落料凹模之间的位置。夹紧上模部分，按照凹模螺孔配钻凸模固定板和上模座的螺纹孔。

　　c. 装入垫板 5 和全部推件装置，用螺钉将上模部分连接起来，并检查推件装置的灵活性。

　　② 装配下模。将凸凹模装入下模座。

　　a. 将凸凹模 18 压入固定板 17，保证凸凹模与固定板垂直，并磨平底面。

　　b. 将卸料板 10 套在凸凹模上，配钻固定板上的卸料弹簧安装孔。

　　c. 将装入固定板内的凸凹模，放在下模座上，合上上模，根据上模找正凸凹模在下模座上的位置。夹紧下模部分后移去上模，在下模座上划出排料孔线，并配钻安装螺钉 13 和卸料螺钉 15 的螺纹孔。

　　d. 加工下模座上的排料孔，按凸凹模的孔每边加大约 1mm。

　　e. 用螺钉连接凸凹模固定板、垫板和下模座，并钻铰销钉孔，打入销钉定位。

　　③ 调整凸、凹模间隙。采用切纸法调整冲裁间隙。

　　a. 合拢上、下模，以凸凹模为基准，用切纸法精确找正冲孔凸模位置。如果凸模与凸凹模的孔对得不正，可轻轻敲打凸模固定板，利用螺纹孔的间隙进行调整，直至间隙均匀。然后，钻铰销钉孔，打入圆柱销 25 定位。

　　b. 用同样方法精确找正落料凹模位置，保证间隙均匀后，钻铰销钉孔，打入圆柱销 22 定位。

　　c. 再次检查凸、凹模间隙，如果因钻铰销钉孔而引起间隙不均匀时，则应取出定位销，再次调整，直至间隙均匀为止。

　　④ 安装其他辅助零件。安装并调整卸料板、导料销和挡料销等辅助零件。

　　⑤ 检查。模具装配完毕后，应对模具各部分做一次全面检查。如模具闭合高度，卸料板上的导料销、挡料销与凹模上的避让孔是否有问题，模具零件有无错装、漏装，以及螺钉是否都已拧紧等。

11.5　冲裁模的安装与调整

　　冲模装配后，都要进行调试，即安装在相应的压力机上进行试冲，并对冲制件进行严格地检测，对试冲时出现的各种缺陷，要仔细分析，找出原因，且对模具进行适当地调整和修理，然后再试冲，直到模具能稳定地生产出合格的制件，才能交付使用。

　　冲裁模的调试是冲裁模制造的最后也是最重要的一环，对模具的使用寿命和冲制件的质量起着十分重要的作用。冲裁模的调试内容主要有以下方面。

11.5.1 冲裁模的安装方法

冲裁模的安装是模具调试的一项重要内容及试冲的前提。冲模在压力机上总的安装原则是：首先将上模固定在压力机滑块上，再根据上模位置调整固定下模。在模具安装过程中，必须进行压力机相应的调整。

冲裁模的安装分无导向冲裁模和有导向冲裁模两种。其安装方法如下：

（1）无导向冲裁模的安装

无导向冲裁模的安装比较复杂，其方法如下。

1）模具安装准备

模具安装前，先应做好压力机和模具的检查工作，主要检查内容有：

① 所选用压力机的公称压力必须大于模具工艺力的 1.2～1.3 倍；

② 冲模各安装孔（槽）位置必须与压力机各安装孔（槽）相适应；

③ 压力机工作台面的漏料孔尺寸应大于或能通过制品及废料尺寸，若直接落于工作台面，要留有人工清除的空间；

④ 压力机的工作台和滑块下平面的大小应与安装的冲模相适应，并要留有一定的余地。一般情况下，冲床的工作台面应大于冲模模板尺寸 50～70mm 以上；

⑤ 冲模打料杆的长度与直径应与压力机的打料机构相适应。

此外，还应熟悉所要冲制零件形状、尺寸精度和技术要求，掌握所冲零件的相关工艺文件和本工序的加工内容；熟悉本冲裁模的种类、结构及动作原理、使用特点等，最后还应对模具和压力机台面进行清洁及压力机工作状态的检查。

2）检查冲模的安装条件

冲模的闭合高度必须要与压力机的装模高度相符。冲模在安装前，其闭合高度必须要先经过测定，模具的闭合高度 H_0 的数值应满足：

$$H_{min} + 10mm \leqslant H_0 \leqslant H_{max} - 5mm$$

式中　H_0——模具的闭合高度，mm；

　　　H_{max}——压力机最大闭合高度，mm；

　　　H_{min}——压力机最小闭合高度，mm。

如果模具闭合高度太小，不符合上述要求，可在压力机台面上加一个磨平的垫板，使之满足上述要求才能进行装模，如图 11-9 所示。

图中其他尺寸所表示的意义分别为：

　　　N——打料横杆的行程；

　　　M——打料横杆到滑块下表面之间的距离；

　　　h——模柄孔深或模柄的高度；

　　　d——模柄孔或模柄的直径；

　　　$k \times s$——滑块底面尺寸；

  L——台面到滑块导轨的距离；

  l——装模高度调节量（封闭高度调节量）；

  $a×b$——垫板尺寸；

  D——垫板孔径；

  $a_1×b_1$——工作台孔尺寸；

  $A×B$——工作台尺寸。

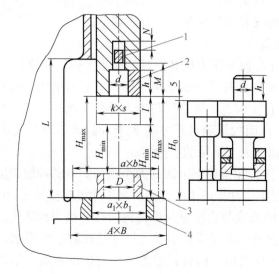

图 11-9 压力机和模具安装的尺寸关系

1—顶件横梁；2—模柄夹持块；3—垫板；4—工作台

  当多套冲模联合安装在同一台压力机上实现多工位冲压时，其各套冲模的闭合高度应相同。

  3）安装模具

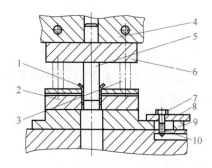

图 11-10 无导向冲裁模的安装与调整

1—硬纸板；2—凹模；3—垫块；4—压力机滑块；5—凸模；6—上模板；7—螺母；8—压板；9—垫铁；10—T 形螺栓

  完成上述各项模具的安装准备工作后，可按以下步骤进行模具的安装。

  ① 将冲模放在压力机的中心处，见图 11-10。其上、下模用垫块 3 垫起。

  ② 将压力机滑块 4 上的螺母松开，用手或撬杠转动压力机飞轮，使压力机滑块下降到同上模板 6 接触，并使冲模的模柄进入滑块的模柄孔中。

  假如按上述要求将压力机滑块 4 调到最下位置还不能与上模板接触，则需要调整压力机连杆上的螺杆，使滑块与上模板接触。如果连杆调整到下极点，仍不能使滑块与上模板接触，则需要在下模底部垫以垫块将下模垫起，直到接触为止。

③ 滑块的高度调整好后，将模柄紧固在压力机滑块上。

4）调整模具间隙

完成模具在压力机上的安装工作后，则应调整模具凸、凹模间的间隙，即在凹模的刃口上，垫以相当于凸、凹模单面间隙值厚的硬纸片1或铜片，并用透光法调整凸凹模的间隙，并使之均匀。

5）固定模具

间隙调好后，将T形螺栓10插入压力机台面槽内，并通过压板8、垫铁9和螺母7将下模紧固在压力机上。注意，紧固螺栓时要对称、交错地进行。

6）模具试冲

完成上述各项工作后，可开动压力机进行模具的试冲，在试冲过程中，若需调整冲模间隙，可稍松开螺母7，用手锤根据冲模间隙分布情况，沿调整方向轻轻锤击下模板，直到冲模间隙合适为止。

7）正式生产

模具试冲后的工件经自检及专职检验合格后，可投入批量生产。

（2）有导向冲裁模的安装方法

有导向的冲裁模，由于导柱、导套导向，故安装与调整要比无导向的冲裁模方便和容易，其安装要点如下。

① 按无导向冲裁模的安装要求分别做好模具安装前的技术准备、模具和压力机台面的清洁及压力机的检查工作。

② 将闭合状态下的模具放在压力机台面上。

③ 把上模和下模分开，用木块或垫铁将上模垫起。

④ 将压力机滑块下降到下极点，并调整到能使其与模具上模板上平面接触，如图11-11所示。

⑤ 分别把上模、下模固紧在压力机滑块和压力台面上，螺钉紧固时要对称、交错地进行。滑块调整位置应使其在上极点时，凸模不至于移出导板之外或导套下降距离不得超过导柱长度的1/3为止。

⑥ 紧固牢固后，进行试冲，试冲合格转入正式生产。

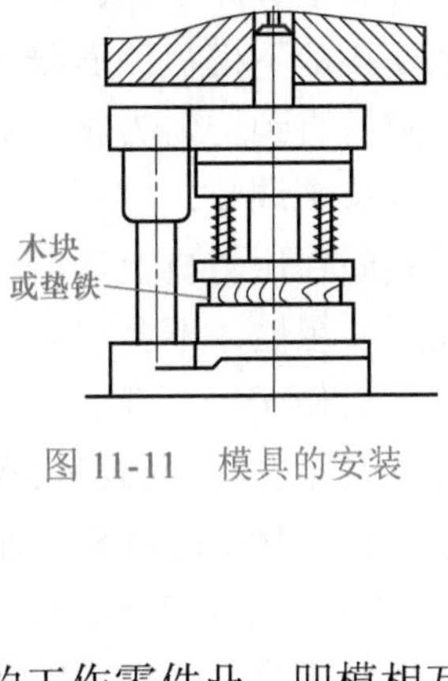

木块或垫铁

图11-11 模具的安装

11.5.2 冲裁模的调整要点

（1）凸、凹模配合深度的调整

冲裁模的上、下模要有良好的配合，保证上、下模的工作零件凸、凹模相互

咬合深度要适中，不能太深与太浅，应以能冲下合适的零件为准。其深度的大小

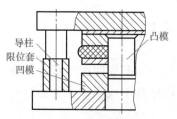

要以冲下制品零件为准，当冲裁厚度 $t \leqslant 2mm$ 时，凸模进入凹模深度不应超过 0.5mm，厚度大时，可适当加深一些，但不要太深，一般不超过 1mm，采用硬质合金时不应超过 0.5mm。

图 11-12　凸、凹模配合深度的调整

凸模进入凹模的深度主要靠调节压力机连杆长度实现，但要慢调节不要太快、太猛。对于难以控制滑块行程的，应在导柱上加以限位套，以保护凹模及凸模，如图 11-12 所示。

（2）凸、凹模间隙的调整

冲裁模必须保证相吻合的凸、凹模周边有均匀的间隙。间隙不适当或不均匀，将直接影响冲裁件的质量。

有导向零件的冲裁模，其安装调整比较方便，只要保证导向件运动精度就可以了。因为导向件（如导柱和导套）的配合是比较精密的，可以保证上、下模的配合间隙均匀。

对于无导向的冲裁模，可在凹模刃口周围衬以紫铜箔或硬纸板进行调整，如图 11-13 所示。铜箔或纸板厚度相当于凸、凹模之间的单面间隙。

当冲裁件毛坯厚度超过 1.5mm 时，因模具间隙较大，可用上述衬垫的方法调整。对较薄毛坯的冲模，可由模具工观测凸、凹模吻合后周边缝隙大小的方法来调整模具，当发现凸模与凹模在某

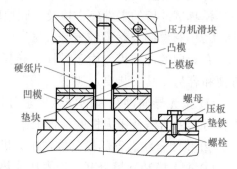

图 11-13　无导向冲模间隙调整

一方向上缝隙偏大，可先将上模紧固，下模松开，用手锤轻轻向能使该方向上缝隙变小的下模板侧面敲击，进行适当调整后，再重复观测吻合后的凸、凹模周边缝隙，直到均匀为止。对于直边刃口的冲裁模，还可用透光及塞尺测试间隙大小的方法来调整，直到上、下模的凸、凹模互相对中，且间隙均匀后，用螺钉将冲模紧固在压力机上进行试冲，试冲后检查一下试冲的零件，看是否有明显的毛刺及断面粗糙，不合适应松开下模，再按前述方法继续调整，直到间隙合适。

为便于今后生产中无导向冲裁模间隙的调整，可采取在第一次调整好间隙后，将厚度等于凸凹模单面间隙的铜片或硬纸片与凸模共同压入模具型腔的方法来减轻冲裁模的调整工作量。

（3）定位装置的调整

修边模与冲孔模的定位件形状，一般与前工序形状相吻合。在调试时，应充

分保证其定位稳定性，检查定位销、定位块是否定位时稳定可靠，如不准应进行修整，必要时要进行更换。如图11-14所示的定位板，若只有螺钉紧固则容易松动影响定位准确，这时可以用销钉紧固。同时，采用如图11-14(a)所示三向定位时，定位槽尺寸与条料尺寸的间隙不能太大，一般要控制在0.1～0.2mm。

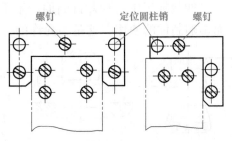

图11-14　外形定位板定位示意

（4）卸料系统的调整

卸料系统的调整主要包括：卸料板或顶件器是否工作灵活；卸料弹簧及橡胶弹性是否足够；漏料孔是否畅通无阻；打料杆、推料杆是否能顺利推出制品与废料。若发现故障，应予以调整，必要时可重新更换。

卸料板与卸料螺钉工作不灵活、行程不足；卸料弹簧及橡胶弹性不足，这时应调整顶出器，如图11-15（a）所示。卸料器的运动行程不足；凹模刃口有倒锥，漏料孔不畅通；压力机的推杆及打料杆工作不正常，制动螺杆位置上移致使顶不下废料或工件，这时应调整制动螺杆位置，如图11-15（b）所示。顶料板和顶出器发生变形或卡在某一位置，顶料销弯曲，这时应调整顶出装置，如图11-15（c）所示。

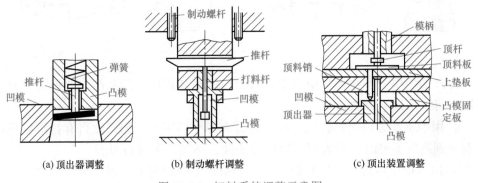

图11-15　卸料系统调整示意图

11.6　冲裁模试冲的缺陷及调整

冲裁模试冲后，所加工冲裁件常见的缺陷主要有毛刺大、制件表面挠曲等，产生的原因既可能是冲裁材料方面，也可能是冲裁模调试或模具方面，还可能是操作者的操作疏忽等。必须在仔细分析缺陷产生原因的基础上，有针对性地对模具采取调整或修理措施。

（1）冲裁断面毛刺大

在冲裁加工中，冲裁件断面产生不同程度的毛刺是不可避免的，但若毛刺太大而影响制件的使用，这是不允许的。毛刺的产生情形及调整、修理措施如下。

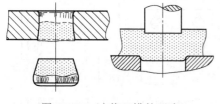

图 11-16　冲裁凹模的刃磨

① 冲孔件孔边毛刺大，冲孔废料圆角带的圆角增大，形成大塌角的情形。这是凹模刃口变钝了，即凹模刃口带有圆角，于是在冲孔废料上在凹模圆角处产生较大的拉伸变形，形成大圆角（塌角），此时需重磨凹模刃口使之锋利，如图 11-16 所示。

② 落料件上产生较大的毛刺，而板料余料圆角处产生大圆角的情形。这是凸模刃口变钝，凸模有圆角，于是在板料（凸模一侧）上产生大圆角的拉伸变形，形成大圆角（即较大塌角），此时需重磨凸模刃口使之锋利，如图 11-17 所示。

③ 落料件、板料余料或冲孔件、冲孔废料上都产生大的毛刺和塌角的情形。这是冲裁凸模和凹模刃口都变钝了，需重磨凸、凹模刃口，使之锋利，如图 11-18 所示。

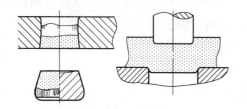

图 11-17　冲裁凸模的刃磨

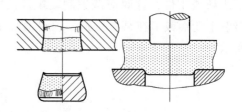

图 11-18　冲裁凸模与凹模的刃磨

冲裁加工中，操作人员应经常检查刃口的锋利程度，判断凸、凹模刃口是否变钝，可采用以下方法检查：

a. 用手指在刃口上轻轻摸一摸，是否有锋利的感觉，如果觉得有打滑或不刺手及感到高低不平时，就表明刃口已经变钝，必须卸下进行刃磨。

b. 用手指甲在刃口上轻轻擦一下，如果指甲能被刮削一层，说明刃口是锋利的，可以继续使用，否则应拆下刃磨。

c. 在垂直于刃口尖边的方向上用放大镜看刃口是否有发亮的地方，如果有反光及发亮现象，表明刃口已经变钝，应进行刃磨。如果刃口锋利，则在垂直方向上，只能看到一条又细又黑的线条。

若刃口不太锋利，可按以下方法进行临时性修理：首先把冲模从压力机上拆下（若操作方便，也可不拆卸，直接在压力机上进行），用细油石加些煤油直接放在研磨面上，细心地对工作刃口或其他受损部位进行手工研磨，研磨时应注意使油石沿一个方向来回，不可随意改变方向，直到把刃口磨得光滑锋利为止。

（2）冲裁断面粗糙

冲裁加工的断面由圆角带、光亮带、断裂带和毛刺四部分组成，若断面粗糙，会影响到制件的使用和精度。冲裁断面粗糙的类型主要以下几种：

① 断裂面不直。冲裁断面有明显斜角、粗糙、裂纹和凹坑，圆角处的圆角增大并出现较高的拉断毛刺，如图 11-19 所示。这是由凸、凹模间隙过大，刃口处裂纹不重合而强行撕裂或由使用的板料塑性较差而造成的。这时，必须要更换凸模或凹模，调整其间隙在合理范围内，并且要采用塑性较好的板料冲压。

② 断面有裂口。冲裁时，若冲裁断面带有裂口和较大毛刺双层光亮断面，在工件上部形成齿状毛刺，如图 11-20 所示，则是由凸、凹模间隙过小，刃口处裂纹不重合而造成的。其修整办法可用研修或成形磨削修磨凸模或凹模中的一件，以放大间隙，减少裂口与毛刺的产生。

③ 断面圆角过大。冲裁时，若冲件断面圆角过大，如图 11-21 所示，则是由凸、凹模之间间隙过大且刃口长期使用磨损变钝引起的。其解决方案是重新更换凸模并与凹模匹配间隙，使其在最小合理间隙值范围内，同时对凹模刃口进行刃磨，使其变得锋利，再继续使用。

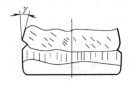
图 11-19 断裂面不直
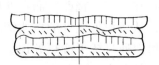
图 11-20 断面有裂口
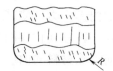
图 11-21 断面圆角过大

（3）冲件挠曲

冲裁时，若冲件不平整，形成凹形圆弧面，则表明冲件产生了挠曲变形。这是由于板料冲裁是一个复杂的受力过程，板料在与凸模、凹模刚接触的瞬间首先要拉深、弯曲，然后剪断、撕裂。整个冲裁过程，板料除了受垂直方向的冲裁力外，还会受到拉、弯、挤压力的作用，这些力使冲件表面不平产生挠曲。影响工件挠曲的因素有很多方面。

① 凸、凹模间间隙的影响。当凸、凹模间间隙过大时，则在冲裁过程中，制件的拉深、弯曲力变大，易产生挠曲；当间隙过小时，材料冲裁时受到的挤压力部分变大。这都会使工件产生较大的挠曲。改善的办法主要有：在冲裁时用凸模和压料板（或顶出器）将制件紧紧地压住，或用凹模面和退料板将搭边部位紧紧压住，以及保持锋利的刃口。

② 凸、凹模形状的影响。当凸、凹模刃口不锋利时，则制件的拉深力、弯曲力变大，也会使工件产生较大的挠曲。此外凹模刃口部位的反锥面，使制件在通过尺寸小的部位时，外周向中心压缩，也会引起工件的挠曲，如图 11-22 所示。

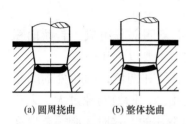

(a) 圆周挠曲　　(b) 整体挠曲

图 11-22　凹模反锥引起的挠曲

③ 卸料板与凸模间间隙的影响。当冲裁模使用较长时间后，由于长期磨损，卸料板与凸模间的间隙加大，致使在卸料时易使制品或废料带入卸料孔中，从而使制品发生挠曲变形。

改善可以从以下方面进行：重新调整卸料板与凸模间的间隙使之配合适当，一般应修整为 H7/h6 的配合形式。在冲裁厚度为 0.3mm 以下的有色金属工件如铝板或硬纸板时，可采用橡胶板作为卸料板，假如用钢板做卸料板，则易使工件拉入间隙中，造成表面弯曲变形，影响产品质量。

④ 工件形状的影响。当工件形状复杂时，工件周围的剪切力就会不均匀，因此产生了由周围向中心的力，使工件出现挠曲。在冲制接近板厚的细长孔时，制件的挠曲集中在两端，使其不能成为平面。解决这类挠曲的办法，首先是考虑冲裁力合理、均匀地分布，这样可以防止挠曲的产生，此外，增大压料力，用较强的弹簧、橡胶等，通过压料板、顶料器等将板料压紧，也能得到良好的效果。

⑤ 材料内部应力的影响。作为工件原料的板料或卷料，在轧制、卷绕时所产生的内部应力，使其本身存在一定的挠曲，而在冲压成工件时，随着应力的破坏，就会转移到材料的表面，从而增加工件的挠曲情况。要消除这类挠曲，应在冲裁前消除材料的内应力，可以通过矫平或热处理退火等方法来进行，也可以在冲裁加工后进行矫平或热处理退火等方法来矫正。

⑥ 油、空气的影响。冲裁过程中，凸模、凹模与工件之间，或工件与工件之间，若有油、空气不能及时排出而压迫工件时，工件会产生挠曲。特别是对薄料、软材料更为明显。因此，在冲裁过程中如需加润滑油时，应尽可能均匀地涂油，或者在模具的结构中开设油、气的排出孔，都可以消除这类挠曲现象。此外，制件和冲模表面之间有杂物也易使工件产生挠曲。因此，应注意清除模具以及板料工作表面的脏物。

11.7　弯曲模的装配

弯曲模是通过压力机的压力，将板料坯件沿直线成形为一定角度或一定形状的冲压模具。通常的弯曲模按其完成的弯曲加工工序组合方式的不同，可分为：单工序弯曲模、复合模和弯曲级进模三种。因此，弯曲模的装配方法与冲裁模基本相同。

（1）弯曲模的装配顺序

在装配弯曲模时，其装配顺序的选择是保证弯曲模精度的基础。对于无导向弯曲模，上、下模一般按图样分开安装，凸、凹模的间隙控制是借助试冲时压力机的滑块位置及靠垫片和标准样件来保证的；对于有导向弯曲模，一般先装下模，并以凹模为基准再安装上模，凸模与凹模间隙靠标准样件调试及研配。

（2）装配工艺方法

弯曲模的装配基本上与冲裁模相似，有配作和直接装配两种方法。对于一般弯曲模，其零件加工应按图样加工后直接进行装配；而对于复杂形状的弯曲模，应借助于事先准备好的样件，按凸模（凹模）研修凹模（凸模）的曲面形状后，分别装在上、下模上进行研配；对于大型弯曲模，应安放在研配压力机上研配，并保证间隙值。

在装配时，一般是按样件调整凸、凹模间隙值。同时，在选用卸料弹簧及卸料橡胶时，一定要保证有足够的弹力。

（3）装配步骤

以下通过一实例简述弯曲模的装配步骤。

① 装前准备工作。识读模具图样，了解模具结构组成及弯曲工作过程。如图11-23所示模具，经对模具进行识读，可知其是一无导向装置的V形与U形通用弯曲模，且只要更换凸模2及两块凹模7即可弯曲不同形状及尺寸的制品。制品成形后由顶块3通过弹顶器（模座下无画出）带动顶杆6将制件卸出。此外，在模具装配前，还应针对模具图样，检查参与装配的零件，同时准备模具连接用的螺钉、销钉等标准件。

② 装下模。将凹模7按图样要求安装在模座8上，并将定位板5装好，但不要固紧。

③ 装上模。将凸模2安装在模柄槽中，须使凸模上平面与模柄槽底接触，并穿入销钉10。

④ 制作标准样件。制作与制品一样厚度的标准样件（按产品图，材料采用铜或铝板）套在凸模上。

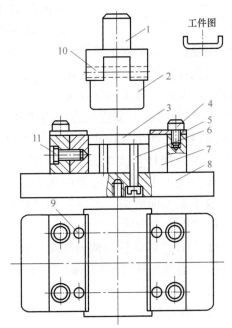

图11-23 通用弯曲模

1—模柄；2—凸模；3—顶块；4，9，11—螺钉；5—定位板；6—顶杆；7—凹模；8—模座；10—销钉

⑤ 调整间隙及试冲。将装好的上、下模分别固定在压力机滑块及工作台面上，用制作的样件控制凸、凹模间隙，调好压力机行程即可试冲，检验合格则将下模螺钉紧固，可交付使用。

11.8 弯曲模的安装与调整

11.8.1 弯曲模的安装方法

弯曲模的安装分无导向弯曲模和有导向弯曲模两种，其安装方法与冲裁模基本相同。两种弯曲模在模具安装时，都应同时完成弯曲上模在压力机上的上下位置的调整，一般可按下述方法进行。

（1）无导向装置弯曲模的安装

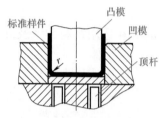

图 11-24　弯曲模间隙的调整

安装无导向装置弯曲模时，弯曲上模应在压力机滑块先进行粗略调整后，再在凸模上套上标准样件，如图 11-24 所示。再使凸模进入凹模内，用调整压力机螺杆长度的方法，一次又一次用手转动飞轮（或按钮），直到使滑块能正常通过下止点而无阻滞或盘不动（顶住）现象为止。这样盘动数次，合适后将下模紧固，卸下样件即可试冲。只有在间隙调整完成后，才可将下模板固定、试冲。

若无标准样件，则可采用以下步骤分步完成弯曲模上下方向间隙及弯曲模侧向间隙的调整。具体调整方法为：

① 首先弯曲上模应先在压力机滑块进行粗略调整后，再在上凸模下平面与下模卸料板之间垫一块比毛坯略厚的垫片（垫片一般为毛坯厚度的 1～1.2 倍），然后用调节连杆长度的方法，一次又一次地用手搬动飞轮（刚性离合器的压力机）或点动（带摩擦离合器的压力机），直到使滑块能正常地通过下止点而无阻滞或盘不动（即所谓"顶住"和"咬住"）的情形。这样搬动飞轮数周，便可确定弯曲模上下方向的间隙。

② 同样，弯曲模的侧向间隙，也可采用模具两侧垫垫片的方法进行调整。

（2）有导向弯曲模的安装

安装在压力机上后，其上、下模位置精度，由导向装置控制。在调整时最好也把标准样件放在凸、凹模内工作位置上调整。

（3）安装调整注意事项

在弯曲模调整时，如果上模的位置偏下，或者忘记将垫片等杂物从模具中清理出去，则在冲压过程中，上模和下模就会在行程下止点位置时剧烈撞击，严重时可能损坏模具、冲床，甚至产生人身事故，这是要尤其注意的。

11.8.2 弯曲模的调整要点

与冲裁模一样，弯曲模的调整主要是进行凸、凹模间隙的调整，定位装置及卸料装置等方面的调整。

（1）凸、凹模间隙的调整

一般来说，按上述弯曲模的安装方法完成弯曲上模在压力机上的上下位置确定之后，弯曲模间的间隙便也同时得到保证。

应该说明的是，只有在间隙调整完成后，才可将下模板固定、试冲。

（2）定位装置的调整

弯曲模定位零件的定位形状应与坯件相一致。在调整时，应充分保证其定位可靠性和稳定性。利用定位块及定位钉的弯曲模，假如试冲后，发现位置及定位不准确，应及时调整定位位置或更换定位零件。

（3）卸件、退件装置的调整

弯曲模的卸料行程应足够大，卸料用弹簧或橡胶应有足够的弹力；顶出器及卸料系统应调整到动作灵活，并能顺利地卸出制品零件，不应有卡死及发涩现象。卸料系统作用于制品的作用力要调整均衡，以保证制品卸料后表面平整，不至于产生变形和挠曲。

11.9　弯曲模试冲的缺陷及调整

弯曲模试冲时，由于弯曲材料、模具、压力机和操作等各方面的影响，弯曲件往往产生这样或那样的问题。因此，在调试过程中，针对所发生的缺陷，必须对各方面的影响因素进行仔细分析，在找出具体产生原因的基础上才能有针对性地对模具采取调整或修理措施解决。

（1）弯曲尺寸不合格

弯曲过程中，弯曲件尺寸不合格的质量问题，除了弯曲回弹的影响外，主要从以下方面进行查找并采取相应的措施。

① 检查毛坯定位是否可靠。模具结构中采用的压料装置和定位装置的可靠性，对弯曲件的形状与尺寸精度有较大的影响。一般弯曲模采用气垫、橡胶或弹簧产生压紧力，但应在弯曲开始前就把板料压紧。为达到此目的，压料板或压料杆的顶出高度应做得比凹模平面稍高一些，一般高出一个板料厚度 t，如图 11-25 所示。

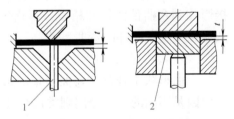

图 11-25　采用压料装置的弯曲要求
1—压料杆；2—压料圈

毛坯的定位形式主要分为以外形为基准和以孔为基准两种。外形定位操作方便，但定位准确性较差。孔定位操作不大方便，使用范围较窄，但定位可靠，如图 11-26 所示。在特定的条件下，有时用外形初定位，大致使毛坯控制在一定的范围内，最后以孔作最后定位，吸收两者的优点，使之定位既准确又操作方便。

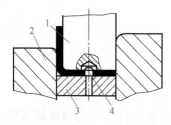

图 11-26　采用孔定位的弯曲

1—凸模；2—凹模；3—顶板；4—定位销

② 检查弯曲工艺顺序是否正确。当弯曲工件的工序较多，而工序前后顺序安排得不对，也会对精度有很大影响。例如，对于有孔的弯曲件，当孔的形状和位置精度要求较高时，就应采用先弯曲后冲孔的加工工艺。

③ 检查所用弯曲材料的厚度是否均匀。在弯曲过程中，若所使用的材料厚薄不均，则受挤压变形不均的影响，很容易使弯曲的材料移动，产生弯曲件的高度尺寸不稳定。解决措施是：将凹模修整成可换式镶块结构，通过调整弯曲模间隙的办法来解决，或更换材料，采用料厚均匀稳定的板料。

④ 检查模具两端的弯曲凹模圆角是否均匀一致。弯曲模在长期使用过程中，常会使凹模圆角半径发生变化，且左右凹模圆角半径不对称一致，从而在弯曲过程中，使弯曲件发生移动造成弯曲尺寸发生变化。解决措施是：修磨凹模圆角半径至合格，且使其左右对称、大小一致。

⑤ 检查压力机的吨位、气垫压力是否合乎要求。压力机的吨位及气垫压力会直接影响到弯曲件的尺寸精度，一般应选用吨位大些且压力精度较高的压力机，通常取加工力是压力机吨位 70% ~ 80% 比较合适。

⑥ 检查并重新校核弯曲展开料是否正确。弯曲件展开料的正确性直接影响到弯曲件尺寸是否合格。

⑦ 检查定位零件是否松动或磨损。定位零件尺寸的正确与否直接影响到弯曲件的尺寸是否合格。

⑧ 检查并调整弯曲模弯曲间隙均匀一致。弯曲模的间隙是否均匀一致，直接影响到弯曲件的尺寸精度，不均匀的间隙将使弯曲件在弯曲过程中产生移动，从而影响到弯曲件的弯曲尺寸。

（2）弯曲形状不合格

弯曲形状不合格是弯曲质量的重要缺陷之一。不同的不合格弯曲形状，其产生原因是不同的，应分门别类进行分析，采取针对性措施。

1）弯曲件弯曲后成喇叭口

其产生原因及解决措施主要有：

① 检查模具间隙是否过大。过大的模具间隙将直接增大零件的弯曲回弹，影响到弯曲件的弯曲形状。

解决措施：检查凸模及凹模尺寸，若凸模尺寸偏小且弯曲零件需保证内形尺寸，则应更换凸模工作块，并调整模具间隙至合适；反之，应更换凹模。

② 检查弯曲件的加工工艺性是否良好。一般弯曲件的直边高度 H 不应小于 $2t$，如果小于 $2t$，将使弯曲后的弯曲件直边高度不直，并呈喇叭口。

解决措施：若零件结构允许，可以在弯曲区内侧预先压槽，如图 11-27 所示，或者采用加高直边高度，弯曲后再切短的加工工艺方案。

③ 检查模具压料装置是否动作失灵。模具压料装置能增加零件弯曲的压应力，从而减少弯曲件的弯曲回弹，若压料装置失灵，则应更换或调整新的压料装置。

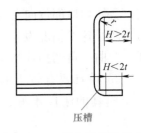

图 11-27　预先压槽后弯曲

2）弯曲件弯曲后出现挠曲与扭曲

弯曲时的挠曲是指被弯曲件在垂直于加工方向产生的挠度；而扭曲则往往是在挠曲的基础上发生的扭转变形，如图 11-28 所示。

当板料弯曲时，在弯曲方向（长度方向）产生变形的同时，在垂直于弯曲的宽度方向上的材料也会发生移动。这是因为中性层外侧的材料由于受拉而变薄，这时宽度方向上的材料便滑移过来补充这一变化，所以中性层外侧的材料在宽度方向上会产生收缩。与此相反，在弯曲过程中，中性层内侧的厚度加大，使得宽度方向产生伸长。这样的结果使弯曲件产生如图 11-28（a）所示的弓形挠曲。显然，如果宽度方向上材料的收缩与伸长不均匀，就会产生如图 11-28（b）所示的扭曲现象。

为了尽可能消除挠曲和扭曲现象，应注意从以下几方面采取措施。

① 弯曲件材料的成分、组织、力学性能等应均匀。弯曲件材料的成分、组织、力学性能等如果不均匀，则在弯曲变形过程中由于材料内部的滑移情况不同，就容易产生挠曲和扭曲。

② 板料纤维方向应与弯曲方向有合理夹角。通常应尽可能使弯曲方向垂直于板料纤维方向。但如果必须在两个方向上同时进行弯曲时，则应采取斜排样，使弯曲方向与板材纤维方向成 45° 夹角，如图 11-29 所示。

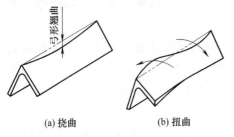

图 11-28　弯曲时的挠曲与扭曲

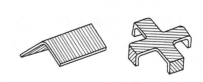

图 11-29　弯曲方向与纤维方向的合理夹角

③ 弯曲板料的平整度。如果弯曲所用的板料不平整，则会产生严重的挠曲和扭曲现象。所以在此种情况下，应在弯曲加工前采用矫平机或退火来改善板料

的平整度。

④ 保证弯曲形状的合理性。如图 11-30 所示的弯曲件，弯曲后内应力不均匀，会使切口部位向左右张开，结果使弯曲部位产生挠曲，如图 11-30（a）所示。为了防止这类情况发生，可如图 11-30（b）所示那样，在工件落料时切口暂不切开，弯曲后再切掉连接部位。

⑤ 模具要有较高的刚性。对于横向尺寸较大的弯曲件，在模具内弯曲时，由于模具的刚性不好，也会产生挠曲、扭曲。因此必须保证模具要有较高的刚性。

⑥ 如果工件要求的几何形状精度较高，则在弯曲后应采用矫正的方法加以修正。

3）弯曲件底面不平

制品在弯曲后，底面不平产生挠曲，如图 11-31（a）所示。从其弯曲成形及弯曲完成后的顶料过程来看，可以从以下几方面对其产生原因进行分析、检查。

(a) 产生挠曲　　　(b) 防止方法　　　　　(a) 弯曲件　　　(b) 增加顶出器装置

图 11-30　弯曲件形状的合理性　　　图 11-31　弯曲件底面不平采取的措施

① 检查卸料杆的着力点分布是否不均匀或卸料时将卸料杆预弯。

解决措施：增加卸料杆数量，使其均匀分布。

② 检查弯曲成形时，压料力是否不足，造成弯曲底面不平。

解决措施：增加压料力；增加校正，使料在弯曲成形后再进行校正（镦死）；在冲模中增加顶出器装置，如图 11-31（b）所示，并使顶出器有足够的弹顶力。

4）弯曲等高 U 形件时侧壁一头高一头低

弯曲模在交付使用时，一般都经过了严格的试模调整，其生产的零件应是合格的。之所以出现弯曲等高 U 形件时侧壁出现不等高的问题，主要是因为使用了一段时间后，模具的状态出现了问题。可以从以下几方面对其产生原因进行分析、检查。

① 检查弯曲模上的定位销、定位板是否松动，是否磨损严重。这是模具在长期使用后，由于振动和冲击，其冲模上的定位销和定位板会松动，歪扭变形；或由于经常与板料发生磨损，定位不准确，致使凹模与毛坯的位置发生偏移。

解决措施：重新调整定位销和定位板的位置，若磨损严重，则需更换。

② 检查弯曲凹模边缘的两处圆角半径是否大小不一致，若大小不一致，则在弯曲板料时两个不相同的圆角处受到的阻力不一样，圆角大的一面，由于压弯阻力小，材料滑动较快，压出的制件这一面就矮一些。

解决措施：修整圆角半径，尽量使其两处大小一致。

（3）弯曲件厚度变薄

根据弯曲件厚度变薄的不同部位，其产生原因是不同的，应分门别类进行分析，采取针对性措施。

1）弯曲部位明显变薄

弯曲后，出现如图 11-32 所示弯曲部位材料明显变薄的主要原因及措施主要有：

① 弯曲半径相对板厚值太小。实践表明：弯曲部位厚度变薄是弯曲变形的性质来决定的，一般不能完全避免。但若弯曲内侧半径和板厚的比 r/t 大于一定比值，则可以减少变薄。在直角弯曲中，当 $r/t > 3$ 时，很少弯曲变薄。所以，在发生这种现象时，一般用加大弯曲半径的方法来消除。

② 采用一次性多角弯曲，使弯曲部位变薄加大。如图 11-33 所示，尽管 r/t 比较大，但被弯曲部位之间因互相拉压而变薄。因此，在必要时，为了减少变薄，尽量采用多工序的拉弯方法。

图 11-32　弯曲部位明显变薄

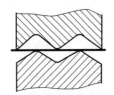

图 11-33　一次性多角弯曲

③ 采用尖角凸模时，凸模进入材料太深会使压弯部位厚度明显减少。这时，应严格控制尖角凸模进入凹模的深度。

2）弯曲件壁部变薄

弯曲后，出现如图 11-34 所示弯曲件壁部变薄的主要原因及措施有：

① 凹模圆角半径太小。凹模圆角半径决定了板料能否光滑进入凹模，若凹模圆角过小，则在弯曲时会使板料受压而变薄。解决措施是：修整增大凹模圆角半径。

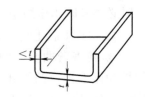

图 11-34　弯曲件壁部变薄

② 凸、凹模间隙太小。凸、凹模间隙太小使弯曲坯料在弯曲时受到严重挤压以致壁部材料变薄，所以，在不影响弯曲件质量及尺寸精度情况下，可以适当加大间隙，以消除由于坯料受到挤压，而发生的材料变薄。

（4）弯曲件端面不平

零件弯曲后，若出现图 11-35 所示的弯曲件端面鼓凸，弯曲圆角带外表面两端翘曲，则主要是在弯曲时，零件材料外表面的材料在圆周方向受拉，内表面的材料受压，使材料向两端面（自由端）挤造成的。此时，若凹模圆角小，则端面翘曲，两端鼓凸。主要解决措施为：

① 在零件弯曲最后阶段，应增加足够的矫正压力，以使两端鼓凸消除。

② 修整凹模圆角半径，使凹模圆角半径与弯曲件外圆角尽量相适应。

③ 增加矫正工序，使其鼓凸或翘曲消除。

在对厚板料进行小角度弯曲时，常常会发生图 11-36（a）所示的情况，即内侧材料在弯曲部位的两端宽度方向上出现明显的鼓凸，使这个部位的宽度尺寸增大。这时，在弯曲时可将带毛刺的一面，作为弯曲内侧，毛刺部位相对垂直于板平面的方向呈凹陷形状。这样可起到减小鼓凸的效果。若采用这种方法仍不能解决端面鼓凸的质量缺陷，可在弯曲部的两端面在冲裁下料时，先做出圆弧切口，如图 11-36（b）所示，在弯曲时即可消除两端鼓凸缺陷。

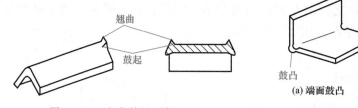

图 11-35　弯曲件端面鼓凸 Ⅰ

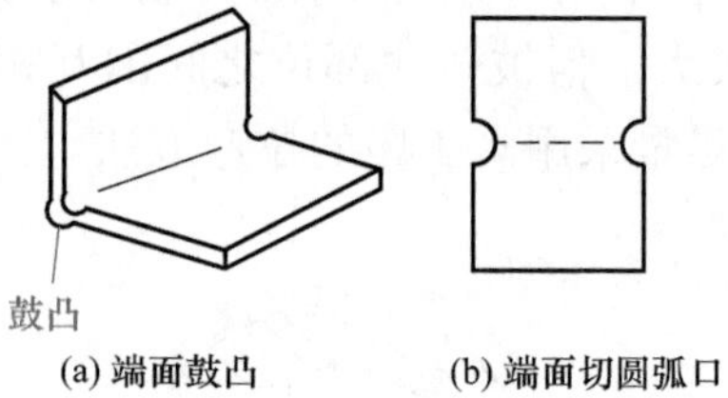

(a) 端面鼓凸　　(b) 端面切圆弧口

图 11-36　弯曲件端面鼓凸 Ⅱ

（5）弯曲件表面出现压痕或擦伤

弯曲件在生产过程中，其外表面产生划痕、擦伤、裂痕等缺陷，可以从以下方面对其产生原因进行分析、检查并采取措施：

① 应注意弯曲材料的种类，若为铜、铝等软性材料，则在进行连续生产时，某些脱落的金属微粒会附在模具工作部位的表面上，致使工件出现较大的擦伤。这时必须及时用压缩空气或油进行清理，以保证清洁、良好的工作条件。

② 检查下料毛坯是否有冲裁毛刺，若有应清除干净。

③ 检查弯曲凸、凹模的表面质量，弯曲模的凸模和凹模应具有高的硬度、韧性和耐磨性，凸模和凹模的淬火硬度应达 60HRC 以上。淬火后，应对凸、凹模的工作表面进行高质量的抛光，若表面质量差，则在压弯时，材料的变形阻力增大，使制件在弯曲时侧壁上出现被擦伤、拉毛或较深的凹坑。

④ 检查厚板弯曲时，弯曲凹模是否采用了圆角凹模。厚板料、硬板料弯曲时，弯曲凹模宜采用图 11-37 所示的斜角形式。凹模口倾斜大约 30°，并保证与凸模间隙为 $3t$，然后采用圆角与直平面圆滑过渡，其中，$r_{d1}=(0.5\sim2)t$，$r_{d2}=$

（2～4）t。必要时，还可以将模具的过渡部分制成便于向凹模内滑入的抛物线等几何形状，从而使材料流动阻力小，流动平稳，增大与凹模接触面积，减少凹模压应力，同时使凹模圆角部位不易结瘤，不对工件形成拉伤，提高弯曲件成形质量及凹模寿命。

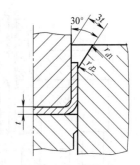

图 11-37　厚板弯曲时的弯曲凹模形状

⑤ 检查凸、凹模间隙是否合理。若凸、凹模间隙过小，则易产生变薄擦伤。此时，应修整凸、凹模间隙至合理。

⑥ 合理控制凸模进入凹模的深度。一般情况下，凸模进入凹模深度越大，越能减少弯曲回弹，但不能过大，过大的深度又容易产生表面伤痕，所以要调节适中为宜。

⑦ 检查弯曲凸、凹模的间隙是否不均匀，即一边太大或一边太小。这是因为若间隙不均匀，则间隙太小的一面在弯曲件直壁上会出现浅而发亮的划痕，而在间隙大的一面，又会在压弯的直边上形成波浪形的荷叶边，使制件的表面质量受到影响。解决措施是：调整模具的间隙，使之处于均匀状态。

11.10　拉深模的装配

拉深模是将平板坯料通过压力机的压力作用，使金属板料产生塑性变形，变成开口空心零件的一种冲压模具。常见的拉深制品形状有筒形、阶梯形、锥形、球形、方形和各种曲面形状等。拉深模按其构造形式的不同，可分为简单拉深模、复合拉深模、连续拉深模以及带压边装置拉深模、不带压边装置拉深模等多种类型。尽管拉深模结构多样、拉深形状各异，但拉深模的装配基本上与冲裁模、弯曲模装配方法相似，可采用直接装配和配作装配两种方法进行。

（1）装配顺序的选择

拉深模装配顺序的选择是保证拉深模精度的基础。与弯曲模装配一样，其装配顺序的选择也分无导向装置拉深模及有导向装置拉深模两种形式。

① 无导向装置的拉深模，上、下模可分别按图样装配，其间隙的调整待安装到压力机上试冲时进行。

② 有导向装置的拉深模，按其结构特点先选择组装上模（或下模），再用标准样件或垫片法边调整间隙边组装下模（或上模），然后再进行调整。

（2）装配组装方法

拉深模的装配方法与冲裁模、弯曲模的装配基本上相似，也是根据拉深模的复杂程度，拉深模零件的加工精密程度情况，有针对性地选择配作法或直接装配法。通常可按以下方法选择。

① 形状简单的拉深模，如筒形零件及盒形件，其拉深凸、凹模一般按设计要求加工后直接进行装配，并要保证间隙值。

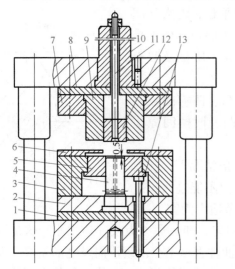

图 11-38 落料、拉深复合模

1—下垫板；2—凸模固定板；3—落料凹模；4—凸模；5—下顶件器；6—卸料板；7—上固定板；8—上垫板；9—凸凹模；10—模柄；11—打料杆；12—上顶件器；13—顶杆

② 复杂形状的拉深模，其凸、凹模采用机械加工如铣、仿形及电火花加工后，需在装配时，借助样件锉修凸、凹模和调整间隙，即采用配作法进行加工与装配。

（3）装配要点

以下通过图 11-38 所示落料、拉深复合模简述拉深模的装配要点。

分析图 11-38 所示拉深模结构可知：该拉深模能同时完成落料及拉深成形两道工序，所冲板料经落料、拉深成形后，从上模由上顶件口推出，拉深时的压边力是由安装于模具下部的弹顶机构（图中未标出）通过顶杆 13 来提供的。此类冲模加工适用于圆筒形拉深及矩形盒件的拉深。其加工及装配要点见表 11-11。

表 11-11 落料、拉深复合模加工装配要点

加工装配项目	加工装配说明
零件加工及部件装配	①本模具所有零件形状简单，可直接通过机械加工完成，如凸凹模 9、落料凹模 3 以及凸模 4 均应按图样加工，并在精加工时确保表面质量及间隙值 ②模架选用标准模架 ③凸模 4、凸凹模 9 采用压入固定法，安装在固定板上，并应固定牢固
装配上模	①选凸凹模 9 作为基准件将上模进行安装及固定 ②安装好上顶件机构
配装下模	①以上模、凸凹模 9 为基准件安装下模各零件 ②将样件放在凸凹模、凹模、凸模之间，调整好间隙后再紧固下模各零件 ③配装下模时，应注意下述工艺要求： a. 拉深凸模 4 应低于落料凹模 3 约 0.15mm 左右 b. 下顶件器 5 应不高于落料凹模 3 的刃口平面 c. 上顶件器 12 的长度应长短一致，使其压边及顶料受力平衡，并要突出凸凹模 9 下平面 d. 上、下模顶件机构装配后应动作灵活，无涩滞现象
试冲与调整	将装配后的模具安装到指定的压力机上，进行试冲拉深并调整，直到制出合格制品为止

11.11 拉深模的安装与调整

11.11.1 拉深模的安装

拉深模的安装分单动冲床上安装与双动冲床上安装两种。一般可按下述方法进行。

（1）在单动冲床上安装拉深模的方法

拉深模的安装调整同弯曲模相似。拉深模安装除了有打料装置、弹性卸料装置等在冲裁模、弯曲模调试中遇到的共同问题之外，还特有一个压边力的调整问题。若调整的压力过大，则拉深件易破裂，过小则易使拉深件出现皱折。因此，应边试边调整，直到合适为止。

如果拉深对称或封闭形状的拉深件（如筒形件），则安装调整模具时，可将上模紧固在冲床滑块上，下模放在工作台上不紧固。先在凹模洞壁均匀放置几个与工件料厚相等的衬垫，再使上、下模吻合，就能自动对正，间隙均匀。在调整好闭合位置后，才可把下模紧固在工作台上。

如果是无导向装置拉深模，则安装时，需采用控制拉深间隙的方法决定上、下模相对位置，可用标准样件或垫片配合调试。

从某种程度说，压边圈压力的调整是拉深模加工成败的关键，压边圈压力的调整需根据模具所采用压边装置的不同而有针对性地采取措施。

目前，在实际生产中常用的压边装置有两大类，即弹性压边装置和刚性压边装置。弹性压边装置主要有橡胶压边装置、弹簧压边装置及气垫式压边装置三种类型。橡胶、弹簧压边装置具有结构简单、使用方便等优点，常用于中、小型压力机的浅拉深零件的加工。一般来说，其调整压边力常用的方法主要有：调节橡胶或弹簧位置以改变其压缩量，改变橡胶的压缩面积，更换单位压力的橡胶，改变弹簧的数量，更换弹簧的刚度等。对气垫式压边装置可采取调节气缸压力，改变压边圈对坯料的接触面积或压缩量来实现对压边力的调整。气垫式压边装置具有压边效果好、调整方便等优点，是拉深成形类模具常用的压边方式。

刚性压边装置主要用于双动压力机上，其压边圈压力的调节主要是通过调整压边圈与凹模之间的间隙或接触面积以及双动压力机外滑块的单位压力等来实现。

（2）在双动冲床上安装拉深模的方法

双动拉深模是应用于双动拉深机的拉深模具，一般用于大型件或覆盖件的拉深加工。图11-39为用于大型覆盖件的双动拉深模结构。

双动拉深模的总体结构较为简单，一般分为凸模（凸模固定板）、压边圈和下模三部分。其结构多采用正装式结构（凹模装在下模），一般情况下，压边圈与凸模有导板配合。安装时，凸模和凸模固定板直接或间接地（通过过渡垫板）

紧固在冲床内滑块上；压边圈直接或间接地（通过过渡垫板）被紧固在冲床外滑块上；下模在冲床上则被直接或间接地（通过过渡垫板）紧固在工作台上。

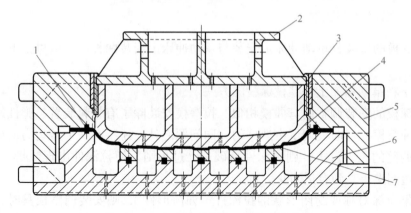

图 11-39　大型覆盖件的双动拉深模结构

1—拉深筋；2—凸模固定板；3—导板；4—凸模；5—压边圈；6—凹模；7—工件

由于所用设备及模具结构的不同，其安装和调整与单动冲床模也不同，一般按如下步骤进行：

① 准备工作。根据所用拉深模的闭合高度，确定双动冲床的内、外滑块是否需要过渡垫板和所需垫板的形式及规格。

过渡垫板是用来连接拉深模和冲床并调节内、外滑块不同闭合高度的辅助连接板，一般车间的双动压力机都准备有不同规格、不同厚度的过渡垫板。外滑块的过渡垫板用来将外滑块和压边圈连接在一起，内滑块的过渡垫板用来将内滑块与凸模连接在一起，下模的过渡垫板是用来将工作台与下模连接。

② 模具预装。先将压边圈和过渡垫板、凸模和过渡垫板分别用螺栓紧固在一起。

③ 凸模的安装。凸模安装在内滑块上，安装程序如下：

a. 操纵冲床内滑块使它降到最低位置。

b. 操纵内滑块的连杆调节机构，使内滑块上升到一定位置，并使其下平面比凸、凹模闭合时的凸模过渡垫板的上平面高出约 10 ～ 15mm。

c. 操纵内、外滑块使它们上升到最高位置。

d. 将模具安放到冲床工作台上，凸、凹模呈闭合状态。

e. 再使内滑块下降到最低位置。

f. 操纵内滑块连杆调节机构，使内滑块继续下降到与凸模过渡垫板的上平面相接触。

g. 用螺栓将凸模过渡垫板紧固在内滑块上。

④ 压边圈的安装。压边圈安装在外滑块上，其安装程序与凸模类似，最后

将压边圈过渡垫板用螺栓紧固在外滑块上。

⑤ 下模的安装。操纵冲床内、外滑块下降，使凸模、压边圈与下模闭合，由导向件决定下模的正确位置，然后用紧固零件将下模过渡垫板紧固在工作台上。

⑥ 空车检查。通过内、外滑块的连续几次行程，检查模具安装是否正确和牢固，检查压边圈各处的压力是否均匀。一般双动冲床外滑块有四个连杆连接，所以通过调节四个连杆的长度，可以小量地调节压边圈的压力。

⑦ 试生产。由于覆盖件形状比较复杂，所以一般要经过多次试拉深和修磨拉深模的工作零件，方能确定毛坯的尺寸和形状，然后转入正式生产。

11.11.2 拉深模的调整要点

（1）进料阻力的调整

在拉深过程中，若拉深模进料阻力较大，则易使制品拉裂；进料阻力小，则又会起皱。因此，在调整过程中，关键是调整进料阻力的大小。拉深阻力的调整方法如下：

① 调节压力机滑块的压力，使之处于正常压力下进行工作。

② 调节拉深模的压边圈的压边面，使之与坯料有良好的配合。

③ 修整凹模的圆角半径，使之合适。

④ 采用良好的润滑剂及增加或减小润滑次数。

（2）压边力的调整

从一定程度上说，压边圈压力的调整是拉深模加工成败的关键。压边圈压力的调整需根据模具所采用压边装置的不同而有针对性地采取措施。

调整方法是：当凸模进入凹模深度大约为 10 ～ 20mm 时，开始进行试冲，使其冲压开始时，压边圈起作用，使材料受到压边力的作用，在压边力调整到拉深件凸缘部位无明显皱折又无材料破裂现象时，再逐步加大拉深深度。在调试时，压边力的调整应均衡，一般可根据拉深件要求高度分二至三次进行调整，每次调整都应使工件既无皱折又无破裂现象。

用压力机下部的压缩空气垫提供压边力时，可通过调整压缩空气的压力大小来控制压边力。通过安装在模具下部弹顶机构中的橡胶或弹簧弹力来提供压边力的，可调节橡胶和弹簧的压缩量来调整压边力大小。

双动压力机的压边力，是由压力机外滑块提供的。其压边力大小应通过调节连续外滑块的螺杆（丝杠）来调整。在调节时，应使连接外滑块的螺杆得到均衡的调节，以保证拉深工作的正常进行。

（3）拉深深度及间隙的调整

在拉深过程中，拉深深度和间隙不合适，都会导致工件成形不理想。

① 在调整时，可把拉深深度分成 2 ～ 3 段来进行调整，先调整较浅的一段，

再往下调深一段，一直调到所需的拉深深度为止。

　　② 在调整时，将上模固紧在压力机滑块上，下模放在工作台上先不固紧，然后在凹模内放入样件，再将上、下模吻合对中，调整各方向间隙，使之均匀一致后，再将模具处于闭合位置，拧紧螺栓，将下模固紧在工作台上，取出样件，即可试冲。

11.12　拉深模试冲的缺陷及调整

　　拉深变形工艺是比较复杂的，而对于较复杂的拉深模，其调试往往与装配修整结合进行，或采取边调试边修整的方法进行。拉深件的质量问题受诸多因素的影响，结合拉深模调试及模具交付使用后的生产经验可将拉深件质量不合格或废品的原因，大致归纳成以下几个方面：

　　① 产品设计不符合拉深工艺要求。

　　② 零件材料选择不当或质量不好。

　　③ 工序设计不够合理。

　　④ 冲模设计或制造不合要求。

　　⑤ 生产中模具未调整好或操作疏忽。

　　（1）拉深缺陷的类型及补救措施

　　调试及生产中经常遇到的拉深缺陷，其产生的原因及补救措施见表 11-12。

表 11-12　拉深缺陷的类型、产生的原因及补救措施

缺陷类型	产生原因	补救措施
尺寸不合要求	①拉深件高度不够	
	a. 毛坯尺寸过小	a. 放大毛坯尺寸
	b. 凸、凹模间隙过大	b. 调换凸模或凹模，调整间隙
	c. 凸模圆角半径太小	c. 磨大凸模圆角半径
	②拉深件高度过大	
	a. 毛坯尺寸过大	a. 减小毛坯尺寸
	b. 凸、凹模间隙太小	b. 磨削凸模或凹模，调整间隙
	c. 凸模圆角半径太大	c. 磨小凸模圆角半径
	③壁厚不匀并与工件底部倾斜	
	a. 凸模与凹模的轴线不同心，造成间隙不均匀	a. 调整凸模或凹模使之同心
	b. 凹模与定位零件不同心	b. 调整定位零件的位置
	c. 凸模轴线与凹模顶面不垂直	c. 调整凸模或凹模
	d. 压边力不均匀	d. 调整压边装置
	e. 凹模形状不正确	e. 修磨凹模

续表

缺陷类型	产生原因	补救措施
起皱现象	①压边力太小或不均匀	①调整压边力
	②凸模与凹模的间隙太大	②调整间隙，调换凸模或凹模
	③材料厚度太小，超过其许可下偏差或材料塑性低	③调换材料
	④凹模圆角半径太大	④修磨凹模或修改压边装置
	⑤按计算应用压边圈而未用	⑤使用压边圈
裂纹或破裂	①材料质量不好（表面粗糙、金相组织不均匀、表面有划痕、擦伤等缺陷）	①调换适当材料
	②压边力太大或不均匀（材料有变薄，呈现韧性裂口）	②调整压边力
	③凹模圆角不光洁，有磨损或裂纹	③修磨凹模或更换凹模
	④凹模圆角半径太小（材料严重变薄）	④加大凹模圆角半径
	⑤凸凹模间隙太小（材料严重变薄）	⑤修磨凸模或凹模，调整间隙
	⑥工艺规程（如润滑、退火等）不合理	⑥修改工艺规程
	⑦凸模圆角半径太小	⑦修磨凸模
	⑧毛坯边缘不合要求，有较大毛刺	⑧调整落料模，去除毛刺
	⑨毛坯尺寸太大，形状不正确	⑨修改毛坯尺寸及形状
	⑩凸、凹模不同心，不平行	⑩调整冲模
	⑪拉深系数取得太小	⑪增加工序，调节各工序的变形量
表面拉毛	①间隙过小或不均匀	①修磨凸、凹模间隙
	②凹模圆角部分粗糙	②修磨凹模圆角
	③冲模工作面或材料表面不清洁	③清洁表面
	④凸、凹模硬度低，有金属粘模	④提高凸、凹模硬度或更换凹模
	⑤润滑不当	⑤采用合理的润滑剂及润滑方法
工件外形不平整（如零件底部凹陷或呈歪扭状、零件底部不平整）	①凸模上无出气孔	①做出出气孔或增加整形工序
	②材料的回弹作用	②增加整形工序
	③凸、凹模间隙太大	③调整间隙
	④矩形件由于末道变形程度取得过大	④调整工序的变形程度或增加整形工序
	⑤毛坯不平整，顶料杆与零件接触面积太小或缓冲器弹力不够	⑤平整毛坯，改善顶料装置

（2）拉深件表面起皱的补救

在诸多的拉深缺陷中，起皱和破裂是拉深缺陷中的主要类型。表 11-13 给出了拉深件各种表面起皱的补救措施。

表 11-13 拉深件各种表面起皱的补救措施

质量缺陷	简图	产生原因	解决途径
带凸缘圆筒件凸缘起皱且零件壁部破裂		压边力太小，凸缘部分起皱，材料无法进入凹模型腔而拉裂	加大压边力
圆筒件边缘折皱	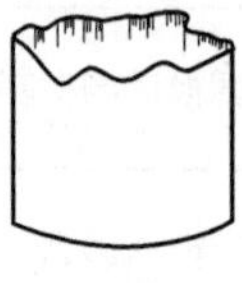	凹模圆角半径太大，在拉深过程的末阶段，脱离了压边圈，但尚未越过凹模圆角的材料，压边圈压不到，起皱后被继续拉入凹模，形成边缘折皱	减小凹模圆角半径或采用弧形压边圈
锥形件或半球形件侧壁起皱		拉深开始时，大部分材料处于悬空状态，加之压边力太小，凹模圆角半径太大或润滑油过多，使径向拉应力减小，而切向压应力加大，材料失去稳定而起皱	增加压边力或采用拉深筋，减小凹模圆角半径，亦可加厚材料
矩形件角部向内折拢，局部起皱	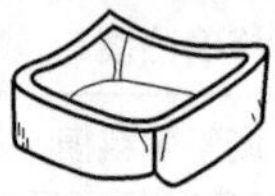	材料角部压边力太小，起皱后拉入凹模型腔，所以局部起皱	加大压边力或增大角部毛坯面积

（3）拉深件破裂的补救

造成制品零件被拉裂的根本原因是拉深变形抗力大于筒壁开裂处材料的实际抗拉强度。因此，解决拉深件的破裂，一方面要提高拉深件筒壁的抗拉强度，另一方面是要降低拉深的变形抗力。表 11-14 给出了拉深件各种破裂的补救措施。

表 11-14 拉深件各种破裂的补救措施

质量缺陷	简图	产生原因	补救措施
凸缘平而壁部拉裂		材料承受的径向拉应力太大，造成危险断面拉裂	减小压边力；增大凹模圆角半径；加用润滑剂；增加材料塑性
危险断面显著变薄	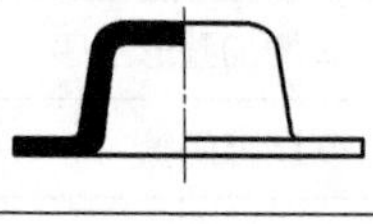	模具圆角半径太小，压边力太大，材料承受的径向拉应力接近 σ_b，引起危险断面缩颈	加大模具圆角半径和间隙，毛坯涂上合适的润滑剂
零件底部拉脱	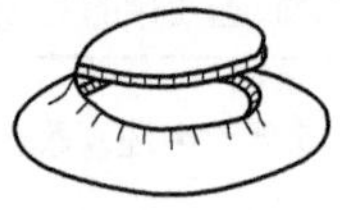	凹模圆角半径太小，材料实质上处于被切割状态（一般发生在拉深的初始阶段）	加大凹模圆角半径

续表

质量缺陷	简图	产生原因	补救措施
矩形件角部破裂	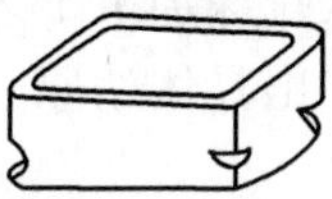	模具圆角半径太小、间隙太小或零件角部变形程度太大，导致角部拉裂	加大模具圆角半径和间隙，或增加拉深次数（包括中间退火工序）
阶梯形件肩部破裂		凸肩部分成形时，材料在母线方向承受了过大的拉应力，导致破裂	加大凹模口及凸肩部分圆角，或改善润滑条件，选用塑性较好的材料

（4）其他拉深缺陷的补救

除起皱、破裂等主要缺陷外，对于调试及生产中产生的其他拉深缺陷可按表11-15进行补救。

表 11-15　其他拉深缺陷的补救

质量缺陷	简图	产生原因	补救措施
矩形件直壁部分不挺直		角部间隙太小，多余材料向侧壁挤压，失去稳定，产生皱曲	放大角部间隙，减小直壁部分间隙
矩形件角部上口被拉脱	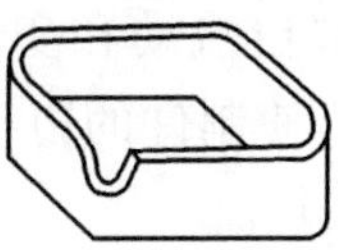	毛坯角部材料太多，或角部有毛刺	减少毛坯角部材料，打光角部毛刺
工件边缘呈锯齿状		毛坯边缘有毛刺	修整毛坯落料模的刃口，以消除毛坯边缘的毛刺
工件边缘高低不一致		毛坯中心与凸模中心不重合，或材料厚薄不匀，以及凹模圆角半径和模具间隙不匀	调整定位、校匀间隙和修整凹模圆角半径
工件底部凹陷或呈歪扭状		模具无出气孔或出气孔太小、堵塞，以及顶料杆与工件接触面太小，顶料杆过长等	钻、扩大或疏通模具出气孔，修整顶料装置
工件底部不平整	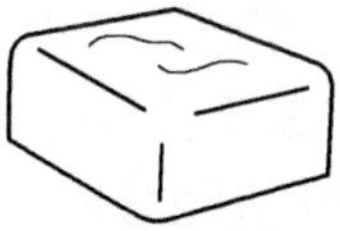	毛坯不平整，顶料杆与工件接触面积太小或缓冲器弹力不够	平整毛坯，改善顶料装置
工件壁部拉毛	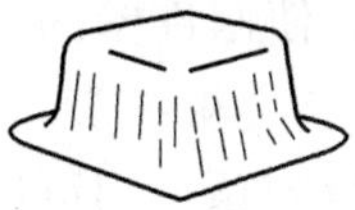	模具工作平面或圆角半径上有毛刺，毛坯表面或润滑油中有杂质，拉伤零件表面	需研磨、抛光模具的工作平面和圆角，清洁毛坯，使用干净的润滑剂

（5）拉深操作常见问题分析

在拉深模的调试及生产加工过程中，除上述拉深缺陷外，还会遇到多种问题。对待遇到的问题，应仔细观察、细心分析，从拉深加工工艺、所操作拉深模各零部件的结构、拉深材料等众多的影响因素中找出具体的原因，并有针对性地对模具采取调整或修理措施。常见的问题主要有：

1）制品的外形及尺寸发生变化

拉深模在工作一段时间以后，制品经检查发现，其形状和尺寸发生变化，可以从以下方面对其产生原因进行分析、检查。

图 11-40　压边圈不平所产生的制件缺陷

① 检查压边圈在工作时是否有不平现象。因压边圈不平整，会使得板料在拉深过程中进入凹模的阻力不均匀，致使变形阻力小的那一面的侧壁高度小，而且也厚；阻力大的面，侧面高而薄，如图 11-40 所示。

解决措施：检查一下凸模与凹模的轴心线是否由于长期振动而不重合；压边圈螺钉是否长短不一；凹模的几何形状是否发生变化或其四周的圆角半径由于磨损严重而不一致，并根据不同情况加以修整。

② 检查凹模圆角半径是否均匀。如果凹模圆角半径由于长期磨损而变得不均匀（特别是拉深盒形件），在拉深时，板料各部位流动和变形情况就不一样，所以在拉深件的边缘上常常伸出大小不均的余边，使制件的边缘参不齐和厚薄不均，或者使制件局部产生细小的折皱，影响制件质量。

解决措施：修磨凹模圆角半径，使之保持均匀。

③ 检查凸模与凹模是否在同一中心线上。如果凸模与凹模不同中心，如图 11-41 所示，凸模与凹模间隙不均，这样在制件侧壁上就会出现一边高一边低，一边薄一边厚的加工缺陷，有时制品还会在间隙小的一边出现裂洞。发生这种现象的主要原因是模具的定位

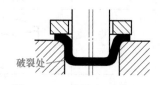

图 11-41　凸模与凹模不同心时所产生的制件缺陷

部分产生偏差，例如定位销孔的孔距或孔径由于受长期振动而有所增大。

解决措施：对冲模进行重新装配与调整，使之恢复到原来的状态。

此外，检查板料的定位板的中心与凹模中心是否重合，若不同中心，也会产生上述同样的问题，即由于板料的滑动变形量各不相同，一边多而另一边少，则制品也发生一侧高一侧低形状，必须予以调整或更换定位板备件。

④ 检查凸模在使用过程中是否松动而导致冲压时歪斜。假如凸模在冲压时歪斜进入凹模，与凹模的间隙各处都不一样，则会使制件壁的变形不一致，也发生一边高一边低，一边薄一边厚的现象，严重时还会被拉裂，如图 11-42 所示。若经检查产生的缺陷仅因凸模歪斜，而其他尺寸没问题，则可以用凸模的工作柱

面作为基面进行找正，把定位底面修磨到同它垂直；若尺寸还有问题，则在保证定位底面同工作柱面垂直后，还需修整其尺寸。

造成凸模与凹模中心线不平行的原因，还可能是因为凹模的定位底面同工作柱面不垂直。要避免这种缺陷，在使用机床磨削或钳工进行修整时，应当用千分表或直角尺来校正，使孔壁同顶平面保持垂直，如图 11-43 所示。

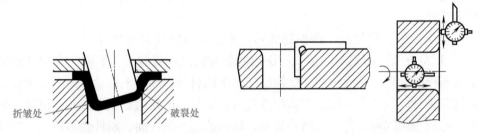

图 11-42　凸模中心线与凹模平面不垂直时所　　　　图 11-43　凹模孔垂直度的检查方法
　　　　　产生的制件缺陷

修复可采用先用凹模的工作柱面作为基面进行找正，把定位底面修磨到同它垂直后，再以定位底面为基面在平面磨床上磨另一平面的加工方法解决。

⑤ 检查压边圈与凸模或凹模的间隙。一般情况下，有的压边圈（压料板）在冲模中是套在凸模（在复合模中是放在凹模孔内）上沿着凸模移动的，它的位置并没有固定。若压边圈同凸模的间隙过大，也会造成彼此间偏心，使压料不正而引起压力不均匀，造成板料移动和变形不一致，形成上述同样的加工缺陷。

解决措施：对压边圈与凸模或凹模的间隙进行调整，使之各边间隙在 0.01～0.02mm 范围内。若压边圈（压料板）磨损太大，应进行更换新的备件。

⑥ 检查冲模各部件装配的牢固性。这是因为，冲模零件在冲模中的准确位置是由定位销（圆柱销）和螺钉来保证的，而紧固后的各零件在冲模工作一段时间后，会因振动而失去原有的牢固性，致使各个零件间相对位置发生变化，特别是凸模与凹模的位置变化，不仅冲不出合格的制品来，有时会使模具裂损报废，出现不必要的事故。所以，冲模在使用一段时间后，维修工必须对其进行修整和检查，经常保持销钉及螺钉的定位和紧固作用。

2）拉深件出现起皱、裂纹或破裂现象

在拉深件的拉深过程中，制品起皱、裂纹或破裂是容易发生的。可以从以下方面对其产生原因进行分析、检查：

① 检查压边圈的压力。当压边圈的压力过大时，会增加板料在凹模上的滑动和变形阻力，使板料受凸模的强烈拉力而发生裂纹。这种故障开始时会发生材料变薄，当拉力超过了材料的抗拉强度时，就形成了韧性裂口。

解决措施：减少压边圈的压料力，如减少压料面积，设置限位柱减少压紧程度，对气垫压料，可将气垫的单位压力减小一些，就可以得到解决。

② 检查凸模与凹模的圆角半径是否受到损坏或磨损。当圆角磨损后加大时，所需要的拉深力变小，板料外缘受压部位减少而圆周方向上压缩力范围增大，致使制品拉成后所留下的周边加大，形成皱纹；当圆角半径变小时，板料所产生的内应力增大，又会造成制品的破裂或整个底部被冲掉。特别是在拉深矩形盒零件时，它的变形主要集中在四个角处，其凸、凹模的圆角是否合适，对产品质量有很大影响。

解决措施：修复凸、凹模的圆角半径，尽量使其大小合适。

③ 检查凸、凹模的间隙。拉深模间隙对制品质量有很大影响。合理的间隙值是比料厚公称尺寸稍大一些，这样能使多余的材料逐渐向上移动，而不至于将制件拉破或折皱以及产生裂纹。当间隙变化时，如凸、凹模由于振动影响，位置发生变化，造成一边间隙大，一边间隙变小，则间隙过小的一面，制件会被拉毛，壁厚变薄，使拉深力突然增大，增加了材料的应力，结果会使制品的底边被拉裂并加速凹模的磨损；间隙过大的一面，就会发生折皱或使制件壁倾斜，造成底小口大。

解决措施：调整凸、凹模，保证其间隙均匀，若经磨损间隙变大无法修复时，可更换新的备件。

④ 检查凸、凹模的表面质量，特别是在凹模圆角部分及圆角部分的附近，除了要求有足够的强度外，其表面必须光洁。因为这是板料产生最大变形的区域，若冲模在使用一段时间后，表面质量降低，则在凹模面上就会黏附一些碎片或被拉成凹坑，不但会影响制品表面质量，也会被拉裂或折皱。

解决措施：模具在使用一段时间后，必须对凸、凹模表面进行表面抛光。

⑤ 检查压料板（压边圈）是否平整，表面是否光滑，否则板料在拉深过程中流动不均匀，失去压料作用，致使制品起皱。压边圈在使用一段时间后，应及时取下磨光。

⑥ 检查凸模与凹模是否中心在同一轴线上，凸模工作时，是否与凹模垂直。

解决措施：调整或修复凸模与凹模。

⑦ 检查压力机滑块的运动速度是否符合冲压生产工艺的要求。对拉深工艺来说，若速度过高，易引起工件的破裂。拉深工艺的合理速度范围如表 11-16 所示，进行拉深工艺的压力机，滑块速度不应超过这个数值。

表 11-16　拉深工艺的合理速度范围

拉深材料	钢	不锈钢	铝	硬铝	黄铜	铜	锌
最大拉深速度 /（mm/s）	400	180	890	200	1020	760	760

3）制品表面出现擦伤

在拉深件的变形过程中，由于毛坯要逐渐滑过拉深凹模圆角部位的变形区，拉深件侧壁都将出现在凹模表面上滑动的痕迹。这是一种具有金属表面光泽的细微划痕，一般这种细微划痕对拉深件来说，是很普遍存在的问题，也是允许的，通过擦拭或简单的抛光便可消除。若出现严重划痕或划伤，则称为制品表面擦伤，这是不允许的，可以从以下方面对其产生原因进行分析、检查。

① 检查凸、凹模工作部分是否有裂纹或损坏，表面是否光洁。这是因为拉深毛坯在通过这些损伤表面时将不可避免地出现严重划痕。

解决措施：修磨或抛光损伤表面。

② 检查凸、凹模间隙是否不均匀、研配不好或导向不良等。因为出现这些问题都可能造成局部压料力增高，使侧面产生局部接触划痕或变薄性质的擦伤。

解决措施：调整凸、凹模的间隙均匀，注意保证凸、凹模工作部位的研配质量，保证低的粗糙度和尺寸的一致性。

③ 检查所加工的毛坯表面是否清洁，毛坯剪切面毛刺和模具及材料上的脏物或杂质是否清除，因为这些因素对此类缺陷的产生有直接影响。

解决措施：清洁毛坯表面，清除毛坯剪切面的毛刺和模具及材料上的脏物或杂质。

此外，正确地选用模具材料和确定其热处理硬度，也是减轻拉深擦伤的一个有效措施。一般来说，应选用硬材质的模具来加工较软材料，选用软材质的模具来加工硬材料。例如，加工拉深铝制件时，可采用热处理硬度较高的材料制作模具，也可用镀硬质铬的模具；加工不锈钢制件时，可采用铝青铜模具（或用铝青铜镶拼覆盖的结构形式），这样可以收到较好的拉深效果。另外，在拉深时，采用带有耐压添加剂的高黏度润滑油，或毛坯使用表面保护涂层（如不锈钢采用乙烯涂层等），效果也较好。

4）制品表面出现高温黏结

拉深件表面出现的另一种缺陷是摩擦高温黏结。这是在侧壁的拉深方向上产生的表面熔化和堆积状的痕迹。这种痕迹开始出现时，在模具或制件表面产生一两条短的、浅的线痕，往往呈条形或线形状，如不及时消除，将很快出现更多、更深的线痕直至模具不能使用，这不仅给零件表面质量造成损害，严重时甚至引起生产故障。这种情况最易发生在凹模的棱边部位，也即在凹模的圆角部位。因为在拉深过程中，这些部位的压力很大，因而滑动面的摩擦阻力很大，甚至可能达到1000℃左右的高温，从而导致模具表面硬度降低，并使被软化的材料呈颗粒状脱落，局部熔化黏结在模具上，拉坏制件。它类似于机械加工中，在刀具工作表面产生的拉削瘤所造成的破坏情况。

对于摩擦高温黏结，必须引起充分重视。用硬而厚的难加工材料（如钢、不锈钢等）进行复杂形状和变形程度不大的拉深时，容易发生这类问题，因此应在拉深工作开始前就进行充分研究和采取预防措施，当发生问题时再进行修复或解决就比较困难了。

凹模材料及其热处理、凹模表面的加工质量是影响摩擦高温黏结的主要因素。因此，对于在拉深过程中容易发生高温黏结情况的模具，应选用材质较好的合金工具钢、优质模具钢或硬质合金这类材料，并应执行正确的热处理工艺，以保持材料良好的组织、足够的硬度和刚性，这一点是极为重要的。对于凹模的边棱、圆角表面，应进行仔细的精加工，使之有利于材料的滑动。对于摩擦高温黏结特别严重的模具部位，应考虑采用镶拼式结构，以便于及时更换和维修。

此外，在拉深硬而厚的难加工材料时，应在凹模和材料的接触表面合理、正确地使用润滑剂。

5）模具磨损严重

模具磨损严重是指模具的正常使用寿命大大缩短的非正常磨损，且导致拉深件质量和精度的严重降低。拉深模产生磨损主要有以下部位：

① 在毛坯材料流入较多和流动阻力较大的地方，如凹模圆角处、凹模表面和拉深凸梗处等。这些部位由于表面压力大，模具的磨损也就大。模具在这些部位的磨损和黏结是造成划痕和异物凸起等问题的主要原因。

② 在板厚增加较大的部位，磨损也大，因为板厚加大，虽然在这个拉深变形区域不会产生皱纹，但该部位的表面压力就要增加，同样容易引起黏结和磨损。

③ 在形成皱纹的部位，也使磨损增加。皱纹高低不同的部位，对凸模和凹模的局部表面都增加了表面压力，并造成磨损。通常，容易发生皱纹是因为拉深深度过大、材料流动量大，这一因素和皱纹的共同影响，将使磨损变得更加严重。

改善磨损通常采取以下措施：

① 应根据板料变厚的实际情况，取凸、凹模的间隙值，这样可以防止局部压力增强，以减少黏结和磨损。

② 正确的润滑。在黏度不高的润滑油里添加耐高压的附加剂，对减少模具磨损能起到很大的作用。此外，正确和合理的润滑也改善了拉深条件，有时还能减少制件起皱现象。

③ 使用耐磨性好的材料，并进行正确的热处理，使模具具有高的硬度和耐磨性。

④ 消除皱纹。通过消除皱纹来减少由皱纹引起的磨损，如改善凹模表面形状和精度，合理地布置拉深肋。

11.13　成形模试冲的缺陷及调整

成形模的装配方法与前述的弯曲模、拉深模基本相同，即根据设计图样加工出零件后，再根据模具结构特点，采用配作或直接装配的方法，先进行部件分组组装，然后进行总体装配成形。

与拉深变形一样，成形模装配工艺也是比较复杂的。因此，为保证成形模的装配质量，在成形模的装配与制作时，除根据图样加工、装配外，主要还应在装配过程中对所装配的模具采取边试模边修整的措施。而其边试边修整加工装配过程，修整的原因及部位，主要是依据试件的质量缺陷状况来决定的，即根据不同的缺陷，采用不同的调整及修整方法。

11.13.1 翻边模试冲的缺陷及调整

翻边模是将工件的孔边缘或外边缘在压力机压力的作用下翻成竖立直边的一种冲压模。在翻边模试冲时，由于材料、模具、压力机和操作等各方面的影响，往往产生这样或那样的问题，因此，在调试过程中，针对所发生的缺陷，必须对各方面的影响因素进行仔细分析，在找出具体产生原因的基础上才能有针对性地对模具采取调整或修理措施解决。

（1）内孔翻边

受内孔翻边模安装、使用、操作状况等各种因素的影响，在调试及实际生产中，常会出现以下质量缺陷。

1）翻边孔壁偏斜

零件翻边后，若发现孔壁与平面不垂直，可从以下几方面对其产生原因进行分析、检查、补救。

① 检查凸模、凹模之间的间隙值。若间隙值各向不均或是太大，则在翻孔时，易使孔壁产生偏斜。这时必须要加大凸模或缩小凹模孔直径尺寸，使之间隙变小，以消除孔偏斜现象的发生。

② 检查凸模对凹模的垂直度。若经振动凸模松动，工作时凸模不垂直于凹模刃口平面，则会造成翻边孔壁偏斜。这时，应重新装配凸模，使凸模垂直于凹模刃口表面，并调整间隙，使之大小合理，各向均匀。

2）翻边孔边缘高低不齐

内孔翻边后若孔边缘高低不齐，可从以下几方面对其产生原因进行分析、检查、补救。

① 检查凸模、凹模之间的间隙值。若间隙值各向不均或是太小，则翻孔时，翻孔材料由于太小的间隙被挤压拉长，从而造成边缘高低不齐。这时，必须调整间隙，使之变大，并且各向均匀一致。其方法是加大凹模孔或减小凸模直径。

② 检查凹模圆角半径。若凹模圆角半径周边大小不一致，则在内孔翻边过程中，圆角小的一面材料比圆角大的一面材料更易被拉长，从而造成端面尺寸高低不一。这时，应对凹模圆角半径进行刃磨修整，尽量使其四周保持均匀一致。

3）翻边出现裂口

零件经内孔翻边后，若翻边出现裂口，可从以下几方面对其产生原因进行分析、检查、补救。

① 检查凸、凹模间隙。若间隙太小，容易使翻边出现裂口。这时，应修整凸、凹模大小，使间隙适当加大。

② 检查翻边坯料材质。若材料太硬，易使翻边时开裂。这时，应将坯料先进行退火处理。使之软化，塑性增强，即可减少裂口的出现。若还不能消除，只好重新更换塑性较好的坯料。

③ 检查预制孔孔边质量。预制孔孔边应平齐，不允许有大的毛刺，若发现孔边粗糙、参差不齐或有明显毛刺，应经修整去除后再进行翻边，可大大减小裂口现象发生。

（2）外缘翻边

1）边壁与平面不垂直

零件翻边后如果边壁与平面偏斜、不垂直，可从以下几方面对其产生原因进行分析、检查、补救。

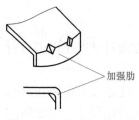

加强肋

图 11-44　控制翻边回弹
的措施

① 检查坯料。若坯料太硬，或在翻边时产生回弹，从而使边壁与零件基面不垂直，这时，应将坯件退火后再进行翻边。对于比较大的零件，在不影响使用功能的情况下，可在翻边棱线上压出加强肋，如图 11-44 所示，以减少回弹时引起的不垂直现象。

② 检查凸、凹模间隙。凸、凹模间隙若过大，易使板料在翻边时失去控制，产生不垂直现象。这时，应调整间隙，使间隙稍微减小，即可减轻不垂直现象。

2）翻边不齐或边缘高低不平

若翻边壁边不齐或高低不平，可从以下几方面对其产生原因进行分析、检查、补救。

① 检查凸、凹模间隙。若间隙太小或不均匀则易使翻边后边缘高低不齐。这时，应调整间隙，修整凸模或凹模，使间隙变大且均匀。

② 检查坯料的定位。若在翻边时，坯料位置放置不正或定位装置发生变位使坯料偏移，翻边后容易使边缘高低不齐。这时应调整定位装置或修整定位板，在翻边时使坯料定位正确，不能处在偏移情况下翻边。

③ 检查凹模圆角半径。若凹模周边圆角半径不均匀，忽大忽小，也易使翻边后的边缘高低不齐。这时，应修整凹模圆角半径，使其周围均匀一致。

3）翻边破裂或产生裂纹

翻边裂纹主要发生在内凹的外缘翻边，可从以下几方面对其产生原因进行分析、检查、补救。

① 检查坯料边缘。若坯料边缘存在很大毛刺，在翻边时易在此处发生裂纹。因此，坯料在翻边前必须进行清理，使其边缘光滑，无毛刺、残渣存在，也可采取将带毛刺的一侧朝上，再进行翻孔，一定程度上可减轻翻孔开裂的现象。

② 检查凸、凹模间隙。翻边时，凸、凹模间隙不能太小，间隙太小，易被翻破或产生裂纹。为使制品不产生裂纹，应修整凸、凹模，适当将间隙放大，并要均匀一致。

③ 检查凹模及凸模圆角半径。在翻边时，凸、凹模圆角半径不能太小，为减少裂纹的产生，可适当加大凸、凹模圆角半径。

④ 检查坯料硬度。若硬度较大应进行退火处理，使之软化后再进行翻边。

4）翻边有波浪纹

零件翻边后，若在制品侧边产生较平坦的大波浪，主要原因是凸、凹模间隙太大或不均匀，凹、凸模安装时接触深度不够等因素引起的，这时，除可调整间隙，使间隙适当缩小或均匀外，还要调整凸模进入凹模的深度，使之合适，若还不能消除，应在允许的情况下，适当减少翻边高度。

5）翻边表面被擦伤

零件在翻边后，若表面被划伤而影响表面质量，可从以下几方面对其产生原因进行分析、检查、补救。

① 检查凸模圆角部位是否光洁，若表面粗糙应进行抛光或镀硬铬，以减少对坯料的刮伤，保证表面质量。

② 检查凸、凹模间隙及表面粗糙度状况。应保证间隙合理均匀，表面光洁，以免翻边材料的金属被粘在凸、凹模工作表面上，从而使制品划伤。

③ 检查翻边坯件与凹模是否有杂物，并消除。翻边坯件一定要平整，不能在压缩平面上有明显的皱纹或较大的毛刺。

④ 要正确地掌握冲压方向，使坯料毛刺朝向凸模一边，尽可能不采用润滑剂。

11.13.2 胀形模试冲的缺陷及调整

胀形模是将拉深后的筒形坯料，在凸、凹模的作用下，向外扩张成所需要的零件形状的一种冲压模。胀形模试冲时，由于受胀形模结构、胀形件形状、润滑条件及材料等各项因素的影响，常会出现以下质量缺陷。此时，可从以下方面分析原因，并有针对性地对模具采取调整或修理措施。

（1）侧壁产生竖直裂纹

胀形后侧壁产生竖直裂纹，如图 11-45 所示。这主要是在成形初期材料受压缩变形，而后期受拉伸变形时产生的，可从以下几方面对其产生原因进行分析、检查、补救。

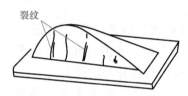

图 11-45 侧壁产生竖直裂纹

① 检查冲模润滑表面，若润滑不好，易产生裂纹，应采用高质量的润滑油润滑。

② 选用塑性较好、变形极限大的材料进行胀形，或坯料经退火处理后再进行胀形。

③ 采用压边圈胀形加工时，应适当减少压边力，对采用拉深肋加工的零件，为防止侧边产生竖直裂纹，一般应重新布置拉深肋的位置和形状。

（2）凸模圆角处裂纹

胀形后在凸模圆角处产生裂纹，如图 11-46 所示。这主要是胀形时，凸模圆角处材料流动缓慢造成的，可从以下几方面对其产生原因进行分析、检查、补救。

① 检查凸模圆角半径的加工状况。若加工精度较差，表面粗糙，应进行研磨，使

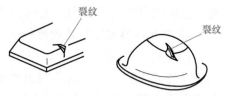

图 11-46 凸模圆角处产生裂纹

之精度及表面粗糙度等级提高，以减少凸模圆角处裂纹的产生。

② 在胀形时，在凸模表面采用高质量润滑油润滑，以减少凸模与材料表面摩擦，减少裂纹，并尽量加快成形速度。

③ 在许可情况下，尽量减小胀形深度及加大断裂部的圆角半径以及断裂部位的拐角半径值。

④ 选用延伸率大、屈服点低、塑性好的材料胀形。

（3）凹模圆角处裂纹

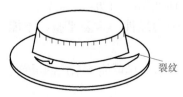

图 11-47 凹模圆角处产生裂纹

胀形后在凹模圆角处产生裂纹，如图 11-47 所示。这主要是由胀形时，材料在凹模圆角部位处流入量太少造成的，可从以下几方面对其产生原因进行分析、检查、补救。

① 加大压料力，使之不能过小。

② 研磨凹模圆角半径，使其精度质量提高。

③ 加大凹模圆角半径值，使之圆角半径应超过材料厚度值。

④ 改用延伸率较大，塑性较好的材料进行胀形。

（4）凸模头部部位裂纹

胀形后在凸模头部位置被胀裂，如图 11-48 所示。这主要是由凸模头部棱边太尖，拉深应力过大造成的，可从以下几方面对其产生原因进行分析、检查、补救。

① 凸模圆角不能太尖，应圆滑过渡，并且要进

图 11-48 凸模头部部位胀裂

行研磨，使之表面光洁。其质量精度要高，以减少头部出现破损。

② 采用延伸率较大，塑性好的材料进行胀形。

③ 在许可情况下，适当减小胀形深度，加大破裂部位圆角半径值。

11.13.3　缩口及扩口模试冲的缺陷及调整

缩口模是在压力机作用下，将圆筒或管件坯料的开口端直径加以缩小的一种冲压模；而扩口模则与缩口模相反，其是在压力机作用下，将圆筒或管件坯料的开口端直径加以扩大的一种冲压模。通过缩口模或扩口模可将口部缩（扩）为锥形、球形或其他形状。缩口模、扩口模试冲时，由于受模具结构、成形形状、润滑条件及材料等各项因素的影响，常会出现质量缺陷，此时，可从以下方面分析原因，并有针对性地对模具采取调整或修理措施。

（1）缩口的质量控制

由于缩口时，变形区内金属主要是受切向压应力的作用，易于产生失稳起皱，因此，防皱是缩口加工应主要控制的质量缺陷。

① 选用塑性较好的缩口材料，必要时在缩口前进行退火处理，以提高塑性，使材料易于变形，防止皱纹的产生。

② 检查坯件口部质量。坯件在缩口前，一定要去除毛刺，口部边缘要整齐。

③ 检查模具工作部位，其形状要合理，间隙要合理而均匀。试验表明：凹模锥角过大或过小都不利于缩口。凹模锥角过小，主要受限于传力区失稳而起皱；凹模锥角过大，主要受限于变形区失稳而起皱。因此，缩口模的工作部分形状虽应按零件形状设计，但从制造工艺性质考虑，则希望凹模锥角接近于最佳角度，二者应力求协调。正常情况下，零件的最大极限缩口变形，一般发生在凹模半锥角为 20° 附近。

④ 采用良好的润滑。在缩口过程中，模具工作部位及坯料间良好的润滑是保证成形及防止起皱最好的工艺措施之一。

⑤ 提高模具工作零件表面质量。模具工作零件凸、凹模表面粗糙度越低，越容易使零件成形，减少起皱。因此，模具在工作一段时间后，应对凸、凹模工作表面进行研磨与抛光，提高表面粗糙度等级。

上述措施全采用后，若制品零件仍起皱，则采用将坯料进行局部加热后再缩口或在缩口填充材料（大型零件）的方法也能收到良好的防皱及缩口效果。

（2）扩口的质量控制

扩口时，变形部分主要承受切向拉应力，其口部破裂是扩口时的主要危险。但是，在采用刚性锥形凸模沿轴向扩口时，在传力区还可能发生失稳而起皱。因此，必须采取必要措施，克服口部裂纹、主体失稳起皱现象。

① 检查模具工作部位，如凸、凹模的结构形式。凸模尽量采用整体式凸模，

这是因为整体式锥形凸模要比分瓣式扩口有利，比较稳定，且变形均匀；而采用分瓣式，使得坯料变形不均匀，易使口部破裂。同时，凸、凹模一定要间隙合理，表面光滑。

② 坯件的厚薄一定要均匀，符合工艺要求，不能厚薄不均。通常，管材原始壁厚与直径之比大时，最有利于扩口。

③ 检查管料或拉深筒体扩口端部的加工质量，不能有毛刺及参差不齐，粗糙的端口在成形时，往往由于应力集中现象而导致口部开裂。因此，坯件在扩口前必须要清理口部，去除毛刺，使口部边缘整齐、光洁、平整、无杂物。

④ 为防止非变形区失稳而形成的皱纹，在模具结构上，一定要有对传力区进行约束的措施，使之在扩口时不能偏置而失稳。

⑤ 降低冲压速度。在扩口时，冲压速度不要过快，一般应在液压螺旋压力机或液压机上扩口，尽量不使用普通冲床。使用普通冲床由于受冲击及振动的影响，很容易使口部发生裂纹。加工过程注意良好的润滑、减少摩擦，使之在润滑良好状态下进行工作。

⑥ 采用局部加热后进行扩口。采用局部加热或在扩口前进行坯件退火，可以使材料塑性提高，便于加大变形，同时使材料软化后也不容易产生裂纹和起皱。

11.14 冷挤压模试冲的缺陷及调整

冷挤压模是在室温下，通过压力机的压力，对预先放入模腔中的金属坯料，使其在三向受压的情况下产生塑性变形，从而挤出所需尺寸、形状及精度的零件的一种冲压模。利用冷挤压加工可以生产各种形状的管件、空心杯形及各种带有突起的复杂形状的空心零件。

冷挤压模的装配与调试方法基本上与弯曲模、拉深模相同。即将装配好的模具安装在相应压力机上，首先调整好上、下模在压力机上的相对位置，使上、下模轴线保证一定的同轴度，模口要吻合，凸模进入凹模的深度要适中，并要保证凸、凹模间隙均匀、合理。然后，调整好坯件定位，使之定位准确。卸料系统要动作灵活，保证出件畅通、快捷、无卡死现象，并在试冲中，要进行良好的润滑。

模具在压力机上调整、安装后，即可进行试冲。在冷挤压模试冲及实际生产中，由于受冷挤压加工工艺、模具结构、润滑条件及材料等各项因素的影响，常会出现以下质量缺陷。此时，可从以下几方面分析原因，并有针对性地对模具采取调整及修理措施。

（1）正挤压件弯曲

正挤压后，在零件的底部出现明显弯曲，如图 11-49 所示。

这主要是由模具工作部位形状不对称或润滑不均匀引起的，改进措施如下：

① 修改模具的工作部位，使其形状对称。

② 在正挤压凹模上面加装导向套，对正挤出的工件部分进行导向，以防弯曲。

③ 采用性能良好的润滑剂，并且在挤压时要涂抹均匀。

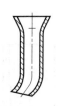

图 11-49　正挤压件弯曲

（2）正挤压空心件侧壁断裂或皱曲

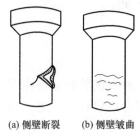

(a) 侧壁断裂　　(b) 侧壁皱曲

图 11-50　正挤压空心件侧壁断裂或皱曲

正挤压后，在正挤压空心件侧壁出现断裂或皱曲，如图 11-50 所示。

如图 11-50（a）所示正挤压空心件侧壁断裂主要是挤压时，凸模内的芯轴安装不合适，凸模芯轴露出凸模的长度太长，从而使制品侧壁容易被拉裂；图 11-50（b）所示正挤压空心件侧壁皱曲则主要是由于凸模芯轴露出凸模太短。因此，芯轴的装配及露出凸模的高度一定要长短合适。一般使其露出长度应与毛坯孔的深浅相适应，取 0.5mm 为合适。

（3）反挤压件内孔产生裂纹

反挤压后，反挤压件内孔产生环状裂纹，如图 11-51 所示。

这主要是在冷挤压低塑性材料时，润滑不合理，由于附加拉应力的作用而引起的内孔裂纹。预防措施如下：

① 采取良好的毛坯表面处理及润滑。如铝合金 2A11、2A12 在挤压前，应先磷化再用工业菜油润滑。

② 抛光及研磨反挤压凸模，减小其表面粗糙度。

③ 改进热处理退火规范，提高毛坯的塑性。

内部裂纹

图 11-51　反挤压件内孔产生裂纹

（4）反挤压空心件壁部出现孔洞

图 11-52　反挤压空心件壁部出现孔洞

反挤压后，反挤压空心件壁部出现孔洞，如图 11-52 所示。其原因及防控方法如下：

① 检查凸、凹模间隙的均匀性，若间隙不均匀，则会在间隙小的一侧出现洞口。此时，必须重新调整凸、凹模的位置，使之间隙均匀一致，并严格控制上、下模的平行度及垂直度。

② 在挤压时，润滑剂涂得太多，引起"散流"而造成孔洞。此时，必须减少润滑剂用量并涂抹均匀。

③ 凸模细长稳定性差，在挤压时也会使侧壁挤裂，造成洞口。这时，应设法提高凸模挤压时的稳定性或在凸模工作面上加开工艺槽，即可消除挤裂现象。

（5）反挤压件单面起皱

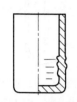

图 11-53　反挤压件单面起皱

反挤压后，反挤压件单面出现起皱，如图 11-53 所示。解决办法如下：

① 调整凸、凹模间隙。当凸、凹模间隙由于长期使用而发生变化时，易使挤压的金属流动不均匀，在流动较快的部位易起皱，故应将凸、凹模间隙调整均匀。

② 正确使用润滑剂。挤压时，若润滑剂涂抹太多或不均匀，也易使单面起皱，故一定要涂抹均匀一致。

11.15　冲模的验收

冲模经零件加工、装配调试后，即可交付验收和使用。冲模的验收主要由制造方负责组织，使用方（用户）负责具体检测验收，并由双方的设计、工艺、检验及使用部门有关人员与模具装配及调试人员参加。

（1）验收的技术依据

冲模在验收时，主要依据下述技术性文件：

① 冲压制品零件图和有关技术要求；

② 冲压制品零件的冲压工艺规程；

③ 冲模设计图样和制造工艺规程；

④ 冲模验收技术条件；

⑤ 双方签订的合同文本及有关要求。

（2）验收项目及内容

冲模验收主要根据验收技术条件和合同文本所规定要求进行检查。模具验收检测项目及要求可参照本章 "11.1　冲模的装配及要求" 进行。

此外，还需对冲模工作稳定性进行检查。一般在正常生产条件下，若能连续工作 8h 无差错，即可认定冲模稳定性较好。冲模稳定性检查时，要符合如下要求：

① 冲模工作系统安装要牢固、可靠；活动部位要灵活，动作平稳协调；定位要准确。

② 卸料、退料机构动作要灵活，工作顺畅。

③ 冲模各主要受力零件要有足够强度。

④ 冲模安装后要平稳；调整、维修方便，安全性能好。

⑤ 冲模配件、附件、易损件要齐全。

⑥ 冲模要方便使用。

（3）验收后交接程序

冲模经验收合格后，制、用双方即可按合同进行交接，并装箱组织发货运输。在交接时双方在验收合格单上签字后，制造方还应给使用方随模附带下述技术性文件：

① 模具设计图样，以作为使用方维修依据。

② 冲模检验记录及验收合格证书。

③ 试冲合格制品零件 3 ～ 15 件。

④ 冲模使用说明书。

第12章 塑料模的装配与调试

12.1 型腔模的装配与调试要求

常见的型腔模主要有塑料压缩模、塑料压注模、塑料注射模、合金压铸模、锻模等。型腔模的装配与零件的加工往往是相互配合并同步进行的。

（1）装配技术要求

型腔模装配技术要求见表 12-1。

表 12-1 型腔模装配技术要求

序号	项目	技术要求
1	模具外观	①装配后的模具闭合高度、安装尺寸或注射模上的各部位配合尺寸、顶出板顶出形式、开模距等均应符合图样要求及所使用设备的条件 ②模具外露非工作部位棱边均应倒成圆角 ③大、中型模具均应设有起吊孔、吊环，以供模具搬运及运输用 ④模具闭合后，各承压面（或分型面）之间要闭合严密，不得有较大缝隙 ⑤动（凹）、定（凸）模座板安装面对分型面平行度在 300mm 范围内不得大于 0.05mm ⑥装配后的模具应打印模具编号及合模标记
2	成型零件及浇注系统	①成型零件、浇注系统表面应光洁，无塌坑、伤痕等弊病 ②对在成型时有腐蚀的零件表面应进行抛光，必要时可镀硬铬 ③成型零件如型腔、型芯等的尺寸精度、表面质量均应符合图样要求 ④互相接触的承压零件（如压缩模凸模与挤压环、压注模的柱塞与加料室）之间应有合理间隙或适当的承压面积及承压形式，以防零件间直接挤压 ⑤型腔在分型面处、浇口及进料口处应保持锐边，一般不得修出圆角 ⑥各飞边方向应保证不影响工作、不伤人及正常脱模
3	斜楔及运动零件	①各滑动零件配合间隙要适当，起止位置定位要准确，不准有卡住及歪斜现象 ②活动型芯、顶出及导向部件运动时，滑动要平稳，动作要可靠、灵活、协调，不得有卡紧及涩滞现象

续表

序号	项目	技术要求
4	锁紧及紧固零件	①各嵌镶及紧固零件要固紧、安全牢靠，不可松动；各紧固螺钉、销钉不得突出模板平面 ②锁紧零件要能锁紧、可靠
5	顶出系统机构	①开模时，顶出部位应保证制件顺利脱模，能方便取出制件及废料 ②各顶出零件要动作平稳，不得有卡住及涩滞现象
6	加热及冷却机构	①模具内各冷却水路要通畅，不漏水，阀门控制正常 ②模具的电加热系统要无漏电现象，并安全可靠，能达到模温要求 ③各气动、液压、控制机构动作要正常，阀门、开关要可靠（多数装在压力机上）
7	导向机构	①导柱、导套安装后要垂直于模座基面 ②导向精度要达到图样要求的配合精度，并能对模具起到良好的导向、定位作用

（2）型腔模装配内容与工艺方法

型腔模的装配就是由模具工根据装配工艺规程，按照模具设计图样给定的装配关系，将各组成零件正确组合连接在一起成为整体模具，并经试模而制出合格制品零件的过程，也是模具制造工艺全过程的最后阶段，其模具的最终质量需由装配工艺和技术来保证。实践证明，高水平的装配技术，是得到高精度、高质量模具的关键。

① 型腔模装配内容。型腔模种类繁多，结构差异较大，装配要求也不尽相同，但大体内容相近，见表12-2。

表12-2　型腔模装配工作内容

序号	装配内容	操作说明
1	检查零件质量，并进行清洗	①按图样检查加工后的零件，其尺寸、形位精度及表面质量要符合图样所规定的内容，若发现问题要进行修配 ②将合格零件及标准件进行认真清洗，去除油污，其方法是采用擦洗或超声波清洗
2	固定与连接各零件	①按图样对零件进行装配固定、定位和连接，使其组合在一起 ②在定位连接时，要合理确定各螺钉、圆柱销的紧固力及安装顺序
3	调整和研配	①按图样装配关系对各零部件间相互位置进行调节，使之装配位置正确 ②在调节时，可配合检测与找正来确保其零件的相对位置精度以及调节滑动零件的间隙大小来保证运动精度 ③对相关零件进行修研、刮配或配钻、配铰，特别是针对成形零件或其他固定与滑动零件装配中的配合尺寸要按要求进行认真的修刮，使之达到装配精度要求。配钻、配铰多用于相关零件固定连接
4	试模与修整	①模具按工艺规程装配后，要在相应的成形设备上按工艺要求进行试模和调整 ②对于试件应按制品图样检查，并根据产生的弊病及缺陷进行修整，直到试出合格零件并具有批量生产条件要求为止

② 型腔模装配工艺过程与方法。型腔模的装配工艺过程大体是：按图样研究理解模具装配关系→清洗零件→组件装配→总装配→试模与调整。其装配方法可根据企业的加工条件以及零件的加工精度、模具结构分别采用完全互换法、分级互换法、调整法及修配法来进行装配。

型腔模一般都是作为单件产品生产的，而模架及某些标准件都有产品供应，故一般条件的中、小企业，对型腔模的装配多采用调整及修配法进行装配。其装配方法及适用范围见表 12-3。

表 12-3　调整及修配法装配型腔模的方法比较

装配方法	装配特点	适用范围
调整装配法	各零件按经济加工精度进行加工成形，在装配时可通过改变补偿环的实际尺寸和位置使之达到封闭环所要求的公差与极限偏差的一种装配方法。其特点是：各组制件在经济加工条件下，就能达到装配条件及要求时，无需做任何模具工修配加工	主要适用于设备条件较好，如有精密数控机床及精加工设备的企业，对多型腔镶块结构的精密模具组装
修配装配法	各零件按经济精度加工，装配时通过模具工修磨尺寸来缩短补偿环尺寸，使之达到封闭环、公差和极限偏差要求的装配方法。其特点是加工可放宽零件制造公差、降低要求，但装配时需进行修配	主要适用于多个镶块拼合的多型腔模具装配，是目前型腔模装配中采用最多的一种装配方法

（3）型腔模的调试

型腔模经模具工装配后必须要在指定的成型设备上进行试模。

① 调试的目的。型腔模调试的目的如下。

a. 验证模具的设计与制造质量及综合性能是否满足实际生产要求。

b. 通过检验试模后的制品零件，验证其质量状况，在对模具进行调整后能够批量生产，并交付用户使用。

c. 通过试模给制品找出最佳加工工艺条件，为模具使用及成批生产制件确定合理工艺规程。

② 调试的准备。型腔模调试前的准备工作见表 12-4。

表 12-4　型腔模调试前准备工作

序号	准备内容	操作说明
1	试模原材料的准备	试模所用的原材料，应按制品图样规定的材料类型、牌号、色泽及技术要求选用和准备，对于塑料制品材料应预先烘干及预热，而合金压铸的合金材料要经熔化
2	试模工艺方案准备	根据制品质量要求、材料成形性能、试模设备特点及模具结构类型，进行认真分析，确定出合适的试模工艺方案及规程
3	选用和调试试模用调试设备	按模具图样或工艺规程要求确定相应的调试成型设备，并将设备调至最佳工作状态。其机床的控制系统及加料、加热、冷却、卸退料、装模机构要能正常工作，无故障

续表

序号	准备内容	操作说明
4	准备试模工具	准备好锉刀、砂纸、油石、铜锤、扳手及其他手用工具,以备修模、启模及随机对模具现场修整,使模具处于正常的运行状态
5	模具试模前检查与安装	①模具在安装前,一定要对其外观、内在质量按表12-1所示的方法进行逐项检查,确定无误后,再将其按要求安装到成型设备上 ②安装后,要开机对模具进行空转实验,查看模具动作是否灵活、正确,根据开模行程,推出行程抽芯距离等能否达到要求 ③确认模具动作无误后,可按工艺规程对其进行预热,使其处于待试状态
6	清理试模场地	①清理好现场及不必要的杂物、工具 ②准备好必要的手工工具及盛料器具

12.2 塑料模的装配

常用的塑料模主要有压缩模、注射模及压注模等,而塑料模又是型腔模的一种重要类型,因此,塑料模的装配和调试具有型腔模的共同特性。但由于各模具的结构组成与成型工艺条件及使用材料不同,因此,塑料模的各类模具还具有自身的装配及调试特点。

12.2.1 塑料压缩模的装配

塑料压缩模装配工作的主要内容是控制好各参与装配零件间的相互配合精度。如凸模和凹模与模板间的固定配合,凸模与加料室的间隙配合,侧向抽芯机构与导向零件的配合关系等。其零件之间的配合精度见图12-1所示。

压缩模装配过程一般为:研究零件间装配关系→清理零件→装配组件→总体装配→试模与调整。

(1)模具装配要求

① 模具在装配前要仔细检查各零部件,不合适时要按图样进行修整。如凹模型腔的修整,经修刮后要尽量使其斜度合适,即成形凸模进入凹模型腔后,凸模与加料室的配合间隙以确保不产生溢料为准。

② 模具在装配时,要严格按设计图样给定的各零件间配合精度要求进行装配,即上模板上平面与下模板下平面平行度偏差应小于0.05mm;各导向零件要垂直于安装基面,且导向精度要符合设计要求;模具的加热系统,要保证能达到所要求的热效率,导热面与绝热面应调整到良好的工作状态。

(2)模具装配要点

压缩模的装配要点见表12-5。

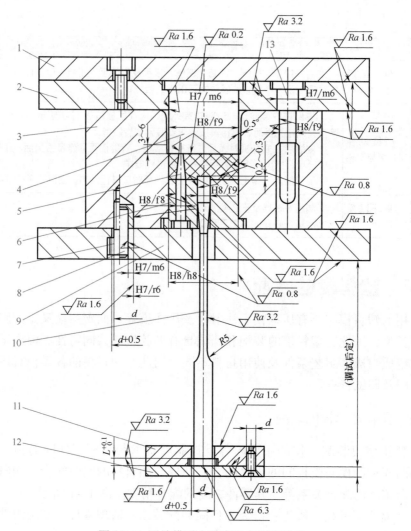

图 12-1 压缩模配合精度及表面粗糙度

1—上模板；2—凸模固定板；3—凹模；4—凸模；5—型芯；6—下凸模；7—内六角螺钉；

8—圆柱销；9—下模板；10—顶件杆；11—顶杆固定板；12—顶杆垫板；13—导柱

表 12-5 压缩模（移动式）装配要点

步序	装配内容	操作工艺要点
1	修刮凹模	①用全部加工完并经淬硬的压印冲头对凹模进行压印，锉修凹模型腔，使之符合设计要求 ②精修凹模型腔与凸模配合面及各型腔表面到所要求的尺寸，并保证尺寸精度及表面质量要求 ③精修加料腔的配合面及斜度 ④按图样划线、钻铰导钉孔 ⑤外形锐边倒成圆角，并使凹模符合图样尺寸及技术要求标准 ⑥热处理淬硬达到硬度要求

续表

步序	装配内容	操作工艺要点
1	修刮凹模	⑦抛光研磨或电镀铬，使其达到表面质量要求等级标准 ⑧按图样进行检查，并最后修整
2	加工固定板型孔	①上固定板固定型孔用上型芯或凸模压印锉修，下固定板固定型孔用下凸模或凹模压印锉修，或按图样加工到要求的尺寸 ②修磨型孔斜度及压入凸模的导向圆角
3	压入型芯	①将上型芯（凸模）压入上固定板、下型芯（凹模或下凸模）压入下固定板 ②压入时要保证压入垂直度
4	修磨固定板组合	型芯与固定板装配后，按图样标注的实际高度修磨凹模上、下平面，使上、下型芯接触，并使凸模（上型芯）与加料腔相接触
5	复钻并钻铰固定板导钉孔	在固定板上复钻导钉孔（以凹模导钉孔为基准），并用铰刀铰孔到要求的尺寸
6	压入导钉	将导钉压入固定板
7	磨平固定板底面	将装配后的固定板底面用平面磨床磨平
8	抛光、镀铬	拆下预装的凹模、拼块、型芯进行抛光或镀铬使其达到表面质量要求，一般 $Ra=0.20 \sim 0.25\mu m$
9	总体装配	按图样要求，将加工好的各部件及凸、凹模型芯重新组装，并装配各附件，使之成为模具整体
10	调试	将模具安装到压力机上，边压制边检查边修整，直到试出合格制品及能具备批量生产条件为止

固定式压缩模多采用标准模架，其装配比较简单，可参照移动式压缩模（见表 12-5）的程序，将型芯凸模、型芯凹模、卸料装置按图样装入模架内，经试模、调试即可。

12.2.2 塑料注射模的装配

塑料注射模的装配和其他型腔模一样，其装配工艺过程大致是：研究零件装配关系→清洗及检查零件→组件装配→总装配→试模与调整。

（1）装配要点

① 注意选择装配基准。

a. 以型腔、型芯为装配基准。在注射模结构中，型腔与型芯是模具的主要成型零件。故在装配时，以其作为装配基准，而其他零件的位置均要依据型腔和型芯来确定。如导套孔的位置，在装配时，应先保证好定、动模位置，即在型芯、型腔的间隙之间塞入与制品壁厚相同的塞片（铜片或样件），找正后，再进行配钻导柱、导套孔，钻出的孔非常准确。

b. 以模具定、动模板两个互相垂直的侧面为基准进行装配。如型腔、型芯的安装与调整，导柱、导套孔的位置以及侧滑块的滑动位置等，均应以标准模架上的动、定模板基准 X、Y 坐标尺寸定位、校正。通过划线加工。

② 注重装配过程中组件的研修。模具零件经加工后都会产生一定的偏差。因此，在装配时，模具工必须要对零件进行相应的修整、研配、刮削及抛光等工作。如型腔与型芯脱模斜度、各零件的圆角半径、垂直分型面与水平分型面结合处、型腔沿口处及侧抽芯滑道、楔紧块等的修研。通过修研，可以使零件符合装配要求，这样才能确保总装配时能顺利进行和保证装配质量。

③ 模具总装后的检查。模具在总装配后，操作者一定要对装配后的模具质量做全面检查。如查看各部位动作是否正常，导向部位有无滞阻现象，推出件机构是否动作灵活。必要时，可用蜡枪注蜡先制成试样进行检查，试样合适后，再上机进行正式调试。

（2）装配过程

塑料注射模装配方法没有准确固定的模式，装配人员在遵循前述装配要点的前提下，可根据模具结构特点及装配者个人的经验、习惯来选择装配顺序和装配方法。表 12-6 给出了一单分型面塑料注射模的装配工艺过程。

表 12-6　塑料注射模装配工艺过程

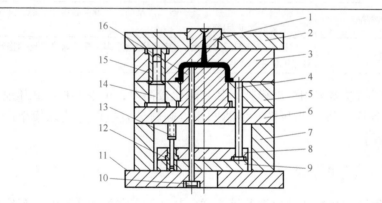

1—浇口套；2—定模板；3—定模；4—顶杆；5—动模固定板；6—垫板；7—支承板；8—推板；9—推板垫板；10—顶件杆；11—动模板；12—顶板导套；13—顶板导柱；14—导柱；15—导套；16—动模型芯

序号	装配工序	操作说明
1	加工及精修定模	①定模 3 经下料锻、刨后，磨削六面，上、下平面要相互平行并留有修磨余量 ②划线加工型腔，其方法可采用铣削或电火花机床加工。其加工深度按要求尺寸增加 0.2mm ③用油石修磨机、电加工后的型腔表面
2	精修动模型芯及动模固定板型孔	①按图样将预加工的动模型芯精修成型，钻铰顶件孔 ②按划线加工动模固定板 5 型孔，并与型芯配合加工
3	同镗导柱、导套孔	①将定、动模固定板叠合在一起，使分型面紧密接触，然后用夹钳夹紧，同镗导柱、导套孔 ②锪导柱、导套台肩孔

续表

序号	装配工序	操作说明
4	复钻螺纹孔及销孔	①将定模 3 与定模板 2 叠合在一起,夹紧后复钻螺纹孔、销孔 ②将动模板 11、动模固定板 5、垫板 6、支承板 7 叠合在一起,夹紧后复钻螺纹孔、销孔
5	压入型芯	①将动模型芯压入动模固定板,并配合紧密 ②装配后,型芯外露部位要符合图样要求
6	压入导柱、导套	①将导套压入定模 3 ②将导柱压入动模固定板 ③配合后检查导柱、导套松紧情况,并调整合适
7	磨安装基面	①将定模 3 上基面磨平 ②将动模固定板 5 下基面磨平
8	复钻推板各孔	通过动模固定板 5 及动模型芯 16 复钻推板上的推杆及顶杆孔,卸下后再复钻推杆垫板各螺纹孔、销孔
9	压入浇口套	用压力机将浇口套 1 压入定模板 2
10	装配定模部分	①在定模板 2、定模 3 上复钻螺纹孔、销孔 ②拧入螺钉,打入销钉紧固
11	装配动模部分	将动模固定板、垫板、支承板、动模板组合复钻后,拧入螺钉、打入销钉固紧,组成动模部分
12	修整推件机构	①将动模全部装配后,使支承板 7 底面和推板、垫板紧贴于动模板上平面,自型芯顶面测出推杆、复位杆及顶件杆长度 ②修磨顶杆、复位杆长度后,进行推件机构的装配 ③检查各杆类零件动作灵活性,不合适的要调整
13	检验及试模	①将定、动模合模,再一次检查各零件动作状况,以及导向机构、推件机构的灵活、平稳程度 ②用蜡枪注射蜡液,凝固后开模取出蜡件检查形状 ③检查认为合适后,准备上机试模

12.2.3 装配注意事项

(1)认真地阅读装配图

无论多么熟练和经验丰富的模具工,在模具装配前,都要认真阅读装配总图,彻底消化好图样和工艺资料,真正了解模具的结构和原理。只有这样,才能正确地选择装配基准及装配先后顺序,才能保证模具的装配质量。

看模具装配总图时,可以结合零件图看,这样更容易看懂装配总图。

(2)做好装配前的准备工作

① 模具零件从半成品库领出来后,应用柴油清洗干净。

② 根据装配图上的零件表对零件的种类、数量进行清点。

③ 根据零件图样,对主要及关键的模具零件进行抽验。发现有问题的零件,装配前要及时处理。

④ 根据不同的模具，准备不同的工具，但钢棒或钢锤、清理模具的毛刷是不能缺少的。

（3）装配基准和先后顺序的选择

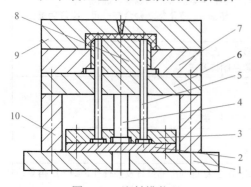

图 12-2　注射模装配

1—下模板；2—推板；3—顶料杆固定板；4—复位
杆；5—顶料杆；6—垫板；7—动模板；8—型芯；
9—定模；10—支板

模具装配基准及装配先后顺序的选择直接关系到模具的装配质量，必须引起足够的重视。以下通过一些塑料模具的装配实例，简述其在装配中应注意的问题。

① 注射模的装配。在装配图 12-2 所示注射模时，顶料杆固定板和垫板 6 上的顶料杆孔，必须在装配时按型芯 8 已加工的孔配钻，才能保证型芯 8 上的顶料杆孔与垫板 6、顶料杆固定板 3 的顶料杆孔的同轴度。

所有塑料模具上与顶料杆配合的孔，都必须在装配时配作加工，否则无法保证顶料杆孔的同轴度。同轴度保证不了，顶料杆也就无法装配。

型芯 8 与动模板 7 分装后，应保证大端平面与动模板下平面的平行度，然后装上垫板 6，把顶料杆固定板 3 紧贴垫板 6 的下平面，放正后，按型芯孔配钻垫板、固定板与顶料杆配合的孔。钻孔时，钻头一定要对准钻床工作台的梯形槽，防止工作台被钻伤。钻孔后去毛刺和扩孔。

接着完成复位杆 4、顶料杆 5 与顶料杆固定板 3 的分装，保证复位杆和顶料杆大端面与固定板的下平面平行，用刀口尺检验，发现凸出平面用手电磨修平，装上推板 2，用螺钉紧固。

最后开始总装：

a. 下模板 1 装顶料杆 5 和复位杆 4。

b. 装支板 10。

c. 装垫板 6。

d. 装动模板 7。

e. 用长螺栓紧固。

在总装中必须保证复位杆的小端平面与两支板的上平面的平行度。在这个基础上保证两顶料杆小端平面与型芯上平面的平行度。顶料杆的长度尺寸都有一定的修磨余量，装配后通过修磨达到与型芯 8 上平面的平行。顶料杆小端面与型芯上平面必须平齐，不得凸出与凹入。

② 酚醛盖压缩模的装配。在装配图 12-3 所示酚醛盖压缩模时，该压缩模的装配先后顺序如下。

a. 用柴油清洗干净压模的零件。

b. 上模板 5 与上模 3 的装配。上模与上模板是螺纹连接,装配时在上模的表面垫上薄铜皮,用管钳把上模拧紧,并保证不高出模板的上平面。

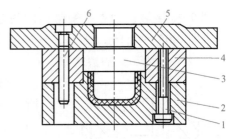

图 12-3 酚醛盖压缩模装配
1—螺钉;2—下模;3—上模;4—模套;
5—上模板;6—导柱

c. 上模板 5 与导柱 6 的装配。上模板与导柱的配合是过盈配合,装导柱时应注意导柱与上模板平面的垂直度,在保证垂直的状态下,用铜锤敲击导柱,打到位后用刀口尺检验导柱大端面与模板上平面的平行度,如有高出部分用手电磨修平。

d. 以两个导柱作基准,装上模套 4。

e. 下模 2 与模套 4 的装配。装配时,以下模凸台作基准,装后用螺钉 1 连接紧固。

酚醛盖压缩模压制前,先用喷灯将压缩模加热到一定温度,再把物料倒入装料室,装好上模 3 进行压制,成型后磕开上模取出塑件。

12.3 塑料模装配质量的检查

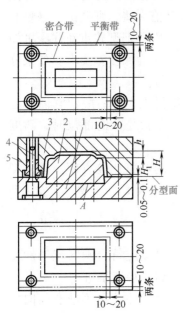

图 12-4 分型面密合带
1—型芯固定板;2—型芯;3—型腔;
4—导柱;5—导套

塑料模的总装是一个在装配中边检查边调试边修整的过程。这体现在装配前需对参与装配的零件、组件进行检查,只有在提供合格零件的基础上进行组装,才有可能组装成合格的模具。但如果调试、修整不好,合格的零件也同样不能装配出合格的模具,自然也无法稳定地生产出合格的塑件。装配后的塑料模检查总体应满足表 12-1 的要求,此外,考虑到模具后续的调试和修整等因素,总装完成后以及装配过程中还应进行以下几方面的检查。

(1)分型面的检验

分型面的检验是以分型面较平整或不易修整的一侧作为基准,涂上红丹粉(一般涂在动模一侧,因动模已装上导柱,修整分型面不方便)与另一分型面以导柱、导套为导向进行对撞研合,观察分型面密合接触情况,主要观察成型沿口周边的密合带及模具宽度外缘处的两条平衡带的吻合情况(如图 12-4 中双点画线所示区间)。密合带内的吻合应该达到 90% 接触；两条平衡带内的吻合也应达到 70% 接触；其他分型面应低于吻合带面 0.05～0.1mm 才好，这样使合模压力集中，模具受力平衡，不易溢边。

（2）成型部位的检验

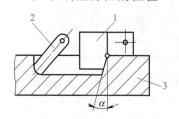

图 12-5　用样板、半径样板尺测型腔脱模斜度及圆角

1—样板；2—半径样板尺（半径规）；3—型腔

塑料模总装（其他型腔模也是同样的要求）时，要求型腔、型芯脱模斜度一致，四边间隙均匀。脱模斜度和型腔与型芯间隙不均，或分型面处上、下型腔之间错位，均需要修正。其修整时最后的加工纹路，应与脱模方向平行。

① 脱模斜度的测量。测脱模斜度可先用刀口直尺测侧型面的平直度，然后用万能角度尺或量角器及自制角度样板进行测量，如图 12-5 所示。

② 型腔与型芯之间空间（即制品壁厚）尺寸的测量。型腔与型芯之间空间尺寸的测量可用软金属小铅块，放置在型腔与型芯之间，经合模挤压，测量被挤压后的铅块厚度获得，也可采用灌蜡等手段进行检测。若模架基准良好，则用动、定模的基准坐标测量，测出型腔与型芯的间隙亦较方便。上述方法同样适用于上、下型腔之间错位的检测。

③ 型腔加工检测。型腔加工时，各层底平面与分型面的深度 H_1、H（见图 12-4）应大于图纸要求上差。因为型腔加工过程中，尤其是修型抛光时，易磨损分型面沿口四周的棱角，当装配、修型、调试时，若 H 值大些，则调试、修整非常方便，只要把分型面磨去一点即可。要是 H 值小了，则要把型腔重新往深里加工，既费工又麻烦。但型腔各层底面 h 值（见图 12-4）应确保公差要求。如果分型面为曲面或其他不规则的面，则 h 值仍按公差要求进行。

④ 型腔的抛光要求。总装配时型腔、型芯不宜抛得太光，一般使它们保证表面粗糙度在 $Ra=0.02\mu m$ 即可。但成型小槽、小筋、形状复杂的部位时，斜度必须大些，抛光抛得光亮些，这样便于脱模。

⑤ 型芯高低尺寸的调整。型芯装配时，高低尺寸的调整比较方便。欲将型芯增高，可在其底平面 A 处垫金属片，亦可磨去型芯固定板 1 的分型面。欲让型芯降低，可磨去其底平面 A 处即可。见图 12-4。

（3）浇注系统的检查

① 主流道、分流道、浇口的尺寸、形状和表面粗糙度应符合塑料流动性要求。流道要平直、圆滑连接、无死角，使流道畅通，材料呈层流推进。

② 浇口套的球 R 要与注射机喷嘴球 R 吻合。浇口套的主流道不准有径向加工纹，不得有侧凹或倒锥现象，以免影响脱模。

③ 浇口套外径应限制在 20mm 左右，钩料杆处应设冷料穴，应达到浇注系统设计规范要求。

（4）侧面抽芯系统的检查

① 侧滑块与侧型芯配合适当，动作灵活而无松动及咬死现象，与型芯、型腔接触良好。

② 侧滑块起止位置正确，定位及复位可靠，确保抽芯距离。

③ 导向件如斜销、弯销等抽拔灵活，导向正确，无松动及咬死现象。

（5）顶出系统检查

① 顶出时动作灵活轻松，推杆行程满足要求，各推杆动作协调同步，推出均匀。

② 推杆、推板配合间隙适当，无晃动、窜动。

③ 推杆端面与型面平整，一般允许高出型面0.1mm，不准低凹。

④ 推杆复位可靠正确。

⑤ 防转推杆应有限位销，斜型面上推出，在推杆端面应有锯齿牙。

（6）导向系统检查

① 导柱、导套配合适当，导柱垂直度公差为100mm/0.02mm，导套内孔和外径同轴度公差为0.015mm。

② 导柱、导套滑动灵活，无松动及咬死现象。

③ 导柱、导套轴线外模板垂直度公差为100mm/0.02mm。

（7）外形尺寸及安装尺寸

① 组合后上、下模板平行，平行度公差为300mm/0.05mm。模具闭合高度应在注射机允许的最大模厚和最小模厚的尺寸之间。

② 模具定位、装夹、开模距离、顶出距离应符合注射机要求。

③ 模具稳定性、刚性，有关锁紧块、组合块及连接螺钉的强度，均应符合要求。

12.4 塑料压缩模的安装与调试

塑料模总装结束后，正式交付使用之前，应进行试模。试模的目的是检查模具设计的合理性和模具制造的缺陷，在试模中查明缺陷的原因加以排除。另外，对成型工艺条件进行探索，这对模具设计、制造和成型工艺水平的提高是非常重要的。

12.4.1 塑料压缩模的安装

塑料压缩模一般安装在液压机上使用，其安装固定在液压机上的方法见表12-7。

表 12-7　压缩模安装方法

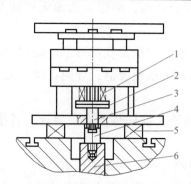

1—垫块；2—顶板；3—尾轴；4—中间接头；5—垫板；6—顶杆

步序	安装方法	注意事项
1	清理工作台面及模具，垫好石棉隔热板，并将模具放在垫板 5 上，加垫块 1	清除杂物及油污
2	用顶杆 6 轻轻顶起模具 20 ～ 30mm 撤去垫板，使顶杆下降，模具轻落在工作台上	轻轻操作，严防冲击
3	①使工作台开动压力机后慢速下降，将上、下模压紧 ②工作台平面与上、下模平面紧密贴合 ③用压板及螺钉将上、下模固定	①固定形式要正确，一般用四块压板对角压置 ②压板不得有倾斜，压置面要大 ③压紧螺钉尽量要靠近模脚并要防止合模时上、下模撞击
4	①安装有关机构 ②调整顶出距离	在顶出位置时，模具的顶板与模具本体之间，应有一定距离，两者不得直接相撞
5	①慢慢开启压力机，使模具开模 ②观察模具各部位配合状况，工作是否正常，行程、定位是否可靠 ③开合几次，经检查无误后，再一次对压板螺钉紧固，严防松动	检查模具运行状况时，主要看上、下模配合状况，以及导向及顶出机构运作情况
6	接好电加热器电源，检查加热状况	严防漏电现象
7	开空车运转，进一步观察模具各部位运转状况	严防卡紧件及紧固件有松动、脱落现象或上、下模碰撞现象

12.4.2　塑料压缩模的调试

塑料压缩模调试方法见表 12-8。

表 12-8 压缩模调试方法及要点

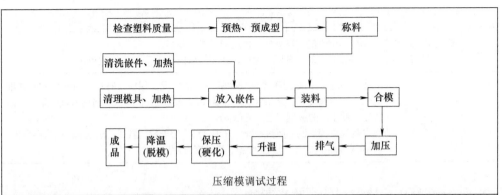

压缩模调试过程

序号	调试过程		调试要点
1	试模前的检查	检查设备运行状况	①检查压力设备运行状态是否正常 ②检查设备各油路是否通畅，电路、电加热及绝缘、隔热垫是否合适 ③检查机床的各操纵系统及仪表显示是否处于正常工作状态
		检查模具安装状况	①检查模具安装是否合适，紧固螺钉有无松动现象 ②模具在空转开机运行时，工作是否处于正常运转，有无滞涩现象
		检查试模塑料原材料	①原材料的品种、规格、型号是否符合图样要求，成型性能是否符合规定 ②塑料原材料在试模送入料室前必须要称量准确 ③若需要安置嵌件，则嵌件必须要事先清洗、加热
2	确定成型压力及保压时间		①压缩模使用的液压机一般设有低、高压系统。高压时，工作台做慢速运动，供成型保压用；低压时，工作台快速升降，供开、闭模使用。调压应在低压状态下进行，再逐渐升压。不应在高压状态下进行调压，也不能在保压状态下降低压力。模具所需成型压力计算方法是 $$P_{成}=P_{表}\times F_{活}/F_{塑}$$ 式中 $P_{成}$——成型压力，N/mm²； $P_{表}$——压力表指示读数，N/mm²； $F_{活}$——液压缸活塞面积，mm²； $F_{塑}$——塑件投影面积，mm² ②保压时间一般由人工控制或调整时间继电器自动控制，其时间的长短，根据试模成型情况而定
3	调整工作行程、定位及移动速度		①按成型要求可调节机床自动控制元件以控制工作台的移动速度及起止位置。试模时用人工控制 ②模具开模后高度应控制合适。工作行程不能过大，以防损坏液压缸密封垫而漏油 ③停车后应控制在下工作台的中间位置，并放置垫铁来支承上工作台，防止碰撞
4	调整顶出机构及抽芯机构行程		①调节顶出系统，使顶出距离符合模具顶出塑件的要求 ②对设有侧抽芯机构的模具，应调好行程、动作起止位置，各零部件间动作应协调配合
5	调节模温及加热机构		①将模具按成型要求调节到规定的加热温度范围 ②试模时，温度每调节一次，模具应保持升温到规定温度再开始试压

续表

序号	调试过程	调试要点
6	确定制品成型工艺顺序	①根据塑件的成型条件，确定加工操作顺序 ②试模时，对于升压、保压、卸压、启模、闭模均应人工控制
7	填写试模记录卡	①在试模中，应对于各试模中的参数如保温、保压、升压、时间应做好详细记录，并根据成型工艺条件、操作要点和模具质量状况认真填写试模记录卡，以作为成批生产时编制工艺规程依据 ②检查试模后制品质量状况，并边试边修整模具，直到试出成品合格零件为止 ③从试件中抽出 5～10 件制品随模交付用户

12.4.3　塑料压缩模试模的缺陷及调整

塑料压缩模试模缺陷及调整方法见表 12-9。

表 12-9　塑料压缩模试模缺陷及调整方法

缺陷类型	产生原因	调整方法
塑件形状、尺寸不符合图样要求	①模具设计、制造不良，引起结构及成型零件凸、凹模形状尺寸精度超差 ②试模时加料量过多或过少使塑件成型后尺寸偏大、偏小或成型困难 ③成型工艺条件不合适，如上、下模温度过高或过低，模温不均或保压时间太长、太短影响塑件成形 ④塑件本身工艺性太差，如壁厚变化太大 ⑤嵌件位置设计不合理，嵌件相邻位置壁厚变化太大	①重新修整制造模具，使其尺寸、形状、精度符合要求 ②采用定量加料，合理控制加料量 ③应合理控制试模工艺参数 ④在不影响使用情况下，更改塑件工艺性，重新修整或制造模具 ⑤重新调整嵌件位置
制品零件飞边太大	①压制时上、下模闭合不严密，分型面间隙太大 ②模具强度太低，压制后产生变形 ③成型压力太大，而闭模力太小 ④压机工作台面不平或模具承压面之间不平行 ⑤模具间分型面不平行 ⑥加料量过多，造成飞边	①修整上、下模分型面，调节闭模间隙使之合模时严密配合 ②设法加大强度，如更换材料，提高热处理硬度及质量 ③减少成型压力，加大闭模力 ④调整压机工作台面，并检测调整模具承压面间平行度使之合适 ⑤调修模具各工作型面与分型面的位置，使之达到设计要求 ⑥适当调整加料量，定量加料
塑件制品粘模难以脱出模外	①脱模机构顶杆太短或不灵活、被卡住 ②模具型腔脱模斜度太小或表面过于粗糙 ③模温不均匀，上、下模温相差太大 ④塑料本身含水分太多 ⑤用料过多、成型力太大	①修整顶杆长度，使之灵活、正常工作 ②在不影响塑件质量状况下修整，加大出模斜度或进行抛光 ③调节模温，使上、下模温均匀 ④试模前将塑料烘干 ⑤适当调整成型工艺参数

续表

缺陷类型	产生原因	调整方法
塑件制品表面起泡	①压制时成型温度太低造成两面鼓起气泡；若温度太高，则出现面积较小的气泡 ②塑料含水分或挥发性物质 ③成型压力小或排气不良 ④保压时间太短 ⑤模具表面不洁，存有挥发物质或使用的脱模剂不良	①要合理控制成形温度，不能忽高忽低或太高太低 ②压制前将塑料粉在恒温炉或烤箱中烘干或更换优质塑料 ③改进加大压力或改善排气方式 ④延长保压时间 ⑤清理模具型腔，使之压制时保持整洁或更换优质脱模剂
制品表面有斑点、灰暗不光洁	①模具型腔表面粗糙不光洁 ②模具型腔表面不洁或有油污或渣滓 ③压制温度太高，使制品表面灰暗 ④使用脱模剂不当或不干净	①对型腔表面抛光或镀铬处理 ②每压制一个零件前都应对型腔和型芯表面进行清理 ③压制时要适当降低温度 ④合理使用脱模剂
塑件制品产生变形或挠曲	①压制时模温太低或保温时间太短 ②脱模机构顶杆分布不均，使制品成形后受力不均 ③塑料中含水量太大	①适当加大模温或延长保温、保压时间 ②调整顶件机构，使顶杆分布均匀 ③塑料在压制前一定烘干
制品表面不光洁或产生凸起、凹坑，有皱纹波纹	①排气时间掌握不对或排气时间过长 ②模具型腔表面不洁或脱模剂使用太多 ③模温太低或压制速度太快，出现流痕 ④模温太高，压力太小或压制速度太慢而产生皱纹 ⑤塑料含水分过高，流动性太大，产生波纹 ⑥型腔表面有凸起或凹坑，表面粗糙	①合理掌握排气时间或使排气时间尽量短 ②每次试模前都要清理型腔表面并合理使用脱模剂 ③设法提高模温并降低压制速度 ④改进压制工艺条件，降低模温，加大压力或增大压制速度 ⑤压缩前将塑料烘干，设法去除水分 ⑥修磨凸、凹模型腔表面或抛光、镀铬提高表面质量
塑件嵌件变形或脱落	①嵌件包层太薄或在使用前没预热 ②嵌件安放或固定形式不尽合理 ③嵌件与模具安装孔之间间隙过大或过小 ④嵌件本身结构及尺寸不尽合理或嵌件受压 ⑤脱模时嵌件脱落 ⑥成形压力过大	①重新设计制作包层结构，使其加厚，并在使用前将嵌件预热 ②改变嵌件安装及固定方式小嵌件，采用黏结法 ③合理调整嵌件与安装孔之间间隙 ④调整模具结构，压制时使嵌件免于受压状态 ⑤改进脱模结构，不引起嵌件脱模而变形 ⑥调整机床成形压力

12.5 塑料注射模与注射机的连接

塑料注射模与注射机安装部分的相关尺寸，主要有喷嘴尺寸、定位圈尺寸、拉杆间距、最大模具厚度与最小模具厚度等。注射机的型号不同，其相应的尺寸也不同，注射机的一些尺寸决定了模具上相应的尺寸。图 12-6 所示为 XS-ZY-500 型卧式注射机的锁模机构与装模尺寸。

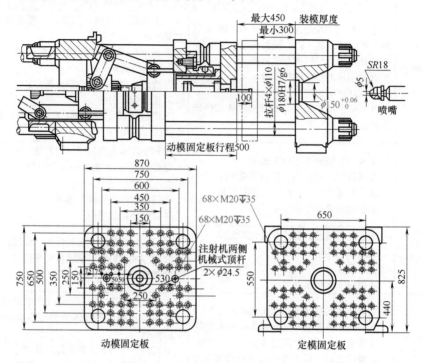

图 12-6　XS-ZY-500 型卧式注射机的锁模机构与装模尺寸

（1）模板规格与拉杆间距的关系

　　模具的安装有两种方式，从注射机上方直接吊装入机内进行安装，或先吊到侧面再由侧面推入机内安装。例如，XS-ZY-500 型卧式注射机是由上方直接吊装入机内进行安装，模具的尺寸要小于 650mm-110mm=540mm；由侧面推入机内安装，模具的尺寸要小于 550mm-110mm=440mm，如图 12-7 所示。

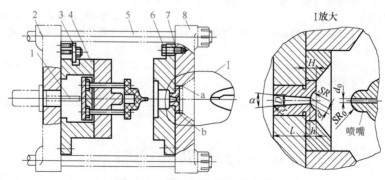

图 12-7　模具与注射机的关系

1—注射机推杆；2—注射机动模固定板；3—压板；4—动模；5—注射机拉杆；

6—螺钉；7—定模；8—注射机定模固定板

（2）定位圈与注射机固定板的关系

模具定模固定板上的定位圈要求与主流道同轴，并与注射机定模固定板上的定位孔公称尺寸相等，并成间隙配合。

对小型模具，定位圈的高度为 8～10mm；对大型模具，定位圈的高度为 10～15mm。此外，对中、小型模具，一般只在定模座板上设定位圈；而对大型模具，可在动模座板、定模座板上同时设定位圈。

（3）注射机喷嘴与模具浇口套（主流道衬套）的关系

主流道始端的球面半径应比注射机喷嘴头的球面半径大 1～2mm；主流道小端直径应比喷嘴直径大 0.5～1mm，以防止主流道口部积存凝料而影响脱模。

（4）模具总厚度与注射机模板闭合厚度的关系

模具总厚度与注射机模板闭合厚度的关系如图 12-8 所示。

模具闭合后总厚度与注射机允许的模具厚度的关系应满足下式

$$H_{min} \leqslant H_m \leqslant H_{max}$$
$$H_{max}=H_{min}+ \Delta H$$

式中　H_m——模具闭合后总厚度，mm；

　　　H_{max}——注射机允许的最大模具厚度，mm；

　　　H_{min}——注射机允许的最小模具厚度，mm；

　　　ΔH——注射机在模具厚度方向的调节量，mm。

例如，图 12-8 所示的 XS-ZY-500 型卧式注射机允许的最大模具厚度 H_{max}=450mm，最小模具厚度为 H_{min}=300mm，注射机在模具厚度方向的调节量 $\Delta H= H_{max}-H_{min}$=150mm。当 $H_m < H_{min}$ 时，可以增加模具垫块的高度；但当 $H_m > H_{max}$ 时，则模具无法闭合。尤其是机械 - 液压式锁模的注射机，因其肘杆无法撑直，此时应更换注射机。

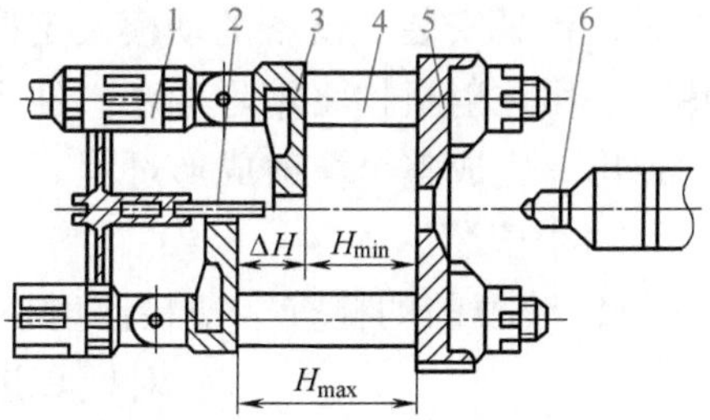

图 12-8　模具总厚度与注射机模板闭合厚度的关系

1—调节螺母；2—注射机推杆；3—动模安装板；4—拉杆；5—定模安装板；6—喷嘴

（5）模具的固定

模具安装常用的固定形式有压板式与螺钉式两种。当用压板固定时，只要模具定模座板和动模座板以外的注射机安装板附近有螺孔就能固定，操作灵活方便，如图 12-9（a）所示。当用螺钉直接固定时，模具定模座板和动模座板上必须设安装孔，同时还要与注射机安装板上的安装孔完全吻合，一般用于较大型的模具安装，如图

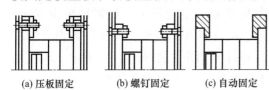

(a) 压板固定　　(b) 螺钉固定　　(c) 自动固定

图 12-9　模具安装方式

12-9（b）所示。另外，还有自动固定式，如图 12-9（c）所示。

模架的定模座板和动模座板的夹模尺寸如图 12-10 所示，其中 W_1、W_2 取 25 ~ 35mm，H_1、H_2、H_3 与模具大小有关，一般取 15 ~ 45mm。另外，标准模架的定模座板的厚度 H_1 一般等于动模座板的厚度 H_2。

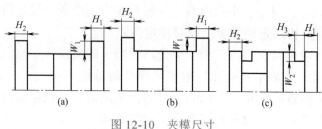

图 12-10　夹模尺寸

12.6　塑料注射模的安装与调试

与塑料压缩模一样，实际注射模总装结束后，正式交付使用之前，也应进行试模。其安装与调试主要有以下几方面的内容。

12.6.1　塑料注射模的安装

注射机主要由注射装置、锁紧装置、顶出装置、模板机架等部位构成。工作时，模具安装于设备的动模及定模板上，由锁模装置合模及锁紧，加热系统加热，并由注射机构将熔融的塑料注入模具型腔内，使其固化成形后，再由顶出机构顶出，完成整个注射成形过程。

（1）安装的顺序

① 装模前的检查。塑料注射模具在安装到塑料注射机上之前，应按设计图对模具进行检查，发现问题及时排除，减少安装过程的反复。对模具的固定部分和活动部分进行分开检查时，要注意模具上的方向记号，以免合拢时混淆。

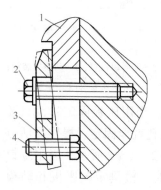

图 12-11　压板固定模具
1—模具固定板；2—压紧螺钉；
3—压板；4—调节螺钉

② 模具的安装固定。塑料注射模具应尽量采用整体安装。吊装时要特别注意安全。当模具的定位台肩装入注射机定模板的定位孔后，以极慢的合模速度，用动模板将模具压紧。然后，拆去吊具，将模具用螺钉固定在注射机的动、定模板上。如果用压板固定，装上压板后通过调整螺钉的调整，使压板与模具的安装基面平行，并拧紧固定，如图 12-11 所示。压板的数量一般为 4 ~ 8 块，视模具大小选择。

③ 模具的调整。模具的调整主要指模具的开模距

离、顶出距离和锁模力等的调整。

　　a. 开模距离与制品高度有关，一般开模距离要大于制品高度 5 ～ 10mm，使制品能自由脱落。

　　b. 顶出距离的调整主要是对注射机顶出杆长度的调整。调节时，启动设备开启模具，使动模板达到停止位置后，调节注射机顶出杆长度，使模具上的顶板和顶出杆之间距离不小于 5mm，以免损坏模具。

　　c. 锁模力的调整。锁模力的大小对防止制品溢边和保证型腔的适当排气非常重要。对有锁模力显示的设备，可根据制品的物料性质、形状复杂程度、流长比的大小等选择合适的锁模力进行试模。但对无锁模力显示的设备，主要以目测和经验调节。如对液压柱塞 - 肘节式锁模机构，在合模时，肘节先快后慢，既不很轻松，也不能太勉强地伸直，其松紧程度即认为合适，再通过试模调整即可。

　　但对需要加热的模具，应在模具加热到所需温度后，再校正合模的松紧程度。

　　④ 当以上工作结束后，要对模具的冷却系统、加热系统、液压系统及其他控制系统接通电源。

（2）安装方法

　　塑料注射模主要使用的设备是注射机。注射机主要分立式、卧式和直角式三种类型，其中常用的为卧式注射机。塑料注射模具在塑料注射机上的安装方法见表 12-10。

表 12-10　注射模（卧式）安装方法

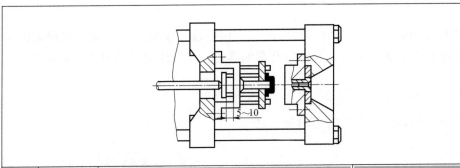

步序	安装步骤	安装方法	注意事项
1	装前准备	清理模板平面及定位孔、模具安装面上的污物、毛刺	—
2	模具的安装与固定	小型模具的安装：先在机器下面两根导柱上垫好木板，模具从侧面进入机架间，定模入定模孔并放正位置，慢速闭合模板，压紧模具，然后用压板及螺钉压紧定模，初步将动模固定，再慢速开启模具，找准动模位置，在保证开闭模具时平稳、灵活、无卡紧现象后再紧固动模	模具压紧应平稳可靠，压紧面积要大，压板不得倾斜，要对角压紧，压板尽量靠近模脚。注意合模时，动、定模压板不能相撞

续表

步序	安装步骤	安装方法	注意事项
2	模具的安装与固定	大型模具的安装常用分体安装法：先把定模从机器上方吊入机器间定位孔，并找正位置、压紧，动模吊入机架间与定模相配合，合模后初步压紧动模，开启模具，配合合适后，紧固动模	安装模具时，注意安全防止模具落下
3	调节锁模机构	调节锁模机构，保证有足够的开模距离及锁模力，使模具闭合适当	曲肘伸直时，应先快后慢，既不轻松又不勉强
4	调节顶出机构	慢速开启模具，直至模板停止后退为止。调节顶出装置，保证顶出距离	顶板不得直接与模体相碰，应留有 5～10mm 间隙。开闭模具后，顶出机构应动作平稳、灵活，复位机构应协调、可靠
5	校正喷嘴与浇口套相对位置	校正喷嘴与浇口套的相对位置及弧面接触情况。可用一层纸放在喷嘴及浇口套之间，观察两者接触情况。校正后拧紧注射座定位螺钉，紧固定位	松紧要合适
6	调整水电路	接通冷却水路及加热系统。水路应通畅，电加热器应按额定电流接通	安装调温、控温装置以控制温度；电路系统要严防漏电
7	空车试运转	先开空车运转，观察模具各部分运行是否正常，然后再进行试模调节	注意安全，试车前一定要将工作场地清理干净

12.6.2 塑料注射模的调试

塑料注射模安装完成后，便可进入试模阶段，试模时，首先要对设备的油路、水路和电路进行检查，并做好开车的准备。塑料注射模的调试主要有以下方面的内容。

（1）注射模调试过程

注射模调试过程参见图 12-12。

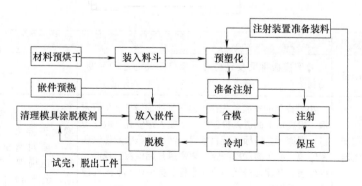

图 12-12 注射模调试过程

（2）试模步骤

① 塑料的烘干。塑料在注射之前，应对塑料的品种、规格及其质量进行验定，之后将其在恒温箱内烘干，以去除塑料中的水分及挥发物质。

② 预热嵌件。嵌件在使用前应去锈、去油、清洗并预热，以防塑件成型后产生变形和裂纹。预热温度应控制在 110～130℃。

③ 加料预塑。加料前，应将料筒清洗干净，并调整好料斗机构，将材料加入料斗使其预热加温变成熔融状态。注意料筒内不宜储存过多的余料，以免变质。在加料时，应保证注射量大于塑件所需的塑料量。

④ 涂脱模剂。在型腔内不易脱模的部位涂以脱模剂，脱模剂一般采用硬脂酸锌（白色粉末）、白油（液体石蜡）、硅油甲苯溶液等。其中硬脂酸锌除尼龙和透明塑件外，其他塑料均可适用；液体石蜡适用于尼龙塑料；硅油甲苯溶液适用于各种塑料。在涂抹脱模剂时，要均匀涂抹，每次涂抹不要过多。

⑤ 调整模具温度。模温应按塑件品种、塑件壁厚、形状及成型要求而定，一般为 100℃左右。小型模以料温来提高模温，而大型模具则以移动式电加热器来预热模具。预热时应注意热膨胀不得影响活动部分的配合间隙。

⑥ 注射成型。开动机器进行注射成型。注射压力取决于塑件品种、形状、壁厚和模具结构，一般取 40～130MPa。注射时间一般取 3～10s。注射的工艺条件可在试模时确定。

⑦ 保压补塑。当熔融塑料注入型腔后，仍应以一定的注射压力对塑件进行保压补塑。其保压补塑时间为 30～120s。达到一定的保压补塑时间后，开动机器，将螺杆及柱塞退回。

⑧ 冷却、脱模。保压补塑后，模具还应保压一段时间，待塑件冷却硬化后方可开摸，冷却时间在 30～120s 之间。之后，再脱模，取下塑件。

⑨ 塑件整形。对易变形（如薄壁塑件）的塑件，应放在整形冷模内整形。为了去除应力，可对塑件做调温处理。

（3）试模过程中的调整

塑料注射模试模过程中的调整要点见表 12-11。

（4）注意事项

① 物料塑化程度的判断。在开机试模前，要根据制品所选用原料和推荐的工艺温度，对注射机料筒和喷嘴进行加热。由于它们大小、形状、壁厚不同，设备上热电偶检测精度和温度仪表的精度不同，其温度控制的误差也不一样。一般是先选择制品物料的常规工艺温度进行加热，再根据设备的具体条件进行调试。常用的判断物料温度是否合适的办法是将料筒、喷嘴和浇口主流道脱开，用低压、低速注射，使料流从喷嘴中慢慢流出。观察料流情况，如果没有气泡、银丝、变色，且料流光滑、明亮，即认为料筒和喷嘴温度合适，便可开机试模。

表 12-11　塑料注射模试模过程中的调整要点

调试项目	调整要点
选择螺杆及喷嘴	①按设备要求根据不同塑料选用螺杆 ②按成型工艺要求及塑料品种选用喷嘴
调节加料量，确定加料方式	①按塑件质量（包括浇注系统耗用量，但不计嵌件），决定加料量，并调节定量加料装置，最后以试模为准 ②按成型要求调节加料方式 a.固定加料法。在整个成型周期中，喷嘴与模具一直保持接触，适用于一般塑料 b.前加料法。每次注射后，塑化达到要求注射容量时，注射座后退，直至下一个循环开始时再前进，使模具与喷嘴接触进行注射 c.后加料法。注射后注射座后退，进行预塑化工作，待下一个循环开始，再返回进行注射，用于结晶性塑料 ③注射座要来回移动者，则应调节定位螺钉，以保证每次正确复位。喷嘴与模具要紧密配合
调节锁模系统	装上模具，按模具闭合高度、开模距离调节锁模系统及缓冲装置，应保证开模距离要求。锁模力松紧要适当，开闭模时，要平稳缓慢
调整顶出装置与抽芯系统	①调节顶出距离，以保证正常顶出塑件 ②对设有抽芯装置的设备，应将装置与模具连接，调节控制系统，以保证动作起止协调、定位及行程正确
调整塑化能力	①调节螺杆转速，按成型条件进行调节 ②调节料筒及喷嘴温度，塑化能力应按试模时塑化情况酌情增减
调节注射力	①按成型要求调节注射力。若充填不满应增大注射压力，若飞边很多则应降低注射压力。注射压力可按以下公式确定 $$P_{注}=P_{表}\times d_{缸}{}^2/d_{螺}{}^2$$ 式中　$P_{注}$——注射压力，N/cm^2； 　　　$P_{表}$——压力表读数，N/cm^2； 　　　$d_{螺}$——螺杆直径，cm； 　　　$d_{缸}$——油缸活塞直径，cm ②按塑件及壁厚，调节流量调节阀来调节注射速度
调节成型时间	按成型要求来控制注射、保压、冷却时间及整个成型周期。试模时，应手动控制，酌情调整各程序时间，也可以调节时间继电器自动控制各成型时间
调节模温及水冷系统	①按成型条件调节流水量和电加热器电压，以控制模温及冷却速度 ②开机前，应打开油泵、料斗及各部位冷却水系统
确定操作次序	装料、注射、闭模、开模等工序应按成型要求调节。试模时用人工控制，生产时用自动机半自动控制

②　试模注射压力、注射时间、注射温度的调整。开始注射时，对注射压力、注射时间、注射温度的调整顺序是先选择较低注射压力、较低的温度和较长的时间进行注射成型。如果制品充不满，再提高注射压力。当提高注射压力较大，仍然效果不好时，才考虑变动注射时间和温度。注射时间增加后，等于使塑料在料筒内的时间延长，提高了塑化程度。这样再注射几次，如果仍然无法充满型腔，再考虑提高料筒的温度。对料筒温度的提高要逐渐提高，不要一次提高太多，以

免使物料过热，甚至降解。同时，料筒温度提高需经过一定时间才能达到料筒内外温度一致。根据设备大小及加热装置不同，所需加热时间也不同。一般中、小型设备需 15min 左右，达到设定温度后要保温一段时间。

③ 注射速度、背压、加料方式的选择。一般注射机有高速注射和低速注射两种速度。在成型薄壁、大面积制品时，采用高速注射；对厚壁、小面积的制品则采用低速注射。如果高速和低速注射都可以充满型腔，除纤维增强的塑料外，宜采用低速注射。

加料背压大小主要与物料黏度高低及热稳定性好坏有关。对黏度高、热稳定性差的物料，易采用较低的螺杆转速和低的背压加料及预塑。对黏度低、热稳定性好的物料，宜采用高的螺杆转速和略高的背压。

在喷嘴温度合适的情况下，固定喷嘴加料可提高生产效率。但当喷嘴温度太低或太高时，宜采用每次注射完毕后，注射系统向后移动后加料的方法。

④ 试模时易产生的缺陷及原因。试模时，物料性质，制品尺寸、形状、工艺参数差异较大，需根据不同的情况仔细分析后，确定各参数。

表 12-12 给出了注射模试模时易产生的缺陷及原因。

表 12-12 试模时易产生的缺陷及原因

原因	缺陷							
	制件不足	溢边	凹痕	银丝	熔接痕	气泡	裂纹	翘曲变形
料筒温度太高		√	√	√		√		√
料筒温度太低	√				√		√	
注射压力太高		√						√
注射压力太低	√			√	√	√		
模具温度太高				√				√
模具温度太低	√			√	√	√	√	
注射速度太慢	√							
注射时间太长				√	√		√	
注射时间太短	√			√	√			
成型周期太长		√						
加料太多		√						
加料太少	√			√				
原料含水分过多				√				
分流道或铸口太小	√			√	√			
模穴排气不好	√			√		√		
制件太薄	√			√				
制件太厚或变化大						√		√
成型机能力不足	√			√	√			
成型机锁模力不足		√						

⑤ 试模过程的记录。在试模过程中要进行详细记录，将试模结果填入试模记录卡，并注明模具是否合格。如需返修，应提出修改建议，并摘录试模时的工艺条件及操作注意要点和注射成型的制品，以供参考。

对试模后合格的模具，应将各部分清理干净，涂上防锈油后入库。

⑥ 除上述各项外，试模时还应注意以下事项。

a. 模具的清理。模具在注射前一定要清理干净，保持模具清洁且无异物。

b. 模具在使用过程中，要定期对滑动与活动部位如导柱、导套等部位进行表面润滑。

c. 模具在脱模后，如发生粘模或制品难以取出时，不要用硬金属敲击，可用木质工件取出残留物。

12.6.3　塑料注射模试模的缺陷及调整

塑料注射模试模缺陷与调整方法见表 12-13。

表 12-13　注射模试模缺陷与调整方法

弊病类型	产生原因	调整方法
塑料外漏，注射不进	①喷嘴和浇口套球面半径不符，球面吻合不好 ②主流道进口直径太小 ③模具安装质量差，主流道轴线与注射机轴线不同轴	①加大浇口套球面半径 $R_2=R_1+1 \sim 2mm$，其中 R_1 为喷嘴球面半径 ②加大主流道进口直径 ③重新调整模具
料把拉断，堵死主流道	①主流道表面太粗糙，锥度太小 ②喷嘴孔径大于主流道进料口 ③没有拉料杆	①抛光主流道表面，加大锥度 ②加大主流道进料口直径 ③设置拉料杆
塑件外形不完整、有残缺或多型腔时个别型腔填不满	①注射量不够，加料量及塑化能力不足 ②塑料粒度不均，大小不一 ③多型腔时，进料口宽窄深度不一 ④喷嘴及料箱温度太低或喷嘴口径太小 ⑤注射压力小，保压时间太短，螺杆和柱塞退回过早 ⑥飞边溢料过多 ⑦模温太低，制件冷却过快 ⑧模具浇注系统流动阻力太大，进料口位置不合适或截面太小 ⑨排气不当或型腔内有水分 ⑩塑料含水分或挥发性物质	①加大注射量和加料量，增强塑化能力 ②改用新塑料，使粒度均匀 ③修整各进料口，使其形状相同 ④设法提高喷嘴部位及料箱温度或加大喷嘴口直径 ⑤改进注射参数，加大注射力和延长注射保压时间 ⑥使溢流槽变小，减少溢流量 ⑦设法提高模温 ⑧修整进料口或使截面加大 ⑨增加冷料穴，使模具适当排气或合理使用脱模剂，清除水分 ⑩塑料在注射使用前要烘干或改用性能较好的塑料

续表

弊病类型	产生原因	调整方法
塑件尺寸变化、不稳定	①注射机电器加热或液压系统不稳定 ②模具温度不足，定位杆弯曲 ③成型条件如温度及保压时间发生变化，成形周期不一致 ④模具制造精度较差，活动零件动作不稳定或定位不稳 ⑤模具合模后，分型面接触不严或时紧时松，出现飞边 ⑥浇口太小或多型腔时进料口大小不一致，进料不平衡 ⑦塑料每次加料量不均 ⑧塑料粒度不均，收缩率不稳	①修整注射机电器加热或液压系统，使之工作稳定可靠 ②调整模具温度，更换定位杆 ③合理控制成型条件，使每一个制品的成形周期一致 ④重新调整模具结构，使之符合图样要求 ⑤增大锁模力，使定、动模分型面配合严密、合模稳定 ⑥修整浇口，使各进料口均匀一致 ⑦合理控制料量，即每次要定量 ⑧更换质量好的塑料
塑件表面产生气泡	①注射压力太小 ②柱塞或螺杆注射时退回太早 ③模具排气不良 ④模具温度太低 ⑤注射速度太快 ⑥塑料含水量太大，有挥发物 ⑦料温太高，加热时间长 ⑧模具型腔内有水、油污或用脱模剂不当	①加大注射压力 ②要合理控制柱塞及螺杆退回时间 ③增设冷料穴，使其排气良好 ④设法提高模温 ⑤设法降低注射速度 ⑥更换新塑料 ⑦降低料温，减少加热时间 ⑧清除型腔内水分，合理使用脱模剂
塑件产生凹坑或真空泡	①进料口太小或位置设置不当，不利于进料 ②塑件本身设计工艺性差，薄厚相差较大 ③模温、料温高，冷却时间短，易出现凹陷 ④模温过低易产生真空气泡 ⑤注射压力太小、速度慢以及注射保压时间短 ⑥加料或供料不足以及溢料过多、塑料流动性较差	①修整进料口，使之大小、位置合理或加多进料口数量 ②在料厚部位，增设工艺型孔，尽量使壁厚变化均匀 ③降低模温、料温以及加大冷凝时间 ④合理控制模温 ⑤合理控制注射工艺参数加大注射压力、注射速度及保压时间 ⑥合理加料或供料；减小溢流槽面积或改用质量好的塑料
塑件四周飞边过大	①分型面密合不严，存有间隙，型腔和型芯滑动部位间隙过大 ②模具强度或刚性较差 ③模具各承接面平行度差 ④模具安装时没有被压紧，致使单边受力 ⑤注射压力太大，锁模力不足或锁模机构不良；注射机动、定模板间不平行 ⑥塑料流动性太大，料温、模温偏高，注射速度快或加料量太多	①修整模具分型面，使之密合或减小型腔、型芯间隙值 ②修整模具设法加大其强度刚性 ③修整各承接面使其相互平行 ④重新安装模具于注射机上并紧固 ⑤调整注射机，使之在正常状态下工作 ⑥合理改善和控制注射工艺参数

弊病类型	产生原因	调整方法
塑件产生明显细缝	①注射压力太小，注射速度慢或料温、模温太低 ②注射阻力太大或进料口位置设置不合理 ③模具冷却不均匀 ④嵌件温度太低 ⑤塑料流动性差或有水分 ⑥模具排气不良	①合理控制和改进注射工艺参数 ②缩短浇料系统流程，合理修整浇道口位置及大小 ③修整冷却水道，使之冷却均匀 ④注射前将嵌件预热 ⑤更换塑料并在使用前烘干 ⑥增设冷料穴使其空气排出
塑件表面产生明显波纹	①料温、模温、喷嘴温度较低，注射压力小、速度慢 ②冷料穴设计不合理，注射前里面有冷料没清除 ③浇注系统流程过长，截面积小，进料口大小、形状、位置不合理使融料受阻，冷却快而产生波纹 ④模具冷却不均匀 ⑤塑料流动性差或供料不足 ⑥流道曲折、狭窄、表面粗糙	①合理调整注射工艺参数，使之合适 ②改进冷料穴，并在每次注射前要将冷料穴内废料清理干净 ③合理修整浇注流道，使其长短及进料口大小、位置合理 ④合理修整冷却管道使其均匀 ⑤更换质量好的塑料并合理供料 ⑥修整流道，并进行抛光
塑件表面沿流动方向产生银白色针状条纹或片状云母纹（水痕）	①塑料及模温太高，注射压力太小 ②塑料含水太多并有挥发物质存在 ③成型时排气不良，有空气存在 ④流动进料口太小 ⑤脱模剂使用不当，注射时型腔存有水分或油污 ⑥模温太低，注射压力小，注射宽度低，冷却快，易形成银白色或白色反射光的薄层，产生冷却痕 ⑦塑件若壁厚相差较大时，融料从薄壁流入厚壁时易膨胀，挥发物气化与型腔表面接触液化后形成银纹 ⑧塑料中配料不当，混入不熔料（或异物），制品产生分层	①合理控制注射工艺参数的使用 ②采用性能较好的塑料原料 ③改进排气机构，使之有良好排气 ④加大进料口径 ⑤合理使用脱模剂，在注射前一定要清除型腔内油污及水分 ⑥合理控制注射工艺参数，加大注射压力，提高模温和注射速度，使之在正常工作条件下工作 ⑦改进塑件设计，使之壁厚尽量相差小，或增设工艺孔以缓解壁厚变化过大 ⑧合理配料，使之保清洁、无异物
塑件扭曲变形	①冷却保温时间不够模温高 ②塑件薄厚不均，相差太大，强度差；使用的嵌件分布不合理，没预热 ③进料口位置不合理或尺寸小 ④料温、模温低，注射压力小，注射速度过快，保压不足或冷凝收缩不匀 ⑤动、定模温差大，冷却不匀 ⑥塑料塑化不匀，供料不足或过量 ⑦模具强度低，易变形，制造精度低，定位不准 ⑧顶出机构受力不均，顶料杆位置不合理或某一处折断弯曲	①延长保温时间，增高模温 ②修正塑件，使之符合工艺性要求或增加工艺孔，使嵌件预热合适 ③改进进料口位置，使口径加大 ④改善成型工艺条件，使其合理 ⑤合理控制动、定模温度 ⑥合理控制给料量 ⑦修整模具，提高制造精度、质量与强度 ⑧重新调整顶出机构，使之受力均衡

续表

弊病类型	产生原因	调整方法
塑件产生裂纹	①脱模时顶出力不均，偏斜 ②模温太低或受热不均 ③冷却时间过长或过快 ④脱模剂使用不当 ⑤嵌件不洁或预热不够 ⑥脱模斜度太小，有尖角或缺口，易产生应力集中致使塑件裂纹 ⑦成型条件不合理 ⑧进料口尺寸过大或形状不合理，产生应力 ⑨塑料混入杂质或填料分布不均	①修整顶出机构，使受力均衡 ②合理改善模温受热状况 ③合理确定冷却保压时间 ④合理使用脱模剂 ⑤清洗嵌件，并进行预热 ⑥修正脱模斜度，使之合适 ⑦应改进成型条件，如温度、注射力、注射速度等 ⑧合理修整进料口大小及形状 ⑨合理选用塑料及填料，清除杂质，填料时要搅拌均匀
塑件表面产生黑斑、黑点或黑条，在塑件表面出现碳状烧伤现象	①料筒清理不洁或有混杂物 ②模具排气不良或锁模力太大 ③塑料成型腔中有可燃挥发物 ④塑料受潮含水分太多，水解变黑 ⑤染色不匀或染料变质 ⑥塑料成分变质分解	①注射成型前，认真清理料筒或塑料中的杂物 ②修整排气溢槽、减小锁模力 ③清理塑料及型腔 ④使用前要将塑料烘干，去除水分 ⑤合理进行配料 ⑥采用质量好的塑料
塑件色泽不均或变色	①颜料质量不好、搅拌不匀 ②型腔表面有水分，油污或脱模剂过多 ③塑料或颜料中混入杂质 ④结晶度低或塑件壁厚不均影响透明度造成色泽不均	①更换颜料，使用前要搅拌均匀 ②烘干塑料，合理使用脱模剂 ③更换纯净度高的材料 ④改善塑件工艺性
脱模困难	①型腔表面粗糙 ②脱模斜度小 ③模具镶块处缝隙太大 ④型芯无进气孔 ⑤模具温度太高或太低 ⑥保压成型冷凝时间太短 ⑦顶杆太短不起顶件作用 ⑧拉料杆失灵难以拉下废料 ⑨型腔强度差有变形或伤痕 ⑩活动型芯脱模不及时	①对型腔进行抛光 ②加大脱模斜度 ③整修模具使之密合 ④增设排气孔 ⑤合理控制模具温度 ⑥控制成型保压时间 ⑦加长顶杆 ⑧修整拉料杆顶部形状 ⑨修抛型腔 ⑩修整活动型芯，使其能及时脱模
制品粘模难以脱模	①浇道截面斜度小，没使用脱模剂 ②料温、模温较低或喷嘴与浇口套不吻合，有夹料 ③拉料杆失灵，不起拉料作用 ④模具型腔表面有划痕 ⑤冷却时间短 ⑥拼块型腔镶拼不严密有缝隙 ⑦塑料中混入杂质引起粘模 ⑧浇道直径较大	①加大浇道斜度，使用脱模剂 ②提高料温、模温，修整喷嘴与浇口套吻合，防止夹料产生 ③修整拉料杆 ④修刮及抛光型腔表面 ⑤延长冷却时间 ⑥修整型腔镶块使其密切贴合 ⑦更换新塑料 ⑧适当缩小浇道直径

续表

弊病类型	产生原因	调整方法
塑件（372有机玻璃）透明度低	①模温、料温低，熔料与型腔表面接触不良 ②型腔表面粗糙有水及油污 ③脱模剂太多 ④料温太高，使塑料分解 ⑤塑料有水分及杂质	①提高模温与料温 ②清理型腔表面并抛光 ③适当使用脱模剂 ④降低料温及模温 ⑤烘干塑料，清除杂质
塑件表面无光泽、发乌、有伤痕	①型腔表面粗糙 ②型腔内有油污、异物 ③脱模剂使用太多或质量不好 ④塑料含水量太大或有挥发物 ⑤塑料或颜料变质、流动性差 ⑥料温、模温低，注射速度慢 ⑦模具排气不良，融中充气 ⑧注射速度过快，进料口直径小，易使融影气化产生乳白薄层 ⑨脱模斜度小 ⑩操作时不甚擦伤制品表面	①抛光型腔表面 ②注射成型前，清理型腔 ③合理使用脱模剂 ④烘干塑料 ⑤更换塑料 ⑥提高模温、料温、注射速度 ⑦改善模具排气机构 ⑧降低注射速度，使进料孔加大 ⑨在不影响制品质量情况下，适当加大脱模斜度 ⑩注意操作方法，按工艺规程进行操作

12.7 塑料模的验收

　　塑料模经装配、试模调整后，要组织进行验收，以交付使用。验收时，验收的主要依据、项目及内容、验收方法及验收后交接程序与冷冲模验收基本相同（具体参见本书"11.15 冲模的验收"相关内容）。各类塑料模的验收检测可参照"表 12-1 型腔模装配技术要求"及本章"12.2 塑料模的装配"的相关项目及要求进行。

第**13**章 其他型腔模的装配与调试

13.1 压铸模的装配与调试

构成压铸模的各种零部件，从其使用功能来看，可分为模架和工作部分两种类型，即压铸模总体是由模架和工作部分两大部分组成。表 13-1 给出了模架和工作部分的各零部件组成。

表 13-1 模架和工作部分的各零部件组成

类型		各零部件的组成
模架	模体	由动、定模座板，动、定模套板和支承板等基础部分组成
	导向零件	导柱、导套
	推出机构	由推杆、推管、复位杆、推杆固定板、推板和推件板等组成
工作部分	成型部分	由镶块和型芯组成，是成型压铸件内、外轮廓形状的零件
	浇注系统	由浇口套、分流锥、导流块、直浇道、横浇道和内浇口组成
	抽芯机构	由斜销、滑块、限位块、楔紧块和弯销等零件组成
	排气系统	由排气槽和溢流槽组成
	冷却系统	一般是在模具上开设冷却水道，外接水嘴实现冷却

压铸模的结构形式尽管多样，但基本结构形式却大体相同。压铸模的结构差异主要体现在压铸模模体的基本形式、镶块在分型面上的布置形式及压铸模各类部件的组成等几方面。

压铸模是型腔模的一种重要类型，故压铸模的装配和调试具有型腔模的共同特性。但由于其结构组成、成形工艺条件及使用材料与其他型腔模不尽相同，因此，压铸模还具有自身的装配及调试特点。

13.1.1 压铸模的装配

压铸模的装配方法基本上与塑料压缩模、注射模等型腔模一样。其装配过程是：镗导柱、导套孔→加工模板外形→加工定模固定板→将定模装入定模套板内→以定模为基准安装动模型芯于动模套内→压入导柱、导套→安装推出及斜滑块等其他配件→安装后按图样检验→试模与调整→修整浇口与型腔，通过试件验证模具制造质量。

（1）装配制造要求

① 压铸模在装配后，其各部位尺寸一定要符合图样所规定的精度要求。

② 压铸模的动模与定模型腔一定要修整出脱模斜度（表13-2），外缘修整出圆角（$R=1mm$），并且表面应光洁（$Ra=0.20 \sim 0.10\mu m$），无划痕。

表 13-2　各类压铸合金最小脱模斜度

图示	合金名称	出模斜度	
		外脱模斜度 α	内脱模斜度 β
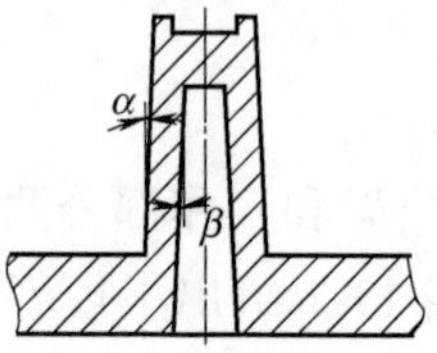	锡合金	20′	30′
	锌合金	30′	1°
	铝合金	40′	1°
	铜合金	1°	1°40′

③ 型腔表面在压铸模分型面处或浇口进口处均应保持锐角，不能修出圆角。

④ 分型面与模架支承面平行度允差不能超过 0.05mm/300mm。

⑤ 压铸模装配后合模时，定、动模的分型面要密合，各点间隙不得超过 0.05mm。

⑥ 装配后的压铸模导柱、导套要配合良好，符合图样要求；各推件杆、复位杆要动作灵活，工作时不准有卡滞现象。

（2）装配过程及方法

以下通过一个实例简述压铸模的装配过程及方法，见表13-3。

13.1.2　压铸模装配注意事项

① 对于所要装配的压铸模具的动作原理、结构，装配之前都必须彻底了解，这就需要认真消化好图样资料。

② 在模具的上方用钢印打上模具的图号或产品零件的图号。

③ 在动、定模上分别加工螺纹孔，以备旋入吊装用的吊环螺钉。

④ 模具安装部位尺寸，应符合所选用的压铸机规格，压室安装孔径和深度必须进行严格的检查。

⑤ 分型面上除导套孔、斜销孔外，所有模具制造过程中的工艺孔、螺纹孔都应堵死，并保证与分型面平齐。

表 13-3 仪表铝合金盒形件压铸模制造装配工艺过程

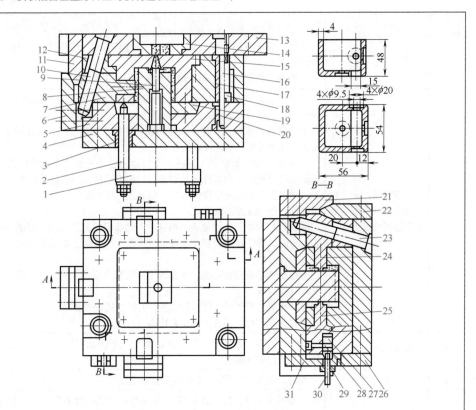

1—推板；2—推杆；3，17，20—导套；4—支承板；5—动模套板；6，21—限位块；7，24，25—滑块；8，9—型芯；10，23—斜销；11，22—楔紧块；12—定模套板；13—定模座板；14—浇口套；15—定模；16—导柱；18—限位螺钉；19—推件板；26—斜块；27—锁紧销；28—定位销；29—支架；30—螺杆；31—锁紧钩

步序	装配步骤	装配操作要点
1	镗导柱、导套孔	①将定模座板 13、定模套板 12 和动模套板 5 叠合在一起夹紧 ②同镗导柱 16、导套 20 孔，并锪出台肩孔
2	加工各模板外形	①用工艺定位销在已镗好的导柱、导套孔中定位 ②用插床同插定模座板 13、定模套板 12 和动模套板 5 四侧基准面，使各板外形至要求尺寸
3	加工定模套板内各孔槽	①以定模套板外形为基准，精插定模 15 固定孔，并留修正磨量 ②粗铣滑块 24、25 槽，但导轨槽暂不加工 ③铣定模固定孔的台肩和紧锁槽孔到要求尺寸
4	将定模装入定模套板内	①将定模 15 装入定模套板 12 后，磨平上、下平面到型腔所要求的尺寸 ②退出定模，按尺寸精镗滑块通孔 ③在定模上精车浇口孔 ④以定模 15 为基准，精磨定模套板的滑块槽 ⑤再将定模 15 装入定模套板 12，配钻、攻固定螺纹孔，并用螺钉紧固，再按划线钻限位螺纹孔

续表

步序	装配步骤	装配操作要点
5	装浇口套于定模座板上	①在定模座板13上以外形为基准，车削浇口套14固定孔，并按划线钻、攻限位螺纹孔 ②将浇口套压入定模座板13，并磨平上、下平面
6	安装推件板及以定模为基准将型芯安装于动模套板上	①在动模套板5上，以外形为基准加工推件板19沉孔并钻四个推杆孔，同时加工出其他非配合的凹坑和台阶面 ②修正推件板侧面，使底面和侧面和动模套板相接触，并按照支承板4上导套孔准备配钻推件板螺纹孔 ③在支承板4上安装工艺钻套（钻套内径等于推杆2螺纹底孔直径），与动模套板叠合，对准推杆孔位置后，将推板放入沉孔内，用平行夹头夹紧，通过工艺钻套配钻推件板的螺纹孔后，取出推件板再攻螺纹，并注意螺纹轴心线对基面的垂直度 ④将攻好螺纹孔的推件板，再次放入动模套板的沉孔内，用螺钉将其紧固在一起。再以定模为基准，在推件板和动模套板上加工型芯孔和固定型芯8、9的台肩 ⑤根据型芯精修型芯孔，使其成为过渡配合形式，同时要保证内形与外形基准的位置 ⑥锉修推件板型孔，使其达到与型芯配合的规定要求 ⑦修整后，将型芯压入动模套板内
7	压入导柱、导套	在定模座板、动模座板及动模套板上，分别压入导柱16和导套20，使其配合符合图样要求
8	修磨型芯顶面	修磨型芯8、9顶面，使其与定模15密合
9	安装侧向抽芯机构	①安装滑块7、24、25并修磨滑块的吻接面和台肩面，使之接触定模15和动模套板5 ②安装楔紧块及斜销10、23 ③将导套3压入支承板4，再将支承板4与动模套板叠合，使推杆插入推件板19连接后夹紧，配钻、攻支承板螺纹孔和销孔，然后用螺钉紧固并打入销钉定位 ④修磨限位块6、21斜面，使之与楔紧块11、22吻合 ⑤用螺钉将限位块6、21固定在动模套板5上，并调整其位置，使斜面与楔紧块密合后紧固螺钉及打入销钉
10	安装锁紧钩	①将锁紧销27装入定模套板的槽内，旋入定位销28 ②将定、动模合模，在锁紧块相接触的情况下，复印出螺孔位置，并钻、攻螺纹孔 ③把锁紧钩31调整到正确位置后紧固螺钉，配钻螺纹孔再打入销钉定位
11	安装斜块、支架等其他配件	①将定模座板13和定模套板12分开，使斜块与锁紧销斜面相接触 ②在定模座板上复印出螺孔位置，并钻、攻螺纹孔，安装斜块和锁紧销后，将螺钉拧紧 ③将支架29、推杆、推板安装好，使之位置合适
12	按技术要求检查并试模	①检测型芯8与定模15的型腔、滑块7的接合面是否同时接触，工作表面应光洁 ②滑块与定模15及定模套板12应保证间隙配合运动平稳 ③推件板19与动模套板5的配合应严密

续表

步序	装配步骤	装配操作要点
12	按技术要求检查并试模	④推杆 2 与推板 1 连接后应保证滑动平稳 ⑤两侧的锁紧装置应能同时锁紧和开启 ⑥合模后，分型面间隙要小，不能超过 0.05mm ⑦分型面与模架支承面平行度允差不超过 0.05mm/300mm ⑧检查自认合适无误后，要安装到指定压铸机上，按工艺规程进行试模。在试模过程中，若发现缺陷要进行修整，直到能批量制出合格制品零件为止

⑥ 模具的安装平面与分型面之间平行度误差、合模后分型面上的局部间隙均不大于 0.05mm（不包括排气槽）。

⑦ 所有滑动机构，都应灵活、运动平稳、配合间隙适当、不允许有卡壳现象。

⑧ 开模时定位应可靠，合模时滑块斜面与楔紧块的斜面应压紧，并且具有一定的预应力。

⑨ 装有型芯的滑块端面要求密合，但滑块平面与模板的配合面允许留出大于 0.15mm 的间隙。

⑩ 在有斜滑块的模具中，斜滑块的平面应高出套板分型面。合模后压紧斜滑块，使其与拼合面密封。

⑪ 推杆在推杆固定板中，应保证运动灵活，但轴向配合间隙不大于 0.1mm。推杆复位时，不允许低于型腔表面，但凸出表面不得大于 0.1mm。

⑫ 复位杆的端面应保证与分型面平齐。

⑬ 抽芯机构中，抽芯动作结束时，抽出的型芯端面与铸件上对应孔端面的距离不应小于 2mm。

⑭ 排气槽对铸件质量影响较大，装配中应认真检查是否符合图样要求。

⑮ 所有成型表面及浇注系统的表面粗糙度 Ra 均不高于 0.8μm，型腔、型芯的表面粗糙度 Ra 不高于 0.4μm。所有表面都不允许有击伤、擦伤和划线等加工痕迹，更不允许有细小的裂纹。这些在装配中都应严格进行检查。

13.1.3 压铸模的安装与调试

压铸模经装配后，必须要经过试模与调整。试模与调整过程即发现模具设计和制造中的缺陷的过程。必要时，要随时对其进行改进和修正，使之能生产出合格的制品。同时，调试的过程也是调整压铸工艺参数，初步确定成形条件的过程。

（1）压铸模的安装

压铸模在压铸机上的安装方法见表 13-4。

表 13-4　压铸模在压铸机上的安装

步序	安装程序	安装操作说明
1	检查调整机床	①检查设备的各工作系统是否正常，机床的推出装置是否后退复位 ②按规范调整机床状态 ③开启调控开关，查看动模板是否运行通畅
2	开机	开动机床，使动、定模板处于开启状态
3	清洁安装面	将模具及压铸机的安装面擦拭干净，无油污及杂物
4	吊装及安装模具	①模具安装分三种情况 a. 小型模具，直接安装在机床上 b. 中型模具，用整体吊装的方法进行安装。即用吊车或专用起重工具，把模具吊至机床定、动模板之间，先把定模平面与机床定模板靠紧，把定模孔窝与机床压室或喷嘴套入，然后使动模板以极慢速度向动模靠拢或预留 3 ～ 5mm 间隔，对准定模固定位置，仔细检查后再合紧，然后关闭机床总阀，再用螺钉、螺母、压板把定、动模固定牢固 c. 大型模具：采用分体吊装的方法。即先安装定模，但固定的螺钉、螺母将不紧固，然后按模具的基准方向，沿导柱将动模对准定模，用人工合上一小段距离再开动机床，使动模缓慢地向定模靠拢，直到动、定模合拢后，再紧固定模螺母及螺钉 ②模具在安装时，应注意安全，两人以上操作时，必须互相呼应统一行动 ③模具固定后应平稳可靠
5	调整机床推出距离	模具安装好后，慢速开模。当动模板到位，停止后退，调整机床的推出装置，以保证推出距离
6	调整锁模力大小	按工艺规程和机床说明书调整锁模力
7	接通冷却水路	根据需要，接通水路，并安装调试抽芯机构
8	试机	①清除放在机床上的一切工具、杂物 ②检查模具安装状况及固紧状态 ③开机试模：缓慢开合模具数次，观察机床和模具的开合运动情况是否正常，无误后，在活动部位加润滑油，试模

（2）调试过程及调试要点

压铸模的调试过程及调试要点见表 13-5。

表 13-5　压铸模的调试过程及调试要点

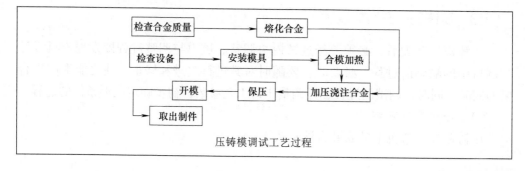

压铸模调试工艺过程

续表

序号	调试工艺过程	调试要点及操作说明
1	调整压铸设备	①将压铸机上的所有电气、液压行程开关根据压铸工艺的需要，调整到适当的位置 ②根据压铸合金材料、压射冲头材料和直径大小，以及操作循环时间对热量的影响，按机床使用说明书来选择适当的冲头与压室的配合间隙 ③按工艺规程调整机床的压射速度和回程速度 ④按工艺规程调整压射力大小，并合上模具，在压室内垫入直径比压室内径略小的厚度大小20mm的木块或干净棉纱进行压射动作，检查一下工作是否正常 ⑤按工艺规程，调整开模及合模速度
2	涂涂料及润滑	按工艺规程准备涂料或润滑，并在模具和机床上进行适当的润滑，多采用石墨的混合液
3	熔化合金	按工艺要求加热压铸合金到浇注温度。各种合金浇注温度见表1 表1　压铸合金浇注温度 <table><tr><th>合金材料名称</th><th>压铸温度/℃</th><th>合金材料名称</th><th>压铸温度/℃</th></tr><tr><td>锌合金</td><td>420 ～ 500</td><td>镁合金</td><td>700 ～ 740</td></tr><tr><td>铝合金</td><td>620 ～ 680</td><td>铜合金</td><td>850 ～ 960</td></tr></table>
4	预热模具	①采用电热器或喷灯对模具进行预热。模具工作温度见表2 ②在预热时，火焰不能喷射到型腔、型芯表面上，开始时，应在合模状态，使定、动模同时加热，火力不要太猛，逐渐加大，只在非工作面或外形加热 表2　模具工作温度 <table><tr><th>压铸合金</th><th>模具温度/℃</th><th>压铸合金</th><th>模具温度/℃</th></tr><tr><td>锌合金</td><td>150 ～ 200</td><td>镁合金</td><td>220 ～ 300</td></tr><tr><td>铝合金</td><td>200 ～ 300</td><td>铜合金</td><td>300 ～ 380</td></tr></table>
5	料勺涂上涂料并烘干	①清理浇注用的料勺，不能有杂物 ②将料勺预热至200 ～ 300℃ ③将加热的料勺均匀涂上一层涂料，并烘干 ④使用时，在接触金属液之前继续加热至200℃
6	预热压射冲头及压室	用喷头或熔融的合金液，预热压室和压射冲头至150 ～ 200℃
7	开机压射试模	①将装好模具的机床，先空转数次。检查模具及机床是否运转正常 ②将模具清理干净，涂上涂料并用压缩空气吹匀，首次涂料时，定模型腔应多涂一些，以防第一次压铸后粘模 ③合模。将合金液用料勺盛取后倒入压室 ④开机压射，使合金充满型腔 ⑤按工艺规程保压一段时间，大约8 ～ 20s ⑥开模取出铸件，并清理型腔准备下一次压铸

序号	调试工艺过程	调试要点及操作说明				
8	调整压铸工艺参数	调整压力、速度、温度以及保压时间等工艺参数。由于各参数相互关联制约，故每调一个，要观察效果，待合适后再调另一个。各合金的压射比压、压射速度、保压时间可参照表3				

表3　压铸工艺参数推荐值

工艺参数 ＼ 合金名称		锌合金	铝合金	镁合金	钢合金
压射比压 /MPa	一般铸件	13～20	30～50	30～50	40～50
	承载铸件	20～30	50～80	50～80	50～80
	大平面薄壁件	25～40	80～120	80～100	60～100
保压时间 /s		8～20			
压射速度 /（m/s）		30～50	20～60	40～90	20～50

序号	调试工艺过程	调试要点及操作说明
9	调节保压时间	对熔点高、结晶温度范围宽的合金厚壁零件，保压时间要长一些；对熔点低、结晶温度范围窄的薄壁制品零件，保压时间可适当短一些
10	试件检测并调整	①试模时，一般采用先手动操作，等模具、机床正常后，再机动压铸 ②试模铸出的试件应检查其质量，根据缺陷调整、修磨模具，直到压铸成合格制品为止

13.1.4　压铸模试模的缺陷及调整

压铸模试模缺陷及调整方法见表13-6。

表 13-6　压铸模试模缺陷及调整方法

缺陷类型	产生原因	调整方法
欠铸，即铸件部分未成形或型腔充不满	①填充条件不良，即浇口位置、导流方式、内浇口数量选择不当，或内浇口截面过小而形成较大的流动阻力 ②金属液及模温太低 ③浇料量不足 ④排气不良 ⑤模具型腔内有残留物	①修整浇口位置和导流方式，对形状复杂的铸件宜采用多股内浇口填充并适当加大内浇口截面，使之液态金属流动顺畅 ②适当提高金属液及模温 ③加大浇料量 ④增设溢流槽和排气道 ⑤消除型腔内残留物
制件表面出现冷隔，有明显接缝	①金属液及模温太低或压射比压太小 ②内浇口截面太小 ③溢料槽少 ④排气不畅	①改进压铸工艺条件，适当加大金属液及模温，增大压射比压 ②修整内浇口加大进料口截面 ③增加溢流槽，特别是在产生接合缝隙处再开设溢流槽 ④在分型面处加设排气通道

续表

缺陷类型	产生原因	调整方法
制品飞边太大	①模具分型面处不密合或型腔镶块拼合处有缝隙，滑动部分配合间隙太大 ②分型面不洁，有杂物 ③模具装配后，动、定模安装面平行度误差超差 ④机床的锁模机构动作不良，使锁模不均衡，即一边松一边紧，使合模时，分型面不密合	①检查模具，根据情况进行修正，使之分型面合模时密合，减小缝隙 ②每次压铸前，清理分型面 ③重新安装模具，使其动、定模安装面平行 ④重新调整机床锁模机构，使其动作正常
制件产生变形	①模具的浇注系统及溢流槽位置布置不合理，致使零件各部位冷凝不均、收缩不一致，内部产生内应力，使塑件变形 ②推杆的推力不平衡或某一推杆弯曲折断	①调整浇注系统及溢流槽位置，减少铸造所产生的内应力，以消除变形 ②改善推件推出条件，使推件力尽量平衡
制件表面有擦伤划痕	①合金黏附型腔，脱模时黏附部位拉伤其表面 ②型腔、型芯脱模斜度太小或有倒锥现象 ③型腔、型芯表面太粗糙，有刮伤 ④制件推出时偏斜	①合理修正浇口，尽量使金属液流动平行于型腔壁流动以减少粘模而造成的表面擦伤 ②修整型腔、型芯，加大脱模斜度 ③抛刮型腔、型芯表面 ④调整推杆，使其受力平衡
制品产生裂纹	①合金成分中含杂质太多 ②模具装配时精度不高，成型零件安装不稳固，有偏斜 ③推出机构歪斜或动作不协调	①更换合金，使之纯度提高 ②重新装配模具 ③修正推出机构或重新装配
制件产生凹陷	①合金收缩量太大 ②排气不良 ③模具型腔上有残留物、不清洁	①更换合金 ②增设排气槽或溢流槽使空气排出模外 ③压铸前，清除残留物，使之清洁
制件产生气孔或缩孔	①内浇口设置位置不合理或内浇口断面太小，致使金属流通过内浇口时，直接撞击型腔壁产生旋涡，气体被卷入金属液中而产生气孔 ②溢流槽位置设置不当或容量不足，致使在金属液凝固中，金属补偿不足而产生缩孔 ③排气不良	①重新设置内浇口，改变其位置，并适当加大内浇口的断面积 ②调整溢流槽位置，或加大溢流槽容量 ③修整排气道，加大面积
制件表面产生金属流痕迹或花纹	①内浇口通往型腔进口处的流道太浅 ②压射时压射比压太大，致使金属流速太快，引起金属液的飞溅	①加深流道 ②调整减小压射比压
制件表面有凸瘤粗糙	①型腔表面有划痕和凹坑裂纹 ②型腔、型芯表面粗糙	①修整型腔 ②抛光型腔、型芯工作面
制件结构疏松、强度低	①压铸机压力不够 ②内浇口断面太小 ③排气孔堵塞	①更换压力大的压铸机 ②加大内浇口断面积 ③修整排气孔，使其通畅

续表

缺陷类型	产生原因	调整方法
制件内含杂质	①金属液不洁，有杂质 ②合金成分不纯 ③模具型腔不洁	①浇注时要把杂质清除掉 ②更换合金 ③清理型腔
压铸过程中有金属液喷出	①动、定模密合不严，间隙太大 ②锁模力太小 ③压铸机动、定模板不平行	①修整动、定模分型面，或重新安装模具 ②调整加大锁模力 ③调整压铸机

13.2 锻模的装配与调试

锻模的种类很多。按使用设备的不同，可分为锤锻模、压锻模、平锻模等；按锻造工艺的不同，又有精密锻模、冷挤压模、温挤压模、液态锻模等。锻模是型腔模的一种重要类型，故锻模的装配和调试具有型腔模的共同特性。但由于其结构组成与成型工艺条件及使用材料与其他型腔模不尽相同，因此，压铸模还具有自身的装配及调试特点。

13.2.1 锻模的装配

锻模的装配基本与所有型腔模一样，一般按图样进行装配。但在装配后，一定要保证上、下模腔的错移量不能超出图样所规定的允许值。锻模分模面上的错移量允差见表 13-7。

表 13-7 分模面上允许错移量 单位：mm

模腔尺寸	错移量（终锻模腔）	错移量（预锻模腔）
≤ 100	< 0.2	< 0.4
> 100 ~ 250	< 0.3	< 0.6
> 250	< 0.4	< 0.8

13.2.2 锻模的安装与调试

（1）锻模的安装

锻模使用的设备是蒸汽 - 空气模锻锤、螺旋压力机、热模锻压力机等锻压设备。各种锻模安装方法及注意事项见表 13-8。

（2）锻模的试模过程

锻模试锻前的准备过程参见表 13-9。

表 13-8　锻模的安装方法

序号	模具类型	安装方法
1	锤上锻模	锤上锻模是依靠楔铁将上、下锻模的燕尾紧固在锤头和下模砧座上。其贴合平面都起传递力的作用。在安装时，必须仔细调整键块，以保证锤头导向和锻模导向的一致性和协调性。在打紧楔铁的过程中，应同时用锤头带动上模轻击下模，才能使锻模易于紧固
2	螺旋压力机用锻模或热模锻压力机用锻模	用于压力机的锻模，一般是装在模座里，而模座又设有导向部分，如螺旋压力机用锻模及热模锻锻模，都以导向保证了上、下模配合精度。但在安装时，应保证压力机滑块导向和模具导向的一致性，以防止导向部位的偏向磨损和模具导柱被折断。同时，在使用过程中，还应时常检查模具导向部位是否工作，配合是否正常，并要随时进行调整，防止模座因受振动偏心而发生窜动，造成上、下模错移 上、下模在安装时，一定要固紧在压力机上，不能有任何松动
3	切边与冲孔模	①切边模在安装时，应首先调整好凸、凹模间隙，使其四周均匀，可采用垫片法调整，并且要注意凸模进入凹模的深度 ②冲孔模安装时，同样要注意凸、凹模间隙的均匀性，并且还要注意，冲孔模安装时，先固定好凸模，从而调整凸模位置

表 13-9　锻模试锻前准备过程

步序	项目	操作说明
1	锻模检查	①检查模膛的尺寸精度及形状和表面质量是否符合图样要求 ②检查上、下模错移量是否超出允许范围 ③检查燕尾尺寸是否与设备相匹配
2	设备检查	①检查设备运行状况是否完好 ②检查设备能力是否合适，即不能偏大或偏小 ③检查设备安全、防护设施是否完备
3	锻模安装	①锻模在锻压机上安装要牢固、可靠 ②上、下模基面安装后要相互平行，其中心轴线要与运动方向平行，错移量应减小到最小允许值 ③燕尾支承面应与锻模分型面平行与运动方向垂直，并与接触基面不存在间隙 ④上、下模分型面要互相平行，合模时接触密合 ⑤锤头与导轨的间隙，在保证正常作业的情况下，应取最小值
4	预热模具	①在试模前，模具应进行预热。对于小胎模，可在炉前烘烤；对于大锻模，可用烧透的坯料放在上、下模之间烘烤，或用煤气喷灯烤烧 ②预热温度：150～350℃
5	润滑模具及设备	①锻模和锻压机械在试模使用前要对其进行合理的润滑 ②选用的润滑剂一般为：重油、润滑油、盐水或二硫化钼
6	清除坯件氧化皮	①对要进行锻造的金属坯料，要清除氧化皮 ②在锻造时严防过多的氧化皮入模，即采用压缩空气吹除或用高压水喷除
7	加热坯件	为了保证试模质量，被试锻的金属坯料必须按合理的加热规范加热，并在加热过程中要不断翻动，使其各向加热均匀
8	试压坯件	将加热后的坯件放在模膛内，按试模工艺规程进行锻造成型

13.2.3　锻模试模的缺陷及调整

　　试锻的首件冷却后，应按锻件制品图逐项进行详细的检测，如发现缺陷应及时修正。其方法见表 13-10。

表 13-10　锻模试模缺陷及调整方法

缺陷类型	产生原因	调整方法
锻件欠压，即在高度方向上尺寸偏差太大 凹坑	①加热或锻造温度不合适 ②锻压设备吨位不足 ③操作工艺不合理 ④模具飞边槽过小或飞边槽阻力太大 ⑤模膛尺寸过小	①合理控制锻造温度，使终锻温度不要过低 ②加大锻压设备吨位 ③控制好锤击轻重及锤击次数 ④调整、修磨飞边槽尺寸使之合适 ⑤适当加大模膛尺寸
锻件局部未充满，尺寸不符合图样要求 Δh	①模锻设备吨位太小 ②毛坯体积过小 ③锻造温度偏低 ④氧化皮太多 ⑤飞边槽过大或阻力太小 ⑥模膛内有气体存在 ⑦模膛加工不精密 ⑧润滑不均匀 ⑨氧化皮没清除干净	①加大模锻设备吨位 ②加大毛坯尺寸 ③提高锻压温度 ④控制加热时间，减少氧化皮 ⑤修整飞边槽，使阻力加大 ⑥在模膛内出设气孔 ⑦修整模膛达到精度要求 ⑧将润滑剂涂抹均匀，不使过多的润滑剂残留模膛 ⑨试模前将氧化皮清净
锻件在冲孔边缘龟裂或有裂纹 裂纹	①毛坯加热温度过低 ②凸、凹模加热温度不足 ③凸（冲头）、凹模间隙不均或过小 ④锻造变形量太大	①加大毛坯加热温度 ②把凸、凹模加热到规定温度 ③重新调整凸、凹模间隙，使之大小合适，均匀一致 ④分多次锻造减少变形量
锻件沿分模面的上、下部位产生位移	①设备精度不良 ②锻模精度差，上、下模错移量大，导向精度不高 ③锻模紧固螺钉松动	①调换精度高的设备 ②重新组装锻模，使之达到设计要求 ③将紧固螺钉固紧
锻件表面出现凹坑，不光洁 凹坑	①坯件质量差，表面不光洁有凹痕 ②加热温度与加热时间不当，氧化皮太多 ③模膛表面粗糙	①更换质量好的坯件 ②控制加热温度及加热时间，不使其产生过多的氧化皮 ③抛磨模膛表面
锻件有裂纹 裂纹	①毛坯本身质量差有裂纹 ②毛坯断面尺寸、形状、体积不合理 ③模膛有锐角形成锻件裂纹	①更换毛坯 ②正确设计滚压、弯曲、预锻模膛，避免终锻产生折纹 ③修整模膛，将锐角修整成过渡圆角

续表

缺陷类型	产生原因	调整方法
锻件局部金属偏多，超差 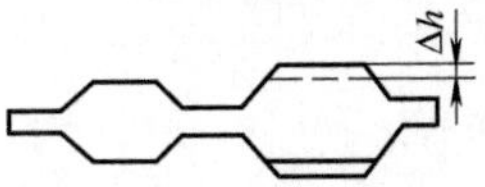 ∆h	①模具上、下模膛偏移，装配时不在同一中心轴线上 ②模具导向精度低 ③坯料加热不均	①重新装配，调整锻模 ②调整导向零件，使配合精度提高 ③合理控制加热方法
锻件中心轴线处产生裂纹 中心裂纹 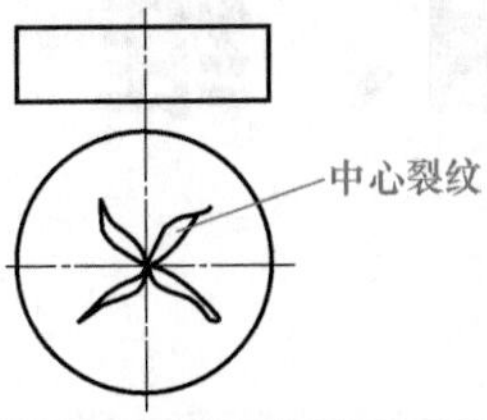	①毛坯加热时间太短，中心轴线温度太低 ②锻造工艺不合理	①延长加热时间，使坯料充分烧透 ②改进锻造工艺，如在型砧内拔长。在平砧上拔长时，应先将大圆断面锻成矩形，再将矩形拔长到一定尺寸，然后压成八角形最后再压成所要求的断面，即可减少裂纹
锻件切边后产生毛刺	①间隙过大过小或不均 ②刃口太钝	①调整凸、凹模间隙 ②磨刃口使之锋利
锻件切边后，中心轴线弯曲 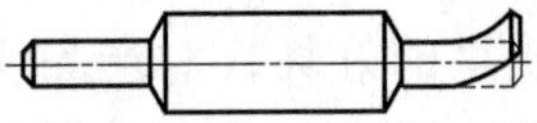	①切边凸、凹模设计不合理 ②冷却过急 ③锻件在模膛内翘起变形	①重新设计制造凸、凹模 ②注意锻件冷却方法 ③增加校形工序，使其锻后整形
锻件表面擦伤	①模具型膛处有尖角 ②氧化皮太多，模膛内不清洁，有杂物	①修磨锐角为圆角 ②锻前清理模膛，并要适当减少氧化皮存在

13.3 型腔模的验收

型腔模经装配、试模、调整后，要组织进行验收，以交付使用。验收时，验收的主要依据、项目及内容、验收方法及验收后交接程序与冲模验收基本相同（具体可参见本书"11.15 冲模的验收"相关内容）。各类型腔模的验收检测可参照"表 12-1 型腔模装配技术要求"及本章型腔模装配的相关项目及要求进行。

第14章 模具的使用、维护与管理

14.1 模具的使用

模具是工业生产的基础工艺装备。其精度的高低、质量的好坏，对产品质量、效益起决定性作用。因此，在生产中应正确地使用模具，以保证模具的制造精度。

14.1.1 冲模的使用

冲模是冲压生产中必不可少的工艺装备，其在常温状态下借助于压力机等压力加工设备的压力可完成冲裁、弯曲、拉深、成形等多种加工，在国防、机械、电子、轻工、日用品、汽车、家电等各个生产领域获得广泛应用。其在使用中应注意以下事项。

（1）冲模在使用中的注意事项

冲模在使用中的注意事项见表 14-1。

表 14-1　冲模在使用中的注意事项

项目	注意事项
开机使用前的检查	①按工艺要求借（领）出所需的模具，如是新模具，应检查是否经过验证并需带有合格制件；老模具则应带有上一次生产的尾件，并检查模具历史卡片的记录情况 ②应检查所用模具和设备是否符合工艺文件的要求，同时检查模具各主要零部件是否完好，凸、凹模有无裂纹、压（碰）伤情况， ③检查设备、模具能否与模具的卸料装置配套；将设备的打料装置暂时调整到最高位置，待装上模具后再调整至最佳位置；装模具时应将上、下模板，设备的滑块底面及工作台面擦拭干净 ④模具装好后再仔细检查模具内、外有无异物，安装是否紧固无误

续表

项目	注意事项
使用过程中的维护与检查	①会同质量检查人员及现场施工人员对产品的首件质量和安全可靠性认可后，方能正式投入生产 ②应定时对模具的型腔、凹模刃口、导向零部件和各活动配合表面等加油润滑。注意，此项工作必须停机进行 ③一旦发现毛坯有刮伤、严重氧化皮及厚薄差别太大和翘曲现象时应立即停止工作。在使用代用材料时，必须有技术部门的签字方能投产 ④操作时严禁多片重叠冲压 ⑤随时注意工装、设备有无异常现象，工件质量是否良好，如有问题要及时停机，处理后方能继续生产。要注意清理工作台面及冲模上的废料、残余冲件及其他杂物。对坯料要预先擦拭干净并涂少量润滑油 ⑥质检人员要进行巡检，随时注意产品质量的变化并做好记录，施工人员（调整）亦应经常到现场观察工装设备的使用情况，对违章操作的现象要立即制止，对严重者应勒令停止作业，认真处理
使用完毕后的保管	①模具使用完毕后，应及时拆卸入库。拆卸时应注意有关事项并确保安全。入库模具应擦拭干净并涂上防锈油后，随同尾件及质检人员、施工人员关于产品质量情况、模具技术状态的反映及产量记录一同入库，以保证历史卡片记录的可靠性 ②模具运输过程中，尽量防止出现意外情况，如有意外，应仔细检查并如实反映，有损坏的应及时处理

（2）冷冲模在使用中的润滑

对大多数冲压加工工序来说，冲模在使用中不需润滑，但在拉深、冷挤压加工时则需进行润滑。

① 拉深模的润滑。拉深加工时，不但材料的塑性变形强烈，而且材料和模具工作表面之间存在很大的摩擦力和相对滑动。为减小材料与模具之间的摩擦，降低拉深力，提高模具使用寿命，保护模具工作表面和冲压表面不被损伤，因此，在拉深过程中，常常每隔一定的时间在凹模圆角和压边圈表面及相应的毛坯表面涂抹一层润滑剂。

拉深用的润滑剂配方是特制的，不同的拉深材料，其配制方法也不同。表14-2为拉深低碳钢用的润滑剂，表14-3为拉深不锈钢及有色金属用的润滑剂，表14-4为拉深钛合金用的润滑剂。

润滑剂的涂抹一般采用专用工具或软抹布、棉纱、毛刷等用手工涂刷在凹模圆角和压边面处以及与它们相接触的毛坯面上，但不允许涂在与凸模接触的表面，因为这样会促使材料与凸模的滑动，导致材料变薄。润滑剂的涂刷部位在拉深工序中应引起重视，涂刷要均匀，间隔一定周期，并应保持润滑部位干净。

冲压之后从零件上清除润滑剂有各种各样的方法。通常有用软抹布手工擦净、在碱液中电解除油、在专门的溶液中热除油、润滑剂溶解于三氯化乙烯和在汽油或其他溶剂中消除几种。

表 14-2 拉深低碳钢使用的润滑剂

简称号	润滑剂成分	含量（质量分数）/%	附注	简称号	润滑剂成分	含量（质量分数）/%	附注
5 号	锭子油 鱼肝油 石墨 油酸 硫黄 钾肥皂 水	43 8 15 8 5 6 15	用这种润滑剂可得到最好的效果，硫黄应以粉末状加进去	15 号	锭子油 硫化蓖麻油 鱼肝油 白垩粉 油酸 苛性钠 水	33 1.6 1.8 45 5.5 0.1 13	润滑剂很容易去掉，用于单位压力大的拉深件
6 号	锭子油 黄油 滑石粉 硫黄 酒精	40 40 11 8 1	硫黄应以粉末状加进去	2 号	锭子油 黄油 鱼肝油 白垩粉 油酸 水	12 25 12 20.5 5.5 25	这种润滑剂比以上几种略差
9 号	锭子油 黄油 石墨 硫黄 酒精 水	20 40 20 7 1 12	将硫黄溶于温度约为160℃的锭子油内。缺点是保存太久会分层	8 号	钾肥皂 水	20 80	将肥皂溶于温度为 60～70℃的水内。用于半球形及抛物线工件的拉深
				10 号	乳化液 白垩粉 焙烧苏打 水	37 45 1.3 16.7	可溶解的润滑剂，加3%的硫化蓖麻油后，可改善其功用

表 14-3 拉深不锈钢及有色金属使用的润滑剂

金属材料	润滑方式
2Cr13 不锈钢	锭子油、石墨、钾肥皂与水的膏状混合剂
1Cr18Ni9Ti 不锈钢	氯化石蜡、氯化乙烯漆
铝	植物（豆）油、工业凡士林、肥皂水、十八醇
紫铜、黄铜、青铜	菜油或肥皂与油的乳浊液（将油与浓肥皂水溶液混合起来）
硬铝合金	植物油乳浊液、废航空润滑油
镍及其合金	肥皂与水的乳浊液（肥皂 1.6kg，苏打 1kg，溶于 200L 的水中）
膨胀合金	二硫化钼、蓖麻油

表 14-4 拉深钛合金使用的润滑剂

材料及拉深方法	润滑剂	备注
钛合金 BT1、BT5 不加热镦及拉深	石墨水胶质制剂（B-0，B-1）	用排笔刷涂在毛坯的表面上，在 20℃干燥 15～20s
	氯化乙烯漆	用稀释剂溶解的方法来清除
钛合金 BT1、BT5 加热镦及拉深	石墨水胶质制剂（B-0，B-1）	—
	耐热漆	用甲苯和二甲苯油溶解涂于凹模及压边圈

② 冷挤压模的润滑。润滑对冷挤压的影响是十分重要的。毛坯与凸、凹模和芯轴接触面上的摩擦，不仅影响金属的变形和挤压件的质量，而且直接影响挤压单位压力的大小、模具的强度和寿命等。为尽量减小摩擦的不利影响，除要求模具工作表面应具有小的粗糙度值（$Ra < 0.10\mu m$）外，还要采用良好而可靠的润滑方法。

润滑剂有液态的（如动物油、植物油、矿物油等），也有固态的（如硬脂酸锌、硬脂酸钠、二硫化钼、石墨等），它们可以单独使用，也可以混合使用。有色金属冷挤压常用润滑剂见表 14-5。

表 14-5 有色金属常用冷挤压润滑剂

材料	润滑成分	说明
纯铝	硬脂酸锌 100%	用毛坯重量的 0.3% 的粉状硬脂酸锌与毛坯一起放入滚筒滚转 15～30min 最适用于反挤压，粗糙度 Ra 可达 0.8μm
	18 醇加硬脂酸锌（比例 4:1）	将毛坯加热到 100℃ 后，倒入滚筒内，加入 18 醇，滚转 2～3min，冷却后再放入硬脂酸锌滚动 2～3min，效果同上
	14 醇 80% 乙醇 20%	效果较好
	猪油、工业豆油（或菜油）、蓖麻油、炮油	分别均可使用
硬铝	工业豆油（或菜油）	润滑前需进行氧化处理、磷化处理或氟硅化处理表面粗糙度 Ra，内孔可达 0.1μm，外表可达 0.8μm
铜及其合金	工业豆油（或菜油）、蓖麻油、硬脂酸锌	单独也可使用。润滑前钝化处理或酸洗去氧化皮，黄铜以硬脂酸锌润滑效果最佳，但挤压力略有增加
纯镍	氯化石蜡	保护退火后镀铜再润滑
钛	石墨、二硫化钼	氟-磷酸盐表面处理后再润滑
锌合金	羊毛脂、硬脂酸锌	—
镁合金	石墨	将毛坯加热到 230～370℃ 时润滑挤压

黑色金属冷挤压模润滑前必须对毛坯进行表面磷化处理，这样，润滑时可防止在 2000MPa 以上高压作用下，一般润滑剂被挤走而失去作用，从而起到保证质量、提高模具使用寿命的作用。

14.1.2 塑料模的使用

塑料模是塑料制品关键的成型专用工具。如果模具的质量发生变化，如形状改变、位置移动、成型表面变得粗糙、合模面接触不严等现象，都会直接影响塑料制品的质量。所以，操作者对模具一定要正确地使用。

（1）塑料压缩模在使用中的注意事项

生产中，应用最广泛的塑料模主要有压缩模及注射模。表 14-6 给出了塑料压缩模在使用中的注意事项。

表 14-6　塑料压缩模在使用中的注意事项

序号	工序名称	说明	注意事项
1	材料的检验、预热及预成型	①核对材料品种规格及其质量 ②为便于装料，减小加料室体积，有利于填充型腔，提高生产率，可将原材料预压成某种形状坯料后再压制 ③通过预热除去水分与挥发物，提高流动性，改善充填性，降低成型压力，增加模具寿命，加快硬化速度，从而提高生产效率及制品外观质量与机电性能。预热时可将塑料粉装入容器，利用机上加热板、烘箱、红外线照射或通高频电流等方法进行	①对于流动性较差的塑料，一般预压成锭或与型腔相似的坯料 ②预热的温度应根据塑料的品种、规格而定。温度不能过高，时间不能过长
2	模具使用前的处理	①清理模具，除去污物及毛刺 ②将模具闭合，放在压机上预热 ③在压制前应在型腔上涂脱模剂 ④安装嵌件时，应将嵌件除锈、去油、清洗、预热后方可装入模具	①模具预热要求温度均匀；温度高低在试模时确定 ②脱模剂一般采用石蜡、硬脂酸或硅橡胶甲苯（500mL） ③装嵌件时位置不能倾斜
3	使用中的程序	①称料加料。按塑料质量选用适当的称料器具。加料应迅速，对不易填满的部位应多装 ②合模。当料装好后即可合模。合模时当凸模未触及塑料粉时，速度应快，凸模触及塑料粉时应慢速闭合 ③加压。加压的时间及速度应按制件的成型要求而定 ④排气。加压后，按成型要求，将上模稍稍松开一下，再加压将型腔内的气体、水分排出模具，以确保塑件质量 ⑤保压（硬化）。完成排气后，塑料应在一定的温度、压力下保持一定的时间，以确保制件的硬化过程顺利完成 ⑥脱模。塑件成型硬化后，开模，顶出塑件	①加料的量通过试模确定 ②加压的压力，一般情况下单位压力为 2500～4000MPa ③排气的时间、次数应按塑件的成型特点通过试模时确定 ④保压的时间要适当，具体由试模时确定 ⑤塑件在顶出过程中要平稳

续表

序号	工序名称	说明	注意事项
4	塑件的整形	通过整形，一方面防止薄壁塑件的变形，另一方面防止大型厚壁件冷却过程中产生内应力	要合理控制整形的温度及时间

（2）塑料压缩模在操作中的注意事项

① 开机前应仔细检查模具型腔内是否有其他杂物，保持型腔内清洁，同时检查嵌件是否符合要求。

② 在使用过程中，模具温度变化切勿过冷、过热，要缓慢均匀。

③ 卸件时要细心平稳，防止刮伤型腔表面。清理型腔，一般用压缩空气吹或用硬木制刮刀清除残料及杂物。

④ 适当使用脱模剂。

⑤ 模具在使用一段时间后，应定期检查型腔情况及下模底面有无污物。

⑥ 对模具的滑动部分，应定期加涂润滑剂。

（3）塑料注射模在使用中的注意事项

表 14-7 给出了塑料注射模在使用中的注意事项。

表 14-7　塑料注射模在使用中的注意事项

序号	工序名称	说明	注意事项
1	材料的检验与烘干	①应该对材料的品种、规格及其质量进行检验 ②材料在恒温下烘干，除去水分及挥发物后方可使用	
2	嵌件的预热	在使用前应除锈、去油、清洗并预热，以防止成型后产生裂纹	预热温度应控制在 110～130℃
3	加料预塑	①更换塑料进行试模时，料筒必须清洗干净 ②调好定量机构，保证注射量大于塑件所需塑料量	料筒不宜储存过多余料，以免变质
4	涂脱模剂	①在型腔内不易脱模处，均涂脱模剂 ②除尼龙及透明塑件外，均可采用硬脂酸锌（白色粉末）脱模。白油（液体石蜡）适用于尼龙塑料，硅油甲苯溶液适用于各种塑料的脱模	涂抹要均匀，不宜过多
5	模具温度的控制	①模具温度应按塑件的品种、壁厚、形状及成型要求而定。一般为100℃ ②小型模具以料温来提高模温，大型模具则采用移动电热器来预热模具	预热时应注意热膨胀不得影响活动部分的配合间隙
6	注射	注射的压力取决于塑件品种、形状、壁厚及模具结构，一般取 4000～13000MPa。注射时间一般取 3～10s	工艺条件在试模时确定
7	保压补塑	当融料注入型腔后，注射仍以一定压力对塑件保压补塑，达到一定时间后螺杆及柱塞退回	保压时间在30～120s 之间
8	冷却脱模	保压补塑后，模具还应保压一段时间，待件硬化后方可开模，脱模具取出塑件	冷却时间在30～120s 之间
9	塑件整形及去除应力处理	①对于易变形塑件，应放在整形冷模内整形 ②为去除应力，可对塑件做调温处理	

（4）塑料注射模在操作中的注意事项

① 使用前需清理模具，保持清洁无异物。

② 使用过程中对模具的活动部位如导柱、导套等应定期加润滑剂。

③ 在塑件脱模时，如发生粘模或难以取出时，可用铜锤或木质工具取出，不得用硬金属器物敲击。

④ 模具在使用一段时间后，应定期进行检查及维护保养。

14.1.3　压铸模的使用

压铸模是压力铸造的重要工艺装备，受工作性质的影响，高压和高速是压铸模的重要工作特征。为此，使用并操作好压铸模是延长压铸模寿命、稳定压铸件质量的一项重要内容。

（1）选择适宜的合金熔液温度

合金压铸液温度见表 14-8。

表 14-8　合金压铸液温度

材料名称	压铸温度范围 /℃
锌合金	420～500
铝合金	620～680
镁合金	700～740
铜锌合金	850～960

（2）选择合适的模具工作温度

模具工作温度见表 14-9。

表 14-9　模具工作温度

模具名称	压铸温度范围 /℃
锌合金模具	150～180
铝合金模具	180～225
镁合金模具	200～250
铜锌合金模具	300

（3）选择最佳润滑剂

对压铸模实施润滑的目的有以下几点：

① 作为压铸模与压铸件分型的分型剂，易于卸件。

② 作为压铸模与压机活动部分的润滑剂，减少摩擦，提高模具寿命。

③ 作为压铸模冷却剂。

④ 降低模具的热疲劳，增加模具使用寿命。

压铸模润滑剂的要求、配制与使用见表 14-10。

表 14-10 压铸模润滑剂的要求、配制及使用

项目	说明
要求	①不能使铸件在型腔中黏附 ②不能腐蚀模具 ③不能产生有毒气体 ④受热时不能产生灰渣 ⑤润滑后，润滑剂应均匀黏附在型腔及工作表面，不被高压金属冲走 ⑥价格便宜
配制	①机油 85%～90%，石墨 10%～15% ②石蜡 30%，黄蜡 30%，凡士林油 14%，石墨 26% ③重油 100% ④石墨 25%，甘油 20%，水玻璃 5%，水 50%
使用	①润滑剂用于型腔及可动部分表面 ②每次喷润滑剂，量要少些，在型面均匀形成一层薄膜

14.1.4 锻模的使用

锻模是锻造加工的重要工艺装备，由于其是在高温状态下对金属进行加工，而且又承受压力和冲击，工作条件相当恶劣。为此，使用并操作好锻模是延长锻模寿命、稳定锻件质量的一项重要内容。

（1）锻模使用前的检查内容及要求

锻模使用前的检查内容及要求见表 14-11。

表 14-11 锻模使用前的检查内容及要求

类别	检查内容及要求
锤锻模	①上、下模锁扣间隙不宜过大，一般不超过 0.2mm ②燕尾的上、下模合模后要求基面平行，圆角部分要求圆滑，不得有突出与峰谷的差异 ③模具的尺寸、形状及表面质量要符合设计的技术要求和规定的标准 ④模具的各部位完整无损，无明显的裂纹 ⑤对试件或铅样，应认真检查几何形状和尺寸精度，必须符合锻件图要求，不允许有明显的错位
平锻模	①上、下模体的夹持基面要求与模体平面垂直并在同一直线上，不得偏移，一般不超过 0.2mm ②上、下模体的镶块槽要求对应于夹持基面及模体与夹持面垂直的基准面，并检查各工位的坐标尺寸 ③保证各紧固螺纹孔位置符合图纸要求，以满足更换镶块时的互换性 ④对于冲头夹持器，应检查各工位夹持器端面（即与冲头柄部的接触面）的一致性，以满足产品尺寸要求，同时要求宽度尺寸垂直底面，以保证与模体的要求相适应
机锻模	①制坯、预锻、终锻各模具的上、下模高度要求一致，决不允许终锻模低的情况出现 ②预料在模具的孔内应活动自如 ③上、下模基面要求一致，外形尺寸亦应严格一致，并相互垂直。尺寸误差不得超过 0.5mm

（2）锻模的预热目的、方法及检验

锻模的预热目的、方法及检验见表 14-12。

表 14-12　锻模的预热目的、方法及检验

项目		说明
锻模预热的目的		①经预热后的锻模，能获得较好的综合力学性能，避免使用中破裂，提高锻模使用寿命 ②预热后的锻模可使模具表面与模体的温差降低，减少了模具表面层的热应力，提高锻模的使用寿命 ③预热后的锻模在使用时，可减缓锻件金属表层的冷却速度，有利于金属的流动，易于充满模腔，提高锻件质量
预热方法	炉门口烘烤	将模具放在炉门口烘烤，方法简便，但时间长，适用于小型移动式锻模
	红热钢块烘烤	将加热到 1000～1100℃ 的钢块，放在锻模上、下模之间烘烤。方法简单，但预热时间太长，对模具表面有损害，甚至会引起回火，降低模具寿命。此法仅适用于大型及固定式锻模
	煤气喷嘴预热	利用煤气喷嘴、油喷嘴或电热器、高频加热器预热。适用于各种结构的锻模
	休停保温	模具在停工（休息）时，应用红热钢块或煤气喷嘴进行保温加热
预热温度		150～350℃
预热温度的检测方法		①用温度计测量 ②根据经验测量。如在模具面放上白纸，看是否变黄；喷水或喷唾液，看是否迅速蒸发等 ③用合金测量。将测温合金（36% 铅 +64% 锡，熔点 180℃；或 99% 锡，熔点 232℃）锻成 0.5～1mm 薄片，与模具接触，若在 2～3s 内熔化，则表明锻模温度高于合金50～100℃，预热合格 ④用快速测温笔在模具上画线，若 2s 变成指定颜色，表明模具达到预热温度

（3）锻模的冷却

模锻过程中，高温金属不断把热量传给模具，使模具温度逐渐升高。由于模具温度在高于 400℃ 后，会产生局部回火及模腔软化的现象，因此通过冷却来减缓模具温度的上升，提高模具的使用寿命。冷却方法和注意事项见表 14-13。

表 14-13　锻模冷却方法和注意事项

冷却方法	说明
水冷	①冷水及食盐水冷却。主要用于 T7、T8、40Cr、45Mn 等材料的锻模在模锻时的冷却 ②热水（40～60℃）冷却。主要用于 5CrMnMo、3Cr2W8 材料的胎模及锤锻模的冷却
空冷	用压缩空气吹冷，或用压缩空气将食盐水喷成雾状进行冷却
间歇冷却	在胎模锻时，采用多副模具或易损零件（模垫、冲头、镶块）进行间歇轮换使用，增加冷却机会
循环冷却	冷却液在模内循环流动，进行冷却
冷却注意事项	采用外冷时，冷却液在锻模外流动，易于在模腔表面产生拉应力，因此，开始时模具的降温不宜过快

（4）锻模的润滑

锻模润滑的目的和要求见表 14-14，常用润滑剂的种类及使用方法见表 14-15。

表 14-14 锻模润滑的目的和要求

项目	说明
使用润滑剂的目的、作用	①减少金属流动时与模膛之间的摩擦，提高使用寿命 ②金属容易充填模膛，锻件容易从模膛取出，不会产生粘模现象而影响生产，提高了锻件质量 ③对模膛兼起冷却作用
对润滑剂的要求	①对表面要有很强的吸附力，并能形成固定的足够的润滑层，以保证在塑性变形的高压下，润滑剂不被挤出 ②毛坯和模膛之间的摩擦因数要低，导热性要小 ③润滑剂的燃烧物应无毒、无害、化学性能稳定，以保证良好的工作环境，不能改变金属的性质 ④对毛坯及模具无腐蚀作用，便于涂抹，加工后便于清除 ⑤对模具应有冷却作用，并使锻件易于脱模

表 14-15 常用润滑剂的种类及使用方法

名称	使用方法	适用范围	优缺点
重油或废机油	全部用重油或废机油，或者另外加入 8% 的石墨，依靠在封闭的模腔内燃烧时产生的高压气体，使锻件脱模	用于形状复杂的、难于脱模的模锻件	①来源充分，价格便宜 ②使用时会产生大量烟雾，不卫生 ③由于高压气体的作用，会妨碍金属填充，其残留物会增大摩擦
盐水	①NaCl（15%）+H₂O（85%） ②NaCl（15%）+NaNO₃（5%）+ H₂O（80%） ③CaCl₂（70%）+NaCl（30%）+H₂O 的饱和液	各种锻摸	①能起冷却作用 ②使用方便、卫生 ③对模具、设备有腐蚀
湿锯木屑	将湿锯木屑放在模膛内，产生的气体起脱模作用，木屑灰起隔热作用并稍具润滑作用	用于难以脱模的大型锻模	①使用方便，价格便宜 ②烟尘大，不卫生，劳动条件差
胶体石墨	①水剂胶体石墨 石墨：水 =1：（15 ～ 30），水分蒸发起冷却效果，石墨起润滑作用 ②油剂胶体石墨 2% ～ 3% 石墨 + 废机油	有色金属锻件，中、小锻件	①润滑性能良好 ②烟尘大，不卫生，劳动条件差
二硫化钼	二硫化钼（25% 粉剂）+ 炮油或气缸油（75%）	各种锻件	①提高模具寿命及锻件表面质量 ②成本较高
玻璃粉	低熔点玻璃粉 30%+ 硅脂 70% 使用时将低熔点玻璃粉涂在锻模上，在毛坯上可涂一些高熔点玻璃粉	各种锻模	润滑效果好，既能防止加热时氧化，又能在锻造时起润滑作用

（5）清除氧化皮

清除氧化皮的目的及方法见表 14-16。

表 14-16　清除氧化皮的目的及方法

项目	说明
目的	在毛坯入模前，把氧化皮清除干净，可使模具的寿命及制件的质量都能得到提高
方法	①采用多元氧化加热 ②提高炉膛温度，进行快速加热 ③在终锻前增加一道变形工序 ④用专用工具清除。例如用钢丝刷，对于圆形毛坯可用带有刷子的滚轮等工具清除 ⑤高压水强力喷除 ⑥为防止氧化皮落入模膛，一般在锻压时，都采用压缩空气吹除。压缩空气的喷嘴方向应根据模膛排列方式而定

14.2　模具的维护

　　模具是比较精密而又比较复杂的工艺装备。它具有制造周期长，生产具有成套性的特性。对模具的使用，不仅要注重其制造质量，更主要的还要注重其使用、保养、维护和修配。这是因为即使设计制造精度再高、质量再好，若使用、维护、保养不当，也会使模具在长期使用过程中，因冷、热交变的冲击、磨损，过早地失去其应有的效能，使产品质量降低，甚至损坏，给生产带来巨大损失。

　　因此，作为模具使用企业，正确地使用、维护、保养、检修好模具，是恢复或改善模具的原有技术状态、延长模具的使用寿命、保证制件的质量、降低成本和确保生产正常进行的至关重要的工作，必须给予高度重视。

14.2.1　模具维护的内容与方法

　　（1）模具使用中的维护

① 模具使用前的检查。

② 模具在成形设备上的正确安装与调整。

③ 模具在使用过程中的正常润滑。

④ 模具在使用过程中的检查与随机检修。

⑤ 模具使用后的正确拆卸。

　　（2）模具日常维护与保养

① 模具使用后的技术状态鉴定。

② 模具的检修及易损件制备。

③ 模具的精心保管及运输、防护。

④ 模具入库保管及发放制度的建立与执行。

⑤ 模具技术资料的保管。

⑥ 模具维护性修理计划及修配管理。

（3）模具使用、维护、保养方法

模具的使用、维护、保养工作应贯穿在模具使用前后、使用过程之中、运输与保管各个环节之中，其方法见表 14-17。

表 14-17　模具使用、维修、保养方法

序号	项目	使用、维护、保养方法
1	做好模具使用前的检查	①模具在安装使用前，要对照工艺文件，检查所使用的模具的规格、型号是否与所制零件相符，其工艺过程与模具是否相适应 ②对于新制造的模具，是否经过试模，检查试模所提供的试件是否与所要制件技术要求相符，模具有无合格证书 ③对于旧模具的再次使用，要查模具结构的完整性，模具各零件是否完整无损，并根据技术状态鉴定证书或上次使用后的末件质量检查结果，确定模具能否再继续投入安装使用 ④对于经检修后的模具，查看检修后的试模结果再决定是否安装使用 ⑤检查模具各工作零件刃口、型腔表面质量是否完好，各紧固部位有无松动，并擦拭干净，方能上机安装
2	选用合适的成形加工设备	模具在使用安装时，必须要按工艺规程要求选择相应的模具成形设备规格及型号，并应检查设备的工艺性能与动作的可靠性，发现缺陷要排除后方能使用
3	正确安装与调整模具	①安装前，操作者一定要熟悉模具的使用性能、安装方法 ②正确安装调整模具。模具吊运要稳妥，慢起，轻放，安装时要谨慎小心，不要损伤模具，安装要牢固 ③安装后试运行时，要使模具动作平稳，满足模具在使用时各项成形条件指标，如压力、速度、温度等参数
4	熟悉模具使用规程及操作工艺	①模具使用操作者，一定在上岗操作前进行相应技术培训，取得岗位操作合格证后方能上岗操作 ②在操作时，一定要遵守工艺守则，并按工艺规程操作 ③操作者要对自己的工作有高度的事业、责任感，有秩有序地操作，决不能粗心大意，以免造成人身安全事故或引起模具的损坏
5	做好模具使用过程中随机检查和维修	①模具在使用过程中，维修工应定期随机检查，发现问题，立即停机检修 ②在开始使用模具前应使模具空运行几下，观察模具与设备有无异常现象。若没有，再投料进行试生产 ③模具制作的初始件中要进行检测，检测合格后方能继续生产 ④模具在运行中要随时检查其运行状况，若发现异常要立即停止工作，通知维修部门检修，处置合适后再继续开机使用 ⑤维修人员要随时检查模具紧固状况，并随时紧固因振动而松弛的螺栓
6	要对模具进行合理润滑	模具在运行过程中，要随时对其按工艺规定进行各部位润滑，以减少不必要地磨损
7	要对模具进行合理拆卸	①模具从机床卸下时，要按正常操作程序，不能乱拆乱卸 ②拆卸后的模具要擦拭干净，并涂油防护和防锈 ③拆卸下的模具要做技术状态鉴定，确定检修与否

续表

序号	项目	使用、维护、保养方法
8	要对模具做技术状态检查和检修	①根据技术状态检验结果对模具定期检修 ②检修时要按工艺方案进行，检修后要进行试模，再次做技术状态检查，以确定下次能否使用
9	要做好模具的存放及保管	①存放前要涂好防护油以防生锈 ②模具应存放在干燥、通风的库内保存，应放在架上 ③模具保管时，必须进行分类整理，建立保管档案，由专人维护保管

14.2.2　冲模的维护与保养

（1）冲模的维护

① 卸下的模具应擦拭干净并涂上防锈油，完整地交回模具库或指定的地点存放。

② 暂时不用的模具，也应及时擦拭干净，并在导柱顶端的贮油孔中注入润滑油，再用纸片盖上，以防灰尘或杂物落入导套内而影响导向精度。

③ 在保管冲模时，为避免上模和下模直接接触而可能压坏刃口部位，可以加装限位块，常用木块作为限位块。

④ 冲模在安装、拆卸及搬运过程中，应慢起、轻放、平稳放置。

⑤ 模具在使用过程中，严禁敲、砸、磕、碰，尤其是在调整过程中，应防止硬物损伤模具的工作部位。

⑥ 要定期检修，保持和提高模具的精度和工作性能。对损坏了的模具应进行现场分析，找出损坏原因及解决的办法，写出事故报告。

⑦ 模具入库时要进行认真仔细地检查，做好模具技术性能的鉴定。对所保管的模具，必须进行分类管理，建立保管档案，由专人负责。模具库应干燥、通风。

（2）冲模的保养

冲模的日常维护、保养工作主要有：冲模技术状态的鉴定；冲模维护性修理；冲模的保养与使用管理；冲模的入库与发放；冲模易损零件的制备等。

14.2.3　型腔模的维护与保养

型腔模是成型制品的专用工艺装备。如果模具的质量发生变化，如形状改变、位置移动、成型表面变得粗糙、合模面接触不严等现象，都会直接影响制品的质量。所以，操作者一定要重视对模具的使用与维护、保养工作。做好模具的日常维护和保养工作，对保障和改善模具的技术状态，保证制件的质量起着重要作用。

（1）型腔模的日常维护

① 生产前应检查模具各部位是否有杂质、污物，对模具中的余料、杂质和污物要用棉纱布擦洗清除，黏合较牢的残料应用铜质刀具清理干净。

② 模具装机后，要先进行空模运转。观察其各部位的运转情况，动作是否灵活，是否有不正常的现象，顶出距离和开启距离是否到位，闭模时分型面是否严密，装模螺钉是否拧紧等。

③ 模具上的滑动部件，如导柱、复位杆、顶杆、导轨等部位均应适时擦洗，加注润滑油，以保证滑动部位运动灵活，防止紧涩、咬死。每班至少加注 1 ～ 2 次，每次润滑油的加注量不宜太多。

④ 每次合模时均应注意型腔内是否已清理干净，绝对不允许留有残余制品或其他任何异物。若要安放预埋件，则必须安放到位，安放牢靠，严防松动脱落在型腔内。

⑤ 透明制品的型腔、型芯表面光亮如镜，其表面有脏物时绝对不能用手或棉丝擦拭。应用压缩空气吹净，或用高级餐巾纸和高级脱脂棉蘸上酒精轻轻地擦拭干净，擦拭时，操作者应佩戴丝绸手套。

⑥ 操作人员需离开工作台，临时停机时，应使模具闭合，不让型腔和型芯暴露在外，以防意外损伤。

⑦ 型腔表面要定期进行清洗、擦拭。擦洗时，可用醇类或酮类制剂，擦洗完后要及时吹干。不准用手锤击打模具中任何零件，防止产生敲击痕或产生变形。

⑧ 型腔表面要按时进行防锈处理，尤其是在潮湿的环境下。当模具停用 24h 以上时，可涂刷无水黄油进行防锈处理；当停用时间较长（1 年之内）时，应喷涂防锈剂。在进行防锈处理之前，应用棉丝擦洗型腔或模具表面，并用压缩空气吹干净，否则效果不好。

⑨ 易损件应适时更换。导柱、导套、顶杆、复位杆等活动件因长期使用会有磨损，需定期检查并及时更换。

⑩ 应适时检查并调整配合间隙，保证配合间隙不能过大，以防塑料流入配合孔内而影响制件质量，甚至啃坏模具。

⑪ 临时停机后开机，应打开模具，检查侧抽限位是否移动，未发现异常后方可合模，并作两次空模往复运动。总之，开机前，一定要小心谨慎，不可粗心大意。

⑫ 在生产中若听到模具发出异响或出现其他异常情况，应立即停机检查，并及时处理。

⑬ 生产中，因故发生的临时停电、停机时，凡连续停机 6h 以上，在梅雨季节，空气潮湿，则需对成型面、分型面、滑动表面喷以防锈油；非雨季连续停机 24h 以上，需对模具成型面、分型面、滑动配合面喷防锈润滑油。暂时不用的

需入库存放的模具，入库前应进行彻底清理，然后喷防锈润滑油，合严模具后入库。模具上不准放重物。

⑭ 设备暂时不用，安装在设备上的模具应涂防锈油。不准长时间处于有压力的合模状态，防止受压变形。

⑮ 模具使用后，应擦拭干净，并涂油防锈，完整及时地交回模具库或送往指定的存放地点。

⑯ 在交接班时，除了交接生产、工艺等有关记录外，还应对模具的使用状况做出详细的交代。

（2）模具分型面的保护

分型面是定模和动模两大部件的分界线，同时又是型腔和型芯的基准面。当模具经过一段时间的使用后，原本清晰光亮的分型面，会出现凹坑或麻面，尤其是在型腔的沿口处。其结果会使制件产生飞边和毛刺，因此，需采取一些措施来提高分型面的硬度，防止分型面的磨损和损坏。通常保护分型面的措施有以下几个方面：

① 对分型面沿口处进行局部淬火。对小型模具，可直接将型腔零件进行淬火处理；而对于大型模具，则采用火焰局部淬火的方法，可提高分型面的硬度。

② 在分型面上应避免暴露出螺纹孔，以便清理残留物，并防止在合模时压坏分型面。要求装配用的螺纹孔尽量不钻透分型面，应做成不通孔。

③ 分型面上的导柱孔、回程杆过孔及拉料杆的配合孔，必须在分型面的出入口处倒角，否则容易出现导柱与回程杆及拉料杆被拉伤、啃坏和卡死现象，如图 14-1 所示。

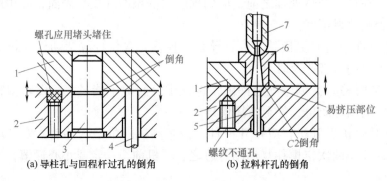

图 14-1　分型面上的滑动配合孔均应倒角
1—定模；2—动模；3—导柱；4—回程杆；5—拉料杆；6—浇口套；7—喷嘴

④ 分型面上孔穴位置的布局应尽量避免影响到型腔的刚度和强度。

（3）意外事故的预防

意外事故泛指异物掉入型腔内未被发现就合模，造成型腔和型芯被挤压损坏的现象。对意外事故的预防可从以下几方面进行：

① 平时停机时，最好把模具闭合，以防杂物混入模具内。

② 开机时，观察模具表面或内部是否有异物，模具的四周压板是否松动，侧抽滑块、推杆、推板是否动作灵活。

③ 在第一次合模和开模时，动作应缓慢，细心检查模内是否干净，静听模具启闭是否有异声。

④ 工作时应细心观察，认真操作，定期检查，对易损件应及时更换。

⑤ 对某些零件在使用中出现的质量问题、结构不可靠、动作不灵活等，都应及时更换、修复和改进。不允许使用那些带隐患、带伤痕的零件。

14.3　模具的管理

管理好模具，对改善模具技术状态，保证制品质量和确保冲压生产顺利进行至关重要。模具管理的基本要求：应做到账、卡、物三者相符，分类进行管理。模具的管理方法主要是通过模具管理卡、模具管理台账以及相关的管理制度完成的。

模具管理卡是指记载模具号和名称、模具制造日期、单价、制品图号和名称、材料规格、所使用的设备、模具使用条件、模具加工件数及质量状况的记录卡片，一般还记录有模具定期技术状态鉴定结果及模具修理、改进以及生产中借用者等内容。模具管理卡是模具档案，要求一模一卡，在模具使用后，要立即填写工作日期、制件数量及质量状况等有关事项，与模具一并交库保管。

模具管理台账是对库存全部模具进行登记、管理。主要记录模具号及模具存放、保管地点，以便使用时及时取存。

模具的分类管理是指模具应按其种类和使用机床分类进行定置管理。有的企业是按制件的类别分类保管，一般是按制件分组整理。如某个零件需分别经冲裁、拉深、成型三个工序才能完成的，可将这三个工序使用的冲裁模、拉深模、成型模等一系列冲模统一放在一块管理和保存，以便在使用时，很方便地存取模具，并且根据制件情况便于维护和保养。

14.3.1　模具的入库发放管理方法

① 入库的新模具，必须要有技术、质量检验，生产车间、使用单位首次共同检验合格证，并要经试模后或使用后，能制出合格制品件，经各方签字后办理入库手续。

② 使用后的模具应及时入库，一定要有技术状态鉴定说明，并确认下次是否还能继续使用。

③ 经维修保养恢复技术状态的模具，经自检和互检确认合格后，方可入库，

便于投入下次使用。

④ 经修理后的模具，需经检验人员验收调试合格，并确认冲制的试件合格。不符合上述要求的冲模，一律不允许入库，以防误用。

模具的发放必须凭生产指令即按生产通知单，填明产品名称、图号、模具号后方可发放使用。

14.3.2　模具的保管方法

① 储存模具的模具库，应通风良好，防止潮湿，并能便于存放及取出。

② 储存模具时，应分类存放并摆放整齐。

③ 小型模具应放在架上保管，大、中型模具应放在架底层或进口处，底面应垫上枕木并需垫平。

④ 模具存放前，应擦拭干净，并在导柱顶端的贮油孔中注入润滑油后盖上纸片，以防灰尘及杂物落入导套内影响导向精度。

⑤ 在凸模与凹模刃口及型腔处，导套、导柱接触面上涂以防锈油（特别是拆开存放），以免损坏工作零件。

⑥ 模具存放时，应在上、下模之间垫以限位木块（特别是大、中型模具），以避免卸料装置长期受压而失效。

⑦ 模具上、下模应整体装配后存放，决不能拆开存放，以免损坏工作零件。

⑧ 对长期不使用的模具，应经常检查其保存完好程度，若发现锈斑或灰尘应及时予以处理。

⑨ 建立模具管理档案，记载出、入库完好情况。

⑩ 同时应做好模具修理和维护时要使用的备件管理。

14.3.3　模具报废的管理

① 凡属于自然磨损而又不能修复的模具，应由技术部门鉴定开出报废单，并注明原因，经生产部门会签后办理模具报废手续。

② 凡因安装使用不当损坏的模具，由责任者填写报废单，注明原因，经生产部门审批后办理报废手续。

③ 由图纸、工艺改进使模具报废的，应由设计部门填写报废单，按自然报废处理。

④ 新模具经试模后或鉴定不合格而无法修复时，应由技术部门组织工艺人员、模具设计、制造者共同分析后，找出报废原因及改进办法后，再进行报废处理。

第**15**章 模具的修理

15.1 模具使用维护工作的组织

模具在制造或使用过程中，由于模具制造工艺不合理，模具在机床上安装或使用不当，模具内部零件受到冷、热交替变化及压力的冲击和腐蚀，零件会逐渐被磨损，失去原有的使用精度甚至被损坏，再加上操作者的粗心大意，这些都将影响到产品质量和生产的正常进行。为延长模具的使用寿命，使其恢复到原有工作状态，企业必须要合理地安排及组织对模具的维护与修配工作。

（1）维修人员的配备

在一般使用模具生产零部件制品的企业中，为了使模具能得到合理地使用，做到安全正常生产，根据生产规模及批量的大小，应设立模具维修车间或维修小组，实施以预防为主、修配为辅的管理模式，监督模具的使用以及运行生产状况，发现问题及时解决或修配，并在模具使用后，对其进行技术状态鉴定和检修，从而使模具处于良好技术状态下工作。这样可以最大限度地延长模具使用寿命，防止制品出现缺陷，从而降低制件的制造成本，提高企业经济效益。

模具维修组织的成员，应该是由具有一定模具制造经验、工作责任心强的模具工来担任，并要配备一些专业技术人员。在通常的情况下，要求他们的专业技术水平和实践经验比较全面，即不仅要具有过硬的钳工操作技能，精通模具的专业知识以及模具制作、装配、调试、验收检验、使用的操作本领，更主要的是还要有善于分析、解决模具出现故障的能力。只有这样，才能在模具出现故障后，在最短的时间内修复后使用，不耽误生产的正常进行。

（2）模具维修工的职责

① 熟悉本企业产品所用模具的种类及每个制品零件所用模具套数、工艺流程及使用状况，并对每套模具在使用后要进行模具技术状态鉴定，建立技术档案。

② 详细掌握要检修的模具结构组成、成形制品原理及工作过程，并能修整

配制模具的易损备件。

③ 负责与操作者一起安装、调试模具。并在模具工作中，随时跟踪检查模具的工作状况，随机进行修整，使之处于正常工作。

④ 负责需检修的模具零件的修配、更换及装配。

⑤ 负责修配、装配后的模具调试工作。

⑥ 负责对模具操作工的技术培训及指导工作。

15.2　模具技术状态的鉴定

在模具制成或使用时，必须主动掌握模具技术状态的变化，并认真及时地予以处理，使其经常在良好状态下工作。同时，通过对模具及时的技术状态鉴定，可以掌握模具的磨损程度以及模具损坏的原因，从而制定出修理内容及修理方案。这对延长模具使用寿命、降低制件的成本也是十分重要的。

一般情况下，对于新制成或经修理后的模具，是通过试模来鉴定的，而对于使用后准备交库保存的模具则是通过使用时末件的质量状况检测和模具使用中的工作性能检查、模具成型零件的检测等方法来进行技术鉴定的。

（1）模具技术状态的鉴定方法

模具技术鉴定的方法见表 15-1。

表 15-1　模具技术鉴定的方法

鉴定内容		检查方法
质量检查	检查内容	①制件尺寸精度是否符合图样要求 ②制件形状及表面质量有无明显缺陷 ③制件毛刺或飞边是否符合规定要求 ④制件外观有无明显缺陷
	首件检测	①检查模具安装调整后首批制件是否符合图样要求 ②将首批检查结果与前次使用后末件检查结果相比较是否发生变化，以确定模具安装的正确与否
	模具使用中的检测	①抽查模具批量生产中的制件，进行质量检测 ②将检测结果与首件检查结果相对比，根据尺寸精度变化状况，确定模具磨损状况及使用性能变化情况
	末件检测	①模具在使用后，检测末件的质量 ②根据末件的质量变化状况来判断模具有无检修的必要

续表

鉴定内容		检查方法
模具工作性能检查	检查工作零件	检查模具各工作零件各紧固部位有无松动，能否正常工作，其间隙分型面密合是否发生变化，表面有无磨损或划痕
	检查卸料及推件零件	检查各推件及卸料机构工作是否灵活，有无磨损及变形
	检查导向零件	检查导柱、导销及导套有无松动和磨损，配合状态是否发生变化
	检查定位零件	检查定位装置是否可靠、有无松动及位置发生变化或磨损后定位不准
	检查安全防护零件	检查模具安全防护装置是否完好，有无安全隐患

（2）模具成型零件的检测

通过上述模具技术状态鉴定后，还需对凸模、凹模（或凸凹模）、镶块、顶件块等模具成型零件进行检查及检测，其检测除使用一些通用测量技术外，常用的量具或量仪有以下几种：

① 样板检测型面。样板包括半径样板，由凹形样板和凸形样板组成，可检测模具零件的凸、凹表面圆弧半径，也可以作极限量规使用；螺纹样板，主要用于低精度螺纹的螺距和牙型角的检验；对于型面复杂的模具零件，则需专用型面样板检测，以保证型面的尺寸精度。

② 光学投影仪检测型面。利用光学系统将被测零件轮廓外形或型孔放大后，投影到仪器影屏上进行测量的方法。其经常用于凸模、凹模等工作零件的检测，在投影仪上，可以利用直角坐标或极坐标进行绝对测量，也可将被测零件放大影像与预先画好的放大图相比较，以判断零件是否合格。

15.3 模具维修的方式及工具

模具修理的目的是以最少的经济代价，使模具经常处于完好和生产准备状态，保持、恢复和改善模具的工作性能，以确保生产任务的完成。为此，应具体评估模具故障的危害，选用经济、有效的修理方式。

15.3.1 模具维修方式的选择与安排

维修方式的选择应在对模具的受损情况进行全面的检查之后给出，检查内容主要有：模具的工作部分是否正常；模具的定位部分是否正常；模具的紧固、导向和卸料等零件的工作状态是否良好。

（1）模具维修的方式

模具维修方式主要有两种。一种是模具维修工在模具使用时，随机进行维护性保养及随机维修（主要工作内容是更换磨损或损坏的辅助零件，或消除不大的缺陷等）；另一种是卸开模具进行检修（主要工作内容是对模具进行全面检查，拆下和更换损坏零件，调整零件位置，修复受损部位，等）。

（2）维修方式的选择及安排

① 模具在使用过程中，若发现所成形的制品质量出现缺陷或模具工作时产生不正常响声及故障，应立即停机检查故障产生的原因。对于一些小的毛病，能随机进行临时修整的尽量不要将模具从机床上随意卸下，应按随机维修的方法，进行修复后继续使用。对于实在不能随机修复的再从设备上卸下，根据故障的部位，损坏程度进行恢复原技术状态的检修。

② 模具在工作中出现故障后或每批次使用后，即使没有出现较大毛病，都应检查一下正常的磨损程度，并结合末件检查制品质量状况，决定模具是否需要修理或需检修部位。在修理的过程中，通常要把损坏及影响制件质量的部位进行拆卸、检修，无须将模具大拆大卸，因为每拆卸一次，都会对模具的技术状态造成很大影响。

③ 模具在检修的过程中，无论是对原件进行修复还是更换新的部件，都要满足原图样设计的尺寸精度以及各部位配合精度要求，并要对其进行重新研配和修整。

④ 当需成形制品批量很大或模具需长期使用时，应定期检查模具各部位磨损状况，以决定是否需要检修。如对于冲模，若冲压到一定数量后，即使没发现大的毛病，也要对模具进行检测、修整，以保证正常使用，延长使用寿命；对于型腔模，要结合本企业的实际使用水平，来确定定期检修的时间，但其检修时间，应安排在二次生产的间隔期。

⑤ 在对模具进行全面检修时，应对模具的各部位配合精度及全部零件尺寸精度和完好度做一次全面检查。检查时要按原设计图样要求进行。对不符合要求的部件，要进行修配或更换，使其达到原设计要求。

⑥ 模具在检修时，要适应生产的要求，若是生产中急需的应以最快、最短的时间修理完毕。在修理完成之后，要和新制模具一样按要求进行组装、调整和试模，经验收合格后才能交付使用。

15.3.2 模具维修的设备及工具

一般来说，根据模具复杂程度及修理工作量大小的不同，修理中所使用到的设备也是不同的。常用的设备主要有：试模用小型成形设备、手扳压力机、钳工用台虎钳、工作台钻床、抛光机、砂轮机。常用的工具主要有：用于开启模具的撬杠、用于夹持模具零件和组件的卡钳、用于装卸圆柱销的拔销器等。表15-2给出了维修模具所用设备及工具。

表 15-2　维修模具所用设备及工具

	名称	图示	用途
维修用设备	试模用小型成形设备	—	能供小型冲模使用的压力机，若是大型冲模及各类型腔模，可采用生产车间的设备，其主要用于修配后试模用
	手扳压力机	—	供模具维修时零件压入装配，压印，锉修，导柱、导套压入和压出用
	风动砂轮机	—	主要用于维修时打磨工件。其风动砂轮机的规格为：7000r/min、1600r/min、3000r/min
	钳工用台虎钳、工作台钻床、抛光机、砂轮机	—	主要用于修配时钳工的锉修加工，打孔、攻螺纹、抛光及模具部件的装配及拆卸等
	手推起重小车	—	供模具运输用
维修用主要工具	撬杠	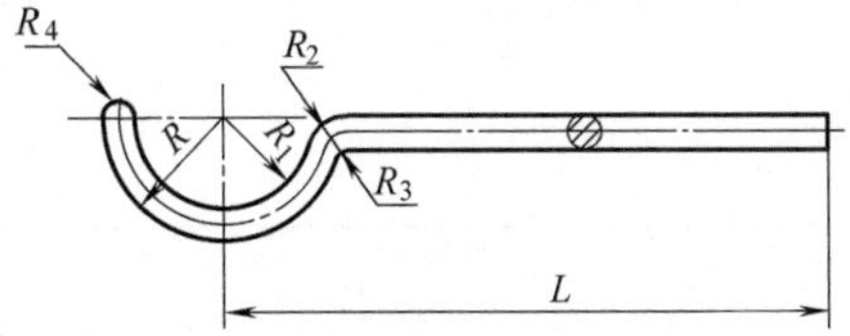	主要用于开启模具
	夹钳		主要用于修理时卡紧零件或安装模具时卡相邻部件时使用
	样板夹	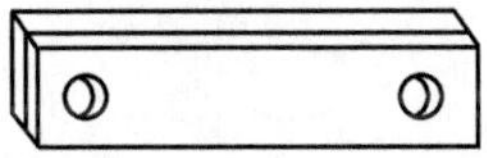	主要用于配作模具零件夹样板
	拔销器	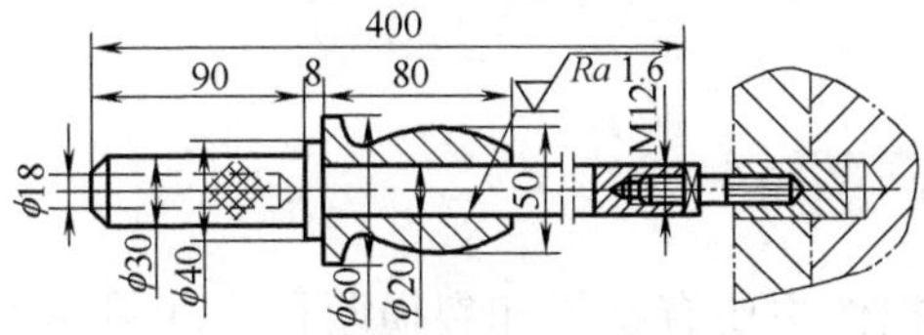	又称退销棒，主要用于装、卸模具时，取出和安装销钉
	螺钉定位器		主要用于装配冲模时，配合螺纹作定位调整
	铜锤	—	以黄铜棒为材料制成，主要用于调整冲模间隙及零件的拆卸

名称		图示	用途
维修用主要工具	内六角螺钉扳手	—	主要用于取出或拧紧各种规格的内六角螺钉
	抛光轮		主要有布、皮革及毛毡三种形式，主要用来对零件抛光
	手动砂轮机及磨头	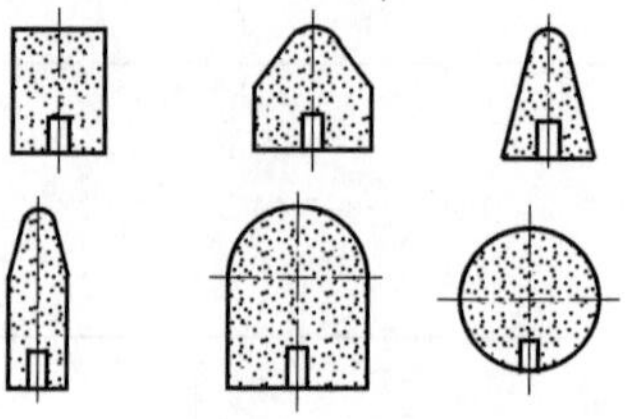	其粒度有 46、60、80 等各种规格，主要用于修磨各种零件
	细纹什锦锉	—	由 5 ~ 12 支细锉备用，用来锉修各种零件
	油石	—	应备有圆形、方形、长方形、半圆形、三角形多种，粒度在 0.154 ~ 0.071mm（100 ~ 200 目）之间，用以修磨刃口或抛光
	砂布	—	应备有 0.4mm、0.18mm、0.125mm、0.08mm（40 目、80 目、120 目、180 目）各种不同规格，主要在维修时抛光用
测量工具	游标卡尺、游标高度尺、角度尺、塞规及百分表、千分表	—	主要用于对修理零件的划线、测量及检测

15.4　冲模的修理

一般来说，冲模的损伤主要有磨损和裂损两种。冲裁模工作零件出现的磨损主要是工作刃口变钝及冲裁间隙的增大等缺陷，裂损主要是工作刃口的崩刃、裂纹、碎裂等。弯曲模、拉深模等变形类冲模常见的损坏主要是因磨损而引起的质量下降，例如，弯曲模凸模圆角磨损后引起的制品侧面孔位上移，翻边模的凹模磨损后引起制件翻边不直或外径超差，拉深模的凹模磨损后造成拉毛、起皱，等。此外，还有少量的经长期使用后产生的裂损等缺陷。

为修理好模具的缺陷，首先应针对模具的损伤程度，从损伤特征中分析找出产生的原因，并结合企业的生产任务、技术能力及加工制造能力等实际情况制定出切实可行的修理方法。

15.4.1 冲模的损坏特征及产生原因

冷作模具失效的主要形式及其原因参见表15-3。

表15-3 冷作模具失效的主要形式及其原因

失效形式		简图	失效原因
断裂	整体断裂	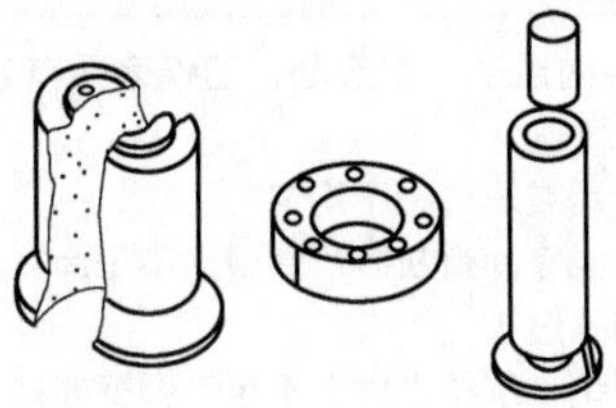	脆断的特征是断口平齐、颜色一致，多因冶金缺陷、加工缺陷或过载造成。疲劳断裂主要由应力循环造成
	局部断裂		
变形		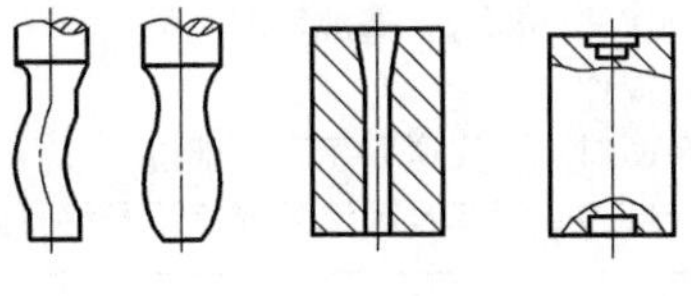 (a)镦粗 (b)弯曲 (c)模孔胀大 (d)型腔下沉	强度不够
磨损		—	制件材料与模具工作面间的摩擦造成刃口变钝、棱角变圆、模腔表面损伤
咬合			制件材料在力的作用下与模腔表面的冷焊现象造成

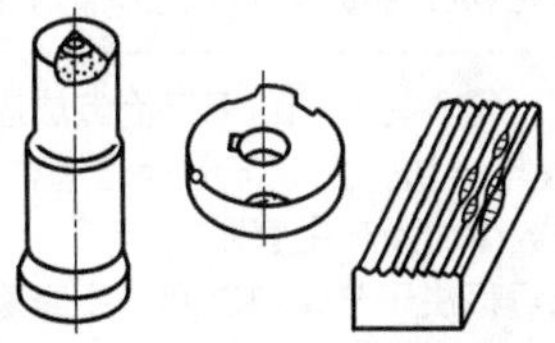

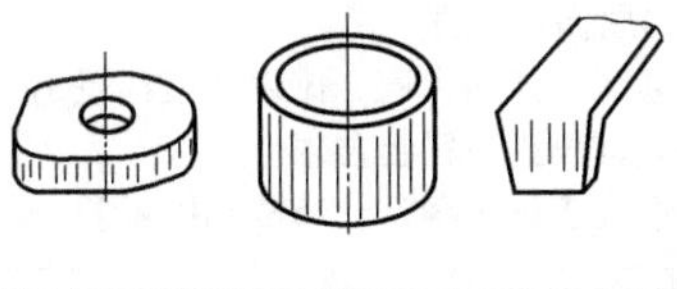

冲模的损坏特征有很多，表15-4列举了引起模具损坏的一些主要原因。

表 15-4 冲模损坏特征及产生原因 ┄┄┄

冲模损坏特征及部位		产生原因
冲模工作零件表面磨损	冲裁过程中的磨损	①凸、凹模间隙过小或过大，且不均匀 ②凸、凹模工作部分润滑不良 ③凸、凹模材料选择不当或热处理不当 ④所冲材料性能超过所规定的范围或表面有锈斑、杂质，并且表面不平、厚薄不均 ⑤冲模本身结构设计不合理 ⑥压力机设备精度较低 ⑦模具安装不当或紧固螺钉松动 ⑧操作不当
	弯曲、拉深过程中的磨损	①由于材料在凹模内滑动，引起凸、凹模表面有划痕和磨损，并且一般情况下凹模的磨损比凸模严重 ②拉深模压边力不足或压边力不均匀 ③材料厚薄不均匀或表面有灰砂、润滑油不干净 ④凸、凹模之间间隙过小 ⑤模具的缓冲（气垫）系统顶件力不足，弹簧或橡胶块弹力不够 ⑥凸、凹模镶块选材不当，淬火硬度不够 ⑦拉深件起皱，部分材料变硬或弯曲件变形不均匀
	模具其他部位的磨损	①定位零件长期使用，零件之间相互摩擦而造成磨损，使定位不准确 ②导柱与导套，斜楔与滑块，上、下滑板之间，送料机构等导向部位，由于长期使用及相对运动次数增加而产生磨损 ③连续模的挡料块及导板由于与条料之间产生摩擦，在长期使用之后被磨损
冲模工作零件的裂损	操作方面造成的裂损	①制件放偏，没有定好位置就操作，造成凸模的偏负载作用 ②制件或板料影响了导向部分，造成导向失灵 ③叠料冲压或违章操作 ④制件或废料未及时排除，又送到了刃口部位 ⑤异物遗忘在工作部位，没有及时清除或来不及移开就操作
	模具安装方面造成的裂损	①起吊不慎将模具摔裂；闭合高度调整不当将下模压裂；打杆横梁螺钉调得过低，将卸料器顶裂 ②垫板（块）挡住了下模座的出废料孔，使废料排不出去而造成凹模胀裂 ③安装时异物未清理干净（如工具、垫木、垫块等）或未及时发现而开始工作，造成工作部位的挤裂 ④连杆螺钉未及紧固就进行生产或压板螺钉紧固不牢靠
	模具设计、制造方面造成的裂损	①模具结构设计不合理。如凹模出现倒锥，或由于结构上的应力集中、强度不够而导致模具受力后自行裂损 ②凹模漏料孔不通畅，如有台肩，排件或废料受阻，造成凹模胀裂 ③模具加工及热处理质量不符合要求 ④连续自动或级进模工作不稳定，造成制件重叠，将凹模胀裂
	制件材料造成的裂损	①材料性能超出标准 ②材料厚薄不均匀，超差过大

15.4.2 冲模随机维护性检修

模具在使用过程中，由于零部件间的冲击及磨损，使用一段时间后，总会出现这样或那样的毛病及故障。这些故障，有时可不必将模具从机床上卸下，直接在机床上进行维护性修整，使之恢复到原有工作状态，不耽误生产的正常进行。这种检修方法俗称随机维护性检修。

冲模随机维护性检修主要内容包括：模具易损零件，如凸模、凹模、定位板、定位块及顶杆、连续模中的挡料块磨损后的备件更换，凸、凹模表面的修磨，被损坏零件的临时修复，紧固松动了的零件以及对导柱、导套的清洁、润滑，根据所冲制品零件检测的质量缺陷调整模具使其恢复正常等。其维护性检修方法见表15-5。

表15-5 冲模随机维护性检修方法

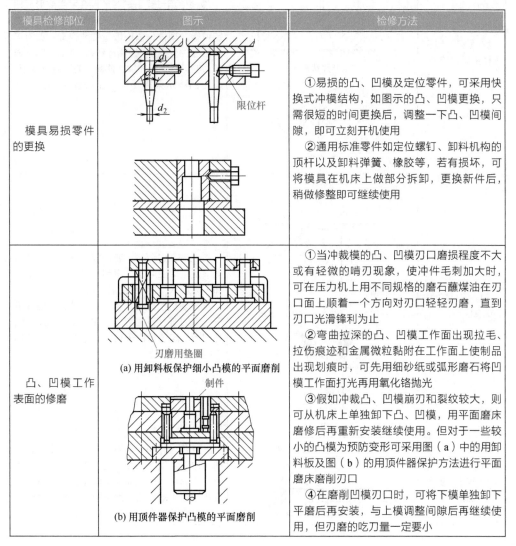

模具检修部位	图示	检修方法
模具易损零件的更换	限位杆	①易损的凸、凹模及定位零件，可采用快换式冲模结构，如图示的凸、凹模更换，只需很短的时间更换后，调整一下凸、凹模间隙，即可立刻开机使用 ②通用标准零件如定位螺钉、卸料机构的顶杆以及卸料弹簧、橡胶等，若有损坏，可将模具在机床上做部分拆卸，更换新件后，稍做修整即可继续使用
凸、凹模工作表面的修磨	刃磨用垫圈 (a) 用卸料板保护细小凸模的平面磨削 制件 (b) 用顶件器保护凸模的平面磨削	①当冲裁模的凸、凹模刃口磨损程度不大或有轻微的啃刃现象，使冲件毛刺加大时，可在压力机上用不同规格的磨石蘸煤油在刃口面上顺着一个方向对刃口轻轻刃磨，直到刃口光滑锋利为止 ②弯曲拉深的凸、凹模工作面出现拉毛、拉伤痕迹和金属微粒黏附在工作面上使制品出现划痕时，可先用细砂纸或弧形磨石将凹模工作面打光再用氧化铬抛光 ③假如冲裁凸、凹模崩刃和裂纹较大，则可从机床上单独卸下凸、凹模，用平面磨床磨修后再重新安装继续使用。但对于一些较小的凸模为预防变形可采用图（a）中的用卸料板及图（b）的用顶件器保护方法进行平面磨床磨削刃口 ④在磨削凹模刃口时，可将下模单独卸下平磨后再安装，与上模调间隙后再继续使用，但刃磨的吃刀量一定要小

模具检修部位	图示	检修方法
修磨受损伤的刃口	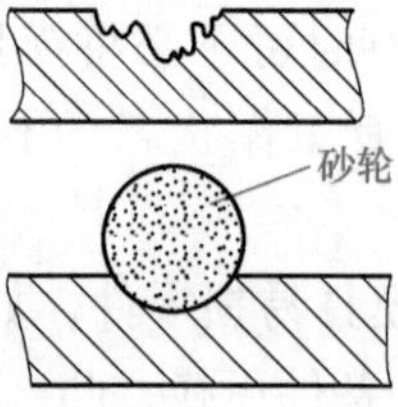 砂轮	冲裁模工作过程中出现严重的啃刃或有不严重的崩刃、裂纹，当冲模精度要求不高时，可采用风动砂轮先进行修磨成圆滑过渡的表面，然后用磨石研磨成锋利的刃口，如左图所示。但采用风动砂轮时，一定轻轻研磨，不准用力过大，以免造成新的崩刃、裂纹
被损坏及变形零件的随机修复	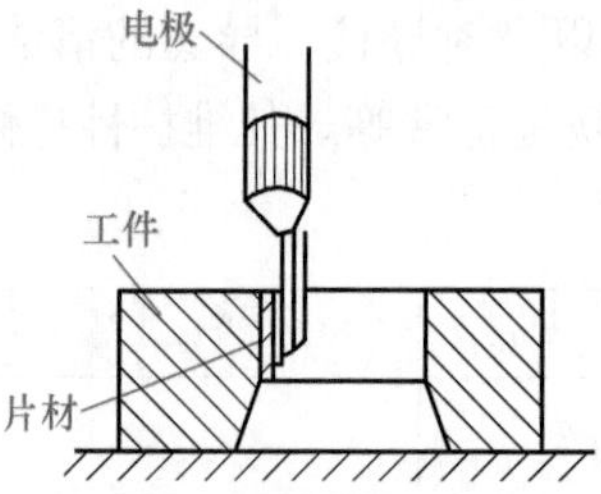 电极 工件 片材 (a) 片状修补 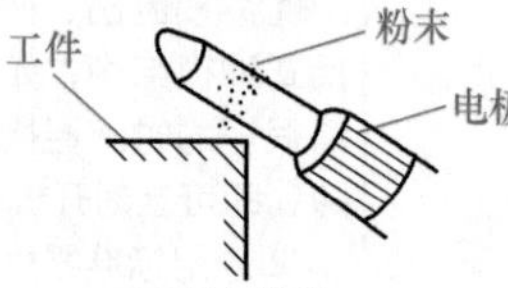 工件 粉末 电极 (b) 粉末修补	冲模使用过程中某些零件会发生变形或损坏，如拉深模压边圈的压料面，定位零件的定位板，顶杆、顶料板弯曲或变形，这时可根据零件受损情况进行修磨，个别局部磨损较大的可以采用补焊、修磨的方法继续使用，如左图所示采用便携式工模具修补机进行修补
对松动零件进行紧固	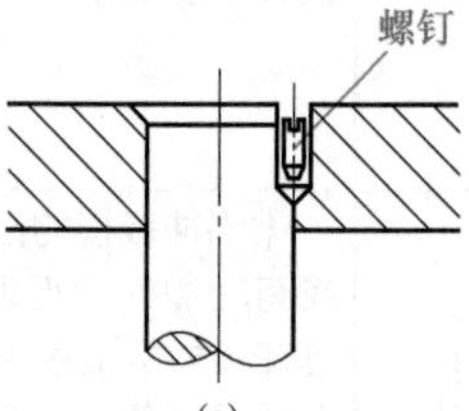 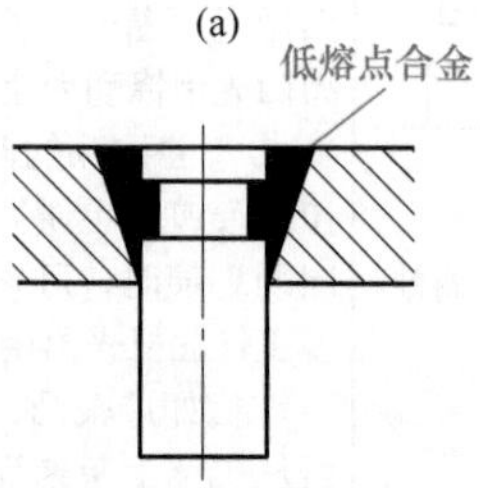 螺钉 (a) 低熔点合金 (b)	①在冲压过程中，若凸模脱落，可单独将上模从机床上卸下，采用图示骑缝螺钉［图(a)］或用低熔点合金浇注［图(b)］ ②要随时检查模具各螺钉及销钉的松紧情况，若发现松动要及时拧紧，以免导料板、卸料板、定位板由于松动未固紧，失去使用功能，损坏模具
调整因自然磨损而改变的凸、凹模间隙	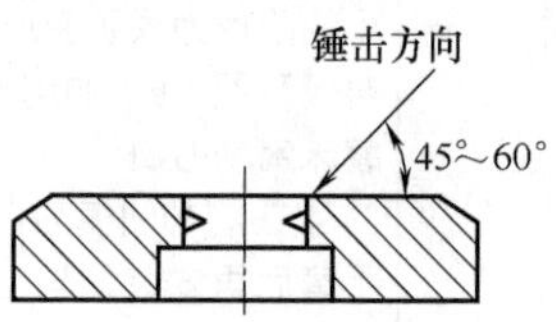 锤击方向 45°~60°	在冲压过程中，若发现制品毛刺变大，弯曲、拉深件壁厚高低不均，表明凸、凹模间隙发生变化，应立即停机调整凸、凹模相对位置或用手动砂轮、磨石进行刃磨、捻压使之间隙合适，达到正常工作状态

续表

模具检修部位	图示	检修方法
导向零件的清洁与润滑	—	在冲压过程中要时刻检查导套、导柱的工作运转状况，按工艺规程及时涂抹润滑油，以减少磨损保证模具上、下对中，正常工作
根据制件质量状况随机进行调整及检修	—	在冲模进行随机维护性检修时，可根据制件质量变化状况，随时进行调整及修复

15.4.3 冲模的检修

模具的检修是在模具使用过程中或在技术鉴定时，若发现模具损坏过于严重，而又无法随机检修时，为延长使用寿命，进行拆卸、重新更换备件、修整的一种修理方法。

（1）模具的检修原则

模具的检修一般采用嵌镶及更新两种方法进行。嵌镶法是指：模具部件损坏时，修理者在原有零件基础上，去除损坏部位，再嵌镶上一块同样金属的镶块，修整后再继续使用。而更新法是指：在实在无法嵌镶及零件破损较大的情况，只有更换新的易损备件进行修复。但无论采用哪种方法，检修模具时，都要遵守下述检修原则：

① 修整或更新的零件，一定要符合原件或原图样的设计要求，其形状、尺寸及表面质量要控制在图样规定的公差范围之内。

② 检修装配后的模具各机构配合精度、位置精度要符合原设计要求。

③ 检修装配后的模具，经研配与修整后要经过试模，其试模的试件一定要达到制品图样或原件的各项质量要求。

④ 检修的时间长短，一定要符合生产的安排及需求。

⑤ 一般来说，更换零件的修理周期短且使用寿命有保证，但经济性差，修复零件则修理周期长且只能用于裂损部位较小零件的修复，但经济性好。更换零件或修复零件的基本原则如下：

a. 当主要零件与次要零件配合使用时，更换时要更换次要零件，一般修复主要零件。

b. 当加工周期长的复杂零件，为保生产急需，尽可能修复，不要更换新的。

c. 对大零件尽量修复，少更换。

（2）模具检修的实施过程

模具修理工接到模具检修任务后，应按一定的程序进行修配。其实施过程可参照表15-6实施方法与过程进行。

表 15-6　模具检修的实施过程与方法 ┊--

步序	实施工艺过程	操作方法
1	熟悉所修模具的原始设计图样和制品零件图或实样	①参照模具，熟悉要检修的模具设计图样，弄清、弄懂模具的结构构成、动作原理及成形制品的工作过程 ②熟读制品零件图，掌握其尺寸精度、表面质量及各项技术要求
2	检查预检修模具质量及检修前末件制品质量	①按模具的总装配图及零部件图分别测量其基准定位尺寸和决定模具精度的尺寸，如工作零件凸模、凹模、型腔、型芯的工作部位尺寸，凸、凹模间隙及定位零件的定位尺寸，观察并确定模具经使用后的零件尺寸及精度变化状况 ②检查定位零件、导向零件、卸退料零件如导柱、导套、定位表面、凸模、凹模、型腔、型芯工作表面的完好状况及磨损后表面质量情况 ③检测时，要随时将测量结果与原始数据比较，找出偏差值并与发现的各部件表面质量缺陷及弊病记录下来，以作为制订修理方案依据 ④检查模具破损前末批的制品零件与制件产品图相对比确定质量缺陷
3	分析检查结果，确定检修部位及方法，制定出检修方案	根据对所修冲模进行全面检查的结果和检查记录，结合原始图样认真分析模具失效及故障所在，找出发生故障及影响产品质量的原因，从而可确定模具检修部位。再根据修理部位检测结果，确定检修内容及方法，从而可编写出检修卡，以指导检修工作正确实施 模具检修卡内容包括： ①模具名称、编号及使用次数 ②模具检修原因及发生故障前末件质量状况 ③模具检测结果及故障发生部位 ④确定修理方案，即更换备件还是检修 ⑤检修后的要求，试模结果及误差分析
4	按检修方案及检修卡规定的方法拆卸模具	①拆卸原则：按检修方案所规定的修理部位进行操作，即只拆卸被损坏需修理的部位，不需修的部位不拆，以减少再次装配的麻烦 ②拆卸方法：小型模具可用木槌或铜锤敲击模板，使模具分开；大、中型模具采用专用工具进行拆卸。内六角螺钉用内六角扳手拧下，而圆柱销用拔销器拆卸 ③拆卸注意事项 a.拆卸前应先根据模具结构确定拆卸程序，避免盲目乱拆，损坏模具其他部件 b.拆卸顺序应与模具装配顺序相反，即先拆外部附件，然后再拆主体部件。拆卸组件时，应从外到内，从上到下，依次进行 c.拆卸使用的工具必须要保证零件不受损伤，建议采用专用工具，严禁在工作面上锤击 d.拆卸时要将零件安装方向辨别清楚，如镶块的嵌镶方向 e.对于成形零件如凸模、凹模、型腔、型芯等拆卸后应放在专用器具内，以防磕碰而损伤 f.容易产生位移而又无定位的零件，如凸模、凹模、型腔、型芯、定位零件等，在拆卸前应用划针在相配合的相邻零件上划好标记，以便重新装配时，容易确定装配位置
5	清洗拆卸后的零件，并进行修复	将拆卸后的零件清洗（一般用汽油）干净，按检修卡进行认真修复或补救，实在不能恢复的，制作新件或备件更换

续表

步序	实施工艺过程	操作方法
6	重新装配模具	①零件经修复检查合格（或领取的易损备件），应按模具装配方法，对其重新装配 ②装配时要注意装配精度
7	检测装配后模具质量并安装调试	①按试模工艺规程将修复后的模具在指定成形设备试模、调整，直至试出合格件为止 ②试模时应注意 a. 配作的修复零件，一定要按图样检查，要符合原件的尺寸精度、表面质量及硬度要求 b. 检修后的模具经认定试模合格并恢复到原有技术状态后方能继续使用及入库保管

（3）易损件的制备

模具维修的宗旨：一是要将损坏失效的模具修复正确，使修复后的模具尽量能达到原始模具的质量标准和使用性能；二是要快速修理，使被损坏的模具能在最短的时间快速修复使用，不耽误生产的正常进行。

要达到快速修理，模具易损零件的成品和半成品坯件储备尤为重要。只有这样，在模具零件由于磨损或损坏失效时，维修工作人员可通过更换备件用极短时间将其修理完毕，投入正常使用。

① 备件的形式。常用模具易损备件主要有标准件及专用零部件两大类。

a. 通用标准件。通用标准件包括各类型号的标准内六角螺钉、圆柱销、柱头卸料螺钉、标准模架、导柱、导套、导销、导板及各类弹簧、橡胶等。这类零件应根据本企业工艺标准资料所规定的规格、型号和使用消耗需求从市场中购买，并进行必要的储备。其储备的标准件应具有可靠的互换性，其中导柱与导套应成对配制，保证导向精度。

b. 模具专用备件。模具专用备件是指模具易损件。其主要包括易磨损及折断的细小凸模、型芯、顶杆以及易坏损的凹模、定位零件等。特别是对于大批量生产的多工位连续模的凸、凹模镶块更应事先准备。这类零件多以成品及半成品坯件形式储备，其尺寸精度、表面质量要符合设计要求，与原模相应零件能有较好的互换性。

② 备件的制备方法。模具易损件备件的制备，一般多采用配作的方法。即所制作的备件，要能代替已裂损而无法修复的报废零件，在几何形状、尺寸精度、配合关系和力学性能等方面要达到原设计要求，才能保证模具原有的使用性能和制件的质量。其备件的加工，在设备条件较好的企业，可以采用数控机床、数控电火花机床，线切割机床以及成形磨床直接按图样加工；而缺少这类设备的模具使用企业，仍需以配作加工为主，其方法见表15-7。

表 15-7　易损零件备件制备配作方法

配作制备方法	图示	操作方法
压印配作法	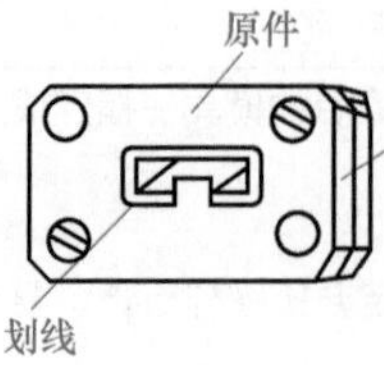	①先把备件坯料的各部分尺寸按图样进行粗加工，并磨光上、下两平面 ②按照模具底座、固定板或原来的冲模零件把螺钉孔和销孔一次加工到要求尺寸 ③把备件坯料紧固在冲模上后，可用铜锤锤击或用手扳压力机进行压印 ④压印后卸下坯料，按刃痕进行锉修加工 ⑤把坯料装入冲模中，进行第二次压印及锉修 ⑥反复压印锉修，直到合适为止
划印配作法	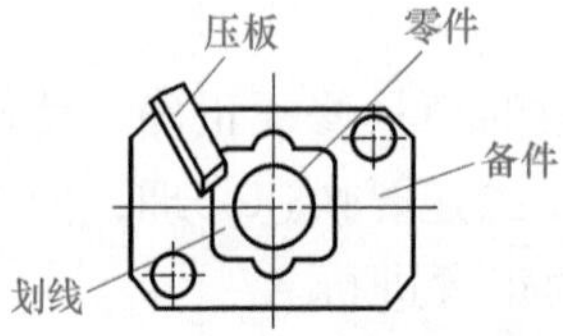	①用原来的冲模零件划印：利用废损的工件与坯件夹紧在一起，再沿其刃口，在坯件上划出一个带有加工余量的刃口轮廓线。然后按这条轮廓线加工，最后用压印法来修整成形 ②用压制的合格制件划印：用原冲制的零件，在毛坯上划印，然后锉修、压印成形
芯棒定位配作法	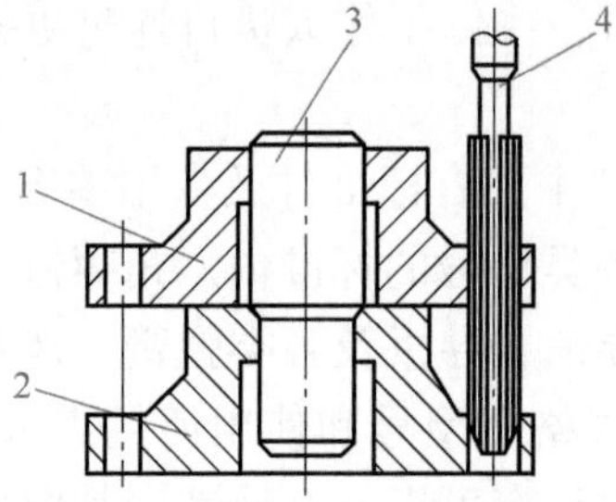 1—原件；2—备件；3—心轴；4—铰刀	加工带有圆孔的冲模备件，可以用芯棒来加工定位，使其与原模保持同心再加工其他部位
定位销定位配作法	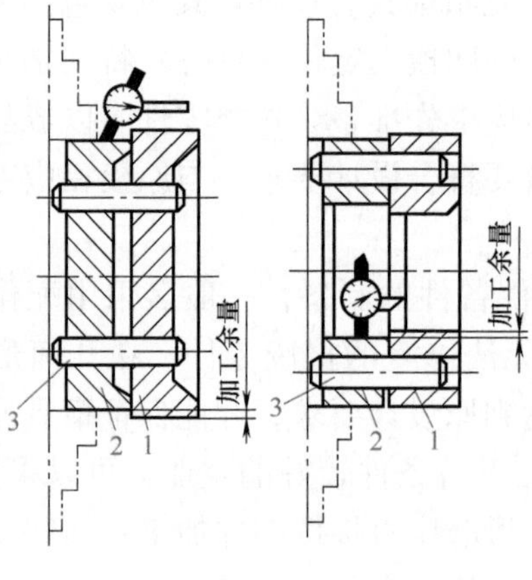 1—备件；2—原件；3—定位销	在加工非圆形孔时，可以用定位销定位后按原模配作加工

续表

配作制备方法	图示	操作方法
直接插入定位配作法	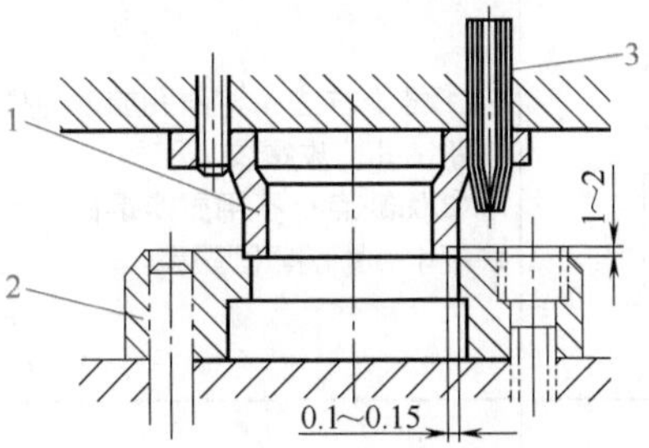 1—备件；2—原凹模；3—铰刀	在配制凸、凹模备件时，用原凹模定位，首先把备件坯料外圆的上端精车到能同凹模作轻松压配的尺寸（长度2～3mm），然后将坯料压入凹模后，即可按冲模底板上的已有定位销孔配钻备件的销孔
制品定位配作法	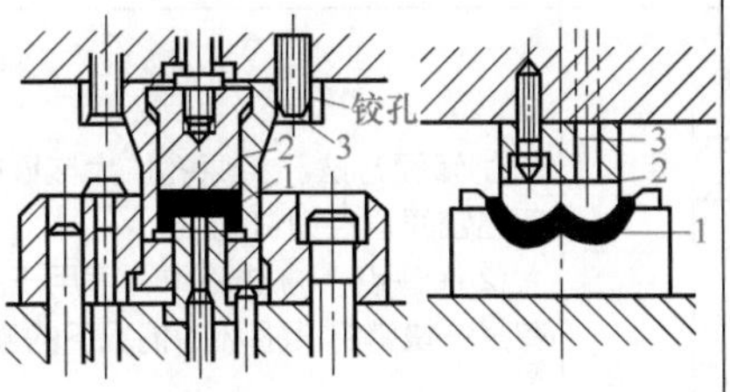 1—制品样件；2—备件；3—销孔	坯件必须采用配制的方法进行修理时，首先按图样加工模坯，并留有一定加工余量。然后，在原来的冲模上配制定位销孔及螺纹孔，以保证一定的间隙及准确位置，其方法是 ①按图样检验备好的坯件 ②将坯件装入冲模中，并用工艺螺钉紧固 ③在上、下模的工作部分放入一个已压制好的合格零件，并使其与凸、凹模贴紧摆正 ④按下模板上的销孔钻铰坯件的销孔及螺纹孔 ⑤钻孔后进行热处理、抛光、研磨后即可使用

（4）破损件的修配

常见的破损件形式主要有：螺纹孔及销钉孔、定位零件、成形零件等。

① 螺纹孔及销钉孔的修复。螺纹孔及销钉孔的修复见表15-8。

表 15-8　螺纹孔及销钉孔的修复

检修部位		图示	操作方法
螺纹孔修复	扩孔维修法	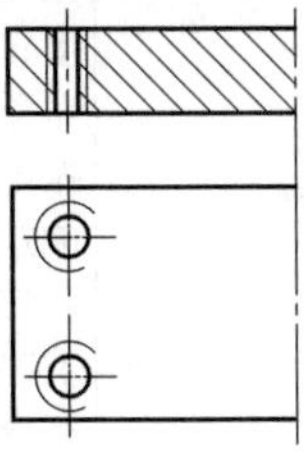	①维修方法：将小螺纹孔扩大再攻螺纹即选用比原规格大一号的相应螺钉紧固，如M4改为M6 ②优缺点：牢固可靠，但所有过孔全要扩大

续表

检修部位		图示	操作方法
螺纹孔修复	镶拼维修法	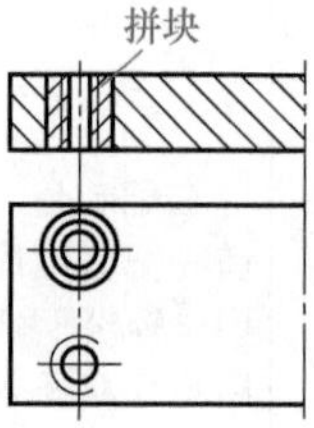 拼块	①维修方法：将原孔加以同样材质镶块后，再重新钻孔、攻螺纹 ②优缺点：不用更换螺钉，但比较费事，如镶块不牢，影响紧固质量
销钉孔修复	扩孔维修法	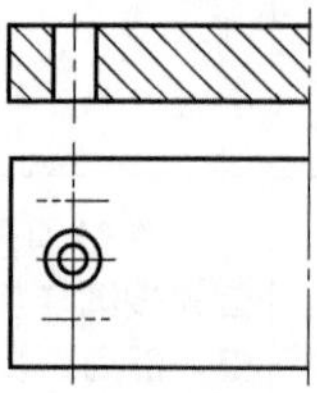	①维修方法：将原孔扩大换用较大直径销钉 ②优缺点：修配后精度较高，但所有连接销钉孔全要重新更改
	镶螺纹塞修配法	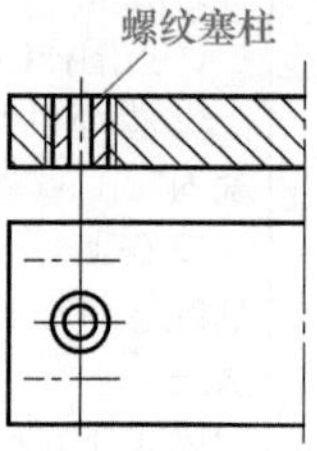 螺纹塞柱	①修配方法：将原孔扩大嵌镶螺纹柱塞，再重新钻铰原直径销钉孔 ②优缺点：方法简单，适用于多板连接时，只有某一块销钉孔损坏的情况下的修复

② 定位零件的修复。定位零件的修复方法见表 15-9。

表 15-9　定位零件的修复

修复部位	图示	操作方法
定位销、小型定位板定位精度变化或损坏	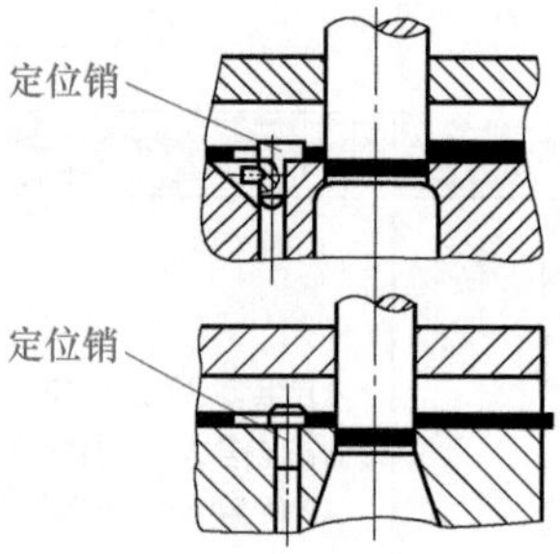 定位销 定位销	①冲模的定位销、定位板及导正销由于长期磨损，失去定位作用后，可更换新的备件，模具可继续使用 ②若紧固定位板的螺钉或销钉松动位置发生变化而影响定位精度，应及时将其调整后紧固牢固 ③若定位销固定孔，因受冲击振动变形或变大，使定位销松动影响定位精度可卸下定位销，将固定孔扩大或采用镶套再钻孔法固定定位销，也可以将定位销安装部位直径变大，再重新安装

续表

修复部位	图示	操作方法
连续模导料板、挡料块磨损，定位不准	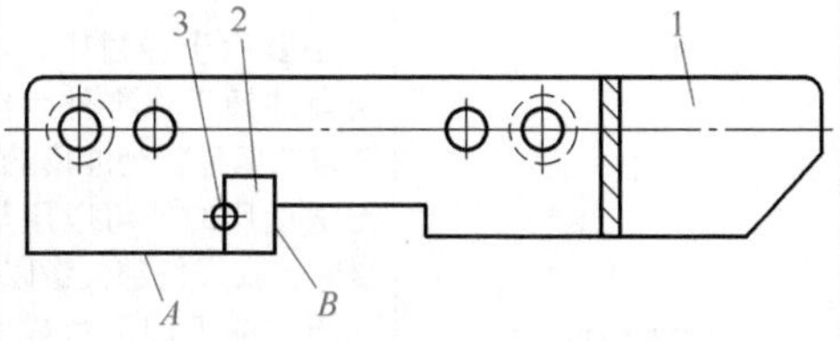 3 2 1 A B 1—导料板；2—挡料块；3—圆柱销	①检查挡料块 2，若发现松动或磨损厉害，可将导料板从模具上单独卸下，更换新挡料块 2，再用捻修挤压法将其与导料板固紧，用平面磨床磨平即可使用。为紧固牢固，也可用圆柱销 3 固紧 ②经修理后的导料板与挡料块的组合在安装时，应重新调整其位置，并使 A、B 面磨平，互为垂直，经试模合格后使用
用于弯曲、拉深等半成品的大型定位板局部损坏磨损	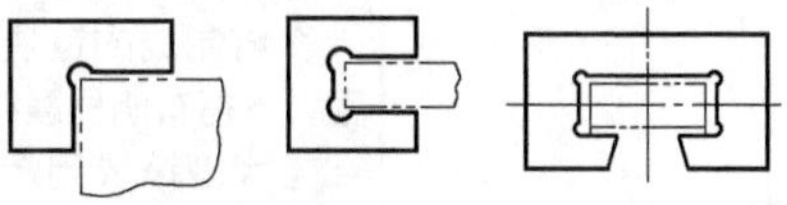	若大型定位板某部位损坏，可采用检修补焊、修磨等方法修复后，安装调整合适后，继续使用。实在不能修复的再更换新的备件

③ 成形零件修复。模具的成形零件多采用优质合金钢制造，价格昂贵，且加工制造工艺复杂，若损坏后尽量以修复继续使用为主，实在不能修复的，再更换备件，以降低制件成本。模具成形零件常采用的修复方法见表 15-10。

表 15-10　模具成形零件修复方法

修复方法		图示	操作工艺说明
挤捻修复法	修复孔径变大了的冲裁模凹模刃口	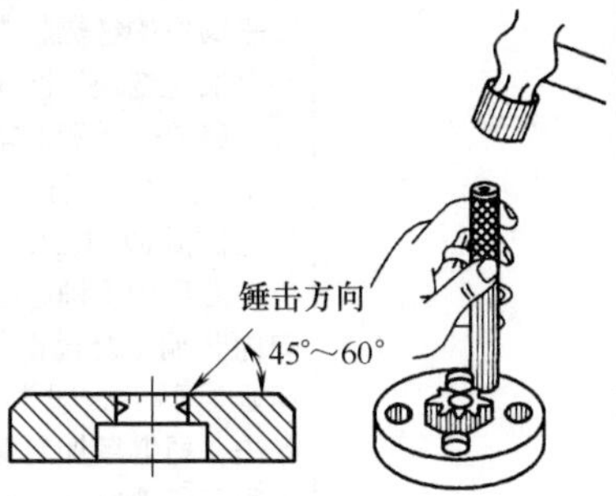 锤击方向 45°～60° (a) 损坏了的凹模刃口　(b) 挤捻修复方法	挤捻修复法是利用金属的延展性对模具零件表面小而浅的伤痕用小锤子或錾碾敲打四周或背面来弥补伤痕的修理方法，如图示的凹模刃口孔径变大，致使间隙变化，制品产生毛刺，其检修的方法是 ①卸下凹模，使其加热退火后，硬度降低到 38～42HRC ②用小锤子锤击錾捻棒，沿刃口周边先按 45°～60° 向内锤击捻挤，使金属向内移动，刃口孔径变小，见图（a），再垂直敲击，使其密实 ③修磨挤捻后的刃口孔径到要求尺寸 ④将修复挤捻后的凹模淬硬，调整间隙后即可使用

修复方法		图示	操作工艺说明
镶拼修复法	修复冲裁模刃口	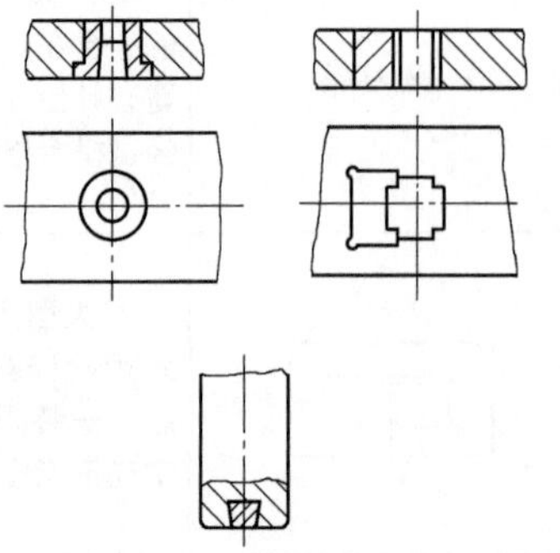	主要用于冲裁模、弯曲模、拉深模等所有冲模工作零件等出现较小的裂损等缺陷的修理。当冲模的凸模与凹模损坏而无法使用时，可以用与凸、凹模相同的材料，在损伤部位镶以镶块，然后再修整到原来的刃口形状或间隙值，其操作步骤是 　　①将损坏的凸、凹模卸下进行退火处理，降低其硬度 　　②把被损坏或磨损的部位去掉，用线切割机切割或锉修成工字形或燕尾形槽 　　③将制成的镶块镶嵌在槽中，并要牢固，不得有明显裂缝 　　④大型镶块用螺钉及销钉紧固。对于小型凹模也可以用螺纹塞柱塞紧后，再重新钻孔成形 　　⑤将镶后的镶块，按图纸加工成形，并修磨刃口 　　⑥将修整好的凹、凸模刃口，重新淬硬，修磨后即可使用
	锻压修复法	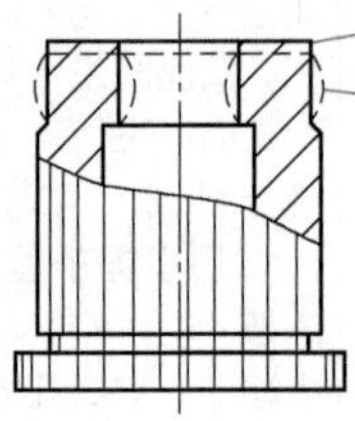	①修复凸凹模：如图示的凸凹模，若刃口部位崩裂，可将其损坏部位加热到适于锻打的红热状态，然后放在压力机上使其加压变粗，冷却后再修配成原来的尺寸，经淬硬后即可重新使用 　　②大、中型凸、凹模间隙变大的修复：将刃口周边用乙炔气焊嘴慢慢移动加热，待发红后用手锤轻轻敲击刃口周边，使其向内收缩（凸模镦粗），待刃口各部位均匀延展后（一般为 $0.1 \sim 0.2$mm），停止敲击，再继续加热保持几分钟，冷却后可采用压印锉修法将间隙修整合适，刃口修复后再用火焰淬火法将其淬硬，修整后即可继续使用

续表

修复方法	图示	操作工艺说明
套箍修复法	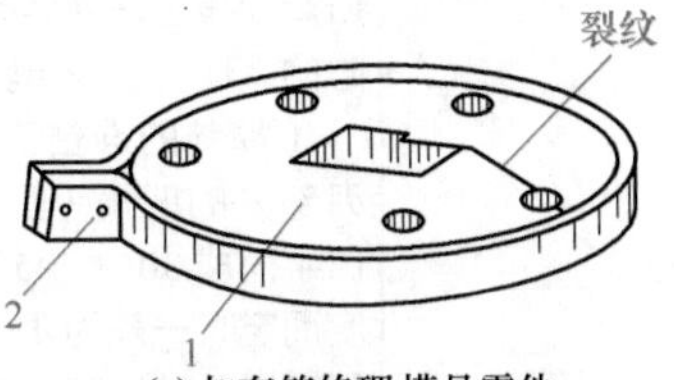 (a) 加套箍修理模具零件 1—损坏的零件；2—套箍 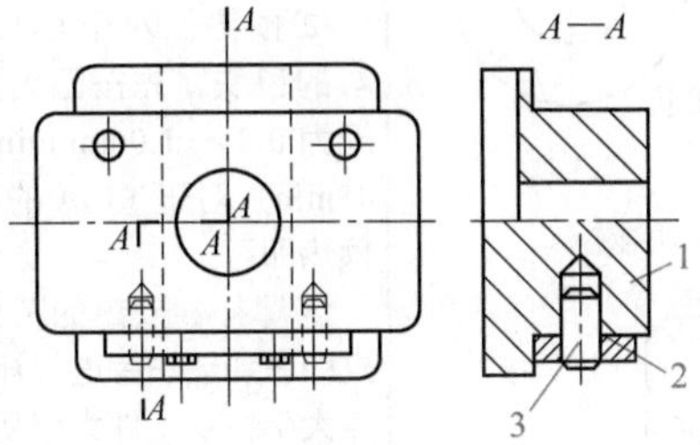 (b) 加链板形箍修理模具零件 1—模座；2—链板；3—拉紧轴	①对于小型凸、凹模或型腔若产生裂纹［图（a）］，可按其外形先制成一个钢带夹套，其内尺寸要比零件外形尺寸稍小，成过盈配合形式。然后将夹套加热烧红，再将被裂纹破损的零件嵌入夹套内，冷却后零件被夹紧可继续使用，裂纹不再扩大 ②对于大中型的方形模块［图（b）］，可将事先备好的链板加热后，并由拉紧轴3定位将被损坏的零件固定。待冷却后，由于链板2孔中心距收缩，即可由拉紧轴3将裂纹愈合固紧继续使用
红热嵌镶修复法	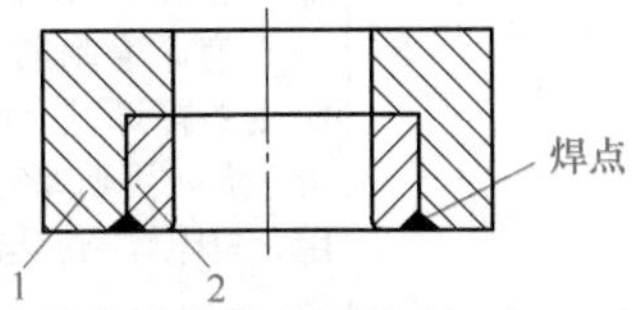 (a) 凹模修复 1—凹模本体；2—新镶块 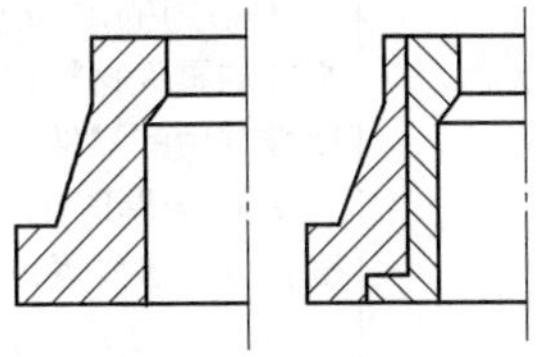 (b) 凸凹模修复	对于大、中型圆形凹模、凸凹模，当其内孔成形部位破损，可采用如下红热嵌镶法进行修复 ①将损坏的零件退火后，按要求车削成规定形状，使其作为固定底座 ②用相同的材料，按固定底座内孔配车新的成形镶块，其内、外需留加工余量 ③将镶块热处理淬硬 ④将淬硬镶块进行外圆磨削，其尺寸要比底座尺寸稍大一些 ⑤将固定底座在炉内加热到300～400℃，再将镶块压制在固定底座孔中，冷却后即可成为一体 ⑥精加工镶块内孔到原凹模尺寸及表面精度 ⑦为加固可在结合面上点焊如图（a）所示 ⑧平磨顶面，修整后即可继续使用

修复方法		图示	操作工艺说明
焊补修复法	电焊补焊凹模刃口	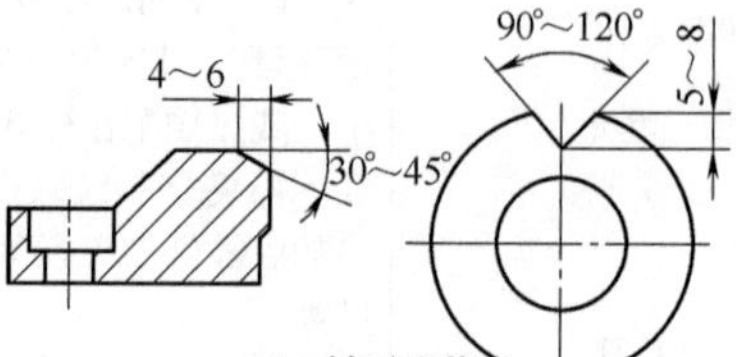 (a) 斜面形状 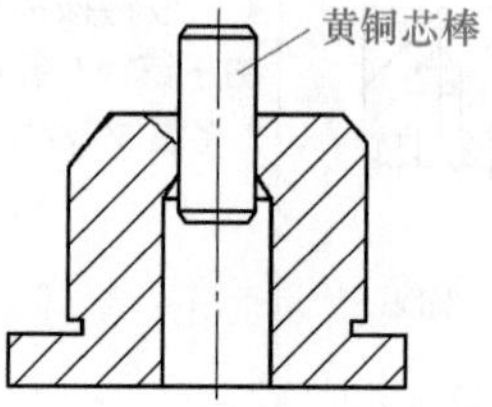 黄铜芯棒 (b) 内孔黄铜芯棒保护	主要用于冲裁模、弯曲模、拉深模等所有冲模工作零件等出现较小的裂损等缺陷的修理，操作步骤如下 ①焊前的准备工作。将啃坏部分或崩刃部分的凹模（凸模）用砂轮磨成与刃口平面成 30°～45°斜面，宽度视损坏程度而定，一般为 4～6mm。假如是裂纹，则可用砂轮片磨出坡口，其深度应根据镶块大小而定，若是内孔边缘崩刃，应按内孔直径先轻压配一根黄铜芯棒于凹模内，如图（b）所示 ②预热。对于 Cr12MoV、9CrSi 等材料的镶块，先按回火温度预热，加热时间为 0.8～1.0mm/min，但最小不应少于 45min。对于 T10A 的小型镶块可以不必预热即可 ③焊补。预热的工件及镶块出炉后应立即在加热炉旁进行补焊。焊接需要的电流大小，视工件大小及焊条粗细而定，一般用直流电焊机，120A 左右。电流不能太大，太大会造成焊缝边缘及端部咬口。焊后应立即用锤敲打焊缝，以破坏其表面应力 ④保温。焊接后的工件，应立即放入炉内，按原温度保温 30～60min，随炉冷却到 100℃以下方可出炉，空气冷却 ⑤磨床磨削加工到要求尺寸。在采用焊接法补焊凸、凹模时，焊条要经常保持干燥，否则焊气处会出现气孔，影响使用，其电焊条应与基体同材料
	堆焊修补模具零件	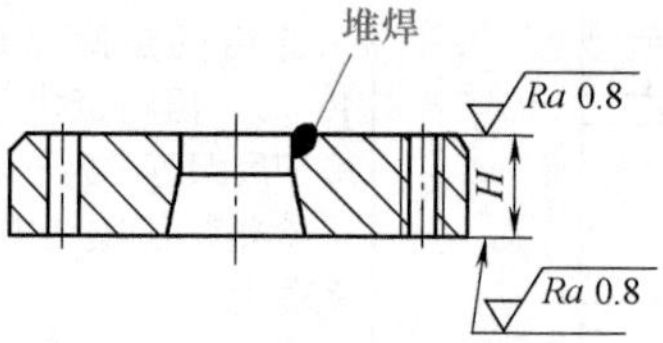	若损坏的零件其开裂部位修正量不大，采用氩弧焊对其修整后，即可以继续使用，其要点是 ①采用的焊条（丝）材料必须要与所修补的零件材料相同或相近，硬度一致以使堆焊后的零件硬度均匀 ②在堆焊时电流强度要控制在最低程度，以防零件基体被局部硬化 ③零件在堆焊过程中，预热温度始终要保持在 500℃以下 ④零件在堆焊后要进行退火、回火、正火等热处理，以增强焊接结合力

续表

修复方法		图示	操作工艺说明
焊补修复法	电阻焊焊补损坏的凸、凹模刃口	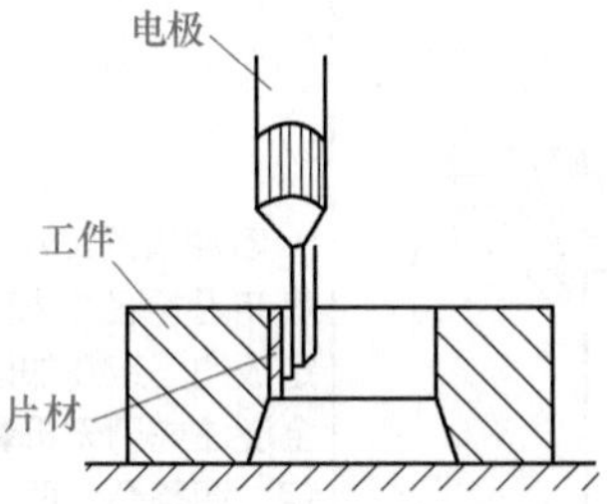	电阻焊是一种便携式模具修补工具，目前应用最为广泛。它在焊接时可输出一种高能电脉冲，将经过清洁的被损零件表面覆以片状、丝状或粉末状修补材料，通过高温、碾压使其与基体连在一起，主要用于零件尺寸超差较大及凸、凹模棱角损伤后的修复，目前不适用于导柱、导套、滑动零件的修补。其使用非常方便、可靠，如左图所示
修磨修复法	用油石手工修磨变钝的凹模、凸模刃口	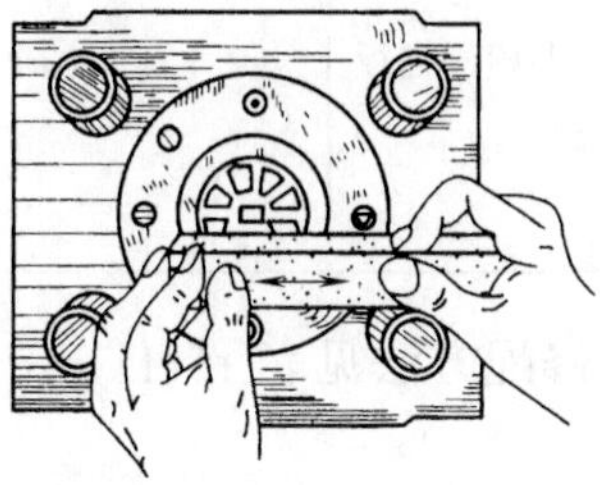	若冲裁模凸、凹模刃口变钝时，可用粗细不同的磨石，蘸取煤油，在刃口表面按同一方向细心地来回刃磨，直到用手指刮一下，感觉锋利为止
	修磨变形类冲模被磨损零件	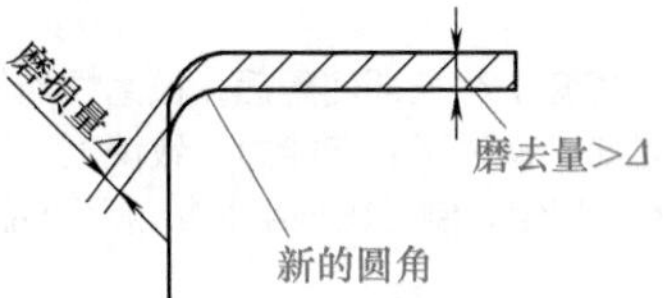 (a) 弯曲凸模修复 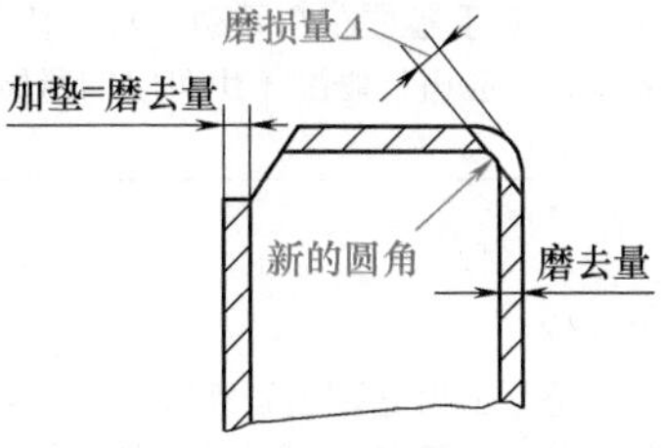 (b) 凹模修磨	本修复方法主要适用于弯曲模、拉深模等变形类冲模经长期使用后因磨损而引起的质量下降。在修理变形类冲模时，修磨是常采用的一种修模方法。如图（a）所示弯曲模，凸模圆角磨损后，应在平面磨床上将底面磨去，其磨量应大于圆角的磨损量，随后再用砂轮在凸模上磨出新的圆角 对于凹模的磨损，除圆角外其工作侧面也有相应的磨损。所以在修理时，除了将刃口部位磨去外，同样也应将侧面磨去。但侧面磨量不要太大，只要将拉毛的沟槽磨平即可。侧面磨后，其尺寸会变小，为不影响使用，可以采取背面加垫的方法，进行补偿，如图（b）所示
电镀修复法	凸、凹模表面镀硬铬	—	对于拉深、成形模的凸、凹模，若经磨损后失去了表面光洁及尺寸精度，可以采用镀硬铬的方法进行修复。其镀铬层一般为 $0.02 \sim 0.3$mm，而转角部位应厚度大一些，修抛后即可继续使用

修复方法	图示	操作工艺说明
浇注修复法	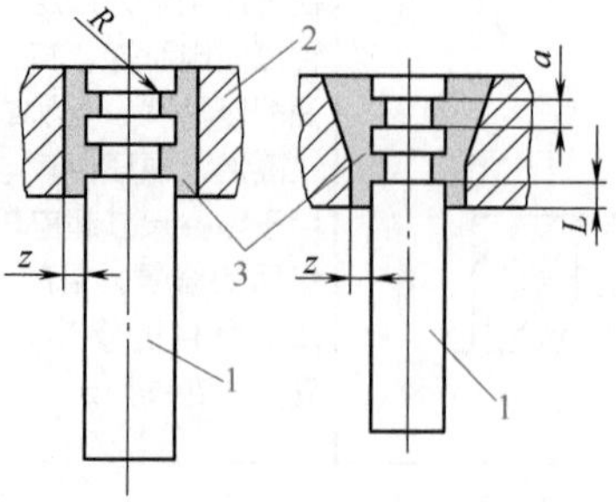 1—凸模；2—低熔点合金；3—凸模固定板 （环氧树脂无机黏结剂）	若冲模的细小凸模长期受振动而松动，可将凸（凹）模固定板卸下，将原有固定板的固定孔加以扩大，然后用低熔点合金浇注或用无机黏结剂、环氧树脂黏结固定，调整凸、凹模间隙后可继续使用。但这种方法只适用于冲裁厚度在2mm以下的冲模使用

④ 导向零件的修复。导向零件的修配方法见表15-11。

表 15-11　导向零件的修配方法

序号	项目	修配工艺说明
1	导向零件磨损后对模具的影响	导向零件（导柱、导套）经长期使用后，被磨损而使导向间隙变大或受到冲击振动后会发生晃动，丧失了导向能力，致使上、下模相碰，损坏冲模或造成凸、凹模间隙的不均匀，制品出现毛刺影响了产品质量
2	检查方法	用撬杠将上模撬起，双手握住左右晃动，若上模板在导柱中摆动，则表明导柱、导套间间隙过大，应进行修配（也可以用量具检查）
3	检修方法	①把导柱、导套磨光 ②对导柱进行镀硬铬 ③镀铬的导柱与研磨后的导套配合研磨导柱，使之间隙恢复到原来的精度 ④将经研磨后的导柱、导套抹一层薄油，使导柱插入导套孔中。这时，用手转动或上下移动而不觉得过紧、过松即为合适 ⑤将导柱压入下模板。压入时需将上、下模板合在一起，使导柱通过上模板孔再压下去，并用角尺测量，以保证垂直度 ⑥用角尺检查后，将上、下模板合起来，用于检查其配合程度和修理质量 ⑦检查时，若发现导柱有倾斜或手感有摇晃现象，应重新修配

⑤ 卸、退料零件的修复。模具卸、退料零件的修复方法见表15-12。

表 15-12 模具卸、退料零件的修复方法

卸料机构形式	图示	检修方法
冲模刚性卸料板的修复	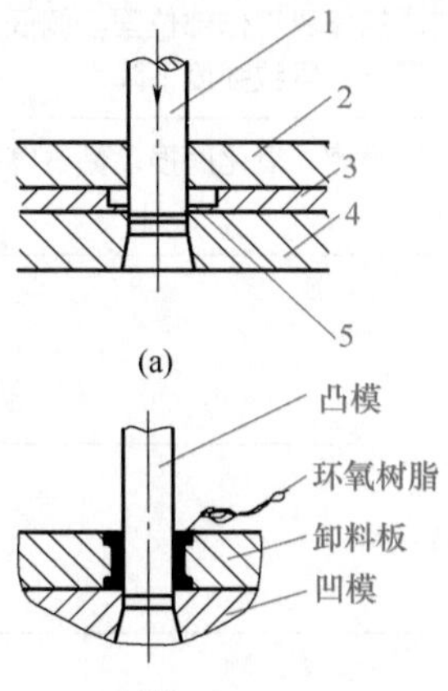 (a) (b) 1—凸模；2—卸料板；3—导板； 4—凹模；5—工件	冲模使用的刚性卸料板，多用于平整度要求不高的厚板料冲裁，如连续模，其卸料孔与凸模多为 H7/h7 配合形式，经长期使用与磨损，其间隙变大，使条料被凸模带入卸料孔内，难以排料，见图（a）。其修理方法是将卸料孔扩大后用环氧树脂或低熔点合金浇注，见图（b），使间隙变小。而对于漏料孔错位不易使制品漏下，应重新调整凹模与底座漏孔位置
冲模弹性卸料板的修复	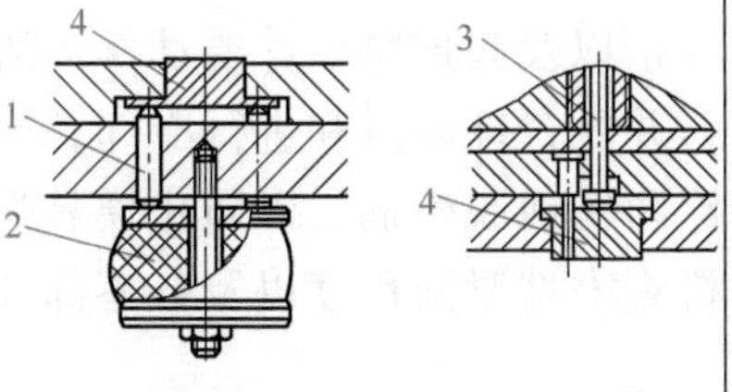 (a) 下模卸料　　(b) 上模打料 1—顶杆；2—弹性橡胶或压簧；3—打料杆； 4—卸料板	冲模的弹性卸料板多用于复合模，常出现的故障是顶杆、打料杆弯曲折断或弹簧、橡胶弹力不足而难以卸下料来。修复的方法一般是更换新的顶杆、打料杆、弹簧或橡胶后继续使用

15.5 塑料模的修理

与冲模的修理一样，为修理好塑料模的缺陷，首先应针对模具的损伤程度，从损伤特征中分析找出产生的原因，并结合企业的生产任务、技术能力及加工制造能力等实际情况制定出切实可行的修理方法。

15.5.1 热作模具失效的主要形式

塑料模属热作模具，其失效形式主要是：热变形及热磨损等。表 15-13 给出了热作模具失效的主要形式。

表 15-13　热作模具失效的主要形式

失效方式	失效原因
工作部位变形	①用材不当或热处理工艺不合理造成的模具工作部位强度偏低 ②模腔长期在受力及回火温度附近工作，导致强度下降
热磨损	①高温下模具表面与被加工材料间的摩擦、氧化磨损、黏着磨损 ②模具表面的氧化
热疲劳	①冷、热循环热应力影响 ②循环机械应力影响 ③循环热应力、机械应力影响
断裂	①严重偏载造成的局部过载 ②淬火裂纹或磨削裂纹等工艺缺陷 ③循环应力造成的疲劳断裂

15.5.2　塑料模的损坏原因及修理方法

塑料模与其他型腔模相比，结构一般更加复杂、精密，故在使用时，要更加注意保养和维护。即要选用合适的成形设备，确定合理的成形工艺条件；模具的安装要牢固可靠；操作时要严格执行工艺规程，如模温要保持正常，不能忽冷忽热；各滑动零件如导柱、导套、导销以及卸推料零件要动作灵活，配合准确；每次合模成形时，型腔要清理干净，并要合理润滑和进行冷却；模具在停歇时，要将模具闭合，并在型腔及型芯上涂防锈或脱模剂，以防止模具受损伤及锈蚀。同时，在模具使用过程中，要随时检查零件紧固程度以及各零部件的动作情况，使其处于完好工作状态。

（1）塑料模的损坏原因

塑料模在使用过程中会产生磨损，有时还会产生不正常的损坏。不正常的损坏多数是由操作不当造成的，一般有以下几种情形，例如：由于镶嵌件未放稳就合模，使模具局部型腔损坏；型芯较细，由于使用不当而产生弯曲变形或折断；分型面使用一段时间后不严密，溢边太厚，影响塑件的质量等。

（2）塑料模修理方法

在一般情况下，对塑料模的修理只需局部修复即可，具体方法有：根据图样更换损坏件；对于损坏的型腔，若是未淬火的零件，可用铜焊（一般采用黄铜、CO_2 气体保护焊等，焊后靠机械加工或模具工修复抛光）或局部镶嵌的方法修复，若是淬火后的零件，则可用环氧树脂进行粘补；对于表面的修复，则应采用特殊的工艺进行处理，比如利用模具钢材料的塑性变形修复损坏表面，然后再进行局部腐蚀；如果分型面不严密、溢料多，可把分型面磨平，再把型腔加工到原来的深度。

15.5.3 塑料模的随机检修

与冲模的随机检修一样，对于塑料模在生产中出现的一些小毛病，为了不耽误生产的正常进行，不必急于卸下模具，尽量随机进行修整后，再继续使用。塑料模随机检修方法见表 15-14。

表 15-14 塑料模随机检修方法

模具缺陷类型	图示	随机检修方法
斜销抽芯机构动作失灵	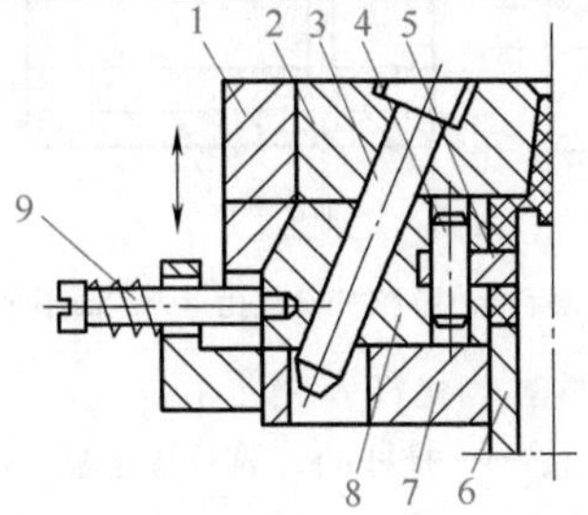 1—压紧楔；2—定模板；3—斜销；4—销钉；5—侧型芯；6—推管；7—动模板；8—滑块；9—弹簧	在塑料模中，多采用斜销抽芯机构以成形侧凸、侧凹，即开模时斜销 3 迫使滑块 8 向外运动完成抽芯动作后由推管 6 推出制品。若由于长期磨损，使斜销动作失灵，则难以使推管 6 推出制品。这时，一是要检查滑块 8 与斜销 3 是否配合完好，并使其动作自如；二是要检查弹簧 9 是否失灵，若失灵要更换新弹簧；三是要检查侧型芯 5 是否弯曲，并要进行修整至合适，使其能正常工作
侧抽芯机构难以脱模	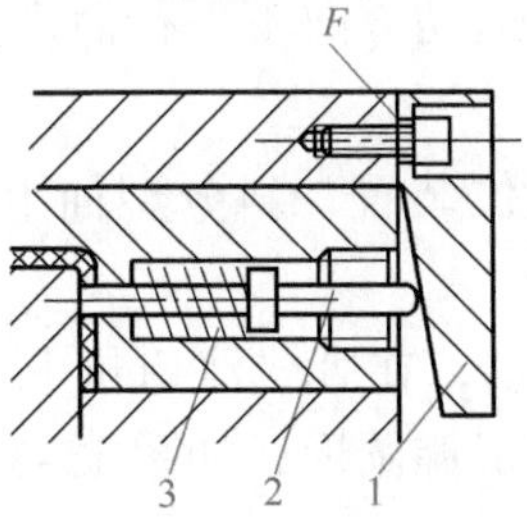 1—斜楔；2—推杆；3—弹簧	如左图所示的斜芯机构当斜楔 1 受到磨损后若产生凹槽，则侧推杆 2 就难以前进或复位。遇到这种情况，则可在磨损部位进行补焊，磨平后即可投入使用 检查一下推杆 2 是否弯曲、变形，再检查弹簧 3 是否弹力失灵，可以修复后再使用或更换新的推杆与弹簧
根据制品零件质量进行修复	—	检查所加工的制件，若发生质量缺陷可根据本书第 12 章相关的调整方法做临时性修复

15.5.4 塑料模的检修

塑料模的检修原则及实施过程与冲模相同，常见塑料模的缺陷及修复方法主要有以下内容。

（1）导柱和推杆的修复

1）损坏的原因

一般导柱与推杆单面严重拉伤、磨损和断裂的原因有以下几种情况：

① 导柱与导套或推杆与推杆孔配合太紧，容易拉伤。多根导柱或多根推杆

配合松紧不一致，则会导致顶出力不平衡，产生偏载，从而引起损坏。

② 导柱孔或推杆的安装孔与分型面不垂直，使开模时导柱轴线与开模运动方向不平行；推杆顶出时，与顶出运动方向不平行而产生扭力作用，易拉伤、啃坏或折断导柱或推杆，如图 15-1 所示。

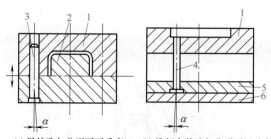

(a) 导柱孔与分型面不垂直　　(b) 推杆安装孔与分型面不垂直

图 15-1　导柱孔和推杆安装孔不垂直

1—型腔；2—型芯；3—导柱；4—推杆；5—推杆固定板；6—推板

③ 动模部分在注射机上安装时若有下垂现象，则它在合模时会与定模导套孔产生扭力而引起导柱或推杆的拉伤、啃坏或折断。

④ 推杆固定板与推板太薄、刚性不够，在顶出制件时会产生弹性或塑性变形（图 15-2），引起推杆轴线与顶出运动方向不平行而产生挤压，致使推杆被拉伤、啃坏或折断。

⑤ 在模具分型面上没有设置定位装置，斜分型面上没有设置限位台阶等，都会造成导柱拉伤、啃坏和断裂。

⑥ 推板和推杆固定板无导向驱动，在卧式注射机上因自重下垂而产生偏载力矩，推杆易单面磨损，推杆孔易磨成椭圆形，如图 15-3 所示。

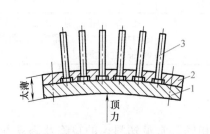

图 15-2　推杆固定板与推板受顶力作用产生变形

1—推板；2—推杆固定板；3—推杆

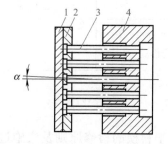

图 15-3　推杆固定板与推板自重下垂

1—推板；2—推杆固定板；3—推杆；4—型腔

⑦ 导柱与推杆的淬火硬度不够而造成损坏。一般要求导柱的硬度不低于 55HRC，推杆的硬度不低于 45HRC，并要求导套的硬度不低于导柱硬度。

⑧ 导柱和导套，推杆和推杆孔的配合处有污物或缺少润滑。

2）修理的方法

① 调整配合状态，使配合松紧程度一致。当连接部分出现松动时，应随时予以紧固。

② 调整导柱孔或推杆安装孔与分型面的垂直度，使之符合生产要求。对产生变形的导柱或推杆应进行矫正和校直。

③ 推杆固定板和推板必须有足够的厚度和刚度。对淬火硬度达不到要求的导柱或推杆，应重新进行热处理或予以更换。

④ 为了保护导柱免受背向力作用，在模具的分型面上应设定位装置，对斜分型面应设置限位台阶。

⑤ 注意平时的维护和保养，随时对模具进行检查、清理和润滑。

（2）侧向抽芯机构的修复

侧向抽芯机构的损坏主要由两大因素造成，其一是自然磨损或零件疲劳引起；其二是侧向抽芯机构动作失灵。第一种情况属于维修、保养问题，其修理的方法可通过对滑动部位定期加油，修补、调节磨损部位，使滑动件得到精确复位。如图 15-4 所示，通过对锁紧块 4 的 A 面的微量修磨和对垫块 5 的 B 面处用金属片适量垫高，就能补偿侧抽件 3 的磨损量。凡是滑动摩擦部位均应淬火，经常易磨损的零件应做备用件。对于第二种情况，是属于事故隐患。其修理的方法比较复杂。为了避免侧向抽芯隐患，在维修中，应考虑模具的结构特点。

常见的侧向抽芯隐患的预防措施有以下几种情形：

① 在侧成型杆下面禁止设有脱模推管和推杆。

② 用弹簧滚珠限位的侧抽件，只许安装在水平方向，不准安在模具的上、下位置上，因为只靠弹簧的弹力可靠性差，遇到振动或无意中磕碰，极易使侧滑块产生位移，造成斜导柱复位受阻而压坏模具。

③ 侧抽滑块的导轨不宜太短，锁紧块在锁紧滑块时，滑块下面必须有导轨支承，不准悬空；否则应在模具外另加支承件，如图 15-5 所示。

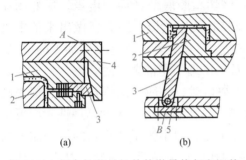

图 15-4 侧向抽芯易损件的微量修复和调整

1—型腔；2—型芯；3—侧抽件；4—锁紧块；5—垫块

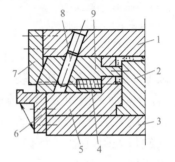

图 15-5 滑块导轨延长加支承

1—定模板；2—型芯；3，6—支承板；4—弹簧；5—型腔；7—锁紧块；8—斜导柱；9—侧抽件

④ 锁紧块要有足够的刚度。对于较长的锁紧块，顶端需用支承锁住。侧滑块不宜光用弹簧抽拔，应该加上拔针或斜导柱协助，以防弹簧自锁卡死失灵。

⑤ 推板上不准安装斜导柱或斜销。动模上的斜导柱或斜销一般都安装在型芯固定板上，它们穿过推板时，在推板上开设腰圆孔。这些腰圆孔不准铣成豁口，否则会严重破坏推板的强度和刚度。

（3）塑料模分型面的修复

1）损坏的原因

模具经过一段时间的使用后，原来很清晰光亮的分型面，会出现凹坑和麻面。尤其是在型腔的沿口处由棱角变成了圆角和钝角，使制件产生飞边和毛刺，这表明模具的分型面遭到了损坏。其产生的原因是多方面的，主要有以下几种情况：

① 由于注射量和注射压力过大，锁模力不够，引起分型面微量胀开。

② 分型面上有余料或其他微小异物即进行二次合模，将残余料和异物挤压在分型面上。

③ 取制品或放置金属预埋件时操作不当，对分型面型腔沿口处有磕碰。

④ 长期反复地闭合、开启，对模具分型面产生正常的自然磨损。

2）修理的方法

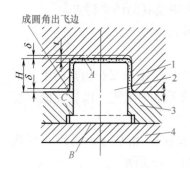

图 15-6　分型面出现飞边的修理
1—型腔；2—型芯；3—型芯固定板；
4—支承板

① 若分型面的磨损量不大，可将分型面用平面磨床磨去飞边的厚度 δ（$0.1 \sim 0.3mm$），如图 15-6 所示。若磨去微量 δ 会影响制件外形总高尺寸 H 的话，则用电极将型腔 1 的底部 A 面往深处切去 δ 量给予补偿即可，同时把型芯 2 的 B 面用薄片垫高 δ 值，C 处台阶面也铣去 δ 值。这样修改后的模具，其制件的总高 H 尺寸与底部壁厚 t 仍保持不变。

注意：修切型腔底部 A 面的电极，最好用原来精加工型腔时的原电极，因为新做出来的电极与型腔很难贴实。所以留心保存型腔加工的电极、样板、成形工具以备第二次工装，会给模具的修理工作带来方便。

② 若分型面的沿口处因不慎碰撞出小缺口时，一般采用焊补的方法把小缺口焊上，由模具工修复即可。若型腔未曾淬火，因材料有一定的延展性，则可用挤胀法在缺口处附近钻一个 $\phi 8 \sim 10mm$ 的小孔，用小錾子从小孔的另一侧向缺口处冲击碾挤，如图 15-7 所示。当被碰撞的缺口经碾挤后，向型腔内侧凸起时，观察其凸起量；当达到够修复的量时，就停止碾挤，然后把碾挤变形了的小孔用钻头扩大成圆形，并把孔底扩平，再用圆销将孔填平补好；最后把被碾挤凸出的

型腔侧壁修复好即可。

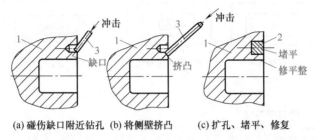

图 15-7 用碾挤法修复局部碰伤
1—型腔；2—圆销（堵块）；3—錾子（无刃口）

③ 对于一模多腔的小型制品模具，若其分型面沿口处有局部损坏，或个别型腔意外损坏，一般就不必修理，而是重新换一个新型腔安装即可。

注意：此类模具的型腔大多采用台阶嵌入式结构，该型腔都是采用电火花和冷挤压或电铸等方法加工的，只要原来的电极、冷挤压用的冲头和冲模保存良好，则复制一个型腔不但方便，而且形状一致。因此在制作新模时，应考虑多做几个型腔留作备用，以便修理时更换。

（4）塑料模型腔和型芯的修复

① 焊补法。它是采用氩弧焊、手工电弧焊等方法在需要修复的部位进行堆焊，然后修平焊疤，打磨光亮即可。这种修补方法一般能看出修补后的痕迹。它主要用来修理局部损坏或需要补缺的地方。注意，对于 CrWMn 等不宜焊接的材料，不能用焊补的方法来修复。当采用手工电弧焊时，应对焊接的周围进行整体预热至 40～80℃ 或局部预热至 100～200℃，以防止焊接时局部成为高温区而发生裂纹和变形等缺陷。此外，为了提高焊接的熔接性能，在堆焊前被焊处最好加工出 5mm 左右深的凹坑或小孔以防剥离，如图 15-8 所示。还要防止操作时火花飞溅到其他部位，尤其是在型腔表面更要当心，以避免在焊接时出现新的损伤。

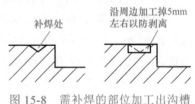

图 15-8 需补焊的部位加工出沟槽或凹坑

② 镶件法。型腔和型芯被挤压损坏后，可用铣床或电火花线切割等加工的方法把损坏处按一定的范围加工出凹坑或通孔，然后用一个嵌件镶入凹坑或通孔内，再修整成型，达到修理的目的，如图 15-9 所示。

③ 镶嵌法。把压坏了的型腔和型芯在压坑处用錾子錾一个不规则的小坑，如图 15-10 所示。并用錾子把小坑周边向外稍翻卷；然后把一根纯铜棒烧红，退火后取一小段放入小坑内，用錾子将铜块碾实，并把小坑四周翻边盖平，将铜块嵌住；最后将其锉修平整，并用砂布、磨石打磨抛光即可。

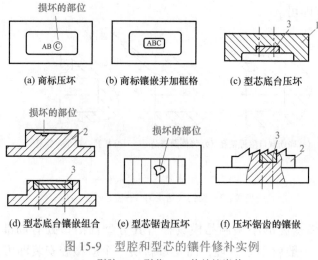

图 15-9　型腔和型芯的镶件修补实例

1—型腔；2—型芯；3—修补镶嵌件

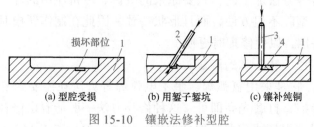

图 15-10　镶嵌法修补型腔

1—型腔；2，3—錾子；4—纯铜块

④ 挤胀法。当型腔面的局部因意外事故或其他原因造成损坏时，在采用焊接、镶件法修理又不适宜的情况下，可以采用挤胀法修复。图 15-11 所示为一被压坏的型腔，在其损坏部位的背面钻一个是压坏面积 2 倍的深孔，深孔距型腔受损面的深度约为所钻孔径的 1/2 ～ 2/3，然后用錾子冲击深孔的底部，经冲击后，

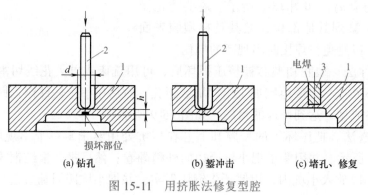

图 15-11　用挤胀法修复型腔

1—型腔；2—錾子；3—圆柱销

受损部位会凸出或隆起。用一根圆柱销将深孔堵住，并磨平焊牢，或用螺钉固定住。最后把型腔底部隆起部分修平、抛光，使型腔恢复原状。这种修理方法可使所修型腔表面不留任何修理的痕迹。

⑤ 撑胀法。当型腔受损的位置在型腔的侧壁时，如图 15-12 所示，则采用撑胀法对其进行修复。其原理与挤胀法相同，都属于增生修理的方法。其具体工艺为：在侧壁损坏部位附近钻一个约 $\phi 10 \sim 12mm$ 的孔，深度略超过被损位置，孔的边缘离型腔壁约 $4 \sim 5mm$，然后用一把撑扩用的錾子冲挤，损坏处型壁被撑鼓突出。之后将被撑挤的孔扩大、扩平，再用一根圆柱销将孔堵死、焊牢、填实。把侧壁撑鼓的凸出部分修平、抛光，型腔修复后也不会留下任何痕迹。

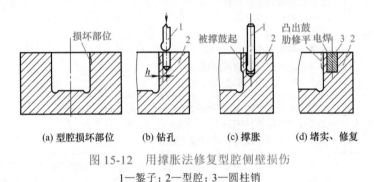

图 15-12　用撑胀法修复型腔侧壁损伤

1—錾子；2—型腔；3—圆柱销

⑥ 电镀法。采用电镀法可以提高型腔或型芯的表面光亮度，增加硬度及耐蚀性。电镀作为模具修理的一种方法只适用于为了获得整体塑件壁厚适当变小的场合，其主要方式有电镀铬和化学镀镍。

⑦ 更换新件。对于一模多腔的模具，若其中有一腔损坏，一般不必修理，用原电极或原冷挤压冲头的冲模重新挤压一个型腔，把它更换上去即可。

15.6　其他型腔模的修理

与塑料模的修理一样，对于锻模、压铸模等其他型腔模，为修理好此类模具的缺陷，首先应针对模具的损伤程度，从损伤特征中分析找出产生的原因，并结合企业的生产任务、技术能力及加工制造能力等实际情况制定出切实可行的修理方法。

15.6.1　锻模的修理

锻模经常在高温下工作，并受到强大的冲击力（或压力）。高温的锻件在模腔中急剧的变形会产生很大的摩擦力和摩擦热，并迅速加热模腔，加剧锻模磨损和损坏。为提高锻模使用寿命和锻件质量，必须对锻模进行定期的检查和修理。

（1）锻模损坏的原因

锻模损坏原因见表 15-15。

表 15-15　锻模损坏的原因

序号	损坏现象	损坏原因
1	锻模磨损	①模膛表面加工粗糙，模膛内有氧化皮或冷却润滑不好，金属毛坯沿模膛流动发生强烈摩擦，造成模膛表面磨损及尺寸变化 ②锻模材料耐腐蚀性不好，或回火温度太高、硬度不够，造成磨损及尺寸变化 ③锻坯材料变形抗力太大，打击次数过多
2	模膛裂纹	①锻模在忽冷忽热条件下工作，型面产生危险拉应力，产生细小网状裂纹 ②锻模材料冲击韧性低 ③锻打时预热不好 ④热处理不当 ⑤模膛布置不合理 ⑥锻造温度过低，锤击过猛 ⑦设备吨位过大，锤击力太大
3	模具变形	①锻模局部温度太高，产生塑性变形而使局部有压堆现象 ②锻模材料红硬性不好 ③锻模回火温度过高，使锻模硬度太低
4	锻件出模困难	①在锻打过程中，由于模膛表面损坏，在模膛表面会出现非氧化、非润滑的表面，这种表面很容易与被锻金属表面黏合在一起。进一步锻打时，就有可能与金属毛坯焊合，从而造成出模困难 ②锻模模膛表面过于粗糙 ③锻模模膛出模斜度偏小

（2）锻模的随机维修

　　锻模是在极大的冷热交变、锤击受力的恶劣条件下工作的。故在使用时，要按工艺规程严格进行模具的锻前安装、预热、锻压过程的冷却与合理润滑，使其在良好的工作状态下工作。同时，还要对其进行随机维护，发现问题及时检修。锻模的随机检修方法见表 15-16。

表 15-16　锻模随机检修方法

锻模缺陷类型	图示	随机检修方法
模膛局部产生裂纹，圆角部位隆起或表面塌陷变形	—	采用风动砂轮在机位上打磨或用刮刀刮光、修磨后继续使用，但表面质量、尺寸精度一定要达到要求
锻模局部产生较大裂纹	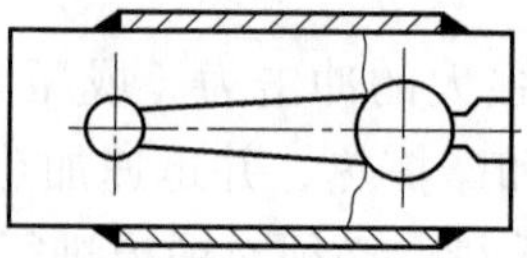	锻打时由于砧座不平，预热、冷却不佳，使模具产生裂纹，可在模膛侧面进行补焊后继续使用，使裂纹不再继续扩大

续表

锻模缺陷类型	图示	随机检修方法
锻模肋、凸起或边缘局部碎裂	—	采用堆焊同类金属的方法进行修复,堆焊后用手动砂轮打磨,使其恢复到原有形状
复杂型面处断裂	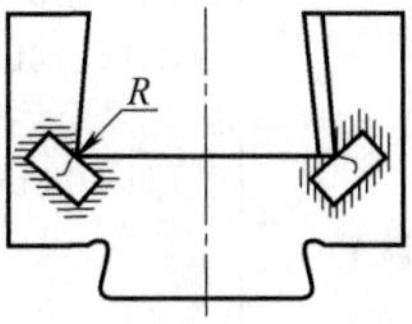	采用补焊方法修复,焊后一定要打磨抛光
按制件质量进行修磨	—	抽取制件进行检测,根据制品质量状况进行相应修整

(3)锻模的检修

锻模产生严重损坏时,可按表 15-17 所示的方法进行锻模的检修。

表 15-17 锻模的检修

损坏现象	图示	修理方法
燕尾或模面有少量裂纹	—	铣掉裂纹,进行补焊后修复。应注意燕尾修复热处理时,需点焊圆棒,以消除张力、防止变形
模膛有细微裂纹或凹陷	—	模膛有细微裂纹或凹陷等,可去掉裂纹,进行堆焊。堆焊前需经退火处理,堆焊时必须预热,堆焊后必须保温。焊好后进行机械加工或电加工修正,然后进行热处理
模膛有严重损坏	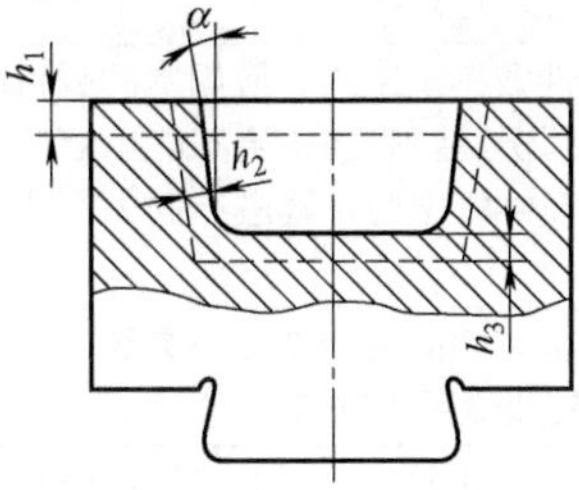 $h_1 = h_3$	若锻模模膛磨损厉害,工作型面与模膛凸起部位产生严重塌陷或模膛边缘有大量热疲劳裂纹时,可在分模面上刨磨一层金属,然后与制造新模一样,再用机电加工使模膛加深、打磨、淬硬后继续使用
型腔、型芯磨损	—	对于型腔和型芯,若经磨损后失去了表面光洁及尺寸精度后,可以采用镀硬铬的方法进行修复。其镀铬层一般为 $0.02 \sim 0.3$mm,而转角部位应厚度大一些,修抛后,即可继续使用

损坏现象	图示	修理方法
型腔、型芯、整体表面采用电刷镀修复	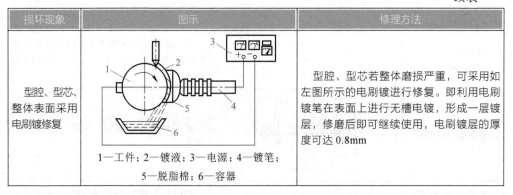 1—工件；2—镀液；3—电源；4—镀笔； 5—脱脂棉；6—容器	型腔、型芯若整体磨损严重，可采用如左图所示的电刷镀进行修复。即利用电刷镀笔在表面上进行无槽电镀，形成一层镀层，修磨后即可继续使用，电刷镀层的厚度可达 0.8mm

此外，对于锻模型腔损坏的修复，也可参照"15.5.4　塑料模的检修"中有关塑料模型腔和型芯修复的"焊补法、镶件法、镶嵌法、挤胀法、撑胀法"等方法进行。应该说明的是，对于有裂纹的模具，其修复后也只能作短期使用。

15.6.2　压铸模的修理

压铸模是在急热急冷的条件下工作的，模具的平均寿命要比其他型腔模低得多。因此，在使用过程中，要精心保养和维护，即操作时要严格按工艺规程，在工艺许可的范围内，尽量降低铸液温度、压射速度，适当提高模温，并在使用一段时间后，要定期进行检修。新模具使用到设计寿命的 1/8 ～ 1/6 时应对型腔进行 450℃回火和进行渗碳、抛光，以消除内应力，防止龟裂，以后每生产1.2 万～ 1.5 万次要进行上述同样的保养与维护，延长模具的使用寿命。

压铸模使用过程中，随机检修的方法见表 15-18。

表 15-18　压铸模随机检修方法

模具缺陷类型	随机检修方法
模具粘模，零件难以取出	模具发生粘模、工件取不出来时，应用木质或竹质工具取出，绝不能用铁制器具取出，以免刮伤型腔表面，更不能用喷灯加热，否则会使型腔表面产生软点和脱碳。废件取出后，要进行抛光，使模具型腔表面恢复到原有精度及表面质量
模具型腔产生龟裂，表面由于经常腐蚀而粗糙	模具长时间使用，型腔表面若产生微小裂纹、龟裂或表面粗糙，可用砂纸及磨石进行抛磨使其消除后再继续使用
模具活动部位发涩，产生磨损过快	要定期对各活动部位，如导柱、导套进行合理润滑。在润滑时，要将润滑剂涂在可动部位表面上，涂时要均匀，最好在表面形成一层薄膜，以减小摩擦
型腔、型芯磨损过快	①若型腔、型芯磨损过快，可将其进行一次回火，消除表面应力或进行渗氮，淬硬去除脱碳层处理 ②适当降低金属液温度及注射速度
根据制品零件质量状况进行修复	模具在工作过程中，定期抽测制品质量，根据制品缺陷类型进行临时修整

　　此外，对于斜销抽芯机构动作失灵、侧抽芯机构难以脱模等故障的修复可参照表 15-14 的相关内容进行。

　　压铸模产生严重损坏时，可按表 15-19 所示的方法进行检修。

表 15-19　压铸模的检修

损坏现象	图示	修理方法
细小型芯或推杆、复位杆弯曲折断	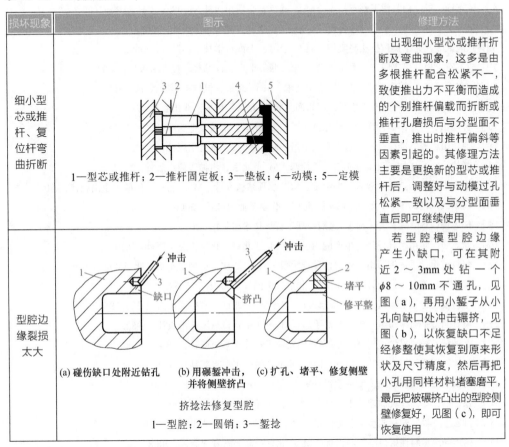 1—型芯或推杆；2—推杆固定板；3—垫板；4—动模；5—定模	出现细小型芯或推杆折断及弯曲现象，这多是由多根推杆配合松紧不一，致使推出力不平衡而造成的个别推杆偏载而折断或推杆孔磨损后与分型面不垂直，推出时推杆偏斜等因素引起的。其修理方法主要是更换新的型芯或推杆后，调整好与动模过孔松紧一致以及与分型面垂直后即可继续使用
型腔边缘裂损太大	(a) 碰伤缺口处附近钻孔　(b) 用碾錾冲击，并将侧壁挤凸　(c) 扩孔、堵平、修复侧壁 挤捻法修复型腔 1—型腔；2—圆销；3—錾捻	若型腔模型腔边缘产生小缺口，可在其附近 2～3mm 处钻一个 φ8～10mm 不通孔，见图（a），再用小錾子从小孔向缺口处冲击辗挤，见图（b），以恢复缺口不足经修整使其恢复到原来形状及尺寸精度，然后再把小孔用同样材料堵塞磨平，最后把被碾挤凸出的型腔侧壁修复好，见图（c），即可恢复使用

　　此外，对于压铸模型腔损坏的修复，也可参照"15.5.4　塑料模的检修"中有关塑料模型腔和型芯修复的"焊补法、镶件法、镶嵌法、挤胀法、撑胀法"等方法进行。应该说明的是，对于有裂纹的模具，其修复后也只能供短期使用。

参考文献

［1］ 彭建声. 简明模具工实用技术手册［M］. 北京：机械工业出版社，2011.

［2］ 刘国良. 简明模具工手册［M］. 北京：机械工业出版社，2013.

［3］ 薛国祥. 模具工实用技术［M］. 长沙：湖南科学技术出版社，2013.

［4］ 张京山，等. 模具钳工基本技术［M］. 北京：金盾出版社，1998.

［5］ 翁其金，等. 冲压工艺与冲模设计［M］. 北京：机械工业出版社，2006.

［6］ 张能武. 模具工操作技法与实例［M］. 上海：上海科学技术出版社，2009.

［7］ 胡玉石. 模具工实用技术手册［M］. 第2版. 南京：江苏科学技术出版社，2008.

［8］ 钟翔山，等. 冲压加工质量控制应用技术［M］. 北京：机械工业出版社，2011.

［9］ 钟翔山，等. 冲压工操作质量保证指南［M］. 北京：机械工业出版社，2011.

［10］ 钟翔山，等. 图解冲压加工应用技术［M］. 北京：机械工业出版社，2013.

［11］ 钟翔山，等. 冲模及冲压技术实用手册［M］. 北京：金盾出版社，2015.

［12］ 彭建声. 冲压加工质量控制与故障检修［M］. 北京：机械工业出版社，2007.

［13］ 模具设计与制造技术教育丛书编委会编. 模具结构设计［M］. 北京：机械工业出版社，2003.

［14］ 马朝兴. 模具工（中级工）［M］. 北京：化学工业出版社，2006.

［15］ 任志俊，等. 模具工［M］. 沈阳：辽宁科学技术出版社，2011.

［16］ 刘志明. 实用模具设计与生产应用手册［M］. 北京：化学工业出版社，2019.

［17］ 塑料模设计手册编写组. 塑料模设计手册［M］. 北京：机械工业出版社，2004.

［18］ 黄荣强，等. 锻模设计基础［M］. 北京：中国铁道出版社，1984.

［19］ 压铸模设计手册编写组. 压铸模设计手册［M］. 北京：机械工业出版社，1981.

［20］ 模具制造手册编写组. 模具制造手册［M］. 北京：机械工业出版社，1982.

［21］ 李钟猛. 塑料模设计［M］. 西安：西安电子科技大学出版社，1994.

［22］ 董娥. 压铸模锻模及其他模具［M］. 北京：机械工业出版社，2000.

［23］ 刘慎玖. 机械制造工艺案例教程［M］. 北京：化学工业出版社，2010.

［24］ 张信群，等. 模具制造技术［M］. 北京：人民邮电出版社，2009.

［25］ 付宏生，等. 塑料成型工艺与设备［M］. 北京：化学工业出版社，2009.

［26］ 杨占尧. 塑料注射模结构与设计［M］. 北京：高等教育出版社，2008.

［27］ 黄虹. 塑料成型加工与模具［M］. 北京：化学工业出版社，2007.

［28］ 中国机械工程学会热处理分会《热处理手册》编委会. 热处理手册［M］. 北京：机械工业出版社，2003.

［29］ 王瑞金. 模具特种加工技术［M］. 北京：北京理工大学出版社，2010.

［30］ 周斌兴. 塑料模具设计与制造实训教程［M］. 北京：国防工业出版社，2006.

［31］ 钟翔山，等. 图解钳工入门与提高［M］. 北京：化学工业出版社，2015.

［32］ 钟翔山，等. 图解冲压工入门与提高［M］. 北京：化学工业出版社，2017.

［33］ 王忠诚，等. 模具热处理实用手册［M］. 北京：化学工业出版社，2011.

［34］ 杨叔子. 机械加工工艺师手册［M］. 北京：机械工业出版社，2002.

［35］ 劳动和社会保障部教材办公室. 模具制造工［M］. 北京：中国劳动社会保障出版社，2006.

［36］ 钟翔山，等. 钣金加工实用手册［M］. 北京：化学工业出版社，2012.